环保公益性行业科研专项经费项目系列丛书
环境保护部科技标准司课题：草原区煤田开发环境影响后评估与生态修复示范技术研究（200909063）

煤田开发环境影响后评价理论与实践

张树礼　编著

中国环境出版社·北京

图书在版编目（CIP）数据

煤田开发环境影响后评价理论与实践/张树礼编著.
—北京：中国环境出版社，2013.5
ISBN 978-7-5111-1292-7

Ⅰ. ①煤…　Ⅱ. ①张…　Ⅲ. ①煤田开发—环境影响—评价　Ⅳ. ①X820.3

中国版本图书馆 CIP 数据核字（2013）第 017247 号

出 版 人　王新程
责任编辑　孟亚莉
文字编辑　朱晓丽
责任校对　唐丽虹
封面设计　金　喆

出版发行　中国环境出版社
（100062　北京市东城区广渠门内大街 16 号）
网　　址：http://www.cesp.com.cn
电子邮箱：bjgl@cesp.com.cn
联系电话：010-67112765（编辑管理部）
010-67112735（环评与监察图书出版中心）
发行热线：010-67125803，010-67113405（传真）
印装质量热线：010-67113404
印　　刷　北京中科印刷有限公司
经　　销　各地新华书店
版　　次　2013 年 5 月第 1 版
印　　次　2013 年 5 月第 1 次印刷
开　　本　787×1092　1/16　　插页　16
印　　张　28
字　　数　600 千字
定　　价　86.00 元

《环保公益性行业科研专项经费项目系列丛书》

编著委员会

本书编写委员会

主　编：张树礼

副主编：李天昕　李　静　王金满　牛建明　马建军

白中科　郭二果

参加编写（按姓氏笔画排序）：

王　涛　包妮沙　叶宝莹　白妙馨　刘　敏

闫文慧　君　珊　张　庆　张　波　张　颖

李现华　李春林　杨力鹏　杨　春　周　伟

周　芳　岳晓霞　郑利霞　荀彦平　赵中秋

赵　欣　姬广青　高　峰　高淑慧　康萨如拉

董建军　蔡　煜　魏敬铤

"十一五"环保公益性行业科研专项经费项目系列丛书

序 言

我国作为一个发展中的人口大国，资源环境问题是长期制约经济社会可持续发展的重大问题。党中央、国务院高度重视环境保护工作，提出了建设生态文明、建设资源节约型与环境友好型社会、推进环境保护历史性转变、让江河湖泊休养生息、节能减排是转方式调结构的重要抓手、环境保护是重大民生问题、探索中国环保新道路等一系列新理念新举措。在科学发展观的指导下，"十一五"环境保护工作成效显著，在经济增长超过预期的情况下，主要污染物减排任务超额完成，环境质量持续改善。

随着当前经济的高速增长，资源环境约束进一步强化，环境保护正处于负重爬坡的艰难阶段。治污减排的压力有增无减，环境质量改善的压力不断加大，防范环境风险的压力持续增加，确保核与辐射安全的压力继续加大，应对全球环境问题的压力急剧加大。要破解发展经济与保护环境的难点，解决影响可持续发展和群众健康的突出环境问题，确保环保工作不断上台阶出亮点，必须充分依靠科技创新和科技进步，构建强大坚实的科技支撑体系。

2006年，我国发布了《国家中长期科学和技术发展规划纲要（2006—2020年）》（以下简称《规划纲要》），提出了建设创新型国家战略，科技事业进入了发展的快车道，环保科技也迎来了蓬勃发展的春天。为适应环境保护历史性转变和创新型国家建设的要求，原国家环境保护总局于2006年召开了第一次全国环保科技大会，出台了《关于增强环境科技创新能力的若干意见》，确立了科技兴环保战略，建设了环境科技创新体系、环境标准体系、环境技术管理体系三大工程。五年来，在广大环境科技工作者的努力下，水体污染控制与治理科技重大专项启动实施，科技投入持续增加，科技创新能力显著增强；发布了502项新标准，现行国家标准达1 263项，环境标准体系建设实现了跨越式发展；完成了100余项环保技术文件的制修订工作，初步建成以重点行业污染防治技术政策、技术指南和工程技术规范为主要内容的国家环境技术管理体系。环境科技为全面完成“十一五”环保规划的各项任务起到了重要的引领和支撑作用。

为优化中央财政科技投入结构，支持市场机制不能有效配置资源的社会公益研究活动，“十一五”期间国家设立了公益性行业科研专项经费。根据财政部、科技部的总体部署，环保公益性行业科研专项紧密围绕《规划纲要》和《国家环境保护“十一五”科技发展规划》确定的重点领域和优先主题，立足环境管理中的科技需求，积极开展应急性、培育性、基础性科学研究。“十一五”期间，环境保护部组织实施了公益性行业科研专项项目234项，涉及大气、水、生态、土壤、固废、核与辐射等领域，共有包括中央级科研院所、高等院校、地方环保科研单位和企业等几百家单位参与，逐步形成了优势互补、团结协作、良性竞争、共同发展的环保科技“统一战线”。目前，专项取得了重要研究成果，提出了一系列控制污染和改善环境质量技术方案，形成一批环境监测预警和监督管理技术体系，研发出一批与生态环境保护、国际履约、核与辐射安全相关的关键技术，提出了一系列环境标准、指南和技术规范建议，为解决我国环境保护和环境管理中急需的成套技术和政策制定提供了重要的科技支撑。

为广泛共享“十一五”期间环保公益性行业科研专项项目研究成果，及时总结项目组织管理经验，环境保护部科技标准司组织出版“十一五”环保公益性行业科研专项经费项目系列丛书。该丛书汇集了一批专项研究的代表性成果，具有较强的学术性和实用性，可以说是环境领域不可多得的资料文献。丛书的组织出版，在科技管理上也是一次很好的尝试，我们希望通过这一尝试，能够进一步活跃环保科技的学术氛围，促进科技成果的转化与应用，为探索中国环保新道路提供有力的科技支撑。

中华人民共和国环境保护部副部长

吴晓青

2011年10月

序

科学发展——全面协调可持续发展，是我国根本性的发展战略。经济社会的全面发展，人与自然、经济社会与资源环境的协调发展是我们要长期努力达成的目标。而经济社会的可持续发展更建立在可持续的生态环境的基础上。总之，当代发展的主要矛盾是如何在经济社会发展中保护我们赖以生存的环境。在我国，环境保护已确立为一项基本国策，坚持“预防为主”的战略政策，而环境影响评价就被赋予实施这一战略政策的重任。30 多年的环保工作实践证明，环境影响评价制度不仅起到了从源头控制污染、防止生态环境破坏的重要作用，架设了环境保护与经济社会联系的桥梁，扮演了环境保护参与经济社会综合决策和贯彻实施环保政策法规的不可替代的角色，而且起到了促进环保法规建设与完善的重要作用，并在宣传环保理念，促进全社会环境意识的提高方面发挥了实质性影响，产业界和社会各行各业的很多人都是通过实施建设项目环境影响评价而认识环境和树立环保观念的。在实践中，环评自身也得到了全面的发展完善和深化提高。

2002 年 10 月 28 日第九届全国人民代表大会常务委员会第三十次会议通过的《中华人民共和国环境影响评价法》，不仅将环境影响评价范围从建设项目扩展到规划领域，而且规定了对环境有重大影响的规划实施后，要进行跟踪评价，建设项目在建设和运行过程中产生了重要环境影响变化的要进行后评价，环境行政主管部门也要对建设项目的环境影响进行跟踪检查。这样，环评法就将环境影响评价从项目建设的“前置”制度扩展为对开发建设活动全过程实施管理的法定制度。这是我国环评乃至环保事业的一项重大进步和发展。这一法律规定是完全符合实际情况的，因为大多数开发建设活动都会持续很长的时间，它们的环境影响也是一种不断发展变化的动态过程，相应的环境影响评价和环境保护管理也应是一个持续的动态过程。这也真正符合了环境影响评价的定义：环境影响评价是一个不断评价和不断决策的过程。评价的宗旨和目的是促进经济、社会和环境的协调发展。

环境影响后评价是整个环境影响评价过程的重要组成部分。作为规划或建设项目决策支持的环境影响评价一般只进行一次，但针对规划或建设项目实施过程中产生的环境影响的后评价可能会进行多次。后评价不仅仅是作为规划或建设项目前期环境影响评价的一种延伸，更重要的是在规划或项目实施的长期过程中发现新问题，研究新影响，提出更具针对性的新的对策措施；要在评价过程中不断深化对生态环境的科学认识，贯彻环保新的政策和法规，应用新技术新方法提高环境保护的有效性。为此，需要在认识论和方法学方面做不断的探究，需要不懈的努力，推陈出新，在实施对规划或建设项目环境影响全过程的评估和管理等方面发挥重要作用，为建设项目环境保护管理提供科学依据，提高环境保护的决策管理水平。

随着我国经济的快速发展，能源需求与日俱增，煤炭矿产开发力度不断加大，这给我国的生态和环境带来了巨大的压力。矿产资源开发和矿区建设都对生态环境有重大影响，尤其露天煤矿更具有重塑河山面貌的作用。煤矿开发又都是长期的过程，一个矿区开发少则几十年，多则上百年或几百年，期间会产生很多变数，因此，开展矿产资源开发和矿区建设的规划与项目的后评价是十分必要的。近年，对煤矿区规划环评一般要求每五年左右进行一次跟踪评价，煤矿建设项目的后评价也在试验和探索之中，并已在理论探索、评价指标体系和评价方法研究等方面取得了一定的创新成果。本书对这些研究进行了总结，也介绍了国内外其他相关情况，因而进一步丰富了环境影响后评价的科学技术体系，也使环评的过程逐渐变得清晰起来，可以想到，可以看到，可以触及，也可以尝试和参与其中了。当然，这项工作还仅仅是个开始，不过这是个良好的开端，是坚实的起步。

本书的作者们多年来一直从事北方草原地区煤矿区的环境影响评价工作，同时进行露天煤矿的环境整治和生态修复重建的探索、试验、实践，探索将生态学理论与生态修复工程实践相结合的途径与方法，取得了可喜的成功和丰硕的成果。在参观张树礼先生和他的团队建立的露天矿生态重建和修复的示范区时，有一种深深的感动和由衷的欣慰。在办公室或审查会上阅读了许许多多环境影响报告书后，在这里看到了另一类不同凡响的“报告书”——一份用智慧和汗水书写在祖国大地上独特的环境影响评价报告。这里是真真实实的环评成果报告，不用讲预测评价是否可行合理，也无需讲环保措施是否有针对性或可行性，一切都很明确和肯定，又是那样令人怦然心动，热烈和感奋。这是环评的一曲绿色之歌，是环评的科学研究和实践成效的双重成就。本书是他们辛勤工作的结晶，是用常规方法表达的不同寻常的成果。书中全面系统总结了环境影响后评价的理论，探索性地提出了后评价的基本模型，技术方法，后评价管理的原则、内容、机制等问题，尤其详述了草原地区的生态系统特征，生态破坏后果，生态修复的原理和要点，以及作者们进行的露天煤矿生态重建与修复的示范工程技术和经验，从而填补了我国环境影响后评价理论体系、方法体系、管理体制等方面的研究成果空白，同时也展示了一种理论与实践相结合的环境科学研究新思路和新模式。我相信本书的出版有助于推动我国环境影响后评价的发展，进一步丰富我国的环保科技体系，并为环境保护的人才培养发挥重要作用。

毛　文　永

2012 年 10 月 12 日

前 言

环境影响后评估是一种综合评估活动，它是对过去的一个或一组历史活动进行长期的环境影响评价，得出影响结果，并吸取经验，用以指导未来的后续活动，是环境影响评价的分支方向和延续。环境影响后评价是环境影响评价领域新兴的一个研究方向。当前，我国尚未建立完整的环境影响后评估体制，本书作为环境影响后评估领域的专著体现了如下特点。

（1）时代特色性与新颖性。

本书顺应了时代对环境管理全过程控制的要求，其在我国环境影响后评估体制预立未立，诸多研究出现却又缺乏系统性的前提下出版，具有较强的时代特色性和新颖性。

（2）综合性和系统性。

本书紧紧围绕着后评估指标体系、理论体系、方法体系和管理体系这四大基础体系展开了系统研究，包括了环境影响后评估所涉及的诸多方面，全面而系统。

（3）理论性。

本书针对环境影响后评估目前无理论支撑体系的现状，从环境损伤和生态恢复机理出发，以恢复生态学为主线，构建了适用于草原区煤田开发环境影响后评估的理论框架和理论单元，有别于大多数环境影响评价书籍只强调方法应用，不强调理论的特点，从而具有较强的理论性。

（4）基础性。

目前尚无正式出版的环境影响后评估类专著，许多研究均属探索阶段，因此，本书在概念解析、方法组构等基础研究方面均进行了系统的论述，是专门针对环境影响后评估的基础书籍。

此外，本书既是一本环境影响后评价从业人员的入门参考书，也可为从事环境影响后评价的研究人员提供参考。本书引用了一些中外文献，给出了重要的专业术语，作为环境专业学生的学习材料也应大有裨益。

一套理论和方法的形成，既需要创新也需要传承。本书继承和借鉴的一些优秀研究成果、参考资料均在文后列出。在此，向这些资源的原作者表示诚挚的感谢！限于作者水平，书中难免有错讹之处，望各位同仁提出宝贵意见！

本书成稿过程中，解兴词、顾柯、董婷、吴世玲、邱诚祥等同学参与了大量的资料整理工作。毛文永研究员对本书的编写提出了重要建议并给予鼓励。在此，向他们表示诚挚的感谢！

编著者

2012 年 10 月

目 录

上 篇 环境影响后评价理论、方法、管理机制与案例分析

下 篇 草原煤田开发生态修复示范技术

附　件

上　篇

环境影响后评价理论、方法、管理机制与案例分析

第 1 章　环境影响后评价概述

1.1　相关概念和定义的比较

相关文献的研究表明，当前涉及环境影响后评价（PEIA）的相关概念和定义主要包括：累积影响评价（CEA）、环境演变分析（ECA）和回顾性评价。

1.1.1　环境影响评价的内涵

《中华人民共和国环境影响评价法》（以下简称《环境影响评价法》）中将环境影响评价定义为对规划和建设项目实施后可能造成的环境影响进行分析、预测和评估，提出预防或者减轻不良环境影响的对策和措施，进行跟踪监测的方法与制度。1979 年通过环境保护法，我国开始对建设项目进行环评。通过“先评价、后建设”，推进了产业合理布局和企业的优化选址，预防了许多因开发建设活动而产生的环境污染和生态破坏，取得了良好的环境效果。但目前我国的环境影响评价制度实质上是一种环境影响的事前评价制度，是对环境影响的预测和评估，偏重于环境影响报告的编制和审查。对其后的环节没有明确的规定，对环境影响报告中提出的环境保护措施是否落实，建设项目建成后对环境的实际影响缺乏评价和有效的监督管理手段。

1.1.2　项目后评价的内涵

项目后评价是对已实施或完成的建设项目的目的、执行过程、效益、作用和影响进行系统、客观的分析、检查和总结，以确定目标是否达到，检验项目是否合理和有效率，是否具有持续性，通过分析评价找出成败的原因，总结经验教训，并通过及时有效的信息反馈，为未来项目的决策和提高完善投资决策管理水平提出建议，同时也为被评估项目实施运营中出现的问题提出改进建议，从而达到提高投资效益的目的。

具体来讲，后评价是一种活动，它从未来的正在进行的或过去的一个或一组活动中评价出结果并吸取经验从微观角度看，它与单个或多个项目，或者一个规划有关；从宏观角度看，它可以是对整个经济、某一部门的经济或经济中某一方面的活动情况进行审查；从空间的含义看，它还可以是对某一项目或地区发展趋势的评价。

1.1.3 环境影响后评估（PPA）

环境影响后评估在我国尚处于发展初期，习惯上将建设项目整体的环境影响后评价行为称为环境影响后评估，但针对单个环境要素进行分析评价时称为环境影响后评价。2002年颁布并于2003年实施的《环境影响评价法》中首次提出了环境影响后评价的概念。目前，环境影响后评价的理论研究较少，而且提法上尚未统一。不同的提法突出不同的内容，代表不同的侧重面，体现出对后评价的不同理解。如事后评价突出评价时段的不同；验证性评价突出了对原环境影响评价的验证要求；回顾性评价的提法较多，除要验证原环评结论的正确性外，还应包括对原环评重要失误的纠正和对有重要影响的漏项的纠正。因此，环境影响后评价概念的提出，既要体现出环境影响后评价是环境影响评价的延续，又要体现环境影响后评价是一个独立的环境管理环节。项目环境影响后评估是从项目环境影响评价延伸而来的，由于理论研究者和实际工作者的出发角度不同，对项目后评估有不同的理解，就给出了不同的定义，所以目前国内外对项目后评估的定义也还没有一个统一的定论。

根据《环境影响评价法》第27条，在项目建设、运行过程中产生不符合经审批的环境影响评价文件的情形的，建设单位应当组织环境影响的后评价，采取改进措施，并报原环境影响评价文件审批部门和建设项目审批部门备案；原环境影响评价文件审批部门也可以责成建设单位进行环境影响的后评价，采取改进措施。这里的环境影响后评价是指对建设项目实施后的环境影响以及防范措施的有效性进行跟踪监测和验证性评价，并提出补救方案或措施，以实现项目建设与环境相协调的方法与制度。具体而言，环境影响后评估是指在开发建设活动正式实施后，以环境影响评价工作为基础，以建设项目投入使用等开发活动完成多年后的实际情况为依据，通过评估开发建设活动实施前后污染物排放及周围环境质量的变化过程及结果，全面反映建设项目对环境的实际影响和环境补偿措施的有效性。分析项目实施前一系列预测和决策的准确性和合理性，找出出现问题和误差的原因，评价预测结果的正确性，提高决策水平，为改进建设项目管理和环境管理提供科学依据，是提高环境管理和环境决策的一种技术手段。因此，后评估是一种综合评估活动，它对过去的一个或一组历史活动进行长期的环境影响评价，得出影响结果，并吸取经验，用以指导未来的后续活动。从时间的含义来看，它与单个或多个项目活动的全部历史过程有关；从空间的含义看，它还可以是对某一项目或地区发展趋势的评价。

目前，环境影响后评估在不同的国家有不同的提法。比如，在中国，有验证性评价、事后评价、回顾性评价等；国外的提法有Post-Project Evaluation、Post Project Appraisal、Post-Project Review、Post-Project Environmental Impact Assessment Audit、Environmental Impact Assessment Review、Post-Auditing 或者 Post-Project Analysis。其中“Post-Project Analysis（PPA）”是最常用的一种提法。联合国报告中对PPA的界定是：做出项目批准决定之后，在项目实施阶段所进行的环境研究，其主要作用是及时发现工程建设中的环境问题，验证环境影响评价结果的准确性，最终反馈到工程建设中。

综上，环境影响后评估有5个方面的内涵：①反映建设项目对环境的实际影响；②对环境影响报告进行事后验证，检验其预防恢复措施的有效性，验证项目实施前一系列预测和决策的准确性和合理性；③通过分析影响过程的变化趋势，评价目标可持续性，并针对趋势预测的结果提出预测和补救措施；④不同时段对项目进行的新的评价；⑤信息反馈，为项目管理和环境管理服务。

1.1.4　累积环境影响评价（CIA）

累积影响（Cumulative Impact）源于 1973 年美国颁布的《实施“国家环境政策法”（NEPA）指南》，目前为普遍接受的是由美国环境质量委员会（USCEQ）于 1997 年提出的概念，即“累积效应是由已发生的过去的、现在的及可合理预见的将来要发生的一系列行为所导致的作用于环境的持续影响”。累积影响的实质是各单项活动的影响的叠加和扩大，与现今流行的单个项目的影响相比，它考虑得更周详、更彻底，难度也相对更大了。

目前，累积影响评价（Cumulative Impact Assessment，CIA）至今尚未有一个公认的概念。简单地说是指对累积影响的产生、发展过程进行系统的识别和评价，并提出适当预防和减缓措施的过程。也有学者提出更详细的定义，即 CIA 是系统分析和评估累积环境变化的过程，分析和调查（包括识别和描述）累积影响源、累积过程及累积影响，对时间和空间上的累积作出解释，估计和预测过去的、现有的和计划的人类活动的累积影响及其社会经济发展的反馈效应，选择与可持续发展目标相一致的建议活动的方向、内容、规模、速度和方式。但不管是国外学者还是国内学者，他们对累积环境影响的研究都基于相同的因果过程，即累积环境的影响源、影响途径和影响效果三个部分。

1973 年美国加利福尼亚州的《环境质量法案》已经提到了累积环境影响：“如果项目可能造成的影响单独来看非常小，但是累积起来是很大的，那么可以认为项目对环境的影响是很大的。”并于 1978 年颁布的《NEPA 规定》中被正式提出。此后虽然出现了关于累积影响的多种定义及名称术语，但基本上都是从两方面对其进行界定：一方面是对累积影响的现象或效果进行描述，另一种是从分析累积影响的过程入手进行概括。1983 年霍勒克建立了以因果关系为基础的累积环境影响的概念框架，在这个概念框架的基础上，国内外学者对累积环境影响进行了定义和划分。1987 年 Sonntag 在《累积效应评估：联系未来研究和发展》一文中把引发累积环境影响的人类活动分成单独的活动、多成分活动、多项活动及全球性活动四类，分别说明了累积环境影响的不同原因，这些原因会随着人类活动在数量、类型、时间和空间尺度上的扩大而变得越来越复杂。同年 Peterson 在《加拿大累积效应评估：行动及研究的一项议程》一文中依据累积环境影响源和过程类型把累积方式分为四种，体现了累积环境影响动态的和复杂的本质。1992 年考克林将累积环境影响定义为“影响的累积”和“累积的影响”两种类别，他认为“影响的累积”指的是“单个或多个项目产生出来的不相关联的效应（例如湖泊中由电厂排入的冷却水与农业排放的磷负荷）”。只有在这些项目产生的效应对整个生态系统的功能造成影响时才能认定彼此之间的关联性的存在；而“累积的影响”则指的是“源于加和或协同作用而产生的交互性效应，尽管某些开发项目之间无任何关联，但它们均会对某一环境要素产生联合作用（例如汽车尾气与火电厂排气均会影响大气中 CO 的浓度水平）”。1997 年彭应登、王华东等人对考克林的累积环境影响的定义又做了补充，认为累积环境影响可分为广义的累积环境影响和狭义的累积环境影响。前者是指涉及单个或者多个项目影响源，并且时空尺度跨越较大的累积影响，后者是指只涉及多个项目的影响并且时空尺度跨越较小、能够被人类视野覆盖到的累积影响。

1.1.5 环境演变分析（ECA）

演变是指历史较久的发展变化。而演变分析，即是根据多年的数据、资料等，从历史的角度出发，分析其历史变化趋势，且大多注重成因或效果分析。目前，演变分析已经在消费结构、产业结构、交通运输、空间结构、河床河道等多方面普遍应用。

将演变分析引入环境领域，得到环境演变分析这一概念。涉及环境演变分析的文献，大多只将它作为一种技术评价手段加以应用，通过对过去几年甚至几十年的环境数据、图像等资料的分析，然后参照环境影响报告书，对环境保护措施及环境管理的有效性进行评价，得到现状和预测结果的偏差，并未针对这类分析形成具体的概念或定义。

2001 年，尹昭汉、张国枢、布仁仓等人针对鸭绿江中下游地区近百年来水土流失加剧、野生动植物种群减少、生态功能降低等问题，进行了环境演变分析，指出人们对该区域自然环境掠夺式的开发及其造成的环境污染是导致生态环境恶化的重要因素。2004 年，潘晓玲、马映军、高玮等人编写了中国西部干旱区生态环境演变过程一文，根据湖沼沉积、黄土沉积和冰积等地质记录，运用 GIS、RS、生态景观学等方法，从万年、千年和百年及百年以下 4 个时间尺度对中国西部干旱区生态环境演变过程进行了相关研究。2007 年，陈建明、努尔买买提江、王粒全等针对塔里木河流域沙漠的逐步扩大，造成流域生态环境的不断恶化，给流域内社会经济及广大群众生活造成一定负面影响这一现象，对流域内荒漠植被衰竭、流域沙漠化成因及现状进行了分析，编写了塔里木河流域沙漠化演变分析及防治对策一文。同年，王志敏针对额济纳旗地下水位快速下降，水质恶化，绿洲荒漠植被退化等现象，从额济纳绿洲水环境的时空演变着手，论证了荒漠植被与水环境的关系。

1.1.6 回顾性环境影响评价

回顾性环境影响评价是环境影响评价的一个分支，是一个正在发展的领域。在理论上回顾性环境影响评价是继对有关开发建设的政策、计划、规划以及具体建设项目的环境影响评价之后，为检验实际环境影响和减缓措施的有效性，监督潜在的有损环境活动和行为而进行的包括环境监测、审计和改进措施在内的环境研究和管理过程。它既是对原环境影响评价过程中所使用的预测模型和结果正确性的验证，又是对原工作内容进行重要的补充和修正，并提出更为合理和实用的环境保护的措施和对策，为环境决策和环境管理提供科学依据。

进一步讲，回顾性环境影响评价提供了一种对环境影响评价质量进行控制的有效手段，因为任何开发行为的实际环境影响与预测结果总会有一定的差距。原环评中提出的环境影响的补偿和缓解措施是否完全可行也有待于进一步检验，回顾性环境影响评价是达到这一目的必要手段。这里讨论的回顾性环境影响评价是针对建设项目而言的，它与区域的环境质量的回顾性环境影响评价相比，无论从性质、工作内容、工作对象、方法及作用等哪方面看，都有许多不同之处。

回顾评价的评价内容是根据历史资料对一个区域过去某历史时期的环境质量进行回顾。它是通过收集过去积累的环境资料，包括监测资料和调查资料等，进行环境模拟，推算出过去一个区域的环境质量状况。通过回顾评价可以揭示区域环境质量变化和污染发展的过程分析当前环境质量状况推测未来环境发展趋势。环境回顾评价是环境影响后评估的环境现状评价和环境影响评价的基础。

当前国内外对于回顾性评价的研究和应用基本上可以分为以下两种类型。

（1）验证性回顾评价。目前文献中通常将回顾性评价等同为环境影响后评价，是继对有关开发建设的政策、计划、规划以及具体建设项目的环境影响评价之后，为检验实际环境影响和减缓措施的有效性、监督潜在的有损环境活动和行为而进行的包括环境监测、审计和改进措施在内的环境研究和管理过程。

（2）累积性回顾评价。另一种类型的回顾性评价多出现在对累积影响评价（Cumulative Effects Assessment，CEA）的研究中。CEA 中对于回顾性的累积影响研究大体上分为两种途径：①基于效应的回顾性评价（Effects-based），这是一种更广泛的区域性评价方法，用于在广阔的空间尺度上定量累积性影响。②基于压力的回顾性评价（Stressor-based）：此类方法在某种程度上可以视为传统项目 EIA 的延伸。

环境影响后评价就是要对开发活动所产生的综合影响进行回顾，因此在这层意义上两者是相同的，而回顾性评价的方法亦是环境影响后评价工作的主要技术方法。

1.1.7　各概念与环境影响后评价的比较

环境影响后评价在环境管理环节上所处的位置有别于我国现行的其他各类环境管理制度，各管理制度所位于的环节如图 1-1 所示。

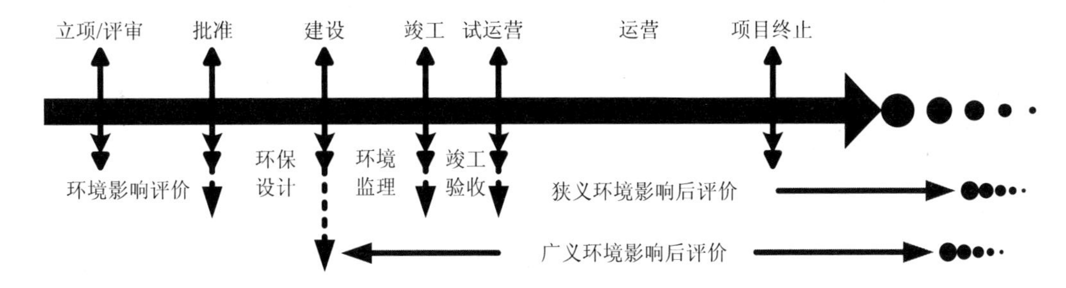

图 1-1　环境影响后评价在我国现行管理环节所处位置

1.1.7.1　环境影响后评价与环境影响评价

环境影响后评价是以项目运营中的实际情况为依据，评价项目从立项决策、设计施工到投产营运等全过程的环境保护执行情况和综合环境影响，分析项目实施前一系列预测和决策的准确性和合理性，找出问题和误差的原因，提出必要的对策措施，为提高决策水平、改进环境管理和环保工作提供科学依据。

项目环境后评价与项目前期环境影响评价在评价原则和方法上没有太大的区别，都采用定量与定性相结合的方法，评价工作应当由具有相应资质的单位承担。但是，由于两者的评价时点不同，目的也不完全相同，因此存在一些区别，主要表现如下。

（1）评价的目的不同。环境影响评价的目的是确定项目是否可以立项，它是站在项目的起点，主要应用预测技术来分析评价项目未来的环境效益，以便从环境的角度确定项目是否可行。环境后评价则是站在项目完工的时点上，一方面检查、总结项目实施过程中的环境保护工作，找出问题，分析原因；另一方面，要以环境后评价的时点为基点，预测项目未来环境影响和环保效果的变化发展趋势。

（2）评价的对象不同。环境影响评价主要是对拟建项目可能的环境影响以及环境、经济、社会效益的协调统一性进行评价，环境影响后评价是对项目的决策和项目实施的环境效果等进行评价。

（3）评价内容不同。环境影响评价是对拟建项目可能产生的环境影响进行分析并提出相应的防治措施，而环境影响后评价则偏重于对项目实施后的环境效果等进行评价并提出相应的改进建议。

（4）评价依据不同。环境影响评价主要依据历史资料和经验性资料，以及国家和部门颁发的政策、规定和参数等文件为依据；而环境影响后评价则主要依据建设完成后工程实施的现实资料，并把历史资料和现实资料结合起来进行对比分析，要求的准确程度较高，说服力较强。

（5）评价阶段不同。环境影响评价是在工程决策前的前期工作阶段进行，它决定工程是否可以上马；而环境影响后评价则是在工程竣工运行一段时间后，对工程实际环境影响进行评价，是环境影响评价的延伸。

环境影响后评价不应该是对环境影响前评价的简单重复，而是依据国家政策和环境管理制度规定，对决策水平、管理水平和实施结果进行的严格检验和评价。它是在与前评价比较分析的基础上，总结经验教训，发现存在的问题并提出对策措施，促使建设项目发展的同时保证区域生态系统自身健康发展。

1.1.7.2 环境影响后评价与环境影响跟踪评价

环境影响跟踪评价是环境影响评价制度和环境影响后评价的组成部分。《环境影响评价法》第 15 条、第 19 条、第 27 条、第 28 条、第 29 条、第 33 条等条款中，增补了对环境影响的跟踪检查和后评价的有关要求，但后评价并未成为一种制度或体制。规定：对环境有重大影响的规划实施后，编制机关应当及时组织环境影响的跟踪评价，并将评价结果报告审批机关；发现有明显不良环境影响的，应当及时提出改进措施。本条规定了规划的组织编制机关要对规划实施后的环境影响进行跟踪评价。

《环境影响评价法》所称跟踪评价，是指对环境有重大影响的规划实施后，该规划的组织编制机关应当及时组织力量，对该规划的环境影响进行检查、分析、评估，并采取相应对策的制度。在建设项目建设、运行过程中产生不符合经审批的环境影响评价文件的情形的，建设单位应当组织环境影响的后评价。即规划需要跟踪评价，项目需要后评价。实际上对规划的环境影响跟踪评价和对建设项目的环境影响后评价都属环境影响后评估或者称为后评价范畴。

1.1.7.3 环境影响后评价与竣工验收

环境影响后评价与建设项目竣工环境保护验收都是以现有相关法律法规为依据，在环境影响评价的基础上，检查影响评价中提出的环境保护措施的落实情况及其有效性，提出补救或整改措施；两者均作为环境影响评价的有机组成完善了整个建设项目环境影响管理全过程。但两者在适用范围、评价重点及评价目的等方面存在差异。

（1）适用范围不同。环境影响后评价适用于在项目建设、运行过程中产生不符合经审批的环境影响评价文件的情形的建设项目以及对环境有重大影响的规划；而建设项目竣工环境保护验收作为环评报告规定措施落实情况的检查手段适用于所有建设项目。

（2）评价的重点不同。环境影响后评价侧重于建设项目对环境的实际影响、布局与环境承载力的匹配关系是否相符，验证和检验环境保护措施有效性，验证和检验环境影响报告书中源强、预测结果、评价结论与建设项目投产运行后的源强实测结果是否相符等，提出改进途径；而竣工验收侧重在工程的进度、质量和造价方面，重点是分析过程，总结经验教训。

（3）评价的目的不同。环境影响后评价的目的主要是为了本工程下一阶段建设或其他新建工程环境治理提供可以借鉴的经验教训；而竣工验收仅是后评价内容之一，其主要目的是对工程的建设情况进行总结验收。

（4）评价的层次不同。环境影响后评价一般由环境管理部门委托外部中介机构完成，后评价报告可以提出工程组织管理部门权限以外的问题和意见；而竣工验收一般由环境管理部门自己完成，往往难以超越本部门职权范围去分析原因，提出建议。

（5）实施时间不同。按照《环境影响评价法》第 27 条规定，建设项目进行环境影响后评价的时间范围是“建设项目建设、运行过程中”，也就是说，只要建设项目经批准开工建设后，直至项目完工，进行正常运行的整个阶段，都可以进行环境影响后评价，而不仅仅局限在项目完成之后，即使在项目建设过程中，出现问题的，也应当及时开展环境影响的后评价；建设项目竣工环境保护验收，建设单位应当自试生产之日起 3 个月内，向有审批权的环境保护行政主管部门申请该建设项目竣工环境保护验收。

1.1.7.4　环境影响后评价与累积环境影响评价

累积影响评价的目的是系统分析和评估煤炭开发对生态环境的累积影响，包括累积影响源，累积过程，累积效应的调查、分析、识别、描述与解释，过去、现有和计划的开发活动所导致的累积影响及对社会经济发展影响的评价和预测，符合可持续发展要求的开发规模、速度和强度建议等内容。因此，累积环境影响评价应该属于环境影响后评价的一种主要的评价方法，在实际工作中累积影响评价被作为环境影响后评价的一部分进行。累积影响评价可分为单要素评价及综合评价两类。两者存在内容及着眼点的不同。

（1）评价对象不同。环境影响后评价一般是对单个开发工程项目的整个建设及开发过程进行评价，并以项目开发的历史过程所产生的环境影响结果作为本底进行未来影响趋势的预测，累积影响评价强调的是对各类累积因子最终累积影响结果的评价，重在结果，并不重在变化趋势的评价和分析；环境影响后评价的是项目所有主、辅工程对区域环境影响的全过程，还需考虑每个工程组成带来的直接和间接影响效应，累积影响评价仅重点分析整体工程在过去的一段时间内对区域环境造成的综合累加影响结果。

（2）评价重点不同。累积影响评价侧重于累积效应明显的影响因子，如水环境、生态环境及土壤（重金属）环境等在时空两方面的累积结果；而环境影响后评价往往以环境影响评价为出发点，综合分析全部环境影响要素的变化趋势，就环境影响评价所提出的措施、对策的有效性做出评价，并进一步提出合理建议。

（3）评价时空不同。环境影响后评价是对受建设项目影响区域的环境质量变化过程的评价和分析，而累积影响评价强调的是对一个完整自然单元中具有累积效应的各类因子的累加结果的分析和评价。

环境影响后评价和累积影响评价都是基于对项目环境影响评价内在缺陷的认识而提出的，环境影响后评价及累积环境影响评价都是对项目环境影响评价在时间及空间范围的横向拓展；环境影响后评价及累积影响评价均从影响最终受体入手，评价对象是各个受人类活动影响的环境因子（生态系统、大气、水、土地等），评价重点是评价时空范围内各敏感环境因子受到的累积影响的显著程度。

1.1.7.5 环境影响后评价与环境演变分析

环境演变趋势分析是环境影响后评价进行回顾性评价和预测评价时的一种方法，通过分析其环境演变趋势达到进行影响后评价和预测的目的。但单独而言，两者的具体含义存在差异。

（1）评价对象不同。环境影响后评价的评价对象一般都是具体建设项目，如石油、高速公路、水利水电、采矿等。而环境演变分析，则是关注特定区域的某类环境要素。目前，我国做过的环境演变方面的研究主要是水环境的演变分析、生态环境的演变分析、大气环境的演变分析等。

（2）评价目的不同。环境影响后评价是环境影响评价制度的一种拓展，主要用于对建设的全生命过程的控制和管理，是建设项目管理的一种手段之一，能够对建设项目环境保护方案有针对性地进行验证、补充和修正。而环境演变分析，则是从历史的角度探索研究区域的环境演变趋势，然后分析其可能的成因，是环境影响后评价的一种评价方法。

（3）评价范畴和内容不同。环境影响后评价的评价内容主要是环境质量现状评价、回顾性评价、验证性评价、有效性评价等主要部分。在综合评价的基础上，提出项目环境管理的改进建议。此外，环境影响后评价还包括环境经济损益分析和社会影响评价等方面。而环境演变分析则主要是时间和空间上的研究，在时间上，涵盖了过去和现在的自然环境状况，空间上，针对特定的生态环境单元。

1.1.7.6 环境影响后评价与回顾性评价

回顾性环境影响评价是实现环境影响后评价的方法之一，后评价的内容包含了回顾性评价的内容，且较之更全面。

（1）评价对象的不同。后评价主要是针对运营多年的项目，为了更好地评价多年生产活动所带来的累积环境影响，进一步完善环评及验收阶段所提出的环境保护方案，督促企业切实有效地执行所有环境保护措施而进行全过程评价及预测评价。是对建设项目前评价的验证和补充。包括对环保资料、环保手续、企业生产能力与企业所持批复能力的相符性、现在的环保措施运行及污染源强、目前环境现状、整改措施等方面进行全面的回顾和预测评价。回顾性评价主要是在企业或者是特定的工业园区发展到一定的阶段，想对企业或者工业园长期纵向的环境保护方面的情况作一个了解和评价，主要是对企业的环境影响历程及环境保护工作的梳理。因此，回顾评价亦是实现环境影响后评价的重要方法之一。

（2）评价方式不同。后评估包括历史数据的回顾性评价、现状监测评价和模式预测评价，已预测评价的结果作为项目后续环境保护方案完善的主要依据。而回顾性评价主要是利用历史监测数据进行评价，利用对污染源、敏感点的监测结果作为评价的依据。

1.2 环境影响后评价发展概况

国外关于环境影响后评估（Post-Project Analysis，PPA）的研究主要始于 20 世纪 80 年代，英国的 Manchester 大学的环境影响评价（EIA）中心已经对环境影响后评估展开了相关的研究工作。目前中国开展环境影响后评估的研究还比较少，尚处于起步阶段。国内外实践均证明，环境影响后评估对于提高环境影响评价的有效性、提高项目决策和环境管理水平都具有非常重要的作用。

1.2.1　国外环境影响后评价发展概况

就世界范围而言，项目后评价始于 20 世纪 30 年代美国“新政时代”，60 年代美国“向贫困宣战”的规划中使用了巨额国家预算资金投入建设，使后评价进一步得到了发展，直到 20 世纪 70 年代中期后评价才广泛地被许多国家世行和亚行等双边和多边援助组织在评价其世界范围的资助活动中使用。

1.2.1.1　国外后评价的发展历史

在国外，关于建设项目事后环境管理方面的一个较为普遍的提法是环境审计。20 世纪 70 年代末，为了响应环境立法对污染者实行重罚，美国率先采用了环境审计。荷兰也是世界上最早进行环境影响后评价研究工作的国家之一，1986 年，荷兰在环境立法中将后项目分析（Post-Project Analysis，PPA）纳入环境影响评价之中，PPA 成为环境影响评价的一部分。1988 年，欧洲经济委（ECE）通过对 11 个案例研究的比较分析，确定那些已成功进行了环境影响后评价的项目所使用的环境影响评价方法，从而使其他的项目以此改进实践中的环境影响评价方法，同时还提出了环境影响后评价的用途以及环境影响后评价与环境影响评价的关系，确定了环境影响后评价的分类以及实施程序等。1989 年国际商会的专题报告中提出了环境审计的概念，并得到了普遍的认可。环境审计是指对社会各部门和区域的环境状况和环境行为进行客观取证、审核、鉴定和评价，并做出审计结论，提出建议和措施，以供有关管理部门检查核实的过程。国际标准化组织于 1995 年在奥斯陆制定了 ISO 14000 规范为环境审计和生命周期评估以建立环境管理体系，制定了一定的原则和指南。概括地讲，环境审计是指审计机构依照环境审计标准，运用审计方法及现代化物理等工艺技术，通过评审环境保护管理系统，预防环境污染消灭污染源、监督评审生产加工环境、跟踪调查危险品的生产使用销毁、审查企业生产经营合规性、确认计量环境负债的真实合规性、评价环境改善的合理性、预测控制投资交易风险等，以达到保护自然环境等目的。根据环境审计的目的将其分为司法审计、技术审计和组织审计。

国外关于环境影响后评价（PPA）的研究主要始于 20 世纪 80 年代，英国 Manchester 大学的环境影响评价（EIA）中心已经对环境影响后评价展开了相关的研究工作，并陆续有该领域研究成果的报道。早期的研究，从改进、完善环境影响评估程序提到较多的是审计（或审核）、评估。即对环境影响进行监测、审计，对环境影响评估进行评估（Wathern 1988）。其中关于环境影响评估的研究，构成了当代环境影响后续评估的重要内容。一般认为环境影响评估的评估可以划分为 3 种类型，即科学/技术、程序/管理、结构/决策（Petts J.&G. Eduliee 1994）。目前，国外对环境影响后评价的研究主要集中于对项目的环境影响后评价研究。例如，日本宇都宫大学农学院的 Nakayama M 在对印度尼西亚的撒古灵大坝进行环境影响后评价的研究中认为，改善大坝建设项目的环境影响评价方法十分迫切，通过环境影响后评价能够发现在环境影响评价研究或是项目的实施中都不合理的方面。加纳的 Isaac Kow Tetteh 等对加纳库马西的 Barekese 大坝建成使用 30 年后对周边三个沿岸社区进行了环境影响后评价，在对影响的识别和分析使用了包含数学模型的网络图，以定量加权的影响得分表示的预期环境影响表明大坝对社区的环境质量产生明显的不利影响。

Tullos 和 Desiree 在对三峡工程的研究中认为，环境影响评价过程中存在一些限制因素，包括与影响预测的不确定性和显著性相关的因素，这些因素直接关系到技术和政策的结果。分析指出环境影响评价过程与科学研究之间直接反馈的缺乏，对项目环境可持续性提出了巨大挑战，并提出环境影响后评价是重要的制度改变。另外，对环境影响后评价的作用方面也有部分研究。其中，Frank T. Anbaria 等认为，环境影响后评价是有效的，但是很多情况下并没有统一的体系和制度来管理，因此把后评价作为有效的环境管理系统中的一部分是非常必要的；英国拉夫堡大学的 Chondhary 等对后评价文本对于组织处理问题、加强管理等方面的作用进行了研究。

近年来，发展中国家的后评估亦已经有了很大的发展。据联合国开发署 1992 年的资料，85 个较不发达的国家已经成立了中央评估机构。但是，上述“评估机构”大多为从属或挂靠政府的下属机构，相对独立的后评估机构和体系尚未真正形成。这些政府机构大都只是根据世行、亚行等外部要求组织相关项目的后评估，只有少数国家建立了可以统一进行整个国家系统后评估工作的机构。从总体上看，后评估成果的反馈情况并不令人满意，主要问题是没有完善的反馈机制。

1.2.1.2 国外项目后评价的发展趋势

目前国外环境影响后评价的发展趋势主要有以下几个方向。

（1）各国越来越重视环境影响后评价。世界各国环境保护组织及管理部门尤其是公众逐步发展许多项目开发活动对环境的影响具有累积效应，而事前的环境影响评价和预测一方面不能非常准确地预测出真实出现的结果，而且也并不能保证项目运营全部过程中环境保护措施的有效实施，因此后评价显得越来越必要。

（2）后评价内容和方法由单一向多样发展。随着后评价试点案例的增多及后评价相关研究的开展，后评价内容和方法的发展经历了由单一地沿用环境影响评价方法，向包括回顾性评价方法、累积影响评价方法、验证评价方法等多种评价方法演变的过程。这也表明了环境影响后评价的内容和方法在不断地丰富和完善。

（3）项目后评价倾向于对投资项目全过程进行评价。早期的项目评价只应用于项目启动前的论证阶段，对项目决策后的建设实施阶段评价分析较少。随着实践的深入和认识的不断提高，项目评价的时间范围开始扩展，从前评价到后评价，再到对项目的全过程进行评价，逐步形成对项目全过程进行科学的预测、分析、监督、管理、总结等多个方面的评价体系。

（4）从评价机构的设置上看呈现多层次趋势。一方面项目后评价的社会化、立法化程度在提高，项目后评价的结论建议可直接向国家或机构的最高领导汇报；另一方面后评价的机构设置也向地方和基层单位延伸。

（5）企业项目后评价不断加强。由英国海外开发署的调查分析得知：在私有公司和企业中出现了一种增强后评价的趋势，企业的管理者开始认识到实施后评价的重要性，与此同时，他们已经开发了很多实用的评价方法、技巧以及反馈机制。

1.2.2 国内环境影响后评价发展概况

我国项目后评价工作起步较晚，国家发展与改革委员会在 20 世纪 80 年代初期开始对重点建设项目进行项目后评价工作试点。1998 年国家发展与改革委员会委托中国国际工程咨询公司进行第一批国家重点建设项目的后评价，这标志着我国项目后评价工作的正式开始。随着国家公益项目和大型建设项目投资势头的增加，项目后评价工作已经得到了政府和各部门的重视。20多年来，项目后评价工作在国家经济建设的发展中不断进步和完善，在一些发展成熟的领域已经形成了自己的后评价体系，同时项目后评价的理论研究也是在实践中发展、进步和完善。顾基发（1990）认为国内对于后评价理论及应用的研究大多建立在项目评价的基础上，将项目评价分为前评价、中评价及后评价。

环境影响的后评价则是近十年来逐渐出现的，2003年施行的《环境影响评价法》，首次对规划建设项目的环境影响提出了后评价（或跟踪评价）要求，这对提高环境影响评价的有效性，提高建设项目的决策和环境管理水平都有重要作用。作为建设项目环境管理的不同程序，目前我国已经开展的还有：环境影响评价、环境监理、环境保护竣工验收。环境影响后评价概念的提出就是源于环评制度的有效执行和实施过程中存在的部分问题，影响了环评制度的深入贯彻以及环评的实际效果和实际作用，认为环境影响后评价可以作为一种对原评价的验证和有效补充。

1.2.2.1 我国开展后评价的发展历程

目前，我国的后评价工作处于发展阶段，1988年国家计划委员会正式委托中国国际工程公司进行第一批国家重点项目的后评价。尽管后评价工作在我国起步较晚，但各部门对后评价的需求越来越高。率先进行后评价的机构有国家计划委员会、国家审计署、中国建设银行以及交通部、农业部、卫生部等。回顾我国的后评价工作，大致经过了以下历程。

（1）项目后评价。

萌芽阶段：1980年之前属于我国项目后评价的萌芽阶段，总体上是在利用外资，尤其是世界银行贷款项目管理的过程中学习、借鉴国外先进经验的基础上开始发展起来的。即在项目管理、总结与评价中，开展了与项目后评价相类似的工作，相当于工作总结和调查，但这些工作的内容深度都远未达到项目后评价的要求，也没有规范的程序和科学的方法。

起步阶段：1980—1990年是我国项目后评价的起步阶段。主要是借鉴世界银行的有关资料、经验，同时，国家计划委员会所属标准定额研究所（1998年后归属建设部）委托中国人民大学进行了后评价理论研究并组织了对几个国家重点项目的后评价。1986年年底，国家计委外经局与世界银行后评价局在北京联合举办了后评价学习班，希望先建立起我国的世界银行贷款项目后评价制度，再推动建立我国基本建设项目后评价制度，但由于种种原因，成效不大。在随后的几年中，相继对几个重点项目进行后评价，并发表“后评价报告”，开始对后评价的内容、方法、组织等问题进行了探讨。国家计委为总结国家重点建设项目的建设经验，开展了项目后评价试点工作，1988年国家计委正式委托中国国际工程公司进行第一批国家重点项目的后评价，并于1990年下达了《关于开展1990年国家重点建设项目后评价工作的通知》的54号文，成为我国政府部门最早制定的有关后评价的政策法规，对行业、部门和地方开展后评价工作起了很大作用。随后，进行后评价的机构有国家计委、国家审计署、中国建设银行以及交通部、农业部、卫生部等，并相继制定了各行业项目后评价的有关规定、办法，指导并规范了行业系统的项目后评价实践。我国投资项目后评价工作已经从无到有发展起来，人们对其认识也在逐步深入。

发展阶段：20世纪90年代以后至今处于我国项目后评价的发展阶段。国家各部委、各行业部门、各高等院校及研究所相继完成后评价项目多个。财政部除由国家国有资产管理局负责进行国有资产经营的评价工作之外，还分别于1993年和1998年成立了基本建设财务司和重点项目稽查办公室，以加强基本建设项目的后评价工作；此外，交通部、建设部、国家经贸委、中国石油天然气总公司、中国银行等机构都陆续出台项目后评价的有关政策法规，开展项目后评价工作（如《公路建设项目后评价报告编制办法》《建设项目经济评价方法与参数》《投资项目社会评价方法》《工业企业技术改造项目经济评价方法》《石油工业行业重点建设项目后评价实施方法》《授信风险管理后评价试行办法》等），这丰富了我国后评价理论，有力地促进了我国项目后评价的发展。1991年7月，国家计委出台了后评价准则，从此至今，我国项目后评价工作步入正式发展的轨道。

到目前为止，我国已对200多个重点项目进行后评价，其评价项目主要分为5部分：一是国家重点建设项目，主要由国家发改委委托中国国际工程咨询公司实施后评价；二是国际金融组织贷款项目，主要根据国外投资者的要求，由这些组织进行后评价，中方有关单位只参与部分工作（如工作准备、收集资料等）；三是国家银行项目，主要由中国人民建设银行和国家开发银行负责实施后评价；四是国家审计项目，由国家审计署负责对国家投资和利用外资的大中型项目进行审计。目前，国家审计署正积极开拓绩效审计等与项目后评价相关的业务工作；五是行业部门和地方项目，是由行业部门和地方政府安排投资的建设项目，由部门和地方去组织项目后评价，目前各行业各地方的项目后评价发展还不平衡。

（2）环境影响后评价。

上述内容基本都不属于环境影响后评价的内容，而是经济投资的后评价。目前，我国建设项目环境影响后评价理论研究和项目开展，主要集中于水利水电、交通运输、海洋及海岸带开发等行业，而对于煤炭开采等采掘类建设项目，还未出台比较完整的后评价技术指导方法。

我国的第一个环境影响后评价管理规定是2003年10月27日由国家海洋局以国海管字[2003]346号印发的《海洋石油开发工程环境影响后评估管理暂行规定》，明确指出，2000年4月1日以前投入生产的海洋石油开发工程，企业或作业者应在2004年年底以前，根据海区分局提出的环境影响后评估要求，组织开展本工程的环境影响后评估工作。

2005年5月10日，国家发展改革委印发了《关于加快火电厂烟气脱硫产业化发展的若干意见》（发改环资[2005]757号），明确提出开展火电厂烟气脱硫设施后评估。根据《国家发展改革委办公厅关于委托中国电力企业联合会开展火电厂烟气脱硫产业化发展有关工作的函》（发改办环资[2005]1988 号）的要求，中国电力企业联合会组织建立了火电厂烟气脱硫后评估专家库；组织制定并发布了《火电厂烟气脱硫工程后评估管理暂行办法》；组织开展了太仓港环保发电有限公司一、二期烟气脱硫工程和江苏阴龙发电有限公司二、三期烟气脱硫工程两个试点项目的后评估工作。证实了后评估暂行办法具有可操作性；证实了后评估的技术内容、目标的可实现性；形成了一套后评估工作的组织方法；探索了评估自主知识产权技术的方法和途径；确定了后评估报告的编制内容及格式；对规范脱硫产业化发展起到了促进作用。

同时，环境影响后评价思想也随着环境影响评价理论与实践的日益发展而产生并受到国家关注。一方面，环境影响评价理论在不断拓展和丰富，逐步形成由项目、区域到战略、政策的环境影响评价；另一方面，在环境影响评价的实践中，不断发现环境影响评价程序、管理和方法等方面的不足，需要进一步完善，特别是如何保证和提高环境影响评价有效性，更是成为环境影响评价实施多年以后人们更加关注的问题之一。环境影响后评价的引入试图在如何提高环境影响评价有效性方面寻求新的突破。

就具体研究而言，首先是针对开展环境影响后评价工作的重要性和意义，刘纪纲等人做出了前瞻性的研究；而在环境影响后评价的对象、内容和工作程序方面，边归国与王华东等人进行了深入的分析；在环境影响后评价的方法上，李中愚等把环境影响后评价运用于具体建设项目；周世良讨论了环境后评价的目的和内容；吴照浩从加强规划、建设项目环境管理，完善环境影响评价机制的角度出发，分析了我国当前环境影响评价制度、存在的不足和完善的必要性，研究了环境影响后评价的作用，提出了实施后评价的具体内容；在 2007 年 9 月学术交流会上，邯郸市环保局的魏密苏从环境影响后评价的定义出发，介绍了环境影响后评价在整个环境影响评价中的意义和作用；沈毅等以公路建设项目为例，总结了环境影响后评价的概念、基本内容和后评价程序，介绍了环境影响后评价的发展过程及其理论和实践上的研究进展，并着重探讨了目前环境影响后评价工作中存在的主要问题，为今后环境影响后评价的研究提供了一些建议；蔡文祥等结合《环境影响评价法》的有关条款，探讨了环境影响后评价的概念、分类、适用对象、意义和内容，提出了环境影响后评价的管理和实施程序，结合多年的实践，分析了目前环境影响后评价工作在理论、方法和管理上存在的问题，提出了改进和完善的建议，并结合案例实践，表明开展环境影响后评价有助于提高环境影响评价制度的有效性；丁莉平从我国公路项目管理的实际出发，对公路建设项目环境影响后评价理论体系的建立结合实例进行了研究探讨，以期对以后的公路建设项目环境影响后评价有借鉴和指导作用；邱弋冰对北部湾海上石油开发工程进行了环境影响后评价，初步探讨了调查研究法、实验分析法和回顾评价法这三个海上石油开发工程环境影响后评价方法，为海洋开发工程环境影响后评价提供了技术支撑；王华通过横向（同时间附近海域环境现状）和纵向（不同时间同海域环境现状）的对比，了解并掌握北部湾油田海域环境污染程度，综合分析了北部湾油田海域环境由于油田生产受到的影响程度，向油田生产者提出客观的建议和整改意见，为有关管理部门实施管理职能提供技术保障，以达到后评价初步研究的目的。

对于环境影响后评价指标体系及相应的量化模型上也有了相关的研究。凌征武建立了高速公路环境影响后评价指标体系及相应的量化模型。其后评价指标体系包括：自然环境（主要分为生态环境、大气环境、声环境和水环境）、社会环境和环境损益等。量化模型主要有根据高速公路项目对自然环境影响的特点，建立相关的评价与预测量化模型，对社会环境影响的评价指标采用定性和定量分析的方法，以定量评价为主、定性分析评价为辅的单指标评价方法，然后通过综合评价法进行综合评价。依据效益—成本理论，对高速公路环保设施及环保措施进行效益—成本分析评价，并根据环境资源的公共属性，建立了一系列的环保投资效益分析的量化模型。

周正祥等从高速公路大气环境影响后评价的概念、范围、内容和作用出发，根据高速公路大气环境影响后评估指标构建的原则，选取了 4 类评价指标：交通功能指标、环境影响指标、气象影响指标和地形地貌指标。参照原国家环保总局使用的模式（计算源强、各指标的浓度、扩散参数）构建量化模型，与监测数据进行比较找出大气污染的主要影响因子，从而采取相应的措施减少大气污染。

崔轶研究了公路生态环境影响后评估指标体系，建立了生物丰度指数、植被覆盖指数、水网密度指数和土地退化指数这 4 个指标，并研究了其归一化处理计算方法；崔轶等指出公路建设项目环境影响后评估指标体系主要围绕生态环境、空气环境、噪声环境 3 个评价内容，构建出了一级指标，再具体由公路建设对生态环境、空气环境、噪声环境中的主要影响因子的鉴别，构建出可具体量化的、可衡量的二级指标，并研究了量化方法。

综合国内外研究现状来看，对高速公路和水利水电环境后评估的探讨较多，而对资源开采类特别是煤炭开采环境影响后评价还较少。随着我国与世界环境标准和要求的接轨，逐步开展煤炭开采环境影响后评价工作，建立煤炭开采环境后评价制度显得越来越重要。

1.2.2.2 我国开展后评价的项目类别

我国开展经济项目后评价的项目多集中于国家重点建设项目及国际金融贷款的项目，主要为经济类后评价。

（1）国家重点建设项目后评价。包括项目后评价、项目效益调查、项目跟踪评价、行业专题研究等。由国家发展和改革委员会制订评价规定，编制评价计划，委托独立的咨询机构来完成。目前主要委托中国国际工程咨询公司去实施项目后评价。该公司 15 年来共完成近 200 项国家重点建设项目的各类后评价报告，为国家发改委投资决策提供了有益的反馈信息。

（2）国际金融组织贷款项目后评价。主要指世行和亚行在华的贷款项目，即按后评价的原则、方法和程序，由这些组织进行分析评价。中方项目管理和执行机构主要做一些后评价的准备和资料收集工作作为中国政府对外窗口，财政部和中国人民银行也积极参与了这些项目后评价的指导和管理工作。

（3）国家银行贷款项目后评价。过去国家建设项目的投资执行机构是中国人民建设银行，该行从 1989 年起就开展了国家投资大中型项目的效益调查和评价工作，目前建行已形成了自己的评价体系。1994 年国家开发银行的成立，对国家政策性投资实行统一管理。开发银行担负起对国家政策性投资业务的后评价工作，10 年来在后评价机构建设、人员配备和业务开发上取得了重大的进展。

（4）国家审计项目后评价。20 世纪 80 年代末国家审计署建立，开始对国家投资项目、利用外资大中型项目进行正规审计，由审计署自己完成，主要进行项目开工、实施和竣工的财务审计。目前，国家审计署正在积极开拓绩效审计等与项目后评价相关的业务。

（5）行业部门和地方项目后评价。由行业部门和地方政府安排投资的建设项目一般由部门和地方安排后评价。目前，农林、能源（电力、石油）、交通、卫生、水利等部门开展得较好。部门和地方项目管理机构还参与了国家、世界银行和亚洲开发银行项目的后评价工作。

近十几年开展的建设项目环境影响后评价，主要围绕着 2003 年 9 月 1 开始施行的《环境影响评价法》中提到的“在项目建设、运行过程中产生不符合经审批的环境影响评价文件的情形的，建设单位应当组织环境影响的后评价”，以及由地方环保部门根据重点项目环境污染及影响的程度，择问题重大者责令建设单位进行的环境影响后评价。类型上，主要集中在水利水电项目、高速公路项目、石油天然气开采项目及煤矿开采项目。开展较早的如 2006 年的“西藏羊卓雍湖抽水蓄能电站开展环境影响后评价”。

1.2.2.3 我国开展后评价的机构与管理

与我国开展项目经济后评价的项目相对应我国开展项目后评价的管理机构主要包括

国家发展和改革委员会、财政部世界银行司、国家审计署等机构。

而近十几年开展环境影响后评价项目的机构，主要是以环境保护部环境工程评估中心（原国家环境保护总局环境工程评估中心）为核心，该中心于 1997—2000 年进行了有关建设项目环境影响后评价研究工作。一些具体建设项目环境影响后评价案例的委托方均是地方及国家的环境保护行政主管部门，评审的主持方为地方或国家的环境工程评估中心，评价工作的开展方主要是具有相关领域环境影响评价甲级资质的评价机构。

1.2.2.4　国内环境影响后评价的发展趋势

（1）规范环境影响后评价的方法和内容。建立和逐步完善环境影响后评价工作的政策、法规体系，规范环境影响后评价的工作方法体系。目前中国现有的环保法规和制度中对于建设项目的环境影响后评价还暂无明确规定，因此环境影响后评价至今还未正式列入环境影响评价的整体工作范围之内。目前开展的此类评价工作，一般都是根据环境管理部门特殊要求进行的，其内容和方法也有一定的差别，所以要尽快规范环境影响后评价的方法和内容。

（2）明确环境影响后评价的地位。环境影响后评价和环境影响评价、环境监理、竣工验收环境影响调查都是环境管理和项目管理中的重要环节，有其必然的有机联系，但其在评价时点、评价目的和作用上存在本质的区别，从而导致在评价内容、评价方法上也存在区别。应从项目环境管理体系的整体性出发，形成从环境影响评价、环境监理、竣工验收、环境影响调查到环境影响后评价的连贯体系，提高项目环境管理体系整体的效用。

（3）计算机技术多角度的应用。目前验证性评价、回顾性评价以及个别项目开展的环境影响后评估中，对项目造成的环境影响一般用定性描述的方法进行总结。但随着计算机技术的发展和公众及管理层对信息可视化需求的增长，地理信息系统（GIS） 的技术日益成熟，用 GIS 技术能实现建设项目的环境分析。此外随着计算机辅助设计技术（CAD） 的发展和应用，这将促使环境影响后评价专家系统的建立。这种高智能的模拟系统将较全面地解释工程建成前后周围环境质量发生变化的原因，它可根据用户提供的数据、信息等，运用系统中的专家经验进行评判，解决评价领域中的实际问题，得出正确的结论。

（4）开展后评价工作趋向于规范化、科学化、法制化。经过 20 多年的发展，我国积累了一定的后评价工作的经验，也培养锻炼了一支从事后评价工作的人才队伍，这为后评价工作科学开展提供了保障。同时，国家及有关部门也更加重视后评价工作，随着经济体制与法制建设的完善发展，后评价工作将会有广阔的发展前景。

1.3　煤田开发环境影响后评价

1.3.1　煤田开发环境影响后评价的特点

煤田开发环境影响后评价应该实事求是地反映环境问题，辩证地分析问题，提出合理化建议、对策，使后评价的结论具有权威性、通用性和科学性。相对于已开展的环境影响后评价（如电力类项目、石油开采类项目等）而言，煤田开发环境影响后评价具有以下特点。

（1）多目标性。煤田开发建设首先承担着促进国民经济和社会发展，增加区域百姓福祉的宏观目标，也包括因建设区域不同的自然、经济和社会条件而制定的具体微观目标，而煤田开发环境影响后评价的任务就是在经济发展与环境保护和谐统一的前提下，在确保宏观及微观目标最大程度实现的基础上，对这些目标的实现过程中所产生的环境及经济社会影响做出科学的判断和预测，所以对煤田开发项目进行环境影响后评价时，涉及的目标多样，内容广泛，过程复杂。

（2）独立性。煤田开发环境影响后评价工作必须从机构设置、人员组成、履行职责等方面综合考虑，使后评价机构既保持相对的独立性又便于运作，独立性应自始至终贯穿于后评价的全过程，包括从内容的选定、任务的委托、评价主体的组成、工作大纲的编制到资料的收集、现场调研、报告编审和信息、反馈。只有这样，才能使后评价的分析结论不带任何偏见，才能提高后评价的可信度，才能发挥后评价在环境管理工作中不可替代的作用。

（3）复杂性。煤田开发项目建设周期长，在环境影响后评价时要同时考虑项目对环境的近、中、远期影响（即累积影响），尤其要考虑项目建设综合效益（即经济效益与环境损益间的权衡），这是一个漫长的过程，可见，后评价更具有长期性。综合效益是主要衡量尺度，由于后评价涉及的范围和内容非常广泛，许多社会因子、环境因子和经济指标在目前条件下难以量化（对将来的条件更难以量化），需要增加定性分析，这也导致了后评价的复杂性。

（4）不确定性。煤田建设项目环境影响后评价是针对不同地区的建设项目环境影响进行后评价，各地区具有不同的自然、经济及社会条件，这就导致了无法设置精准统一的评价指标，而且也很难判别指标值优劣的临界值，各指标因子间的相关性分析很难计算，所以模糊综合评价与定性评价在后评价中运用较多。

（5）反馈性。煤田开发环境影响后评价的最终目标是将评价结果反馈到项目决策或环境管理部门，作为新项目立项及进行环境影响评价的基础，作为调整投资规划和政策的依据，为今后宏观决策、工程建设和环境影响评价提供依据和借鉴。因此，后评价的反馈利用机制、手段和方法便成了后评价成败的关键环节之一。

1.3.2 煤田开发环境影响后评价国内外研究进展

目前，无论在国外还是在国内对于煤矿建设项目尚未规模性开展环境影响后评价工作。当前，煤炭开采环境影响后评价理论和项目开展都处于探索阶段，建立煤炭采掘行业的环境影响后评价工作技术方法是目前煤炭开采环境影响评价研究的主要任务。专门针对煤炭开采项目的研究成果也较少。而煤炭开采过程带来的土地资源破坏（地表沉陷、露天矿挖损）、水资源破坏、煤矸石占地和自燃、粉尘污染等环境问题日趋严峻，因此，加强煤矿区环境影响后评价对建设可持续发展矿区有着重要作用。

1.4 国内外环境影响后评价方法研究进展

1.4.1 环境影响后评价的理论基础与方法

目前，我国后评价所涵盖的范围，后评价实施的内容、方法及理论依据还处于初级阶段。

（1）理论基础与方法论的研究。国内对于后评价理论及应用的研究大多建立在项目评价的基础上，将项目评价分为前评价、中评价及后评价。白思俊（2002）、姚光业（2002），对传统项目评价的概念进行扩充，对后评价的机制进行探讨。顾基发（1995）应用物理—事理—人理系统观点，探讨有效管理评价大型社会项目。赵丽艳（1999）使用软系统方法论中的 CATWOE 分析和战略假设表面化验证（SAST），来处理评价工作中人的主观性影响。也有学者提出事后检验项目投资正确与否的必要性原则及量化指标，用国民经济核算、生产函数、多目标决策、效益费用分析等理论和方法，定量分析项目对国民经济发展的贡献，崔毅（2001）探讨了后评价的量化指标，程凌刚（2001）、余晓岭（2000）进一步研究了定量化方法。任淮秀（1993）、许晓峰（2000）就系统论与控制论作为项目后评价的理论基础进行了研究。赵丽艳（2000）、顾基发（2000）、张三力（1995）、姜伟新（2001）、童文胜（1995）、曾祥云等（1999）则就方法论及现有方法进行了总结。

（2）财务后评价的研究。国内学者分析了现行投资项目财务评价的局限性。王信东（2000）改进技术经济评价指标体系及评价方法，研究了指标变异因素识别、通货膨胀处理、流量识别和计算原则，研究了突变评价法在水利系统经营效益评估中的应用。许长新（2001）建立交通运输类上市公司财务评价模型，利用有用的评价信息，提出主客观混合权重的多目标评价模型。高晓晖（2003）研究建立了海外投资项目财务分析系统 FASFDI。宋小敏（2003）建立了关联优化模型，以灰色关联度技术为支撑的评价模型及评价体系。

（3）影响后评价的研究。刘凤琴（1999）、黄一夫（1999）指出了传统的技术经济分析在项目评价中的不足之处，提出对项目进行可持续发展影响评价的思想及基本方法。庄贺钧、李庆中（2001）则做了实证研究。近年来对环境后评价方法的研究较多，高晓蔚（1999）基于我国建设项目环境效益评价的现状，提出了建立环境效益评价体系的总体思路和方法；郭永龙（2001）进一步研究了方法与步骤；詹前勇（2001）、许俊杰（2001）将层次模糊决策法应用于生态环境的质量评价；朱启贵（2001）提出绿色国民经济核算方法。其他学者基于环境效益评价现状，提出建立环境效益评价体系的总体思路，将层次模糊决策法、分摊系数法和影子价格法应用于生态环境和国民经济评价，从社会效益角度、可持续发展角度，研究可持续发展项目评价基本方法。

其中，针对环境影响的后评价研究较为活跃的内容主要有以下几个方面：针对开展环境影响后评价工作的重要性和意义的评析，刘纪纲（1990）、邹振扬（1991）、何鸿治（1993）、洪伟（1997）、陈建标（2000）做出了前瞻性的研究；而在环境影响后评价的对象、内容和工作程序方面，边归国与王华东（1995）、张秀义（1996）、李彦武（1997）、赵东风（1997）进行了深入的分析。在环境影响后评价的方法上，李中愚（1996）、赵东风（1997）做了探讨。赵东风（2000）、杨志峰（1998）、王国长（1999）、许宜满（2001）、叶守杰（2002）、董小林、赵剑强（2001）、李卫国等（2000，2001）把环境影响后评价运用于具体建设项目。对于环境影响后评价指标体系及相应的量化模型也有相关的研究，凌征武建立了高速公路环境影响后评价指标体系及相应的量化模型。其后评价指标体系包括：自然环境（主要分为生态环境、大气环境、声环境和水环境）、社会环境和环境损益等。量化模型主要有根据高速公路项目对自然环境影响的特点，建立相关的评价与预测量化模型，对社会环境影响的评价指标采用定性和定量分析的方法，以定量评价为主、定性分析评价为辅的单指标评价方法，然后通过综合评价法进行评价。依据效益—成本理论，对高速公路环保设施及环保措施进行效益—成本分析评价，并根据环境资源的公共属性，建立了一系列的环保投资效益分析的量化模型；周正祥等从高速公路大气环境影响后评价的概念、范围、内容和作用出发，根据高速公路大气环境影响后评价指标构建的原则，选取了4类评价指标：交通功能指标、环境影响指标、气象影响指标和地形地貌指标。参照原国家环保总局使用的模式（计算源强、各指标的浓度、扩散参数）构建量化模型，与监测数据进行比较找出大气污染的主要影响因子，从而采取相应的措施减少大气污染；崔轶研究了公路生态环境影响后评价指标体系，建立了生物丰度指数、植被覆盖指数、水网密度指数和土地退化指数这4个指标，并研究了其归一化处理计算方法；崔轶等指出公路建设项目环境影响后评价指标体系主要围绕生态环境、空气环境、噪声环境3个评价内容，构建出了一级指标，再具体由公路建设对生态环境、空气环境、噪声环境中的主要影响因子的鉴别，构建出可具体量化的、可衡量的二级指标，并研究了量化方法。

（4）管理后评价的研究。

主要限于对理论基础及评价内容的研究。王其藩（1999）以系统动力学的动态模型为主框架，建立起综合动态分析方法和模型体系，提出综合数据仓库、联机分析处理、数据开采、模型库、专家系统的决策支持系统新结构体系。冯英俊（2001）基于生产有效性，提出建立消除客观条件影响，真正反映测评单位由于主观努力而产生效益的管理有效性评估方法。梁俊国（2001）在多层规划和递推规划的基础上，建立多层系统中各层次间局部与整体、短期与长期相互协调的模型，并对模型的求解方法进行研究，对建立动态管理目标系统有参考价值。

（5）综合后评价的研究。

主要对评价方法进行探讨，建立后评价模型。王明涛（1999）等分析主、客观赋权法的不足，用线性投影的方法确定功能综合评价系数，然后与各工程项目的成本系数共同构造综合评价指标，根据其大小来评价各工程项目的综合效果。查健禄（2000）运用模糊数学，对有关指标进行综合评价，由原始评价信息的提取与处理，到综合评价结果及其分析的全过程进行系统分析，提出集化函数的集化准则、抗干扰功能和丰富综合评价结果的基本途径，以及对参评样品集整体质量状态、对评价人集的水平与异常性的定量评价方法，运用模糊数学得出二级模糊综合评价模型。冯圣洪（2000）运用模式识别、人工神经网络聚类理论，结合模糊集值统计，提出评价指标属性值归一量化技术新途径，提出基于BP网络的管理信息系统综合评价方法，能够模拟专家管理信息、系统进行综合评价，避免了评价过程中的人为失误。

1.4.2 环境影响后评价的基本程序

根据《环境影响评价法》第27条，如项目建设内容、建设地敏感性发生重大变化，或者运行期间发生重大环境污染、公众意见较大的情形，建设单位应主动（或由原审批部门责成）开展环境影响后评价。环境影响后评价的实施程序应与现有的建设项目环境影响评价实施程序基本相近，如图1-2所示。

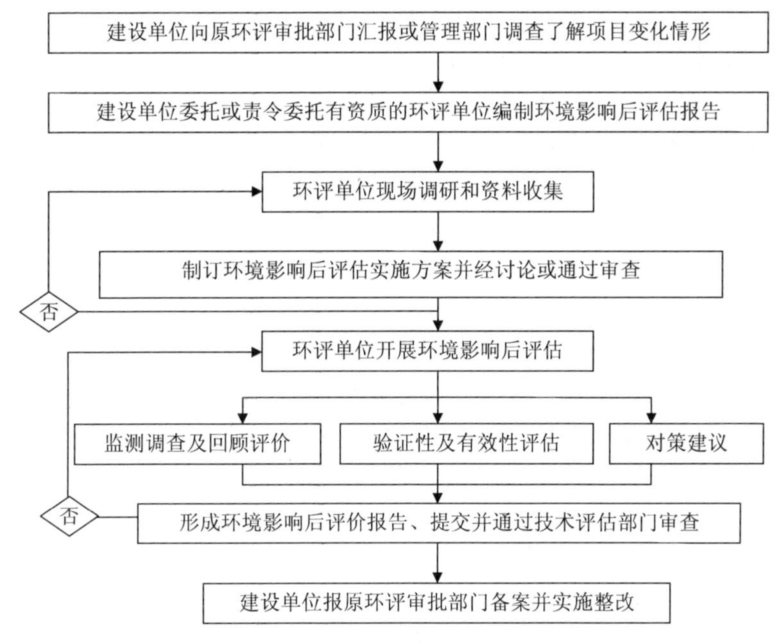

图 1-2　环境影响后评价的工作程序

建设项目环境影响后评价的内容主要是掌握项目实施过程中项目建设内容、污染源、环境保护措施、清洁生产以及环境影响等的变化情况，分析措施的有效性及预测的合理性，并将实际情况与已审批环境影响评价文件作相符性分析，针对与已审批环境影响评价文件不同的部分进行环境影响补充评价，同时在进行环境影响后评价过程中需征求公众意见，最后针对变化情况及公众意见提出补充措施与建议。环境影响后评价的内容主要包括 5 个方面的部分：现状调查及监测、回顾性评价、批件相符性分析、有效性评价、验证性评价、补充措施与建议。

1.4.3　环境影响后评价的应用

截至目前，环境影响后评价已在交通运输、工业区、海洋石油开采、水电水库、煤炭开采等项目中进行了试点案例研究或相关理论研究。综合国内外研究现状来看，对高速公路环境后评估的探讨较多。

开始后评价仅为少数人或机构所为。近十年来我国主要围绕一些具有累积环境影响的项目开展了一些试探性的环境影响后评价。实践证明，环境影响后评价对于提高环境影响评价的有效性，提高项目决策和环境管理水平都具有非常重要的作用。它不仅促成了环境影响评价的完整性，强调了环保措施的实效性，合理分析了工程对环境影响的原因，而且注意反映了公众环境影响的看法，考虑了评价的经济性，为环境影响评价方法的改良和提高提供依据。随后，各国从本国的长远利益出发，对后评价理论研究与实践投入大量的资金，这些推动了世界范围内环境影响后评价理论研究与实践工作的开展。

1.4.3.1　高速公路方面

就我国来讲，交通部于 1996 年以交计发[1996]1130 号文正式印发了《公路建设项目后评估工作管理办法》和《公路建设项目后评估报告编制办法》，这标志着我国高速公路建设项目的后评估工作迈入程序化、规范化的轨道。

我国高速公路环境影响后评价指标体系及量化模型的研究仍处于起步阶段。2008 年，周正祥、刘妍娜、袁武等人，针对我国高速公路生态环境影响后评价的研究严重滞后于高速公路工程的设计和施工这一现象，在分析高速公路生态环境影响后评价国内外研究现状的基础上，探讨了高速公路生态环境影响后评价的评价内容，并对高速公路生态环境影响后评价指标体系及量化模型进行系统的研究。同年 1 月，凌征武等人针对我国高速公路环境影响后评价工作中存在的指标体系不完善的现状，提出我国高速公路环境影响后评价的单要素指标体系及量化模型。

目前，京沪高速公路天津段工程作为经过审批的环境影响后评价报告书的项目之一，在对环境影响报告书与环保设施竣工验收简要回顾的基础上，对自然环境现状（包括地形地貌、气象条件）、生态环境现状、水环境现状、声环境现状、环境空气现状进行调查，并分别影响评价，提出环境保护补救措施。另外，在评价方法方面，李卫国等人在交通建设项目方面引入了地理信息系统，结合具有强大地理分析功能的 GIS 软件，形成环境影响后评价的可视图化，缓解了目前我国国内环境影响后评价的实现手段的还未很好实现计算机化的现状。

1.4.3.2 海洋石油方面

2003 年 10 月 27 日，国家海洋局以国海管字[2003]346 号印发了《海洋石油开发工程环境影响后评估管理暂行规定》，明确指出，2000 年 4 月 1 日以前投入生产的海洋石油开发工程，企业或作业者应在 2004 年年底以前，根据海区分局提出的环境影响后评价要求，组织开展本工程的环境影响后评价工作。

2006 年江志华、王华等人在论述了后评价的概念原则作用的基础上，对海洋石油开发工程的环境影响及其影响后评价方法进行了探讨，并以北部湾油田开发工程作为实例进行说明，对海洋石油开发工程对海洋环境的影响、各项环保措施的污染防治效果等问题进行了研究。采取收集历史资料、现场调查和实验室分析相结合的技术路线，运用可靠的环境影响评价技术，对北部湾海上石油开发工程进行了环境影响后评价，初步探讨了海上石油开发工程环境影响后评价方法。充实了环境影响评价的内容，为海洋开发工程环境影响后评价提供了技术支撑。

开展海洋工程海洋环境影响后评价工作是近几年来，海洋发达国家海洋工程管理方面应用较为成熟的一种管理手段。海洋工程竣工投产后，其造成的海洋环境负面影响往往超过工程施工前开展的海洋环境影响评价的预测值。温州灵霓北堤工程是我国首个实施海洋环境影响后评价的工程，王勇智等（2010）采用有无对比、前后对比和数学模型预测的方法，针对工程前期评价单位的预测与结论，评价了灵霓北堤两侧海域海洋环境质量现状，并对前期环境评价结论的合理性和正确性展开了分析。

1.4.3.3 烟气脱硫方面

2005 年 5 月 10 日，国家发展改革委以发改环资[2005]757 号文印发了《关于加快火电厂烟气脱硫产业化发展的若干意见》，明确提出开展火电厂烟气脱硫设施后评估。根据《国家发展改革委办公厅关于委托中国电力企业联合会开展火电厂烟气脱硫产业化发展有关工作的函》（发改办环资[2005]1988 号）的要求，中国电力企业联合会组织建立了火电厂烟气脱硫后评估专家库；组织制定并发布了《火电厂烟气脱硫工程后评估管理暂行办法》；

组织开展了太仓港环保发电有限公司一、二期烟气脱硫工程和江苏阴龙发电有限公司二、三期烟气脱硫工程两个试点项目的后评估工作。证实了后评估暂行办法具有可操作性；证实了后评估的技术内容、目标的可实现性；形成了一套后评估工作的组织方法；探索了评估自主知识产权技术的方法和途径；确定了后评估报告的编制内容及格式；对规范脱硫产业化发展起到了促进作用。

1.4.3.4　煤矿开采方面

矿产资源是人类赖以生存和发展的重要物质基础，煤炭作为我国的主要能源，其开发、加工和利用的过程在促进社会经济发展的同时，也引发了许多环境问题。自从我国实行环境影响评价制度以来，矿山环境问题已有所改善，但其有效性仍不足。随着环境影响评价理论与实践的深入发展环境影响后评价应运而生，它是环境影响评价的进一步延伸和完善，并在较大程度上提高环境影响评价的有效性。目前我国对煤炭项目环境影响后评价的探讨，无论是从政府部门及相关机构的实践，还是从理论界的研究来看，都处于起步阶段。因此煤炭建设项目环境影响后评价是今后探讨和研究的一大领域。

2008 年，赵娜等人在参考了大量文献，分析总结前人后评价研究现状的基础上，结合煤炭建设项目的特点以及我国煤炭建设项目管理的实际情况，提出了符合我国国情的煤炭开采环境影响后评价指标体系，主要包括环境质量影响、生态环境影响、社会经济环境发展、清洁生产水平 4 大类。依据煤炭开采环境影响后评价指标体系，论述了该指标体系的评价方法，主要包括：单指标评价法、多指标综合评价法；在对清洁生产水平进行分析时，主要论述了专家打分法、层次分析法和综合指数法。以黄陵二号矿井建设工程的环境质量影响和清洁生产水平分析为例，对本书所建立的指标体系及评价方法进行检验。2008 年，由北京华宇工程有限公司作为主要评价单位，先后对山西的安太堡露天煤矿和潘三矿井及选煤厂进行环境影响后评价，作为采掘类项目的环境影响后评价示范项目得到了一定的认可和关注。近期，蔡兆亮、胡恭任等人以金宝屯煤矿环境影响后评价为例，对煤炭开采环境影响后评价的主要内容进行了探讨。

1.4.4　环境影响后评价管理发展现状

1978 年中共中央在批转国务院关于环境保护工作汇报要点的报告中，首次提出进行环境影响评价工作的意向，并在以后颁布的一系列法律法规及政策中逐步确立了环境影响评价制度，特别是 1998 年 11 月 29 日国务院颁布的《建设项目环境保护管理条例》及 2002 年 10 月 28 日全国人大常委会颁布的《环境影响评价法》对环境影响评价制度做了更为全面、具体的规定。但在环境影响后评价立法方面，却一直处在议而不行的状态，在国家和地方立法中都只有一些原则的规定，在环境保护实际工作中，环境影响后评价制度更是处于可有可无的境况。

首先，后评价的重视程度不够，能源开发类项目的后评价也仅仅局限于电力、海洋石油开采等项目，对于煤田开发环境影响后评价工作则仅有潘三矿、平朔露天矿等试点，煤田开发环境影响后评价工作的力度与强度明显不足。其次，管理不规范，既没有强调其与项目环境影响评价、建设环境监理、竣工验收环境影响调查以及建设、运行环境保护措施执行之间的关系与联系，也没有强调其区别，所以地位不明确。第三，后评价主体单一，以建设方为评价主体，显然不符合监督者（主管部门）—被监督者（建设方）的职能关系，今后应逐步改变后评价中的评价主体，实现由主管部门主持—建设部门积极配合的评价的主—客体关系。第四，专业人才缺乏，后评价工作还处于探索阶段，专门后评价人才紧缺，相应的培训机制不够健全。由于后评价人员水平低，工作方法简单，造成我国环境影响后评价内容、评价方法以及评价体系仍然受着环境影响评价（前评价）约束或影响，未形成后评价的本身特征。最后，反馈机制不健全，管理部门对后评价工作的紧迫性认识不够，对后评价成果反馈利用不足；基层部门对后评价工作的重要性认识不足，理解不深，对后评价成果的反馈应用不够；社会各界对工程后评价工作的性质认识不到位，对后评价成果的反馈应用不多，没有充分行使对工程建设与环境管理的知情权和监督权。

1.4.5 环境影响后评价的技术路线

环境影响后评价的技术方法主要以定量评价为主、定性分析评价为辅，以回顾性评价为基础，通过分析评价区域的累积环境影响，以及环境保护方案的有效性和合理性，及时有效地进行信息反馈，提出解决问题的方案已达到进一步改善环境质量，降低不良环境影响，指导企业的后续环境保护工作和行业主管部门的环境管理工作。如图 1-3 所示。

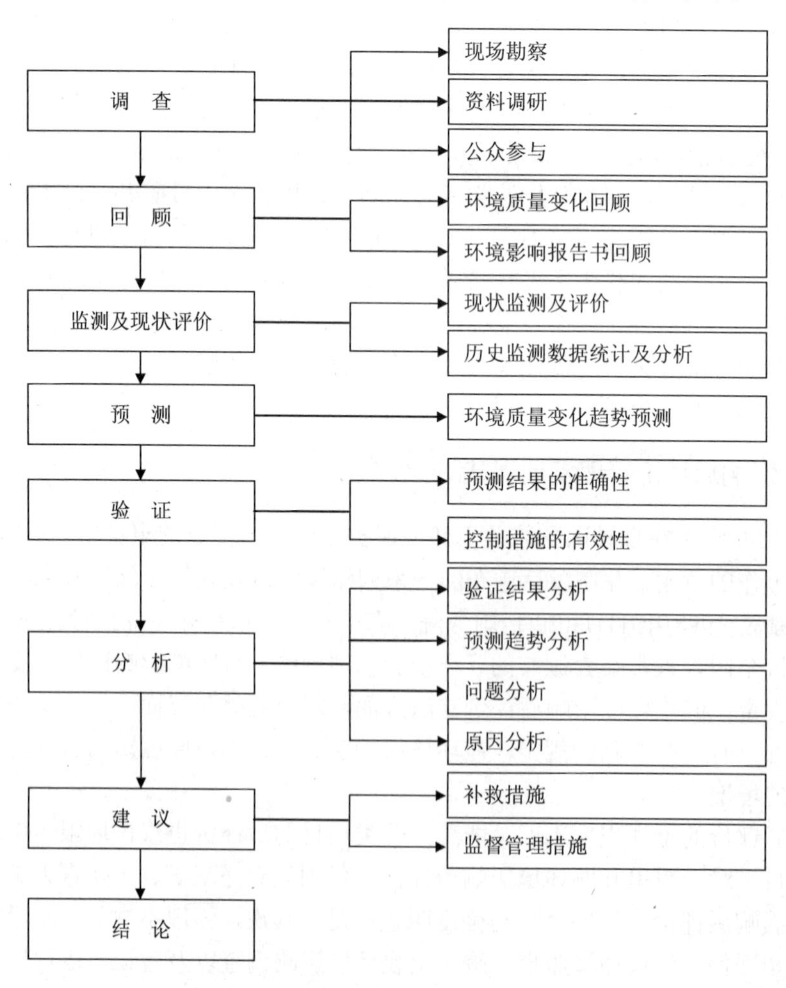

图 1-3 环境影响后评价的技术路线

1.5　国内外回顾性评价的研究进展

1.5.1　验证性回顾评价

目前，文献中通常提到的回顾性评价，是继对有关开发建设的政策、计划、规划以及具体建设项目的环境影响评价之后，为检验实际环境影响和减缓措施的有效性、监督潜在的有损环境活动和行为而进行的包括环境监测、审计和改进措施在内的环境研究和管理过程。即为通常所指的验证性回顾评价。

回顾性环境影响评价（PEIA）是环境影响评价的一个分支，是一个正在发展的领域。在理论上，回顾性环境影响评价是环境影响后评价的基础，它既是对原环境影响评价过程中所使用的预测模型和结果正确性的验证，又是对原工作内容进行重要的补充和修正，以期提出更为合理和实用的环境保护措施和对策，为环境决策和环境管理提供科学依据。国内外实践均证明，回顾性环境影响评价对于提高环境影响评价的有效性，提高项目决策和环境管理水平都具有非常重要的作用。

在我国开展回顾性环境影响评价工作尚处于起步阶段，回顾性环境影响评价的提法也不统一，主要有环境影响跟踪评价、后评价、有效性评价和验证性评价等；在国外，回顾性环境影响评价的提法主要有 Post-Project Evaluation、Post-Project Review、Post-Project Appraisal、Post-Project Environmental Impact Assessment Audit、Environmental Impact Assessment Review 等。2003 年和 2009 年我国先后实施的《环境影响评价法》和《规划环境影响评价条例》分别提出“对环境有重大影响的规划实施后，编制机关应当及时组织环境影响的跟踪评价”的要求，本书所探讨的回顾性环境影响评价与《环境影响评价法》和《规划环境影响评价条例》中所提到的跟踪评价内涵相同。

目前，我国开展的回顾性环境影响评价的研究尚处于起步阶段，1998 年，腾丽和孙宏依据 1981—1997 年本溪市区大气环境质量的监测结果，对本溪市以治理市区大气环境污染为主的七年治理规划（1989—1995 年）实施前后市区空气质量进行回顾性评价及变化趋势进行分析，为今后城市的环境治理、管理、决策提供了科学依据。2007 年，黄虹通过亲身编写高尔夫球场项目的回顾性环境影响报告书的经历，以某一高尔夫球场为例，介绍已建成运营的高尔夫球场项目回顾性环境影响评价的思路和要点。2010 年，赵磊、孙平等人以江苏某开发区为例，重点讨论了开发区回顾性环境影响评价的内涵、作用、意义、程序和内容。澳大利亚 Victoria 东北部的金矿开采区，美国加州水资源围垦工程，辽宁本溪市以治理市区大气环境污染为主的七年治理规划以及以浙江省淳安县的土地利用总体规划都进行过此类的验证性回顾评价（Churehilletai，2004；Mills 和 Asano，1996；腾丽和孙宏，1998；许玉等，2005）。

1.5.2　累积性回顾评价

累积性回顾评价多出现在对累积影响评价的研究中，虽然“回顾性评价”这一评价方案未得到明确的定义和阐释，但是累积影响评价中凡对累积效应的研究大都强调了对过去人类活动所造成影响的识别和评价，也就是累积性回顾评价的内容。

累积影响评价指的是系统分析和评估累积环境影响变化的过程，即调查和分析累积影响源、累积过程和累积影响，对时间和空间上的累积做出解释，估计和预测过去的、现有的和计划的人类活动的累积影响及其社会经济发展的反馈效应，选择与可持续发展目标相一致的建议活动的方向、内容、规模、速度和方式。

累积影响评价（Cumulative Effects Assessment，CEA）中对于回顾性的累积影响研究大体上分为两种途径：①基于效应的回顾性评价，这是一种更广泛的区域性评价方法，用于在广阔的空间尺度上定量累积性影响。在华盛顿的流域分析计划中，就是基于这类方法采用水生生境历史生产力评价来识别人类活动造成的累积性影响（Coflins 和 Pess，1997）。②基于压力的回顾性评价，此类方法在某种程度上可以视为传统项目 EIA 的延伸，加拿大北部河流生态系统行动（Dube 等，2006）和厦门海岸带综合管理（Xue 等，2004）中的 CEA 均属于这种形式。

1.5.3 趋势性回顾评价

通常称为环境演变分析，根据多年的数据、资料等，从历史的角度出发，分析其历史变化趋势，且大多注重成因或效果分析。Yang 等（2004）对西伯利亚 Ob River 流域分河段、分季节进行水文历史变化趋势分析；Dawe（2006）对运用 Spearman 秩相关系数对加拿大 Newfoundland 和 Labrador 部分水域的水质进行趋势分析，并研究其成因。在国内，贾利等（2004）对淮河十年水质达标率变化和主要污染物逐年变化的情况进行分析，从而得到治淮效果；腾丽和孙宏（1998）根据 1981—1997 年本溪市区大气环境质量的监测结果，对本溪市七年治理规划（1989—1995）实施前后市区空气质量进行回顾性评价及变化趋势分析。

1.5.4 小结

验证性回顾性评价主要是在推动政策计划规划或项目实施后实行的一种后评估手段；而对累积性回顾性评价的研究，主要目的则是为了更好地解决累积影响评价所遇到的问题；趋势性回顾性评价仅可作为趋势预测的基础，无法对决策起到支持作用。因此有些学者在研究和实践中赋予了回顾性评价全新的内涵，即评价特定范围内，过去和当前的人类活动对该地区已经造成的累积性影响。其内涵与特征在一定程度上类似累积影响评价。然而，回顾性评价与累积影响评价在本质上又有所差别，累积影响评价主要用于预测、评价和管理拟议的人类活动在当前环境状况下所产生并累积的环境影响，回顾性评价则更侧重于对评价范围内以往人类开发活动所造成的累积性影响的研究。

当前国内外回顾性评价的主要技术方法见表 1-1。

表 1-1　技术方法

评价类型	评价方法
验证性回顾评价	资料收集法、现状调查法、对比分析法、统计分析法、问卷调查法、指标分析法、有无比较法
累积性回顾评价	资料收集法、现状调查法、对比分析法、统计分析法、逻辑框架法、系统动力学法、地理信息系统分析法、模糊系统分析法
趋势性回顾评价	资料收集法、现状调查法、对比分析法、统计分析法、趋势外推法

从环境影响后评估研究的目的、意义和评价的结构来看，回顾性评价也是环境影响后评估中不可或缺的一部分，其作用主要是探究环境问题产生的潜在根源、规律和机制，并为预测评价提供科学支持和依据。

1.6　国内外研究趋势及存在的主要问题

1.6.1　研究的热点与趋势

1990—2002 年，环境影响后评估的主要研究领域可以概括为以下几个方面：对环境影响后评估工作的重要性和意义的研究；分析环境影响后评估的对象、内容和工作程序；环境影响后评估的方法；把环境影响后评估运用于具体建设项目的应用研究。

目前环境影响后评估的所呈现的主要趋势为：一是后评估内容、方法由单一化向多元化过渡，后评估的对象和内容逐渐增多；二是项目后评估倾向于对项目全过程进行后评估，将项目的开发历史影响评价、现状评价和未来预测结合在一起，后评估由静态向动态评价思想转变，环境影响评价批复的终身制将发生变化；三是后评价手段日趋现代化，建立评价信息库和信息网络，向成果共享方向发展；四是建立和完善建设项目环境影响后评估工作的政策、法规体系及技术规范。

目前，我国面临的更为急迫的在于，建立和逐步完善后评估工作的政策、法规体系、规范环境影响后评估的工作方法体系；明确环境影响后评估与环境影响评价、环境监理、竣工验收环境影响调查的区别和联系；将环境影响后评估应用到更多的具体的建设项目中，更好地为环境管理服务。

1.6.2　我国环境影响后评价存在的问题

目前，我国在环境影响后评价立法方面，一直处在议而不行的状态，在国家和地方立法中都只有一些原则的规定，在环境保护实际工作中，环境影响后评价制度更是处于可有可无的境况。具体而言，环境影响后评价在制度建设方面存在以下问题。

1.6.2.1　后评价重视程度不够

美国法案规定，1998 年以后对所有国家投资项目都要进行后评价，以加强国家对政府投资项目的管理。发展中国家，如印度、巴西已将项目后评价纳入本国宪法之内；而我国目前对项目后评价工作整体重视不够，能源开发类项目的后评价也仅仅局限于电力、海洋石油开采等项目，对于煤田开发环境影响后评价工作则仅有安徽省淮南矿业（集团）有限责任公司潘三矿、中煤能源集团平朔分公司安太堡露天矿等试点，煤田开发环境影响后评价工作的力度与强度明显不足。

1.6.2.2　后评价管理不规范

从项目管理角度出发的环境影响后评价地位不明确，既没有强调其与项目环境影响评价、建设环境监理、竣工验收环境影响调查以及建设、运行环境保护措施执行之间的关系与联系，也没有强调其区别，所以地位不明确。

应保证环境影响后评价的独立性，建立其与其他项目管理程序之间的有机联系。应从环境管理体系的整体性出发，形成从环境影响评价、环境监理、竣工验收环境影响调查到环境影响后评价的连贯体系，提高环境管理体系整体的效用。

国外许多发达西方国家和发展中国家已将项目后评价纳入管理中，成为规范化、制度化的管理方式。但在我国由于后评价工作实践时间较短，评价方法比较简单，后评价没有建立国家级体系，没有形成制度化、统一化理论与方法框架，至今还没有一个国家级的后评价管理机构，项目后评价也没有纳入投资管理体制和管理程序。由于后评价的欠缺，项目实施过程没有严格坚持评价制度。

1.6.2.3 后评价主体单一

目前，负责组织开展建设项目环境影响后评价的主体是建设单位。建设单位也有义务在项目建设、运行过程中出现法律规定的情形时，组织开展后评价工作。可是作为建设项目的直接利益体，建设单位尽量避免谈及环境影响，而环境影响后评价的重点内容之一就是评价项目建设单位是否落实环境影响评价文件和审批批复的要求，所以以建设方为评价主体，显然不符合监督者（主管部门）—被监督者（建设方）的职能关系，今后应逐步改变后评价中的评价主体，实现由主管部门主持—建设部门积极配合的评价主—客体关系。

目前，煤炭资源开采项目就环境影响后评价做了一些试点工作（如中煤能源集团平朔分公司安太堡露天矿环境影响后评价、潘三矿环境影响后评价等），但后评价工作以行业自己评价为主，难以做到不同行业交叉互相评价，后评价主体单一；同时煤田开发项目后评价的专家组成员多数由部门的管理者和专家组成，“自己评自己”现象普遍。在后评价的具体过程中，也很少开展社会调查，因此，也导致了后评价结论的片面性。

1.6.2.4 后评价专业人才缺乏

目前，我国的项目后评价工作还处于探索阶段，专门后评价人才紧缺，相应的培训机制不够健全。由于后评价人员水平低、工作方法简单，造成我国环境影响后评价内容、评价方法以及评价体系仍然受着环境影响评价（前评价）约束或影响，未形成后评价的本身特征。后评价指标体系也不健全，较少或没有涉及经济、社会后评价，很难掌握项目对整个社会和经济的影响，也无法掌握项目今后是否可持续发展。

1.6.2.5 后评价理论与方法研究滞后

在理论基础方面，到目前为止，对环境影响后评估的理论研究较少，而且提法尚未统一。不同的提法突出不同的内容，代表不同的侧重面，体现出对后评估的不同理解；尚未形成统一的、适合中国国情的理论体系，尤其是后评估中的建设过程后评价的研究，甚至没有可以借鉴的权威文献。目前的理论研究主要是对国外现有理论的介绍和论述，对评价内容、方法的改进和创新方面的研究很少。

在实施框架方面，首先，环境影响后评价与项目环境影响评价、环境监理、环保竣工验收以及运行期环境保护监管之间存在一定的联系，同时又存在一定区别，目前环境保护部对此缺乏明确的解释。由于其地位不明确，下级管理部门难以操作。其次，我国关于环境影响后评估的研究始于 20 世纪 90 年代初期，即使《环境影响评价法》做出明确规定以后，进展仍不大，反映了我国重审批轻监管、重评价轻验收的现状。第三，由于我国尚没有确立后评估的相关标准体系，我国的项目后评估，在内容、程序、方法等诸多方面都缺乏统一的标准，人们对后评估认识不清，再加上后评估并没有被列入到建设项目环境管理程序中来，从而使我国的项目后评估开展困难。第四，缺乏完善的反馈机制，多数后评估工作成果的反馈功能并不尽如人意。最后，我国后评估范围狭窄，开展后评估的项目范围较窄，尚未全面展开。

在技术方法上，目前环境影响后评估缺乏十分有效和公认的评价方法，规范的方法、合理的程序和完整的指标体系等都是进行项目后评价的保证，均尚需要在实践的基础上认真总结，逐步完善。从已做的验证性评价、回顾性评价和个别项目所做的环境影响后评估来看，所用方法以定性描述的方法为主，准确定量评价的方法不足。如何在学习、吸收和借鉴国内外的先进方法和经验的基础上，研究和探索适合我国国情的后评估理论、方法，对于我国环境影响后评估的发展具有深远的意义。

1.6.2.6 后评价反馈机制不健全

由于我国目前大型或特大型煤田项目后评价仍未纳入项目管理程序，未能形成后评价制度，所以在建设中，一些建设者不愿暴露问题，排斥后评价工作。在工程竣工验收以后，也无法检查是否进行了后评价。这导致管理部门对煤田开发项目后评价工作的紧迫性认识不够，对后评价成果反馈利用不足；基层部门对后评价工作的重要性认识不足，理解不深，对后评价成果的反馈应用不够；社会各界对工程后评价工作的性质认识不到位，对后评价成果的反馈应用不多，没有充分行使对工程建设与管理的知情权和监督权。

1.6.2.7 后评估基础数据来源无法满足评估需要

环境影响后评估主要是对已发生的环境影响的回顾性分析和验证性分析，目前对于确定评价等级等仍是沿用前评价的一些依据所做的判断，与后评估的特点不相符。回顾性分析主要是根据历年环境影响报告书及验收报告中的相关资料进行的分析，数据的来源比较单一，且由于各期报告及验收报告中环境质量监测点位和监测情况的不同，造成数据的连贯性和可比性较差。

1.7 小结

综上后评估管理现状和后评估应用的分析，环境影响后评估是一个新生事物，在管理上，尚未有完整的管理条例，在理论上也是百家争鸣，没有一个统一的权威的条例。理论研究滞后，评价的方法、内容、指标等方面存在很大的局限性；定性评价多，定量评价少，无法考虑各项目因素之间、外界对项目的相互影响，难以给出反映项目整体效果的后评价。所以，不同方面的后评估存在很大的差异，评估方法千差万别。由于我国后评估发展相对于国外较晚，我国在后评估方面，很大方面参考着国外的经验。

第 2 章 环境影响后评价框架

2.1 环境影响后评价的本质、特征及存在的问题

2.1.1 本质及特征

大量的文献研究结果表明，目前为止还没有环境影响后评价的标准定义。基于后评价在环境影响评价中发挥的作用，其本质是以生态系统管理为原则，在评价项目所影响的范围内，针对过去和当前的人类活动（或某一类型的开发活动）对该区域已经造成的各种影响（包括累积性影响）的定量回顾或定性评价，为后续项目活动的污染防治措施及项目管理体系的完善提供科学依据和指导。

根据后评价的定义，后评价具有以下特征。

（1）综合性。后评价的综合性特征主要体现在：①评价对象上，后评价的对象主要包括各个时期项目所进行的各类建设、生产及运营活动，同时也包括影响范围内的环境、社会、经济各类要素；②评价内容上，后评价涉及环境、社会、经济等诸多方面因素，其研究范畴是项目活动所影响的全面经济环境复合系统，“环境、社会、经济”三者效益的统一往往成为后估实践的评价导向；③评价方法上，采用定量和定性分析相结合，方法多样化；④评价人员上，后评价涉及学科领域广，需要多学科结合，评价单位和人员要具备丰富的经验和专业的技能。

（2）区域性。环境问题具有空间分异的特征。由于后评价评价的是一种长期的累积的影响，由于历时较长，其影响范围不断向外扩展，必然会落在某一特定的空间范围，其累积环境影响也是在一定范围内产生的。因此，在后评价中，从环境影响的识别评价到替代方案减缓措施的提出，都要在区域性的层面上加以分析考虑。需要说明的是，虽然建设项目的影响范围有时也会覆盖到一定的区域，但它只是一种局部的小范围的尺度（如厂界外一定范围），与后评价中谈到的区域有所不同。后评价所指区域往往指所处于的复合生态系统。

（3）长期性。后评价是针对从项目开工建设至今多年的项目活动所带来的综合影响，因此跨越时段较长，由于各个时期的历史条件及背景有所不同，因此具有长期性。

（4）系统性。生态系统管理是后评价的原则之一，目的是为了保证一切项目活动所产生的各种影响在某个结构和功能都相对独立完整的复合生态系统内得到综合的控制，因此

具有鲜明的系统性。

（5）多维性。由于后评价是对项目开发活动多年开发过程中已产生种种影响的分析，利用过程评价分析时间上历史变化过程、空间上区域环境各类要素的变化过程，因此考虑了多角度的影响因子。

（6）指导性。后评价的目的是要对前评价及目前企业所采取的环境保护措施提出有针对性的意见和指导，提出后续开发应补充完善的技术及管理措施，具有真正的实用性和指导性。

2.1.2　存在问题

后评价本身所固有本质和特点，一方面虽是区别于传统 EIA 的优越性所在，但同时也给后评价的实施带来了前所未有的困难和挑战。尽管随着后评价研究的日益加深和应用的逐步推广，其理论、框架、原则、评价思路和方法有了显著的进展，但是在环境影响识别、定量预测和累积影响评价上，后评价仍面临着许多难以解决的问题。

（1）环境影响识别的准确性无法确保。环境影响识别是确保一切环境影响评价能够顺利进行的先决步骤。它不仅是所有后续预测和评价的基础，也是保证环境影响评价可操作性和有效性的关键。特别是对于后评价，如何在广袤的时空尺度上识别并筛选出显著性的影响？哪些影响是应该重点关注和评价的，哪些影响是不太重要的可将其进行简化甚至是省略的？这些问题往往成了后评价实践者在开展实际工作中最先面临的障碍和挑战。

由于后评价明显区别于传统 EIA 的几大本质和特点，环境影响识别就显得格外重要，同时也遇到了更大的困难：①综合性带来的是影响类型的包罗万象。②长期性使得某些效应的显现并不是那么即时直接，而是带有间接、从属、滞后、累积等特点，无形中加大了鉴别的难度。③在后评价中尤其被关注与可持续性关系最为密切的影响主要有两类——累积性影响和风险。多重累积影响源的共存，累积过程中错综复杂的相互关系和间接影响，再加上空间延伸广持续时间长，都给累积影响的识别带来极大的困难。而风险则是一种非常规的影响，具有很强的突发性和随机性。④再加以不确定性的普遍存在，最终导致了后评价的环境影响识别难上加难。

（2）定量预测一直以来都是后评价的一大技术难点，也是影响后评价科学性和有效性的关键所在。在后评价的实践中，虽然对于评价对象和评价内容都有了深度和广度的扩展，但是其预测几乎无法做到准确定量，而大都停留于定性的描述和预测。这就使得评价效果大打折扣。

后评价中难以实现定量预测主要是由以下几方面的原因造成：①评价时段跨度较大，由于各个历史时期非项目活动带来的干扰因素并不相同，导致对影响源强的分析不同于对一般的 EIA，在源头上给预测带来了不确定因素；②后评价环境影响作用的对象是社会经济环境这一复合生态系统，影响带有明显的综合性和区域性，加之该系统内极为复杂多变的物质、能量与信息的传递交换，构成了压力响应机制研究的难关；③后评价所关注的大多为累积性影响，其累积影响源的多面性（如点源、非点源的共同作用）以及累积过程的非结构性、非线性、长效性、持续性等特点，都是累积影响定量预测的巨大挑战；④后评价理论框架体系和技术方法的研究在科学认知水平上具有局限，量的不确定性问题难以解决，也会导致影响预测往往超越了人们现今达到的技术高度。

（3）后评价所涉及和关注的环境影响有相当部分是属于累积性的，而正是因为各种效应在广泛时空尺度上的累积，使得累积影响的识别和评价成为后评价中的一大难点。

如果寻求不到合理解决这些难题的途径和方法，就无法真正地保证后评价的科学性和有效性，这便对后评价的评价思路、评价技术方案以及评价方法提出了更新更高的要求。创新的评价手段必须有针对性地契合后评价固有的本质和特点，切实有效地作为全过程控制环境影响的科学支撑和依托，为后评价的具体实施提供高效的、操作性强且又便于推广的评价工具。

2.2　后评价主体与客体

2.2.1　后评价主体

后评价主体是指对后评价负主要责任的机构或个人，即后评价者或执行者。“后评价”其实质是对（环境）决策的一种监督机制，因此开展环境影响后评价工作，应该避免出现“自己评价自己”的情况，这其中包含三方面的要求。

一是组织开展环境影响后评价的单位，不应是项目建设单位，因为环境影响后评价的重点内容就是评价项目建设单位是否落实环境影响评价文件和审批批复的要求，环境影响后评价作为一项管理手段，应该由环保部门负责监管。

二是承担环境影响后评价工作的单位，不应是原环境影响评价单位、咨询论证单位，如国务院国有资产管理委员会下发的《中央企业固定资产投资项目后评价工作指南》就规定：“凡是承担项目可行性研究报告编制、评价、设计、监理、项目管理、工程建设等业务的机构不宜从事该项目的后评价工作。”

三是项目建设单位，因为基于《环境影响评价法》，任何开发自然资源和利用环境的人或人群、利益集团，都负有向社会公众说明自己的开发活动造成什么环境影响、采取什么环保措施以及最终环境后果的法定责任，并因而承担所有消除环境影响的责任。因此，应由建设单位委托第三方做评价。政府的职责是代表受影响的社会和公众行使监督管理的职权。

四是原承担环境影响报告书编写及参与咨询论证的专家、工作人员，在环境影响后评价过程中也应回避。这也是保证环境影响后评价工作能够独立、公正开展的必要条件。

由此可见，后评价者的综合素质，即评价者的价值取向、知识水平、责任心及后评价者对建设项目的态度等直接关系到后评价工作质量。因此，在煤田开发项目环境影响后评价工作开展之前的首要工作是选择适当的评价者。

煤田开发项目涉及政府行政机构的决策、科研机构的科技支撑以及广大人民群众的直接参与等，煤田开发项目的复杂性和多样性也就决定了煤田开发项目后评价主体的多样性。煤田开发项目评价本身的综合性、复杂性和不确定性等特征。目前，我国已开展的环境影响后评价工作中，后评价主体一般在政府部门监管下委托资质机构承担，并且成立一个后评价工作小组，工作小组成员由政府官员、科研专家、资质人员等组成。

（1）行政机构后评价者。

行政机构指的是狭义政府部门，即依法执掌国家公共行政权力的机构。我国煤田开发项目行政管理机构是指各级主管矿产资源的政府部门，即国家矿产资源部、省（自治区、直辖市）煤炭厅（局）、市（地区）煤炭局和县（旗、区）煤炭局。各级煤炭局的主要职责之一就是对煤田开发建设进行评价，这也是由各级煤炭局的工作职能决定的行政机构作为后评价的评价主体，由于其处于工程建设的管理位置，能较全面地掌握工程建设全过程情况，获取工程建设的第一手资料，所提建议也容易被有关部门采纳，最大限度地减少对后评价工作的各种消极影响。

由于各级主管矿业的政府部门掌握着决策、计划和投资的权力，行政机构后评价者易受固有价值观念，思维方式、上下级压力等关系的影响，进而影响后评价质量。所以为避免产生上述问题，避免煤田开发环境影响后评价成为“行业内自评价”，应该推行由行政级别高于矿业管理部门的国家综合行政机构（比如国家发展和改革委员会）作为后评价主体，推行行业交叉互评，以保证后评价结果的客观性。

（2）环境管理部门后评价者。

在我国环境管理部门主要包括环保部，省、自治区环保厅以及市、县（旗）环保局，应逐步建立由环境管理部门作为环境影响后评价主管和实施的组织者。

（3）研究机构后评价者。

研究机构集中了大批高级专家和专业技术人员，从一定意义上讲，只有他们才能提供后评价工作所需的专业知识和专门技术。作为煤田开发项目后评价的评价主体，研究机构评价者常常能够不带偏见、较为客观地进行后评价工作，再加上其所拥有的专业技术力量，与其他后评价主体相比，在后评价工作中占有的优势明显。但是研究机构作为后评价主体，他们要取得后评价所需要的各种资料比较困难，所提出的建议也不易被重视，如果没有决策部门的大力支持，研究机构参与后评价工作的难度会增加。

（4）社会公众后评价者。

与上述几类评价主体不同，煤田开发项目社会公众后评价者的最大优点是自发性和无组织性。具体表现为其所关注对象的随意性（随时间、地点不同而改变）、评价形式的多样性（公众舆论或在报刊、网络等媒体上发表观点）和评价标准的主观性（多以个人好恶和直观感觉为价值取向）。由于这类评价者大都是工程建设的直接承受者或利益体，或对此感兴趣者，因此其感受比较真实；再加上他们的评价几乎不受其他人或权威的影响，也敢于说真话。但其最大不足之处是系统性差，具有利己而排他性（如项目直接影响公众），缺乏全面性和科学的依据，很难形成完整的后评价报告，只能对工程建设环境影响情况形成社会舆论氛围。

（5）资质机构后评价者。

目前社会登记注册的环境影响评价法人企业中，大多进行建设项目的环境影响评价（前评价），这类机构一般设置专职评价工作部门，会集中具有专业技术资质的工作队伍，具有一定数量从事评价工作资格认证的工作人员，可以公正、专业、高效地开展评价工作，最终产生的评价报告具有法律效力。但是环境影响后评价的特殊性，这类资质机构不可能独立地开展工作，必须依托决策部门和建设部门，工作所需的数据多数依靠各级主管政府部门提供或行政参与，所以资质机构作为后评价主体多数情况体现了行政机构的意愿。但目前具有后评价或开展后评价业务的评价机构较少，还需要一定时日给予不断完善。

2.2.2　后评价客体

评价对象是煤田开发项目环境影响后评价的评价客体。就我国而言，煤田开发环境影响后评价对象的确定应坚持有效性和可行性相结合的原则：一方面，选择的评价对象对区域环境具有重大影响，确定值得评价且能通过评价达到一定目的；另一方面，所选择的评价对象必须是可以进行评价的，即从时机、人力、物力、财力、所掌握的资料等方面均能满足评价所需的基本条件。根据这一原则，煤田开发环境影响后评价对象可初步确定为：煤田开发项目环境治理目标、煤田开发项目环境治理实施措施、煤田开发项目经济效益与环境损益的综合效益、煤田开发项目环境承载的可持续性等方面。

在实际工作中，需开展建设项目环境影响后评价的条件的确定涉及环境影响后评价的项目的选择。一般情况下，可以考虑选择以下类型项目：①环境影响大、建设地点环境敏感、跨区域、有争议、公众反映强烈的大中型建设项目；②环境影响范围大、影响因素多的大型建设项目。如电力、化工、石油、冶金、水利、水电工程、航运工程、公路或铁路工程等；③有潜在环境影响，如对地下水源、渔业资源、生物多样性等有较大潜在影响，可能出现盐碱化、沙化等危害，而报告书对其没能给出明确结论的建设项目；④环境影响报告书中有风险评价内容，在有重大事故或风险事件发生的情况下，可以开展环境影响后评价工作。

另外可以参照 Sadler 和 Baker 等的研究来确定后评价对象：①是否有立法要求开展后评价；②决策是否是以往未遇到过的类型；③决策的有关问题是否引起公众的高度关注；④决策是否会在环境敏感区实施；⑤EIA 预测中是否存在无法避免的不确定性；⑥EIA 提出的减缓措施是否可以得到落实；⑦决策的实施是否会导致重大的累积环境影响。

2.3 环境影响后评价的框架

后评价的详细规定可参见附件 1《露天煤矿环境影响后评价技术规范（初稿）》。

2.3.1 环境影响后评价的目的

环境影响后评价的目的从根本上讲，是与《环境影响评价法》相一致的，即为了实施可持续发展战略，预防因规划和建设项目实施后对环境造成不良影响，促进经济、社会和环境的协调发展。具体而言旨在对促进规划、建设单位对自身的环境行为自律，同时对环境保护行政主管部门加强项目环境管理工作起到积极推动的作用。

（1）对环境影响预测和环保设计成果进行验证。环境影响评价和环保设计成果是在工程建设前，在调查研究、分析预测的基础上提出的。预测方法是否合理，参数选用是否恰当，结论是否正确，需要工程运行实践进行检验。通过环境影响后评价，将实际发生的环境影响与环境影响预测评价成果相对照，可以验证评价方法的合理性和评价结论的正确性。

（2）为进一步加强工程环境管理提供科学依据。工程项目建成并运行一段时间后，工程项目引起的环境影响逐渐表现出来，环境影响后评价可以通过调查工程建设后环境变化情况，分析环境变化趋势，找出项目实际存在的有利影响和不利影响因素，提出进一步发挥工程的有利影响和减小不利影响的措施，为进一步加强工程环境管理提供科学依据。

（3）为其他项目环境影响评价和环保设计提供借鉴。环境影响评价工作在我国起步较晚，环境影响评价的理论和方法还很不完善，环境影响预测评价有的还难以定量。通过环境影响后评价，可以探索环境影响评价的理论和方法，使预测方法更加合理，评价结果更加符合实际。环境影响后评价成果，还可为同类项目的环境影响评价和环保设计提供借鉴。

2.3.2　环境影响后评价的原则

（1）科学性与适用性相结合。环境影响后评价内容丰富，过程复杂，涉及社会经济、自然环境以及其他影响因素，在具体评价过程中，要针对不同的内容和指标体系选择不同的后评价方法，所以就确定煤田开发（露天煤矿）环境影响后评价方法体系而言，既要有科学依据，又要讲究简单实用，尽量具备通用性，以便操作和推广。

（2）定量分析与定性分析相结合。在后评价过程中，有些内容可以定量化分析评价，有些只能定性化分析评价，所以，对于目前有条件能够量化的因子尽量实行定量分析；不能定量的，要规范出定性分析的标准，并按要求进行定性分析；最后定量分析和定性分析的结果均应纳入综合评价体系中。

（3）通用指标与专用指标相结合。煤田开发项目时间长、范围广、内容多，为了兼顾不同地区之间的共性和特性，应该将工程建设的总体环境目标和分区目标分成不同类型，然后根据煤田开发工程自然属性、经济属性和社会属性设置通用评价指标，此外再根据不同煤田开发的特性以及不同地区煤田开发项目的特点设置专用指标。

（4）统一性与灵活性相结合。煤田开发项目的生态、经济和社会效益与影响涉及面广，非常复杂，即使发达国家目前应用的理论和方法也不成熟。在研究这些问题时，不可能做到面面俱到，在进行后评价的过程中，既要从工程建设的全局出发，又要考虑工程建设内容的差异性；既要考虑后评价工作的统一性要求，又要考虑不同类型区实施条件的差异性，做到统一性与灵活性相结合，这样有利于理论和方法不断完善，同时，最终的评价结果也更符合我国矿业工程建设的实际情况。

（5）综合性与集中性相协调。综合性原则指的是在评价中要全面考虑并分析一切人类活动与所造成的各种环境影响，宏观把握评价范围内环境问题产生的各种根源和机制；集中性原则指的是在全局考虑的基础上，着重分析评价历史上同一类型的开发活动以及较为显著的累积性环境影响。

（6）广泛参与原则。由于后评价评价的内容跨越了较长的时间，时间越长则影响的群体越大，因此为了更好地反映项目开发活动的长期综合影响，后评价必须广泛听取公众意见，综合考虑当地各方群体的意见，并认真听取当地相关行业专家及有关单位的意见。作为一切环境影响最直接最敏感的利益相关者，推动公众参与在后评价中的实施对于环境信息的收集、环境影响的识别、掌握环境质量的变化趋势等将起到巨大的作用。

（7）以过程评价为基础的原则。就是评价这些历史开发活动多年开发过程中已产生的种种效应以及对环境、社会、经济各个领域所造成的影响，同时还包括影响的成因、过程、机理和特点的分析研究，并强调分析在开发过程中产生的最终累积影响，为后续的趋势预测提供依据。

2.3.3　后评价范围的确定（Scoping）

后评价要求对与评价项目有关的过去和当前的一切人类活动（包括由项目衍生的开发活动）及其造成的各种影响进行回顾和评价，这就使得后评价的空间尺度得到了充分合理的拓展。尤其是对生态边界完整性的充分考虑，更突出了后评价基于生态系统管理的原则，为生态系统管理提供依据和支持的立足点。因此，对于环境影响后评价，确定其评价范围的基本思想是：基于可持续发展和生态系统管理原则，在技术边界允许的前提下，突破地理、人工和行政边界的束缚，以保证生态边界的整体性为立足点，同时覆盖项目附属工程的影响范围，最终综合确定后评价的评价范围。基于后评价的提出而实现的环境评价评价空间尺度的拓展，最根本的目的是确保所选定的评价范围能够覆盖开发活动长期带来的一切影响，确保在一个完整的复合生态系统中对各种效应评价的准确性和可靠性，只有这样才能保证评价结论的完整可信，有效发挥环境评价的决策支持作用。

从地理范围上来讲，本次研究的研究对象是草原区的露天煤矿，因此评价的核心范围以露天矿采掘场为中心，包括储煤场、装车站、排土场、输煤皮带、运输道路、破碎站、转运站等附属设施所占场地，同时由于环境影响后评价的时段内容跨越了项目建设期和运营期，历时较长导致了影响范围的扩大，因此评价范围还包括项目所涉及的地表水、地下水、生态环境、局域空气环境所影响的边界。即覆盖了项目实施并承纳长期环境影响的区域或复合生态系统的空间边界。具体案例的评价范围确定将在案例后评价中详细分析。

从时间范围上来讲，环境影响后评价需要根据资料数据的可达性和回顾年限的必要性（过往人类活动对当前环境的影响较为显著或具有累积效应）来界定评价的时间边界，只有限定合理的历史时期（而非无限期地）进行回顾，才能使评价工作落实到位。

2.3.4 评价内容

草原区露天煤矿环境影响后评价所涉及的评价内容较为复杂，在历史背景资料能够获取的条件下，要求各个专题研究都必须开展后评价，主要的评价内容可以包括表 2-1 中所列内容。但需要注意的是，由于每个案例的情况有所不同，因此个例的评价内容应可以不仅限于表 2-1 中所述内容。

2.3.5 评价重点

环境影响后评价的内容虽然在评价广度上涉及了复合生态系统的各个要素，相互之间评价内容存在差异，但在每个要素的专题评价中，后评价所关注的重点是一样的。

（1）效应。过去和当前一切人类活动，尤其是历史上项目的开发行为，所造成的环境、社会、经济等各种效应。

（2）趋势。社会经济活动及其影响效应的时空演变趋势。

（3）因果关系。项目开发与环境、生态、资源、风险、社会经济等影响之间的内在因果机理。

（4）累积。注重累积性影响的研究，包括累积影响源、累积过程、累积效应和累积影响机制。

（5）定量结果。尽可能地定量评价各类效应、趋势和因果相关关系，以提供定量水平的依据和支撑。

就环境影响后评价的具体内容而言，露天煤矿开采行业的评价重点为：地下水疏干对植被及地表水系的影响和对村民水井水位的影响；废矿石山（排土场）占地和环境影响（扬尘、景观、自然大气污染等）；验证土地沉降范围，验证重点构筑物（铁路、等级公路、桥梁等）采取防沉降措施的有效性，验证土地沉降区生态恢复措施的有效性；煤矿环境污染治理与生态综合整治措施有效性的验证评价和改进建议。

表 2-1　煤田开发（露天煤矿）环境影响后评价内容体系

序号	评价目标	主要评价内容
一	建设项目概况	描述煤矿基本情况、资源情况和采场工程、选煤厂工程、仓储与运输工程、公用工程以及其他辅助工程的内容
二	建设项目周围环境状况	包括矿区及周边自然和社会环境状况调查；区域生态环境和水土流失现状调查；区域环境质量现状调查、监测与评价
三	项目实施过程中执行建设项目环境管理程序的调查	分析项目历次环境影响评价工作开展情况、“三同时”执行情况、环境保护竣工验收情况、环境管理制度建立执行情况以及建设项目达标排放与总量控制情况
四	矿区现有复合生态系统环境质量现状与评价	对矿区现有生态系统进行全面的生态环境调查，制定适当的环境监测方案对环境质量进行监测、评价。通过全面评价监测及调查的结果分析矿区现有的环境质量水平及存在的环境问题
五	项目开发后环境影响回顾性评价	
	1．生态环境影响回顾性评价	利用卫星图片解译和现场实地调查的结果，对矿区开发不同阶段矿区生态环境质量的演变趋势进行回顾性分析与评价，重点分析对土地利用、土壤质量、植被生产力的影响
	2．地下水环境影响回顾性评价	通过对不同时期矿区及周边地下水水位和水资源量的调查，分析评价露天煤矿开采过程中对矿区及周边地下水水资源的影响情况
	3．污染类影响回顾性评价	对矿区生产过程中“三废”和噪声排放对周围大气、地表水、地下水、声环境及土壤环境造成的污染进行深入调查和评价
	4．社会经济影响调查与回顾性评价	评价煤矿近 20 年开采对当地在就业、经济发展、经济结构与总量的影响和促进作用；分析矿区内居民搬迁后生活质量和生存条件变化，并分析煤矿开发在居民生活质量的改善情况，以及其中煤矿开发对居民生活质量和生存条件改善方面起到的作用；分析评价煤矿应当承担的社会责任和实际承担的社会责任
六	后续开发环境影响预测	利用趋势分析、回归分析等方法，在回顾性评价的基础上，预测各环境要素随后续开发的开展可能产生的环境影响
七	环境影响评价报告主要内容的验证性评价	通过评价分析煤矿开采对各环境要素的实际影响及其与评价结论之间的差距，对项目环境影响报告书在生态环境质量、大气环境质量、地表水环境质量、声环境质量等方面的预测方法和预测结论的准确性、可靠性进行验证性分析和评价
八	煤矿环境污染治理与生态综合整治措施有效性的验证评价	通过达标排放和总量达标分析以及污染治理设施运行情况的调查分析，论证煤矿采取的污染治理措施的有效性、可靠性及技术经济可行性；通过对煤矿在生态恢复方面采取措施的效果的评价，论证煤矿采取的生态综合整治措施的有效性、合理性，并提出进一步的改进建议
九	公众参与	通过座谈会、问卷调查等形式开展公众参与工作，了解不同利益群体（受影响群体、管理群体、不相关群体）对煤矿多年开发带来的环境经济问题进行调查，并调查不同利益群体对煤矿多年开发建设的支持程度
十	改进方案及建议	根据环境质量现状评价、回顾性评价、有效性性评价、验证性评价以及预测分析的结果，针对现在存在的环境问题及未来可能出现的环境问题，提出有针对性的改进方案及建议
十一	结论	就项目实施中对环境的实际影响、以往环境影响评价工作的准确性和可靠性、项目采取环保措施的有效性以及资源综合利用、清洁生产与循环经济开展效果及潜力等方面给出结论性意见、后评价公众参与方面的结论性意见

2.3.6 评价技术路线

具体项目环境影响后评价报告的编写过程可分为 4 个主要阶段：①调研阶段；②工作方案编制阶段；③详查阶段；④报告书完成阶段。详见图 2-1。

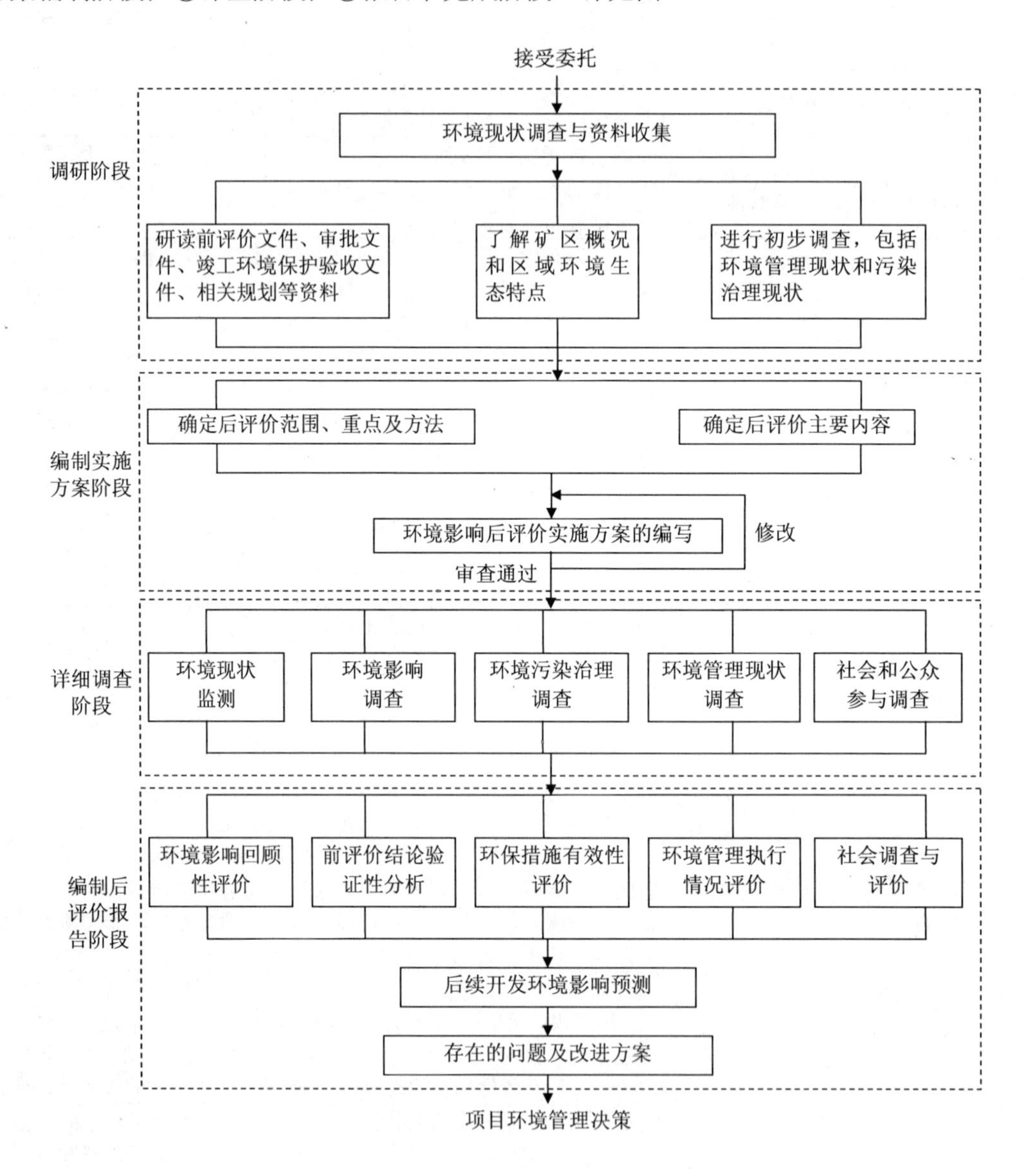

图 2-1 环境影响后评价技术路线图

2.4 环境影响后评价的特点

2.4.1 时间尺度的拓展

由于环境影响后评价在评价时段上不仅包含了现状评价和预测评价，更重要的是回顾评价。因此，环境影响后评价首先在时间尺度上拓展了传统的环境影响评价。

（1）影响预测的参照背景在时间上的拓展。实际上现存环境质量由于受到了各种人类活动的干扰，已不再是一个相对原始的环境背景，倘若以此作为评价的参照基准，必然导致无法在一个相对准确定量的环境背景下进行预测，也就无法保证影响预测的科学性和准确性，因此环境影响后评价需以历史数据作为预测的参照背景。

（2）影响趋势分析在时间上的拓展。由于环境影响后评价分析的是长期的累积影响，通过收集并分析有监测统计数据以来的生态环境状况及其变化趋势，对过去、现在和将来进行动态的连续评价，形成回顾、现状和预测评价这一连贯的评价体系。更为重要的是，通过对评价时间段的回顾性延伸，能够准确地展现历史人类活动对当前环境所造成的种种效应。这样既有利于保证有价值的历史背景信息不易丢失，又能以已经产生的效应作为本底和参照，在此基础上进行现状和预测评价。也就是说，时间尺度上的拓展不仅丰富了环境影响后评价的评价内容，而且还通过回顾为后续时段的评价提供了宝贵的结果和证据（如生态系统的严重退化、资源的丧失、风险事件的递增等）。这样，回顾评价、现状评价和预测评价三者之间就不会相互脱节，而是相辅相成，有机地贯穿为一个整体。

2.4.2　空间尺度的拓展

评价范围确定是环境影响后评价工作的前提之一，它是环境现状调查、环境影响及环境保护目标识别等工作的基础。由于环境影响后评价的环境影响是多年累积环境影响的结果，因此，各种累积的、间接的、协同的、从属的、长期的以及滞后的影响作用在同一地理区域必然产生“涟漪”效应，使影响范围一圈一圈扩大，从而在空间尺度上拓展了环境影响评价。同时，后评价的空间尺度还不应仅局限在项目开发活动本身，而应能涉及其影响到的生态边界、技术边界、地理边界、人工边界和行政边界综合确定。

2.4.3　评估范畴（Scope）的拓展

回顾性评价、累积影响评价、环境演变分析在评价范畴和内容上虽然均有各自的侧重和优势，但这几类评价对于环境评价的贡献仍相对有限，难以为最终的科学决策提供合理并且充足的支持。环境影响后评价正要将上述三者串联为一个体系，全面评价、分析人类开发活动的长期综合影响，并为后续开发活动提供指导。

从出发点看，后评价针对性很强，为制定可持续的战略决策提供科学证据和依据。

从层次上来看，后评价摆脱了项目乃至区域层次评价思想的局限，从广阔宏观的尺度来考虑与可持续发展相关的问题。

从评价的时段、范围以及评价的内容来看，后评价以所能搜集到的最早的历史资料数据作为起始点进行连续动态的评价；以尽可能符合生态系统管理需求、考虑生态边界的完整性作为评价范围的确定依据；同时在评价内容上也较为丰富，即对一切人类活动所造成的各种影响，尤其是累积影响，以及它们在宏观时空尺度上变化趋势和影响机理进行综合研究。具体来说，后评价在评价内容上有三大特色：①效应，评价范围内过去和当前的一切人类活动所产生的各种影响效应，既有常规的影响也有风险事故性的影响，既有累积性效应也有非累积性效应，其中以累积性的效应、影响最为明显和受关注；②趋势，人类社会经济活动及其造成的影响效应的时间变化趋势和空间分异规律；③因果响应机制，定量或半定量地研究社会经济发展驱动力—开发行为压力—生态系统响应之间的因果关系、相关性或是可能性（概率）。

2.5 小结

本章构建了环境影响后评价的技术框架体系。在理论和实践研究的基础之上，全面系统地确定后评价的框架结构。该技术路线既是案例分析基础上的实践经验的总结，也是理论研究的提炼。后评价不仅囊括了 PEIA、CEA 和 ECA 的评价内容，还最大限度地发挥了这三种评价技术方案的优势并将其有机结合，更重要的是，它已突破了传统回顾评价的框架体系，从评价模式、内容到本质上都得到了全面的提升。

从评价对象来看，环境影响后评价只局限于建设项目，少部分关注规划层次。从总体上看，后评价的主要目的是环境影响评价的质量控制手段、验证、修正、补充和延续。后评价改进方案的内容包括工程原环境保护措施的改进建议、工程环境管理体系的构成和运行方式的改进建议，以及工程运行方式的改进建议，此外还包括环境经济损益分析、公众参与等。

从评价范围的确定、评价内容、评价重点、评价的技术路线等方面对后评价内容框架的阐述，以及评价的时间尺度、空间尺度和评价范畴等特点的分析，从更高的立意和更深的层次丰富了后评价。正是因为后评价显著区别于传统项目环境影响评价的本质和特点——综合性、区域性、长期性、系统性、多维性、累积性及指导性，使得后评价在环境影响评价中的必要性显得尤为突出，特别是在环境影响识别、累积影响评价和趋势预测等方面更是不可或缺。同时，法律、技术、体制和经济等多方面的保障体系也为后评价的可行铺平了道路。综上所述，后评估框架的构建为其在环境影响评价中的顺利开展奠定了理论基础。

在理论和实践研究的基础之上，全面系统地构建了后评价的框架结构。后评价技术路线既是实践经验的总结，也是理论研究的提炼；既展现了清晰的评价思路和评价程序，又涵盖了完整的评价内容并突出了评价重点；同时，还很好地遵循并体现了可持续发展、基于生态系统管理、注重累积性影响、综合性与集中性相协调、公众参与、预警预防以及决策支持等研究原则。可以说，后评价技术路线集科学性和可行性于一体，具有良好的应用和推广前景。

第 3 章　草原区煤田开发环境影响后评价理论支撑体系

3.1　理论支撑体系构架及组成

草原区的矿山环境是一种处于退化或极度退化的生境，植被的恢复与生态重建是矿山废弃地生态恢复的最佳途径。草原区煤田开发的环境影响后评价理论主要是基于矿山开采活动所带来的间接和直接环境损伤与环境系统自身抵御能力之间的动态变化机制。因此，总体而言，草原区煤田开发环境影响后评价的理论支撑体系可概括为一条主线、一个桥梁、两个基点和两条原则。一条主线：恢复生态学；一个桥梁：生态系统管理学；两个基点：环境系统损伤机制和环境系统抵御机制；两条原则：生态经济学和可持续发展理论。理论框架具体见图 3-1。

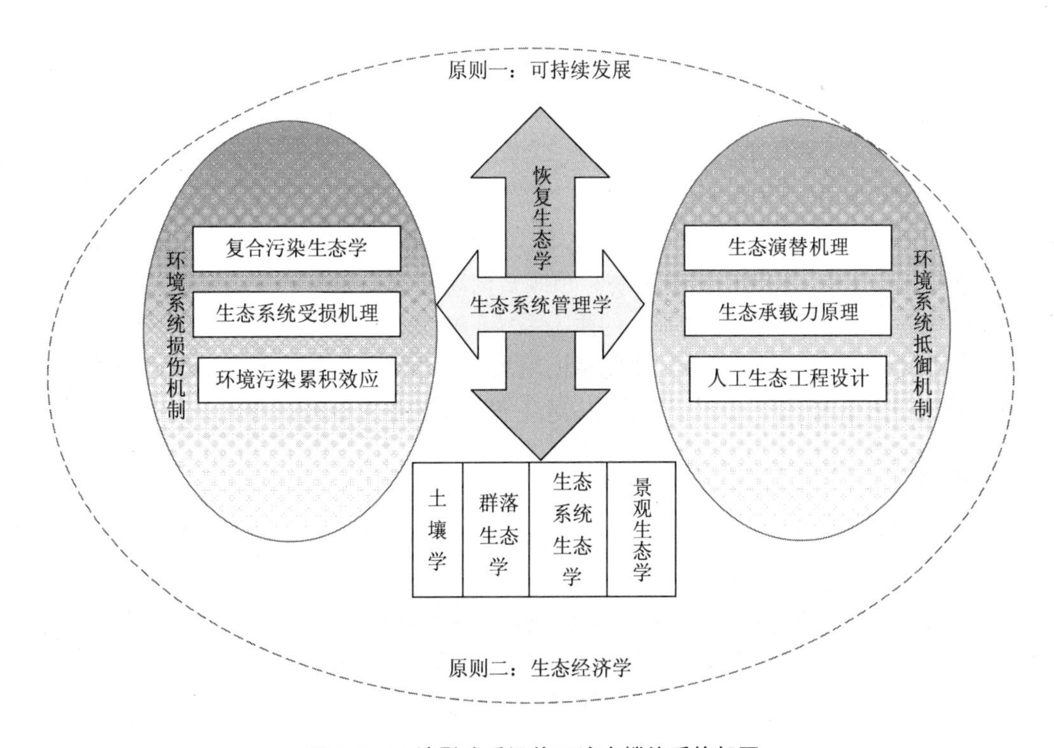

图 3-1　环境影响后评价理论支撑体系构架图

3.2 矿区环境生态系统研究

3.2.1 人为干扰对矿区生态系统的影响

人为干扰是区别于自然干扰的另一种主要干扰方式，是指由于人类生产、生活和其他社会活动形成的干扰体对自然环境和生态系统施加的各种影响。人为干扰无论从伤害强度、作用范围、持续时间还是发生频率、潜在危害、诱发性等方面，都常常高于自然干扰。

根据目前的研究成果，矿区受损生态系统的主要特征可以概括如下。

（1）生态系统受损伤的各种变化都始于结构的改变、矿区水土资源受到污染破坏、物种资源急剧衰减、矿区植被面积下降、植物光合作用的转换效率降低、能量流动效率降低、物质循环受阻等，修复矿区生态需要借助于生态系统的外部力量才能促进矿区生态功能的转变，矿区生态治理和维持成本加大。

（2）生态系统过程受阻和功能衰退是受损生态系统的主要特征。矿区产业结构的演变通过对生态系统的破坏力和生态修复能力而影响矿区生态系统功能的发挥。开发初期，矿区生态恶化程度较低，生态系统维持成本较低，矿区生态自我修复的能力较强，对矿区生态长期影响较小；矿区形成期，矿区污染和生态环境破坏力加大，矿区生态的自我修复能力急剧下降，治理成本上升，但是矿区生态治理在可以接受的范围之内，需要加大矿区治理的力度或实行清洁生产，以消除开采过程生态系统的破坏力。如果错失矿山生态治理的时期，矿区进入衰退期，整个矿区的恶化程度将急剧上升，矿区生态修复的周期将延长、成本高、修复能力脆弱，对矿区持续发展的长期影响大，严重阻碍矿区社会的持续发展能力。

（3）关键组分和过程的状态决定着生态系统的回复进程。

一个具有自我维持能力的生态系统才是真正健康的生命系统，生态系统的关键物种（如建群种、优势种、关键的传粉动物、顶级食肉动物等）和关键生态过程，在受损伤的生态系统中还是否存在，对于受损伤的生态系统的恢复进程至关重要。在矿区生态修复的过程中，要注重生物种类、数量、生物量的增加，更要注重物种间的竞争和协同关系，才能更充分地利用系统自身的潜能，促进矿区生态系统的恢复进程。

3.2.2 探索人为干扰下的生态演替规律

矿区生态系统是人类生态系统经过漫长的发展才产生的，在人为干扰下矿区生态系统先后存在 3 种不同的类型。

（1）原始型矿区生态系统。人类社会早期矿区生态系统，社会生产力水平低，矿业开发利用程度很低，对自然生态系统的压力不大，生态与矿业开发的矛盾没有显现。

（2）掠夺型矿区生态系统。19 世纪开始社会生产力有了飞速提高，对矿产的需求量不断扩大。人们仅仅为了追求经济发展而进行掠夺式的开发，环境污染严重，矿区环境生态系统严重破坏。

（3）协调型矿区生态系统。这种矿区生态系统类型以生态与经济协调和可持续发展的理论做指导，必将成为普遍存在的先进矿区生态系统类型。矿产资源的综合利用率高，矿区灾害很少发生，矿区生态系统处于健康状态。

3.2.3　矿区环境影响后评价的理论主线分析

生态恢复是相对于生态破坏而言的。生态破坏可以理解为生态系统的结构发生变化、功能退化或丧失，关系紊乱。生态恢复就是恢复系统的合理结构、高效的功能和协调的关系。生态恢复实质上就是被破坏生态系统的有序演替过程，这个过程使生态系统可能回复到原先的状态。但是，由于自然条件的复杂性以及人类社会对自然资源利用的取向影响，生态恢复并不意味着在所有场合下都能够或必须使恢复的生态系统都是原先的状态，生态恢复最本质的目的就是恢复系统的必要功能并达到系统自维持状态。因此矿区经过长期开发后如何进行环境系统恢复，自我恢复能力如何，是否具有可恢复性等的评价和分析即为矿区后评价的理论出发点。故矿区后评价的理论主线即为研究生态系统恢复的科学，即恢复生态学。

在自然条件下，如果群落一旦遭到干扰和破坏，它还是能够恢复的，尽管恢复的时间有长有短。首先是被称之为先锋植物的种类侵入遭到破坏的地方并定居直至繁殖。先锋植物改善了被破坏地生态环境，使得更适宜其他物种的生存并被其取代。如此渐进直到群落恢复它原来的外貌和物种成分为止。在一个遭到破坏的群落地点所发生的这一系列变化就是演替。因此可以通过人为手段加以调控，改变生态系统演替速度或改变演替方向，最终为生态恢复服务。以遭到破坏的矿区生态系统为例，采矿后，原来的生态系统遭到了严重的破坏。那么，矿区的生态恢复，理论上讲，一定要通过人工的方法，促使其尽快进入自然演替过程。矿区裸地，如果任其自然发展，成百上千年后，其演替大致可分为四个阶段，即原始阶段（无植被）、早期阶段（单种植物）、过渡阶段（随机镶嵌）和成熟阶段（稳定植物群落）。因此，演替理论亦是矿区生态恢复学的理论支撑点。

基于上述理论，恢复生态学获得了认识论的基础。即恢复生态学是在生态建设服从于自然规律和社会需求的前提下，在群落演替理论指导下，通过物理的、化学的、生物的技术手段，控制待恢复生态系统的演替过程和发展方向，恢复或重建生态系统的结构和功能，并使系统达到自维持状态。恢复生态学的研究目标旨在探索因自然灾变或人类经济活动所破坏的各类生态系统的恢复与重建。其研究对象十分广泛，包括自然灾变，如地震、火山喷发、泥石流、洪水等引起的生态破坏和生态系统退化，以及人类活动如采矿、冶炼、化工、建筑、污染物排放等引起的环境污染和生态系统退化。经过几十年的实践，恢复生态学已经在以下几个方面获得重要进展。

（1）成功地发展了以生态系统演替为理论基础的有效恢复技术，建立了多种退化生态系统的恢复模式和自维持生态系统。

（2）经恢复后的生态系统有了新的利用价值，改善了人类社会生存环境，提高了可持续发展能力。

（3）在环境恶化的区域，退化生态系统的面积有所减少，生态景观得到改进。

（4）开拓了生态学的新领域，许多生态学的理论在实践中得到验证和发展。

3.3 恢复生态学

环境影响后评价的对象是受到人为干扰的矿区复合生态系统，恢复生态学研究的对象是一些在自然灾变和人类活动压力下受到破坏的生态系统。因此恢复生态学主要研究的是脆弱的生态系统、退化的生态系统甚至是不可逆的生态系统，使其最终达到重建生态系统的目的。如图 3-2 所示，如果不采取相应措施，脆弱的生态系统可能会自然发生进一步的退化，甚至达到不可逆的状态；同时，只要没有达到不可逆的状态，极度退化的生态系统是可以通过人工重建达到重建生态系统的目的的。其中，退化生态系统恢复的目的是改善退化生态系统的各种生态效益，提高其生物生产力和保护退化生态系统濒临灭绝的生物物种，为人类生存创造一个良好的生态环境。

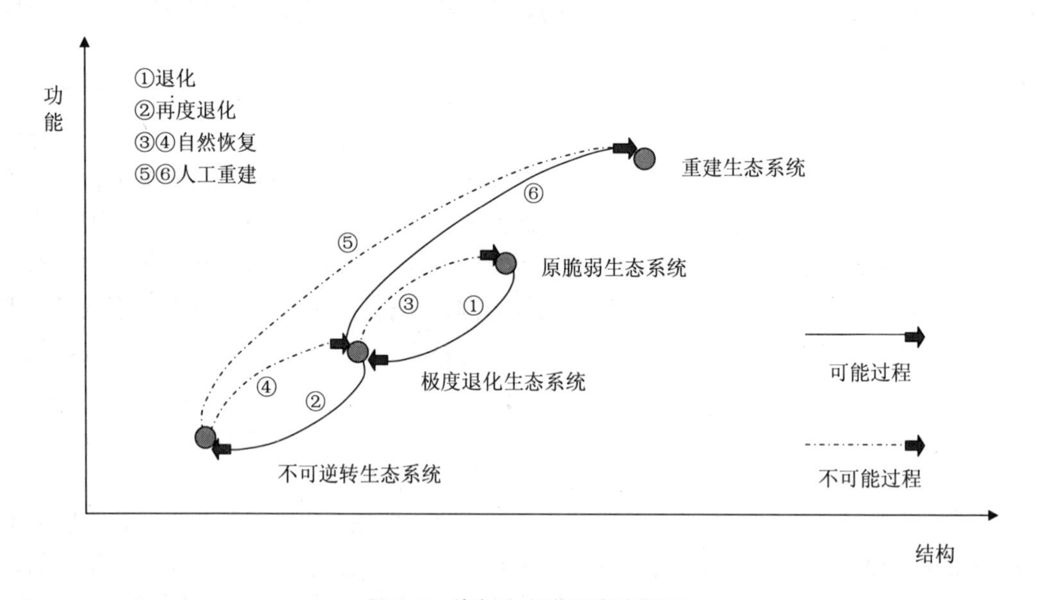

图 3-2 恢复生态学研究路径图

恢复生态学是研究生态系统退化的原因、退化生态系统恢复与重建的技术和方法及其生态学过程和机理的学科。恢复生态学研究的内容很多，但与退化生态系统恢复密切相关的研究主要包括自然生态系统的退化与干扰机制的关系；生态系统退化过程的动态监测、模拟、预警及预测；退化生态系统恢复与重建的关键技术；生态系统结构与功能的优化配置；物种和生物多样性的恢复与维持技术；退化生态系统恢复与所在景观中其他生态系统的关系。

煤田开发势必对区域生态环境造成影响，改变区域生态系统结构及功能，而在通常情况下往往造成生态系统退化、生境的消失及破碎化，这对很多生物物种持续生存带来了威胁。生态系统的动态发展，在于其结构的演替变化。正常的生态系统处于一种动态平衡中，生物群落与自然环境在其平衡点作一定范围的波动。生态系统的结构和功能也可能在自然因素和人类干扰的作用下发生位移，位移的结果打破了原有生态系统的平衡，使系统固有的功能遭到破坏或丧失，稳定性和生产力降低，抗干扰能力和平衡能力减弱，这样的生态系统被称为退化生态系统或受害生态系统。而生态恢复就是人为地帮助被损坏的、沙化的或被干扰的生态系统恢复的过程。因此，恢复生态学为整个矿区环境影响后评价的主线理论，贯穿后评价全部环节。值得一提的是，生态系统永远是动态的，而不是静止不动的，因此生态系统的恢复目标不能针对于静止的物体，否则会显得很呆板，没有效果。R. J. Hobbs 指出人们越来越清楚地意识到生态系统的动态变化是复杂的、非线性的甚至是不可预测的；生态恢复的困难程度取决于生态系统的干扰的类型及被损害的严重性，一个生态系统遭到破坏越严重，其更基础的生态系统过程被改变并且最根本的生态系统服务功能会丧失，恢复起来越困难。

3.3.1　恢复生态学理论

3.3.1.1　生态系统退化的原因

当生态系统的结构变化引起功能减弱或丧失时，生态系统就是退化的。引起生态系统结构和功能变化而导致生态系统退化的原因很多，其中干扰的作用是主要的原因。由于干扰结果打破了原有生态系统的平衡状态，使系统的结构和功能发生变化和障碍，形成破坏性波动或恶性循环，从而导致系统的退化。

干扰使生态系统发生退化的主要机理首先在于干扰的压力使系统的结构与功能发生变化。事实上，干扰的压力不仅仅在群落的物种多样性的发生和维持中起重要作用，而且在生物的进化过程中也是重要的选择压力；在功能过程中，干扰能减弱生态系统的功能过程，甚至使生态系统的功能丧失。干扰可来自两个方面，即自然压力和社会压力。自干扰包括火、冰雹、洪水、干旱、飓（台）风、滑坡、海啸、地震、火山、冰河作用等自然因素对生态系统的干扰作用。人为干扰包括有毒化学物的施放与污染、森林砍伐、植被过度利用、露天开采等人为活动因素对生态系统的影响，属社会性压力。

干扰的强度和频度是生态系统退化程度的根本原因。过大的干扰强度和频度会使生态系统退化成为不毛之地，极度退化的生态系统的恢复是非常困难的，常常需要采取一些生态工程措施和生物措施来进行退化生态系统恢复的启动，进之恢复植被。若自然生态系统的地下部分（主要是土壤）保留较完整，则植被的自然恢复是可行的。

在社会性干扰压力中，采矿废弃地需要特别重视。矿业废弃地是指为采矿活动所破坏的、非经治理而无法使用的土地。根据地矿部门的初步统计，到 1990 年为止，我国共有 9 000 多座大中型国营矿山，26 万座乡镇经营和个人开采的矿山。总计已形成 200 万 hm^2 的废弃地，现每年约以 2.5 万 hm^2 的速度继续扩大。矿山废弃地可直接毁坏了大片森林草地和农田，把生产性土地变成非生产性土地；同时废弃地还造成水土流失，又形成了巨大的污染源。因此，废弃地的整治在退化生态系统的恢复与重建中具有重要的位置。同时，生态恢复过程最重要的理念就是通过人工调控，促使退化生态系统进入自然演替过程。因此，生态系统演替理论是恢复生态学最重要的基本理论之一。

3.3.1.2　生态恢复与植被重建的意义

（1）生态恢复与植被重建的社会效益。

人类对植被和自然资源的不合理的开发利用，尤其是资本主义掠夺式的生产方式，相应地引起自然条件的恶化，严重的水土流失，地力的衰退，干旱等自然灾害以及流行病等大自然的无情报复。近年来全球平均每年有 500 万 hm^2 土地，由于极度破坏、侵蚀、盐渍化、污染等原因，已不能再生产粮食；全世界每年以 5 万～7 万 hm^2 的惊人速度使土地沙漠化；全世界的热带森林，每年的破坏率高达 2%。20 世纪以来，全世界 3 800 多种哺乳动物中，已有 110 个种和亚种消失，9 000 多种鸟类中已有 139 个种和 39 个亚种消失，还有 600 种动物和 25 000 多种植物正面临绝灭的危险。人类对植被的自然资源的盲目掠夺式的开发和利用，其后果是极其严重的。

我国自然生态系统的退化也十分严重。由于人类过度活动的影响，工业化和城市化加速发展，加之缺乏合理的开发利用，忽视生态保护和环境整治，使原有的自然生态系统遭到很大的破坏。据统计，我国退化土地约 150 万 hm^2。北方的黄土、南方的花岗岩风化壳红土，是中国境内侵蚀最严重的地质地貌单元。

大面积植被破坏后的严重水土流失，是加剧生态系统退化的主要原因。这类退化生态系统土地贫瘠、水源枯竭、生态环境恶化，从而严重制约着农业生产的发展并影响人类生存空间的质量。例如华南地区，每年有 500 万～600 万 hm^2 的土地失去再生产能力。如何进行综合整治，使退化生态系统得以恢复，这是提高区域生产力、改善生态环境、使资源得以持续利用、经济得以持续发展的关键。

退化生态系统的恢复与重建所产生的经济和社会效益，在我国各个试验站点均反映出来。中国科学院华南植物研究所主持的鹤山定位研究站，其构建的优化人工林模式，以及利用丘陵山地构建的林果草渔和林果草苗复合大农业模式均得大面积的推广。而构建的混交林，连片推广约 20 000 hm^2，成为广东最大的连片混交林，对防治病虫害、改善区域环境起到重要作用，成为广东绿化达标后林地管理和林分改造小范样板。

显然，退化生态系统的恢复与重建具有重大的生态效益、经济效益和社会效益，对生态环境和国民经济建设均具有重要的现实意义和深远的历史意义。

（2）生态恢复与植被重建的生态效益。

在森林植被的恢复中，森林的发展增加了生态系统的多样性，产生的功能过程，对林地土壤、森林水分、林地小气候等均产生高的生态学效应。彭少麟等（1996）对人工植被的光能利用率进行了比较，可以发现在本地带的植被恢复中具有高的生物量积累与初级生产力（表 3-1）。

表 3-1 人工植被恢复后其功能强度的发展*

	裸土壤	桉树林	混交林
乔木种数（100 m^2）	0	2	11
昆虫种数（100 m^2）	50	100	300
鸟类种数（100 m^2）	4	7	11
微生物数量/（10^7/g）	0.36	3.55	4.74
土壤动物优势种数	1	3	7
年平均温度（1.5 cm）/℃	22.8	22.7	22.6
年平均湿度（1.5 cm）/%	83.2	85.5	87.3
光能利用率/%	0.30	7.91	9.16
地面水深度/m	1～4	9～11	3～5
土壤酸度（10～20 cm）	4.5	5.0	5.3
有机质含量（1～15 cm）/%	0.60	0.75	1.13

* 林冠光强为 60 000 lx。

植被恢复与重建过程的森林生态效应，最直观体现在侵蚀的控制上。小良站的研究表明，裸地的侵蚀最严重，为 52.3 t/（hm^2·a）；其次是桉树，为 10.79 t/（hm^2·a）；人工混交林最低，为 0.18 t/（hm^2·a）；与其他地区相比，在瑞士，裸地年侵蚀量为 2.22 t/（hm^2·a），森林为 0.05 t/（hm^2·a）；美国的森林年水土流失为 0.05 t/（hm^2·a）；在中国的海南岛，轮作后的荒地为 32 t/（hm^2·a）；而在天然热带山地雨林里则为 0.05 t/（hm^2·a）。可见人工阔叶混交林对水土的保持能力基本接近天然混交林。

植被恢复的生态效应不但影响林地本身，也影响周围的环境，进而对区域和全球的生态平衡有所贡献。

3.3.1.3　建立明确的恢复目标

诸多的研究者认为生态恢复的可行性及有效性依赖于决策者及执行人员的恢复目标，生态系统恢复的目的各种各样，如恢复受破坏的生态系统原貌为起点的矿区废弃地的植被恢复、减少人工排土场地的水土流失与水土保持、废弃地土壤的重塑及固定，为动物重建栖息地等；与之相反，有些生态恢复活动仅仅是为了达到绿化效果，而不考虑从根本上治理给生态系统带来的创伤，想要达到后者所追求的目标，相比前者要容易得多。

据作者调查结果，伊敏露天煤矿排土场复垦植被以草本为主，而黑岱沟露天煤矿排土场复垦植被为乔灌草结合的特点。在伊敏露天煤矿草本植物恢复最早的排土场复垦植被中可见到当地演替顶极群落大针茅+羊草类型及羊草+大针茅类型，盖度极大，达到 80%，草群高度可达 120 mm 和 65 mm；土壤硬实，发育较好，土层为黑钙土。而黑岱沟露天煤矿草本植物群落以紫花苜蓿、沙打旺等人工植被为主，恢复演替群落有根茎型禾草为主的赖草、拂子茅群落，其草本植被盖度低，土壤裸露较多，土壤发育欠缺，并且没有见到当地演替顶极类型本氏针茅群落。在植被恢复过程中优选植被的选择非常重要，如灌木沙棘的种植前期可达到很好的恢复效果，沙棘前期生长较快，固氮能力强，水土保持效果好，但种植 5 年后不管是沙棘纯林还是混交林，都明显出现衰败现象。因此不管种植沙棘或其他任何一种乔木或灌木，首先要避免形成“绿色沙漠”，使得水土流失更加严重。

对于矿区人工排土场进行植被复垦，首先要防止废弃地表面的水土流失、水土保持，然后再进行熟化土壤、人工生态系统的构建。因此在优选复垦植被的选择上，植被复垦初期应当选择当地地带性植被建群物种，如针茅属植物、羊草、早熟禾等，待复垦 3～4 年，植被覆盖度达到一定程度，再结合当地气候条件种植乔木和灌木，进行深层土壤的固定。此方法有以下几个优点：①由于草本植物的根系对人工矿山表面的土壤层厚度要求较浅，可以缓和经济承受能力带来的问题及减少注水灌溉的费用；②草本植物容易达到要求的覆盖度，可以很好地达到防止水土流失、水土保持的效果；③草本植物，尤其是当地地带性草本植物的种植，可以有效地促进植被演替及野生植物的入侵，加快物种多样性的增加速度，较快地向自然生态系统转变；④草本植物经过一定时间的种植后，可熟化土壤，使土壤腐殖质增多，对土壤的各种物理化学性质有很好的改善，为接下来的乔木和灌木的种植创造了条件。

3.3.1.4　退化生态系统恢复的步骤

植被恢复是重建任何生态系统的第一步。它是以人工手段促进植被在短时期内得以恢复。但不同的退化生态系统其技术与步骤是不同的。

（1）极度退化生态系统的恢复。

极度退化的生态系统，其特点是土地极度贫瘠，理化结构很差。由于这类生态系统总伴随着严重的水土流失，每年反复的土壤侵蚀，更加剧了生境的恶化，因此极度退化的生态系统是无法在自然条件下恢复植被的。对极度退化的生态系统的整治，第一步就是控制水土流失。

中国南方红壤区域中，严重水土流失区域会出现崩岗等严重的水土流失现象，如广东省德庆县崩岗面积只占水土流失总面积的17%，流失量却占总流失量的60%以上。其治理应采取工程措施和生物措施相结合的方法控制水土流失。治理崩岗的工程措施主要是采取开截流沟、建谷坊工程、削坡开级工程和拦沙坝工程。生物措施是因地制宜选用合适的植物，人工造林种草，这是一项治本的工作。生物措施与工程措施密切配合，可以相互取长补短，有效地起到控制水土流失的作用。在此基础上再进行植被的重建。

在生物措施中，首先是植物措施。植物在受损害生态系统恢复与重建中的基本作用就是：①利用多层次多物种的人工植物群落的整体结构，通过林冠的截留，凋落物增厚产生的地面下垫面的改变，以减缓雨滴溅蚀力和地表迁流量，控制水土流失；②利用植物的有机残体和根系穿透力，以及分泌物的物理化学作用，促进生态系统土壤的发育形成和熟化改善局部环境，并在水平和垂直空间上形成多格局和多层次，造成生境的多样性，促进生态系统生物多样性的形成；③利用植物群落根系错落交叉的整体网络结构，增加固土防止水土流失的能力，为其他生物提供稳定的生境，逐步恢复已退化的生态系统。

小良热带人工森林生态系统定位站是在寸草不长的侵蚀地上开展植被重建实验。基本建设和研究工作从1959年3月开始，分4个阶段进行：①重建先锋群落（1959—1964），在进行本底调查的基础上，采取工程措施与生物措施相结合但以生物措施为主的综合治理方法，选用速生、耐旱、耐瘠的桉树、松树和相思树，重建先锋群落。②配置多层多种阔叶混交林：从1973年开始，模拟自然森林群落演替过程的种类成分和群落结构特点，在松、桉林先锋群落的迹地上开展阔叶混交林的配置研究。根据1959年的调查资料统计，试验区附近的村边林，残存有高等植物293种，分属于243属、87科，其中乔木有95种，灌木有81种，草本有22种。这些残存的自然次生林的物种结构和层次结构是进行植被重建时种类构建林分改造的科学依据。③发展经济作物和果树：在400多hm^2侵蚀地得到全面绿化，环境条件得到改善后，开展了多种经营，种植热带植物和水果。④综合研究阶段：从1980年开始，采取以空间代替时间的方法，选择荒坡、按树纯林和阔叶混交林三个不同植被类型而地貌、岩性、土壤类型和坡度等基本一致的集水区，分别建立起森林气候、森林土壤和森林水文的综合观测点，并同步进行植物、动物、昆虫、土壤动物和土壤微生物等方面的生物、生态环境效应的动态观测研究，从而深入地揭示退化生态系统恢复过程的生态学机理。

对极度退化生态系统的重建及综合研究，针对性地分阶段进行综合治理和研究是很必要的。早期适宜的先锋植物种类对退化生态系统的生境治理具有重要的作用。在后期进行多种群的生态系统构建时，更要注意构建种类的选取。彭少麟等（1992）研究了广东鹤山5个7年生的人工林群落后指出：鹤山的混交林，采用了相当部分的豆科树种与其他阔叶树混交。由于所栽种的豆科植物有较强的固氮能力，在很贫瘠的土地上有快生速长的特点，因而与其他树种混栽后能较快地改善生态环境，在一定程度上也促进了其他树种的生长。因此利用豆科树种与乡土树种混交，是一种有效的造林途径。

（2）次生林地生态系统的恢复。

次生林地生态系统一般生境较好，或植被刚破坏而土壤尚未破坏，或次生裸地而已有林木生长，因而其恢复的步骤是按上述的演替规律，人为地促进顺行演替的发展。

①封山育林。这是简便易行、经济省事的措施，因为封山育林可为阔叶树种创造适宜的生态条件，促使被破坏林地的林木生长，或针叶林逐渐顺行演替为保持土地能力较高的针阔叶混交林，进而顺行演替为地带性的季风常绿阔叶林。

②进行林分改造。为了促使森林的顺行快速演替，可对处于演替早期阶段的林地进行林分改造，如在马尾松疏林或其他先锋林中补种油松、樟子松、圆柏或侧柏等，以促使针叶林的快速顺行演替为高生态效益的针阔叶林混交林，进而恢复季风常绿阔叶林。

③透光抚育。即在针叶林或其他先锋林中，对已生长着的一些阔叶树进行透光抚育，或择伐一些先锋树种的个体，以促进阔叶树的生长，尽早形成针阔叶混交林，顺行演替为生态效益最高的季风常绿阔叶林。

（3）矿区废弃地生态系统的恢复。

采矿地的生态重建应以恢复生态学作为它的理论基础。先用物理法或化学法对废矿地生态系统进行处理，消除或减缓尾矿、废矿对生态系统恢复或重建的物理化学影响，再铺上一定厚度的土壤。若矿物具有毒性，还需有隔离层再铺上，然后在其上部种植植物。对废矿地或其他污染造成的退化生态系统的植被恢复，还要注意以下两方面的技术。

①化学改良：化学改良主要是指化学肥料、EDTA、酸碱调节物质及某些离子的应用。速效的化学肥料易于淋溶，收效不大，缓效肥料往往能取得较好的效果。在管理方便的情况下可以少量多次地施用化学肥料。EDTA 主要被用来络合含量高的重金属离子使之对植物的毒害有所减轻。研究还发现，金属阳离子的毒性可由 Ca^{2+}作用而趋于缓和，富钙废弃物中许多金属的毒性是属于低强度的。钙离子的存在也会减轻铬酸盐的毒性，这种作用不依附于 pH 变化和可溶性现象。酸性较高的基质，可以施放大量石灰石渣滓：熟石灰或含白云石的石炭等予以中和，这样往往能取得满意的效果，碱性废物如发电站灰渣可用于改良酸废土。对于碱性基质，可以施用硫黄、硫酸亚铁及稀硫酸等。近期的一些研究还发现，磷酸盐能有效地控制伴硫矿物酸的形成，因而，磷矿废物亦可用于改良含酸废弃地。

②有机废物的应用：污水、污泥、泥炭、垃圾及动物粪便等富含 N、P 的有机质，它们被广泛地应用于改良矿业废弃地并起到多方面的作用，首先是它们富含养分，可以改善基质的营养状况；其次是它们含有大量的有机质，可以螯合部分重金属离子缓解其毒性；再次是这些改良物质与基质本身便是一类固体废弃物，这种以废治废的做法具有很好的综合效益。试验证明，污水污泥等往往比化学肥料的改良效果要好。

3.3.2　恢复生态学与生态恢复

3.3.2.1　恢复生态学对生态恢复的理论指导

恢复生态学（Restoration Ecology）是一门在 20 世纪 80 年代以来得到非常迅速发展的现代生态学分支学科。重建已损害或退化的生态系统，恢复生态系统的良性循环和功能过程，称为退化生态系统的恢复。恢复生态学则是研究生态系统退化的原因、退化生态系统恢复与重建的技术与方法、生态学过程与机理的学科。

恢复生态学是一门综合性很强的学科，也是一项十分复杂的系统工程，许多生态学及景观生态学理论均可以在这个过程得以检验和完善。不仅在生态学内与其他分支传统的遗传生态学、生理生态学、种群生态学和群落生态学，到现代的生态系统生态学、景观生态学、保护生态学等有密切联系，而且与生态学外的许多相关学科，如地理学、土壤学、生物气象学、环境化学、工程学以及经济学等保持着广泛的学科交叉。因此，有关退化生态系统恢复与重建的研究，需要组织多部门多专业进行综合研究。

退化生态系统中的植被恢复是恢复生态学研究的首要工作，因为几乎所有的自然生态系统的恢复，总是以植被的恢复为前提的。恢复生态学研究对象是那些在自然灾变和人类活动压力条件下受到破坏的自然生态系统的恢复和重建问题，因而具有十分强烈的应用背景。

3.3.2.2 基于传统生态学的恢复生态学理论

恢复生态学应用了许多学科的理论，其应用最广泛的为生态学理论，主要有：限制性因子原理、热力学定律、种群密度制约效应、生态位原理、生态适应性原理及群落演替理论、野生植物入侵等。

（1）限制性因子原理。生物的生存和繁殖依赖于各种生态因子的综合作用，其中限制生物存在和繁殖的关键因子称之为限制性因子。任何一种生态因子只要接近或超过生物的耐受范围，它就会成为这种生物的限制因子。如果一种生物对某一生态因子的耐受范围很广，而且这种因子又非常稳定，那么这种因子就不太可能成为限制因子；相反，如果一种生物对某一生态因子的耐受范围非常窄，而且这种因子又易于变化，那么这种因子就很可能是一种限制因子。例如，氧气对陆生动物来说，数量多、含量稳定而且容易得到，因此一般不会成为限制因子（寄生生物、土壤生物、高山生物除外）。但是氧气在水体中的含量是有限的，而且经常发生波动，因此常常成为水生生物的限制因子。因此生物学家一旦找到了限制因子，就意味着找到了影响生物生存和发展的关键因子。便在生态恢复工作中有助于识别和寻找生态系统恢复所必需的限制性因子。有些研究发现在矿区废弃地植被复垦的首要条件是土壤因子，如土壤养分含量、有机质、机械组成及土壤水分、土壤空气等都有可能构成限制因子。没有很好的土壤条件，生态恢复工作将会困难重重，难以达到很好的效果。

（2）热力学定律。生态系统中的能量流动是由生产者、消费者及分解者共同作用而产生的。根据生态系统中能量流动的热力学定律，生态系统对太阳能的固定及利用能量的效率很低。而对于一个受损的生态系统来说，最庞大的能量固定者——生产者的数量太少，从而使能量的传递次数受到限制，同时这种限制也必然影响了构成复杂生态系统的结构，减少了食物链环节及营养级的级数。

（3）种群密度制约效应。密度制约效应是指同种植物种内，当种群的个体数目增加时，就必定会出现邻接个体之间的相互作用。密度制约效应被认为是由矛盾着的两种相互作用决定的，即出生和死亡、迁入和迁出。种群的密度制约效应限制了一个种群的泛滥。而空间配置是指群落结构组成的空间分布与配置，群落结构是群落中相互作用的种群在协同进化中形成的，其中生态适应和自然选择起了重要作用，因此，群落种类组成、群落外貌及其结构特征包含了重要的生态学内容。一个群落由不同生活型、不同生态型及不同生物性植物组成，而正是因为这些不同的植物物种的结合构成了不同的群落外貌，如森林群落由高大的乔木占据上部层片，矮小灌木形成了群落中的中级层片，下部层片由草本植物组成，形成一个多个不同层片、不同生态位所组成的复杂的、稳定的生物群落。这种群落可以在不同的层片上利用不同的资源，从而使种间竞争变得不那么剧烈，使水平与垂直结构上不同资源的分配更加合理化。

（4）生态位原理。生态位（Niche）是生态学中的一个重要概念，主要指在自然生态系统中一个种群在时间、空间上的位置与相关种群之间的功能关系。美国学者 J. Grinell（1917）最早提出生态位的概念，用以表示划分环境的空间单位和一个物种在环境中的地位，他强调的是空间生态位的概念。英国生态学家 C. Elton（1927）赋予生态位更进一步的含义，他把生态位看做是“物种在生物群落中的地位与功能作用”，他强调的是物种与物种之间的营养关系。1957 年，G. E. Hutchinson 发展了生态位概念，并提出了 *n* 维生态位，他认为在生物群落中，能够为某一物种所栖息的、理论上最大的空间为基础生态位。但实际上很少有一个物种能够全部占据基础生态位，一个种实际占有的生态位空间为实际生态位。后来许多学者认为生态位相同的物种不能共存，生态位相同的两个物种共存，最终会导致其中一个物种的灭亡，因此有人提出每个生态位一个种的概念，生态位与群落结构有密切的关系，群落结构越复杂，生态位多样性越高。因此生态位的原理能够为我们生态恢复工作中的最适宜复垦植被选择及乔灌草等植物物种的组合上起到了很好的理论指导。

（5）生态适应性原理及群落演替理论。生态适应及群落演替是生态系统群落最主要的动态属性。生态适应过程造就了适宜每个地区气候、地形等自然条件的地带性植被，这种植物群落在长期的发育过程中形成了独特的适应当地环境的结构与功能特征。因此在生态恢复工作中选择当地地带性植被为首选复垦植被是生态恢复工作达到很好效果的前提。群落演替是一个群落代替另一个群落的过程，是朝着一个方向连续的变化过程。研究认为去除一个地区的植被会使得蒸腾作用的消失、生物地球化学循环的变化以及土壤可侵蚀性增加。那么植被的恢复过程中可慢慢实现第一性生产力及生物多样性的恢复，随着植被的恢复地表径流量减小，溶解物质的浓度及其丢失量也明显减小。当第一性生产力超过呼吸作用时，即出现生物量的积累，生物量的积累速率的变化直接影响到生物地球化学过程。虽然决定群落演替的根本原因在于群落内部，外部环境如气候、地貌、土壤及干扰等因素等常可能是影响群落演替的主要因素，在同一地区地形的变化会导致水分、热量等因子的重新分配，反过来又影响到群落本身；土壤理化性质与植物、土壤动物和微生物的生活密切相关。

（6）野生植物入侵。野生植物入侵是指在一定人为造成的地段，由于野生植物的扩散与传播能力侵入到该地段的过程。扩散是指生物个体或繁殖个体从一个生境转移到另一个生境中，植物的传播决定于其可动性、传播因子、地形条件。可动性也就是指繁殖体对扩散的适应性，它决定于植物繁殖体自身的构造特点，如大小、重量、体积、特殊的结构特征（翅、冠毛、刺钩、气囊等）；传播因子是指那些传播繁殖体的媒介和动力，如风媒传播、水力传播、动物传播及自力传播等；地形条件主要是作用于传播因子。当一个物种传播到另一个有利于其生长的生境时，便开始它生长发育的生理活动。对于矿区废弃地或人工乔木林、灌木林来说，一二年生杂类草的生命周期较短、繁殖能力强，因此在土壤等环境贫瘠地段往往以一二年生植物的出现频率较多。马建军（2006）等研究发现野生植物在复垦地的侵入不仅增加了复垦地的生物多样性，而且还提高了植被覆盖率，并增强了生态系统稳定性。

3.3.2.3 基于保护生物学的恢复生态学理论

生物多样性是近年来生物学与生态学研究的热点问题，更是保护生物学研究的主要对象。生物多样性是指生命形式的多样化，各种生命形式之间及其环境之间的多种相互作用，以及各种生物群落、生态系统及其生境与生态过程的复杂性。生物多样性是地球生物圈与人类本身延续的基础，具有不可估量的价值。一般生物多样性可以从 3 个层次上去描述，即遗传多样性、物种多样性、生态系统与景观多样性。40 多亿年的历史进化使得现代生物多样性达到一个非常高的程度。生物多样性的丧失既有生物内在的因素，也有外部环境的原因；它既是偶然的，不可预测的，也是决定性的，由生物发展规律所决定的。施加任何一种压力，无论生物学方面的还是物理学方面的，都将可能使其灭绝。生物多样性丧失的直接原因可概括为以下 6 个方面：①栖息地丧失和片段化；②野生动植物资源的过度开发；③环境污染；④外来种入侵；⑤农林品种单一化；⑥气候变化。但这些还不是问题的根本所在，根源在于人口的剧增，人类为了生存不断拓宽自身生态位，破坏了大量自然栖息地，造成了严重的环境污染，并改变了局部及全球环境，导致全球气候变暖、生态系统稳定性下降。总而言之，人类活动是造成生物多样性丧失的根本原因，预计到 21 世纪中期，变化的温度和降水格局将成为生物多样性丧失的主要驱动力。

生物多样性是维持生态平衡和生产力持续发展的重要条件，可为人类带来巨大利益和难以估计的经济价值。然而近年来，人类活动加速了生境丧失和物种绝灭的速率，对生态系统构成严重胁迫，日益威胁到人类的生存和发展，因而引起国际社会的广泛关注。

3.3.2.4 基于景观生态学的恢复生态学理论

（1）斑块—廊道—基质理论。斑块—廊道—基质模式由美国生态学家 R. Forman 和法国生态学家 M. Godron（1986）提出，他们认为组成景观的结构单元不外乎 3 种：斑块（patch）、廊道（corridor）和基质（matrix）。斑块泛指与周围环境在外貌或性质上不同，但又具有一定内部均质性的空间单元，包括植物群落、湖泊、草原、农田、居民区等；廊道是指景观中与相邻两边环境不同的线性或带状结构，常见的廊道包括农田间的防风林、河流、道路、峡谷和输电线路等，往往形成网络（network），使廊道与斑块、基质之间的相互作用多样化；基质是指景观中分布最广、连续性最大的背景结构，常见的有林地、草地、农田、城市用地等。许多研究认为最理想的景观为具有较大面积的核心区（基质）及复杂弯曲的斑块边界，并且从基质中有狭窄的廊道穿过。其意义在于大面积的核心区能够容纳较多的生物生存，能够提供栖息场所、充足的生存必需品等；而复杂的斑块边缘能够为外界的联系变得更加方便、快捷，并使动植物的活动安全性加大；廊道可以为生物提供庇护或构成生物迁移活动的通道。

（2）岛屿生物地理学理论。景观中斑块的大小、数目以及形状，对生物多样性和各种生态学过程都会有影响。例如，物种数目与生境面积之间的关系常表达为：$S=cAz$（式中，S 为物种数量，A 为生境面积，c、z 为常数），也叫做种—面积曲线。一般而言，斑块数量的增加常伴随着物种的增加。岛屿生物地理学理论将生境斑块面积和隔离程度与物种多样性联系在一起，成为早期许多北美景观生态学研究的理论基础。在恢复生态学中，特别是矿产废弃地生态恢复工作中往往把复垦地（排土场）看作是独立的，与外界失去联系的人为景观，因此可根据岛屿生物地理学相关理论进行生态恢复具有非常重要的参考价值。

（3）格局与过程。景观生态学的格局往往是指空间格局，即斑块和其他组成单元的类型、数目以及空间分布与配置等。空间格局可粗略地描述为随机型、规则型和聚集型。更详细的景观结构特征和空间关系可通过一系列景观指数和空间分析方法加以定量化。与格局不同，过程则强调事件或现象的发生、发展的程序和动态特征。景观生态学常常涉及的生态学过程包括种群动态、种子或生物体的传播、捕食者和猎物的相互作用、群落演替、干扰扩散、养分循环等。而生态恢复为目的的景观生态学研究则强调种群动态、群落演替、干扰的扩散、生物体传播之外，更侧重于恢复生态系统与生物群落之间的关系以及恢复生态系统的结构与功能的动态。

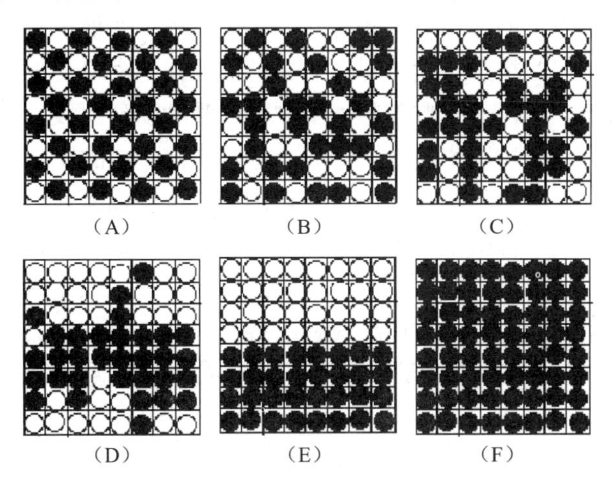

图 3-3　不同景观格局与过程

如图 3-3 所示，两种有机体的分布各有不同，如图（A）为规则型，两种有机体交错存在，分布均匀，对其中任一种有机体来说，同种有机体之间的物质交流基本上不复存在，其生境极度破碎化，不利于动植物生长；图（B）、（C）为随机型，与图（A）相比较而言，图（B）、（C）中，同类型之间物质交流较频繁，连通性增强，较适合小型动物或植物生长；图（E）和（F）为聚集型分布，这两种景观的优点在于，其同类型之间连通度较好，能够形成具有较大核心区的斑块，而由于其边界整齐和多样性降低的原因，其中的生命活动，即生态系统各个功能活动的频率较小；图（D）为 6 种景观中为最理想的、最接近自然景观的类型，其有较大的核心区，可为动植物提供安全的栖息场所，复杂的斑块边界又可以提供较丰富的物质、能量和信息的交流机会。

3.3.3　群落生态学在生态恢复中的应用

生物群落是特定空间或特定生境下，具有一定的外貌及结构，包括形态结构与营养结构，并具有特定功能的生命集合体，即一个生态系统中具有生命的部分即生物群落。群落生态学是研究生物群落的科学，即以生物群落为研究对象。

从群落的性质上，在植物生态学发展的早期，美国生态学家 Clements（1916，1928）曾把植物群落比拟为一个有机体，看成是一个自然单位。其理论根据是：任何一个植物群落都要经历一个先锋阶段（Pioneer Stage）到相对稳定的顶极阶段（climax stage）的演替过程，如果时间充足的话，森林区的一片沼泽最终演替为森林植被。因此群落像一个有机体一样，有诞生、生长、成熟和死亡的不同阶段。H. A. Gleason（1926）认为群落的存在依赖于特定的生境与物种的选择性，但环境条件在空间与时间上都是不断变化的，因此群落之间不具有明显的边界，而且在自然界没有任何两个群落是相同的或密切相关联的。由于环境变化而引起的群落的差别性是连续的。

从群落的组成上，认为群落的不同层次可以有各自的优势种和建群种，比如森林群落中，乔木层、灌木层、草本层和地被层分别存在各自的优势种，如矿山废弃地上的复垦植被从一二年生先锋群落逐渐发展为当地地带性群落的演替。生态学上的优势种对整个群落具有控制性影响，如果把群落中的优势种去除，必然导致群落性质和环境变化；但若把非优势种去除，只会发生较小的或不显著的变化。因此，不仅要保护那些珍稀濒危植物，还要保护那些建群植物和优势植物，它们对生态系统的稳定起着举足轻重的作用。

从群落的动态来说，任何一个群落都处于群落的某种演替阶段，实例为内蒙古草原农耕弃耕后的恢复群落，是一种次生演替。例如，草原在耕作前的原始植被为具稀疏山杏灌丛的贝加尔针茅草原，开垦后种了几年小麦，后因产量下降而弃耕。弃耕后的 1～2 年内以黄蒿、狗尾草、猪毛菜、苦荬菜等杂草占优势；2～3 年，黄蒿占绝对优势；3～4 年后，羊草、野古草、狼尾草等根茎禾草入侵，并逐渐占优势，进入根茎禾草阶段；7～8 年后，土壤变坚实，从生禾草开始定居，并逐渐代替了根茎禾草，恢复到贝加尔针茅群落，这一过程需经历 10～15 年，根据耕作时期长短、土壤侵蚀程度以及周围原始物种的远近而有所不同。

3.3.4 生态系统生态学在生态恢复中的应用

生物生产是生态系统重要功能之一。生态系统不断运转，生物有机体在能量代谢过程中，将能量、物质重新组合，形成新的产品的过程，称生态系统的生物生产。生物生产常分为个体、种群和群落等不同层次。

生态系统中绿色植物通过光合作用，吸收和固定太阳能，从无机物合成、转化成复杂的有机物。由于这种生产过程是生态系统能量贮存的基础阶段，因此，绿色植物的这种生产过程称为初级生产（Primary Production），或第一性生产。初级生产以外的生态系统生产，即消费者利用初级生产的产品进行新陈代谢，经过同化作用形成异养生物自身的物质，称为次级生产（Secondary Production），或第二性生产。

（1）生物量和生产量。

生物量（Biomass）：某一特定观察时刻，某一空间范围内，现有有机体的量，它可以用单位面积或体积的个体数量、重量（狭义的生物量）或含能量来表示，因此它是一种现存量（Standing Crop）。现存的数量以 N 表示，现在的生物量以 B 表示。现存生物量通常用平均每平方米生物体的干重（g/m^2）或平均每平方米生物体的热值来表示（J/m^2）。

生产量（Production）：是在一定时间阶段中，某个种群或生态系统所新生产出的有机体的数量、重量或能量。它是时间上积累的概念，即含有速率的概念。有的文献资料中，生产量、生产力（Production Rate）和生产率（Productivity）视为同义语，有的则分别给予明确的定义。

生物量和生产量是不同的概念，前者到某一特定时刻为止，生态系统所积累下来的生产量，而后者是某一段时间内生态系统中积存的生物量。

（2）影响初级生产的因素。①物质因素：日光、水、二氧化碳、营养物质。②环境调节因素：温度、氧气。

（3）初级生产量的测定方法。

①产量收割法：收获植物地上部分烘干至恒重，获得单位时间内的净初级生产量。

②氧气测定法：总光合量＝净光合量＋呼吸量。

③二氧化碳测定法：用特定空间内的二氧化碳含量的变化，作为进入植物体有机质中的量，进而估算有机质的量。

④pH 测定法：水体中的 pH 随着光合作用中吸收二氧化碳和呼吸过程中释放二氧化碳而发生变化，根据 pH 变化估算初级生产量。

⑤叶绿素测定法：叶绿素与光合作用强度有密切的定量关系，通过测定体中的叶绿素可以估计初级生产力。

⑥放射性标记测定法：把具有 ^{14}C 的碳酸盐（$^{14}CO_3^{2-}$）放入含有天然水体浮游植物的样瓶中，沉入水中，经过一定时间的培养，滤出浮游植物，干燥后，测定放射性活性，确定光合作用固定的碳量。由于浮游植物在黑暗中也能吸收 ^{14}C，因此，还要用“暗吸收”加以校正。

本书用到的生产力测定方法——产量收割法为常用的生产力测定方法，此方法简单便捷，适合在草地生态系统中广泛应用。

3.3.5 景观生态学在生态恢复中的应用

景观生态学与生态恢复具有未经探索的相互依存关系，例如，景观生态学研究以多种方法支持生态系统恢复活动，包括：①在选择参考区及建立正确的恢复目标时提供理论指导；②为选择最适宜的斑块形状提供建议，帮助恢复区吸引更多的外来动植物物种。同样，生态系统恢复工作可以促进景观水平的研究，生态恢复工作为景观生态学研究提供现实的以各种斑块所组成的植被复垦区域或恢复区域以及动态的、持续变化的多样性格局及人类活动的转换形式，从而提供非同寻常的大尺度研究经验。

景观生态学以空间异质性为主题，它包含了多个不同的生态系统及多个不同类型的景观要素。生态系统恢复活动中考虑到研究区域的景观要素与恢复区域的空间关系是恢复活动成功的必要条件。在大尺度恢复区域或多个生境条件下，可以通过一些景观指数（如斑块形状、传播及邻近度）来收集景观空间动态信息，并相互进行比较。若将物质循环和动植物种群动态性质与景观空间属性联系在一起测定景观空间变化有助于更好地理解人工生态系统在恢复过程中的系统动态以及提供新的或是潜在的更严格的、精确的景观指数。

很多学者认为在生态恢复工作中，恢复区域的面积越大越有利于生态系统的修复和重建、越有利于动植物找到自身的栖息地。而 Gary R. Huxel 和 Alan Hastings（1999）认为确定哪些斑块被恢复比多少斑块被恢复这一问题更为重要，Lewis（1996）等认为通过一种简单的空间模型，把空间过程考虑到恢复管理当中，可以成功地抵消或减少栖息地消失及破碎化带来的影响。为了证实以上的观点 Tilman（1997）等建立了一种精确的空间模型，并针对该模型进行人工控制实验，结合景观生态学原理选择了 4 种恢复情景，发现在不同恢复格局下具有不同的恢复效果，具体如下：首先把研究区景观分割为 100 × 100 个斑块，再以单位时间 1%的速度对生境进行破坏，直到保留 25%的可存活的栖息地时，进行同样随机速率的生境恢复，直到 100%的生境达到可存活的要求。结果为，第一种，随机的选择被破坏的斑块进行恢复，其恢复效果的滞后效应持续时间较长，大概占据了 40%～45%的时间单位，这是因为当生境的损失达到最大时，很少的斑块能够使动植物存活下来，而被恢复的斑块与原有的斑块相邻或相接的概率又小，因此对于一个独立的小面积斑块来说，人工进行恢复的意义不大，这符合了景观生态学中的种-面积曲线理论；然而第二种模式，当随机选择目标斑块进行恢复以后，再对这些斑块进行新物种的人工引入，结果发现恢复效果较第一种模式好，但仍然存在着较短时间的滞后效应现象，很多恢复工作都在尝试新物种的人工引进，但并不是每次都能成功，原因为有些生境已被一些物种改进，引进新的物种还得需要较长时间的适应；第三种，当只对与原有斑块相邻的斑块进行恢复时，并没有发现滞后效应，恢复效果较好，物种侵入的频率高，能够较快地达到高的物种丰富度，这主要是因为物种能够较快地从原有的随机分布的斑块传播或分散到相邻的斑块并定居下来；而第四种模式的结果与第一种模式的结果相似。Tilman 等在此实验中还得出，以上 4 种模式在初期的恢复效果差别较大，达到长时间的恢复后，其区别慢慢减小。

根据以上前人的实验和经验看出，对受到破坏的地段进行全面恢复并非是正确的思想，我们应当根据实际情况，结合生态学、景观生态学、恢复生态学及其他相关学科科学地进行生态系统恢复，以快速达到生态系统结构及功能的恢复、防治水土流失及水土保持的目的，避免造成资金或人力的浪费。

3.3.6 保护生物学在生态恢复中的应用

种植业和养殖业尚未出现以前，古人主要靠渔、猎和采集野果为生。尽管那时人们以猎野生动物为主，但由于当时人口有限，且狩猎工具以石头和木棍为主，故不能过度地干扰自然生态系统，一般不会对野生动物种群造成灭绝性的伤害。

人们的自然保护意识与文明程度和社会生产力水平密切相关。在采集、狩猎文明阶段，尽管不了解自然生态规律，但是长时间的实践使人们明白采集狩猎收获的生物量不能超过大自然的生产量，否则将会危及未来的利用。这些信条往往以口头的、宗教的甚至迷信的方式保存下来。当人类文明发展到游牧、农耕阶段，人类加重了对大自然的开发利用，而保护则相对削弱了。但是当人口不多，游牧业、种植业不会占据太多野生动植物生存空间时，人类与自然仍然能够保持和谐关系。

中国古人就有科学利用生物资源的意识，比如公元前西周时期既有禁忌用雌性动物祭祀的习惯，还有宗教文化圣地和少数民族的“龙山”、“风水地”。《月令》明申“夏三月，川泽不入网罩，以成鱼蟹之长”。宋代，政府曾收缴猎具，并命令“民二月至九月，不得采捕虫鱼，弹射飞鸟，有司岁申明之”。然而，近两个世纪以来，由于连年战争，自然灾害，加之人口剧增，对生物资源造成了很大的破坏。当人口增加，科学技术发达后，人类对野生物种，特别是大型野生动物生存的威胁日益增加，保护野生动植物资源，保护自然环境，不得不提到议事日程上来。

3.3.7 土壤学在生态恢复中的应用

土壤是绿色植物生长的基地，由地球陆地表面的岩石经风化发育而成。土壤有其独特的生长发展规律，也有其独特的功能，它依据其独特的物质组成、结构和空间位置，在提供肥力的同时，还通过自身的缓冲性、同化和净化性能，对稳定和保护人类生存环境中发挥着极为重要的作用。近来有些研究一致认为土壤是植物生长的限制性因子。

土壤的组成有土壤矿物质组成、土壤水分、土壤空气、土壤微生物、土壤有机质等。土壤的其他属性还有土壤结构、物理及化学性质，土壤团粒结构是形成土壤结构的基础，是创造多孔状况的骨架，是吸、供、保、调能力的实体；土壤是连续自然环境中无机界与有机界、生物与非生物界的重要枢纽，物质和能量在环境和土壤之间不断进行交换、转化和积累，处于一定的动态平衡状态中，不会发生土壤环境的污染。对于矿区废弃地来说，土壤团粒结构已不复存在，而土壤污染就是人为因素有意无意地将对人类本身和其他生命体有害物质施加到土壤中，使其某种成分的含量超过土壤自净能力或者明显高于土壤环境质量恶化的现象。产生的土壤物质，通过各种途径输入土壤，其数量和速度超过了土壤的自净作用的速度，打破了土壤环境中的自然动态平衡，导致土壤酸化、板结，土质变坏；或者阻碍或抑制了土壤微生物的区系组成与生命活动，土壤酶活性降低，引起土壤营养物质的转化和能量活动；并因污染物的迁移转化，会引起作物减产，农产品质量降低，通过食物链进一步影响鱼类和野生生物、畜禽的发展和人体健康。

土壤污染的防治及修复中最主要、最有效的方法是生物修复，广义地讲，是指利用土壤的各种生物——植物、土壤动物和微生物吸收、结合、转化土壤中的污染物，使污染物的浓度降低至可接受的水平，将污染物转化成无害物质的过程，狭义地讲，是指利用微生物的作用，将土壤中的有机质污染物降解为无害的有机物（CO_2 和 H_2O）的过程。生物修复是利用各种天然生物工程而发展起来的一种现场处理各种环境污染的技术。有机污染物的生物修复主要是利用某些土壤微生物对有机物的降解，接种驯养高效微生物，以达到减轻污染的目的，这是用于治理土壤有机污染物的最根本途径。

3.3.8　生态系统服务及生态系统健康

3.3.8.1　生态系统服务

生态系统服务（Ecosystem Services）是指人类直接或间接从生态系统得到的利益，主要包括向经济社会系统输入有用物质和能量、接受和转化来自经济社会系统的废弃物，以及直接向人类社会成员提供服务（如人们普遍享用洁净空气、水等舒适性资源）。与传统经济学意义上的服务（它实际上是一种购买和消费同时进行的商品）不同，生态系统服务只有一小部分能够进入市场被买卖，大多数生态系统服务是公共品或准公共品，无法进入市场。生态系统服务以长期服务流的形式出现，能够带来这些服务流的生态系统是自然资本。

生态系统是生命支持系统，人类经济社会赖以生存发展的基础，零自然资本意味着零人类福利。载人宇宙飞行和生物圈Ⅱ号实验的高昂代价表明，用纯粹的“非自然”资本代替自然资本是不可行的，人造资本和人力资本都需要依靠自然资本来构建。生态系统服务和自然资本对人类的总价值是无限大的，有意义的是生态系统服务和自然资本评价是对它们变动情况的评价。

在目前经济社会发展水平上，人们不得不经常在维护自然资本和增加人造资本之间进行取舍，在各种生态系统服务和自然资本的数量和质量组合之间进行选择，在不同的维护和激励政策措施之间进行比较。一旦被迫进行这些选择，我们也就进入了评价过程，无论是道德方面的争论还是评价对象的不可捉摸都无法阻止我们进行评价。以合适的方式评价生态系统服务和自然资本的变动有助于我们更全面地衡量综合国力，有助于我们选择更好地提高综合国力的路径。以货币价值的形式表达不同的生态系统服务和自然资本变动尤其有助于我们进行比较、选择。

随着生态经济学、环境和自然资源经济学的发展，生态学家和经济学家在评价自然资本和生态系统服务方面做了大量研究工作，将评价对象的价值分为直接、间接使用价值，选择价值，内在价值等，并针对评价对象的不同发展了直接市场法、替代市场法、假想市场法等评价方法。生态环境评价已经成为今天的生态经济学和环境经济学教科书中的一个标准组成部分。Costanza 等（1997）关于全球生态系统服务与自然资本价值估算的研究工作，进一步有力地推动和促进了关于生态系统服务的深入、系统和广泛研究。

3.3.8.2 生态系统健康

（1）生态系统健康的制约因素。

生态系统健康的制约因素很多，多为人类活动所致。例如，污染物排放、非点源污染、过度捕捞、围湖造田、水土流失、外来种入侵和水资源不合理利用等均是生态系统健康的主要制约因素。

自然因素主要有：①自然干扰的改变（modification of natural perturbations），如火灾、河流改道、病虫害暴发等，可引起生态系统功能的削弱甚至消失；②自然生态系统的退化，如草地生态系统的退化、森林生态系统的退化、土地生态系统的退化等，可直接导致生态系统功能的减弱。

人为因素主要有：①过度开发利用（overharvesting），指对陆地、水体生态系统的过度收获，主要后果是物种的消失、生态系统结构的失调、功能的减弱甚至消失。如过度捕捞，人类对鱼类资源的需求激增，过度捕捞造成种群数量减少，破坏了生态系统原有的结构，致使其功能发生变化。由于植被破坏导致水土流失，水土流失所产生的泥沙会影响到水体的物理性质（浊度、透明度以及水的动力学性质等），破坏水生生物群落的组成、结构和功能，导致水生态系统健康状况的恶化。②物理重建（physical restructuring），指为某种目的来改变生态系统结构和功能，可能导致生物多样性的减少，水质下降，有毒物质增加，从而影响生态系统健康。如围湖造田，围湖造田一方面缩小了湖泊面积，导致湿润生境丧失，引起水生植物的局域灭绝和干旱植物的入侵。另一方面，截断了湖群之间的物质、能量和物种交流，破坏了水生态系统的完整性，严重威胁水生态系统的存续这种行为的生态影响是毁灭性的。③外来种的侵入（或引入）（introduction of exotic species），引进外来种使得乡土种消失或生态系统水平的退化，需要指出的是，这些因素对生态系统健康的影响机理不一定相同，有时是单一因子的胁迫，有时是多因子综合胁迫，生态系统内个体、种群、群落和生态系统不同层次对胁迫的反映也不一致。④环境污染加剧，如点源污染，工业废水和生活污水中含有多种有毒污染物和过量养分，它们对生态系统健康产生不同程度的影响；面源污染，现代农业中农药和化肥的大量施用，导致地表径流含有多种污染物和过量养分，经常引起水体污染和富营养化，使水生态系统的结构和功能发生改变。

（2）生态系统健康的评价方法。

指示物种法。鉴于生态系统的复杂性，我们经常需要采用一些指示类群（indicator taxa）

来监测生态系统健康。指示物种评价生态系统健康，主要是依据生态系统的关键物种、特有物种、指示物种、濒危物种、长寿命物种和环境敏感物种等的数量、生物量、生产力、结构指标、功能指标及其一些生理生态指标来描述生态系统的健康状况。指示物种评价法比较适用于一些自然生态系统的健康评价。生态系统在没有外界胁迫的条件下，通过自然演替为这些指示物种造就了适宜的生境（对有些反方向的指示物种，是不为其造就生境），致使这些指示物种与生态系统趋于和谐的稳定发展状态（反方向的指示物种，尤其不可能适宜生境）。当生态系统受到外界胁迫后，生态系统的结构和功能受到影响，这些指示物种的适宜生境受到胁迫或破坏（反方向指示物种的生境开始形成），指示物种结构功能指标将产生明显的变化（反方向指示物种开始攀生）。因此，可以通过这些指示物种的结构功能指标和数量的变化来表示生态系统的健康程度（或受胁迫程度），同时也可以通过这些指示物种的恢复能力表示生态系统受胁迫的恢复能力。

虽然采用生物类群指示生态系统健康的研究取得很大进展，成为生态系统健康研究常用的基本方法，但是仍然存在着一些问题。例如，指示物种的筛选标准不明确，有些采用了不合适的类群等。在研究分析文献中提出的筛选标准后发现，这些标准并不一致。而且，生物保护文献中提出的作为生态系统健康指示的 100 种脊椎动物和 32 种无脊椎动物，很少有哪个脊椎动物能够符合多个标准。因为它们中的很多物种都具有很强的移动能力，对胁迫的耐受程度比较低，与生态系统变化的相关性比较弱。大多数无脊椎动物也同样缺乏与生态系统变化的相关性，但是满足其他的选择标准。然而，用于指示生态系统健康的无脊椎动物经常是分类等级比较高，且包括了很多物种，因此难以测定每个物种的作用，同时这些物种中有些不是必需的，有些甚至是不合适的。另外，指示物种的一些监测参数的选择不恰当也会给生态系统健康评价带来偏差。可见，在生态系统健康研究中，指示物种及其指示物种的结构功能指标的选择应该谨慎，要综合考虑到它们的敏感性和可靠性，要明确它们对生态系统健康指示作用的强弱。

结构功能指标法。前面介绍的生态系统健康评价的指示物种方法虽然简便易行，但存在一些问题，比较明显的有 4 点：①应该选择不同组织水平的物种类群；②应该考虑不同的尺度；③同一组织水平内应考虑到指示物种间的相互作用；④应考虑到指示物种在不同尺度转换时的监测指标变化。因此，必须建立指标体系，对大量复杂信息进行综合。生态系统健康的评价技术需要结合物理、化学和生物学的方法，应该借鉴一些常规的化学、湖沼学、生理学、生态学和毒理学手段。同时，必须超越传统途径，发展创新性的、敏感的、自动化程度比较高的和节省费用的方法，包括采用计算机辅助技术。归纳起来，结构功能指标评价生态系统健康主要有以下几种方法。

结构功能指标评价生态系统健康的优点是综合了生态系统的多项指标，反映了生态系统的过程；是从生态系统的结构、功能演替过程，生态服务和产品服务的角度来度量生态系统健康；强调生态系统为人类服务，强调生态系统与区城环境的演变关系，同时也反映生态系统的健康负荷能力及其受胁迫后的健康恢复能力；反映了生态系统的不同尺度的健康评价转换这类方法适用于任何类型的生态系统。例如，在污染生态系统健康综合评价时，在小尺度通过研究群落结构了解了污染物的空间分布，但是结果缺乏可比性。在中尺度发现了更大程度的变异，能够用于立地分级和优选，却损失了细节信息；在大尺度数据具有了更强的可比性，可以用于区域差异研究，但损失了更多的细节。最后，采用多尺度的化学、毒理学和群落学指标监测的结构功能指标体系评价法，评价污染生态系统的健康程度能够带来多种信息，通过指标体系评价将这些信息进行综合，反映了生态系统的健康程度。

建立生态系统健康评价指标体系大致可以从两方面选择指标。即生态系统内部指标，包括生态毒理学、流行病学和生态系统医学方面；以及生态系统外部指标。例如社会经济指标。结构功能指标体系评价生态系统健康，以可持续发展思想为指导，以生态学和生物学为基础。结合社会、经济和文化，综合运用不同尺度信息的指标体系应该是未来生态系统健康评价的发展方向。

3.4 草原生态系统受损机理

正常的生态系统都有着它们自身的调节能力，都能不断地对外界的干扰进行协调，从而使系统保持在一个平衡的状态下。但是当外界的干扰超过这种平衡时，系统就会受到损坏。受损的形式及机理有多种，相应其修复亦必须有针对性。

3.4.1 生态系统受损的主要形式

自然生态系统的最重要特点之一，就是在无强干扰的条件下能不断地自我完善，也就是所说的生态系统的正向演替，如物种的增加、生产力的不断提高、系统稳定性的增强等。所以，正常生态系统是生物群落与自然环境能实现动态平衡的自我维持系统，各种组分的发展变化是按照一定的规律、在某一平衡点表现一定范围的波动，呈现出一种动态平衡。而受损生态系统，是指生态系统的结构和功能在自然干扰、人为干扰（或两者的共同作用）下发生了位移（即改变），打破了生态系统原有的平衡状态，使系统的结构和功能发生变化和障碍，并发生了生态系统的逆向演替。而矿区环境并非一个纯粹的自然生态系统，其所包括的因素较多，如图 3-4 所示，外域输入的物流及能量流；人类活动对气候、地质、地形、水文、土壤、植被、动物区系、人群健康及社会子系统所带来的影响都可能成为带来矿区环境损害的因素。

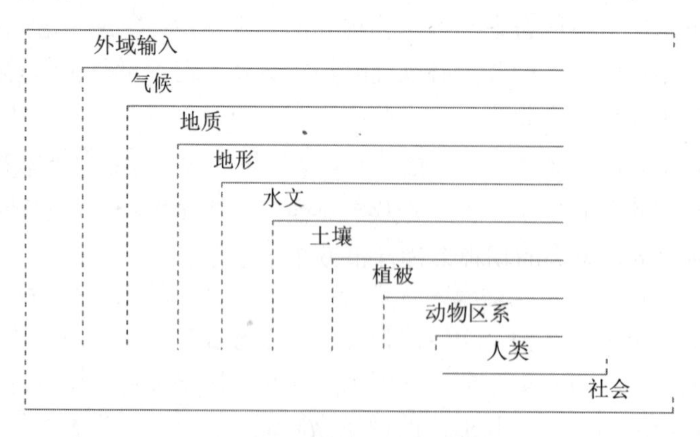

图 3-4 矿区环境受损因素分析

生态系统的受损常由于干扰体的不同，使其在受损程度、退化速度及其受损变化过程上有明显差异。根据生态系统受损过程中发生的变化，可以划分为以下几种受损形式。

（1）突发性受损。生态系统受到特别强烈的干扰，受害时间短，速度快，局部受损程度严重，受损后系统恢复能力弱，系统靠自然恢复的时间长。如泥石流导致的植被受损、火山爆发导致的植被退化等。

（2）跃变式受损。跃变式受损是指生态系统在受到持续干扰作用下，最初并未表现出明显的损伤，随着干扰的持续，破坏性进一步累积，达到一定程度后突然剧烈变化的一种形式。这样的生态系统受到干扰作用的时间较长，受损变化速度前期慢而后期突然加快，系统自身抵抗力逐渐丧失。例如，大气污染胁迫下的森林生态系统，酸性降水胁迫下的湖泊水生生态系统，持续超载放牧干扰下的草地生态系统等就属于这形式。

（3）渐变式受损。渐变式受损是指生态系统受到干扰的强度较均衡，变化的速度较缓慢、受损程度呈逐渐加重趋势，但系统本身的恢复基础较好。例如，陡坡开垦后连续种植作物造成的水土流失，使用化肥引起的土壤退化等。

（4）间断式受损。间断式受损是指生态系统因周期性的干扰而受到损害的一种形式。当干扰存在时，系统受损；干扰停止时，生态系统就开始逐步恢复。如许多热带雨林地区，刀耕火种是当地经常采用的耕作方式，这对森林生态系统无疑是种干扰，但当开垦的耕地被弃耕后，生态系统就能得到逐渐恢复。

（5）复合式受损。复合式受损是指生态系统在受损过程中，经历了两种以上受损形式。例如，我国西南的亚高山暗针叶林生态系统，大面积皆伐的过程为突变式受损，如果得不到及时更新，就进一步退化（渐变式）为“红白刺”灌丛或箭竹灌丛，但若得到及时更新就逐渐恢复，这是复合式受损的一种表现形式。

3.4.2　受损生态系统的基本特征

生态系统受损后，原有的平衡状态被打破，系统的结构组分和功能都会发生变化，随之而来的是系统稳定性减弱，生产能力降低，服务功能弱化。从生态学角度分析，受损生态系统的共同变化特征主要有以下8个方面。

（1）生物种多样性的变化。当一个稳定的生态系统受损后，系统中的关键种类首先消失，从而引起与之共生种类和从属性物种的相继消失，物种多样性明显减少。另一方面，系统中适应生境变化的某些种类会迅速发展，数量增加。例如，森林生态系统被砍伐后，林下的喜光种类、耐旱种类或对生境适应的先锋种类就将趁势侵入、滋生繁殖；草原生态系统受损后，常使有毒有害杂草的数量增加，这时，整个系统的物种多样性可能并没有明显的变化或者没有下降，但多样性的性质发生改变，系统服务功能衰退。再就像我们看的短片，当冰期来临，生态系统的物种多样性也发生了变化。

（2）系统结构简单化。系统受损后，反映在生物群落中的种群特征上，常表现为种类组成发生变化，优势种群结构异常；在群落层次上，受损后则是群落结构的矮化，整体景观的破碎。例如，因过度放牧而受损的草原生态系统，最明显特征是牲畜喜食植物的种类减少，其他植物也因牧群的践踏，物种的丰富度减少、植物群落趋于简单化和矮小化，部分地段还因此而出现沙化和荒漠化。

（3）食物网破裂。受损的生态系统，在食物网的表现上，主要是食物链的缩短或营养链的断裂，单链营养关系增多，种间共生、附生关系减弱，这种现象被称为食物网破裂。例如，湿地生态系统受到气候干旱的干扰，湿地变干，首先是湿生植物因缺水而减少甚至消失，接着便是依赖水和水生植物而生存的生物如浮游动物、鱼类、鸟类等也因此失去了良好的栖居条件、隐蔽点及足够的食物来源而随之消失。食物网的破裂，会使生态系统各物种之间的自我调节能力下降，极易受到外来物种的影响。

（4）能量流动效率降低。由于受损生态系统食物关系的破坏，能量的转化及传递效率会随之降低，主要表现为对光能固定作用的减弱，能量流规模缩小或过程发生变化；系统中的捕食过程和腐化过程弱化，因而能流损失增多，能流效率降低。

（5）物质循环不畅或受阻。由于生态系统结构受到损害，层次结构简单化以及食物网的破裂，营养物质和元素在生态系统中的周转时间变短，周转率降低，生物的生态学功能减弱。由于生物多样性及其组成结构的变化，使生态系统中物质循环的途径不畅或受阻，包括生态系统中的水循环、氮循环和磷循环均会发生改变。例如，森林生态系统由于大面积砍伐而受损，系统中的氮、磷等营养物质循环不能在生命系统中正常进行，常随土壤流失被输送到水域生态系统，不仅造成森林生态系统内的营养物质损失，而且，还会引起水体富营养化等一系列次生环境问题。

（6）生产力下降。正常的生态系统具有较高的生产力，能利用光能生产很多生物产品，但是，系统受损后，其生产力会大大下降，其原因在于：①光能利用率减弱；②竞争和对资源利用的不充分，光效率降低，植物为正常生长消耗在克服不利影响上的能量增多，净初级生产力下降；③由于生物多样性的改变，初级生产者结构和数量的改变又常导致次级生产力的降低。

（7）其他服务功能减弱。生态系统除了具有生物生产和维持生物多样性等功能外，还具有调节气候、减缓旱涝洪灾害、保持养分和改良土壤、传媒授粉和扩散种子、有害生物控制、净化环境、防风固沙、为人类提供旅游休闲地等服务功能，当生态系统受损后，这些功能也都随之下降，某些功能甚至全部丧失。

（8）系统稳定性降低。在外界干扰较小的情况下，正常生态系统总是在某一平衡点附近摆动，轻度干扰所引起的偏离将被系统的负反馈作用所平衡，使系统很快回到原来的状态，系统仍维持稳定状态。而且对于某些生态系统而言，轻度的干扰甚至有利于稳定性的发展。但在受损的生态系统中，由于结构的不正常，稳定性降低，系统在正反馈机制驱动下会使系统更远离平衡。例如，重度富营养化的水体是一种受损的生态系统，系统自身的稳定性不高，此时若再施加氮、磷等不利于稳定的干扰，将会使生态系统崩溃。

综上所述，受损生态系统首先是其组成和结构发生了退化，导致其功能受损和生态学过程的弱化，引起系统自我维持能力减弱且不稳定。但系统成分与其结构的改变，是系统受损的外在表现，功能衰退才是受损的本质。因此，受损生态系统功能的变化是生态系统损伤程度判断的重要标志。

矿区的生态系统经过多年的累积影响受到不同程度的损伤，而矿区的环境保护和生态恢复目的即为修复受损的生态系统。由于受生态系统自身演替规律所决定，受损生态系统可以从所产生的位移中逐渐回复到干扰前的状态。因此，人类可以根据生态学原理，有目的地采取某些措施，使受到损害的生态系统的结构和功能得以恢复和完善，实现生产力高、生物多样性丰富、系统趋于稳定的目的，这个过程被称之为“受损生态系统的修复”。

3.4.3　受损草原生态系统的修复

我国是草地生态系统受损较严重的国家之一。我国草原区所处的自然条件都比较恶劣，春季干旱、夏季少雨、冬季严寒，自然灾害频繁，这是造成草原退化的自然因素。另外，人类干扰主要是过度放牧、垦殖和污染等，这些也都是我国草场恶化的重要原因。

受损草地生态系统的主要特征包括植被退化和土壤退化。植被退化是指草地破坏后，植被的密度和生物多样性的下降，这种结构的改变还导致了群落的矮化。土壤退化是由于风蚀、水蚀、土壤板结和盐碱化等造成的土壤物理和化学性质的变化，不能再支持生态系统的高生产力。

受损草地的修复主要有 3 种方法，一是围栏养护现存的受损草地，使其自然恢复；二是重建新的草地；三是实施合理的牧畜育肥方式。

（1）围栏养护，轮草轮牧。对受损严重的草地实行“围栏养护”是一种有效的修复措施。这一方法的实质，是消除外来干扰，主要依靠生态系统具有的自我修复能力，适当辅之以人工措施来加快其恢复。实际上，在环境条件不变时，只要排除使其受损的干扰因素，给予足够的时间，受损生态系统都可通过这种方法得到恢复。对于那些破坏严重的草地生态系统，自然修复比较困难时，可因地制宜地进行松土、浅耕翻或适时火烧等措施改善土壤结构，播种群落优势牧草草种，人工增施肥料和合理放牧等方法来促进恢复。

（2）重建人工草地。这是减缓天然草地的压力，改进畜牧业生产方式而采用的修复方法，常用于已完全荒弃的退化草地。它是受损生态系统重建的典型模式，它不需要过多地考虑原有生物群落的结构等，而且多是由经过选择的优良牧草为优势种的单一物种所构成的群落。其最明显的特点是，既能使荒废的草地很快产出大量牧草，获得经济效益；同时又能够使生态环境得到改善。

（3）实施合理的牲畜育肥生产模式。这种修复方法实行的是季节畜牧业。它是合理利用多年生草地（人工或自然草地）每年中的不同生长期，进行幼畜放牧育肥的方式，即在青草期利用牧草，加快幼畜的生长，而在冬季来临前便将家畜出售。这种生产模式既可改变以精料为主的高成本育肥方式，又可解决长期困扰草地畜牧业畜群结构不易调整的问题。

3.4.4　矿区废弃地的修复

矿产的开采造成土壤及植被的破坏，无论是表层开采还是深层开采都造成土壤被大量迁移或被矿物垃圾堆埋，造成了整个生态系统的破坏。植物对于保护土壤发挥了很大的作用。它们能够使被侵蚀的地表聚集细小的颗粒，还能把营养成分变成可利用的形式储存起来，即以其根系吸收营养，再以有机质形式重新储存到地表土壤，然后很容易被微生物分解。矿地极端的土壤条件会阻碍植物的生长，主要表现在物理条件、营养的缺乏及其酸度和重金属等造成的毒性这 3 方面的作用，所以对矿区废弃地土壤的修复影响很大。

3.5　环境污染累积效应

环境领域谈及累积效应，涉及污染物在生物体内的生物积累/富集/放大效应，同时，也包括人类干扰活动所带来的环境系统变化的累积效应以及污染物在环境介质中的累积效应。而这两种累积效应对于矿区开发所带来的长期环境污染及干扰累积效应均适用。由于长期的矿产开采，即给整个区域环境带来了系统变化的长期累积，采矿过程中产生的污染物也在各类生物体内产生了一定程度的积累，作为环境影响后评价这两方面的影响都是需要考虑的。

3.5.1 环境系统累积环境效应

累积环境效应的研究最初始于环境影响评价。1984 年美国科学家 Geppert 等人把该方面的思想应用到森林开采活动对环境产生的效应的研究，1992 年，Bernath 等在加拿大“GIS 国际会议”上发表题为利用遥感和 GIS 研究累积效应问题，对该方面研究进行了利用遥感和 GIS 技术的方法上的探讨。1995 年 Kass Green 为首的课题小组在美国华盛顿森林管理委员会的支持下，利用遥感和 GIS 技术对华盛顿地区 32 个流域的森林开采活动对区域降水、野生动物栖息地、土壤侵蚀等环境问题产生的累积效应进行计算机模拟方面的实际应用研究。可见，累积环境效应研究重视的是自然生态系统变化的过程及其在环境方面产生的生态后果的研究。一般来讲，累积效应是指由于土地利用活动导致的在时间和空间上与自然生态系统相互作用过程中产生的环境变化。这种环境变化是由于人类土地利用活动对自然生态系统较长时间的影响，使生态系统的结构和功能发生了变化，并且这种变化在时空过程中逐渐累积的结果对环境产生的影响。当影响达到一定程度必然产生较为显著的环境效应，称之为累积环境效应。累积环境效应主要表现为对区域和全球生物地球化学循环的影响、对生态系统结构和功能的影响，以及对区域小气候的影响等。

可以说，景观变化是产生累积环境效应的主要根源。无论是森林景观还是湿地景观，长时间、大比例尺度的景观变化必然会对周围环境产生显著影响。因为自然生态系统景观水平的显著变化会带来生态系统功能的变化，从而改变生态系统的自然平衡状态，在景观或区域水平对自然环境、水文环境、生物环境以及土壤环境等产生影响。事实研究表明，湿地作为自然界重要的生态系统具有巨大的环境功能。包括蓄水防洪、净化水质、调节区域气候、维持生物多样性等。湿地的景观变化会改变或弱化这些功能，长时间尺度的作用结果，必然对环境产生显著的累积效应。至今，人类已把天然的土地覆盖格局改变为受人类支配的土地利用格局。自然土地覆盖格局的改变过程影响了陆地生态系统的生物多样性、植物和动物的种群动态、初级生产力等，影响了全球生物地球化学循环和大气中温室气体的含量、改变了区域大气化学性质及过程，对局地、区域及全球气候都产生了广泛而深刻的影响。湿地是受人类活动影响显著的自然生态系统之一。湿地景观的变化必然会对环境产生强烈的影响。由于湿地覆盖特点对气候、水文、全球生物地球化学循环、陆地生物种类的丰度和组成有重要的影响，尤其湿地转化为农田或干化导致的景观变化对生物多样性、微量气体释放、土壤、水文平衡等产生重要影响。如三江平原经过近 50 年的土地开发利用，80%的湿地丧失，区域环境已由原来冷湿的沼泽湿地环境变为今天趋于暖干的人类土地利用环境。气温升高，降雨量减少，河流水位、水量以及地下水位均发生显著变化。总之，湿地景观变化在以上方面对环境产生影响。

3.5.2 环境污染物累积

环境污染物累积效应是指由于环境污染累积作用而产生的综合的环境污染影响范围

和破坏效应。累积影响主要产生于以下两种情形：①当一个项目的环境影响与另一个项目的环境影响以协同的方式进行结合时；②当若干个项目对环境系统产生的影响在时间上过于频繁或在空间上过于密集，以致各单个项目的影响得不到及时消纳时。对第一种情况，会产生类似“时间拥挤”、“协同效应”等内容；第二种情况包括相似性和非相似性项目，加和性或协同性项目、“增长诱导性”项目等内容。

3.5.3 生物积累效应（Accumulative Effect）

人类在改造自然的过程中，不可避免地会向生态系统排放有毒有害物质，这些物质会在生态系统中循环，并通过富集作用积累在食物链最顶端的生物上（最顶端的生物往往是人）。生物的富集作用指的是：生物个体或处于同一营养级的许多生物种群，从周围环境中吸收并积累某种元素或难分解的化合物，导致生物体内该物质的平衡浓度超过环境中浓度的现象。有毒有害物质的生物富集曾引起包括水俣病、痛痛病在内的多起生态公害事件。

对机体有影响的环境条件或有关因素多次作用所造成的生物效应的积累或叠加现象。积累效应通常有 3 种情况：①多次作用产生的效应形成简单的相加；②多次作用产生的效应形成比简单相加更重的后果，这是由于多次的作用使机体的抵抗力产生崩溃，从而使效果膨胀的结果；③形成比简单相加更轻的效应。这是由于机体产生耐力或几次产生的效应之间相互抵消的结果。生物的积累效应具体体现在三种作用上。即生物富集作用、生物积累和生物放大，三个既有联系又有区别的作用。

生物富集作用又叫生物浓缩，是指生物体通过对环境中某些元素或难以分解的化合物的积累，使这些物质在生物体内的浓度超过环境中浓度的现象。生物体吸收环境中物质的情况有 3 种：一种是藻类植物、原生动物和多种微生物等，它们主要靠体表直接吸收；另一种是高等植物，它们主要靠根系吸收；再一种是大多数动物，它们主要靠吞食进行吸收。在上述 3 种情况中，前两种属于直接从环境中摄取，后一种则需要通过食物链进行摄取。环境中的各种物质进入生物体后，立即参加到新陈代谢的各项活动中。其中，一部分生命必需的物质参加到生物体的组成中，多余的以及非生命必需的物质则很快地分解掉并且排出体外，只有少数不容易分解的物质（如 DDT）长期残留在生物体内。生物富集作用的研究，在阐明物质在生态系统内的迁移和转化规律、评价和预测污染物进入生物体后可能造成的危害，以及利用生物体对环境进行监测和净化等方面，具有重要的意义。

生物积累是指生物体在生长发育过程中，直接通过环境和食物蓄积某些元素或难以分解的化合物的过程。生物积累使这些物质的蓄积随该生物体的生长发育而不断增多。早在 1887 年，人们就发现牡蛎能够不断地从海水中蓄积铜元素，以致使这些牡蛎的肉呈现绿色，叫做“牡蛎绿色病”。科学家们研究的最多的是生物体从环境中积累有毒重金属和难以分解的有机农药。关于生物积累的研究，对于阐明物质在生态系统中的迁移和转化规律，以及利用生物体对环境进行监测和净化等，具有重要的意义。某些生物具有特别强的生物积累能力，例如，褐藻在一生中能够较多地积累锶，水生的蓼属植物在一生中能够积累一定数量的 DDT。这些生物可以用作指示生物，甚至可以作为重金属污染和有毒化学药品污染的生物学处理手段。

生物放大是指在同一个食物链上，高位营养级生物体内来自环境的某些元素或难以分解的化合物的浓度，高于低位营养级生物的现象。生物放大一词是专指具有食物链关系的生物说的，如果生物之间不存在食物链关系，则用生物浓缩或生物积累来解释。直至20世纪70年代初期，不少科学家在研究农药和重金属的浓度在食物链上逐级增大时，多将这种现象称为生物浓缩或生物积累。直到1973年，科学家们才开始使用生物放大一词，并将生物富集作用、生物积累和生物放大三者的概念区分开来。研究生物放大，特别是研究各种食物链对哪些污染物具有生物放大的潜力，对于确定环境中污染物的安全浓度等，具有重要的意义。

3.5.4 矿区环境的空间累积效应

累积效应是由已发生的过去的、现在的及可合理预见的将来要发生的一系列行为所导致的作用于环境的持续影响。资源环境效应具有时间、空间和人类活动的特征，即当作用于资源环境系统的两个扰动之间的时间间隔小于环境系统从每个扰动中恢复过来所需的时间时，就会产生时间上的效应累积或时间拥挤现象；当两个干扰之间的空间间距小于消纳每个干扰所需的空间距离时，就会产生空间上的累积现象；当各种人类活动之间具有时间重复和空间聚集或扩展的特征时，人类活动的方式、特征会影响累积效应发生的方式和结果。累积效应是人们从另一个全新角度来看待资源环境问题的方式，其中揭示的一个重要现象是：当区域资源环境处于可持续发展的临界水平时，自身资源环境影响较小的开发活动与其他开发活动的资源环境影响累积后，可能带来重大的资源环境后果。资源环境效应的3个特征在煤炭开发中是显而易见的。如煤炭开发导致的地表沉降变形，输出的废水、固体废物等在时间尺度上具有持续性，且每次扰动的时间间隔常常小于资源环境系统恢复所能消纳的时间距离，这时就发生时间累积；在矿区内，往往存在着多个生产矿井、洗煤厂、发电厂等生产单位及居住区，这些设施及较高密集度的人类活动共同影响着矿区环境，从而产生空间累积效应。

由此而产生的矿区环境累积影响评价，其原则有9条：

（1）累积影响是由过去的、现在的和可合理预见的将来的活动的集合体引起的对某种自然资源、生态系统或社会环境的影响的总和，包括直接和间接的影响。

（2）累积影响源于性质相同影响的加和或性质不同影响的协同作用。

（3）累积影响评价应有明确的时间和空间范围，在此范围内能充分考虑与建议活动及其替代方案有关的累积影响。

（4）评价基线不是目前的环境现状，而应包括过去和当前活动的影响。

（5）累积影响可能不可逆转或在影响源终止后还持续相当长的一段时间。

（6）对某种自然资源、生态系统或社会环境的累积影响很少与政治或行政界限相一致。

（7）累积影响评价需要针对受影响的具体的自然资源、生态系统或社会环境，应着重考虑真正有意义的累积影响。

（8）对自然资源、生态系统或社会环境的累积影响评价应根据其对增加影响的承受能力（环境承载力）和可持续发展目标。

（9）累积影响的监测和管理应与自然地理或生态系统边界相协调。

3.6　复合污染生态学

过去人们关注的都是环境污染的短期急性效应和直接的破坏作用，而近些年来开始从生物的长期适应和进化的角度上思考环境污染问题，把污染作为一种环境胁迫来源就它对生物进化乃至生态系统演变的影响。因为这种影响往往是深远的、高强度的，也是本质的变化。环境污染并不是一种一般意义上的环境胁迫，生物对污染的适应机制和进化格局与“自然”胁迫条件下的情形并不相同，它发生的速度快、强度大、范围广，构成生物系统发育过程中从未有过的全新环境形式，使得污染的选择力大于“自然”环境的选择力，大多数生物因此改变了适应及进化方向，以前主要是对“自然”环境的适应，现在转而对人类改变的污染环境的适应和进化。人们对其进行研究，从而产生了污染生态学。

3.6.1　污染生态学

污染生态学是指研究生物系统与被污染的环境之间系统相互作用的机理和规律及采用生态学原理和方法对污染环境进行控制和修复的科学。污染生态学是以生态系统理论为基础，用生物学、化学、数学分析等方法研究在污染条件下生物与环境之间的相互关系。

3.6.1.1　污染生态学的主要研究内容

①污染物在生物体内的积累、富集、放大、协同和拮抗等作用，以及污染物在生态系统中迁移、转化、积累及其规律。②污染物对生态系统结构与功能的影响，建立各类生态系统模型，评价和预测污染状况和趋势，制定环境生态规划。③环境污染的生物净化，包括绿色植物对大气污染物的吸收、吸附、滞尘以及杀菌作用，土壤植物系统的净化功能，植物根系和土壤微生物的降解、转化作用，以及生物对水体污染的净化作用。④受污染环境质量的生物监测、生态监测和生物学评价等。

3.6.1.2　污染生态学的研究方法

污染生态学把生态系统作为一个整体来研究生物与受污染环境之间的相互关系。因此，常采用野外实地调查与各种规模的模拟试验相结合的研究方法。具体有：①用生物、化学等方法，研究污染物在生态系统中迁移、转化规律，以及在生态系统各单元之间的积累规律；②研究各生态系统中污染物迁移过程中生物的吸收、富集、降解规律，生物受损状况与机制以及利用生物净化环境的可行措施；③研究污染物对生态系统结构和功能的影响，建立生态模型，以阐明污染物对生态系统的稳定性和生物生产力的影响，预测今后生态系统发展趋势以及采取相应的对策；④研究各类生态系统（森林、草原、农田、水域、工矿、城市）内部各组分之间和各类生态系统之间的物流和污染物流通的关系，以及采取相应的对策；⑤根据各类模型，制定环境规划和区域整体净化措施。

3.6.1.3　污染生态学工作重点

已有的很多工作主要集中在污染物在生态系统中的迁移、转化、富集、毒害、解毒和抗性等方面，现在开始逐渐重视从进化和适应的角度上研究污染的长期生态学效应和生物的未来命运——进化毒理学和进化污染生态学。

3.6.1.4 污染生态学的响应机制

长期处于污染条件下，生物反映出的生态效应包括两个方面：其一，不能适应污染的生物，种群衰退，物种消亡引起生物多样性的丧失；其二，能够适应的生物，在强大的污染选择作用下，将产生快速分化并形成了旨在提高污染适应性的进化取向。对污染的适应机制不完全等同于对自然环境的适应机制。

在生态系统水平上的响应主要表现在两个方面：生态系统多样性的丧失和生态系统复杂性的降低。

（1）生态系统多样性的丧失。环境污染往往导致生境的单一化，从而生态系统多样性的丧失也成必然。例如，英国利物浦工业区，在 19 世纪工业革命发展最为深刻的时期，当地的森林生态系统、草地生态系统几乎全部被单一的“人工荒漠化”的裸地所代替。中国昆明滇池地区，伴随富营养化的发展，湖滨地带的生物团圈几乎全部丧失殆尽。污染往往引起建群种或群落物种的消亡或更替，从而使原有的生态系统发生严重的逆向演替。比较突出的情形是森林生态系统。例如，加拿大北部针叶林在二氧化硫污染作用下，最后大面积地退化为草甸草原；北欧大面积针阔混交林在二氧化硫污染下，退化为灌木草丛。

污染条件下遗传多样性水平降低可能有以下三个方面的原因：①在污染条件下，种群的敏感性个体消失，这些个体所具有的特异性遗传多样性也因此不复存在，从而整个种群的遗传多样性水平降低；②污染引起种群的规模减小，由于随机的遗传漂变，降低了种群的遗传多样性水平；③污染引起种群数量减小，以至于达到了种群的遗传学瓶颈，即使种群最后实现了完全的适应，并恢复到原来的种群数量时，由于建立者效应从而造成遗传来源单一，遗传变异性的来源也大大降低。

（2）生态系统复杂性降低。污染导致生态系统复杂性降低主要表现为：生态系统的结构趋于简单化，食物网简化，食物链不完整；生态系统的物质循环减少或不畅通，能量供给渠道减少，供给程度减小，信息传递受阻；生态系统的平衡能力降低、抵抗外界干扰的能力减少。

3.6.2 复合污染

所谓复合污染是指多元素或多种化学品，即多种污染物对同一介质（土壤、水、大气、生物）的同时污染。复合污染中元素或化合物之间对生物效应的综合影响是一个十分复杂的问题。

国外一些学者在水—水生动物系统、大气（或水、土壤）—植物系统和土壤—微生物系统复合污染等方面做了较多工作，并取得了一些重要成果。但总的看来，水生生态系统复合污染的研究较为系统，而陆生生态系统复合污染的研究还处于起步阶段，目前的研究主要放在重金属之间的交互作用和两种有机污染物共存时的联合毒性方面，对同一介质或生态单元中由重金属和有机污染物之间组成的多种污染物复合污染的研究还很少，有待进一步加强。

现在，很多复合污染的研究结果都带有猜想性，实验也多以急性毒性实验为主，长效实验和蓄积实验较少，一些生物技术的新方法没有充分利用。因此今后对复合污染生态效应过程与机理的研究，将更加有赖于研究过程中充分应用分子生物学的各种技术手段。

复合污染更为接近环境的现状，环境污染也就更依赖于对复合污染的解释，所以在研究中西方各国正在加强复合污染研究成果的应用。例如，国际上现有的饮用水卫生标准、地表水环境标准、食品卫生标准和土壤环境质量标准仅基于单因子污染的生态效应，应用现有的复合污染研究成果，正确评价水、土壤和大气（包括室内和室外）环境质量与生态安全性。对复合污染条件下地表水、饮用水和食品安全指标及土壤环境质量基准进行建议，有助于推动更为符合环境实际、更有助于生态安全和人体健康的各种卫生标准和环境标准的制定，更好地服务于环境保护工作和人体健康的要求。目前，世界上大多数国家对化学污染物危险性的评价包括危害分析、暴露特征指数估算、剂量—效应关系和危险性特征指数计算 4 项主要内容，它们主要是针对单一化学污染物存在条件下的情形，而对一种以上化学污染物的危险性评价和定量表征，还缺乏必要的研究和可靠的方式，有待研究和发展。

长期开发的矿区属于多种污染物共存的环境系统，因此其污染特征属较为典型的复合污染类型，对其复合污染生态学的研究和评价对于分析矿区环境污染规律和机理有着极为重要的意义，并对后续污染防治方案的提出有着极好的指导意义。

3.7　生态系统演替理论

生态系统演替是指一种生态系统类型被另一种生态系统类型替代的定向有序的过程。生态系统演替理论是退化生态系统恢复最重要的理论基础，也是环境影响评价中针对生物群落评价重要依据。生态演替按演替方向可分为正向演替和逆向演替，生态系统退化就是逆向演替，主要表现为生物多样性下降，生物生产力降低，生态系统结构和功能退化，生态稳定性下降，生态效益降低。生态系统演替有其本身的自然规律，退化生态系统恢复应遵循生态演替规律进行。

演替是植被恢复的基础，也是矿山生态恢复和重建的重要环节。矿山植被恢复演替的研究对于矿山生态恢复和重建具有重要指导作用，也为改善和治理矿山生态环境问题提供了理论依据。深入研究各种类型的矿山生态恢复演替机制，有助于指导开展人工恢复技术和自然演替相结合的矿山植被恢复。

3.7.1　演替和演替顶极的概念

演替（Succession）是一个群落为另一个群落所取代的过程，它是群落动态的一个最重要的特征。演替导向稳定性，是群落生态学的一个首要的和共同的法则，并为自然科学作出重大贡献。目前，依然是现代生态学的中心课题之一，是解决人类现在生态危机的基础，也是恢复生态学的理论基础。

演替顶极（Climax）是美国学者 Clements（1916，1928，1938）提出的，是指演替最终的成熟群落，或称为顶极群落（Climax Community）。顶极群落的种类称为顶极种（Climax Species），彼此在发展起来的环境中，很好地互相配合，它们能够在群落内繁殖、更新，而且排斥新的种类，特别是可能成为优势的种类在群落中定居。顶极群落无论在区系和结构上，还是它们相互之间的关系和与环境相互间的关系，都趋于稳定，演替顶极意味着一个自然群落中的一种稳定情况。

在真实的生物群落中，演替顶极是不确定的，各地均有所不同，从而形成大规模土壤变化所引起的镶嵌更新状态或镶嵌演替。Horm（1974）论证顶极植物受到轻微的扰动将导致被压种的侵入和恢复，这两种变化可使多样性增加，这预示着演替的最后阶段大概包括多样性的下降。

3.7.2 群落形成的过程

群落的形成过程，可简单地分为三个阶段。

（1）开敞或先锋群落阶段。这一阶段的特征是一些生态幅度较大的物种侵入定居并获得成功，虽然刚开始时这些物种中仅少数个体能幸存下来繁殖后代，或只有很小的一部分在生境中存活下来，但这种初步建立起来的种群却对以后环境的改造，为以后相继侵入定居的同种或异种个体起了极其重要的奠基作用。

（2）郁闭未稳定的阶段。随着群落的发展，种群数量的增加，当有一定数量的物种后，生活小区逐渐得到改善。资源的利用逐渐由不完善到充分利用。因此，在这一阶段，物种之间的竞争激烈，有的物种定居下来，且得到了繁殖的机会，而另一些物种则被排斥。同时，那些能充分利用自然资源又能在物种的相互竞争中共存下来的物种得到了发展，它们从不同角度利用和分摊资源。通过竞争，逐渐达到相对平衡。

（3）郁闭稳定的阶段。物种通过竞争平衡地进入协调进化，使资源的利用更为充分、有效。有时可能再增加一些共存的物种，使群落在结构上更加完善，使群落发展成为与当地气候相一致的顶极群落，这时群落有比较固定的物种组成和数量比例，群落结构也较为复杂。

群落形成的上述三个阶段，只是一种认为的划分方法。其实，群落的形成发展和演替是一个连续不断变化的过程，一个阶段的结束和另一个阶段的开始并没有截然的界限。

3.7.3 演替系列

一个先锋群落在裸地形成后，演替便会发生。一个群落接着一个群落相继不断地为另一个群落所代替，直至顶极群落，这一系列的演替过程就构成了一个演替系列。

3.7.3.1 原生演替系列

原生演替（Primary Succession）是开始于原生裸地或原生荒原（完全没有植被，也没有任何植物繁殖体存在的裸露地段）上的群落演替。原生演替系列包括从岩石开始的旱生演替和从湖底开始的水生演替。

（1）旱生演替系列。

①地衣植物阶段：裸岩表面最先出现的是地衣植物，其中以壳状地衣首先定居。壳状地衣将极薄的一层植物紧贴在岩石表面，由于假根分泌溶蚀性的碳酸而使岩石变得松脆，并机械地促使岩石表层崩解。它们可能积聚一层堆积物的薄膜，并在某些情况下，一个或多个后继地衣群落取代了先锋群落。通常后继者首先是叶状地衣，叶状地衣可以积蓄更多的水分，积蓄更多的残体，而使土壤增加得更快些。在叶状地衣群落将岩石表面覆盖的地方，枝状地衣出现，枝状地衣生长能力强，逐渐可完全取代叶状地衣群落。地衣群落阶段在整个演替系列过程中延续的时间最长。这一阶段前期基本上仅有微生物共存，以后逐渐有一些如螨类的微小动物出现。

②苔藓植物阶段：苔藓植物生长在岩石表面上与地衣植物类似，在干旱时期，可以停

止生长并进入休眠，等到温暖多雨时，可大量生长，它们积累的土壤更多些，为后来生长的植物创造更好的条件。苔藓植物阶段出现的动物，与地衣群落相似，以螨类等腐食性或植食性的小型无脊椎动物。

③草本植物阶段：群落演替进入草本群落阶段，首先出现的是蕨类植物和一些一年生或二年生的草本植物，它们大多是短小和耐旱的种类，并早已以个别植株出现于苔藓群落中，随着群落的演替大量增殖而取代苔藓植物。随着土壤的继续增加和小气候的开始形成，多年生草本相继出现。草本群落阶段中，原有的岩石表面环境条件有了较大的改变，首先在草丛郁闭条件下，土壤增厚，蒸发减少进而调节了温度和湿度。此时植食性、食虫性鸟类、野兔等中型哺乳动物数量不断增加，使群落的物种多样性增加，食物链变长，食物网等营养结构变得更为复杂。

④灌木植物阶段：这一阶段，首先出现的是一些喜光的阳性灌木，它们常与高草混生形成高草灌木群落，以后灌木大量增加，成为优势的灌木群落。在这一阶段，食草性的昆虫逐渐减少，吃浆果，栖灌丛的鸟类会明显增加。林下哺乳类动物数量增多，活动更趋活跃，一些大型动物也会时而出没其中。

⑤乔木植物阶段：灌木群落的进一步发展，阳性的乔木树种开始在群落中出现，并逐渐发展成森林。至此，林下形成荫蔽环境，使耐阴的树种得以定居。耐阴树种的增加，使阳性树种不能在群落内更新而逐渐从群落中消失，林下生长耐阴的灌木和草本植物复合的森林群落就形成了。在这个阶段，动物群落变得极为复杂，大型动物开始定居繁殖，各个营养级的动物数量都明显增加，互相竞争，互相制约，使整个生物群落的结构变得更加复杂、稳定。

（2）水生演替系列。

①自由漂浮植物阶段：这一阶段，湖底有机物的聚积，主要依靠浮游有机体的死亡残体，以及湖岸雨水冲刷所带来的矿质微粒。天长日久，湖底逐渐抬高。

②沉水植物群落阶段：水深 3～5 m 以下首先出现的是轮藻属的植物，构成湖底裸地上的先锋植物群落。由于它的生长，湖底有机物积累加快，同时由于它们的残体在嫌气条件下分解不完全，湖底进一步抬高，水域变浅，继而金鱼藻、弧尾藻、黑藻、茨藻等高等水生植物种类出现。这些植物的生长能力强，垫高湖底作用的能力也就更强。此时大型鱼类减少，而小型鱼类增多。

③浮叶根生植物群落阶段：随着湖底变浅，出现了浮叶根生植物如眼子菜、莲、菱、芡实等。由于这些植物的叶在水面上，当它们密集后就将水面完全覆盖，使其光照条件变得不利于沉水植物的生长，原有的沉水植物将被挤到更深的水域。浮叶根生植物高大，积累有机物的能力更强，垫高湖底的作用也更强。

④挺水植物群落阶段：水体继续变浅，出现了挺水植物，如芦苇、香蒲、水葱等。其中，芦苇最常见，其根茎极为茂密，常交织在一起，不仅使湖底迅速抬高，而且可形成浮岛，开始具有陆生环境的一些特点。这一阶段的鱼类进一步减少，而两栖类、水蛭、泥鳅及水生昆虫进一步增多。

⑤湿生草本植物阶段：湖底露出地面后，原有的挺水植物因不能适应新的环境，而被一些禾本科、莎草科和灯心草科的湿生植物所取代。由于地面蒸发加强，地下水位下降，湿生草本群落逐渐被中生草本植物群落所取代。在适宜的条件下发育为木本群落。

⑥木本植物阶段：在湿生草本植物群落中，首先出现的是一些湿生灌木，如柳属、桦属的一些种，继而乔木侵入逐渐形成森林。此时，原有的湿地生境也随之逐渐变成中生生境。在群落内分布有各种鸟类、兽类、爬行类、两栖类和昆虫等，土壤有蚯蚓、线虫及多种土壤微生物。整个水生演替系列实际上是湖沼填平的过程，通常是从湖沼的周围向湖沼的中心顺序发生的。

3.7.3.2 草原放牧的次生演替

次生演替（Secondary Succession）是指开始于次生裸地或次生荒原（不存在植被，但在土壤或基质中保留有植物繁殖体的裸地）上的群落演替。放牧草原的次生演替如图 3-5 所示。

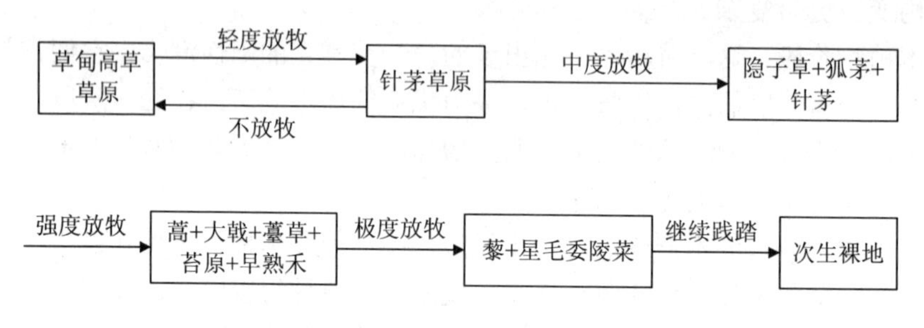

图 3-5 草原放牧的次生演替

草原群落的次生演替主要取决于对草原的利用方式。在没有放牧的情况下，草原由于水分条件的改善，会演替到中生化的草甸，但在强烈放牧情况下，草原会向旱生化的方向发展，并随着放牧强度的加大，草原会逐渐发展到接近于荒漠带的一些植物群落。这种现象和水分条件的恶化有关。土壤在强烈的牲畜践踏下变得坚实，其上层的正常结构遭到破坏，结果土壤的表面蒸发加强，水分情况因此恶化。

3.7.4 演替的理论

群落的演替显示着群落是从先锋群落经过一系列的阶段，到达中生性顶极群落。这种沿着顺序阶段向着顶极群落的演替过程称之为进展演替（Progressive Succession）。反之，如果是由顶极群落向着先锋群落演变，则称之为逆行演替（Retrogressive Succession）。目前，演替理论因为学派不同，有众多学说，较有影响的主要有以下八种学说。

（1）单元顶极假说（Monoclimax Theory）。该学说由美国的 Clements（1916）提出，认为一个地区的全部演替都将会聚为一个单一、稳定、成熟的植物群落或顶极群落。这种顶极群落的特征只取决于气候。给以充分时间，演替过程和群落造成环境的改变将克服地形位置和母质差异的影响。至少在原则上，在一个气候区域内的所有生境中，最后都将是同一的顶极群落。该假说并把群落和单个有机体相比拟。

（2）多元顶极理论（Polyclimax Theory）。由英国的 Tansley（1954）提出，这个学说认为：如果一个群落在某种生境中基本稳定，能自行繁殖并结束它的演替过程，就可看作是顶极群落。在一个气候区域内，群落演替的最终结果，不一定都要汇集于一个共同的气候顶极终点。除了气候顶极之外，还可有土壤顶极、地形顶极、火烧顶极、动物顶极；同时还可存在一些复合型的顶极，如地形—土壤和火烧—动物顶极等。

（3）顶极—格局假说（Climax Pattern Hypothesis）。由美国 Whittaker（1953）提出，首先认为植物群落虽然由于地形、土壤的显著差异及干扰，必然产生某些不连续，但从整体上看，植物群落是一个相互交织的连续体。其次，认为景观中的种各以自己的方式对环境因素进行独特的反应，种常常以许多不同的方式结合到一个景观的多数群落中去，并以不同方式参与构成不同的群落，种并不是简单地属于特殊群落相应明确的类群。这样，一个景观的植被所包含的与其说是明确的块状镶嵌，不如说是一些由连续交织的种参与的、彼此相互联系的复杂而精巧的群落配置。

（4）初始植物区系学说（Initial Floristic Theory）。该学说是 Egler 于 1954 年提出来的，他认为任何一个地点的演替都取决于哪些物种首先到达那里。植物种的取代不一定是有序的，每一个种都试图排挤和压制任何新来的定居者，使演替带有较强的个体性。演替并不一定总是朝着顶极群落的方向发展，所以演替的详细途径是难以预测的。该学说认为，演替通常是由个体较小，生长较快，寿命较短的种发展为个体较大，生长较慢，寿命较长的种。显然，这种替代过程是种间的，而不是群落间的，因而演替系列是连续的而不是离散的。这一学说也被称为抑制作用理论。

（5）忍耐理论（Tolerance Theory）。这是 Conell 和 Slatyer 于 1977 年提出的，他们提出了三重机制说，包括促进理论和抑制理论。忍耐理论认为，演替早期先锋种的存在并不重要，任何种都可以开始演替。植物替代伴随着环境资源的递减，较能忍受有限资源的物种将会取代其他条件。演替就是靠这些种的入侵和原来定居物种的逐渐减少而进行的，主要取决于初始条件。

（6）适应对策演替理论（Adapting Strategy Theory）。该理论是 Grime 于 1989 年提出来的，他通过对植物适应对策的详细研究，在传统 r-对策和 k-对策的基础上，提出了植物的三种基本对策：R-对策种，适应于临时性资源丰富的环境；C-对策种，生存于资源一直处于丰富状生境中，竞争力强，称为竞争种；S-对策种，适用于资源贫瘠的生境，忍耐恶劣环境的能力强，叫做忍耐胁迫中。该学说认为，次生演替过程中的物种对策格局是有规律的，是可预测的。一般情况下，先锋种为 R-对策，演替中期的种多为 C-对策，而顶极群落中则多为 S-对策种。该学说对从物种的生活史、适应对策方面而理解演替过程作出了新的贡献。

（7）资源比率理论（Resource Ratio Hypothesis）。该理论是 Tilmam 于 1985 年基于植物资源竞争理论提出的。它认为，一个种在限制性资源比率为某一值时表现为强竞争者，而当限制性资源比率改变时，因为种的竞争能力之不同，组成群落的植物种已随之改变。因此，演替是通过资源的变化而引起竞争关系变化而实现的。该理论与促进作用演说有很大的相似之处。

（8）等级演替理论（Hierarchical Succession Theory）。该理论是 Pickett 等于 1987 年提出的，他们提出了一个关于演替原因和机制的登记概念框架，有三个基本层次。第一，是演替的一般性原因，即裸地的可利用性，物种对裸地利用能力的差异，物种对不同裸地的适应能力；第二层次以上的基本原因分解为不同的生态过程，比如裸地可利用性决定于干扰的频度和程度，对裸地的利用能力决定于种繁殖体生产力、传播能力、萌发和生长能力等；第三层次是最详细的机制水平，包括立地一种因素和行为及其相互作用，这些相互作用是演替的本质。这一理论较详细地分析了演替的原因，并考虑了大部分因素，它有利于演替分析结果的解释。由于演替存在着明显的景观层次，各层次的动态又与演替的机理相关，因而该学说被认为是最有前途形成统一的演替理论框架的理论。

3.7.5 演替的模型

3.7.5.1 演替的时间函数

次生群落的演替过程，实际上我们可将之视为时间的函数。可用下面的函数来表示：

$$V=f(t)cl,p,r,o,py$$

式中，cl 为气候参数；p 为岩石圈参数；r 为土壤参数；o 为生物参数；py 为热量参数。这些参数本身也是复合函数，因而 V 的实际应用应是很难的。但作为单因素的研究却是可能的。

3.7.5.2 群落的演替过程与模型

群落演替是一个动态的过程，在随时间的发展中，总有一些物种取代另一些物种，一个群落取代另一个群落的过程。在自然条件下，群落的演替总是遵循客观规律，从先锋群落经过一系列演替阶段而达到中生性的顶极群落，通过不同途径向着气候顶极或最优化的生态系统发展。对区域的群落的演替过程进行分析，有助于对退化生态系统恢复和重建的实践进行方向性的指导。

3.7.5.3 植物群落演替的模型

植物群落的演替过程可以用马尔柯夫模型来表述。演替的线形模型可以通过马氏链来描述。如果我们把每个演替过程的阶段视为一个子系统或一个状态，植物群落的演替系列就是一个系统。在这个过程中，一个群落从一个阶段演变为另一个阶段，就意味着一个系统从一个状态变为另一个状态。如果群落的这种线形演替系统是一个确定的演替过程，演替要经历 z 个过程，其转移矩阵是（$\boldsymbol{P}$），则其线形系统的行为可以描述如下：

$$X_1 \xrightarrow{(\boldsymbol{P})} X_2 \xrightarrow{(\boldsymbol{P})} X_3 \xrightarrow{(\boldsymbol{P})} \cdots\cdots \xrightarrow{(\boldsymbol{P})} X_{z-1} \xrightarrow{(\boldsymbol{P})} X_z$$

演替的初始状态　　　演替的中间状态　　　演替的顶极状态

注：X_{z-1}=状态 1–z

为了满足转移矩阵（$\boldsymbol{P}$）稳定，我们需要假定植物的死亡率是不变的，这就意味着排除人类对演替的干扰因素。根据上述的公式，在相同的时间间隔中，演替的后一个状态可以由前一个状态所决定。其关系为 $X_2=\boldsymbol{PT}X_1$，$X_3=\boldsymbol{PT}X_2$ 等，这样我们得到一般公式：

$$X_i+1=\boldsymbol{PT}X_i$$

在这个公式中，i=1，2，3，…，n；$\boldsymbol{PT}$=转移矩阵（$\boldsymbol{P}$）；X_i 为

$$P11$$
$$P21$$
$$X_i=Pml$$

X_i为i时刻的状态向量，其分量$P11$、$P21$、…、Pml是i时刻群落中m个成分各占的百分比，亦即概率。从一个状态变为另一个状态的森林群落演替可以由种群的发展来加以说明。根据统计数据，用不同种的相对多度为指标。

线形模型有一些严格的假设，诸如假设演替过程其种群的死亡率不变，这在真实情况下是不可能的。事实上，生境和种间关系是不断变化的，死亡率也不可能稳定。在自然条件下不存在严格的线形系统，一些系统只能说是非线形系统，非线形演替模型是普遍的。非线形系统的研究复杂得多。然而，尽管整个演替是非线形的，而其分阶段可以认为是线形的或接近线形的。可以将整个演替过程切割为若干亚系统，形成局部线形化。这样基于$X_2=PT_1X_1$，$X_3=PT_2X_2$…等来计算，则有一般式：

$$X_{i+1}=P_iTX_i$$

式中，X_i为演替过程的i状态（阶段）；P_iT为i状态中的转移矩阵；i=1，2，3，…，Z（Z为演替的终极状态）。这样可以对非线形演替系统的动态进行预测。

3.8　生态承载力理论

生态承载力是生态系统的自我维持、自我调节能力，资源与环境的供容能力及其可维持的社会经济活动强度和具有一定生活水平的人口数量。正常情况下，城市生态系统维系其自身健康、稳定发展的潜在能力，主要表现为城市生态系统对可能影响甚至破坏其健康状态的压力产生的防御能力、在压力消失后的恢复能力及为达到某一适宜目标的发展能力。生态承载力评价方法主要有：①模型预估法；②自然植被净第一性生产力测算法；③生态足迹法；④资源与需求差量法；⑤状态空间法。

3.8.1　矿区生态承载力的概念

矿区生态承载力是指某一时空尺度范围的矿区系统，在现有技术经济和确保生态系统自我维持、自我调节能力条件下，矿区自然资源（包括环境资源）所能支持的具有一定生活质量的人口规模和经济规模（包括经济活动强度）。生态承载力可分为支持层和压力层两个部分。支持层包括生态系统的自我维持与自我调节能力以及资源与环境子系统的容纳能力。压力层是指矿区社会经济活动对支持层的胁迫，包括资源浪费、环境污染、生态破坏等。支持层又可分为两层，下层为生态系统的自我维持与自我调节能力，称为生态系统的弹性力；上层为资源与环境子系统的供容能力，分别称为资源承载力与环境承载能力。矿区生态承载力研究，能够促进人们对矿区复杂系统的深入认识，对矿区可持续发展实践及保持矿区生态系统健康都有着重要的意义。要深入研究矿区的生态承载能力，就必须对其进行定量评价。矿区生态承载力定量评价的内容包括矿区生态弹性力、矿区资源环境承载力和矿区生态系统压力，在定量评价结果的基础上，可通过综合分析和趋势分析对矿区生态承载力做进一步研究。

任何一个生态系统都具有自我调节能力，以保持自身的稳定性，但是这种调节能力是有限度的，因此草原生态系统的承载能力不可能无限增加，当对资源的利用增长到一定程度时，就会受到抑制。外界干扰如果超过生态系统自我调节能力的范围，也就是说，草原生态环境对各种有害废弃物的容纳能力到达一定限度时，生态系统平衡将受到影响，系统内营养物质小循环或物质的生物地球化学大循环受到阻碍，最终导致资源生态系统瓦解。因此，草原环境对污染物的容量不能超过其阈限值，否则会引起系统内的物质组成发生变异，产生危害。为了有效、合理地开发、利用、保护和改善草原环境，使草原得以繁衍生息，有必要分析影响草原生态环境容量的敏感因子，并建立草原生态环境容量评价指标体系，通过适宜的评价，作为规划和确定未来草原区域可持续发展的科学基础和人类活动的行为标准。草原生态环境容量是动态变量，自然资源参数的数量、质量及相互匹配是决定其大小的基础，也是研究草原生态环境容量的关键。为了真实全面地描述草原生态环境容量，并对其进行评价，在实地调查研究区域草原资源本底值，并对草原生态环境容量影响因子及评价指标体系研究的基础上，首先要研究表述草原环境容量大小的方法，确定草原生态环境容量指数范围（宽松的环境容量、适度环境容量、超载环境容量、临界环境容量），进而对研究区域进行草原生态环境容量评价。

3.8.2 矿区生态承载力定量评价方法

3.8.2.1 矿区生态承载力的量化

①生态系统弹性力的量化。矿区生态系统弹性力状况可用矿区生态系统弹性度来表示，具体表达形式为：

$$\mathrm{CSI}^{eco}=\sum_{i=1}^{n}I_i^{eco}W_i^{eco}$$

式中，I_i^{eco} 为生态系统特征要素（地形地貌、土壤、植被、气候和水文等要素）的分值，W_i^{eco} 为要素 i 相应的权重值。

②资源环境承载力（CSI）的量化。资源环境承载指数表达式为：

$$\mathrm{CSI}=\sum_{i=1}^{n}S_i\cdot W_i$$

式中，S_i 为资源环境组成要素的分值；W_i 为要素 i 的相应权重值。

③生态系统压力度的量化。生态系统承载压力度（CCPS）表达式为：

$$\mathrm{CCPS}=\mathrm{CPI}/\mathrm{CSI}$$

式中，CPI 和 CSI 分别为生态系统中压力要素的压力大小和相应支持要素的支持能力大小，CCPS 为承压度或承载负荷度。CCPS＞1 时，承载超负荷；CCPS＜1 时，承载低负荷；CCPS=1 时，承载压力平衡。

3.8.2.2 承载力评价体系

矿区生态承载力的评价分为静态评价和动态评价，静态评价是指矿区生态承载力某时点的承载状况，动态评价指矿区生态承载力的发展趋势。这种动静结合的评价方法即矿区生态承载力的分级综合评价方法。根据露天煤矿的特点、选用评价方法的需要以及所获数据的情况，按照上述确定原则，并通过专家咨询和生态承载力综合评价的方法，建立矿区生态承载力评价指标体系。

科学的评价指标体系的建立直接关系到量化结论的正确性，对矿区资源环境承载力评价应以资源环境承载能力作为目标，以资源环境承载力单要素承载力为基础，具体的指标体系可分为目标层、准则层、指标层和分指标层。准则层包括资源承载条件和环境承载条件两个方面。资源承载力选择水资源、土地资源、矿产资源和旅游资源作为评价指标，环境承载力以大气环境、水环境和土壤环境作为评判指标。其具体的指标构成如表 3-2 所示。

表 3-2　矿区资源环境承载力评价指标体系

目标层	准则层	指标层	分指标层
资源环境承载力	资源要素	水资源	水资源占有量，水资源质量，水资源利用率
		土地资源	农用土地面积，土地生产率
		矿产资源	矿产资源保有量，矿产资源回收率，矿产资源综合利用率
		旅游资源	旅游资源等级，旅游条件
	环境要素	大气环境	二氧化硫，氮氧化物，TSP（总悬浮颗粒物）
		水环境	COD（化学需氧量），BOD（生化需氧量），pH
		土壤环境	生活垃圾消纳能力，工业垃圾消纳能力

表 3-2 给出的指标体系是针对矿区普遍情况而言的，对特定情况可根据具体目标的不同而选择不同的指标，对单项指标或因子的选择同样应根据评价目的的不同而有所不同。

3.9　生态工程的设计与应用

矿山开采造成生态景观破坏、土壤改变以及生物群落的改变，矿区是一种退化或极度退化的生态系统，几乎在所有的情况下，开采活动的干扰都超过了开采前生态系统的恢复力承受限度，若任由采矿废弃地依靠自然演替恢复，可能需要 100～10 000 年。因此，为了加速矿地的生态恢复，开展人工修复，对极度退化的生态系统就必须改良，这意味着对生态系统长期的管理和投资，不再追求生态系统自我更新，而是完全人工制造并维持。20 世纪 90 年代以来，对矿山废弃地复垦和植被对于重金属污染的修复的研究也逐渐增多。主要研究领域包括矿山废弃地复垦，矿山废弃地重金属的植物修复，矿山废弃地的土壤肥力，矿山废弃地的植被演替以及矿山废弃地的人工恢复技术的研究与实践。矿山废弃地的生态重建过程是一个复杂的生态过程，影响矿山废弃地生态恢复的因子很多，只有找到影响当地矿山废弃地生态恢复的主导因子，才能充分利用植物资源，通过人工选择物种，使土壤的物理、化学性质得到改良，从而缩短植被演替的进程。而开展矿山生态恢复演替的研究则能够了解和掌握不同类型矿山废弃地的植被恢复演替机制，通过了解植被恢复演替不同阶段的植被群落结构特征，能够为矿山植被恢复提供有效的理论参考，进而研究实际有效的人工植被恢复技术和指导矿山生态恢复和管理。

本书对生态恢复技术及理论的结合方面提出两点建议：第一，不同生态系统恢复目标具有不同的恢复效果，其恢复过程也大不相同，如果要彻底治理生态系统的“疾病”，那么恢复工作将会相当艰难和漫长；如果只是为了达到目前的利益或是对付某种需求，那么生态恢复工作就会变得简单快捷，容易达到目标，但是反而可能更加伤害人们生存依赖的生态系统。第二，不管哪种实践活动都必须结合严格的理论指导，而今生态系统恢复实践活动可以得到很多理论学科的支持，如生态学、恢复生态学及景观生态学等。植被的恢复与重建是矿山生态恢复的重要环节，也是生态工程设计的重要内容，通过人工选择物种，可以缩短植被演替的进程，加快矿山废弃地的生态重建进程，通过植物群落的演替，从而恢复结构复杂和功能良好的恢复生态系统。矿区的生态重建包括采区、排土场等作业区的生态恢复，其在空间尺度上包括作业区、影响区以及所依托的社会小区；在时间尺度上则包括从采矿设计阶段至闭矿的整个采矿生命周期。具体如图 3-6 所示。

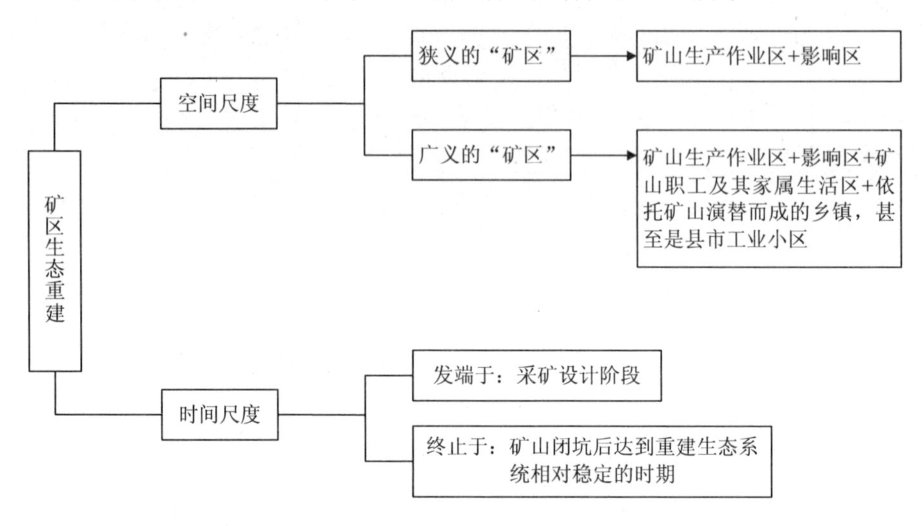

图 3-6 矿区生态重建的范围

3.9.1 生态工程的方法和技术

3.9.1.1 矿区生态系统修复和重建技术

矿区生态修复的综合技术主要包括监测、预测及风险评价技术；管理技术；规划设计技术；工程修复技术；化学与生物修复技术。

（1）监测、预测及风险评价技术。主要是对矿区生态环境损害进行动态监测与预测，揭示损害的程度、范围、机理和规律及风险，为矿区生态环境治理技术的选择和有关法规与技术标准的制定提供依据。

（2）管理技术。主要是对受损矿山生态环境进行科学的管理、宏观过程管理以及矿山整个生命周期的环境修复管理。

（3）规划设计技术。矿区生态环境规划设计技术包括传统规划法和计算机辅助规划法。在详尽调查、监测的基础上，运用先进的规划技术和手段对矿区生态进行详细的规划。

（4）工程修复技术。包括恢复生态系统的各种工程措施。应根据不同的破坏特征及不同的自然条件采取不同的技术措施，主要包括生态破坏的工程修复技术和环境污染的工程（物理）修复技术。

（5）化学与生物修复技术。包括提高和改善重建系统生产力和环境安全的各种化学和生物措施，其中生物工程（含植物修复）、生态工程、化学修复和土壤改良等技术是十分重要的。

（6）采煤沉陷区生态修复技术。采煤沉陷是我国普遍的矿区生态问题，其主要的修复技术主要包括疏排法、挖深垫浅法、充填复垦法、直接利用法、修整法、生态工程复垦法等方法。将土地复垦技术和生态工程技术结合起来，综合运用生物学、生态学、经济学、环境科学、农业科学、系统工程学的理论，运用生态系统的物种共生和物质循环再生等原理，结合系统工程方法对破坏土地所涉及的多层次利用的工艺技术。

3.9.1.2　生态工程设计方法

随着实际生态工程设计的推广，越来越多的方法被应用到这一领域，如下 15 种方案均为现有生态工程设计的方法：①持续性发展指数的设计；②生物基因技术方法；③生态系统的系统分析方法；④农田免耕技术；⑤多变量分析方法；⑥区域生态—经济模式建立法；⑦灰色系统理论的应用；⑧食物链的加环与减环技术；⑨广义生态模型；⑩生态系统的能值分析方法；⑪生态位理论的分析方法与应用；⑫管理信息系统；⑬决策支持系统；⑭地理信息系统；⑮专家系统等。

在生态工程中，就某个单项技术来说，这其中绝大部分是没有或仅有很少创新性的。但生态工程的创新性不在于组成的各单项技术，而在于因地、因类制宜的优化组合。通过优化组合后的生产技术系统可多层分级地利用产品、副产品、废物（水），变废为宝，化害为利，促进良性循环。

3.9.2　生态工程的设计原则

既然我们要对生态工程进行设计与规划，那设计就需要符合一定的原则。生态工程的设计原则主要遵循三个原则。

3.9.2.1　适合性原则

生态工程的目的和用途要适应实际需要，应能解决当地生态环境建设和生产中的实际问题，达到可持续发展的要求。生态工程更要注重可行性，即生态工程的设计和运行要适合所在地区自然、社会和经济条件。由于各地的自然条件、废弃物种类、数量、经济状况、市场需求及社会条件并不完全相同，因此，设计中不能生搬硬套其他地区的成功经验，而需因地制宜，因势利导，优化技术组合，达到预期的效果。

3.9.2.2　高效益原则

现代生态工程与传统生态工程相比较，更讲究系统的高效益性能。作为一种生态经济活动，生态工程强调社会—经济—自然生态系统的整体效率及效益与功能，以生态建设促进产业发展，将生态环境保护融于产业工程及有关生产之中，特别是在发展中国家或经济欠发达地区，其经济效益高低决定它的命运。

不同生态工程，其效益的评价与计量方法也不一样。农业生态工程的经济效益，一是取决于产品的数量；二是要将农产品换算成经济效价。林业生态工程的经济效益，则需计算林产品的数量及相应的经济效价。另外，农业、林业生态工程除了计算其直接经济效益，还要评价它们的宏观的社会效益和生态环境效益。自然保护区及生态恢复生态工程，则以最短时间内及在最大空间里恢复或保护生态资源为基准。污染治理生态工程主要是指净化环境的能力或治理环境的效应，净化能力以污染减轻的程度为准，或以未曾受污染时的环境本底值为准，污染减轻的程度越大，其效益就越高。

3.9.2.3　生态学原则

西方的生态工程和中国的生态工程虽然设计的思想和依据不同，各有侧重，但都遵循生态学规律。因此，生态工程设计的生态学原则主要有三条。

（1）生物对环境的适应性原则。在生态工程的设计中，应充分考虑环境因子的时间、空间变化，特别是光、温、水等因子随日、月周期性的时间节律，以及与此密切联系的生物生长发育节律。例如在我们北方干旱地区，由于春季干旱少雨，造林成活率极低，而如果在林业生态工程中采取一些技术手段，使造林避开这一严酷的时期，改在雨季进行，就可使成活率成倍提高。

（2）生物种群优化与和谐原则。生物种群优化，一是种类优化选择；二是结构优化设计。种类选择除前面所述的环境适应性原则外，还应考虑生态工程的目的和对人类的有益作用及具有多功能的特点。而结构优化以种群间相互关系的和谐为原则，种群合理匹配。例如，以豆科作物或牧草代替地被物，以经济灌木或小乔木组成下木，以食用菌代替腐生低等生物，人工控制株行距，这样建成的生态系统就会既具有自然生态系统的物种多样性，又可提高系统的经济效益。

（3）生态系统良性循环与生态经济原则。生态工程设计的生态系统要确保物流和能流的畅通，并实现系统的良性循环。当生态系统中积累过多的如有机质、氮、磷等物质时，生态工程要求疏通路径，增支节收，降低过量的积累，防止二次污染，待该生态系统中物流顺畅，循环稳定，各环节间物质通量比值协调后，再调整输出量，保持物质的输入与输出的平衡。

3.9.3 生态工程的设计方法

同其他工程一样，生态工程的设计前也要进行准备工作。那么生态工程的设计前准备可分为如下步骤。

生态工程的设计前的准备步骤：

拟定目标 ⟹ 本底调查 ⟹ 系统分析 ⟹ 可行性评价与决策

（1）拟定目标。生态工程的对象是自然—社会—经济复合生态系统，是由相互促进而又相互制约的 3 个系统组成。因此，任何生态工程设计都必须明确生态工程的类型及预期效益。必须强调复合生态系统的整体协调的目标，即自然生态系统是否合理，经济系统是否有利，社会系统是否有效。同时，根据当地的条件，强化某个系统的目标。

（2）本底调查。包括自然本底或自然资源（生物、土地、矿产和水资源等）、社会经济条件（市场、劳动力、科技、文教、交通、管理和经济水平等）、生态环境条件（气候、土壤、污染等情况）。只有正确了解和掌握该地区的社会、经济和环境条件，才能充分发挥和挖掘当地的潜力，达到事半功倍的效果。

（3）系统分析。以往的系统分析，通常多用线性分析方法，模型为联立的线性方程组或矩阵。生态工程根据拟定的目标和收集的详尽数据，多采用系统动态分析模型。这种模型以实际动态变化规律为依据，处理时可将问题分成决策序列，每个决策同一个或若干个量发生关系，然后一个决策一个决策地处理。结合定性研究，评价和分析系统的整体特征，并进行综合评价。

（4）可行性评价与决策。通过可行性评价和决策分析，可以为管理部门和政府部门提供在不同社会、经济和自然条件下，生态工程实施的多条途径，从而，达到最佳的经济、生态和社会效益，增加复合生态系统的稳定性，降低系统恶化的风险。

3.10　可持续发展理论

可持续发展理论是关于发展模式选择的成果，是针对日益恶化的生态环境问题提出的。可持续发展，尤其是生态可持续发展理论，为恢复生态研究提供了可能，因为生态系统是可以持续的，日益恶化、变得不可持续的生态系统是由于受到干扰造成的，减少甚至消除干扰将会有利于生态系统正常演替，促进生态系统的健康。事实上，生态恢复的最终目标就是维持生态系统可持续，为人类社会提供一个美好的生活环境。因此，矿区的可持续发展理论是矿区生态恢复的方向，亦是矿区环境影响后评价的首要评价原则。

3.10.1　可持续发展的理论内涵

可持续发展源于愈演愈烈的全球环境问题。世界环境与发展委员会（WCED）对可持续发展的定义为既满足当代人的需求，又不损害子孙后代满足其需求能力的发展。可持续发展的生态观、社会观、经济观、技术观为国外主要几种具有代表性的可持续发展观，这几种发展观的核心都是正确处理人与人、人与自然之间的关系，是生态、经济、社会三位一体的发展。可持续发展核心思想是，健康的经济发展应建立在生态可持续能力、社会公正和人民积极参与自身发展决策的基础上；其目标是，既要是人类的各种需要得到满足，个人得到充分发展，又要保护资源和生态环境，不对后代人的生存和发展构成威胁。可持续发展的内涵如下。

（1）生态可持续发展。可持续发展以自然资源为基础，同有限的环境承载能力相协调，使人类的发展保持在地球承载能力之内。这种有限制的发展，保护和保证了生态的可持续性，奠定了可持续发展的基础。

（2）经济可持续发展。可持续发展要求重新审视如何实现经济增长，不以保护环境为由取消经济增长，而是鼓励经济持续增长，不仅包括量的增长，更包括质的提高。

（3）社会可持续发展。可持续发展以人为本，改善人类生活质量，提高人类健康水平，发展不仅要实现当代人之间的公平，还要实现当代人与后代人之间的公平，向所有人提供实现美好生活愿望的机会。

在生态、经济和社会可持续发展三者关系上，生态可持续发展是基础层次，经济可持续发展是动力层次，而社会可持续发展则是目标层次，三者不可分割。可持续发展追求的是整个生态—经济—社会复合系统的持续、稳定、健康发展。简单地说，生态可持续是前提和基础，经济可持续是条件和动力，社会可持续是目标和归宿。

3.10.2　可持续发展理论的内容

矿区生态承载力强调矿区生态系统所提供的资源和环境对人类社会系统良性发展的支持能力，具有客观存在性、可变性、层次性的特点，其客观性使对矿区生态承载力进行量化研究成为可能，其可变性使人们能够通过采取一定的措施来提高矿区生态承载力，按照有利的方式进行矿区生态系统的恢复和重建，提高矿区复合生态系统的承载力。目前，国外对生态承载力的研究方法主要有学者高吉喜提出了一种评价区域可持续发展的理论——生态承载力理论。但上述评价只是基于个别要素的计算，缺乏对系统整体承载状况的判断，并且只是一种静态分析，没有体现其动态变化趋势。本次后评价研究就是在现有承载力理论的基础上，分析露天煤矿区各分要素和整体系统的生态承载力状况，并对其发展趋势进行拟合，分析露天矿区生态承载力的动态变化状况，并有针对性地提出完善方案，以达到最终矿区全面可持续发展的目的。

可持续发展理论包括预防为主的原理、环境承载力原理、国际公平和代际公平原理和污染者付费原理。可持续发展的中心内容为可持续性、发展和公平性，这也是可持续发展战略的目标所在。

实现可持续发展的关键在于实现发展，发展过程中产生的人口、资源和环境问题也必须在发展中解决，以牺牲发展、限制发展的消极观点来谋求资源的可持续利用和生态环境质量的持续良好是不符合我国国情的；社会经济与环境资源的矛盾最终要依靠经济的发展来解决，关键在于这种发展不能以对环境的破坏为代价，而应注重协调发展的数量与质量、速度与效益之间的合理关系。

在环境影响评价中增加对生态系统的考虑，采取环境影响补偿措施，以维护自然资产的平衡，并把联合国气候变化和生物多样性性保护公约作为环境影响评价指导方针。后评价工作的最终目标在于实现区域的环境可持续发展，这一目标体现了环境影响后评价对可持续发展目标的追求，包括资源的可持续利用和生态环境质量的持续良好。上述目标也是实现可持续发展的重要标志，没有资源和环境的压力就无法解决，没有资源的可持续利用和生态环境质量的持续良好，人类的发展是暂时的、脆弱的、不能持久的。区域环境可持续发展目标的实现需要处理好人口、资源和环境之间的关系。

目前，可持续发展正由一个口号性的概念变成各国政府和国际组织的发展战略，其中最主要的表现是将衡量可持续性或是否符合可持续发展要求作为重大战略决策和实施的主要依据。作为评价能源开发项目可持续性或是否符合可持续发展要求的一项工作，煤田开发工程环境影响后评价研究要以可持续发展理论作为重要理论基础。

WCED 对可持续发展的定义体现以下三个原则：①公平性原则，包括代内公平、代际公平和公平分配有限资源；②持续性原则，即人类的经济和社会发展不能超越资源和环境的承载能力；③共同性原则，意指由于地球的整体性和相互依存性，某个国家不可能独立实现本国的可持续发展，可持续发展是全球发展的总目标。

3.10.3 生态恢复的可持续发展方向论

生态恢复理论基础分别是：生态系统演替、可持续发展和生态系统管理理论。生态恢复本质上是尽量避免逆行演替，促进生态系统的自然进展演替。生态恢复的方向和目标是通过一定的方法和技术减少生态的不可持续性，实现生态可持续发展，为人类提供良好的生态环境。因此，可认为矿区可持续发展理论是矿区生态恢复理论的方向论。

3.10.3.1 生态可持续与生态恢复

生态系统可持续是环境管理的新方法和新目标，生态可持续性意味着生态系统功能正常发挥、结构不断优化，系统正常的物质循环、能量流动和信息传递得以维持。一个可持续的生态系统，应该是稳定的和健康的，是正常演替的，在时间上能够维持自身的组织结构，在功能上具有应对胁迫的恢复力。

生态可持续主张“人是自然的一员”，人类的生产、生活活动应遵循生态学原理，不随意破坏自然生态系统的正常演化，实现人与自然和谐相处，协调发展。生态可持续发展重视生态系统的自然演替，把问题放在一个大的“人类—环境系统”来考察，以维持整个大系统的正常演化和可持续性。生态可持续发展强调发展的生态环境成本，认为人类社会的发展是包含了自然成本在内的发展，而不是不计自然成本的发展，自然成本的过度丧失也许是难以弥补的，那种不计自然成本和生态环境承载力的发展不是真正意义的发展，是暂时的、不可持续的发展。

生态可持续发展表明，生态系统演化是有方向性的，可持续的生态系统是社会经济可持续发展的基础，是生态系统恢复的目标之一，实现生态系统可持续发展则是生态系统恢复的核心和目标。从生态可持续发展角度看，生态恢复就是通过一定的措施与手段避免或减少生态系统演化的不可持续性，维持生态系统的可持续进化，最终是为了提高区域生态的可持续发展能力，使生态系统为人类的生存、发展更好地服务。

3.10.3.2　矿区可持续发展生产理论的基本思想

把矿区生产管理和矿产资源合理开发及矿区生态环境保护一体化的观点。就是本方法应用的研究区所指的矿区可持续发展生产理论的基本构想。它具有如下特点：①利用能量守恒、物质转换定律系统解释环境—生态系统中的物质平衡规律，明确生产过程中废弃物产生与循环再利用的必要性与重要性。并且力图用数学模型明确表达出来，以利于定量计算和控制矿产资源—环境—生产中的产量与质量，寻求最优生态环境经济效益。②把矿产资源合理开发利用、环境保护与污染控制和治理的思想贯穿于生产的全过程，即从矿区的总体规划到生产工艺的全过程，都把防止矿产资源的损失浪费和污染物的产生作为一项不可分割的重要组成部分，采取积极有效的措施，做到防患于未然。③综合考虑企业的经济效益。评价企业经济效益的好坏，不仅要考虑企业内部的财务成本和收入，而且要考虑企业产生的外部效应和造成的经济影响，把外部费用内部化，综合评价企业的社会整体效益，使企业自觉提高珍惜矿产资源和环境保护意识。④提倡把生产过程中产生的废弃物进行循环利用，从而减少企业的末端处理量，节省企业的再投资。这种珍惜资源、保护环境、治理污染、坚持可持续发展的生产模式，越来越受到各个国家的重视和广泛的推广应用。目前所谓的“绿色 GNP”、“清洁生产”、“绿色工艺”、“生态工艺”等都是这种资源、环境、生产一体化思想的结晶。由于现有的生产管理技术、行政手段、经济手段不能从根本上达到节省资源、防止和治理污染的目的，因此只有把资源、环境、生产、经济一体化的战略思想运用到生产实践中，与传统的措施紧密结合，才能从根本上克服传统生产理论的不足，实现可持续发展的经济模式。

3.10.3.3　矿区可持续发展生产理论的理论基础与研究的内容

矿山企业生产过程也是物质的转化过程，其输入端是矿产资源、环境资源、人力和人造资源，其输出端是矿产品和废弃物，经过处理后，矿产品供给最终用户（输出到矿区以外），废弃物最终排放到矿区的自然环境中去。矿区可持续发展生产理论是以可持续发展基本理论为指导思想，综合矿业经济学、环境经济学、管理经济学等基本理论而提出的。

矿区可持续发展生产理论主要研究在考虑矿产资源合理开发利用和环境保护的条件下，使矿山企业持续、稳定、健康发展，以取得最大综合效益的一种理论。即主要研究贯穿在生产过程中的矿产资源—环境—经济—生产的系统理论，包括生产输入—转换—输出的全过程。把矿产资源因素、环境因素引入到生产过程中，引入到生产函数、生产成本函数中，研究企业如何在减少矿产资源损失浪费和减少污染、提高社会效益的前提下组织生产，使矿区的综合效益最大。

3.10.4 矿区可持续发展评价

是指在矿区矿产资源开发过程中，采用更清洁、更有效的技术，尽可能提高矿产资源采收率并减少环境的破坏与资源的消耗，合理利用矿区的各种资源，使矿区矿产资源开发、环境保护、经济与社会发展相互协调，同时保持矿区总资本存量，使其既能满足当代矿区发展的现实需要，又能满足本区未来的发展需要。矿区可持续发展的研究即是对矿区 REES（Resource，Environment，Economy and Society）系统内部资源、环境、经济、社会等要素发展水平及协调水平的研究。

已有的研究认为，矿区工业是否可持续发展取决于矿区的经济发展、社会发展、环境容量、资源承载能力等方面协调发展的程度。根据矿区 REES 系统的结构及运行模式，并参照 1999 年中国煤炭学会完成的《矿区可持续发展实施方案研究》，选择了包括经济发展水平、社会发展水平、生态环境保护及资源承载能力等方面的 19 个指标并构建矿区可持续发展综合评价指标体系（图 3-7）。该指标体系包括目标层、准则层和指标层三个层次：目标层又分为总目标层（可持续发展程度 D）和亚目标层（发展水平 D_1 与协调水平 D_2）；准则层则由经济发展 P_1、社会发展 P_2、环境保护 P_3、资源承载能力 P_4 及四者的相互协调水平 P_5 五部分组成；指标层是最基本的评价层，是准则层各部分评价指标的细化，即 U_1 到 U_{19}。目标层、准则层和指标层共同构成了本书矿区可持续发展评价指标体系的总体框架。

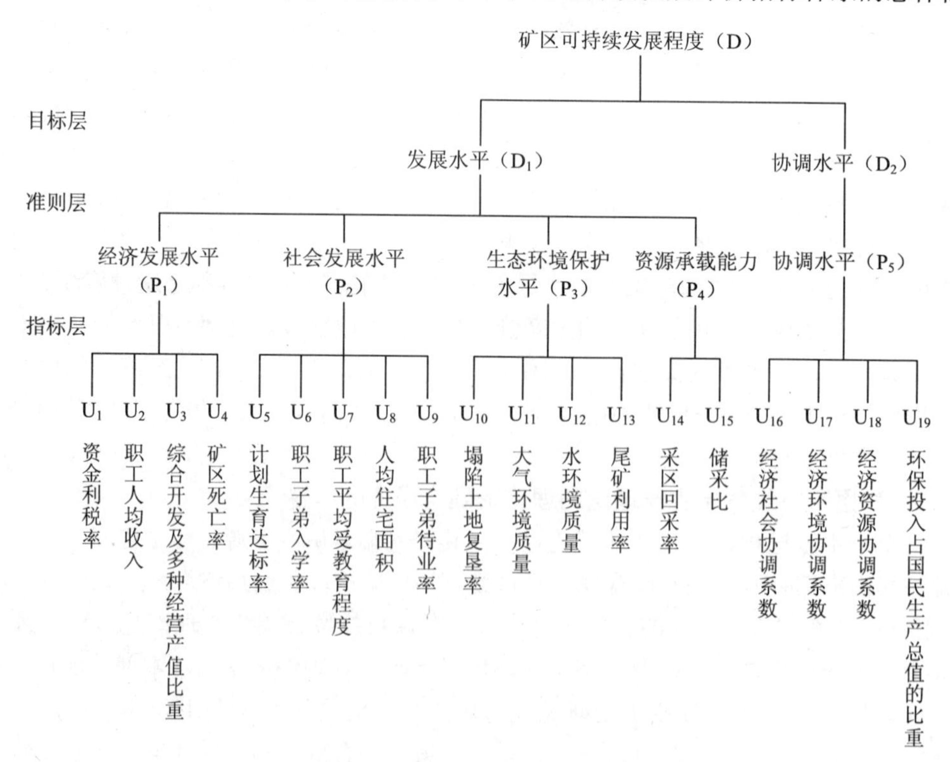

图 3-7 矿区可持续发展综合评价指标体系

3.11　生态经济学

生态经济系统是由生态系统和经济系统通过技术中介以及人类劳动过程所构成的物质循环、能量转化、价值增值和信息传递的结构单元。生态系统与经济系统不能自动耦合，必须在人的劳动过程中通过技术中介才能相互耦合为整体。煤田开发环境工程是人类对于生态系统的一种人为补偿行为，是以劳动为基础，以科技为中介所形成的生态经济系统，人类通过煤田开发环境建设将生态系统与经济系统融合成一个整体，最终目标是建设一个物质、能量、价值和信息相互协调的投入产出有机整体。因此，煤田开发环境经济效益分析必须用生态经济效益的理论指导加强生态经济管理，须注重生态经济问题影响的远程关联性。因此，矿区环境影响后评价时对矿区人工—生态复合系统进行综合评价时需以生态系统经济评价方法为根本方法。

3.11.1　生态经济评价的内容

生态经济评价的内容根据评价的对象不同，共分为五个部分：资源评价、环境评价、结构评价、功能评价和效益评价。其中资源评价是基础，功能评价是核心，效益评价是目的，环境和结构评价则围绕功能和效益评价起着补充说明的作用。

（1）资源评价。这里是指自然资源产品评价，因为自然资源产品是自然生态系统的主体。资源产品的形成过程不仅受到经济因素的制约，而且受到自然因素的制约，产品量的实物量计算以及相应的价值量评价，这是生态经济评价的核心部分。

（2）环境评价。不同的生态经济系统由于所处的自然环境和社会经济环境的不同，存在着很强的地域差异和序演替性，加之人们对系统干预的差别，直接影响着系统输入输出的效率，使生态经济系统表现出不同的功能和效益，通过评价可以揭示由于自然资源不合理利用所带来的负面效果，为今后确定资源的最佳利用方向和方式，调整系统结构，实现资源可持续利用提供客观依据。

（3）结构评价。系统结构反映系统内各种关系是否协调和有序，极大地影响着整个系统的功能水平。因而，生态经济必须从其结构状况入手，通过对系统内部生态结构、经济结构和技术结构的分析来解释主要生态经济关系的基本特征，在评价时就要综合考虑这三项结构的协调性和相关性。

（4）功能评价。系统功能是系统的作用和效率，也是人们追求的直接目的，生态经济系统的功能最终要体现到生态功能、社会功能和经济功能以及三者的综合功能，功能的评价主要是在结构评价基础上分别进行生态功能、社会功能和经济功能的计算和分析，同时对系统对外部环境的影响进行计量评价。

（5）效益评价。在上述评价的基础上，评价生态经济系统功能对人类社会系统及其与人类社会密切相关的系统作用的效果，着重在各类指标评价的基础上采用一定的方法进行生态经济系统多功能对人类社会作用的综合效果即资源综合效益的计量和评价。

3.11.2　生态经济效益评价的准则

对这一问题，国内研究较少，国外虽有一定研究成果，但从生态经济系统整体上进行效益评价，也还处于不断研究改善中。因为，生态经济效益评价的实质是经济增长与生态环境协调发展的良性循环问题，尚需进行理论和实践的多方面研究。目前较为普遍认可的准则主要有三条。

（1）高效率、低能（物）耗、持续稳定的发展。这是一个生态经济系统整体结构合理有序，功能持久高效、经济效益最佳的标志之一。高效率主要指的是整个系统要保持高的生态生产力和社会生产力；低能耗则是指在高生产力下，同时达到物质、能量消耗低，减少活劳动与物化劳动的投入，并减轻对生态环境的压力。

（2）自然、社会结构合理、关系协调。这是评价一个生态经济系统结构与功能是否合理高效和生态经济效益能否提高的另一标志。这里所指的自然，既包括自然生态环境，又包括自然资源的开发利用；社会主要是指有利于协调系统发展的各种矛盾关系，如人与人、部门与部门、局部与整体、眼前与长远、生产与生活、资源利用与环境保护等的共生关系，目的在于维持社会的稳定协调发展。

（3）保护提高生态环境质量，使其风险最小。这是衡量生态系统结构有序或优化的原则，也是衡量生态经济综合效益好坏的另一标志。一定的生态环境质量既是生态经济系统的发展条件，也是人类赖以生存的保障。系统风险最小的原则，实质上反映了经济增长与生态环境协调发展的可靠程度，也是生态经济系统良性循环发展的必要条件。

综上所述，生态经济效益的评价原则，可概括为经济效益、社会效益和环境（生态）效益的三统一，即经济高效、社会和谐和生态环境风险小。将它们综合在一起，便是生态经济系统的综合效益最大。

3.11.3 生态经济效益的综合评价方法

由于生态经济系统的复杂性和综合评价目标的多重性，完全恰当而适用的评价方法，目前尚未问世。但是，采用定性分析与定量分析相结合，系统分析与人的经验相结合，理论与实践相结合的方法论，结合不同的生态经济系统类型和问题，现代的一些评价方法和技术，大多可以选用的。目前，多见的方法主要有三类：第一类是以经济分析为特点的方法，如效益费用分析法，投入产出法和效益风险法；第二类是以系统分析为特征的方法，如多目标决策分析法和动力学方法；第三类为熵值分析法。这些评价方法的共同特点是理论性较强，应用范围广和比较全面综合。

3.11.4 矿区生态系统与经济系统分析

在对生态环境破坏所引起灾难的反思中，人们越来越认识到矿区生态系统与经济系统不可分离的客观性和必然性。当人类对自然界的作用超出了矿区生态的生态阈值，如草原资源过度利用，就可以引起区域生态系统失调。于是人类就利用技术系统，即人类利用、开发和自然界的物质手段、精神手段和信息手段的总和，去实现矿区生态系统与经济系统的耦合。

煤田开发环境工程建设就是实现矿区生态系统与经济系统的耦合形式。矿区生态系统、经济系统之间存在着内在联系。随着社会生产力和科学技术水平日益提高，人类对自然生态系统的作用日益增大，社会财富急剧增加，加剧了矿区生态系统与经济系统之间的矛盾。生产发展和经济繁荣，极大地提高了人民物质文化生活水平，但自然资源迅速减少以及生态环境的恶化，越来越严重地影响着人民的健康，并潜藏着对人类生存和发展的威胁，而且对经济发展已形成新的制约。

煤田开发环境影响后评价工作不但要重视各种自然条件、生态因子、社会经济因素对矿区生态系统的作用，而且要对煤田开发工程的经济及社会效益、环境及生态影响等情况进行综合分析，对矿区生态系统和经济系统的耦合度作出评价，从而提出合乎自然规律、经济规律并有益于人类生活的环境对策建议，使受损的生态系统以建设生态环境建设工程的形式在自然及人类的共同作用下真正得到改建和恢复，实现自然、社会、经济协调发展。

综上所述，生态与经济协调是经济社会发展的必然趋势；生态与经济协调理论是经济与生态矛盾运动的产物，也是生态经济学的核心。而生态经济学所奉行的生态经济协调的原则亦是矿区环境影响后评价中自然、社会、经济综合评价的基本原则之一。

3.12　生态系统管理学

生态系统管理是生态学的一个分支学科，进一步说是应用生态学的一个分支。目前关于生态系统管理的研究主要集中在国外，国内主要进行的都是引进和介绍工作，几乎没有提出什么有影响的属于自己的学术观点，还存在一些争议。

生态系统管理思想的发展过程，就是生态学理论与管理学思想的融合过程，就是从以人为中心的管理向以生态系统为中心的管理的过渡过程。生态系统管理已经发展成为一种以生态系统结构、功能和过程的可持续性以及社会和经济的可持续性为目标的综合资源管理。

生态系统管理理论认为，通过有效的生态系统管理，可以促进退化生态系统得以恢复和重建。生态系统管理理论可以认为是进行生态恢复的另一理论基础。生态系统管理是合理利用和保护生态系统最有效的途径，是进行恢复生态学的方法论基础。从生态系统管理看，所谓生态恢复就是通过一定的手段和措施，对生态系统实施科学的调控和管理，保持生态系统的健康。人类社会的可持续发展归根结底是生态系统管理问题。

3.12.1　生态系统管理基本原理

生态系统管理是一种为达到持续的自然资源利用和环境保护的管理方法，已经得到人们的认可，人类社会的可持续发展问题归根结底是一个生态系统管理问题，管理和保护好人类生存的生态系统是人类得以存在和生存的前提条件。生态系统管理是应用生态学、经济学、社会学、管理学、工程学等原理、措施，对生态系统尤其是退化生态系统进行适度的调控，使生态系统能够正常演化，维持生态系统的健康状态，使生态系统组分、结构和功能达到可持续发展。

生态系统管理是一项综合性的整体论管理方法，把人纳入生态系统管理系统中。事实上，人作为高级的有智慧的生物，既是生态系统演化的产物，是生态系统的组成部分，又是生态系统重要的调控者，一定意义上，甚至可以说是生态系统的“管理者”。可以说，人对于生态系统而言，既“身在其中”，又“置身度外”。正确认识人与生态的关系，减少人类活动对生态系统的不合理干扰和破坏，对生态系统管理有着重要意义。

生态系统管理对象是由自然与人类组成的复杂系统，需要用系统的定性与定量集成方法进行研究。生态系统管理理论把人类、社会价值整合进生态系统，要求融合生态学、社会科学等多学科的知识和技术，对人类活动与自然因素对生态系统的干扰、生态系统退化的阈值、生态系统功能和结构的变化以及人类应对生态系统退化的恢复与管理措施进行研究。通过对生态系统结构、功能以及输出、输入施加影响，维持生态系统正向演化，实现生态系统的健康。

生态系统管理的目标很多，如生态系统健康、生态系统的生产力和恢复力、生态系统的生物多样性、生态系统的完整性等。于贵瑞认为生态系统管理是以保护生态系统可持续性为总体目标的。在各个不同部门、不同专业领域、不同专家的生态系统管理的定义中，可持续性也得到了充分体现。但在生态系统管理政策和生态系统管理项目中可持续的原理还体现得太少。同时也没有有效的方法来进行生态系统的可持续管理，以保证生态系统可持续性的总体目标的实现。对于生态系统可持续管理的原理和方法的争论使决策者和执行者无所适从。弄清生态系统可持续管理的原理和方法对于实现生态系统的社会、经济和生态目标具有重要的理论和实践意义。

3.12.2 生态系统管理过程的原则、基本框架和步骤

3.12.2.1 生态系统管理的原则

关于生态系统管理的原则众说纷纭，在此只介绍几种有代表性的观点：据《国土资源情报》载文提出应用于生态系统管理方法和可持续发展的原则主要有 8 项：①保持生态系统的功能和完整性；②认识生态系统界线和跨界线问题；③保持生物多样性；④认识变化的必然性；⑤将人类作为生态系统的一部分；⑥认识以知识为基础的适当管理；⑦认识多部门协作的必要性；⑧使生态系统管理成为主流发展方向。

3.12.2.2 生态系统管理的基本框架步骤

顺应科学和社会发展的需要，生态系统管理的思想越来越多地被应用于实践。各国的政府和科学家共同努力，建立明确定义并具有实际操作意义的生态系统管理方法体系。Brussard 等将生态系统管理的过程归纳成 7 个步骤：①对需要管理的生态系统进行描述，确定管理尺度及生态系统边界，找出存在的问题，筛选重点管理对象；②从生态系统的完整性和可持续性出发，从战略上确定社会接受，环境适宜，并且生态持续的管理目标；③在管理尺度上获取关于生态系统结构、组成和过程的广泛数据，形成对自然生态系统的全面了解；④收集社会经济数据，也是制定生态系统管理方案的必要过程；⑤选取模型，对生态与社会经济数据进行综合分析，定义管理方案；⑥在管理对象中执行管理方案；⑦长期跟踪管理结果和生态系统的状态，通过监测和评价，总结管理方案的长处与不足，及时进行调整。

Sexton 总结生态系统管理的一般框架（图 3-8），详细阐述了管理过程中需要的各种相关数据资料。

IUCN 生态系统管理委员会在关于“生物多样性”的第五次会议论文中也对生态系统方法的实施步骤进行了总结，认为管理过程包括：确定主要利益相关者，划定生态系统区域，并建立两者之间的联系→描述生态系统结构和功能，设立管理和监测机构→确定影响生态系统和居民的重要经济问题→确定管理对象对邻近生态系统的可能影响→制定长期的目标和实现目标的可行办法。实质上与上述归纳有很多相同之处。

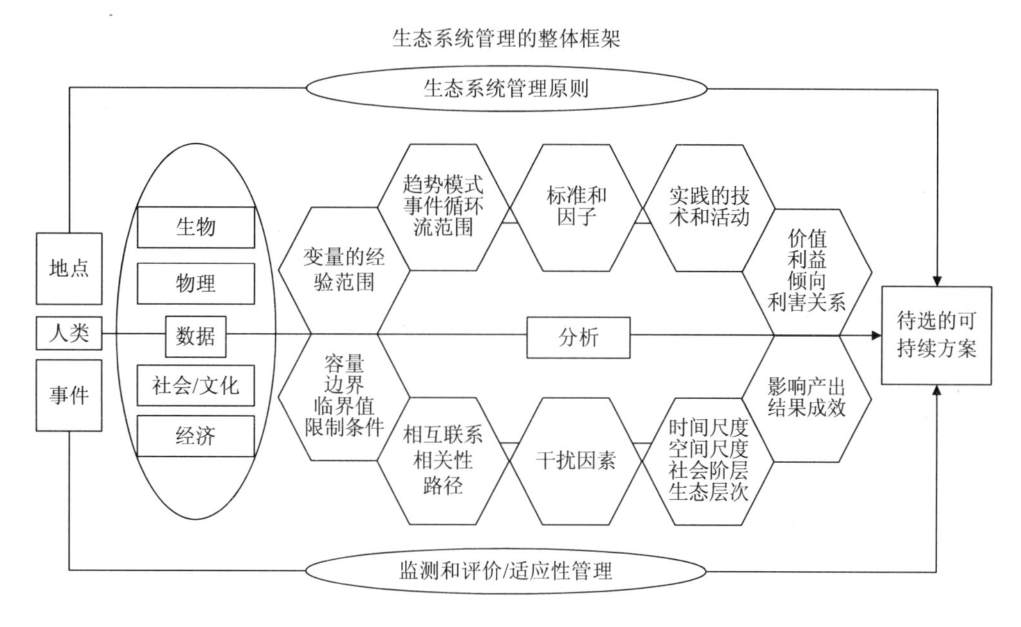

图 3-8　生态系统管理的一般框架

3.12.3　生态系统管理与恢复生态

生态系统管理作为一种新的管理资源环境的整体论方法，通过调节生态系统内部结构、功能以及系统内外的输入与输出，发展与保护生态并举，目的是实现一个地区（或生态系统）的长期可持续性，即生态系统健康。恢复生态学研究生态系统退化的原因、退化生态系统恢复与重建的技术与方法、生态学过程与机理，其目的也是通过一定的生物或工程措施，对生态系统施加一定的影响，实现生态系统的可持续发展。可以看出，生态系统管理与生态恢复概念既有一致的方面，也有差别的地方，一致性是都要对生态系统进行程度不同的调控，目的都是为了生态系统的健康与可持续发展；差异性在于两者的着重点不同，生态系统管理着重于生态系统的管理，范围较为宽泛，包含演化、退化、恢复等生态系统过程和结构、功能的调控；而生态恢复则仅是针对退化生态系统的，在把握退化机理的基础上，通过生物的、工程的措施，使生态系统演化由退化状态改为向健康状态演替。

促进恢复退化生态系统事关人类的生存，意义十分重大。生态恢复是针对受损而言的，受损就是生态系统结构、功能和关系的破坏，因而，生态恢复就是恢复生态系统合理的结构、高效的功能和协调的关系，使之达到一种可持续的状态或者说是达到生态系统管理的总体目标：可持续性。因此，可以讲生态恢复与生态系统管理的终极目标是相同的。

3.12.4　生态系统的可持续管理论

生态系统的可持续管理是一种面向目标的管理，相对于传统的具有时间滞后性的面向问题的管理，具有较大的优越性。它以可持续性为总体目标，下设一系列的具体的管理目标，如生态系统结构、功能和过程等生态系统自身的可持续性以及生态系统的产品和服务等对外输出的可持续性，再往下还可以有更加详细的管理目标，从而构成一个生态系统可持续性管理的目标体系。由于目标体系中各个分目标之间可能有冲突，分目标间的关系也可能产生问题，因此要考虑目标间的优先问题以及目标间的联系和相互影响等问题。

3.12.4.1 特征

生态系统可持续管理是一个动态的、不断完善的过程。首先是确定管理的总体目标及各个分目标构成的目标体系，然后确定相应的管理尺度，根据管理对象的情况进行管理规划，结合社会目标做出管理决策或选择，执行管理决策，对执行情况进行监测和评价，根据监测和评价结果修改管理的目标或者尺度或者决策以及手段和方法，如此不断循环。而设定目标是生态系统可持续管理的第一步，也是非常重要的一步。

生态系统是以动态和变化为特征的，目标之间经常是相互冲突的，有多种方法可以解决目标间在逻辑和现实中的冲突。目标不是适应当时条件的一时目标，而是可持续的长远目标；不是针对某一方面的单个目标，而是一个有层级结构的针对整个生态系统的目标体系。这种层级结构不仅体现在空间尺度上，而且也体现在时间尺度上，即由长期、中期和短期的目标以及核心空间尺度和邻近空间尺度的目标共同构成一个综合的目标体系。由于生态系统本身的复杂性、动态性、模糊性以及外来干扰的不确定性，使得对于生态系统的管理也要有较大的适应和变化的能力，这就要求生态系统管理的可持续性目标也要是可变的和有弹性的。尽管国内、外已经有一些关于可持续性的指标体系的研究，甚至有人提出了生态可持续性的评价步骤，但由于研究对象和侧重点不同，所以可持续性指标体系仍有很大的不同。具体指标体系的确定要根据所研究的生态系统和研究的目的来确定，同时应该注意使确定的目标具有可操作性。

3.12.4.2 生态系统可持续管理的核心原理

生态系统管理通过各种管理手段对所管理的自然生态系统或者人工生态系统进行调整和产生影响，使之向人们期望的方向发展，即向可持续的方向发展。生态系统的保护、恢复与重建是生态系统管理的核心。对于保存比较完好的自然生态系统，主要的任务是保护，使之不受人为干扰或少受人为干扰，至少也要把人为干扰控制在自然生态系统能够承受的范围内，即能够保持自然生态系统自身的可持续性。在受到较大自然或人为干扰的情况下，或已受过较大干扰的生态系统，主要考虑的是生态系统的恢复。而对于受损严重，已经不能进行恢复的生态系统，就要进行生态系统的重建，建立新的平衡与可持续状态。对于自然或人工生态系统的可持续管理就是根据不同生态系统的受损程度，进行保护、恢复或重建的工作，与一般的生态系统保护、恢复或重建不同的是，它把生态系统管理的思想和可持续性的目标贯穿始终。在保护、恢复和重建中，最主要的工作是恢复。Stein 等列举了 7 个重大的生态系统管理项目，这些生态系统管理项目无一例外地把恢复作为了生态管理的核心内容。生态系统恢复的工作要取得成功并不容易，Thom 认为采用适应性管理是一个好的办法，并提出了生态恢复项目中有效地运用适应性管理所需要的 3 个主要成分：清楚的目标说明、概念模型和决策框架。适应性管理在生态系统恢复项目中得到了广泛的应用。

3.12.5 生态系统的适应性管理论

由于在大的时间和空间尺度上很难进行重复性的试验，多数情况下也没有办法设置对照，这给管理研究带来了困难，同时也为将科学应用于管理设置了障碍。适应性管理提供了一个把科学有效地整合到生态系统管理中的途径，同时也提供了解决不确定性问题的可能。适应性管理是指在生态系统功能和社会需要两方面建立可测定的目标，通过控制性的科学管理、监测和调控管理活动来提高当前数据收集水平，以满足生态系统容量和社会需求方面的变化。适应性管理有足够的弹性和适应能力，可以适应不断变化的生物物理环境和人类目标的变化，因而适应性管理可能是不确定性和知识不断积累条件下唯一的合乎逻辑的方法，它在生态系统可持续管理中具有重要的地位（图 3-9）。

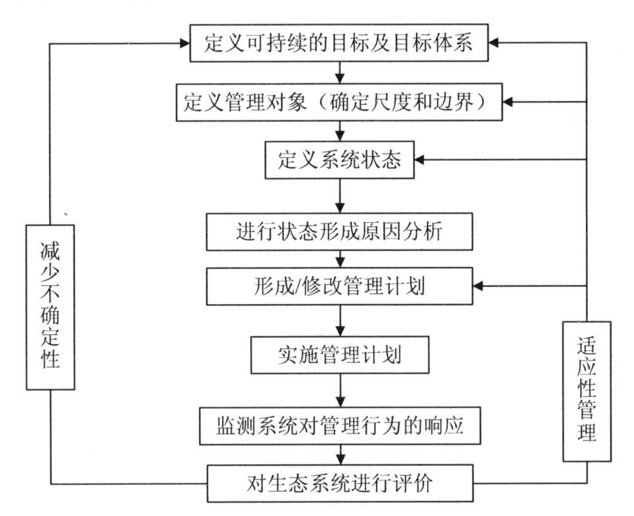

图 3-9 适应性管理在生态系统可持续管理中的地位

适应性管理是基于两个前提：①人类对于生态系统的理解是不完全的；②管理行为的生物物理响应具有很高的不确定性。理解的不完全可以通过适应性管理来积累数据、知识和经验，不确定性也可以应用贝叶斯分析来修正。这种分析用各种结果的可能性表达不确定性，并在可采用更多信息时重新评价可能性。Prato 认为适应性管理执行的不成功是因为缺乏执行的框架，并提出了一个两级框架：首先通过 Bayesian 规则识别最可能取得可持续生态系统状态的管理行为，然后评价生态系统的可持续状态。适应性管理的成功只有当决策中的不确定性水平被接受时才能取得。通过适应性管理，可以适应于生态系统的复杂性、人类对于生态系统认知的不完整性以及生态系统管理中普遍存在的不确定性，达成生态系统管理的总体目标：生态系统的可持续性。

生态系统管理概念的提出是科学家对全球规模的生态、环境和资源危机的一种响应，它作为生态学、环境学和资源科学的复合领域，自然科学、人文科学和技术科学的新型交叉学科，不仅具有丰富的科学内涵，而且具有迫切的社会需求和广阔的应用前景。在 1992 年里约热内卢地球高峰会议上形成的 21 世纪议程中，明确指出自然资源的综合管理是维持生态系统和它们所提供的基本服务的关键。生态系统管理正是这种综合管理的体现。生态系统管理相对于传统的资源管理来讲首先是思维方式的转变，提出了一体化管理的新框架，将人类作为其中的一个组成部分考虑进来，生态系统管理已经成为了自然资源管理的一种新的综合途径。

第 4 章　环境影响后评价内容及技术方法体系

4.1　环境影响后评价指标体系

环境影响后评价是一项涉及面广且十分复杂的技术经济分析工作，而一套科学有效的指标体系对项目后评价的成功具有重要作用。设置项目后评价指标是为从数量角度衡量和分析项目实际效果以及项目实际效果与预测效果偏离程度的，它可为项目后评价的定性分析提供依据。在对指标的设置和筛选方法上，克服以往很多研究缺乏科学有效的定量筛选方法的缺陷，采用相关性分析、系统分析、频度统计等方法对相关产业环境影响评价及后评价指标进行归一化处理，计算各初选指标之间的相关系数，建立相关系数矩阵，进行相关性分析，根据一定的标准选取了独立性较强，能反映某一方面问题的合适指标。

4.1.1　后评价指标体系选取原则

建设项目环境影响后评价指标体系的建立，必须围绕后评价的内容，充分考虑前评价与后评价的不同点，借鉴现行前评价的理论和方法，构建一套科学的、操作性强的环境影响后评价指标体系，并研究与之相关的系列问题。

根据建设项目环境影响后评价的特点，结合一般评价问题的指标体系设计原则，建设项目环境影响后评价指标体系的设计应遵守以下原则。

（1）代表性原则。既具有明显的差异性，又具有一定的普适性，既能根据评价对象和内容分出层次，使指标体系结构清晰，又能准确表现煤田开发（露天煤矿）项目评价对象的真实效果，使指标体系内容充实。

（2）系统性原则。为了实现对改扩建项目的综合评价，该指标体系必须是层次结构合理，指标协调统一，比较全面地反映出项目的基本状态。在保证评价系统目的可实现的条件下，尽量使指标简化。

（3）定性分析与定量分析相结合的原则。为了进行综合评价，必须将部分反映建设项目基本特点的定性指标定量化、规范化，为采用有关评价方法奠定基础。

（4）可操作性原则。设计的指标应具有可采集性和可量化特点，各项指标能够有效测度或统计。由于后评价的特殊性，不能像前评价那样来进行后评价，一些指标的测量存在很大困难，这就使得后评价的度量更加复杂。而后评价指标体系的研究是后评价方法研究的基础，它为后评价方法的研究提供了定量依据。项目后评价评价指标体系的建立，是一项非常复杂的工作。应该根据项目的特点，结合目前项目管理的现状，进行项目后评价的指标体系的设计。

（5）动态与静态相结合。环境影响后评价的指标应根据后评价的特点，进行回顾性评价及趋势预测时既要设计一些表示影响的静态指标，又要包括一些评价及预测影响趋势的动态指标。

（6）综合指标与单项指标相结合。由于环境影响后评价的影响评价具有长期性和累积性，因此综合影响的评价要设计比较全面的综合指标，而对具体环境要素的影响则需要设计具体的单项指标。因此，需注意单项指标与综合指标的结合，同时注意两者的交互性。

（7）过程评价的原则。由于环境影响后评价的过程包括项目建设、运营甚至服务期满的全生命过程。因此，在进行回顾性评价、预测评价及验证性评价时均需设计对过程进行评价的指标。

4.1.2　后评价指标体系构建目标

不同类型建设项目的环境影响后评价指标由于建设项目的环境影响特点不同是有一定区别的，本次研究以露天煤矿为研究案例，因此本次环境影响后评价指标体系侧重为煤田开发环境影响后评价指标。本指标体系是由若干指标按照一定的规则，相互补充而又相互独立地组成的群体指标体系，它是各种工程实施的环境影响的数量表现，反映各类生产资源相互之间、生产资源和劳动成果之间，生态系统和社会、经济系统之间的因果关系，能够应用统一计量尺度把综合效益具体计算出来，为矿业工程建设及环境管理中存在的问题予以纠偏及改进提供依据。因此，煤田开发环境影响后评价指标体系的构建目标是：

（1）有助于对工程建设生态、经济和社会效益做出比较全面、系统而又简明的评价，防止主观随意性，避免盲目性和片面性。

（2）有助于明确、具体地反映各项环境管理及设施运行措施的效益，避免措施之间的重复计算，从而提高评价的准确性，有利于各项措施的合理布设。

（3）有助于系统、客观地认识各个指标、各种措施或因子在工程建设中的作用和地位，便于发现整体建设过程中的关键因子和找出提高建设综合效益的突破。

总之，正确、合理地设置和运用评价指标及指标体系，能反映煤田开发工程建设区域的环境整体情况，是全面、系统、客观和准确评价工程建设区综合治理效益的基础。

4.1.3　后评价指标体系建立流程

环境影响后评价指标体系是由若干相互联系、相互补充、具有层次性和结构性的指标组成的有机系列。这些指标既有直接从原始数据而来的基本指标，用以反映子系统的特征；又有对基本指标的抽象和总结，用以说明子系统之间的联系及区域复合系统作为一个整体所具有的性质。在选择指标时要特别注意选择那些具有重要控制意义、可受到管理措施直接或间接影响的指标，和选择那些与外部环境有交换关系的开放系统特征的指标。同时，要考虑评价指标体系的可操作性、数据的可获得性。需要在总结和吸取前人研究经验的基础上遵循建立建设项目环境评价指标体系的基本原则，建立后评价指标体系。

建立环境影响后评价指标体系要紧密结合评价对象的特点和提高可操作性，因此根据指标筛选程序图，指标的选取以统计数据为基础，在指标的筛选过程中，采用频度统计法、相关性分析法、理论分析法和专家咨询法筛选指标，以满足科学性和系统全面性原则。

4.1.3.1 指标筛选流程

频度统计法是对目前有关建设项目环境影响（后）评价研究的书籍、报告、论文等进行统计，初步确定一些使用频度较高的指标；相关性分析是对指标进行统计分析，确定指标间的相互关联程度，结合一定的取舍标准和专家意见进行筛选；理论分析法是对环境评价的内涵、特征进行分析综合，确定出重要的、能体现环境影响后评价特征的指标；专家咨询法是在建立指标体系的整个过程中，适时适当地征询有关专家的意见，对指标进行调整。理论分析法和专家咨询法贯穿建立指标体系的整个过程。通过多层次的筛选，得到内涵丰富又相对独立的指标所构成的评价指标体系。指标筛选过程见图 4-1。

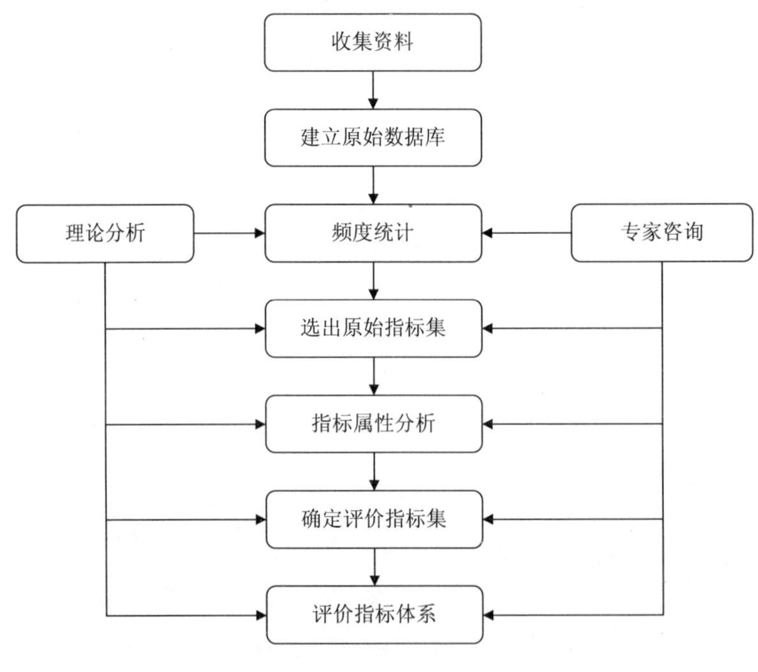

图 4-1 指标筛选程序图

4.1.3.2 指标汇总方法

（1）客观指标汇总法。对计量单位不同的社会环境影响后评价客观指标可采用计量分值法进行综合。即先将每一指标进行标准化处理，而后求计量分值，最后将计量分值进行综合汇总，以汇总所得值评价该指标可采纳的价值高低。客观指标的评价值用 x 表示，指标的标准化数值用 x'表示，则有：

$$x' = \frac{x - \overline{x}}{\sigma}$$

式中，$\overline{x}$ 为均值；σ 为该客观指标的标准差，它们可通过调查历史资料确定，也可以通过若干被评价对象同类指标的取值确定。当 $x > \overline{x}$ 时，x'为正；$x < \overline{x}$ 时，x'为负。而指标

的标准化分值为负，不太符合人们的心理习惯，而且它也没有一个确定的取值范围，不便于比较，因而需要对其进一步改造变换。将 x'通过下式进行变换：当 x'为正指标时，$x'=50+10x'$；当 x'为负指标时，$x'=50-10x'$。

将每一指标的取值通过这种转换后都限定在 0～100 的范围内。计量分值的最小值为 0，最大值为 100；一个指标，不论其是正指标还是负指标，它的计量分值越高，表明其所描述的社会现象在这一方面的发展水平越高，反之，则越低。将系统由所有指标的计量分求出后，进行算术平均或加权平均，就可以求出这一指标系统的综合得分值，并可以用来对总体或总体的某一方面进行综合性评价或描述。

（2）主观指标汇总法。在进行煤矿开发社会环境影响后评价时，客观指标容易进行标准化处理，再进行综合汇总。而主观指标由于缺乏信息，往往需要借助其他方法进行指标汇总。对主观指标的求值和汇总使用量值平均法。量值平均法，就是通过调查求出每一主观指标的量化值，将所有指标的量化值进行简单平均或加权平均，即得出综合评价值。这种方法简单方便，易于操作。具体为：

第一步，先对每一指标设计一个或多个调查项目，搜集资料，并进行量化。有的指标通过一个调查项目就可求出指标值，有的指标则需设计多个调查项目求值。

第二步，将所有主观指标的量化值进行算术平均或加权平均，即得主观指标的综合评价得分值。

4.1.4　后评价指标体系的结构

建设项目环境影响后评价指标体系可分为项目前期工作后评价指标、项目实施过程指标和项目运营阶段指标。根据草原区煤田开发和生态修复的建设项目的特点、后评价指标及内容、使用范围和实际操作情况，环境影响后评价指标体系可分为一级指标和二级指标。一级指标的选取有两条途径：一是参照已有的行业（如全国或国家电力、公路或石油等行业）统一规定的后评价指标及内容和相应标准；二是根据煤田建设项目自身的特点选取可行的指标。二级指标为一级指标的补充和各省、市、地区后评价指标规定，根据本地区的具体情况酌情增减，且需有统一制定的地区标准。各指标重要性特征值可以根据人们的主观评价（或判断）、项目排污或环境功能、环境可纳污量确定。

本指标体系参考了大量国内外的各种环境评价的指标体系，并在对指标的设置和筛选方法上，克服以往很多研究缺乏科学有效的定量筛选方法的缺陷，采用相关性分析、系统分析、频度统计等方法对相关产业环境影响评价及后评价指标进行归一化处理，计算各初选指标之间的相关系数，建立相关系数矩阵，进行相关性分析，根据一定的标准选取了独立性较强，能反映某一方面问题的合适指标。

本次指标体系研究在案例分析的基础上，分析草原煤田对自然—社会经济系统影响，并参照《环境影响评价法》的要求，可建立相对完善的草原煤田环境影响后评价的一般性指标体系，指标结构包括目标层、约束层、准则层、指标层和变量层 5 个层次。层次结构的示意详见表 4-1。

表 4-1 草原区煤田环境影响后评价一般性指标体系

目标层（A）	约束层（B）	准则层（C）	指标层（D）	变量层（E）
草原煤田开发区环境影响后评价指标体系	自然环境	大气环境状况	大气污染指标	总悬浮颗粒物（TSP）、SO_2、NO_x、CO
			气候条件指标	气候条件指数
			酸雨指标	酸雨指数（酸雨次数/总降雨次数）
			温室气体排放指标	煤田温室气体排放量/评价区排放总量
		水环境状况	地面水污染指标	水温、悬浮物、pH 等
			地下水污染指标	水温、pH、硝酸盐等
			水文指标	流量、含沙量、流速等的变化率
		土壤环境状况	土壤污染指标	土壤酸碱度以及重金属含量等
			土壤理化指标	土壤重度、有机质、土壤温度等的变化率
		生态环境状况	景观破坏指标	景观类型面积变化，景观多样性指数，景观优势度指数，景观破碎化指数
			土地利用类型指标	耕地、林地、建筑用地等土地利用类型变化
			生物多样性指标	植物、动物、微生物种类的变化
			植被覆盖率指标	煤田区植被覆盖率/对照区植被覆盖率
			土地复垦指标	待复垦土地面积/总面积
			水土流失指标	土壤水力侵蚀流失量和水土流失总面积变化率
		人类健康状况	地方病指标	地方病发病种类、地方病发病率
			精神状态指标	居民对煤田的了解程度、出现焦虑及抑郁等状态的人数占总人口的比例
			典型疾病发病指标	消化系统疾病、呼吸系统疾病和癌症发病变化率
			放射性指标	大气、水体、土壤中放射元素变化率
		环境治理水平	水土流失治理指标	评价区水土流失治理投资占总投资的比率
			环境治理投资指标	评价区环境治理投资占 GDP 的比例
	社会经济环境	经济环境状况	经济发展水平指标	人均 GDP、财政收入、工业化
			经济效益指标	工业增长率、全员劳动生产率、单位产值能耗
			矿业经济指标	矿业增加值、矿业占工业比例、矿业单位产值能耗
		社会环境状况	人口环境指标	人口数量、健康人口出生率、劳动力比例
			居民生活水平指标	医疗卫生水平、人均可支配收入、出行方便程度
			社会管理水平指标	管理部门工作效率、安全管理力度

4.1.5 后评价指标体系的内容

在国内环境影响的后评价指标体系研究仍处于初级阶段，国内虽然提出了一些其他行业环境影响后评价指标体系，但在评价指标的选择方面存在一些问题：一方面为追求指标的完备性，不断提出新指标，使指标的种类增多、数目增大、可操作性下降；另一方面由于缺乏科学有效的定量筛选方法，大都依靠评价者的经验，故存在很大的主观性，评价指标体系普遍存在指标信息覆盖不全和指标间信息的重叠，影响了评价的科学性。

除此之外，建设项目环境影响后评价与传统的项目环境影响评价不同，后者只对项目建设或区域开发提出有关环境保护的措施与建议，而没有对环境要素中某种污染物（包括噪声）现状值所揭示评价（包括预测）的正确性及措施的有效性进行分析、说明，而环境影响后评价将环境问题看作动态及累积系统。

因此，本书主要为对指标的设置和筛选方法进行研究，建立科学的、可操作的环境影响后评价指标体系。煤矿建设项目环境影响后评价指标体系的构建是在环境影响识别的基础上，依据《环境质量标准》《环境影响评价技术导则与标准》《规划环境评价技术导则》《煤炭工业污染物排放标准》及《清洁生产标准 煤炭采选业》等相关标准的有关内容进行统计，立足煤炭行业的实际情况，初步确定一些适用频率较高的指标，然后通过理论分析、专家咨询确立评价指标体系。

建设项目环境后评价是一项具有较强实践意义的工作，因此在实际评价过程中，需要对评价对象的界限有所确定。根据这一特点，本指标体系的建立将运用系统分析的方法，在指标体系中把指标分成几个子系统，确立能够反映单个子系统的特点和不同子系统相互关系的指标。

社会、经济和环境问题是全球发展面临的三大问题，而经济发展则处于核心地位。任何一个环境影响评价项目都是在具有明确界限的区域系统中进行，而区域系统是由相互协调、相互促进的社会、经济和环境子系统所组成。对这些子系统的功能和相互关系进行分析有助于理解区域系统的整体结构和功能，是研究这个复杂的巨系统的基础。

（1）社会子系统。社会系统演替方向与转化速度与人类开发利用资源与环境的强度有关，由于人类对自然资源和自然环境索取不断增加，有些区域已经远远超过资源、环境的承载能力，导致环境的破坏、资源枯竭，最终威胁到人类自身的生存。社会子系统的发展方向是依托资源承载能力和产业格局调整开放强度与方式；加强科学文化教育、提高人口素质；建立经济、资源和环境协调发展的社会子系统。

（2）经济子系统。经济的发展将促进社会发展，促进文化、教育、卫生、福利事业的改善和人文环境的进步。经济子系统发展的最终目标是提倡“低消耗，高效益”的新型增长方式，是既利于环境和生态的保护，也利于经济效益的增长和经济发展整体质量的提高。

（3）环境子系统。环境子系统对人类经济活动产生的废物和废能量进行消纳和同化（即环境自净能力或环境容量），同时提供舒适性环境的精神享受。随着经济增长和社会进步，人们对于环境舒适性的要求也越来越高，环境保护的意识也逐渐加强。环境子系统发展的目标是充分利用环境的自净能力，建设舒适优美的环境，并促进社会、经济发展，是环境子系统发展的目标。

通过分析总结三个露天煤矿环境影响后评价的试点案例，提出了草原区露天煤矿环境影响后评价的评价指标体系。如表 4-2 所示。表中指标均被试点案例的后评价所采用，经实证分析，具有相当的可行性、适用性及针对性。

表 4-2 草原区露天煤矿环境影响后评价指标体系

一级指标	二级指标	三级指标
环境质量影响	地下水环境质量	pH、高锰酸盐指数、氨氮、氟化物、氰化物、挥发酚、亚硝酸盐氮、硝酸盐氮、溶解性总固体、总砷、总汞、镉、铅、总铬、铁、锰、总硬度（以 $CaCO_3$ 计）、总大肠菌、井深、地下水水位、地下水漏斗半径、地下水漏斗最低点、地下水资源量
	地表水环境质量	pH、COD、BOD_5、挥发酚、凯氏氮、溶解氧、水温、砷、悬浮物、硫化物、石油类、铅、镉、铜、氟化物
	大气环境质量	SO_2、NO_x、TSP、PM_{10}、H_2S
	声环境质量	L_{10}、L_{50}、L_{90}、L_{Aeq}、S.D.
	土壤环境质量	pH、有机质、电导率、全氮、有效磷、速效钾、碱解氮、6 个重金属元素（汞、镉、铬、砷、铅、铜）
生态环境影响	生态完整性	生态系统结构、净第一性生产力（NPP）、自然系统的稳定性
	生态系统多样性	植被群落类型、植被现状（类型、群丛组、分布土壤、优势种、群从特征）
	生态系统变化	土地利用类型、植被类型、植被 NDVI、草场类型、草场盖度、鲜草产量、动物种类、顶极群落相近度、景观类型
	景观生态系统	斑块密度、最大斑块指数、平均斑块周长面积比、平均最近邻体距离、蔓延度、多样性指数、均匀度指数
	水土保持	土壤类型、土壤侵蚀类型、土壤侵蚀模数、侵蚀面积变化、土壤盐渍化、土壤沙化
	排土场生态系统	复垦及绿化面积、优势种、常见植被、草本种类、土壤质地、平均高度、覆盖度、生态序列式
社会经济影响	经济结构影响	企业产值、企业纳税值、纳税值占地区税收比
	社会生活影响	居民恩格尔指数、采掘业从业人员比例
环境风险影响	生态风险、地质风险	
有效性评价	污染防治措施	环保措施的运行状况，大气、地表水、地下水、声现状监测达标情况、植被种类、生产力和生物多样性现状
	资源综合利用和清洁生产水平	资源与能源消耗指标、生产技术特征指标、污染物控制指标、资源综合利用指标、环境管理与安全卫生指标、清洁生产综合评价指数
验证性评价	预测结果	与实际影响的偏差
	评价结论	前评价结论的符合性
环境管理和监测	环境管理	环境影响评价、三同时制度、环境管理制度执行情况
	环境监测	环境监测计划执行情况
社会调查和评价	普通类调查	普通群众了解和支持比例
	专业类调查	专业人士了解和支持比例

4.2 环境影响后评价的方法体系概述

环境影响后评价方法具有多样性和交叉性，包括定性、定量及半定性半定量的多种评价方法。从其功能上，可分为环境影响识别方法、环境现状调查与监测方法、环境质量现状评价方法、环境影响回顾性评价方法、环境影响后评价验证性评价方法。

值得注意的是，许多方法是有交叉性的，有些方法可以用于多种评价功能，因此此分类不是绝对的。具体方法及应用环节如表 4-3 所示。

表 4-3　主要技术方法

序号	评价环节		方法名称
1	环境影响识别		层次分析法、因素分析法、矩阵分析法、网络法（影响树）、专家评估法、清单法、模糊综合评判法
2	环境现状调查		
	（1）	自然环境	现场调查法、资料收集法、遥感方法
	（2）	生态环境	样方调查法、遥感方法
	（3）	社会环境	现场调查法、资料收集法
	（4）	污染源	现场调查法、资料收集法、类比法、等标污染负荷法
	环境现状监测与评价		
	（1）	大气环境	单因子指数法、综合指数法、统计分析法
	（2）	地表水、地下水环境	单因子指数法、综合指数法、统计分析法
	（3）	声环境	单因子指数法、统计分析法
	（4）	土壤	单因子指数法、综合指数法、统计分析法
	（5）	生态环境	系统分析法、结构分析法、遥感解译法、样方调查法、景观格局分析法、对比分析、叠图法、聚类分析法、统计分析法
3	环境影响回顾性评价		
	（1）	大气环境	指数评价法、对比分析法、趋势分析法、一回归分析法
	（2）	生态环境	遥感解译法、叠图法、空间分析法、动态分析法、生境梯度分析法、景观格局分析法、聚类分析法、趋势分析法、系统模拟法
	（3）	地表水环境	指数评价法、对比分析法、趋势分析法
	（4）	地下水环境	指数评价法、对比分析法、趋势分析法、克里格差值法、多元回归分析法、模型模拟法、图解法
	（5）	声环境	对比分析法、指数评价法、趋势分析法
	（6）	土壤环境	指数评价法、对比分析法、趋势分析法
	（7）	社会环境	指数评价法、统计分析法、对比分析法、趋势分析法、模糊综合评判法
	（8）	环境风险	统计分析法、对比分析法、概率分析法
4	前评价结论的验证性分析		指标对比法、偏差分析法
5	环境保护措施有效性分析		现场调查法、对比分析法、生命周期评价法
6	环境影响预测分析		趋势外推法、回归分析法、情景分析法、动态分析法、类比分析法、专业判断法、数学模式法、数值模拟法
7	环境管理及监测计划执行情况		资料收集法、生命周期评价法
8	社会调查与评价		问卷调查法、资料收集法、统计分析法、对比分析法

可见，环境影响后评价与环境影响前评价在环境影响识别、环境现状调查与监测、环境质量现状评价等方面所采用的方法是基本相同的。主要的区别在回顾性评价、环境影响预测及验证性评价方面有不同。

4.3 环境影响识别

4.3.1 后评价环境影响识别的内涵及内容

环境影响识别就是通过系统地检查拟建项目的各项“活动”与各环境要素之间的关系，识别可能的环境影响，包括环境影响因子、影响对象、环境影响程度和环境影响的方式。根据“建设项目环境保护分类管理名录”的方式，常规的建设项目环境影响评价需要对建设项目的环境影响进行初步识别。同时，对环境造成重大影响、轻度影响和影响很小的建设项目界定。在环境影响识别中主要考虑因素包括：项目类型、规模、实施过程的变化对环境敏感区等的影响。

后评价环境影响识别就是要找出所有在项目建设、实施整个过程中受影响（特别是不利影响）的环境要素和环境影响的类型，找出具有长期累积影响的要素及类型，以使环境影响影响预测和环境保护完善方案减少盲目性，也为环境影响预测指出目标，为环境影响后评价综合分析增加可靠性，使污染防治对策具有针对性和方向性。环境影响后评价的环境影响识别内容，主要是识别出累积影响最大的污染物，污染源，污染因子等，同时识别出带来最大累积影响的主要成因，如项目规模、建设方式、建设周期、生产工艺等。另外，要全面识别出周边的环境保护敏感目标。事实上，环境影响后评价与前评价的环境影响识别方法没有本质区别，但由于有些环境影响的一次影响并不大却具有累积效应，则长期累积的结果很大，因此后评价更侧重于识别出那些看起来一次影响不严重，但具有累积效应的环境影响因素，所用方法更为广泛。

4.3.2 后评价环境影响识别方法及其应用分析

后评价环境影响识别的方法以定性为主，半定性半定量为辅。适用的类型方法主要有清单法、矩阵法、叠图法、网络法、综合评判法和层次分析法。

4.3.2.1 清单法

（1）方法介绍。

早在 1971 年就有专家提出了将可能受开发方案影响的环境因子和可能产生的影响性质，通过核查在一张表上一一列出的识别方法，故亦称“列表清单法”或“一览表法”。该法虽是较早发展起来的方法，但现在还在普遍使用，并有多种形式。

①简单型清单。仅是一个可能受影响的环境因子表，不作其他说明，可作定性的环境影响识别分析，但不能作为决策依据。

②描述型清单。比简单型清单增加环境因子如何度量的准则。

③分级型清单。在描述型清单基础上又增加对环境影响程度进行分级。

环境影响识别常用的是描述型清单。目前有两种类型的描述型清单。比较流行的是环境资源分类清单，即对受影响的环境因素（环境资源）先作简单的划分，以突出有价值的环境因子。通过环境影响识别，将具有显著性影响的环境因子作为后续评价的主要内容。该类清单已按工业类、能源类、水利工程类、交通类、农业工程、森林资源、市政工程等基础上编制了主要环境影响识别表，在世界银行“环境评价资源手册”等均可查获。这些编制成册的环境影响识别表可供具体建设项目环境影响识别时参考。

另一类描述型清单即传统的问卷式清单。在清单中仔细地列出有关“项目—环境影响”要询问的问题，针对项目的各项“活动”和环境影响进行询问。答案是“有”或“没有”。如果问答为有影响，则在表中的注解栏说明影响的程度、发生影响的条件以及环境影响的方式。而不是简单地回答某项活动将产生某种影响。

（2）方法应用。

清单法应用于后评价的环境影响识别中，重在比较所有影响的长期累积效果，识别出累积结果最大的影响因子、对象、程度及方式等。该方法基本上仅适用于环境影响识别环节中。

4.3.2.2 矩阵法

（1）方法介绍。

矩阵法将清单中所列内容，按其因果关系，系统加以排列，并把拟建项目的各项“活动”和受影响的环境要素组成一个矩阵，在拟建项目的各项“活动”和环境影响之间建立起直接的因果关系，以定性或半定量的方式说明拟建项目的环境影响。该类方法主要有相关矩阵法和迭代矩阵法两种。

①相关矩阵法。将横轴上列出各项开发行为的清单，纵轴上列出受开发行为影响的各环境要素清单，从而把两种清单组成一个环境影响识别的矩阵。

原理：因为在一张清单上的一项条目可能与另一清单的各项条目都有系统的关系，可确定它们之间有无影响。因而助于对影响的识别，并确定某种影响是否可能。当开发活动和环境因素之间的相互作用确定之后，此矩阵就已经成为一种简单明了的有用的评价工具了。

表 4-4　各开发行为对环境要素的影响（按矩阵法排列）

环境要素	居住区改变	水文排水改变	修路	噪声和震动	城市化	平整工地	侵蚀控制	园林化	汽车环行	总影响
地形	8（3）	–2（7）	3（3）	1（1）	9（3）	–8（7）	–3（7）	3（10）	1（3）	3
水循环使用	1（1）	1（3）	4（3）			5（3）	6（1）	1（10）		47
气候	1（1）				1（1）					2
洪水稳定性	–3（7）	–5（7）	4（3）			7（3）	8（1）	2（10）		5
地震	2（3）	–1（7）			1（1）	8（3）	2（1）			26
空旷地	8（10）		6（10）	2（3）	–10（7）			1（10）	1（3）	89
居住区	6（10）				9（10）					150
健康和安全	2（10）	1（3）	3（3）		1（3）	5（3）	2（1）		–1（7）	45
人口密度	1（3）			4（1）	5（3）					22
建筑	1（3）	1（3）	1（3）		3（3）	4（3）	1（1）		1（3）	34
交通	1（3）		–9（7）		7（3）				–10（7）	–109
总影响	180	–47	42	11	97	31	–2	70	–68	314

注：表中数字表示影响大小。1 表示没有影响；10 表示影响最大。负数表示坏影响；正数表示好影响。括号内数字表示权重，数值愈大权重愈大。

②迭代矩阵法。迭代矩阵法的步骤：

a．首先列开发活动（或工程）的基本行为清单及基本环境因素清单。

b．将两清单合成一个关联矩阵。把基本行为和基本环境因素进行系统的对比，找出全部“直接影响”，即某开发行为对某环境因素造成的影响。

c．进行“影响”评价，每个“影响”都给定一个权重 G，区分“有意义影响”和“可忽略影响”，以此反映影响的大小问题。

d．进行迭代。

迭代：就是把经过评价认为是不可忽略的全部一级影响，形式上当做“行为”处理，再同全部环境因素建立关联矩阵进行鉴定评价，得出全部二级影响，…循此步骤继续进行迭代，直到鉴定出至少有一个影响是“不可忽略”，其他全部“可以忽略”为止。

表 4-5　迭代矩阵法演示

活动	迭代步骤	环境因素		环境子因素		影响		政治	经济		文化		社会		生物圈					非生物圈					
								…	…	…	…	…	…	美学	…	草地群落	地表动物	土壤微生物	土壤动物	…	小气候	中气候	地表	土壤	水
压力钢管破裂	I	美学	○	背景		采光																			
		森林		面积	●	减少																			
				霜冰频率	○	可能增大										○		○	○					●	
		小气候		温度变化	●	增大										○		○	○					●	
				湿度变化	●	增大										○		○	○					●	
		自然土		稳定性	●	更不稳定												○	○						○
				侵蚀量	●	增多													○				●	●	
		流水		运输能力	●	增大													○				●	●	
				危险性	●	增大													○				●	●	
		空气		污染物	●	暂时增多	□							○			○							○	
				噪声强度	●	暂时增多	□							○			○							○	
	II	草地群落		面积		增大	□											○	○		○			●	●
				品种变化			?																		
		土壤动物				减少	?																		
		土壤微生物				减少	?																		
		地表		地貌景观		侵蚀沟槽	!																		
		自然土		稳定性		开挖	!																		
		土壤和山坡		补给		将减少																		●	

（2）应用。

在环境影响识别中，一般采用相关矩阵法。即通过系统地列出拟建项目各阶段的各项“活动”，以及可能受拟建项目各项“活动”影响的环境要素，构造矩阵确定各项“活动”和环境要素及环境因子的相互作用关系。

如果认为某项“活动”可能对某一环境要素产生影响，则在矩阵相应交叉的格点将环境影响标注出来。可以将各项活动对环境要素环境因子的影响程度，划分为若干个等级，如三个等级或五个等级。为了反映各个环境要素在环境中的重要性不同，通常还采用加权的方法，对不同的环境要素赋不同的权重。也可以通过各种符号来表示环境影响的各种属性。

矩阵法由清单法发展而来，它将清单中所列内容系统地加以排列，不仅具有影响识别功能，还有影响综合分析评价功能。另外，也可将项目的开发规模、占地面积等工程因素与和其造成的累积影响程度之间建立动态变化分析矩阵，用于回顾性评价中，用以回顾分析建设项目规模等因素与某一环境影响之间的动态变化规律。

4.3.2.3　叠图法

（1）方法介绍。

将评价区域特征包括自然条件、社会背景、经济状况等的专题地图叠放在一起，形成一张能综合反映环境影响的空间特征的地图。叠图法能够直观、形象、简明地表示各种单个影响和复合影响的空间分布。但无法在地图上表达“源”与“受体”的因果关系，因而无法综合评定环境影响的强度或环境因子的重要性。

现代地理信息系统技术的叠图是以 GIS 等软件为实现手段，以分层的方式组织地理景观，将地理景观按主题分层提取，同一地区的整个数据层集表达了该地区地理景观的内容。地理信息系统的叠加分析是将有关主题层组成的数据层面，进行叠加产生一个新数据层面的操作，其结果综合了原来两层或多层要素所具有的属性。叠加分析不仅包含空间关系的比较，还包含属性关系的比较。叠加分析可以分为以下几类：视觉信息叠加、点与多边形叠加、线与多边形叠加、多边形叠加、栅格图层叠加。

（2）应用。

叠图法具有综合评价的功能，叠图法在环境影响后评价中的应用包括通过应用一系列的环境、资源图件叠置来识别（判别影响范围、性质和程度）、预测环境影响，累积影响评价、标示环境要素、不同区域的相对重要性以及表征对不同区域和不同环境要素的影响、预测值与真实值的相符性分析等。叠图法也是生态环境影响回顾性评价及验证性评价的主要方法，典型实例如利用叠图法分析主要土地利用类型面积的变化趋势。

4.3.2.4　网络法

（1）方法介绍。

用网络图来表示活动造成的环境影响以及各种影响之间的因果关系。多级影响逐步展开，呈树枝状，因此又称影响树。影响树要求估计事件的各个分支的单个事件的发生概率，求出每个分支上各事件的概率的积，然后再求出活动的总影响。网络法主要有以下形式。

①因果网络法。实质是一个包含有规划与其调整行为、行为与受影响因子以及各因子之间联系的网络图。优点是可以识别环境影响发生途径、便于依据因果关系考虑减缓及补救措施；缺点是要么过于详细，致使花费很多本来就有限的人力、物力、财力和时间去考虑不太重要或不太可能发生的影响，要么过于笼统，致使遗漏一些重要的间接影响。

②影响网络法。是把影响矩阵中的对经济行为与环境因子进行的综合分类以及因果网络法中对高层次影响的清晰的追踪描述结合进来，最后形成一个包含所有评价因子（即经济行为、环境因子和影响联系）的网络。

影响树的计算方法说明：如图 4-2 中有两个基本的社会活动 A 和 B。活动 A 有两种原发影响，三种第 2 层影响和第 3 层影响；活动 B 有两种原发性影响，四种第 2 层影响和四种第 3 层影响。事件影响构成 10 个分支。

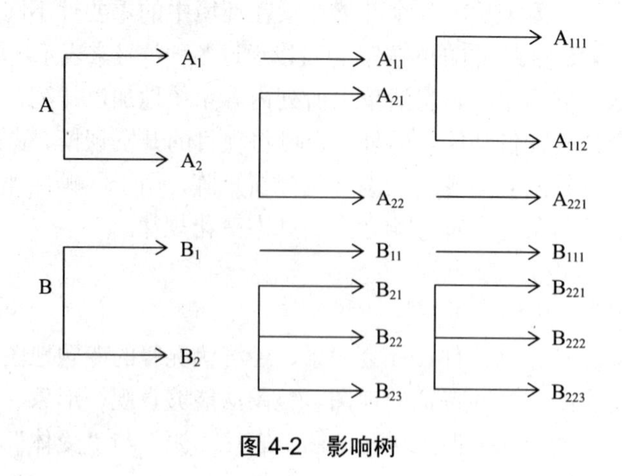

图 4-2 影响树

假设：P_i 为分支 i 上的事件发生概率，i=1，2，…，10

对每种影响 x 定义：

$M(x)$为（+或–）影响 x 的幅度；$W(x)$为影响 x 的权系数。

$M(x)$和 $W(x)$都有一定的值域（如 1～10 或 0～1）。

影响树给定各分支的影响评分定义为：

$$\sum M(x)W(x)$$

利用上式，可以求出某分支上所有影响 x 的和，例如对第一分支：

$$I_1=\sum M(x)W(x)=M(\mathrm{A}_1)W(\mathrm{A}_1)+M(\mathrm{A}_{11})W(\mathrm{A}_{11})+M(\mathrm{A}_{111})W(\mathrm{A}_{111})$$

由于各种环境影响的发生存在着某种不确定性，所以要按发生概率来求各分支的权系数，以修正各分支的评分。所有分支的权系数评分之和（即所有可能发生的事件的集合），就可以导出“期望的环境影响评分”，即：

$$期望的环境影响=\sum_{i=1}^{n} I_i P_i$$

式中，n 为影响分支的数目；I_i 为第 i 个分支的影响值；P_i 为第 i 个分支的发生概率。

（2）应用。

网络法可广泛地用于后评价、规划及建设项目环境影响评价的环境影响识别，可以鉴别和累积直接的和间接的影响。利用影响树还可以表示出一项社会活动的原发性影响和继发性影响。网络法用简要的形式给出了由于某项活动直接产生和诱发影响的全貌，因此是有用的工具。然而这种方法只是一种定性的概括，它只能给出总体的影响程度。

4.3.2.5 综合评判法

（1）方法介绍。

综合评判是对多种属性的事物，或者说其总体优劣受多种因素影响的事物，做出一个能合理地综合这些属性或因素的总体评判。例如，社会环境影响的评价就是一个多因素、多指标的复杂的评价过程，不能单纯地用好与坏来区分。而模糊逻辑是通过使用模糊集合来工作的，是一种精确解决不精确不完全信息的方法，其最大特点就是用它可以比较自然地处理人类思维的主动性和模糊性。因此对这些诸多因素进行综合，才能做出合理的评价，在多数情况下，评判涉及模糊因素，用模糊数学的方法进行评判是一条可行的也是一条较好的途径。

（2）应用。

综合评判法可以用于识别多要素的复合影响，如复合污染所带来的环境影响识别。同时由于其具有综合性，可较好地用于社会、经济及自然环境系统的综合影响评价，用于概括地说明综合影响的程度及水平，但一般无法说清所有影响因素的单独影响程度。

4.3.2.6　层次分析法（AHP）

（1）方法介绍。

层次分析法是把复杂问题分解成各个组成因素，又将这些因素按支配关系分组形成递阶层次结构。通过两两比较的方式确定各个因素相对重要性，然后综合决策者的判断，确定决策方案相对重要性的总排序。运用层次分析法进行系统分析、设计、决策时，可分为四个步骤进行：

①分析系统中各因素之间的关系，建立系统的递阶层次结构；

②对同一层次的各元素关于上一层中某一准则的重要性进行两两比较，构造两两比较的判断矩阵；

③由判断矩阵计算被比较元素对于该准则的相对权重；

④计算各层元素对系统目标的合成权重，并进行排序。

（2）应用。

对于草原区矿区生态系统这个涉及复杂的社会、经济、生态问题的系统，过去的系统分析与设计常常凭经验，靠主观判断进行，缺乏应有的科学性，因而往往造成重大失误。层次分析法是一种新的定性分析与定量分析相结合的系统分析方法，是将人的主观判断用数量形式表达和处理的方法，简称 AHP（The Analytic Hierarchy Process）法。可用于将所有长期体现出来的累积污染现象进行排序分析，识别出具有最强累积效应的污染因子，并找出累积结果最大的污染源强。另外，此方法亦可用于周边污染源分析评价、社会经济综合影响预测及生态系统健康水平综合评价时求取各类影响因子的权重。

4.4　环境质量现状调查与评价

4.4.1　后评价环境质量现状调查与评价的内容

后评价的环境质量现状调查与评价和前评价基本相同，调查内容主要包括评价范围内的环境质量状况、主要污染源、“三废”实际源强、实际污染防治对策及设施情况调查、环境质量现状监测及项目实际环境影响调查（包括全面的生态样方调查）和公众意见调查等。监测调查是环境影响后评价的工作基础，获得的数据和客观事实是检验和评估分析的基础，应围绕所设定的检验及评价因子确定监测调查因子、制定监测调查计划和方案。另外，由于后评价的评价时段相对时间跨度较大，需进行环境质量历史变化的调查，因此需要调查从项目开工建设一直到运营至今的所有相关数据，调查的信息量较大。同时，调查及监测的因子均应侧重于具有累积影响的因子。

4.4.2 后评价环境质量现状调查方法

后评价环境质量现状调查的方法主要以三种方法为主，即：收集资料法、现场调查与监测法和遥感法。与前评价相同，因此在此不详细介绍具体方法，只分析其应用特点。

（1）收集资料法。此方法应用范围广、收效大，比较节省人力、物力和时间。环境质量现状调查时，应首先通过此方法获得现有的各种有关资料，但此方法只能获得第二手资料，而且往往不全面，不能完全符合要求，需要其他方法补充。现场调查及监测法可以针对使用者的需要，直接获得第一手的数据和资料，以弥补收集资料法的不足。这种方法工作量大，需占用较多的人力、物力和时间，有时还可能受季节、仪器设备条件的限制，但为了获得有效性评价及验证性评价的准确依据，后评价的现状监测及调查需要做得更为真实、准确。

（2）遥感法。此方法可从整体上了解一个区域的环境特点，可以弄清人类无法到达地区的地表环境情况，如一些大面积的森林、草原、荒漠、海洋等。此方法不是十分准确，对微观环境状况的调查准确度并不理想，但在后评价中用于回顾之前重要年份的环境质量状况则非常适宜，可以较为准确地再现历史状况，作为回顾评价的数据来源及趋势预测的基础数据，是后评价重要的环境调查方法。环境影响后评价为了最大限度获取历史环境数据，在实际情况中一般均需将收集资料法、现场调查监测法和遥感法相结合，单一的方法一般无法达到回顾性评价的数据需求。

（3）现场调查与监测法。即为从环境保护的角度出发，针对环境影响事前评价所提出的各种受影响的环境要素进行现场的监测、检查、统计，以确定其真实值及变化量，并对结果进行分析、评价，进一步分析环境质量较差的原因。以便在后续的有效性评价中与环境影响事前评价报告书中经环保设施处理后的预测值进行比较。同时，从整体上对评价客体针对环境所造成的实际影响与预测的影响值之间的差异进行验证性评价。

环境影响后评价的环境质量现状调查方法与前评价相同，只是在进行生态样方调查时样地的设置需充分注意全面性和代表性，评价区内原生态的不同类型样地均应包括，且包括受到不同程度影响的样地及不同类型的人工生态恢复区样地，以便进行回顾性评价时进行全面的比较。

后评价的现状监测方法亦与前评价相同，参照相应的导则即可。只有一点值得注意，那就是监测点位及监测因子设定前应全面回顾评价区的历史监测数据，尽可能相一致，做到现状监测值与历史监测值应具有可比性，这也是后续进行回顾性评价及预测的基础。

4.4.3 后评价环境质量现状评价方法

针对现状评价，环境影响后评价与前评价的评价目的基本相同，因此前评价的评价方法在后评价中同样适用，只是为了更好地评价累积影响和长期影响，后评价更多了一些统计分析及对比分析的方法。以下方法以定量评价方法为主，半定量方法次之，定性方法主要是适用于生态环境质量现状评价。

4.4.3.1 单因子指数评价法

（1）方法介绍。

$$\text{单因子指数 } P_i = C_i/C_{si}$$

式中，C_i 为第 i 种污染物的浓度预测值或实测值；C_{si} 为第 i 种污染物的评价标准值。

通常，P_i 值越小越好，$P_i<1$ 则环境因子达标，$P_i>1$ 则超标。

从公式可见，单因子指数法就是利用实测数据和标准对比分类，并选取超过标准倍数最大的结果为评价结果的一种方法。当然，由于所评价的指标不同，有些指标并非越小越好，因此单因子指标的计算形式也有多种变型，但基本原理相同。

（2）应用。

单因子评价法重在对最突出因子的评价，充分显示了超标最严重的评价因子对整个评价结果的影响，其他因子则弱化。该方法在环境影响后评价中主要用于环境质量现状评价中，同时也可用于验证性评价和有效性评价的环节，对比分析前评价的有效性和准确性。

4.4.3.2　综合指数评价法

（1）方法介绍。

单项指标公式简单直观、能直接反映某种污染物对环境产生的影响程度，但过于片面、不综合，也不易向社会公布。进而人们在单项指标基础上，提出多种综合指数方法，也称为常规综合指数法，即以单项指标为基本单元的多项指标叠加组合而成的。

设参加评价的对象个数为 j（j=1，2，…，n），每个参评对象的评价指标个数为 i（i=1，2，…，m），第 j 个参评对象的第 i 个指标分指数为 I_{ij}，W_i 为第 i 个指标的权重，则定义第 j 个参评对象的综合指数方法基本上有几何均值法 $P_j=\left(\prod_{i=1}^{m} I_{ij}{}^{w_i}\right)^{\frac{1}{\sum w_i}}$，和算术均值法 $P_j=\dfrac{\sum_{i=1}^{m} W_i I_{ij}}{\sum_{i=1}^{m} W_i}$，以及它们的各种变形形式，如几何均值 $P_j=\sqrt{I_{\max}/I_{\text{mean}}}$，如内梅罗综合指数 $P_j=\sqrt{\dfrac{I_{j\max}^2+I_{j\text{mean}}^2}{2}}$，其中 $I_{j\max}=\max\{I_{1j}，I_{2j}\cdots\cdots\}$，$I_{j\text{mean}}=\dfrac{1}{m}\sum_{i=1}^{m} I_{ij}$。

（2）应用。

综合指数评价法对单因子指数评价法相比而言，充分考虑了每个因子对结果的贡献，并把贡献按权重进行分配。该方法的应用方面与单因子指数法基本相同。另外，个别情况亦可用于回顾性评价时对某一特定时间的社会经济环境综合评价。

4.4.3.3　卫星遥感解译及图像处理法

（1）方法介绍。

此方法是指利用地理信息系统的卫星遥感数据采用直接解译法、对比法、综合解译法、历史比较法等解译方法对评价区的遥感数据进行解译，并进行修正后转绘成环境系统不同层次的图像，利用 GIS 等图像处理软件对评价区的地理生态空间数据进行评价分析。

（2）应用。

随着遥感图像及解译精度的提高，此方法的应用越来越普及，尤其在生态环境评价中已成为必不可少的一种方法。由于环境影响后评价需对评价的区生态系统进行回顾性评价，则分析不同时期的遥感数据即可得到评价区生态系统历史变化规律，因此在环境影响后评价中，生态环境现状评价、回顾性评价及预测中均需用到此方法。

4.4.3.4 统计分析法

（1）方法介绍。

统计分析法，即相对偏差法，就是运用数学方式，建立数学模型，对通过调查获取的有关的各种数据及资料进行数理统计和分析，形成定量的结论。具体指通过对项目生产行为的规模、速度、范围、程度等数量关系的分析研究，认识和揭示项目生产行为与环境质量之间的相互关系、变化规律和发展趋势，借以达到对建设项目环境影响的正确解释和预测的一种研究方法。方法简单，工作量小，应用广泛，实践中使用较多的是指标评分法和图表测评法，但定额准确性差，可靠性差。

（2）应用。

统计分析法是目前广泛使用的现代科学方法，是一种比较科学、精确和客观的测评方法，比较适合环境影响后评价的回顾性评价，同时也适用于现状评价及验证性评价。采用此方法的优点是方法简单，工作量小，其缺点是定额的准确性差，可靠性差。

4.4.3.5 结构分析法

（1）方法介绍。

是指对环境系统中各组成元素及其对比关系进行规律分析，如群落结构分析。结构分析主要是一种静态分析即对一定时间内环境系统中各组成部分变动规律的分析。如果对不同时期环境系统结构变动进行分析，则属于动态分析。

结构分析法是建立在比较分析法基础之上，简单的比较分析法仅显示了环境系统的表象，尤其是同一环境要素不同评价因子之间的绝对数比较限定了对比的范围。因此，评价者可在比较法基础之上，扩大对比范围，运用结构分析作进一比较。结构比率有助于揭示环境系统结构分布是否合理、生态系统生产力布局的状况如何等问题。其计算公式为：

构成百分率＝某个组成部分数额/总体数额

结构分析法是在统计分组的基础上，计算各组成部分所占比例，进而分析某一总体现象的内部结构特征、总体的性质、总体内部结构依时间推移而表现出的变化规律性的统计方法。结构分析法的基本表现形式，就是计算结构指标。其公式是：

结构指标（%）＝（总体中某一部分/总体总量）× 100%

结构指标就是总体各个部分占总体的比重，因此总体中各个部分的结构相对数之和，即等于 100%。

（2）应用。

此方法主要用于环境系统、生态系统的结构分析以及各环境因素作用的结构分析等。既适用于环境系统的现状分析也适用于回顾性分析。社会经济评价亦可运用此方法进行综合分析。

4.4.3.6 景观评价法

景观评价是指运用社会学、美学、心理学、生态学、艺术、当代科技、建筑学、地理学等多门学科和观点，对拟建区域景观环境的现状进行调查与评价，预见拟建地区在其建设和运营中可能给景观环境带来不利和潜在的影响，提出景观环境保护、开发、利用及减缓不利影响措施的评价。

景观评价中常采用遥感数据解译、相关资料、规划资料查阅及实地踏勘的方法。充分利用研究区现有的景观生态调查、土地利用详查、资源遥感调查等资料，与实地调查相结合进行分析。其调查方法与步骤见图 4-3。

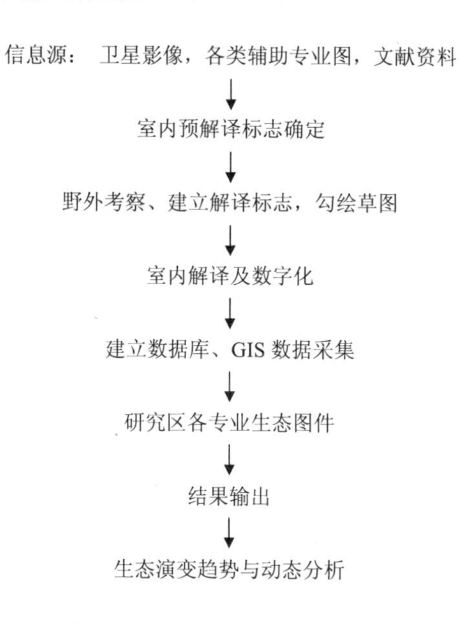

图 4-3　调查方法与技术路线框图

利用 Fragstats 等软件的栅格版本，可实现对近期遥感解译数据的景观空间格局特征参数的计算和分析。利用 Arc/Info 等软件下的图层叠加功能，可提取评价区土地利用/覆盖信息，从而进行景观评价。

景观评价是宏观尺度上研究生态环境变化的主要方法，有着其他方法无法取代的优点，能较好地反映在长期外力影响下生态系统结构及功能所发生的变化，是环境影响前评价及后评价中重要的生态环境质量现状评价及回顾性评价的主要方法。

4.4.3.7　景观格局分析法

（1）方法介绍。

景观格局分析方法是指用来研究景观结构组成特征和空间配置关系的分析方法，是景观评价的核心方法，既包括一些传统的统计学方法，也包括一些专门用于解决空间问题的格局分析方法。笼统地讲，这些方法可分为两大类格局指数方法和空间统计学方法。前者主要用于空间上非连续的类型变量数据分析，而后者主要用于空间上连续的数值数据分析。

对景观生态的影响分析，包括对自然景观、农业景观、人工建筑景观和城市景观等的影响分析。在景观类型水平和景观水平上常选取景观分离度、景观优势度、景观多样性指数及破碎度等景观空间格局等特征指标来评价，从而通过这些景观格局特征指数的分析来分析矿区生态系统的演变趋势。

①景观的多样性指数（H）。景观多样性是指景观在结构、功能和时间变化方面的多样性，反映了景观的复杂性，是景观水平上生物组成多样化程度的表现，而破碎化描述了景观被分割的程度与多样性指数互相验证。据信息论原理，景观多样性指数的大小反映景观

要素的多少和各景观要素所占比例的变化。当景观由单一要素构成时，景观是均质的，则其多样性指数为 0；由两个以上的要素构成的景观，当各景观类型所占比例相等时，其景观的多样性为最高；各景观类型所占比例差异增大，则景观的多样性下降。

$$H = -\sum_{i=1}^{n} P_i \times \ln P_i$$

式中，H 为多样性指数；P_i 为景观类型 i 所占面积的比例；n 为景观类型的数量。

②景观的均匀性指数（E）。与景观多样性指数相似，景观均匀的计算是借用了信息论中不定性的研究方法，即在一个景观系统中，土地利用越丰富，破碎化程度越高，其信息量的不定性也就越大，计算出的多样性和均匀性指数也就越高。与景观多样性指数相似，景观均匀的计算是借用了信息论中不定性的研究方法，即在一个景观系统中，土地利用越丰富，破碎化程度越高，其信息量的不定性也就越大，计算出的多样性和均匀性指数也就越高。

$$E=H/H_{max}$$

式中，H 为多样性指数；H_{max} 为最大均匀条件下的多样性指数；$H_{max}=\ln M$，M 为景观类型的数量。

③景观破碎度（C）（斑块密度，个/km^2）。破碎度是指景观被分割的破碎程度。它在一定程度上反映了人类活动对景观的干扰程度，在较大尺度研究中，景观的破碎化状况是极其重要的属性特征，景观的破碎化也与景观格局、功能和过程密切联系。同时它又是与自然资源保护互为依存，其计算公式为：

$$C = \sum N_i / A$$

式中，N_i 为景观类型 i 中的斑块个数；A 为景观的总面积。

④景观的分离度（F_i）。指某一景观类型中不同斑块个体分布的分离程度。分离度越大，表明景观在地域分布上越分散，其计算公式为：$F_i = \frac{1}{2}\sqrt{\frac{N_i}{A}} \Big/ S_i$

式中，S_i 为景观类型 i 的面积指数；$S_i=A_i/A$；A 为景观的总面积；A_i 表示第 i 类景观的面积；N_i 表示景观类型 i 中的斑块个数。

⑤景观的优势度（D）。优势度指数表示景观多样性对最大多样性之间的偏差，表明景观组成中某种或某些景观类型支配景观的程度。优势度指数是表示斑块在景观中重要地位的一种指标，它的大小直接反映了各类斑块在景观变化中的作用，具有较大优势度值的斑块，在景观中具有重要的作用。对其他各类斑块的转化速率有着一定的影响，对景观格局的形成也往往起到主导作用。优势度越大，表明各景观类型所占比例差距大，其中某种或某几种景观类型占优势；优势度越小，表明各类型所占比例相当。

$$D = H_{max} - H$$

式中，H_{max} 表示最大多样性指数；$H_{max} = \ln M$，D 值小时，表示景观是由多个比例大致相等类型组成；D 值大时，表示景观受一个或少数几个类型支配。

⑥景观变异系数（C_V）。表示系统偏差量（状态偏离平衡位置的数值）的过渡程度和

收敛性。

$$C_V = D_s / D_m$$

式中，D_s表示景观面积标准差，D_m表示整个区域景观面积平均值。计算所得数值小，表示该区域抗外界干扰能力强，自控力强，更稳定一些。

（2）应用。

由于景观生态学亦是环境影响后评价的理论基础之一，且景观格局可在宏观尺度上更准确地分析区域生态系统的累积环境影响，因此该方法是环境影响后评价中用于生态环境现状评价、回顾性评价以及预测的重要方法。

4.4.3.8　聚类分析法

（1）方法介绍。

聚类分析法是理想的多变量统计技术，主要有分层聚类法和迭代聚类法。聚类分析也称群分析、点群分析，是研究分类的一种多元统计方法。聚类的方法如下。

①直接聚类法。先把各个分类对象单独视为一类，然后根据距离最小的原则，依次选出一对分类对象，并成新类。如果其中一个分类对象已归于一类，则把另一个也归入该类；如果一对分类对象正好属于已归的两类，则把这两类并为一类。每一次归并，都划去该对象所在的列与列序相同的行。经过 m^{-1} 次就可以把全部分类对象归为一类，这样就可以根据归并的先后顺序作出聚类谱系图。

②最短距离聚类法。最短距离聚类法，是在原来的 $m \times m$ 距离矩阵的非对角元素中找出，把分类对象 Gp 和 Gq 归并为一新类 Gr，然后按计算公式计算原来各类与新类之间的距离，这样就得到一个新的（m^{-1}）阶的距离矩阵；再从新的距离矩阵中选出最小者 d_{ij}，把 G_i 和 G_j 归并成新类；再计算各类与新类的距离，这样一直下去，直至各分类对象被归为一类为止。

③最远距离聚类法。最远距离聚类法与最短距离聚类法的区别在于计算原来的类与新类距离时采用的公式不同。最远距离聚类法所用的是最远距离来衡量样本之间的距离。

（2）应用。

该方法环境影响后评价中的应用主要包括空间数据清理与聚类趋势分析、空间相似性度量、空间点实体聚类算法、空间面实体与动态轨迹聚类算法及空间聚类有效性评价方法等内容，主要用于生态系统和土壤环境的环境现状及累积影响环境影响后评价。

4.4.3.9　灰色关联分析法

（1）方法介绍。

对于两个系统之间的因素，其随时间或不同对象而变化的关联性大小的量度，称为关联度。在系统发展过程中，若两个因素变化的趋势具有一致性，即同步变化程度较高，即可谓两者关联程度较高；反之，则较低。因此，灰色关联分析方法，是根据因素之间发展趋势的相似或相异程度，亦即“灰色关联度”，作为衡量因素间关联程度的一种方法。

灰色系统关联分析的具体计算步骤如下：

①确定反映系统行为特征的参考数列和影响系统行为的比较数列。反映系统行为特征的数据序列，称为参考数列。影响系统行为的因素组成的数据序列，称比较数列。

②对参考数列和比较数列进行无量纲化处理。由于系统中各因素的物理意义不同，导

致数据的量纲也不一定相同，不便于比较，或在比较时难以得到正确的结论。因此在进行灰色关联度分析时，一般都要进行无量纲化的数据处理。

③求参考数列与比较数列的灰色关联系数$\xi(X_i)$。所谓关联程度，实质上是曲线间几何形状的差别程度。因此曲线间差值大小，可作为关联程度的衡量尺度。对于一个参考数列X_0有若干个比较数列X_1，X_2，…，X_n，各比较数列与参考数列在各个时刻（即曲线中的各点）的关联系数$\xi(X_i)$可由下列公式算出：

$$\xi(X_i)=\frac{\min\limits_i(\Delta_i(\min))+\max\limits_i(\Delta_i(\max))}{\left|X_0(k)-X_i(k)\right|+\xi\max\limits_i(\Delta_i(\max))}$$

式中，ξ为分辨系数，$0<\xi<1$。$\min\limits_i(\Delta_i(\min))$是第二级最小差，记为$\Delta\min$。$\max\limits_i(\Delta_i(\max))$是两级最大差，记为$\Delta\max$。$\left|X_0(k)-X_i(k)\right|$为各比较数列$X_i$曲线上的每一个点与参考数列$X_0$曲线上的每一个点的绝对差值。记为$\Delta_{oi}(k)$。所以关联系数$\xi(X_i)$也可简化如下列公式：

$$\xi(X_i)=\frac{\Delta\min+\Delta\max}{\Delta_{oi}(k)+\xi\Delta\max}$$

④求关联度r_i。因为关联系数是比较数列与参考数列在各个时刻（即曲线中的各点）的关联程度值，所以它的数不止一个，而信息过于分散不便于进行整体性比较。因此有必要将各个时刻（即曲线中的各点）的关联系数集中为一个值，即求其平均值，作为比较数列与参考数列间关联程度的数量表示，关联度r_i公式如下：

$$r_i=\frac{1}{N}\sum_{k=1}^{N}\xi_i(k)$$

⑤排关联序。因素间的关联程度，主要是用关联度的大小次序描述，而不仅是关联度的大小。将m个子序列对同一母序列的关联度按大小顺序排列起来，便组成了关联序，记为$\{x\}$，它反映了对于母序列来说各子序列的“优劣”关系。若$r_{0i}>r_{0j}$，则称$\{x_i\}$对于同一母序列$\{x_0\}$优于$\{x_j\}$，记为$\{x_i\}>\{x_j\}$。

（2）应用。

该方法主要用于分析项目建设及生产行为与环境影响之间的关联性，因此在环境影响后评价中可用于识别累积环境影响因素，评价哪些环境要素受到了什么程度的影响，以及是什么原因带来的不良环境影响等。因此，在环境现状评价、回顾性评价及预测中均可应用。

4.4.3.10 模糊综合评价法

（1）方法介绍。

模糊综合评价方法是模糊数学中应用的比较广泛的一种方法。在对某一建设项目产生的环境影响进行评价时常会遇到这样一类问题，由于环境影响是由多方面的因素所决定的，因而要对每一影响因素进行评价；在每一因素作出一个单独评价的基础上，如何考虑所有因素而作出一个综合评价，这就是一个综合评价问题。

设评判对象为 P：其因素集 $\boldsymbol{U}=\{u_1,u_2,\cdots,u_m\}$，评判等级集 $\boldsymbol{V}=\{v_1,v_2,\cdots,v_m\}$。对 U 中每一因素根据评判集中的等级指标进行模糊评判，得到评判矩阵：

$$\boldsymbol{R}=\begin{bmatrix} r_{11},r_{12},\cdots,r_{1m} \\ r_{21},r_{22},\cdots,r_{2m} \\ \cdots \\ r_{n1},r_{n2},\cdots,r_{nm} \end{bmatrix}$$

式中，r_{ij} 表示 u_i 关于 v_j 的隶属程度。（$\boldsymbol{U}$，$\boldsymbol{V}$，$\boldsymbol{R}$）则构成了一个模糊综合评判模型。确定各因素重要性指标（也称权数）后，记为 $\boldsymbol{A}=\{a_1,a_2,\cdots,a_n\}$，满足 $\sum_{i=1}^{n} a_i=1$，合成得：

$$\overline{\boldsymbol{B}}=\boldsymbol{A}\cdot\boldsymbol{R}=(\overline{b_1},\overline{b_2},\cdots,\overline{b_m})$$

经归一化后，得 $\boldsymbol{B}=\{b_1,b_2,\cdots,b_m\}$，于是可确定对象 P 的置信水平。

对于环境系统状况，其影响因素具有极大的复杂性，精确化能力的降低造成对系统描述的模糊性，运用模糊手段来处理模糊性问题，将会使评价结果更真实、更合理。模糊综合评价模型的建立可经过以下步骤：

①给出备择的对象集。这里即为各种人类活动。

②确定指标集。即把能评价或预测环境质量的主要指标构成一个集合。

③建立权重集。由于指标集中各指标的重要程度不同，所以要对一级指标和二级指标分别赋予相应的权数。第一层次的权重集 $\boldsymbol{A}(a_1,a_2,\cdots,a_n)$，第二层次的权重集 $\boldsymbol{A}(a_{i1},a_{i2},\cdots,a_{ij})$，$(i=1,2,\cdots,n)$。这里可采用因子分析法确定权数。

④确定评语集。$\boldsymbol{v}(u_1,u_2,\cdots,u_m)$，我们把评价集设为 $\boldsymbol{v}=\{$影响小，一般，影响大$\}$。

⑤找出评判矩阵。$\boldsymbol{R}=(r_{ij}v)_{n\times m}$，首先确定出 $\boldsymbol{U}$ 对 $\boldsymbol{v}$ 的隶属函数，然后计算出环境影响评价指标对各等级的隶属度 r_{ij}。

⑥求得模糊综合评判集 $\boldsymbol{B}=\boldsymbol{A}o\boldsymbol{A}:(b_1,b_2,\cdots,b_m)$，即普通的矩阵乘法，根据评判集得终评价结果。

（2）应用。

由上分析可见，该方法最适用于综合评价，因此在环境影响后评价中，环境系统的现状及回顾性综合评价、社会经济环境的现状及回顾性综合评价均较为适用，是较好的一种复杂系统综合评价方法。

4.5　后评价环境影响回顾性评价方法

回顾性评价是建设项目环境影响后评价的核心内容，其主要内容是针对项目所有的开发建设及生产行为所产生的环境累积影响及影响的历史变化规律进行分析和评价的过程。其中，污染源回顾性评价内容应包括工程内容、污染物发生量、主要环保设施及其运行效率、污染物排放量、环评批复内容、目前运转状况及存在的主要环境问题内容。尤其是污染物达标情况和总量排放情况，应该对其做专门的调查和记录。由于客观原因实际生产量低于设计规模或设备能力的，应同时分析满负荷时污染物的发生量、排放量。

4.5.1 回顾性评价内容

进行回顾性评价时可按大气、地表水、地下水、声、土壤、生态、社会经济、环境风险这 8 个方面展开。评价重点应该为敏感环境因子的评价，如对于煤炭开采项目回顾性评价的重点为地形地貌变化（如地表沉陷、地形变化等），水资源的时空变化（如地表水量、水质及水系变化、地下水水位及水质变化、地下水与地表水水力联系等），生态环境变化（如群落种类组成、生产力及群落演替等）。评价过程需首先选择回顾评价的时间节点，如对于露天采矿项目可选用矿田未开采前期、开采中期和现状至少 3 个以上关键时间节点，对各环境要素数据进行回顾性评价，以得出影响的趋势及规律，并以此作为基础预测后续开发可能的影响趋势和程度。

其中，生态环境影响回顾性评价是后评价的核心内容。由于生态环境系统具有整体性、区域性、流动性和不可逆性的特点，工程实施对区域生态环境的改变，对陆生和水生生态系统的影响，对生物多样性的影响等具有长期的生态效应和累积效应。生态环境的承载能力大小，以及生态系统可维持性，对于维持社会经济一定规模和具有一定生活水平的人口数量至关重要。生态环境影响后评价即以总结经验、教训，实现环境与生态系统的良性循环以及人与自然协调、社会和经济的可持续发展为根本目标。煤炭开采的生态环境影响后评价涉及的生态因子较多。目前来看，煤炭开采的生态评价内容包括生态系统完整性、植被变化、水土流失、土地利用及景观变化等。常用的生态评价因子有生产能力变化、物种多样性指标、水土流失总治理率、土壤侵蚀模数变化、林草覆盖率、对土地资源和地表植被的影响等，由于各因子之间影响机理复杂，可采用生态机理分析法（利用生物与环境之间的关系，来分析环境变化对生物的影响）等方法进行理论分析，但难以通过简单评价模型得出全面的定量结果，因此需定性评价与定量评价相结合。

4.5.2 回顾性评价方法

环境影响回顾性评价原则上是以建设项目及规划环境影响评价的方法为基础，综合累积环境影响评价方法体系。常用方法主要以趋势分析法为代表，对不同环境要素适用的评价方法有共通性，亦略有不同，如生态环境影响的回顾性评价常用：遥感解译法、叠图法、空间分析法、动态分析法、生境梯度分析法、景观格局分析法、聚类分析法、趋势分析法等；污染类因素的环境影响回顾性评价常用：指数评价法、对比分析法、趋势分析法、回归分析法、克里格差值法、多元回归分析法、系统模拟法、图解法、模糊综合评判法等；社会经济环境的回顾性评价常用：统计分析、指数评价法、对比分析法、趋势分析法等；环境风险的回顾性评价可用：概率分析法、统计分析法、对比分析法等。具体方法如下文所述。

4.5.2.1 系统模拟法

（1）方法介绍。

系统模拟是以相似原理、系统技术、信息技术及其应用领域有关的专业技术为基础。以计算机和各种物理效应设备为工具，利用系统模型对真实的或设想的系统进行动态试验研究的一门多学科的综合性技术。是通过观测系统结构随时间的变化建立起来的一个模型，并对其求解的一种系统工具。它不同于一般求解确定性的、静态的线性问题的数学解析法，能比较真实地描述和近似地求解复杂系统的问题。

进行模拟的步骤包括确定问题、收集资料、制订模型、建立模型的计算程序、鉴定和证实模型、设计模型试验、进行模拟操作和分析模拟结果。这里所说的模型必须是模拟模型，一般地说，随机模型比确定性模型、动态模型比静态模型、非线性模型比线性模型更多地使用模拟方法来分析和求解，而成为模拟模型。模拟模型比较灵活，不求最优解，可以回答如果在某个时期采取某种行动对后续时期将会产生什么后果一类的问题。除模拟模型外，进行模拟还需要电子计算机程序、模拟语言等必要知识。

（2）应用。

在环境影响后评价中，环境作为一个复杂系统，对其影响变化的历史回顾是动态的、复杂的、多要素的，因此系统模拟法可以较好地实现这一动态评价，较其他方法能更真实地描述和求解这种“后”环境影响。但从方法介绍可以发现，此方法实现起来技术难度较大，需要多种基础知识及技术作为支撑。

4.5.2.2　空间分析法

（1）方法介绍。

空间分析法是对分析空间数据相关方法的统称，空间分析赖以进行的基础是地理空间数据，运用各种几何逻辑运算、数理统计分析、代数运算等数学手段，最终的目的是解决人们所涉及的地理空间实际问题。空间分析主要内容包括：①空间位置分析，即借助于空间坐标系传递空间对象的定位信息，是空间对象表述的研究基础，即投影与转换理论；②空间分布分析，即同类空间对象的群体定位信息，包括分布、趋势、对比等内容；③空间形态分析，即空间对象的几何形态；④空间距离分析，即空间物体的接近程度；⑤空间关系分析，即空间对象的相关关系，包括拓扑、方位、相似、相关等。因此按空间分析的功能划分，又可细分为表 4-6 所示的多种方法。

表 4-6　空间分析法功能划分的方法体系

分析方法	几何分析	空间量算、空间查询、叠加分析、缓冲区分析、拓扑分析、相似度分析、Voronoi 图分析等
	地形分析	坡向坡度分析、剖面分析、通视分析、DTM/DEM 数据分析、三维景观分析、虚拟现实等
	栅格分析	遥感影像分析、空间滤波、高程—影像叠加分析等
	网络分析	最优路径分析、网络流分析、通达性分析等
	空间统计分析	空间插值、主成分分析、聚类分析、相关分析、回归分析、趋势面分析等
	综合模型分析	布局优化模型、频率指配模型、疾病传输模型、城市空间发展模型等

（2）应用。

在回顾性评价中，可将不同时期的环境要素变化情况进行空间运算或叠加，以获得空间因子的历史变化规律及影响因素，可全面反映出评价中受污染或生态影响的程度、范围以及空间分布情况，且适合在较大尺度上将评价区从生态系统完整性的角度进行评价，是环境影响回顾性评价尤其是生态环境影响回顾性评价的重要方法。另外，在环境质量现状评价工作中，也可将地理信息与大气、土壤、水、噪声等环境要素的监测数据结合在一起，利用空间分析模块，对整个区域的环境质量现状进行客观、全面地评价。此外，在后评价中空间分析法还可利用以“空间代替时间”的生态学理念，对不同时期形成的排土场等人工恢复区进行回顾性评价，在历史无法再现的情况下具有很好的适用性。

4.5.2.3 动态分析法

（1）方法介绍。

动态分析法是以客观现象所显现出来的数量特征为标准，判断被研究现象是否符合正常发展趋势的要求，探求其偏离正常发展趋势的原因并对未来的发展趋势进行预测的一种统计分析方法。动态分析法又叫时序分析法。它是将不同时期的因素指标数值进行比较，求出比率，然后用以分析该项指标增减或发展速度的一种分析方法。动态分析指标主要分为：水平指标、速度指标（累积增长量、平均增长量）。

动态分析法主要包括两个方面。一方面，编制时间数列，观察客观现象发展变化的过程、趋势及其规律，计算相应的动态指标用以描述现象发展变化的特征；另一方面，编制较长时期的时间数列，在对现象变动规律性判断的基础上，测定其长期趋势、季节变动的规律，并据此进行统计预测，为决策提供依据。

时间数列的形成是各种不同的影响事物发展变化的因素共同作用的结果。为了便于分析事物发展变化规律，通常将时间数列形成因素归纳为以下四类：①长期趋势是某一经济指标在相当长的时间内持续发展变化的总趋势，是由长期作用的基本因素影响而呈现的有规律的变动。②周期变动是指环境要素影响由于季节等时间周期更替形成周期性变动。③循环波动是指变动周期在一年以上近乎有规律的周而复始的一种循环变动，如自然界农业果树结果量有大年小年之分等。④不规则变动是指由于意外的自然或社会的偶然因素引起的无周期的波动。

（2）应用。

环境影响评价中经常使用静态指标进行环境质量及影响的分析，如污染物浓度、达标率等，这些指标简单、有效，但有时不能完全反映环境影响程度与项目生产活动之间的动态变化关系，采用动态指标和动态分析方法则可以实现动态分析和评价，为环境保护及污染防治方案的决策开拓思路。动态分析方法能更为直观、准确地反映复杂环境系统的历史变化，可以实现定量分析。尤其在建设及生产历史较长的建设项目环境影响后评价中使用此分析方法非常有用。具体主要应用回顾性评价中，有些情况亦可用于预测环节中。但该方法貌似复杂，尤其涉及大量数字计算过程，一般可以使用 Excel 等软件进行数据处理，使过程变简易。

4.5.2.4 生境梯度分析法

（1）方法介绍。

梯度分析法作为群落生态学定量研究的重要方法，主要是基于植物群落的野外调查数据和实验分析结果，探求所有植物种对环境的依赖关系。主要分为直接梯度分析和间接梯度分析两种，目的在于发现植物群落数据中隐含的真实环境梯度和植物对环境响应的规律。

分析评价的具体步骤为：①取排列于某一生境梯度上的一系列样方，计测样方中各组分种群的密度（或重要值）；②根据相似百分数公式 $P.S. = \sum_{i=1}^{n} \min(a_i, b_i)$ ，计算每两个样方间的相似系数（*P.S.*代表相似百分数，a_i和 b_i分别表示样方 A 和样方 B 中第 i 个种的重要值占样方重要总值的百分数），得一样方相似矩阵；③将所得相似矩阵按行（或列）相加，则得每个样方的总相性值，然后挑选这样两个样方：它们的总相似性值很低而彼此间的相似性值又最低；④以所选两个样方的端点作轴，其余样方则根据其对两个端点的“相对相似性”在轴上两端点样方间的某处确定出位置，排列于此轴上。

由此还可派生出群落相对相似性的计算，简单算法是由相似矩阵将某个样方与两个断面样方间的两个相似系数相加，然后加所得之和，则得该样方对两个端点样方的相对相似值。

（2）应用。

生境梯度分析法作为重要的群落分析方法在生态环境影响评价及生态环境回顾性评价中均具有很好的适用性。因此，在环境影响后评价中，既可用生态环境质量现状的评价方法亦可作为生态环境回顾性评价的重要方法，且由此方法亦可衍生出多种不同角度的生态评价方法，也可尝试在后评价的有效性评价中予以应用。

4.5.2.5　趋势分析法

（1）方法介绍。

趋势分析法又叫比较分析法、水平分析法，是根据企业连续若干时期（至少三期）的数据资料，通过对比分析项目实施后的环境影响后评价指标，得出评价指标的增减及变动方向、幅度等，揭示开发及生产行为所产生环境影响的历史变化趋势。趋势分析法总体上分四大类：纵向分析法、横向分析法、标准分析法、综合分析法。

趋势分析法的一般步骤如下：

①计算趋势比率或指数。趋势指数的计算通常有两种方法：一是定基指数，二是环比指数。定基指数就是各个时期的指数都是以某一固定时期为基期来计算的，环比指数则是各个时期的指数以前一期为基期来计算的。趋势分析法通常采用定基指数。两种指数的计算公式分别如下。

$$定基指数=某一分析期某指标数据/固定基期某指标数据\times 100\%$$

$$环比指数=某一分析期某指标数据/前期某指标数据\times 100\%$$

②根据指数计算结果，评价与判断企业该指标的变动趋势及其合理性。

③预测未来的发展趋势，根据企业分析期该项目的变动情况，研究其变动趋势或总结其变动规律，从而可预测出企业该项目的未来发展情况。

需要注意的是，对趋势进行分析时，需要注意排除偶然性或意外性因素的影响。对于一些偶然性或意外性的因素，在某一分析期出现背离整个发展趋势的情形，评价应该深入分析其是否受一些偶然性或意外性因素的影响，从而对建设项目所产生的真实环境影响趋势作出合理判断。

（2）应用。

趋势分析法属于一种动态的分析方法，能较好地分析历史变化规律，是环境影响后评价中回顾性评价的重要方法，同时也作为后评价环境影响趋势预测的基础，意义重大。但该方法对历史数据的要求较高，对于数据不全或无法获取的项目则不适用。

4.5.2.6 回归分析法

（1）方法介绍。

回归分析是多元统计分析的一种，是利用数理统计原理，对大量的统计数据进行数学处理，并确定应变量与某些自变量之间的相关关系，建立一个相关性较好的回归方程，并加以外推，用于预测环境影响发展趋势的分析方法。回归和相关都用来分析两个定距变量间的关系，但回归有明确的因果关系假设。即要假设一个变量为自变量，一个为因变量，自变量对因变量的影响就用回归表示。如建设项目规模对污染物排放量的影响。由于回归构建了变量间因果关系的数学表达，因而它具有统计预测功能。

理论过程是：建立回归方程→计算相关关系数→结论→措施。

步骤：①根据自变量与因变量的现有数据以及关系，绘制散点图，并观察散点图是否近于直线趋势，若是则设定回归方程（对于一元线性回归，则可设定回归方程为 $y = a+bx$）；②求出合理的回归系数（对于一元线性回归而言，即用最小二乘法求出 a、b），并确定回归方程；③进行相关性检验，确定相关系数；④在符合相关性要求后，即可根据已得的回归方程与具体条件相结合，来确定事物的未来状况；并计算预测值的置信区间。

（2）应用。

目前，回归分析已普遍应用于环境预测、环境监测、环境质量评价、清洁生产审核等环境领域，以及水、大气、固废等多个环境问题，用回归分析模型分析出环境数据规律，在环境影响后评价的回顾性评价中非常适用，并可结合其他相关因素来预测环境走势。但是这种方法受到历史经验数据的真实性、可靠性和案例数量的影响，因此准确度无法很好地保证。

4.5.2.7 克里格差值法

（1）方法介绍。

克里格法（Kriging）是地统计学的主要内容之一，从统计意义上说，是从变量相关性和变异性出发，在有限区域内对区域化变量的取值进行无偏、最优估计的一种方法。从插值角度讲是对空间分布的数据求线性最优、无偏内插估计的一种方法。其适用条件是区域化变量存在空间相关性。具体应用时可用协方差函数或变异函数来确定变量随空间距离而变化的规律，如以距离为自变量的变异函数，计算相邻高程值关系权值。

主要类型包括：普通克里格（当假设高程值的期望值是未知时）、简单克里格（当假设高程值的期望值是某一已知常数时）、泛克里格（当数据存在主导趋势时）、指示克里格（当只需了解属性值是否超过某一阈值时）、概率克里格、析取克里格（若不服从正态分布时）和协同克里格（当同一事物的两种属性存在相关关系，且一种属性不易获取时）。

（2）应用。

该方法原被应用于地统学中，应用于环境影响后评价中，主要是可以分析一些环境影响评价指标的空间分布及变化规律。可以用于生态及地下水的现状评价及回顾性评价，尤其适用于地下水后评价，如可用其分析地下水水位的等值线分布规律。

4.5.2.8 模型模拟法

（1）方法介绍。

通过模型来揭示原型的形态、特征和本质的方法称为模型法。模型法借助于与原型相似的物质模型或抽象反映原型本质的思想模型，间接地研究客体原形的性质和规律。通俗地说既是通过引入模型，能方便我们解释那些难以直接观察到的事物的内部构造，如地下水评价时的地下水文地质构造，将抽象问题实际化。

（2）应用。

模型法所研究的事物都是错综复杂的，常需要对它们进行必要的简化，忽略次要因素，以突出主要矛盾。因此，模型法有较大的灵活性，每种模型有限定的运用条件和运用的范围。随着各类水文地质学、生态学、地统学等领域的发展，越来越多的理论模型及模型模拟软件出现，使该方法的应用越来越广。在后评价中可借鉴相关领域的模型进行分析评价，尤其是地下水环境影响回顾性评价、生态环境影响回顾性评价、土壤环境回顾性评价中有较好的适用性。

4.5.2.9　图解法

（1）方法介绍。

有时环境影响因素与环境质量之间的数量关系比较复杂，而通过画图可以把数量之间的关系变得直观明了，从而达到分析评价的目的。这种通过画图帮助影响分析的方法就是图解法。图解法可利用评价指标的变化曲线，利用作图的方法来求解该评价指标的变化函数关系式。

具体做法如图 4-4 所示，可在直角坐标上，将不同时期或不同相对距离位置上的评价指标值连接起来，并将曲线趋势延长，并与项目建设前评价指标的历史值相交，以求影响规律的函数值或影响范围等。

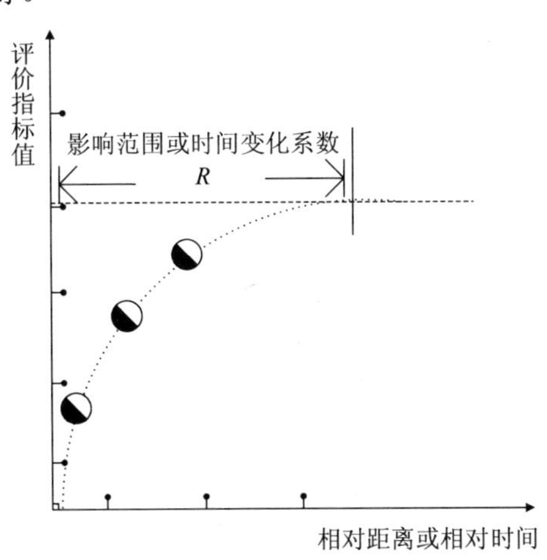

图 4-4　图解法示意

（2）应用。

图解法能够较清楚、直观地看到评价指标的变化趋势，以及横纵坐标系之间的关系，因此可用于将实测数据及历史数据的评价范围放大，求出规律关系。典型例子为地下水影响半径的求解。因此可用于后评价的回顾性评价及现状评价。

4.5.2.10　概率分析法

（1）方法介绍。

又称风险分析，是通过研究各种不确定性因素发生不同变动幅度的概率分布及其对项目某一评价指标的影响，对项目可行性和风险性以及方案优劣作出判断的一种不确定性分析法。概率分析常用于对大中型重要若干项目的评估和决策之中。

一般是首先判断分析影响环境风险的具体因素和机量，然后根据历史上各种安全状态下各类环境质量评价指标的表现，构建一套指标体系，并通过一定的方法构造出度量总体环境风险程度的综合指标，通过计算综合指标值判断风险级别及是否处于临界值，为风险防范措施的提出提供依据。

（2）应用。

该方法本为经济领域评估投资风险的计算方法，在环境影响后评价中可以引入做环境风险回顾性评价及预测的方法，以评估建设项目建设及生产所带来的环境风险程度。

4.5.2.11 风险因素分析法

（1）方法介绍。

风险因素分析法是指对可能导致风险发生的因素进行评价分析，从而确定风险发生概率大小的风险评估方法。其一般思路是：调查风险源→识别风险转化条件→确定转化条件是否具备→估计风险发生的后果→风险评价。

风险因素分析法的关键之一，在于对各个因素风险程度的估计。各个因素风险程度通常可以采用描述法，即以“高、中、低”或“好、较好、中等、较差、差”等标准来描述。但由于所分级别一般都比较有限，这种描述估计结果的方法往往过于粗略，只能大体反映各因素的风险程度，也不便于评估人员考察。另外一种常用方法就是打分法，即将各因素的具体情况与标准水平做一比较，然后根据其差异情况用绝对分值来表述要素的风险程度。与描述法相比，打分法能够较详细地反映各要素的风险程度，也有利于评估人员判断。一般情况下，由于简单事物进行分析判断的准确性要比对复杂事物进行分析判断的准确性高，所以对评估系统的判断事项的划分越细越有利于人们对该判断的准确计量。因此具体做法上可以构造两两比较的判断矩阵，进行定量分析。

（2）应用。

从本质上来说，对风险要素的分析计量就是对风险程度判断的定量化，这是一种主观的行为。尽管我们可以通过局部改进该评估系统来减少其中的人为因素，增强其客观性。比如采用打分法就比普通的分等级评价更能详细地反映各风险影响要素的风险程度。在确定各个因素风险程度对最终风险的影响程度的权数时，也可以采用数学上的判断矩阵来计算，以增加其准确性，但此方法仍是由于定性判断转换而来的一种定量评价方法，准确度无法完全保证。在环境影响后评价中既可用于环境风险的回顾性评价，同时作为环境风险的预测基础。

4.6 后评价环境影响预测与分析

4.6.1 环境影响预测与分析内容

环境影响后评价的环境影响预测有别于前评价环境影响预测的污染物浓度预测，后评价预测主要侧重于环境影响变化趋势的预测，是长期综合累积影响的预测，非单纯浓度预测，因此评价原则上重在累积影响趋势的预测。预测内容包括污染类因素（大气、地表水、声）、生态、地下水、土壤环境影响的污染物浓度指标随未来开发行为的变化趋势，如上风向及下风向的首要污染物年均值变化趋势，以及污染影响范围随未来开发程度的变化趋势，如各时期地下水影响半径的变化趋势；生态环境影响预测的内容则分为宏观层面上生态系统结构变化趋势的预测及微观层面上生态指数的变化趋势预测；各环境要素影响指标之间的相关性分析，如地下水与地表水水力联系的分析；另外，还包括对排土场等地生态恢复效果基于历史生态恢复数据的预测。

4.6.2　环境影响预测与分析方法

在经过环境影响识别后，主要环境影响因子已经确定。这些环境影响因子在人类活动开展以后，究竟受到多大影响，就要进行环境影响预测和分析。目前环境影响前评价常用的预测及分析方法大体可以分为四种：数学模式法、物理模型法、类比分析法、专业判断法。这四大类方法也同样适用于环境影响后评价，但由于后评价与前评价的特点有所不同，因此应用时预测的指标和目标不同，具有不同的特点，如表 4-7 所示。

表 4-7　环境影响评价常用方法

方法	特征	应用条件
数学模式法	计算简便，结果定量。需要一定的计算条件，输入必要的参数和数据	模式应用条件不满足时，要进行模式修正和验证，应首先考虑此法
物理模型法	定量化和再现性好，能反映复杂的环境特征	合适的实验条件和必要的基础数据。无法采用数学模式法而精度要求又高时，应选用此法
对比、类比分析法	半定量性质	时间限制短，无法取得参数、数据，不能采用上述两种方法时，可选用此法
专业判断法	定性反映环境影响	某些项目评价难以定量时，或不能采用上述方法时可选用此法

除了上述分类方法外，由于后评价与前评价的预测具有不同特点，后评价侧重于累积影响的趋势预测，因此，据其预测功能的不同，具体还包括趋势外推法、对比类推预测法、累积预测法、情景预测法、图形预测法、指数平滑法等方法，其中以趋势外推法为后评价预测的典型方法。

4.6.2.1　趋势外推法

（1）方法介绍。

趋势外推法（Trend extrapolation）是根据过去和现在的发展趋势推断未来的一类方法的总称，用于科技、经济、社会发展、环境质量的预测，趋势外推的基本假设是未来系过去和现在连续发展的结果。

趋势外推法的基本理论是：决定事物过去发展的因素，在很大程度上也决定该事物未来的发展，其变化，不会太大；事物发展过程一般都是渐进式的变化，而不是跳跃式的变化，掌握事物的发展规律，依据这种规律推导，就可以预测出它的未来趋势和状态。

趋势外推法首先由 R.赖恩（Rhyne）用于科技预测。他认为，应用趋势外推法进行预测，主要包括以下 6 个步骤：选择预测参数、收集必要的数据、拟合曲线、趋势外推、预测说明、研究预测结果在制订规划和决策中的应用。趋势外推的模型主要有三种：直线趋势延伸法、曲线趋势法、简单的函数模型。

（2）应用。

趋势外推法全面适用于后评价中各类环境要素的预测及分析。是环境影响后评价的代表方法。

4.6.2.2 情景预测法

（1）方法介绍。

情景预测法是在假定某种现象或某种趋势将持续到未来的前提下，对预测对象可能出现的情况或引起的后果作出预测的方法。通常用来对预测对象的未来发展作出种种设想或预计，是一种直观的定性预测方法。它把研究对象分为主题和环境，通过对环境的研究，识别影响主题发展的外部因素，模拟外部因素可能发生的多种交叉情景，以预测主题发展的各种可能前景。

情景预测法的步骤主要有：确定预测主题、分析未来情景、寻找影响因素、具体分析、预测。

情景预测法的特点：①使用范围很广，不受任何假设条件的限制，只要是对未来的分析，均可使用。②考虑问题较全面，应用起来灵活。它尽可能地考虑将来会出现的各种状况和各种不同的环境因素，并引入各种突发因素，将所有可能尽可能展示出来，有利于决策者进行分析。③定性和定量分析相结合。通过定性与定量分析相结合，为决策者提供主、客观相结合的未来前景。通过定性分析寻找出各种因素和各种可能。④通过定量分析提供一种尺度，使决策者能更好地进行决策；能及时发现未来可能出现的难题，以便采取行动消除或减轻影响。

（2）应用。

在环境影响后评价中，进行环境影响预测与分析时，可在情景分析的基础上，结合遥感和地理信息系统数据，进行多种影响和恢复情景的设计，然后进行累积影响趋势的环境影响预测分析。尤其适用于较难完全定量的生态系统环境影响预测及土壤环境影响预测和地下水环境影响预测。

4.6.2.3 图形预测法

（1）方法介绍。

图形预测法是依据过去的历史资料，凭借丰富的经验和技术手段，用图形对某种现象未来的发展趋势进行预测的方法。

（2）应用。

此方法简单直观，常用于分析环境质量随建设或生产行为的变化而发生变化、逐步偏离正常的环境系统演替的时间演变过程。因此在后评价中，适用于历史数据较为丰富的情况下的环境影响预测。

4.6.2.4 累积预测法

（1）方法介绍。

是指应用累积法这种特殊的曲线拟合与平滑技术，来求得给定观测值数据的拟合曲线方程，并据此方程对观测值进行预测。

累积法的数学模型为 $Y=a_0+a_1x+a_2x_2+\cdots+a_kx_k$

式中，Y 为预测值；x 为影响变量；a_0，a_1，…，a_k 为系数。

在一般情况下，给定的观测值数 n 大于 $k+1$，如以 n 组数据建立起 $k+1$ 个联立方程，则不能得出确定解。累积法借助线性运算子，能充分利用给定的全部数据，求得 k+1 个未知数的确定解。其特点是：在进行曲线拟合的过程中，同时也平滑或修匀了给定的数据；在新增加观测值时，计算简单；可利用累积法常数表，拟合速度快，但它只适用于单一自变量的情况。

（2）应用。

此方法特别适用于后评价中对累积影响因子的环境影响预测与分析，尤其是对于复杂生态系统的综合累积影响预测，较其他方法更具优势，能较好地预测累积影响的未来变化趋势。亦为后评价的典型方法。

4.6.2.5　对比类推法

（1）方法介绍。

对比类推法是指将预测的环境系统结构变化现象或环境质量指标的变化同其他相类似的现象或指标加以对比分析来推断未来发展变化趋势的一种方法。这种对比类推的基本思想是将不同空间、同类环境影响现象的相关情况进行对比类推，找出某种规律，推断出预测对象的发展变化趋势。

对比类推法应用的是类推性原理，把预测目标同其他类似事物加以对比分析来推断其未来发展趋势。因此，亦可利用现有相似案例的环境影响数据和资料，来推断预测评价项目环境影响的未来发展趋势。类推法的缺点是历史局限性较大，经常较难找到非常相似的两个案例项目，和完全相同的区域环境，同时还受到人为行动的各种限制等。因此，类推法不是一种严格的预测方法，它是探索性预测方法中比较典型的一种预测技术。

（2）应用。

由于对比类推法虽能较真实地反映出客观事物的发展趋势，不是很严格的方法，因此在环境影响后评价中只有当历史环境质量数据无法获取等情况下，或仅作为预测的辅助方法来应用，可用于各种要素的环境影响预测，但前提是类比对象要具有很好的相似性。

4.6.2.6　指数平滑法

（1）方法介绍。

指数平滑法是生产预测中常用的一种方法。是在移动平均法基础上发展起来的一种时间序列分析预测法，它是通过计算指数平滑值，配合一定的时间序列预测模型对现象的未来进行预测。其原理是任一期的指数平滑值都是本期实际观察值与前一期指数平滑值的加权平均。

指数平滑法的基本公式是：$S_t=ay_t+(1-a)S_{t-1}$

式中，S_t 为时间 t 的平滑值；y_t 为时间 t 的实际值；S_{t-1} 为时间 $t-1$ 的平滑值；a 为平滑常数，其取值范围为[0,1]。

由该公式可知：①S_t 是 y_t 和 S_{t-1} 的加权算数平均数，随着 a 取值的大小变化，决定 y_t 和 S_{t-1} 对 S_t 的影响程度，当 a 取 1 时，$S_t=y_t$；当 a 取 0 时，$S_t=S_{t-1}$。②S_t 具有逐期追溯性质，可探源至 S_{t-t+1} 为止，包括全部数据。其过程中，平滑常数以指数形式递减，故称之为指数平滑法。指数平滑常数取值至关重要。平滑常数决定了平滑水平以及对预测值与实际结果之间差异的响应速度。平滑常数 a 越接近于 1，远期实际值对本期平滑值的下降越迅速；平滑常数 a 越接近于 0，远期实际值对本期平滑值影响程度的下降越缓慢。由此，当时间数列相对平稳时，可取较大的 a；当时间数列波动较大时，应取较小的 a，以不忽略远期实际值的影响。生产预测中，平滑常数的值取决于产品本身和管理者对良好响应率内涵的理解。③尽管 S_t 包含有全期数据的影响，但实际计算时，仅需要两个数值，即 y_t 和 S_{t-1}，再加上一个常数 a，这就使指数滑动平均具逐期递推性质，从而给预测带来了极大的方便。其中，系数 a 和初始值的确定是指数平滑过程的重要条件。

根据平滑次数不同，指数平滑法一般有一次指数平滑法、二次指数平滑法和三次指数平滑法。

①当时间数列无明显的趋势变化，可用一次指数平滑预测。其预测公式为：

$$y'_{t+1}=ay_t+(1-a)y_t'$$

式中，y'_{t+1} 为 $t+1$ 期的预测值，即本期（t 期）的平滑值 S_t；y_t 为 t 期的实际值；y_t' 为 t 期的预测值，即上期的平滑值 S_{t-1}。

②二次指数平滑是对一次指数平滑的再平滑。它适用于具线性趋势的时间数列。其预测公式为：

$$y_t+m=(2+am/(1-a))y_t'-(1+am/(1-a))y_t=(2y_t'-y_t)+m(y_t'-y_t)a/(1-a)$$

式中，$y_t=ay_{t-1}'+(1-a)y_{t-1}$

显然，二次指数平滑是一直线方程，其截距为 $2y_t'-y_t$，斜率为 $(y_t'-y_t)a/(1-a)$，自变量为预测时间。

③三次指数平滑预测是二次平滑基础上的再平滑。其预测公式是：

$$y_t+m=(3y_t'-3y_t+y_t)+[(6-5a)y_t'-(10-8a)y_t+(4-3a)y_t]*am/2(1-a)2+(y_t'-2y_t+y_t')*a^2m^2/2(1-a)2$$

式中，$y_t=ay_{t-1}+(1-a)y_{t-1}$

它们的基本思想都是：预测值是以前观测值的加权和，且对不同的数据给予不同的权，新数据给较大的权，旧数据给较小的权。

一段时间内收集到的数据所呈现的上升或下降趋势将导致指数预测滞后于实际需求。通过趋势调整，添加趋势修正值，可以在一定程度上改进指数平滑预测结果。调整后的指数平滑法的公式为：

$$包含趋势预测（Y_IT_t）=新预测（Y_t）+趋势校正（T_t）$$

进行趋势调整的指数平滑预测有 3 个步骤：①利用前面介绍的方法计算第 t 期的简单指数平滑预测（Y_t）；②计算趋势。其公式为 $T_t=(1-b)T_{t-1}+b(Y_t-Y_{t-1})$。其中，$T_t$=第 t 期经过平滑的趋势；T_{t-1}=第 t 期上期经过平滑的趋势；b=选择的趋势平滑系数；Y_t=对第 t 期简单指数平滑预测；Y_{t-1}=对第 t 期上期简单指数平滑预测；③计算趋势调整后的指数平滑预测值（Y_IT_t），计算公式为 $Y_IT_t=Y_t+T_t$。

（2）应用。

指数平滑法本为经济领域的预测方法，但由于其中环境领域也有较好的适用性，前人曾在小浪底大坝变形预测等评价项目给予了应用，因此亦可用后评价的环境影响预测。但前提是要求历史数据较为全面，且具有较好的规律性。

4.7　验证性评价

4.7.1　验证性评价内容

验证性评价是环境影响后评价的核心内容之一。包括相符性验证和准确性验证两方面。

相符性验证指项目实施后实际情况与原环境影响评价文件及审批原则的相符性，并分析造成不符的原因，具体指项目内容及规模、工艺路线、污染因子和污染源强等与原环境影响评价审批文件的相符性。项目内容符合性分析时要注意分析有关变化是否对环境不利，是否存在重要漏项等，同时分析不符合情况产生的原因。

准确性验证指将现状与原环境影响评价的预测结果进行对比来验证原预测结果的准确性，并分析准确度较低的原因。具体是对原环境影响预测和环保设计成果进行验证性评价。因为环境影响评价和环保设计成果是在工程建设前，在调查研究、分析预测的基础上提出的，预测方法是否合理，参数选用是否恰当，结论是否正确，需要工程运行实践进行检验。通过环境影响后评价，将建设项目实施后实际环境影响与原环境影响评价对项目实施后预测的结论或结果的对比分析，验证其分析方法、结论的准确性、可靠性和科学性及与实际影响的差距，并分析原因。同时，找出前评价未预测的实际影响，并分析其产生的原因。

4.7.2　验证性评价技术原则

验证性评价的内容虽然并不复杂，但由于一般情况下无法保证历史数据与监测数据在指标及空间位置上的一致性，从而时间很难进行对比，因此，进行验证性评价需要注意以下几个问题。

（1）注意区分项目建设内容的客观变化所带来的差异性。

由于原环评报告书进行预测时的项目内容、规模及位置等都是依据项目的可行性研究报告，但在项目实施时实际情况常常与可行性研究报告之间存在一定差异。例如对煤矿采掘项目，煤矿开采的范围、首采区位置、开采煤层等有时与可行性研究报告并不完全一致，这种不一致往往造成预测结果与实际影响之间的较大差异，而这种差异并非预测方法存在问题，因此，后评价中应尽量剔除这种非预测方法问题带来的预测结果的差异。

（2）注意区分预测条件的客观变化所带来的差异性。

由于建设项目前评价和后评价中间的间隔时间较长，往往建设项目建成前后周围环境现状发生了很大变化，从而使本底值升高，引起评价基点的误差；另外，预测评价时一般选取最恶劣的环境条件，而现状监测时一般都是选在最常见的环境条件，与预测条件不能完全重合（如河流的流量选取 90%保证率，而验证监测时的流量可能不一致）；预测时大多假定条件恒定，如北风，2 m/s 风速，而实测时条件不断变化，而采用瞬时监测，仪器设备又跟不上要求等，这些客观的条件变化都会直接影响对预测结果的验证，因此验证时可先采取适当地模糊处理后再进行验证，比如在进行大气环境质量与预测值的验证时，会发生预测的点位与后期的环境影响最大点位或监测点位不一致，可以转换为以项目所在地为中心，对比下风向的环境质量以进行验证，并不严格要求点位完全一致。

（3）注意区分由于外部环境及外部政策标准等发生变化所带来的差异性。

由于项目建设和营运过程中可能由于环境功能区划调整、国家产业政策变化或环境保护法规及标准调整导致项目的敏感性、环境影响可接受性等发生变化，从而使预测值的验证发生不一致，对于此类变化应客观、公正地分析原因将其排除，并提出解决办法，同时要注意原环境影响评价文件中是否遗漏重要污染因子、是否造成环境超标以及项目影响是否公众接受性。

4.7.3 验证性评价的方法

后评价的验证性评价，旨在验证，因此主要方法有：统计分析法、偏差分析法、指标对比法等。其中，指标对比法为最具代表性的验证性评价方法。

4.7.3.1 偏差分析法

（1）方法介绍。

偏差又称为表观误差，是指预测值与测定值的平均值之差，它可以用来衡量预测结果的准确度高低。在此主要是借用统计学中的方法，可采用表格法和曲线法进行偏差计算，此法形象、直观、能准确表达预测值与真实值之间偏差的严重性。

偏差分为绝对偏差、相对偏差、标准偏差、平均偏差和相对标准偏差。

①绝对偏差：是指预测值与现状监测平均值的差异。

②相对偏差：是指预测值的绝对偏差占监测平均值的百分比。

③标准偏差：是指统计结果在某一个时段内误差上下波动的幅度。

④平均偏差：是指单项预测值与监测平均值的偏差（取绝对值）之和，除以测定次数。

⑤相对标准偏差：是指标准偏差占平均值的百分率。平均偏差和相对平均偏差都是正值。

（2）应用。

偏差分析法作为统计学中的一种数据分析方法，用于环境影响后评价中可以较好地对原环境影响评价的结果进行验证，分析原预测结果的准确程度，因此是环境影响后评价较为适用的验证性评价方法。

4.7.3.2 指标对比法

（1）方法介绍。

指标对比法是利用实际环境质量指标值数据或实际环境影响评价指标的数据与原环境影响评价预测的相关指标数据进行对比，来衡量原环境影响评价预测结果与真实环境影响之间的偏差，从而评价分析预测结果的准确度高低，并且分析产生的原因，寻求对未预测到的环境影响的减缓或解决方案。此方法作为后评价的方法能比较直观地反映预测结果的准确程度，是最为典型和有效的方法。

（2）应用。

指标对比法作为多个领域的常用数据分析方法，在环境影响后评价的应用可以作为验证性评价的最典型方法，能很直观地分析出原预测结果正确与否，并分析准确度的高低。同时回顾性评价用于分析各环境影响评价指标的变化，以及现状评价和环境影响识别中。是一种较为简单且有效的定量分析方法。

4.8 有效性评价

4.8.1 有效性评价内容

环境影响后评价中所包括的有效性评价是指通过现场调查等方法检查建设项目现有的环境保护和环境影响减缓措施与对策的落实程度，判断环保措施与对策的有效性，并对评价结果进行分析，发现那些保护不到位的措施或未曾加以考虑的保护因子，以便在后续改进方案中有针对性地提出措施的完善方案。

环境影响后评价的有效性评价原则上要对项目环境影响审查过程中所确定的所有环保措施与对策进行评价和全面论述，并对企业现有的环境管理体系构成及相应的有效性进行评价。包括对环保措施的有效性评价和环境管理的有效性评价。其中，措施的有效性评价是重点，具体内容包括：通过环保措施的验证性监测和实际影响调查，检查其环保减缓措施的实际运行状况、管理状况，并对其进行有效性检验，包括分析减缓措施的技术适用性、先进性和效果；根据生态环境影响调查结果，分析生态系统生产力变化、功能结构变化趋势以及生态恢复工程的效果来评价生态环境保护措施的有效性。最后，还应全面分析措施有效性尚未满足有关规定及生态恢复效果不佳的原因，并在后续的改进方案中提出可靠可行的改进方案。对环保措施管理不善而导致有效性不佳，应提出改善环境管理的途径和方案。此外，还应结合环境影响的可接受性评价，分析环保措施和对策是否满足公众要求，对虽然满足达标排放要求但公众意见强烈的仍应判定有效性不佳。

4.8.2 有效性评价方法

后评价的有效性评价主要是通过现场调查、资料收集和达标排放、总量达标分析以及污染治理设施处理效果对比分析等方法来论证项目所采取的污染治理措施与对策的有效性、可靠性及技术经济可行性。

4.9 社会环境调查与评价

社会调查是项目建设单位、环境影响后评价单位同社会公众之间的一种相互交流，既可以提高建设项目的环境合理性和社会可接受性，有利于缓解公众对环境情况的担心，以保证项目能被公众充分认可，又可以提高建设项目的环境效益和经济效益，起到一种社会监督的作用。

4.9.1 社会环境调查与评价内容

通过社会评价与公众参与，评价相关群体对建设项目建设及运营的认同度和意见。包括项目建设与运营产生的社会经济影响后评价和所在地区的社会经济环境和项目的互适应性程度后评价和社会风险后评价三项内容。

4.9.1.1 社会经济影响后评价

具体分析时可从宏观和微观两个层次上对项目产生的社会环境、自然资源、社会经济三个方面的效益和影响进行分析。

（1）社会环境的效益与影响。主要评价项目对所在地区不同利益群体的影响，在建设项目后评价时应重点分析：主要包括项目对受损群体、弱势群体、直接相关利益群体的影响；评价项目对所在地区文化、教育、卫生的影响，分析建设项目建成之后带来的当地文化教育水平、卫生健康程度的变化；评价项目对当地基础设施、社会服务容量和城市化进程的影响，分析项目建成后，对当地基础设施能力的改善、社会服务容量的增加和城市化进程的加快所造成的影响；评价项目对促进对外开放所带来的效果等方面的内容。

（2）自然资源的效益与影响。评价建设项目对自然资源合理利用、综合利用、节约使用等政策目标的效用。主要包括项目对区域地价的影响，包括有利和不利影响；评价项目对能源综合利用的效益，通过测算建设项目消耗能源的大小，比照类似项目的能耗进行对比分析。

（3）社会经济的效益与影响。从宏观角度出发，主要是分析项目对国家、地区（省、市）的经济影响，包括对国民经济、地区经济与结构、技术进步、就业带来的效益等。从微观角度出发，主要分析建设项目的实施对周边区域居民生活水平和生活质量的影响。主要评价项目对国民经济的影响，分析已运营的项目对国民生产总值和人均国民生产总值的影响，评价项目的兴建对国民经济发展的贡献；评价项目对区域经济及结构的影响，分析已运营的项目对沿线地区经济的影响，带动了哪些产业的发展，引起了区域经济结构何种变化，对区域经济发展和经济结构优化的贡献大小；评价项目对所在地区居民生活水平和生活质量的影响，分析项目建成后，是否提高了项目所在地区的生活水平和生活质量等内容。

4.9.1.2 社会互适应性后评价

主要是分析项目是否被所在区域的社会环境、人文条件所接纳以及区域居民支持项目的程度，考察项目与区域社会环境的相互适应关系。包括两方面的研究内容。

（1）项目相关的利益群体对项目建设和运营的态度及参与程度。

煤炭建设项目往往要涉及众多相关产业，项目的建设和运营，涉及多个利益群体，包括中央政府部门、地方政府部门、煤炭资源管理部门、煤炭生产企业、区域内与煤炭生产相关的企业等。

各利益群体在建设项目中所处的位置决定了不同的利益群体所受影响是不一样的，决定了他们在项目建设和运营中所起的作用也不同。依据利益群体与建设项目关系的密切程度区分，与建设项目相关的利益群体有直接利益群体和间接利益群体。

直接利益群体是指煤矿建设项目所在地区各级直辖市、省政府、人口和与建设项目有直接关系的利益群体；间接利益群体是指矿产资源管理部门、相关地区人口等与建设项目有间接关系的利益群体。间接利益群体多数是建设项目的管理部门，因此，它往往拥有更多的权力，对项目建设和运营施加影响常常处于主动地位。而直接利益群体拥有的权力却比较小，在项目建设和运营中，往往处于被动地位，但直接利益群体如果不积极参与和支持建设项目的建设与运营，项目也是难以建设成功并持续发展的。因此，应就两类利益群体对项目建设与运营的态度进行评价，评价项目的两类利益群体对项目的兴趣、对项目的态度和要求、对项目建设和运营中的影响力。

（2）区域的技术、教育水平对项目建设和发展的适应程度。

主要评价项目所在地区当时的技术水平是否适应项目要求的技术条件，有无技术滞后或技术超前；评价项目所在地区的教育水平是否适应项目要求的技术条件，是否保证项目既定目标的实现。

4.9.1.3　社会风险后评价

首先是对影响建设项目的各种社会因素进行识别和排序，选择影响面广、持续时间长，并导致较大矛盾的社会因素进行分析，分析出现这种风险的社会环境和条件。如露天煤矿建设项目社会风险主要包括民族及宗教问题、公平问题和贫困等问题所带来的风险。

（1）民族及宗教问题。

很多露天煤矿建设项目的兴建是为了带动少数民族地区社会经济的发展，而不同的民族有不同的宗教文化信仰。因此，露天煤矿建设项目实施，应评价项目所在区域民族地区对煤矿建设项目技术文化的可接受性、对煤矿建设项目的作用和影响以及存在的项目运营风险，并评价所提出的防范风险的措施是否得力。

（2）公平问题。

公平性是建设项目社会后评价的一个重要指标，应在宏观和微观两个层次上考虑公平问题。

宏观层次上，我国政府已将逐步消除地区间发展不平衡问题列入我国政府重要的议事日程，因此要充分评价煤矿建设项目建成后是否对逐步减少我国地区间不平衡发展起到了作用。

微观层次上应当分析评价煤矿建设项目实施后在为部分人带来利益的同时是否损害了其他人的利益，或者是否加剧了项目所在地区人与人之间存在的各种不平等现象。

（3）贫困问题。

煤矿建设项目的主要目的就是消除贫困。在建设项目后评价时对贫困问题进行评价主要包括：①在多大程度上减轻了当地的贫困或使贫困户脱贫；②是否使当地贫困户受益及使多少贫困户受益，有无任何贫困户因项目而受损；③是否符合当地贫困户的需求，有无任何群体和个人对所建项目不满和反对，如何解决；④当地社区人民的文化、民族关系、风俗习惯、宗教信仰、乡规民约等有无妨碍群众接受此项目而达不到扶贫目标的情况，以后如何防止这种社会风险等。

4.9.1.4　社会评价与公众参与有效性分析

根据后评价的验证性的特点，社会评价与公众参与有效性分析应包括纵向比较、横向映证及公众参与调查结果的验证三部分。

（1）纵向比较。

由于在开展环境影响后评价之前，已经对该项目进行了环境影响评价，因此，可就前后两次评价的公众参与工作进行纵向比较。主要包括筛选环境影响评价与环境影响后评价中，公众参与调查问卷涉及的相同或类似的内容，并就公众做出的回答进行对比；将两次公众参与调查结果进行对比，比较随着项目的开发建设，项目所在地区环境质量变化，公众对环境的认识及评价，特别是对环境质量变化在时间上的连续性感受，能更为直观地反映出环境影响评价工作的有效性。

（2）横向映证。

横向交叉映证目的在于通过受访公众的主观感受和理性认识，对基于模型预测及分析的调查、评价结论以及现场监测及调查的实地结论进行补充及完善。

主要包括就同一个问题或现象（环境质量等），从不同侧面及角度（科学的预测、人的主观感受等），进行分析、评价与论证等内容。

（3）公众参与调查结果的验证。

对于公众参与调查结果，不仅要分析研究，也要对其来源及结论的正确程度作验证性检查。在公众结论的整理分析方法采用不等权统计归纳法，针对该建设项目的排污情况、当地环境质量情况、当地公众的意愿着手分析调查结果，提出当地公众具体和明确的观点。

4.9.2 社会环境调查与评价方法

社会调查主要是调查建设项目对当地社会经济环境的影响，其主要的方法有问卷调查法和资料收集法。社会调查的主要方式为问卷调查，根据后评价公众调查对象应分为专业人员组和普通公众组。针对不同的公众，制定出不同的问卷调查，主要的调查点也因调查对象不同而不同。

社会调查评价包括征地拆迁、移民安置、景观、文物古迹、基础设施（如交通、水利、通讯）等方面的影响评价。应该收集反映社会影响的基础数据和资料，筛选出社会影响评价因子，定量预测或定性描述评价因子的变化。分析正面和负面的社会影响，并对负面影响提出相应的对策与措施。并需要充分注意参与公众的广泛性和代表性，参与对象应包括可能受到项目建设直接影响和间接影响的有关企事业单位、社会团体、非政府组织、居民、专家和公众等。可根据实际需要和具体条件，采取包括问卷调查、座谈会、论证会、听证会及其他形式在内的一种或者多种形式，征求有关单位、专家和公众的意见。在公众知情的情况下开展，应告知公众建设项目的有关信息，包括建设项目概况、主要的环境影响、影响范围和程度，以及拟采取的主要对策措施和效果等。按“有关单位、专家、公众”对所有的反馈意见进行归类与统计分析，并在归类分析的基础上进行综合评述；对每一类意见，均应进行认真分析、回答采纳或不采纳并说明理由。特别指出，环境影响后评价中的社会调查与评价应包括对前评价公众参与意见的落实及效果分析。

进行社会影响评价时则可构建相应社会经济评价指标，选择指数评价法、统计分析法、对比分析法、趋势分析法、模糊综合评判法等方法进行综合评价。

4.10 环境保护措施与对策

4.10.1 改进方案内容

环境影响后评价的环境保护措施与对策改进方案有别于原环境影响评价的措施方案，在此主要是针对后评价现状分析时发现的问题、回顾性评价中发现的问题、有效性评价中发现的问题及验证性评价中发现的问题，提出有针对性的完善方案，指明哪些方案是需要进一步加强的，哪些措施做得不错，还有哪些是被疏忽需要补充的。因此需要对前面的所有分析及评价结论进行系统分析，有针对性地得出具体解决方法。在此，较常用的方法如系统分析法。

4.10.2　系统分析法

（1）方法介绍。

系统分析方法是指把要解决的问题作为一个系统，对系统要素进行综合分析，找出解决问题的可行方案。系统分析方法的具体步骤包括：限定问题、确定目标、调查研究收集数据、提出备选方案和评价标准、备选方案评价和提出最可行方案。

①限定问题。所谓问题，是现实情况与计划目标或理想状态之间的差距。系统分析的核心内容有两个：其一是进行“诊断”，即找出问题及其原因；其二是“开处方”，即提出解决问题的最可行方案。所谓限定问题，就是要明确问题的本质或特性、问题存在范围和影响程度、问题产生的时间和环境、问题的症状和原因等。

②确定目标。系统分析目标应该根据环境功能加以确定，如有可能应尽量通过指标表示，以便进行定量分析。

③调查研究。围绕问题起因调查并分析数据，一方面要分析有效性评价中无效的环境保护及治理方案，另一方面要根据现状评价和回顾性评价的结果探讨产生这些问题的根本原因，为下一步提出解决问题的备选方案做准备。

④提出解决方案和评价标准。通过深入调查研究，使真正有待解决的问题得以最终确定，使产生问题的主要原因得到明确，在此基础上就可以有针对性地提出解决问题的完善方案。为了确保完善方案的有效实施，要根据具体措施的特点提出实施过程控制的约束条件或评价标准，供后续有效性的判别。

（2）应用。

系统分析法的最终目标是找出问题、确定问题，通过分析相互间的关联提出可行的解决方案。通过采用系统分析的方法，可将累积环境影响与影响环境的工业行为贯穿起来。分析保护、治理措施方案内容与环境质量达标之间的联系，易发现解决环境问题的关键，有利于提出更加完善的环境保护改进方案。另外，在实际应用中，通过建立各环境要素质量与建设项目工业行为之间的系统分析流程图，找出后续项目实施可能产生的环境问题，亦可用于环境影响预测中进行定性的预测评价。

4.11　小结

环境影响后评价的方法体系主要以环境影响评价的方法体系为基础，是融合了一些经济、数学等领域的评价分析方法，通过实例应用总结提炼的一套以趋势分析法、动态分析法、回归分析法、累积预测法等回顾性评价及预测方法为核心的方法体系。本章内容从后评价的评价内容入手，针对后评价环境影响识别、现状调查与评价、回顾性评价、趋势预测、验证性评价、有效性评价、社会环境调查与评价以及环境保护措施与对策完善方案分析提出的一系列评价方法，可为其他案例环境影响后评价工作的开展提供方法指导。

第5章　环境影响后评价管理体系

环境影响后评价作为环境影响评价重要组成部分还处于逐步发展阶段，管理尚不十分健全。《环境影响评价法》第二十七条规定，有两种情形需开展环境影响后评价：一是项目建设、运行过程中产生不符合经审批的环境影响评价文件的；二是原环境影响评价文件审批部门责成的，主要针对建设项目周围环境状况、环境保护措施或是对环境的影响发生较大变化等情况，包括环境影响大、建设地点敏感、有争议、有较大潜在影响或是有重大事故、有风险事件发生的项目。建设单位应当组织环境影响的后评价，采取改进措施，并报原环境影响评价文件审批部门和建设项目审批部门备案；原环境影响评价文件审批部门也可以责成建设单位进行环境影响的后评价，采取改进措施。自2003年我国施行《环评法》以来，国家环境保护主管部门批复的调水工程、水电工程、水利工程和河势调整工程等水利建设项目大部分提出了"工程建成竣工验收3～5年时，应开展环境影响后评价工作"的要求。

按照建设项目的建设阶段划分，环境保护标准体系由规划环评、项目评价、环保设计、环境监理、竣工验收、后评价等组成。长期以来，环保部门为规范矿区开发规划和建设采矿项目的环境管理，已相继编制了《环境影响评价技术导则煤炭开采工程》(征求意见稿)、《煤炭工业矿区总体规划环境影响评价技术导则》(试行)、《煤炭工业生态环境保护与污染防治技术政策》等规范。环境影响后评价规范编制将进一步完善环境保护标准体系。

环境影响后评价是项目完成开发建设正式实施一段时间后，在环境影响评价工作基础上，以建设项目投入使用等开发活动完成后的实际情况为依据，通过评价开发建设活动建设及实施前后周围环境质量及污染物排放的变化情况，全面反映建设项目对环境的长期实际累积影响和环境补偿措施的有效性，分析项目实施前一系列预测及决策的准确性和合理性，找出实施后出现各种问题和误差的原因，并对评价时未认识到的一些环境影响进行分析研究，对期间发生的各类变化情况进行补充完善，评价预测结果的正确性，提高决策水平，为改进建设项目管理和环境管理提供科学依据，是提高环境管理和环境决策的一种技术手段。建设项目环境影响后评估可以看做是前期环境影响评价过程向项目建设、营运阶段的一种延伸，是改进整个环境影响评价过程及其方法学的一种非常有效的工具。因此，后评估管理也成了整个环境影响评价过程中重要的一项工作。其具体管理体系见附件2。

5.1　环境影响后评价开展的时间

环境影响后评价是环境影响评价在环境影响评价上的延伸，是对政府部门政策、规划、计划及替代方案的环境影响进行系统、综合评价的过程。作为建设项目建设环境影响评价及实际实施有效性评价及实施项目可持续发展的有效手段，PPA 的提出受到了学术界和政府部门的高度重视。

实际工作中，后评价时间范围的确定，是一个比较复杂的问题，一般来说可以考虑以下原则。

（1）一般建设项目的环境影响后评价应选择在项目主体工程和环保设施投入正常生产运行，生产负荷达到一定标准，建设项目的环境影响已发生或社会对项目环境影响已经引起纷争的时期进行。不同的项目，这一时间相差比较大，通常选择在工程正常生产 3～5 年较为合适。

（2）对某些经过较长时间才能出现环境影响（如地下水、地形地貌、生态环境等）以及有潜在环境影响的建设项目，后评价的时间可根据环境要素的变化特征和表现时间来具体确定。

（3）对环境保护设施长期闲置或运转不正常，而项目对环境已经造成影响和破坏，可以根据实际情况，在适当时机组织人员对项目进行环境影响后评价。

（4）一些对建设期、运营期、退役期等不同阶段进行环境影响评价的建设项目，可根据工程不同阶段环境影响的程度和范围在适当时期对某个阶段进行后评价。

（5）某些重大项目，如果已对环境产生不良影响，那么，工程扩建之前，应对前期工程进行环境影响后评价。

（6）对引进外资项目，其污染因素尚不能全面认识的，应当在项目竣工验收后，立即开展后评价。

总之，环境影响后评价时间选择既不能过早，也不能过晚。进行得过早不能全面确切地反映项目的实际环境影响；进行得过晚，又不能适时地为正确评价项目建设的实际影响并对环保设施进行相应的改进、完善提供必要的信息。对于不同的项目，应根据社会关注环境影响程度的不同，选择不同的评价时机。

5.2　环境影响后评价对象的确定

开展建设项目环境影响的后评价，首先要解决的问题是，在什么情况下，建设项目具备什么条件时，应当开展环境影响的后评价。近年来的实践表明，我国已开展的建设项目环境影响后评价具有不同的目的和形式。

（1）某些建设项目因其特有的复杂性而难以预测长期的潜在环境影响，因此，环境保护管理部门要求在建设工程投入运行后一定时期内进行事后环境影响评价。此类项目以生态类、非工业、区域型项目为主，如已开展的中海油南海北部湾海上油田、西藏羊湖抽水蓄能电站和冯家山水库工程等项目的环境影响后评价。

（2）出于研究的目的进行事后验证，以便改进环境影响评价技术和方法，此类项目如黄河三门峡水利枢纽、沪宁高速公路江苏段和广东沙角发电厂等项目的环境影响后评价。

（3）由环境保护管理部门责令某些未批先建项目业主补办环境影响评价手续，此类项目是目前国内最常见的环境影响后评价形式，但并不是《环境影响评价法》严格意义上所规定的环境影响后评价情形。

（4）由于某些主观或客观原因，项目实际内容或环境影响与原环境影响评价文件不相符，其中包括项目所在区域的敏感性或产业政策发生重大变化，因此需要开展环境影响后评价，并期望通过环境影响后评价完善污染防治对策和修正环境影响评价结论。

根据《环境影响评价法》第二十七条，严格意义上的环境影响后评价主要指（1）和（4）两种类型。从目前的实践情况看，随着环境保护形势的发展、市场经济条件下企业决策行为的快速化和投融资体制的改革，项目实施过程中的不确定因素增加，因此第四种类型的环境影响后评价将明显增加。

另外，从管理目的出发，环境影响后评价的适用对象首先必须满足“后评价”的原则要求，即项目应该是已建成并投入生产使用的，同时其范围应该确定为“对环境有重大影响”，即在环境影响评价阶段需要做环境影响报告书的项目。由于项目对环境的影响往往需要投入生产使用后一段时期方会显现，开展环境影响后评价工作也应该在项目正式投入生产使用后一定期限内进行。

评价选择的原则如下：

（1）建设项目规模大、影响大、群众反映大和风险大的项目。

（2）项目采用新产品、新工艺、新措施等造成污染源强度不详、影响大小（范围程度）不详、措施有效性不详的项目（如新农药、新化工等）。

（3）建设项目选址不当，直接涉及自然保护区核心区（经法律程序修改边界，不在核心区内）或者占用部分缓冲区和实验区的项目（如管道工程：西气东输一线、二线工程、南水北调工程、输油管线项目、输变电工程、跨江河湖海大桥）。

（4）在风景名胜区及其外围保护地带建设污染环境、破坏景观的项目；国家重大工程选址选线确实无法避开必须穿越、跨越或占用风景名胜区的项目。

（5）直接涉及饮用水地表水源一级保护区及地下水一级保护区（项目选址位于上述保护区内或者上游 2 km 范围内），以及向地表水源二级保护区、准水源保护区排放污水或污染物（包括温排水）的建设项目。

（6）建设项目环境影响直接涉及国家或地区重点保护野生动植物的生存环境或者产生重大不利影响的项目。

（7）项目选址、选线不符合区域规划、流域规划或城市总体规划。

（8）项目建设和布局不符合环境功能区划，可能导致环境质量降低；不符合生态功能区划，与生存功能区定位不一致，可能导致功能退化的。

（9）在干旱、半干旱地区，生态脆弱地区和水资源供需矛盾突出及其地下水严重超采区，矿采空区，不良地质区（地震区、溶洞）的建设项目。

（10）跨区域、流域、有争议的项目。

（11）公众投诉多、反应大，在人大、政协会议上多次出现提案的项目。

（12）建设项目规模明显超过设计规模和批复的规模。

（13）建设项目存在长期、潜在或者累积性的影响等。

另外可以参照 Sadler 和 Baker 等的研究来确定后评价对象：①是否有立法要求开展后评价；②决策是否是以往未遇到过的类型；③决策的有关问题是否引起公众的高度关注；④决策是否将在环境敏感区实施；⑤EIA 预测中是否存在无法避免的不确定性；⑥EIA 提出的减缓措施是否可以得到落实；⑦决策的实施是否会导致重大的累积环境影响。

5.3　环境影响后评价的参与方法

环境影响后评价的实施具有跨部门性、跨时间性和综合性特点，涉及项目计划、项目规划、项目环境保护等多个职能部门及社会团体和公众。PPA 的基本框架必须体现这些特点，具有回顾性的 PPA，应该与项目计划、规划、环境保护等行为的制定过程密切结合。此外，PPA 的工作程序涉及项目实施行为制定者、审批者、实施者（评价者）、监督管理者以及相关社会团体和公众等，PPA 的基本框架也应该明确上述各方的地位和相互关系。

5.4　环境影响后评价的管理原则

5.4.1　后评价项目的管理原则

环境影响后评价的管理工作可参照建设项目的前期评价，实行“统一领导，分级管理”，国家根据建设项目建成并运营一个时期后对环境的后续影响程度，对建设项目的环境影响后评价采取分类管理制度，即环境影响后评价的分类筛选原则。

首先参照建设项目的前期环境影响评价，根据不同类型项目的环境影响特征，针对具有累积环境影响特征的项目制定相应的“建设项目环境影响后评价分类管理名录”。要求此类项目在通过环保验收后的 3～5 年进行环境影响后评价，以后每隔 5～10 年做一次后评价，第 2 个 5～10 年及以后的后评价可简写成篇章。凡新建或扩建工程建成投入使用 3～5 年后，均要根据此“建设项目环境影响后评价分类管理名录”及影响程度确定编制环境影响后评价报告书或环境影响后评价报告表。

建设单位应当按照下列规定组织编制环境影响后评价报告书或环境影响后评价报告表（以下统称环境影响后评价文件）：

（1）项目通过环保验收后运营 3～5 年期间内造成了重大环境影响的，应当编制环境影响后评价报告书，对产生的环境影响进行全面评价及提出改进补救措施。

（2）项目通过环保验收后运营 3～5 年期间内造成轻度环境影响的，应当编制环境影响后评价报告表，对产生的环境影响进行分析或者专项评价及整改。

5.4.2　评价机构的管理原则

与常规建设项目环境影响评价的机构并行管理，将后评价范围作为具有环境影响评价资质机构的新增业务方向，坚持资格认证和分级管理的原则。

5.4.3　后评价技术报告的管理原则

5.4.3.1　后评价技术报告的审批原则

环境影响后评价项目的审批应当全面、客观、公开、公正、科学，并应充分依靠专家，充分考虑项目活动已造成的累积性不良环境影响及其对公众环境权益的侵害，并提出下阶段生产活动需采取的可行的环境保护对策和措施，为企业决策提供科学依据，同时为环保部门提供奖惩依据。

5.4.3.2 后评价报告的编写原则

后评价必须遵循客观、公正、科学的原则，做到分析合理、评价公正。通过项目的后评价以达到肯定成绩、总结经验、研究问题、吸取教训、提出建议、改进工作、不断提高项目污染防治和生态恢复的目的。其需遵循下面的原则：

（1）坚持重点与全面相结合的原则：既要突出建设项目施行后所带来的重点环境问题、关键时段和影响范围，又要从整体上兼顾建设项目对当地社会环境系统全面及长期影响。

（2）广泛参与原则：后评价必须广泛听取公众意见，综合考虑当地各方群体的意见，并认真听取当地相关行业专家及有关单位的意见。

（3）过程评价原则：后评价应重点对建设项目开发的整个过程进行全面评价，强调在开发过程中产生的累积影响，并以此为依据提出后续开发所需要加强的过程影响控制措施。

（4）指导性原则：后评价应对前评价及目前企业所采取的环境保护措施提出技术指导，提出后续开发应补充完善的技术及管理措施，为企业和当地环境管理部门提供指导性意见。

（5）可持续发展原则：后评价应该遵循可持续发展，持续发展，重视协调，促进人与自然的和谐，坚持经济、社会与生态环境的持续协调发展。

（6）可行性和可操作性原则：进行的后评价所采用的环保措施应具有可行性，科学合理，可操作性强。

（7）指标体系系统性原则：为了实现对项目的后评价，选取的指标体系必须层次结构合理，协调统一，比较全面地反映出项目对环境的影响及变化。

（8）定性分析与定量分析相结合的原则：为了更好地进行综合环境影响后评价，必须将部分反映环境影响的定性指标定量化、规范化，为采用定量评价方法奠定基础。

5.5 后评价环境管理内容

5.5.1 建立后评价三级管理体系

建设项目环境影响后评价工作涉及环境、经济、社会等各方面因素，为促进煤田开发环境影响后评价工作规范、深入、广泛开展，本着独立客观性、可操作性、权威性和需要性原则，建立起由领导机构、管理机构和执行机构构成的煤田开发环境影响后评价三级管理体系。

5.5.1.1 建立三级管理体系的原则

（1）独立客观性原则。后评价机构建设的首要原则就是独立客观性原则。后评价工作的开展既要有独立性，不受外界及上级行政部门的干预，又要有客观性，即后评价的结论必须客观地反映决策和管理的实际状况。否则就达不到进行决策监督、追究决策责任、提高建设工程决策水平和改进建设工程质量的目的，甚至还会掩盖问题，产生负面效应。

（2）可操作性原则。后评价机构建设要具有可操作性，即建立的后评价机构必须能够正常的运转。这就要求有保证后评价机构开展组织与协调工作必要的经济法律手段；有一支素质精良的后评价工作队伍；有进行后评价工作的程序和规则；有稳定的经费来源和明确的职责范围等。只有这样，后评价机构才能富有生机高效运转，才能完成后评价工作的重要使命。

（3）权威性原则。权威性是构建后评价机构的重要原则。因此，中央后评价机构或行业后评价机构，必须依法确立其评价结论的权威地位，使评价结论成为追究决策者行政责任、经济责任，甚至法律责任的重要依据。具有独立资格的后评价机构，则依靠评价结论的权威性、客观公正性，扩大影响，适应并占领项目评价市场，寻求发展。

（4）需要性原则。需要性原则是指依据各地区、各行业特点和后评价具体工作需要来构建后评价机构。需要性原则既要避免机构重叠设置，责权不清，造成工作效率低，又要避免机构设置缺位、人才短缺，难以完成正常的工作任务。

5.5.1.2　后评价领导机构

环境影响后评价领导机构是指中央权威性领导机构，它是在国务院直接领导下的一个独立于各部门之外，又是各部门联合体的中央后评价领导小组，不仅负责管理煤炭资源建设项目的后评价工作，也负责管理全国其他行业的后评价工作。小组成员可以由国家发展和改革委员会、环境保护部、财政部、国家经贸委、国家审计署及中国人民银行等有关综合部门的领导组成领导小组下设办公室，负责日常具体工作。

中央后评价领导机构的主要职责是：负责全国后评价工作的管理、指导、组织和协调；颁布后评价政策、法规和条例；制定后评价实施办法及指导性原则，规范后评价方法；审核监督其他评价机构所做的后评价报告；将后评价结论及时反馈到领导及决策部门等工作（姚光业，2003）。

5.5.1.3　后评价管理机构

环境影响后评价管理机构是指以国家环境保护部为主体，联合各省（自治区、直辖市）的环境管理部门组建的后评价组织管理机构，该机构可以是单独组建的后评价单位，也可以在环境保护部成立后评价司（局）。后评价管理机构的主要职责是：负责贯彻中央后评价领导机构制定的后评价政策、法规和条例；对地区煤炭行业后评价工作进行总的组织、管理、指导和协调；结合地区、部门、煤炭行业特点制定指导开展后评价工作的具体实施办法和后评价工作程序；接受中央领导机构的委托，审核后评价单位的资格；选择后评项目，组织培训后评价工作人员，判断评定后评价工作质量；审核、监督下属的或委派的后评价机构所做的后评价报告及工作，并向地方政府、部门或行业领导提交审核报告及综合报告；负责组建后评价数据库，建立后评价信息、动态反馈网络，及时对煤炭资源建设项目环境影响后评价结论进行总结、反馈，供其他类似项目实施与营运的决策参考；检查后评价反馈的信息、应用情况，总结反馈机制的不足并及时改进。

5.5.1.4　后评价执行机构

环境影响后评价执行机构是指由环境影响评价单位组成的后评价机构及以多种形式单独组建的后评价中介组织机构。环境影响后评价执行机构的主要职责是接受执行各环境影响后评价领导机构或管理机构委托的环境影响后评价工作任务，对建设项目环境影响进行后评价，向委托方提交后评价报告，以加强环境监督。

环境影响后评价的执行机构面向市场开展服务，靠评价质量求生存、求发展。煤田开发项目环境影响后评价机构体系的构建，包括后评价领导机构、管理机构和执行机构的建设，其中领导机构负责全国基本建设项目后评价的领导工作，对于各行业环境影响后评价工作，该机构只是起监督、指导和协调的作用；环境影响后评价执行机构在性质上是面向市场的中介机构；煤田开发项目环境影响后评价的管理机构，则是后评价的具体管理、组织者，肩负着后评价的组织、引导、技术培训、信息、反馈等多方面的工作，是顺利推进项目环境影响后评价工作的主要力量。因此，煤炭资源建设项目环境影响后评价的管理机构建设，是后评价体系建设中最关键、最重要的一个环节。

5.5.2 后评价组织形式

建设项目环境影响后评价不是纯学术的科研行为或纯商业的合同行为，涉及政策、法规、制度等各方面的利益，因此，后评价组织机构的设置也不能简单地与项目技术、经济效益、社会效益、可持续性等后评价的组织机构组成相同。由于项目环境影响后评价带有政府监管和执法的成分，也会触及一些人的利益，具有一定的难度，所以应该在专家型的组织机构设置上再加入政府有关行政主管部门的人员，并对监测和执法过程起保障作用。

由于煤田所处的自然、社会、经济等条件不同，后评价工作可以采用不同的后评价组织形式。

（1）环保部评价司（局）组织后评价。成立环保部项目环境影响后评价机构，负责组织相关单位和人员，包括项目管理单位、施工单位、设计单位、监理单位等的行政管理人员、相关专家参加环境影响后评价工作。根据后评价的内容和指标体系逐项对环境进行后评价。该种组织形式主要适用范围是全国性的大型或特大型煤田开发建设工程后评价工作。

（2）省（自治区、直辖市）政府部门组织后评价。由省（自治区、直辖市）政府部门组织煤炭建设项目管理单位、施工单位、设计单位、监理单位等的有关人员，对省（自治区、直辖市）级煤炭建设项目进行环境影响后评价。该种后评价的组织形式，主要适用范围是省（自治区、直辖市）级的中、小型煤田开发工程后评价工作。

（3）委托中介机构组织后评价。由环保部环境影响后评价司（局）或省（自治区、直辖市）相关部门，直接委托具有资质的中介机构对选定的建设工程实施后评价，根据后评价的目标、任务、内容、时间、费用等要求，对工程进行环境影响后评价，并提交后评价报告，由该部门提交的后评价报告具有法律效力，不仅可作为决策依据，也可以作为奖罚依据。该种组织形式，适用范围更广泛，可以对大、中、小型的各类煤炭资源建设工程进行后评价。

5.5.3 建立后评价运行机制

5.5.3.1 后评价主体、客体选择机制

后评价主体即后评价工作的组织者。目前，环境影响后评价主体主要包括政府部门、科研部门、中介机构以及建设部门等。因此，在煤田开发项目后评价工作开始前，首先要明确后评价主体，后评价主体根据实际情况，提出具体的后评价工作要求。

后评价客体的选择要根据实际情况决定，原则上，对所有符合后评价条件的煤田开发项目都要进行后评价，后评价应纳入环境管理程序之中，但是由于受经费、人力、物力等不同条件的约束限制，不可能对所有的煤田开发项目都及时进行后评价。主要原因是，一方面没有完善的环境影响后评价机制，后评价工作有时可有可无；另一方面我国建设项目众多，而从事具体项目后评价的人员相对稀缺，再加之后评价经费不能完全保证到位，这

就出现了煤田开发项目环境影响后评价客体的选择问题。

一般来讲，选定煤田开发项目环境影响后评价客体的标准是：①具有特殊意义的煤田开发项目，即公众非常关心煤田开发项目，大型或特大型对国民经济有重大影响的煤田开发项目；②具有代表性的煤田开发项目，指能以此为先例说明煤田开发建设现状和区域煤田开发未来发展方向的具有代表性的区域示范性的煤田开发项目。

5.5.3.2　后评价专家选择机制

后评价通常分两个阶段实施，即自我评价和后评价阶段。在后评价阶段，需要委托一个独立的评价咨询机构去实施。一般情况下，这些机构要确定一名后评价负责人，该负责人聘请和组织后评价专家组去实施后评价。后评价咨询专家的聘用，要根据所评工程的特点、后评价要求、后评价专家的专业特长和经验来选择。

后评价专家组一般由“内部”和“外部”两部分组成，所谓“内部”，就是被委托机构内部的专家。一方面由于他们熟悉项目后评价过程和程序，了解后评价的目的和任务，可以顺利实施后评价；另一方面，费用也比较低。所谓“外部”，就是后评价执行机构以外的独立咨询专家。聘请外部专家的优点是，外部专家一般更为客观公正，可以找到熟悉煤田开发工程的真正行家，弥补执行机构内部人员的专业缺陷。

5.5.3.3　后评价机制运行程序

环境影响后评价机制运行程序主要包括以下方面：明确后评价主体，制订后评价计划；明确后评价客体，确定后评价范围与内容；选定后评价机构，确定专家组成员；实事求是开展工作，按计划完成后评价过程；认真分析评价，由后评价机构编写后评价报告；及时反馈后评价结果，充分利用后评价成果。

同时，要保证环境影响后评价结果与项目环境影响审批的信息间联系。一旦发现后评价的结果与对项目实施的限制条件不一致或与预测分析的结果不一致，主管部门可以根据后评价结果更改或重新提出项目实施的约束要求，这些条件和要求载入项目管理文档，作为下一次后评价的依据。通过环境影响后评价结果与项目环境影响审批间的衔接，确保环境主管部门在行使下列权力的有效性：中止项目的施工、更改工艺过程、停产、采取适当的减缓措施。同时也可确保建设单位及有关部门能够对环境影响后评价的结果作出具有法律效力的承诺和积极的响应。

5.5.4　健全后评价保障机制

5.5.4.1　完善后评价立法工作

各国后评价实践表明，无论何时后评价工作都应得到政府和立法的支持，这对于提高后评价运行效率，保证管理的权威性至关重要。在发展中国家，印度的后评价由宪法规定；孟加拉国的评价机构得到最高级政府领导的支持；在巴西，中央监测和评价组织得到宪法的支持。在发达国家中，澳大利亚后评价机构受立法的支持；美国公共投资后评价工作有较完善的法律制度作为保障，具有强制性，与项目可行性研究报告和项目论证相比，后评价更为重要，它不仅关系到对项目本身合理性的评价，而且直接关系到对决策者决策行为的评价，是政府制定下一期公共投资政策的重要参考依据，是一项十分严肃的工作。所以，加强煤田开发项目后评价工作需要推进后评价工作的制度化、法律化进程，使之成为公共投资项目管理的必要环节和重要组成部分。

目前，尽管随着环境保护立法的不断深入，我国采取了环境影响评价制度、“三同时”制度、竣工验收等制度，但监督的广度、深度是不够的。其主要问题是除了没有健全的法律制度之外，就是没有建立后评价制度，没有确立后评价工作的法律地位。建立环境影响后评价工作制度，尤其是在法律上保证后评价结果的使用机制，把公正、可靠、权成的后评价结果作为类似建设工程决策、建设决策及环境保护决策的重要依据。

5.5.4.2 加强后评价理论研究

建设项目环境影响后评价研究（尤其是煤炭开采项目）是国内环境影响后评价共同面临的一个问题。由于体制、观念、资金障碍等原因，目前，我国煤田开发项目环境影响后评价的理论研究进展缓慢，尚未形成完整的理论、方法与应用的指标体系。

煤田开发项目环境影响后评价工作需要根据我国的煤炭资源特点，开展环境影响后评价工作研究，因此，应组织有关部门尽快研究制定适合我国煤炭开采业发展要求的《煤炭开采业环境影响后评价管理办法》《煤炭开采业环境影响后评价实用手册》等，对环境影响后评价的方法、后评价的对象、后评价的内容、后评价所采用的通用参数、后评价遵循的原则以及后评价主体、后评价人员等做出明确的规定。以指导我国煤田开发项目环境影响后评价工作的开展，使煤田开发项目环境影响后评价具有同期可比较、同质有标准、同域可参照的特点，以保证煤田开发环境影响后评价结果的客观性、公正性和权威性，提高后评价结果的反馈利用效率和效益。

5.5.4.3 推行后评价工作制度

在全国范围内成立专门的煤炭开采项目环境影响后评价机构、建立完善的煤炭开采项目环境影响后评价指标体系、充分利用环境影响后评价结果指导建设项目的环境评价工作已经是势在必行。

5.5.4.4 提供后评价的资源保障

开展环境影响后评价需要投入一定数量的资源，主要包括后评价人力资源、经费资源以及信息资源。

（1）确定后评价机构资质。目前我国新建立的后评价机构和一些开展后评价工作的设计、咨询单位，在人才结构、学科构成、工作条件、业务范围以及从事后评价工作的经验等方面，存在较大差异。因此很有必要进一步明确后评价机构的资格认证条件，只有取得认证资格的机构方可开展后评价工作。取得认证资格的后评价机构中要独立设置有关煤炭开采项目环境影响后评价的业务部门，这样才能保证完成后评价的任务，保证后评价结果的水平和质量。

（2）建立专职后评价队伍。从事后评价工作的机构要具有一定数量的专职后评价工作人员，他们应具有较系统的后评价理论知识，熟悉后评价工作规范，掌握后评价基本方法，能胜任后评价工作的管理和操作等。后评价队伍要具有科学合理的知识结构、学科结构、职称结构和年龄结构。后评价机构还应具有从社会上不同行业和部门聘请权威性专家的条件和能力，并能充分发挥他们的作用，开展后评价工作。聘请外部专家参与，既可以弥补执行机构专职评价人员的不足，满足不同工程后评价对不同专业人员需要的特殊要求，又能给评价组带来新观念、新思维，提供不同工程所需要的专业技术知识和经验，同时还可以增强后评价的公正性和可信度，有利于提高后评价机构的声誉。

（3）提供环境影响后评价经费资源。进行环境影响后评价需要一定的经费投入，其经费的数额视工程规模大小及后评价的要求而不同。建设主体应当来承担这笔经费，所以要加强环境影响后评价工作，建议建设主体在项目环保投资中，能将环境影响后评价经费单列，并根据建设规模和范围大小，明确后评价经费所占工程投资总额的比例，并形成制度化和标准化，这样才能使环境影响后评价工作真正落到实处。

5.5.4.5　强化后评价反馈应用机制

（1）建立反馈应用机制。后评价成果反馈应用的好坏是衡量环境影响后评价工作成败的决定性因素。因此，反馈应用机制是环境影响后评价体系中的一个关键环节，它是一个表达和扩散评价成果信息的动态过程，即通过后评价信息的表述和扩散使其不断地返回到在建和新建的建设项目中去。因此，反馈效果将取决于信息扩散的策略和实践方式，取决于建立一个使后评价结果能够进入建设项目环境监督、管理周期的反馈应用机制。

反馈机制的建立应以制度的形式确立，用正式和非正式的手段使后评价获得的经验教训，能在新建项目和新计划的制定过程中得到应有的重视。反馈机制应主要与4个方面建立紧密的联系，即与政策制定的联系，与环境监督、管理计划的联系，与环保设施执行过程的联系。环境影响后评价反馈流程如图5-1所示。

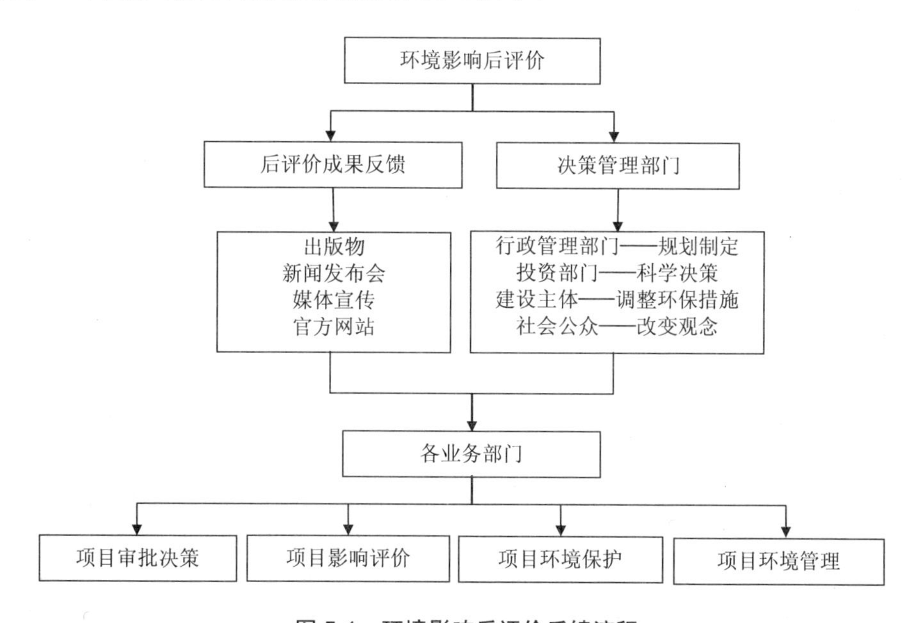

图5-1　环境影响后评价反馈流程

（2）注重反馈应用实效。加强后评价信息、反馈工作。后评价的成果要及时反馈到项目决策、规划，环境管理、实施等机构和部门。一是向各级政府项目决策和环境管理部门反馈。为政府决策及管理部门在项目审批和环境管理提供科学依据。二是向建设者反馈。使建设者能够及时吸取环境治理经验教训，改进措施，合理安排未来工程建设布局、环境保护模式。三是向社会反馈。可以通过出版物、新闻媒体、成果发布会等不同形式向社会公布工程建设环境影响后评价结果，以促进工程建设与社会需求保持一致，提高工程建设的和谐性和可持续性。

（3）加强社会舆论监督。为提高环境影响后评价成果的应用程度，可将后评价结果以报告、公开发表文章、会议、新闻发布会、网站发布等形式，向社会公布，形成社会公众舆论的监督，促使有关决策部门、管理部门及建设部门采取改进措施，使得环境影响后评价总结出来经验得到推广，合理化建议得到采纳和应用，教训得以吸取，防止重蹈覆辙。通过环境影响后评价成果的扩散和应用，可以提高社会各界和社会公众对工程建设情况的了解和认识，把后评价工作成果变成社会财富，使之产生社会效应，体现后评价工作的重要性，实现后评价工作的最终目的。

5.6 环境影响后评价管理程序

制定后评价计划，凡符合条件的建设工程都应重视和及早准备（环境影响）后评价工作。后评价计划制定越早越好，最好是在工程可行性研究和执行过程中就确定下来，以便工程管理者和执行者在工程实施过程中就注意收集资料。因此，以法律或其他法规的形式，把煤田开发环境影响后评价作为建设程序中必不可少的一个环节确定下来非常重要。环境影响后评价更注重环境治理活动的整体效果、作用和影响，所以，环境影响后评价计划应从较长远的角度和更高层次上来考虑，合理安排项目的环境影响后评价，使之与长远目标结合起来。煤田开发环境影响后评价计划可以根据各影响因子（如水环境、声环境、生态环境等）的影响表征时限不同来制定。

建设项目环境影响后评价的评价程序分为以下几个阶段：行业行政主管部门下达后评价行政要求；建设单位委托评价机构；评价机构收集资料、现场勘察及调研；环境影响后评价大纲编制及审查；环境影响后评价实施；环境影响后评价报告编制及审查；环境影响后评价报告备案。

由行政主管部门，即上文所述的“评价主体”对具备后评价条件的建设单位依法组织进行环境影响的后评价，其过程和内容如前所述。

环境影响评价机构完成后评价后，编制环境影响后评价文件。环境影响后评价文件具有法律效力。建设单位应当根据该文件，采取相应的改进措施，防止建设项目对环境造成污染和破坏。这里所说的“改进措施”，是针对原环境影响评价文件中规定的污染防治措施而言的。正是因为原环境影响评价文件规定的环境保护措施不能达到应有的效果，才应当在此基础上，加以改进。

建设单位采取改进措施后，应当将该措施的内容、实施的效果等报原环境影响评价文件审批部门和建设项目审批部门备案。

由于环境影响的后评价是对原环境影响评价工作的改进和完善，实际上就是整个环境影响评价制度的有机组成部分，不能脱离原环境影响评价工作而独立存在。因此，对后评价工作一般不需要再进行审批。但是，考虑到原环境影响评价文件审批部门和项目审批部门对该建设项目负有监督管理的职责，对原环境影响评价文件内容做出调整的，应当报上述部门备案，以便有关部门了解情况，及时发现和处理问题。

除了上述程序外，《环境影响评价法》第 27 条还规定了一个特别程序，即原审批环境影响评价文件的部门可以责成建设单位进行环境影响的后评价，采取改进措施。适用这一特殊程序需要注意以下几点：

（1）适用这一特别程序需要具备一定的条件。如果建设项目依法应当开展环境影响的后评价，但建设单位出于种种原因，不愿意主动进行，或者没有意识到问题的严重性，没有开展后评价工作。而原审批环境影响评价文件的环境保护行政主管部门或者其他有关部门，通过各种渠道，发现了该建设项目存在的问题，该审批部门可以责成建设单位进行环境影响的后评价。

（2）做出责成建设单位开展环境影响后评价决定的，只能是原审批环境影响评价文件的环境保护行政主管部门或者其他有关部门，不包括建设项目的审批部门。

（3）"责成"这一措施具有强制性，建设单位必须执行，不得以各种理由拒绝或者推托。

（4）建设单位组织进行环境影响后评价之后，应当依照一般程序的规定，采取改进措施，并报原审批环境影响评价文件的部门和建设项目的审批部门备案。

评价工作程序详见图 5-2。

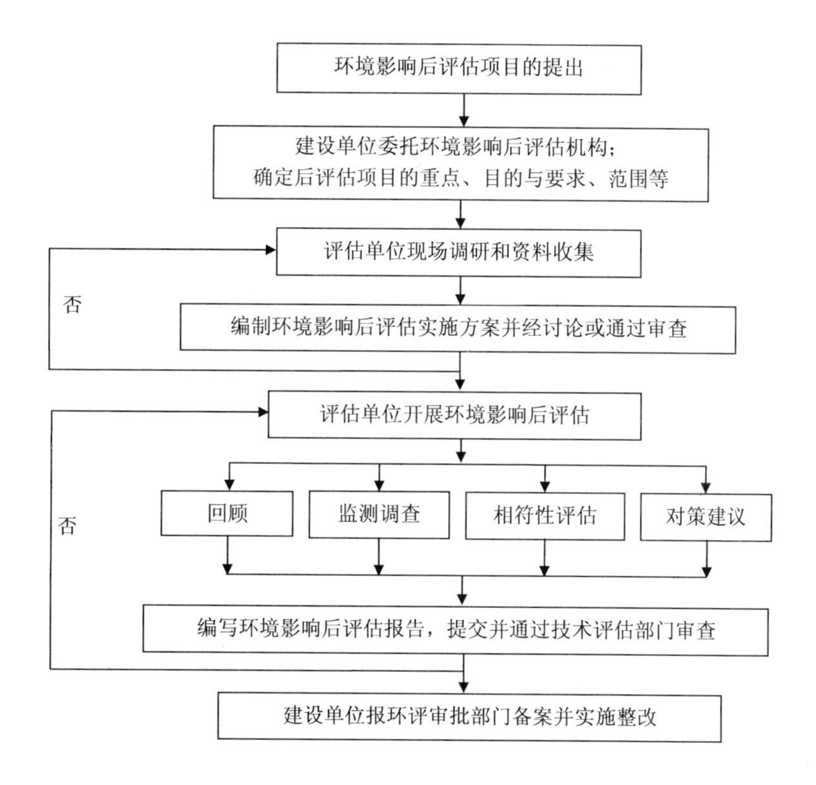

图 5-2 环境影响后评价工作程序

5.7 环境影响后评价管理条例立法依据

环境影响后评价管理条例是环境影响后评价的环境管理和决策依据、手段，同时管理条例属法律范畴也是保证技术规范顺利实施的保障。另外，管理条例亦与技术规范在许多方面，如评价范围、级别等方面相互呼应，构成环境影响后评价的综合实施体系。同时，后评价管理条例也是在很多法律法规和研究的支撑下立法的。

1978 年中共中央在批转国务院关于环境保护工作汇报要点的报告中，首次提出进行环境影响评价工作的意向，并在以后颁布的一系列法律法规及政策中逐步确立了环境影响评价制度，特别是 1998 年 11 月 29 日国务院颁布的《建设项目环境保护管理条例》及 2002

年 10 月 28 日全国人大常委会颁布的《环境影响评价法》对环境影响评价制度作了更为全面、具体的规定。

2002 年 10 月 28 日颁布并于 2003 年 9 月 1 施行的《环境影响评价法》，在该法中首次对规划、建设项目的环境影响提出了后评价（或跟踪评价）要求。该法第 27 条中规定："在项目建设、运行过程中产生不符合经审批的环境影响评价文件的情形的，建设单位应当组织环境影响的后评价，采取改进措施，并报原环境影响评价文件审批部门和建设项目审批部门备案；原环境影响评价文件审批部门也可以责令建设单位进行环境影响后评价，采取改进措施。"这对加强我国规划、建设项目环境影响评价管理，健全环境影响评价体系具有重要的作用，对后评估管理也提供了强有力的法律依据。

另外，根据《国务院关于投资体制改革的决定》要求，国家发展改革委于 2008 年 11 月 7 日制定并于 2009 年 1 月 1 日施行的《中央政府投资项目后评价管理办法（试行）》，明确了需开展后评价工作项目范围，2009 年国家发改委依据《管理办法》启动国家投资项目后评价工作。环境影响后评价属于项目后评价中影响评价（包括环境影响评价、社会影响评价等）内容之一，环境影响后评价管理的开展是国家投资体制改革和环境保护工作的迫切需要。

国内行业中的工程建设项目环境影响后评价法律法规中，最先出现的后评价管理规定是国家海洋局于 2003 年 10 月 27 日颁布并实施的《海洋石油开发工程环境影响后评价管理暂行规定》，对海洋石油开发工程环境影响后评价做了相应规定，并要求对 2000 年 4 月 1 日以前投产的海洋石油开发工程在 2004 年年底以前组织开展环境影响后评价工作。董小林，商连（《公路建设项目环境影响后评价公众参与研究》，2004）阐述了公路建设项目环境影响后评价公众参与的概念、目的和作用，以及公众参与项目建设全过程的关系，并就公众参与的调查方法、调查对象、调查范围及调查内容等进行了研究。孙宁（《高速公路环境的综合评价指标体系及方法》，2004）在高速公路环境质量评价中重点对环境指标体系的建立，指标权重的确定方法和影响因素的划分方法做了比较完整的阐述和论证。还有 2005 年制定的《火电厂烟气脱硫工程后评估管理暂行办法》和 1996 年制定的《公路建设项目后评价工作管理办法》等这些国内行业法律法规都对后评价管理条例的立法提供了指导。

国外关于环境影响后评价（Post-Project-Analysis）研究也对后评估管理条例提供了立法依据。最初是 20 世纪 80 年代英国的 Manchester 大学的环境影响评价（EAI）中心对环境影响后评价展开了相关的研究工作。1988 年，EEC 通过对多个案例研究的比较分析，确定那些已成功进行了环境影响后评价的项目所使用的环境影响评价方法，从而使其他的项目以此改进实践中的环境影响评价方法，同时还提出了环境影响后评价的用途以及环境影响后评价与环境影响评价的关系，确定了环境影响后评价的分类和实施程序等。联合国报告对 PPA 的界定是：做出项目批准决定之后，在项目实施阶段进行的环境研究，其主要作用是及时发现工程建设中的环境问题，验证环境影响评价结果的准确性，最终反馈到工程建设中。

早在 20 世纪 30 年代，美国在开始实行"新分配"计划时，便开始试行项目后评价并开始后评价管理。到 60 年代美国"向饥饿宣战"计划的实施中使用巨额国家预算资金投入建设，国会和公众对资金的使用、效益和影响表现出极大的关注，进行了以项目投资效益为核心的后评价，促使项目后评价的理论和方法得到初步发展和完善。加拿大议会通过项目后评价以增加对行政部门监督的动力较小，项目后评价的重点更多地倾向于学习和总结经验，以加强和改进项目投资管理。加拿大政府已经考虑把后评价与项目实施过程中的评价结合起来，将项目实施过程中的评价看做是总的后评价的一个组成部分，使后评价和实施过程中的评价成为一个整体，逐步将项目后评价的重心从传统的为改进管理服务转移到为业绩监督和考核服务上，从而为后评价管理又提供了思路。

第 6 章　矿区草原生态系统综合评价模型及健康评价方法

6.1　评价方法及指标体系的确定

6.1.1　评价方法

目前的生态系统健康评价方法有物种指示法、生态风险评价法、综合指标评价法等，对各种生态系统健康评价应包含的指标并没有达成统一的共识，很多都是从生态系统的压力、状态、响应等方向建立评价指标体系，缺乏从生态系统的结构、活力和功能的完整性、生态系统的可持续利用能力、生态系统的动态变化等不同层面构建生态系统健康评价的指标体系。本书提出的方法和模型是根据矿区周边草原生态系统健康的内涵和人类活动对生态系统的影响，分析草原生态系统的特点，从结构功能、可持续利用能力和动态变化等方面出发结合研究资料，初步确立适合草原生态系统健康评价的指标体系，使指标能较准确、较全面地反映草原生态系统健康状况。为了更好地说明模型和评价方法的应用步骤及效果，本章以伊敏露天矿为实例进行评价。

6.1.2　评价指标选取原则

（1）代表性和科学性原则。在评价不同区域的生态环境时，选取的评价指标要具有一定的代表性，确实能够代表所评价区域的生态环境状况及其变化特征。同时，为了便于与相邻地区的生态环境进行比较，所选取的每个评价指标要具有自己的内涵；选择评价因子要力求科学，能客观反映评价区生态环境质量的基本特征，体系内每一指标必须物理意义明确，测算方法准确，统计计算方法规范。

（2）全面性和实用性原则。确定相应的评价层次，将各个评价指标按系统论的观点进行考虑，构成完整的评价指标体系；同时，在选取评价因子、制定评价指标体系及构建评价模型时，不可能面面俱到，应遵循简洁、方便、有效、实用的原则，抽取对生态环境质量影响较大的，而又易于获取的监测资料，并有利于生产和管理部门掌握的因子和模式，使理论和实践得到良好的结合。

（3）可操作性和易获性原则。指标体系尽可能采用规范、通用的名称和概念，要具有可测性和可比性，易于量化，并尽可能有现成的统计资料，当然指标的选取，特别是统计指标的选取更应注重所构建的指标是否可获得。

（4）体现累积性和过程评价的原则。

6.1.3　评价技术路线

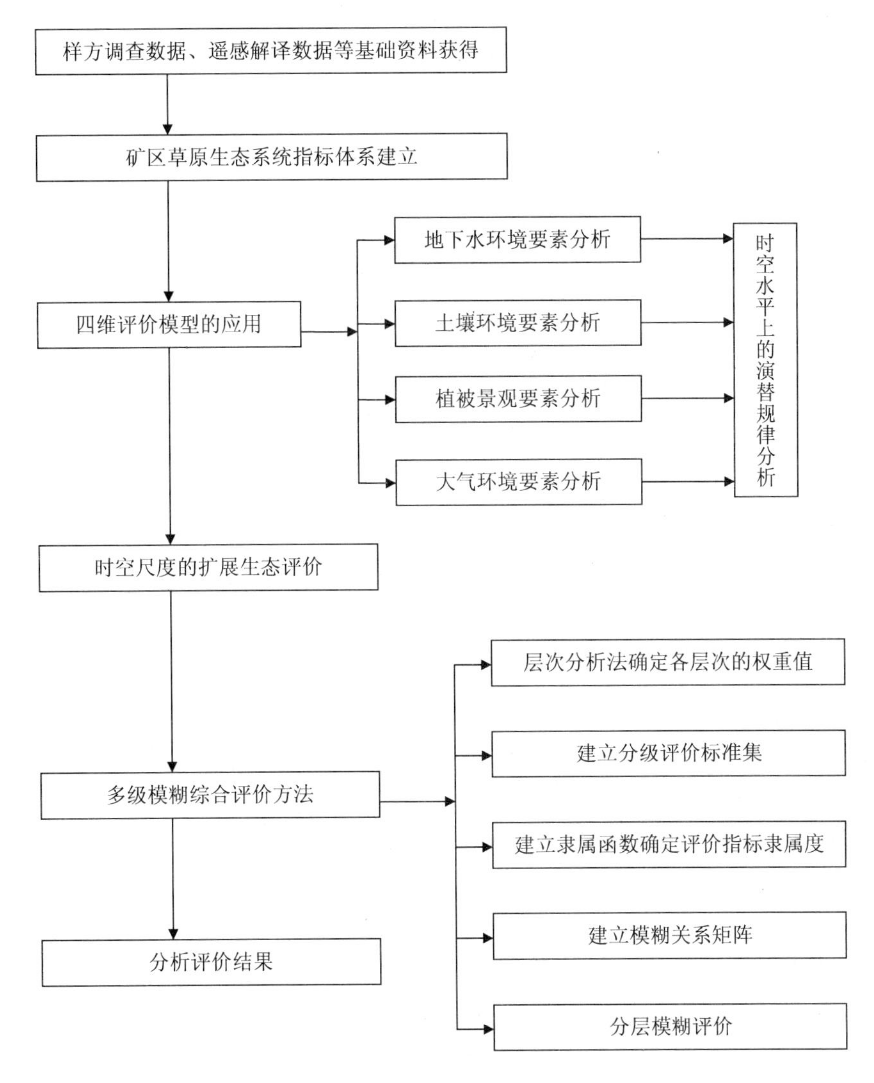

图 6-1　矿区生态健康评价技术路线图

6.1.4　指标体系的构建

大生态环境系统是涵盖社会、经济、生态和资源为一体的复合大系统，为了要合理地对整个探区的生态环境进行客观的评价，必须综合考虑生态环境系统自身的承载能力和开发所带来的生态环境压力，因此可从生态系统的活力、结构、恢复力出发，考虑以下几个方面的影响：生态功能、资源功能、组织结构、植被景观结构、土壤结构、环境治理、系统保护，评价指标体系见表 6-1。

6.1.4.1　一级评价指标体系

生态系统健康是指一个生态系统所具有的稳定性，在时间上的可持续性，以及具有维持其组织结构、自我调节和对胁迫的恢复能力，因此，一级评价指标主要从生态系统的构成上进行划分，反映了生态系统结构和功能的状况，指标体系见表 6-1。

表 6-1 一级评价指标体系

目标层	指标层		
矿区草原生态系统健康评价	活力	结构	恢复力

6.1.4.2 二级评价指标体系

根据一级评价指标层，二级评价主要分析生态系统在土壤环境、植被状况、生态功能、资源保护及系统保护等方面的健康状况。二级评价指标体系见表 6-2。

表 6-2 二级评价指标

目标层	活力		结构			恢复力	
准则层	生态功能	资源功能	组织结构	植被景观结构	土壤系统结构	环境治理	系统保护

6.1.4.3 三级评价指标体系

根据二级评价指标，三级评价指标从各环境要素的具体指标选取，如植被覆盖度指标、生物多样性指标、地下水位矿化度指标、地下水水质指标、工业废水处理达标率指标等。三级指标体系见表 6-3。

由于煤炭开采区 TSP、SO_2、NO_x 等污染物大量产生，导致大气环境质量下降，损害人、畜和植物。而大气环境作为生态环境的最顶层空间指标，对生态环境具有指示性作用。因此，TSP、SO_2 及 NO_x 日平均指数作为重要的评价指数。同时，降雨影响草原区域的植被数量、种类及生长状况等，对土壤质量养分及土层结构也具有影响，所以降雨指数即是大气环境指标中的重要指数。

当生态系统受到干扰和外来压力发生改变甚至退化时，一般会在植被群落结构上有所表现。地表的开挖及矿产资源开采引起的地表塌陷，会直接破坏地表植被，从而加剧水土流失与沙漠化，导致植物生产量降低。通过对所选植被因子的生态调查发现，当草原生态环境受破坏时，植被种类、数量等与原草场相比会发生很大幅度的改变。因此，植被指标中包含植被种类、植被数量、植被生产力指数、植被覆盖度指数、生物多样性指数。

不论是植被生长，还是地表径流，都离不开土壤的作用。土壤质量养分直接决定了植被的生长状态，影响着土壤中微生物的繁殖。可见，土壤质量对生态环境有着关键性作用。土壤环境指标一般选取土壤总氮含量、全磷含量、土壤有机质含量等要素。

在传统的生态健康评价中，缺少地下水指标的选取，由于草原过度放牧的原因，导致地下水高锰酸盐指数、氨氮指数的超标，而在草原上进行煤炭开采，可能渗入地下污染饮用水，因此，煤炭开采区草原生态系统健康评价指标体系的建立包含地下水指标，其中由高锰酸盐指数、氨氮指数组成。

表 6-3　伊敏露天矿草原生态系统健康评价指标体系

目标层	准则层	要素层	指标层
矿区草原生态系统健康评价	活力	生态功能	植被生产力指数
			生物多样性指数
			地下水高锰酸盐指数
			地下水氨氮指数
			土壤中有机质含量
			土壤总氮含量
			土壤有效磷含量
			大气中 TSP 日均值指数
			大气中 SO_2 日均值指数
			大气中 NO_x 日均值指数
		资源功能	降水量
			地下水疏干水量
			地表水径流变化量
			草原景观所占比例
	结构	地下水组织结构	地下水影响半径范围
			地下水生态水位
		植被景观结构	顶极群落相近度
			植物群落复杂度
			植被覆盖率指数
		土壤系统结构	pH
			土壤盐碱化
			水土流失程度指标
	恢复力	环境治理	工业废水排放达标率
			工业废物处理率
		系统保护	排土场复垦率
			排土场植被恢复率
			露天矿疏干水及矿坑排水综合利用率
			草场面积所占比例
			环保投资占 GDP 比例
			公众参与程度

6.1.4.4　评价指标的意义及说明

（1）地下水生态水位。是指能够充分发挥地下水对生态环境的控制作用，即满足生态环境要求、不造成生态环境恶化的地下水位，主要受地质结构、地形、地貌和植被条件的影响。它是由一系列满足生态环境要求的地下水水位构成，是一个随时空变化的函数。地下水生态水位主要受地质结构、地形、地貌和植被条件的影响。据研究，内陆盆地大多数植物适宜生长的合理生态水位为 2. 0～4.5 m。

（2）土壤含水量指标。该指标一般采用适宜含水量和凋萎系数来表示。据研究，在干旱区域，当土壤含水量为毛管持水量的 70%～100% 时，最适宜植物生长。凋萎系数：是植物产生永久凋萎时的土壤含水量，此时的含水量为植物不能生长的土壤含水量，是一个重要的地下水生态指标。

（3）土壤含盐量指标。不同植物由于其结构和生理功能的差别，其忍耐土壤含盐量的程度是不同的，某一种植物必然生长在其适宜的盐分范围的土壤中。植物忍耐土壤含盐量指标可用/生理干旱阈值来表示，即土壤水中盐的浓度超过了植物根细胞质盐浓度，造成植物无法吸收水分的土壤含盐量。

（4）水土流失程度指标。水土流失造成土壤中有机质降低，包气带的自净能力降低，并极易造成地下水污染；水土流失破坏地表植被，降低区域内的水源涵养能力；另外，水土流失使滑坡与泥石流等频发，造成泥沙淤积而加剧水库等的抗洪压力，同时水土流失常携带大量有毒物质而易造成水质恶化，这些都影响系统的生态功能。该指标利用水土流失面积除以研究区面积来表示。

（5）植被覆盖指数。植被根系可以起到截留降水、加固土壤，减缓雨水对土壤表层的击溅，增加降水入渗，减少地表径流的作用，植被覆盖指数越高，地下水系统生态健康状况越好。该指标用公式表示为：植被覆盖指数=（0.38 × 林地面积+0.34 × 草地面积+0.19 × 耕地面积 + 0.07 × 建设用地面积 + 0.02 × 未利用地面积）/研究区面积 × 100%。

6.2 草原生态系统综合评价模型构建及健康水平评价研究

6.2.1 草原生态系统评价模型的建立

目前，对于草原生态系统健康状况，主要通过构建相应的指标体系、建立适宜的模型来评价。Jerry 应用驱动力—压力—状态—暴露—影响—响应模型，探讨了城市生态系统健康评价指标体系的理论、方法，但是没有将指标进行量化，也缺少具体的评价模型。郭秀锐等以活力、组织结构、恢复力、生态系统功能的维持、人群健康状况作为评价要素，通过模糊数学方法构建了生态系统的健康评价模型，但是评价工作只是基于现状的评价没有时间上的跨度，缺少一个变化趋势的分析。

针对目前此类研究中指标评价标准的不确定性和不完整性问题，可以通过定性和定量相结合的方法，拟合一套评价指标体系。在此，将用伊敏地区草原生态现状作为生态系统健康评价研究的实际案例，通过建立评价模型，对伊敏露天矿周边草原生态系统进行健康状况的评定。

首先，通过隶属度公式计算组织力、结构和恢复力要素各层次的隶属值，运用层次分析法计算各层次的权重值，结合模糊综合评价法，分别进行组织力、结构和恢复力要素的健康状况分析，最终进行整个草原生态系统的健康状况分析与评价。

6.2.1.1 权重的计算

传统的权重计算利用层次分析法，通过将复杂问题简单化，构建指标层次结构，通过判断矩阵求特征根、特征向量，来计算各指标层的权重，在此，我们将利用 yaahp 软件，来模拟层次分析，从而来确定各指标层的相对权重。

根据信息熵的定义，信息熵是系统无序程度的一个度量，如果该项指标的变化程度越大，那么其值就越小，该指标提供的信息量越大，其对应的权重值也就越大；反之亦然。因此，根据指标值的变异程度，利用信息熵的计算公式，得到个指标的权重值，计算公式如下：

（1）各指标标准化，计算第 i 项指标下第 j 样本指标的比例：

$$f_{ij}=\frac{r_{ij}}{\sum_{j=1}^{n}r_{ij}}$$

（2）计算第 i 项指标的熵值：

$$H_i=-k\sum_{j=1}^{n}f_{ij}Inf_{ij}$$

假定当 f_{ij} 等于零时，$f_{ij}Inf_{ij}$ 等于零，并假设 $k=1/Inn$，则有 $0<H_i<1$。

（3）计算第 i 项指标的熵权：

$$w_i=\frac{1-H_i}{m-\sum_{i=1}^{m}H_i}，\ \sum_{i=1}^{m}W_i=1，\ 0<w_i<1$$

各要素层需要计算相对指标的权重，活力层需要计算权重的指标有植被生产力指数、生物多样性指数、地下水高锰酸盐指数、地下水氨氮指数、土壤中有机质含量、土壤全氮含量、土壤有效磷含量、大气中 TSP 日均值指数、大气中 SO_2 日均值指数、大气中 NO_x 日均值指数、降水量、地下水疏干水量指标；结构层需要计算权重的指标有地下水影响半径范围、地下水生态水位、植被种类、植被覆盖率指数、pH、电导率、水土流失程度指标；恢复力层需要计算权重的指标有工业废水排放达标率、工业废物处理率、生活污水处理利用率、生活垃圾合格处置率、排土场复垦率、排土场植被恢复率、露天矿疏干水及矿坑排水综合利用率、草地面积所占比例、环保投资占 GDP 比例、公众参与程度。

6.2.1.2　隶属度的计算

通过结合伊敏矿区周边草场现状和不同环境要素的环境质量标准，来确定不同指标的最优值和最差值，然后通过隶属函数计算各指标层的隶属度，再确定各生态系统健康评价要素对各级健康标准的隶属度矩阵。

正相关指标的隶属函数为 $r_{ij}=\dfrac{x_{ij}-x_{i\min}}{x_{i\max}-x_{i\min}}$

负相关指标的隶属函数为 $r_{ij}=\dfrac{x_{i\max}-x_{ij}}{x_{i\max}-x_{i\min}}$

式中，r_{ij} 为样本 j 中指标 i 对模糊概念健康的相对隶属度；x_{ij} 为指标的现状值；$x_{i\min}$ 为不同样本中同一指标的最差值；$x_{i\max}$ 为不同样本中同一指标的最优值。

6.2.1.3　综合评价模型

本书应用模糊数学方法拟定的草原生态系统健康评价模型为：

$$H=W\times R$$

式中，H 为城市生态系统健康诊断结果，W 为 3 个健康评价要素（活力、组织结构、恢复力）对总体健康程度的权矩阵，R 为各生态系统健康评价要素对各级健康标准的隶属度矩阵：

$$\boldsymbol{R}=\begin{bmatrix} R_{11} & R_{12} & R_{13} & R_{14} & R_{15} \\ R_{21} & R_{22} & R_{23} & R_{24} & R_{25} \\ R_{31} & R_{32} & R_{33} & R_{34} & R_{35} \end{bmatrix}$$

$\boldsymbol{R_{ij}}$为第 i 个要素对第 j 级标准的隶属度：

$$\boldsymbol{R_{ij}}=(w_{i1}\ \ w_{i2}\ \ w\ \ w_{ik})\begin{bmatrix} r_{1j} \\ r_{2j} \\ r \\ r_{kj} \end{bmatrix}$$

k 为每一个评价指标所包含的指标个数；w_{ik} 为第 i 要素中第 k 个指标对该要素的权重；r_{kj} 为第 k 个指标对第 j 级标准的相对隶属度。

6.2.2　各环境要素评价标准

由于目前学术界尚没有统一的生态系统健康标准。本方法将伊敏露天矿草原生态系统健康评价标准分 5 个等级，即病态、不健康、亚健康、健康、很健康。各个等级相应指标标准是依据环保部制定的生态市、生态省、国家制定和颁布的有关环境标准及设计标准，以及国内外公认的健康城市、生态城市标准，以及国内的园林城市、环保模范城市的建议值作为很健康的标准值，以全国最低值为病态的最低限定值，在标准值的基础上向下浮动 20%作为健康和亚健康的标准值，在后者基础上向上浮动 20%作为不健康和亚健康的标准值，前后两次确定的亚健康标准值经过整体的调整得到最终值见表 6-4。

表 6-4　草原生态系统健康评价分级标准

要素	序号	具体指标	单位	病态	不健康	亚健康	较健康	健康
活力	1	植被生产力指数	gC/（m^2·a）	＜50	50～100	100～200	200～250	＞250
	2	生物多样性指数	%	＜30	30～40	40～50	50～60	＞60
	3	地下水高锰酸盐指数	mg/L	＞10	3～10	2～3	1～2	＜1
	4	地下水氨氮指数	mg/L	＞0.5	0.2～0.5	0.1～0.2	0.02～0.1	＜0.02
	5	土壤有机质含量	%	＜3	3～4	4～4.5	4.5～5	＞5
	6	土壤全氮含量	%	＜0.1	0.1～0.13	0.13～0.16	0.16～0.2	＞0.2
	7	土壤有效磷含量	mg/kg	＜1	1～1.5	1.5～2	2～3	＞3
	8	大气中 TSP 日均值指数	mg/m^3	＞0.5	0.4～0.5	0.3～0.4	0.2～0.3	＞0.2
	9	大气中 SO_2 日均值指数	mg/m^3	＞0.25	0.2～0.25	0.15～0.2	0.1～0.15	＜0.1
	10	大气中 NO_x 日均值指数	mg/m^3	＞0.12	0.1～0.12	0.09～0.1	0.08～0.09	＜0.08
	11	降水量	mm	＜300	300～350	350～400	400～450	＞450
	12	地表水径流变化量	10^6 m^3	＞400	300～400	200～300	100～200	＜100
	13	地下水疏干水量	万 m^3/a	＞8 000	6 000～8 000	4 000～6 000	2 000～4 000	＜2 000
	14	草原景观所占比例	%	＜30	30～40	40～50	50～60	＞60

要素	序号	具体指标	单位	病态	不健康	亚健康	较健康	健康
	15	地下水影响半径范围	m	＞4 000	3 000～4 000	2 000～3 000	1 000～2 000	＜1 000
	16	地下水生态水位	m	＜560	560～570	570～580	580～600	＞600
	17	植被覆盖率指数	%	＜20	20～30	30～45	45～60	＞60
结构	18	顶极群落相近度	%	＜0.4	0.4～0.5	0.5～0.6	0.6～0.7	＞0.7
	19	植被群落物种数	%	＜5	5～10	10～15	15～20	＞20
	20	pH		＞8.5	8～8.5	7.5～8.5	7～7.5	自然背景值
	21	土壤盐碱化	km^2	＞40	30～40	20～30	10～20	＜10
	22	水土流失程度指标	%	＞60	50～60	40～50	30～40	＜30
	23	工业废水排放达标率	%	＜70	70～80	80～90	90～95	＞95
	24	工业废物处理率	%	＜30	30～50	50～70	70～95	＞95
	25	排土场复垦率	%	＜60	60～70	70～80	80～90	＞90
	26	排土场植被恢复率	%	＜65	65～75	75～85	85～95	＞95
恢复力	27	露天矿疏干水及矿坑排水综合利用率	%	＜60	60～70	70～80	80～90	＞90
	28	草地面积所占比例	%	＜40	40～50	50～60	60～70	＞70
	29	环保投资占 GDP 比例	%	＜0.7	0.7～1.47	1.47～2.74	2.74～3.5	＞3.5
	30	公众参与程度	人	＜50	50～100	100～150	150～200	＞200

6.3　生态系统健康中活力要素计算和分析

6.3.1　活力各指标的权重计算和分析

根据权重计算公式，分别确定各健康要素之间的相对重要程度，分别赋予相应的数值 1、3、5、7、9，分别代表同等重要、稍微重要、比较重要、十分重要、绝对重要，2、4、6、8 则代表上述等级中间的重要程度，确定各指标的相对重要性，然后通过 yaahp 软件模拟权重计算公式来计算各健康要素的相对权重值，其计算结果见表 6-5。

表 6-5　伊敏露天矿周边草原生态系统健康评价指标要素层及相应权重值

准则层	活力	组织结构	恢复力
权重值	0.426 7	0.305 8	0.267 6

将代表伊敏露天矿周边草原的各指标带入模型，对其进行草原生态系统健康评价权重值的初步计算，得到活力层各指标的相对权重见表 6-6。

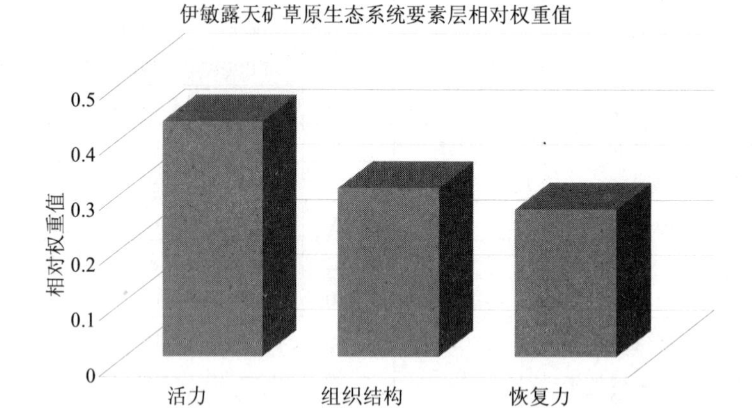

图 6-2 伊敏露天矿草原生态系统要素层相对权重值

表 6-6 伊敏露天矿周边草原生态系统健康评价指标层及相应权重值

指标值	权重值
植被生产力指数	0.084 8
生物多样性指数	0.084 8
地下水高锰酸盐指数	0.057 5
地下水氨氮指数	0.057 5
土壤中有机质含量	0.071 0
土壤中全氮含量	0.071 0
土壤中有效磷含量	0.071 0
大气中 TSP 日均值指数	0.072 3
大气中 SO_2 日均值指数	0.072 3
大气中 NO_x 日均值指数	0.072 3
降水量	0.072 0
地下水疏干水量	0.073 5
地表径流变化量	0.069 2
草原景观所占比例	0.070 8

通过将伊敏露天矿草原生态指标体系中活力层各指标的相对权重进行归一化处理，分别对与活力层所占权重进行拟合，得到活力层各健康指标的最后权重值见表 6-7。

表 6-7 伊敏露天矿周边草原生态系统健康评价活力层指标及对应权重值

指标值	权重值 × 0.426 7	相对权重值
植被生产力指数	0.084 8	0.036 13
生物多样性指数	0.084 8	0.036 13
地下水高锰酸盐指数	0.057 5	0.024 52
地下水氨氮指数	0.057 5	0.024 52
土壤中有机质含量	0.071 0	0.030 3
土壤中全氮含量	0.071 0	0.030 3
土壤中有效磷含量	0.071 0	0.030 3

指标值	权重值 × 0.426 7	相对权重值
大气中 TSP 日均值指数	0.072 3	0.030 9
大气中 SO_2 日均值指数	0.072 3	0.030 9
大气中 NO_x 日均值指数	0.072 3	0.030 9
降水量	0.072 0	0.030 7
地下水疏干水量	0.073 5	0.031 4
地表径流变化量	0.069 2	0.029 5
草原景观所占比例	0.070 8	0.030 2

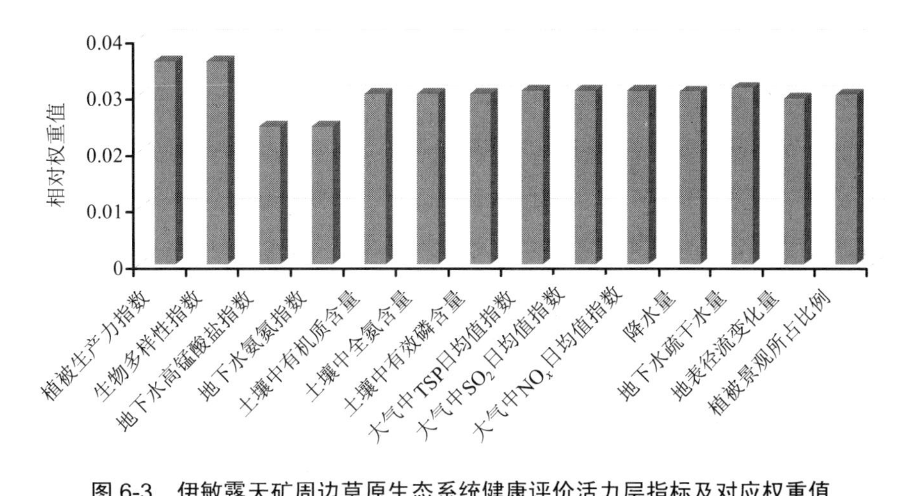

图 6-3 伊敏露天矿周边草原生态系统健康评价活力层指标及对应权重值

6.3.2 活力各指标的隶属度计算和分析

草原生态系统健康评价标准在 6.1 节已根据相关标准得到确定，本章在确定草原生态系统健康标准时，依据国家对健康等级状况的要求，将城市生态系统健康评价的标准划分为 5 个等级：病态、不健康、亚健康、健康、很健康。参考国内外公认的健康城市、生态标准以及国内的园林城市、环保模范城市的建议值作为很健康的标准值。具体的活力层指标分级标准见表 6-8。

表 6-8 草原生态系统健康评价活力层分级标准

要素	具体指标	单位	病态	不健康	亚健康	较健康	健康
活力层	植被生产力指数	gC/（m^2·a）	＜50	50～100	100～200	200～250	＞250
	生物多样性指数	%	＜30	30～40	40～50	50～60	＞60
	地下水高锰酸盐指数	mg/L	＞10	3～10	2～3	1～2	＜1
	地下水氨氮指数	mg/L	＞0.5	0.2～0.5	0.1～0.2	0.02～0.1	＜0.02
	土壤有机质含量	%	＜3	3～4	4～4.5	4.5～5	＞5
	土壤全氮含量	%	＜0.1	0.1～0.13	0.13～0.16	0.16～0.2	＞0.2
	土壤有效磷含量	mg/kg	＜1	1～1.5	1.5～2	2～3	＞3
	大气中 TSP 日均值指数	mg/m^3	＞0.5	0.4～0.5	0.3～0.4	0.2～0.3	＞0.2
	大气中 SO_2 日均值指数	mg/m^3	＞0.25	0.2～0.25	0.15～0.2	0.1～0.15	＜0.1

要素	具体指标	单位	病态	不健康	亚健康	较健康	健康
活力层	大气中 NO_x 日均值指数	mg/m^3	＞0.12	0.1～0.12	0.09～0.1	0.08～0.09	＜0.08
	降水量	mm	＜300	300～350	350～400	400～450	＞450
	地表径流变化量	$10^6\ m^3$	＞400	300～400	200～300	100～200	＜100
	地下水疏干水量	万 m^3/a	＞8 000	6 000～8 000	4 000～6 000	2 000～4 000	＜2 000
	草原景观所占比例	%	＜30	30～40	40～50	50～60	＞60

伊敏露天矿草原生态系统指标体系中活力层各指标的不同年限监测均值见表 6-9。

表 6-9　伊敏露天矿草原生态系统健康评价活力层指标现状监测值

要素	具体指标	单位	1975 年	1990 年	2000 年	2010 年
活力层	植被生产力指数	gC/（$m^2 \cdot a$）	230	126	152	195
	生物多样性指数	%	0.534	0.275	0.398	0.583
	地下水高锰酸盐指数	mg/L	0.177 5	4.2	4.8	3.13
	地下水氨氮指数	mg/L	0.24	0.52	0.56	0.51
	土壤中有机质含量	%	4.24	2.27	4.1	4.57
	土壤全氮含量	%	0.21	0.07	0.16	0.13
	土壤有效磷含量	mg/kg	2.14	4.89	2.46	2.32
	大气中 TSP 日均值指数	mg/m^3	0.041 2	0.113	0.158	0.245
	大气中 SO_2 日均值指数	mg/m^3	0.001	0.01	0.001 5	0.002 3
	大气中 NO_x 日均值指数	mg/m^3	0.001	0.011	0.020	0.004
	降水量	mm	300	339.5	352.9	368.1
	地表径流变化量	$10^6\ m^3$	225	436	1535	368
	地下水疏干水量	万 m^3/a	1 186.25	7 663.83	3 955.32	1 885.1
	草原景观所占比例	%	78	40.6	44.37	72.5

由伊敏露天矿周边草原生态系统活力层指标的标准分级值和不同年限的监测值，通过隶属度函数，正相关指标的隶属函数为 $r_{ij}=\dfrac{x_{ij}-x_{i\min}}{x_{i\max}-x_{i\min}}$，负相关指标的隶属函数为 $r_{ij}=\dfrac{x_{i\max}-x_{ij}}{x_{i\max}-x_{i\min}}$，得到不同年限不同指标的隶属度值，见表 6-10～表 6-13。

表 6-10　草原生态系统健康评价活力层指标 1975 年隶属度计算结果

要素	具体指标	序号	隶属度				
活力层	植被生产力指数	1	0	0	0.4	0.6	0
	生物多样性指数	2	0	0	0.66	0.34	0
	地下水高锰酸盐指数	3	0	0	0	0	1
	地下水氨氮指数	4	0	0.133	0.867	0	0
	土壤中有机质含量	5	0	0.52	0.48	0	0
	土壤全氮含量	6	0	0	0	0	1
	土壤有效磷含量	7	0	0	0.86	0.14	0
	大气中 TSP 日均值指数	8	0	0	0	0	1
	大气中 SO_2 日均值指数	9	0	0	0	0	1

要素	具体指标	序号	隶属度				
活力层	大气中 NO_x 日均值指数	10	0	0	0	0	1
	降水量	11	1	0	0	0	0
	地表水径流变化量	12	0	0	0.25	0.75	0
	地下水疏干水量	13	0	0	0	0	1
	草原景观所占比例	14	0	0	0	0	1

表 6-11　草原生态系统健康评价活力层指标 1990 年隶属度计算结果

要素	具体指标	序号	隶属度				
活力层	植被生产力指数	1	0	0.74	0.26	0	0
	生物多样性指数	2	1	0	0	0	0
	地下水高锰酸盐指数	3	0	0.171	0.829	0	0
	地下水氨氮指数	4	1	0	0	0	0
	土壤中有机质含量	5	1	0	0	0	0
	土壤全氮含量	6	1	0	0	0	0
	土壤有效磷含量	7	0	0	0	0	1
	大气中 TSP 日均值指数	8	0	0	0	0	1
	大气中 SO_2 日均值指数	9	0	0	0	0	1
	大气中 NO_x 日均值指数	10	0	0	0	0	1
	降水量	11	0.21	0.79	0	0	0
	地表水径流变化量	12	1	0	0	0	0
	地下水疏干水量	13	0	0.832	0.168	0	0
	草原景观所占比例	14	0	0.94	0.06	0	0

表 6-12　草原生态系统健康评价活力层指标 2000 年隶属度计算结果

要素	具体指标	序号	隶属度				
活力层	植被生产力指数	1	0	0.48	0.52	0	0
	生物多样性指数	2	0.02	0.98	0	0	0
	地下水高锰酸盐指数	3	0	0.257	0.743	0	0
	地下水氨氮指数	4	1	0	0	0	0
	土壤中有机质含量	5	0	0.8	0.2	0	0
	土壤全氮含量	6	0	0	1	0	0
	土壤有效磷含量	7	0	0	0.54	0.46	0
	大气中 TSP 日均值指数	8	0	0	0	0	1
	大气中 SO_2 日均值指数	9	0	0	0	0	1
	大气中 NO_x 日均值指数	10	0	0	0	0	1
	降水量	11	0	0.942	0.058	0	0
	地表水径流变化量	12	0	0	0	0.535	0.465
	地下水疏干水量	13	0	0	0	0.978	0.022
	草原景观所占比例	14	0	0.556	0.444	0	0

表 6-13 草原生态系统健康评价活力层指标 2010 年隶属度计算结果

要素	具体指标	序号	隶属度				
活力层	植被生产力指数	1	0	0.05	0.95	0	0
	生物多样性指数	2	0	0	0.17	0.83	0
	地下水高锰酸盐指数	3	0	0.019	0.981	0	0
	地下水氨氮指数	4	1	0	0	0	0
	土壤中有机质含量	5	0	0	0.86	0.14	0
	土壤全氮含量	6	0	1	0	0	0
	土壤有效磷含量	7	0	0	0.68	0.32	0
	大气中 TSP 日均值指数	8	0	0	0	0.45	0.55
	大气中 SO_2 日均值指数	9	0	0	0	0	1
	大气中 NO_x 日均值指数	10	0	0	0	0	1
	降水量	11	0	0.638	0.362	0	0
	地表水径流变化量	12	0	0.68	0.32	0	0
	地下水疏干水量	13	0	0	0	0	1
	草原景观所占比例	14	0	0	0	0	1

由 1975—2010 年的活力层隶属度计算结果，得到 1975—2010 年的活力层隶属度矩阵：

$$\boldsymbol{R}_{1975}=\begin{bmatrix} 0 & 0 & 0.4 & 0.6 & 0 \\ 0 & 0 & 0.66 & 0.34 & 0 \\ 0 & 0 & 0 & 0 & 1 \\ 0 & 0.133 & 0.867 & 0 & 0 \\ 0 & 0.52 & 0.48 & 0 & 0 \\ 0 & 0 & 0 & 0 & 1 \\ 0 & 0 & 0.86 & 0.14 & 0 \\ 0 & 0 & 0 & 0 & 1 \\ 0 & 0 & 0 & 0 & 1 \\ 0 & 0 & 0 & 0 & 1 \\ 1 & 0 & 0 & 0 & 0 \\ 0 & 0 & 0.25 & 0.75 & 0 \\ 0 & 0 & 0 & 0 & 1 \\ 0 & 0 & 0 & 0 & 1 \end{bmatrix}$$

$$
\boldsymbol{R}_{1990}=\begin{bmatrix}
0 & 0.74 & 0.26 & 0 & 0\\
1 & 0 & 0 & 0 & 0\\
0 & 0.171 & 0.829 & 0 & 0\\
1 & 0 & 0 & 0 & 0\\
1 & 0 & 0 & 0 & 0\\
1 & 0 & 0 & 0 & 0\\
0 & 0 & 0 & 0 & 1\\
0 & 0 & 0 & 0 & 1\\
0 & 0 & 0 & 0 & 1\\
0 & 0 & 0 & 0 & 1\\
0.21 & 0.79 & 0 & 0 & 0\\
1 & 0 & 0 & 0 & 0\\
0 & 0.832 & 0.168 & 0 & 1\\
0 & 0.94 & 0.06 & 0 & 0
\end{bmatrix}
$$

$$
\boldsymbol{R}_{2000}=\begin{bmatrix}
0 & 0.48 & 0.52 & 0 & 0\\
0.02 & 0.98 & 0 & 0 & 0\\
0 & 0.257 & 0.743 & 0 & 0\\
1 & 0 & 0 & 0 & 0\\
0 & 0.8 & 0.2 & 0 & 0\\
0 & 0 & 1 & 0 & 0\\
0 & 0 & 0.54 & 0.46 & 0\\
0 & 0 & 0 & 0 & 1\\
0 & 0 & 0 & 0 & 1\\
0 & 0 & 0 & 0 & 1\\
0 & 0.942 & 0.058 & 0 & 0\\
0 & 0 & 0 & 0.535 & 0.465\\
0 & 0 & 0 & 0.978 & 0.022\\
0 & 0.556 & 0.444 & 0 & 0
\end{bmatrix}
$$

$$
\boldsymbol{R}_{2010}=\begin{bmatrix}
0 & 0.05 & 0.95 & 0 & 0 \\
0 & 0 & 0.17 & 0.83 & 0 \\
0 & 0.019 & 0.981 & 0 & 0 \\
1 & 0 & 0 & 0 & 0 \\
0 & 0 & 0.86 & 0.14 & 0 \\
0 & 1 & 0 & 0 & 0 \\
0 & 0 & 0.68 & 0.32 & 0 \\
0 & 0 & 0 & 0.45 & 0.55 \\
0 & 0 & 0 & 0 & 1 \\
0 & 0 & 0 & 0 & 1 \\
0 & 0.638 & 0.362 & 0 & 0 \\
0 & 0.68 & 0.32 & 0 & 0 \\
0 & 0 & 0 & 0 & 1 \\
0 & 0 & 0 & 0 & 1
\end{bmatrix}
$$

6.3.3 活力健康状况分析与评价

6.3.3.1 活力健康状况计算与分析

由以上权重计算结果可得：

$W_{活力}=(w_{i1} \quad w_{i2} \quad w \quad w_{ik})=$（0.036 13，0.036 13，0.024 52，0.024 52，0.030 3，0.030 3，0.030 3，0.030 9，0.030 9，0.030 9，0.030 7，0.031 4，0.029 5，0.030 2）

$$
\boldsymbol{R}_{1975}=(w_{i1} \quad w_{i2} \quad w \quad w_{ik})\begin{bmatrix} r_{1j} \\ r_{2j} \\ r \\ r_{kj} \end{bmatrix}=
$$

（0.036 13，0.036 13，0.024 52，0.024 52，0.030 3，0.030 3，0.030 3，0.030 9，0.030 9，0.030 9，0.030 7，0.031 4，0.029 5，0.030 2）·

$$
\begin{bmatrix}
0 & 0 & 0.4 & 0.6 & 0 \\
0 & 0 & 0.66 & 0.34 & 0 \\
0 & 0 & 0 & 0 & 1 \\
0 & 0.133 & 0.867 & 0 & 0 \\
0 & 0.52 & 0.48 & 0 & 0 \\
0 & 0 & 0 & 0 & 1 \\
0 & 0 & 0.86 & 0.14 & 0 \\
0 & 0 & 0 & 0 & 1 \\
0 & 0 & 0 & 0 & 1 \\
0 & 0 & 0 & 0 & 1 \\
1 & 0 & 0 & 0 & 0 \\
0 & 0 & 0.25 & 0.75 & 0 \\
0 & 0 & 0 & 0 & 1 \\
0 & 0 & 0 & 0 & 1
\end{bmatrix}=
$$

（0.030 7，0.019 0，0.108 0，0.091 8，0.117 1）

通过活力层权重和隶属度矩阵的一级模糊计算，结合隶属度最大原则可知，1975 年的活力层方面健康状况值为 0.117 1，活力层在 1975 年的健康状况属于健康状态。

$$\boldsymbol{R}_{1990}=(w_{i1}\quad w_{i2}\quad w\quad w_{ik})\begin{bmatrix} r_{1j}\\ r_{2j}\\ r\\ r_{kj}\end{bmatrix}=(0.036\,13,\ 0.036\,13,\ 0.024\,52,\ 0.024\,52,\ 0.030\,3,$$

$$0.030\,3,\ 0.030\,3,\ 0.030\,9,\ 0.030\,9,\ 0.030\,9,\ 0.030\,7,\ 0.031\,4,\ 0.029\,5,\ 0.030\,2)\cdot$$

$$\begin{bmatrix} 0 & 0.74 & 0.26 & 0 & 0\\ 1 & 0 & 0 & 0 & 0\\ 0 & 0.171 & 0.829 & 0 & 0\\ 1 & 0 & 0 & 0 & 0\\ 1 & 0 & 0 & 0 & 0\\ 1 & 0 & 0 & 0 & 0\\ 0 & 0 & 0 & 0 & 1\\ 0 & 0 & 0 & 0 & 1\\ 0 & 0 & 0 & 0 & 1\\ 0 & 0 & 0 & 0 & 1\\ 0.21 & 0.79 & 0 & 0 & 0\\ 1 & 0 & 0 & 0 & 0\\ 0 & 0.832 & 0.168 & 0 & 1\\ 0 & 0.94 & 0.06 & 0 & 0 \end{bmatrix}=(0.159\,1,\ 0.108\,2,\ 0.036\,5,\ 0,\ 0.152\,4)$$

通过活力层权重和隶属度矩阵的一级模糊计算，结合隶属度最大原则可知，1990 年的活力层方面健康状况值为 0.159 1，活力层在 1990 年的健康状况属于病态。

$$\boldsymbol{R}_{2000}=(w_{i1}\quad w_{i2}\quad w\quad w_{ik})\begin{bmatrix} r_{1j}\\ r_{2j}\\ r\\ r_{kj}\end{bmatrix}=(0.036\,13,\ 0.036\,13,\ 0.024\,52,\ 0.024\,52,\ 0.030\,3,$$

$$0.030\,3,\ 0.030\,3,\ 0.030\,9,\ 0.030\,9,\ 0.030\,9,\ 0.030\,7,\ 0.031\,4,\ 0.029\,5,\ 0.030\,2)\cdot$$

$$\begin{bmatrix} 0 & 0.48 & 0.52 & 0 & 0 \\ 0.02 & 0.98 & 0 & 0 & 0 \\ 0 & 0.257 & 0.743 & 0 & 0 \\ 1 & 0 & 0 & 0 & 0 \\ 0 & 0.8 & 0.2 & 0 & 0 \\ 0 & 0 & 1 & 0 & 0 \\ 0 & 0 & 0.54 & 0.46 & 0 \\ 0 & 0 & 0 & 0 & 1 \\ 0 & 0 & 0 & 0 & 1 \\ 0 & 0 & 0 & 0 & 1 \\ 0 & 0.942 & 0.058 & 0 & 0 \\ 0 & 0 & 0 & 0.535 & 0.465 \\ 0 & 0 & 0 & 0.978 & 0.022 \\ 0 & 0.556 & 0.444 & 0 & 0 \end{bmatrix} = (0.025\,3,\ 0.129\,1,\ 0.135,\ 0.059\,6,\ 0.107\,8)$$

通过活力层权重和隶属度矩阵的一级模糊计算，结合隶属度最大原则可知，2000 年的活力层方面健康状况值为 0.129 1，活力层在 2000 年的健康状况属于亚健康状态。

$$\boldsymbol{R}_{2010} = (w_{i1} \quad w_{i2} \quad w \quad w_{ik}) \begin{bmatrix} r_{1j} \\ r_{2j} \\ r \\ r_{kj} \end{bmatrix} = (0.036\,13,\ 0.036\,13,\ 0.024\,52,\ 0.024\,52,\ 0.030\,3,$$

$$0.030\,3,\ 0.030\,3,\ 0.030\,9,\ 0.030\,9,\ 0.030\,9,\ 0.030\,7,\ 0.031\,4,\ 0.029\,5,\ 0.030\,2) \cdot$$

$$\begin{bmatrix} 0 & 0.05 & 0.95 & 0 & 0 \\ 0 & 0 & 0.17 & 0.83 & 0 \\ 0 & 0.019 & 0.981 & 0 & 0 \\ 1 & 0 & 0 & 0 & 0 \\ 0 & 0 & 0.86 & 0.14 & 0 \\ 0 & 1 & 0 & 0 & 0 \\ 0 & 0 & 0.68 & 0.32 & 0 \\ 0 & 0 & 0 & 0.45 & 0.55 \\ 0 & 0 & 0 & 0 & 1 \\ 0 & 0 & 0 & 0 & 1 \\ 0 & 0.638 & 0.362 & 0 & 0 \\ 0 & 0.68 & 0.32 & 0 & 0 \\ 0 & 0 & 0 & 0 & 1 \\ 0 & 0 & 0 & 0 & 1 \end{bmatrix} = (0.024\,5,\ 0.073\,5,\ 0.139\,6,\ 0.057\,9,\ 0.100\,4)$$

通过活力层权重和隶属度矩阵的一级模糊计算，结合隶属度最大原则可知，2010 年的活力层方面健康状况值为 0.139 6，活力层在 2010 年的健康状况属于亚健康状态。

6.3.3.2　活力层健康状况演替规律分析

通过模糊综合计算得到活力层隶属度值，根据隶属度最大原则来对不同年限的活力层隶属度进行对比分析，见表 6-14 和图 6-4。1975 年伊敏矿区周边草原生态系统健康活力层方面属于健康状况，1990 年伊敏矿区周边草原生态系统健康活力层方面属于病态状况，2000 年伊敏矿区周边草原生态系统健康活力层方面属于亚健康状况，2010 年伊敏矿区周边草原生态系统健康活力层方面属于亚健康状况，可见 1975 年时伊敏矿区仍处于未开发状态，活力层的各指标均未受到影响，此期间的大气环境、植被、地表水环境、地下水环境等均未受到污染，随着一期工程建设后，1990 年伊敏露天矿周边草原生态系统健康活力层方面属于病态，受到矿区的开采影响很严重，随着开采过程中，植被的恢复，土壤的修复，人工处理措施的加强，使得 2000 年的健康状况属于亚健康，2010 年维持亚健康状态，可见，后期的环境保护措施较为完善。

表 6-14　1975—2010 年不同年限活力层隶属度值对比

年份	病态	不健康	亚健康	较健康	健康
1975	0.030 7	0.019 0	0.108 0	0.091 8	0.117 1
1990	0.159 1	0.108 2	0.036 5	0	0.152 4
2000	0.025 3	0.129 1	0.135 0	0.059 6	0.107 8
2010	0.024 5	0.073 5	0.139 6	0.057 9	0.100 4

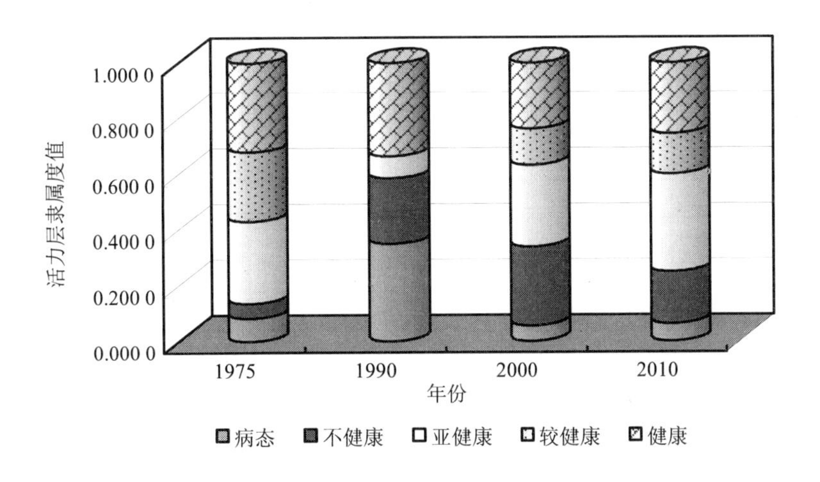

图 6-4　1975—2010 年不同年限活力层隶属度值对比图

6.4　生态系统健康中组织结构要素计算和分析

6.4.1　结构层各指标的权重计算和分析

伊敏露天矿草原生态健康体系中结构层包含地下水半径、地下水水位、pH、电导率、水土流失程度指标、顶极群落相近度、植被群落复杂度及植被覆盖率指标，通过权重计算模式，分别对以上指标值权重进行计算，计算结果见表 6-15。

表 6-15 伊敏露天矿周边草原生态系统健康评价指标结构层及相应权重值

指标层	权重值
地下水影响半径范围	0.133 8
地下水生态水位	0.133 8
pH	0.094 9
土壤盐碱化	0.094 9
水土流失程度指标	0.116 0
顶极群落相近度	0.142 2
植被群落复杂度	0.142 2
植被覆盖率指数	0.142 2

通过将伊敏露天矿草原生态指标体系中结构层各指标的相对权重进行归一化处理，根据活力层计算权重相应计算模式，得到结构层各健康指标的最后权重值如表 6-16 和图 6-5 所示。

表 6-16 伊敏露天矿周边草原生态系统健康评价指标结构层及相应权重值

指标层	权重值 × 0.305 8	相对权重值
地下水影响半径范围	0.133 8	0.041 5
地下水生态水位	0.133 8	0.041 5
pH	0.094 9	0.029 4
土壤盐碱化	0.094 9	0.029 4
水土流失程度指标	0.116 0	0.035 0
顶极群落相近度	0.142 2	0.043 0
植被群落复杂度	0.142 2	0.043 0
植被覆盖率指数	0.142 2	0.043 0

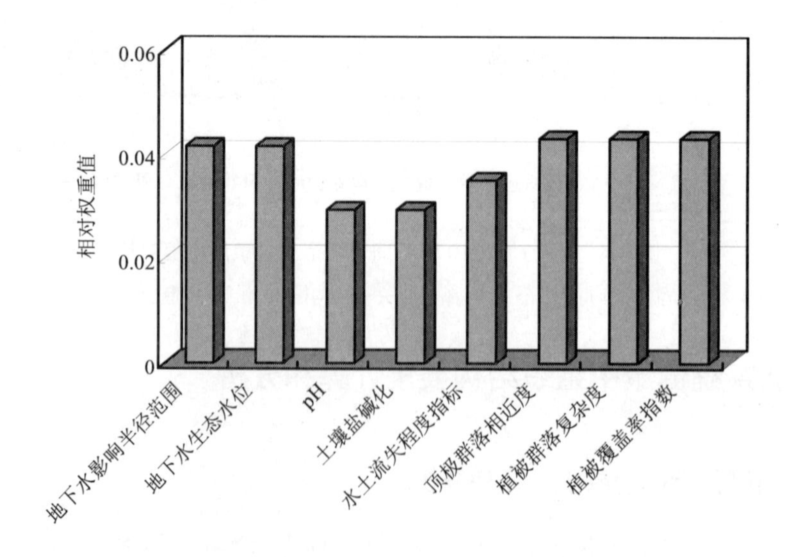

图 6-5 伊敏露天矿草原生态系统结构层指标相对权重值

6.4.2　结构层各指标的隶属度计算和分析

草原生态系统健康评价标准在 6.2.2 节已根据相关标准得到确定，具体的结构层指标分级标准见表 6-17。

表 6-17　草原生态系统健康评价结构要素层分级标准

要素	具体指标	序号	单位	病态	不健康	亚健康	较健康	健康
结构层	地下水影响半径范围	1	m	＞4 000	3 000～4 000	2 000～3 000	1 000～2 000	＜1 000
	地下水生态水位	2	m	＜560	560～570	570～580	580～600	＞600
	植被覆盖率指数	3	%	＜20	20～30	30～45	45～60	＞60
	顶极群落相近度	4	%	＜0.4	0.4～0.5	0.5～0.6	0.6～0.7	＞0.7
	植被群落物种数	5	%	＜5	5～10	10～15	15～20	＞20
	pH	6	—	＞8.5	8～8.5	7.5～8.5	7～7.5	自然背景值
	土壤盐碱化	7	km^2	＞40	30～40	20～30	10～20	＜10
	水土流失程度指标	8	%	＞60	50～60	40～50	30～40	＜30

伊敏露天矿草原生态系统指标体系中结构层各指标的不同年限监测均值如表 6-18 所示。

表 6-18　伊敏露天矿草原生态系统健康评价结构层指标现状监测值

要素	具体指标	序号	单位	1975 年	1990 年	2000 年	2010 年
结构层	地下水影响半径范围	1	m	2 490.4	3 206.82	5 026.31	11 133.74
	地下水生态水位	2	m	660.7	603.7	598.9	571.02
	顶极群落相近度	3	%	0.734 8	0.642 8	0.687 1	0.772 3
	植物群落物种数	4	种	17	6	10	12
	植被覆盖率指数	5	%	32.5	32.7	31.6	29.6
	pH	6	—	7.4	8.5	8. 3	8.23
	土壤盐碱化	7	km^2	28	31.257	31.462	7.087
	水土流失程度指标	8	%	38.6	62.8	65.4	48.6

由伊敏露天矿周边草原生态系统结构层指标的标准分级值和不同年限的监测值，通过隶属度函数，正相关指标的隶属函数为 $r_{ij}=\dfrac{x_{ij}-x_{i\min}}{x_{i\max}-x_{i\min}}$，负相关指标的隶属函数为 $r_{ij}=\dfrac{x_{i\max}-x_{ij}}{x_{i\max}-x_{i\min}}$，得到不同年限不同指标的隶属度值，见表 6-19～表 6-22。

表 6-19 草原生态系统健康评价结构层指标 1975 年隶属度计算结果

要素	具体指标	序号	隶属度				
结构层	地下水影响半径范围	1	0	0	0.49	0.51	0
	地下水生态水位	2	0	0	0	0	1
	植被覆盖率指数	3	0	0.833	0.167	0	0
	顶极群落相近度	4	0	0	0	0	1
	植被群落物种数	5	0	0	0.6	0.4	0
	pH	6	0	0	0	0.8	0.2
	土壤盐碱化	7	0	0	0.8	0.2	0
	水土流失程度指标	8	0	0	0	0.86	0.14

表 6-20 草原生态系统健康评价结构层指标 1990 年隶属度计算结果

要素	具体指标	序号	隶属度				
结构层	地下水影响半径范围	1	0	0.207	0.793	0	0
	地下水生态水位	2	0	0	0	0	1
	植被覆盖率指数	3	0	0.82	0.18	0	0
	顶极群落相近度	4	0	0	0.572	0.428	0
	植被群落物种数	5	0.8	0.2	0	0	0
	pH	6	0	1	0	0	0
	土壤盐碱化	7	0	0.126	0.874	0	0
	水土流失程度指标	8	1	0	0	0	0

表 6-21 草原生态系统健康评价结构层指标 2000 年隶属度计算结果

要素	具体指标	序号	隶属度				
结构层	地下水影响半径范围	1	1	0	0	0	0
	地下水生态水位	2	0	0	0.055	0.945	0
	植被覆盖率指数	3	0	0.893	0.107	0	0
	顶极群落相近度	4	0	0	0.129	0.871	0
	植被群落物种数	5	0	0	0	0	1
	pH	6	0	0.6	0.4	0	0
	土壤盐碱化	7	0	0.146	0.854	0	0
	水土流失程度指标	8	1	0	0	0	0

表 6-22 草原生态系统健康评价结构层指标 2010 年隶属度计算结果

要素	具体指标	序号	隶属度				
结构层	地下水影响半径范围	1	0	0	0	0.134	0.866
	地下水生态水位	2	0	0.898	0.102	0	0
	植被覆盖率指数	3	0.04	0.96	0	0	0
	顶极群落相近度	4	0	0	0	0	1
	植被群落物种数	5	0	0.6	0.4	0	0
	pH	6	0	0.46	0.54	0	0
	土壤盐碱化	7	0	0	0	0	1
	水土流失程度指标	8	0	0	0.86	0.14	0

由 1975—2010 年的结构层隶属度计算结果，得到 1975—2010 年的结构层隶属度矩阵为：

$$\boldsymbol{R}_{1975}=\begin{bmatrix} 0 & 0 & 0.49 & 0.51 & 0 \\ 0 & 0 & 0 & 0 & 1 \\ 0 & 0.833 & 0.167 & 0 & 0 \\ 0 & 0 & 0 & 0 & 1 \\ 0 & 0 & 0.6 & 0.4 & 0 \\ 0 & 0 & 0 & 0.8 & 0.2 \\ 0 & 0 & 0.8 & 0.2 & 0 \\ 0 & 0 & 0 & 0.86 & 0.14 \end{bmatrix}$$

$$\boldsymbol{R}_{1990}=\begin{bmatrix} 0 & 0.207 & 0.793 & 0 & 0 \\ 0 & 0 & 0 & 0 & 1 \\ 0 & 0.82 & 0.18 & 0 & 0 \\ 0 & 0 & 0.572 & 0.428 & 0 \\ 0.8 & 0.2 & 0 & 0 & 0 \\ 0 & 1 & 0 & 0 & 0 \\ 0 & 0.126 & 0.874 & 0 & 0 \\ 1 & 0 & 0 & 0 & 0 \end{bmatrix}$$

$$\boldsymbol{R}_{2000}=\begin{bmatrix} 1 & 0 & 0 & 0 & 0 \\ 0 & 0 & 0.055 & 0.945 & 0 \\ 0 & 0.893 & 0.107 & 0 & 0 \\ 0 & 0 & 0.129 & 0.871 & 0 \\ 0 & 0 & 0 & 0 & 1 \\ 0 & 0.6 & 0.4 & 0 & 0 \\ 0 & 0.146 & 0.854 & 0 & 0 \\ 1 & 0 & 0 & 0 & 0 \end{bmatrix}$$

$$\boldsymbol{R}_{2010}=\begin{bmatrix} 0 & 0 & 0 & 0.134 & 0.866 \\ 0 & 0.898 & 0.102 & 0 & 0 \\ 0.04 & 0.96 & 0 & 0 & 0 \\ 0 & 0 & 0 & 0 & 1 \\ 0 & 0.6 & 0.4 & 0 & 0 \\ 0 & 0.46 & 0.54 & 0 & 0 \\ 0 & 0 & 0 & 0 & 1 \\ 0 & 0 & 0.86 & 0.14 & 0 \end{bmatrix}$$

6.4.3　结构层健康状况分析与评价

6.4.3.1　结构层健康状况分析

由以上权重计算结果可得：

$W_{结构}=(w_{i1}\quad w_{i2}\quad w\quad w_{ik})=$（0.041 5，0.041 5，0.029 4，0.029 4，0.035 0，0.043 0，

0.043 0，0.043 0）

$$\boldsymbol{R}_{1975}=(w_{i1} \quad w_{i2} \quad w \quad w_{ik})\begin{bmatrix} r_{1j} \\ r_{2j} \\ r \\ r_{kj} \end{bmatrix}=（0.041\,5，0.041\,5，0.029\,4，0.029\,4，0.035\,0，0.043\,0，$$

$$0.043\,0，0.043\,0）\cdot\begin{bmatrix} 0 & 0 & 0.49 & 0.51 & 0 \\ 0 & 0 & 0 & 0 & 1 \\ 0 & 0.833 & 0.167 & 0 & 0 \\ 0 & 0 & 0 & 0 & 1 \\ 0 & 0 & 0.6 & 0.4 & 0 \\ 0 & 0 & 0 & 0.8 & 0.2 \\ 0 & 0 & 0.8 & 0.2 & 0 \\ 0 & 0 & 0 & 0.86 & 0.14 \end{bmatrix}=（0，0.024\,2，0.081\,0，0.115\,9，$$

0.084 7）

通过结构层权重和隶属度矩阵的一级模糊计算，根据隶属度最大原则可知，1975 年的结构层方面健康状况值为 0.115 9，结构层在 1975 年的健康状况属于较健康状态。

$$\boldsymbol{R}_{1990}=(w_{i1} \quad w_{i2} \quad w \quad w_{ik})\begin{bmatrix} r_{1j} \\ r_{2j} \\ r \\ r_{kj} \end{bmatrix}=（0.041\,5，0.041\,5，0.029\,4，0.029\,4，0.035，0.043，$$

$$0.043，0.043）\cdot\begin{bmatrix} 0 & 0.207 & 0.793 & 0 & 0 \\ 0 & 0 & 0 & 0 & 1 \\ 0 & 0.82 & 0.18 & 0 & 0 \\ 0 & 0 & 0.572 & 0.428 & 0 \\ 0.8 & 0.2 & 0 & 0 & 0 \\ 0 & 1 & 0 & 0 & 0 \\ 0 & 0.126 & 0.874 & 0 & 0 \\ 1 & 0 & 0 & 0 & 0 \end{bmatrix}=（0.071\,9，0.088\,3，0.092\,2，0.012\,4，$$

0.040 9）

通过结构层权重和隶属度矩阵的一级模糊计算，根据隶属度最大原则可知，1990 年的结构层方面健康状况值为 0.092 2，结构层在 1975 年的健康状况属于亚健康状态。

$$\boldsymbol{R}_{2000}=(w_{i1} \quad w_{i2} \quad w \quad w_{ik})\begin{bmatrix} r_{1j} \\ r_{2j} \\ r \\ r_{kj} \end{bmatrix}=（0.041\,5，0.041\,5，0.029\,4，0.029\,4，0.035\,0，0.043\,0，$$

$$0.043\,0，0.043\,0)\cdot\begin{bmatrix}1 & 0 & 0 & 0 & 0\\0 & 0 & 0.055 & 0.945 & 0\\0 & 0.893 & 0.107 & 0 & 0\\0 & 0 & 0.129 & 0.871 & 0\\0 & 0 & 0 & 0 & 1\\0 & 0.6 & 0.4 & 0 & 0\\0 & 0.146 & 0.854 & 0 & 0\\1 & 0 & 0 & 0 & 0\end{bmatrix}=(0.084\,4，0.058\,3，0.063\,6，$$

$$0.063\,9，0.035\,5)$$

通过结构层权重和隶属度矩阵的一级模糊计算，根据隶属度最大原则可知，2000 年的结构层方面健康状况值为 0.084 4，结构层在 2000 年的健康状况属于病态。

$$\boldsymbol{R}_{2010}=(w_{i1}\quad w_{i2}\quad w\quad w_{ik})\begin{bmatrix}r_{1j}\\r_{2j}\\r\\r_{kj}\end{bmatrix}=(0.041\,5，0.041\,5，0.029\,4，0.029\,4，0.035\,0，0.043\,0，$$

$$0.043\,0，0.043\,0)\cdot\begin{bmatrix}0 & 0 & 0 & 0.134 & 0.866\\0 & 0.898 & 0.102 & 0 & 0\\0.04 & 0.96 & 0 & 0 & 0\\0 & 0 & 0 & 0 & 1\\0 & 0.6 & 0.4 & 0 & 0\\0 & 0.46 & 0.54 & 0 & 0\\0 & 0 & 0 & 0 & 1\\0 & 0 & 0.86 & 0.14 & 0\end{bmatrix}=(0.001\,2，0.110\,8，0.079\,2，$$

$$0.011\,6，0.081\,2)$$

通过结构层权重和隶属度矩阵的一级模糊计算，根据隶属度最大原则可知，2010 年的结构层方面健康状况值为 0.110 8，结构层在 2010 年的健康状况属于不健康状态。

6.4.3.2　结构层健康状况演替规律分析

通过模糊综合计算得到结构层隶属度值，根据隶属度最大原则来对不同年限的结构层隶属度进行对比分析，见表 6-23 和图 6-6。1975 年伊敏露天矿周边草原生态系统健康结构层方面属于较健康状况，1990 年伊敏露天矿周边草原生态系统健康结构层方面属于亚健康状况，2000 年伊敏露天矿周边草原生态系统健康结构层方面属于病态状况，2010 年伊敏露天矿周边草原生态系统健康结构层方面属于不健康状况，可见 1975 年时伊敏露天矿各环境要素未受到污染影响，结构层的综合健康状况属于健康状态，露天矿建设期之后，由于初期建设的影响，使得土壤表层受到影响，植被受到破坏，但是并没有影响地下水及地表水等，因此 1990 年伊敏露天矿周边草原生态系统结构层方面综合健康状况属于亚健康状态，直到 2000 年，由于地表土壤的进一步开采，植被大面积破坏，地下水水位标高不断下降，因此 2000 年伊敏露天矿周边草原结构层综合健康状况属于病态，但随着后期环境保护措施的完善，生态治理力度的加大，生态环境有所改善，但是恢复程度还是较小，

2010 年伊敏露天矿周边草原结构层综合健康状况属于不健康状态。

表 6-23 1975—2010 年不同年限结构层隶属度值对比

年份	病态	不健康	亚健康	较健康	健康
1975	0	0.024 2	0.081 0	0.115 9	0.084 7
1990	0.071 9	0.088 3	0.092 2	0.012 4	0.040 9
2000	0.084 4	0.058 3	0.063 6	0.063 9	0.035 5
2010	0.001 2	0.110 8	0.079 2	0.011 6	0.081 2

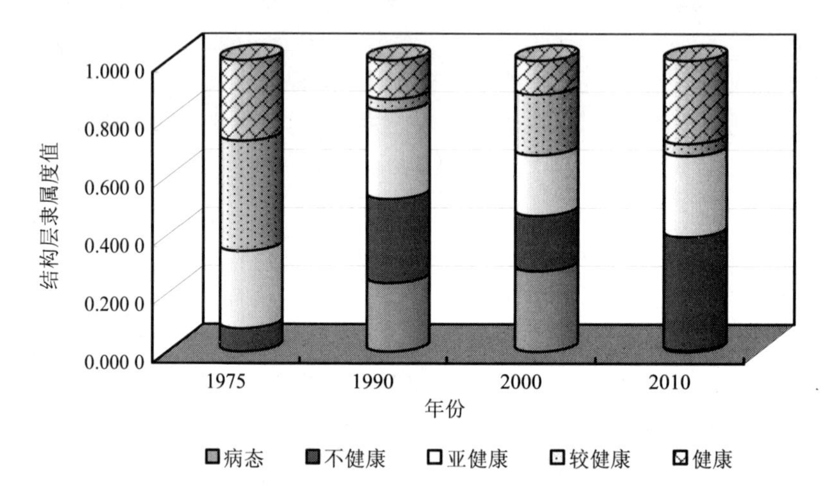

图 6-6 1975—2010 年不同年限结构层隶属度值对比图

6.5 生态系统健康中恢复力要素计算和分析

6.5.1 恢复力各指标的权重计算和分析

草原生态系统指标体系中恢复力层包含废水排放达标率、废物处置率、生活污水处理率、生活垃圾合格率、排土场复垦率、排土场植被恢复率、综合利用率、草场面积比例、环保投资比例、公参程度。通过权重计算公式，计算各指标的权重值见表 6-24。

表 6-24 伊敏露天矿周边草原生态系统健康评价指标结构层及相应权重值

指标层	权重值
废水排放达标率	0.147 5
废物处置率	0.147 5
排土场复垦率	0.150 5
排土场植被恢复率	0.150 5
综合利用率	0.113 3
草场面积比例	0.109 6
环保投资比例	0.092 7
公众参与程度	0.088 4

通过将伊敏露天矿草原生态指标体系中恢复力层各指标的相对权重进行归一化处理，然后根据活力层计算权重的计算模式，得到恢复力层各健康指标的最后相对权重值如表6-25所示。

表6-25　伊敏露天矿周边草原生态系统健康评价指标结构层及相应权重值

指标层	权重值×0.267 6	相对权重值
废水排放达标率	0.147 5	0.039 5
废物处置率	0.147 5	0.039 5
排土场复垦率	0.150 5	0.040 3
排土场植被恢复率	0.150 5	0.040 3
综合利用率	0.113 3	0.030 3
草场面积比例	0.109 6	0.029 3
环保投资比例	0.092 7	0.024 8
公众参与程度	0.088 4	0.023 6

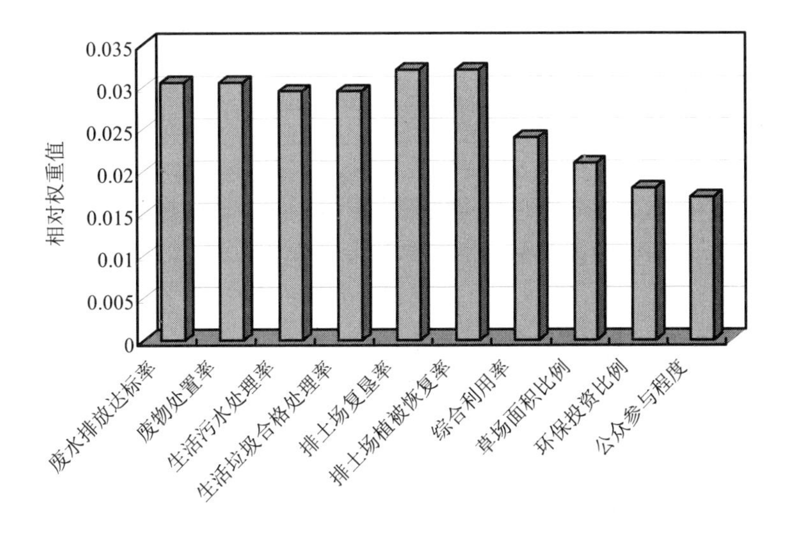

图6-7　伊敏露天矿草原生态系统恢复力层指标相对权重值

6.5.2　恢复力层各指标的隶属度计算和分析

为了草原生态系统健康评价标准在6.1节已根据相关标准得到确定，具体的恢复力层指标分级标准见表6-26。

表6-26　草原生态系统健康评价恢复力要素层分级标准

要素	具体指标	序号	单位	病态	不健康	亚健康	较健康	健康
恢复力层	工业废水排放达标率	1	%	＜70	70～80	80～90	90～95	＞95
	工业废物处理率	2	%	＜30	30～50	50～70	70～95	＞95
	排土场复垦率	3	%	＜60	60～70	70～80	80～90	＞90
	排土场植被恢复率	4	%	＜65	65～75	75～85	85～95	＞95

要素	具体指标	序号	单位	病态	不健康	亚健康	较健康	健康
恢复力层	露天矿疏干水及矿坑排水综合利用率	5	%	＜60	60～70	70～80	80～90	＞90
	草地面积所占比例	6	%	＜40	40～50	50～60	60～70	＞70
	环保投资占 GDP 比例	7	%	＜0.7	0.7～1.47	1.47～2.74	2.74～3.5	＞3.5
	公众参与程度	8	人	＜50	50～100	100～150	150～200	＞200

伊敏露天矿草原生态系统指标体系中恢复力层各指标的不同年限监测均值见表 6-27。

表 6-27　伊敏露天矿草原生态系统健康评价恢复力层指标现状监测值

要素	具体指标	序号	单位	1975 年	1990 年	2000 年	2010 年
恢复力层	工业废水排放达标率	1	%	100	57.1	57.7	72.7
	工业废物处理率	2	%	100	99	99	100
	排土场复垦率	3	%	100	85	92	97.2
	排土场植被恢复率	4	%	100	78	89	86.7
	露天矿疏干水及矿坑排水综合利用率	5	%	100	100	100	100
	草地面积所占比例	6	%	87.99	87.18	83.87	75.03
	环保投资占 GDP 比例	7	%	1.18	4.83	3.24	9.17
	公众参与程度	8	人	56	76	94	152

由伊敏露天矿周边草原生态系统恢复力层指标的标准分级值和不同年限的监测值，通过隶属度函数，得到不同年限不同指标的隶属度值，见表 6-28～表 6-31。

表 6-28　草原生态系统健康评价恢复力层指标 1975 年隶属度计算结果

要素	具体指标	序号	隶属度				
恢复力层	工业废水排放达标率	1	0	0	0	0	1
	工业废物处理率	2	0	0	0	0	1
	排土场复垦率	3	0	0	0	0	1
	排土场植被恢复率	4	0	0	0	0	1
	露天矿疏干水及矿坑排水综合利用率	5	0	0	0	0	1
	草地面积所占比例	6	0	0	0	0	1
	环保投资占 GDP 比例	7	0.377	0.623	0	0	0
	公众参与程度	8	0.88	0.12	0	0	0

表 6-29　草原生态系统健康评价恢复力层指标 1990 年隶属度计算结果

要素	具体指标	序号	隶属度				
恢复力层	工业废水排放达标率	1	1	0	0	0	0
	工业废物处理率	2	0	0	0	0	1
	排土场复垦率	3	0	0	0.5	0.5	0
	排土场植被恢复率	4	0	0.7	0.3	0	0
	露天矿疏干水及矿坑排水综合利用率	5	0	0	0	0	1
	草地面积所占比例	6	0	0	0	0	1
	环保投资占 GDP 比例	7	0	0	0	0	1
	公众参与程度	8	0.48	0.52	0	0	0

表 6-30　草原生态系统健康评价恢复力层指标 2000 年隶属度计算结果

要素	具体指标	序号	隶属度				
恢复力层	工业废水排放达标率	1	1	0	0	0	0
	工业废物处理率	2	0	0	0	0	1
	排土场复垦率	3	0	0	0	0	1
	排土场植被恢复率	4	0	0	0.6	0.4	0
	露天矿疏干水及矿坑排水综合利用率	5	0	0	0	0	1
	草地面积所占比例	6	0	0	0	0	1
	环保投资占 GDP 比例	7	0	0	0.342	0.658	0
	公众参与程度	8	0.12	0.88	0	0	0

表 6-31　草原生态系统健康评价恢复力层指标 2010 年隶属度计算结果

要素	具体指标	序号	隶属度				
恢复力层	工业废水排放达标率	1	0.73	0.27	0	0	0
	工业废物处理率	2	0	0	0	0	1
	排土场复垦率	3	0	0	0	0	1
	排土场植被恢复率	4	0	0	0.83	0.17	0
	露天矿疏干水及矿坑排水综合利用率	5	0	0	0	0	1
	草地面积所占比例	6	0	0	0	0	1
	环保投资占 GDP 比例	7	0	0	0	0	1
	公众参与程度	8	0	0	0.96	0.04	0

由 1975—2010 年的结构层隶属度计算结果，得到 1975—2010 年的结构层隶属度矩阵为：

$$\boldsymbol{R}_{1975}=\begin{bmatrix} 0 & 0 & 0 & 0 & 1 \\ 0 & 0 & 0 & 0 & 1 \\ 0 & 0 & 0 & 0 & 1 \\ 0 & 0 & 0 & 0 & 1 \\ 0 & 0 & 0 & 0 & 1 \\ 0 & 0 & 0 & 0 & 1 \\ 0.377 & 0.623 & 0 & 0 & 0 \\ 0.88 & 0.12 & 0 & 0 & 0 \end{bmatrix}$$

$$\boldsymbol{R}_{1990}=\begin{bmatrix} 1 & 0 & 0 & 0 & 0 \\ 0 & 0 & 0 & 0 & 1 \\ 0 & 0 & 0.5 & 0.5 & 0 \\ 0 & 0.7 & 0.3 & 0 & 0 \\ 0 & 0 & 0 & 0 & 1 \\ 0 & 0 & 0 & 0 & 1 \\ 0 & 0 & 0 & 0 & 1 \\ 0.48 & 0.52 & 0 & 0 & 0 \end{bmatrix}$$

$$\boldsymbol{R}_{2000}=\begin{bmatrix}1&0&0&0&0\\0&0&0&0&1\\0&0&0&0&1\\0&0&0.6&0.4&0\\0&0&0&0&1\\0&0&0&0&1\\0&0&0.342&0.658&0\\0.12&0.88&0&0&0\end{bmatrix}$$

$$\boldsymbol{R}_{2010}=\begin{bmatrix}0.73&0.27&0&0&0\\0&0&0&0&1\\0&0&0&0&1\\0&0&0.83&0.17&0\\0&0&0&0&1\\0&0&0&0&1\\0&0&0&0&1\\0&0&0.96&0.04&0\end{bmatrix}$$

6.5.3 恢复力层健康状况分析与评价

6.5.3.1 恢复力层健康状况分析

由以上权重计算结果可得：

$W_{恢复力}=(w_{i1}\quad w_{i2}\quad w\quad w_{ik})=$（0.039 5，0.039 5，0.040 3，0.040 3，0.030 3，0.029 3，0.024 8，0.023 6）

$$\boldsymbol{R}_{1975}=(w_{i1}\quad w_{i2}\quad w\quad w_{ik})\begin{bmatrix}r_{1j}\\r_{2j}\\r\\r_{kj}\end{bmatrix}=（0.039\,5，0.039\,5，0.040\,3，0.040\,3，0.030\,3，0.029\,3，$$

$$0.024\,8，0.023\,6）\cdot\begin{bmatrix}0&0&0&0&1\\0&0&0&0&1\\0&0&0&0&1\\0&0&0&0&1\\0&0&0&0&1\\0&0&0&0&1\\0.377&0.623&0&0&0\\0.88&0.12&0&0&0\end{bmatrix}=（0.030\,1，0.018\,3，0，0，0.119\,2）$$

通过恢复力层权重和隶属度矩阵的一级模糊计算，根据隶属度最大原则可知，1975年的恢复力层方面健康状况值为 0.119 2，恢复力层在 1975 年的健康状况属于健康状态。

$$\boldsymbol{R}_{1990}=(w_{i1}\quad w_{i2}\quad w\quad w_{ik})\begin{bmatrix} r_{1j}\\ r_{2j}\\ r\\ r_{kj}\end{bmatrix}=(0.039\,5,0.039\,5,0.040\,3,0.040\,3,0.030\,3,0.029\,3,$$

$$0.024\,8,0.023\,6)\cdot\begin{bmatrix} 1 & 0 & 0 & 0 & 0\\ 0 & 0 & 0 & 0 & 1\\ 0 & 0 & 0.5 & 0.5 & 0\\ 0 & 0.7 & 0.3 & 0 & 0\\ 0 & 0 & 0 & 0 & 1\\ 0 & 0 & 0 & 0 & 1\\ 0 & 0 & 0 & 0 & 1\\ 0.48 & 0.52 & 0 & 0 & 0\end{bmatrix}=(0.050\,8,0.040\,5,0.032\,2,0.020\,2,$$

$$0.123\,9)$$

通过恢复力层权重和隶属度矩阵的一级模糊计算，根据隶属度最大原则可知，1990年的恢复力层方面健康状况值为0.123 9，恢复力层在1990年的健康状况属于健康状态。

$$\boldsymbol{R}_{2000}=(w_{i1}\quad w_{i2}\quad w\quad w_{ik})\begin{bmatrix} r_{1j}\\ r_{2j}\\ r\\ r_{kj}\end{bmatrix}=(0.039\,5,0.039\,5,0.040\,3,0.040\,3,0.030\,3,0.029\,3,$$

$$0.024\,8,0.023\,6)\cdot\begin{bmatrix} 1 & 0 & 0 & 0 & 0\\ 0 & 0 & 0 & 0 & 1\\ 0 & 0 & 0 & 0 & 1\\ 0 & 0 & 0.6 & 0.4 & 0\\ 0 & 0 & 0 & 0 & 1\\ 0 & 0 & 0 & 0 & 1\\ 0 & 0 & 0.342 & 0.658 & 0\\ 0.12 & 0.88 & 0 & 0 & 0\end{bmatrix}=(0.042\,3,0.020\,8,0.032\,7,0.032\,4,$$

$$0.139\,4)$$

通过恢复力层权重和隶属度矩阵的一级模糊计算，根据隶属度最大原则可知，2000年的恢复力层方面健康状况值为0.139 4，恢复力层在2000年的健康状况属于健康状态。

$$\boldsymbol{R}_{2010}=(w_{i1}\quad w_{i2}\quad w\quad w_{ik})\begin{bmatrix} r_{1j}\\ r_{2j}\\ r\\ r_{kj}\end{bmatrix}=(0.039\,5,0.039\,5,0.040\,3,0.040\,3,0.030\,3,0.029\,3,$$

$$
0.024\,8，0.023\,6）\cdot\begin{bmatrix} 0.73 & 0.27 & 0 & 0 & 0 \\ 0 & 0 & 0 & 0 & 1 \\ 0 & 0 & 0 & 0 & 1 \\ 0 & 0 & 0.83 & 0.17 & 0 \\ 0 & 0 & 0 & 0 & 1 \\ 0 & 0 & 0 & 0 & 1 \\ 0 & 0 & 0 & 0 & 1 \\ 0 & 0 & 0.96 & 0.04 & 0 \end{bmatrix} =（0.028\,8，0.010\,7，0.056\,1，0.007\,8，
$$

0.104 2）

通过恢复力层权重和隶属度矩阵的一级模糊计算，根据隶属度最大原则可知，2010 年的恢复力层方面健康状况值为 0.104 2，恢复力层在 2010 年的健康状况属于健康状态。

6.5.3.2 恢复力层健康状况演替规律分析

通过模糊综合计算得到恢复力层隶属度值，根据隶属度最大原则来对不同年限的恢复力层隶属度进行对比分析，见表 6-32 和图 6-8。1975 年伊敏露天矿边草原生态系统健康结构层方面属于健康状况，1990 年伊敏露天矿周边草原生态系统健康结构层方面属于健康状况，2000 年伊敏露天矿周边草原生态系统健康结构层方面属于健康状况，2010 年伊敏露天矿周边草原生态系统健康结构层方面属于健康状况，从 1975—2010 年伊敏露天矿周边草原生态系统健康结构层方面一直处于健康状况，可见伊敏露天矿从建设期到运营期的过程中恢复力层各项指标均未受到影响，其中恢复力层指标包含工业废水排放达标率、工业废物处理率、排土场复垦率、排土场植被恢复率、露天矿疏干水及矿坑排水综合利用率、草地面积所占比例、环保投资占 GDP 比例、公众参与程度几项指标，以上指标均是达标性指标及恢复性指标，可见伊敏露天矿在建设期到运行期，均做到了达标排放和合理综合整治。

表 6-32 1975—2010 年不同年限恢复力层隶属度值对比

年份	病态	不健康	亚健康	较健康	健康
1975	0.030 1	0.018 3	0	0	0.119 2
1990	0.050 8	0.040 5	0.032 2	0.020 2	0.123 9
2000	0.042 3	0.020 8	0.032 7	0.032 4	0.139 4
2010	0.028 8	0.010 7	0.056 1	0.007 8	0.104 2

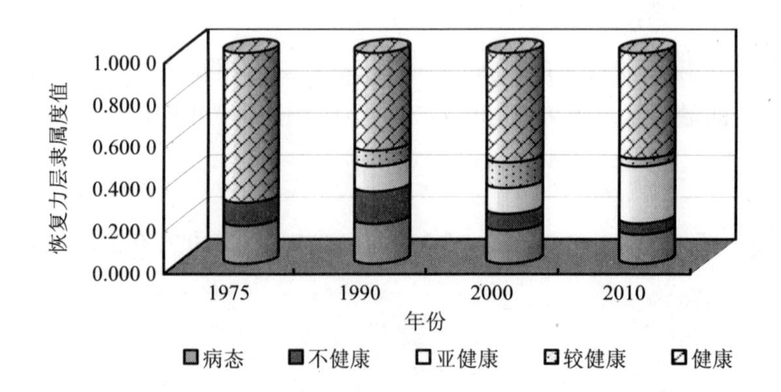

图 6-8 1975—2010 年不同年限恢复力层隶属度值对比图

6.6　综合影响分析

6.6.1　综合健康评价结果

由以上活力层、结构层、恢复力层的权重和隶属度计算结果，结合综合模糊计算法，得到不同年限的生态健康状况为：

$W=(W_1\quad W_2\quad W_3)=$（0.426 7，0.305 8，0.267 6）

$$R_{1975}=\begin{bmatrix}0.0307 & 0.019 & 0.1080 & 0.0918 & 0.1171\\ 0 & 0.0242 & 0.081 & 0.1159 & 0.0847\\ 0.0301 & 0.0183 & 0 & 0 & 0.1192\end{bmatrix}$$

$$R_{1975}=W\cdot R=(w_{i1}\quad w_{i2}\quad w\quad w_{ik})\begin{bmatrix}r_{1j}\\ r_{2j}\\ r\\ r_{kj}\end{bmatrix}=(0.4267,\ 0.3058,\ 0.2676)\cdot$$

$$\begin{bmatrix}0.0307 & 0.0190 & 0.1080 & 0.0918 & 0.1171\\ 0 & 0.0242 & 0.0810 & 0.1159 & 0.0847\\ 0.0301 & 0.0183 & 0 & 0 & 0.1192\end{bmatrix}=(0.0212,\ 0.0204,\ 0.0709,\ 0.0618,$$

$0.1129)$

通过二级模糊计算方法和隶属度最大原则，结合 1975 年的活力层、结构层、恢复力层的隶属度矩阵和权重值，得到 1975 年的伊敏露天矿草原生态健康状况值为 0.112 9，因此，1975 年的伊敏露天矿草原生态健康状况为健康。

$$R_{1990}=\begin{bmatrix}0.1591 & 0.1082 & 0.0365 & 0 & 0.1524\\ 0.0719 & 0.0883 & 0.0922 & 0.0124 & 0.0409\\ 0.0508 & 0.0405 & 0.0322 & 0.0202 & 0.1239\end{bmatrix}$$

$$R_{1990}=W\cdot R=(w_{i1}\quad w_{i2}\quad w\quad w_{ik})\begin{bmatrix}r_{1j}\\ r_{2j}\\ r\\ r_{kj}\end{bmatrix}=(0.4267,\ 0.3058,\ 0.2676)\cdot$$

$$\begin{bmatrix}0.1591 & 0.1082 & 0.0365 & 0 & 0.1524\\ 0.0719 & 0.0883 & 0.0922 & 0.0124 & 0.0409\\ 0.0508 & 0.0405 & 0.0322 & 0.0202 & 0.1239\end{bmatrix}=(0.1035,\ 0.0840,\ 0.0524,\ 0.0092,\ 0.1107)$$

通过二级模糊计算方法和隶属度最大原则，结合 1990 年的活力层、结构层、恢复力层的隶属度矩阵和权重值，得到 1990 年的伊敏露天矿草原生态健康状况值为 0.110 7，因此，1990 年的伊敏露天矿草原生态健康状况为健康。

$$\boldsymbol{R}_{2000}=\begin{bmatrix}0.0253 & 0.1291 & 0.1350 & 0.0596 & 0.1078\\ 0.0844 & 0.0583 & 0.0636 & 0.0639 & 0.0355\\ 0.0423 & 0.0208 & 0.0627 & 0.0324 & 0.1394\end{bmatrix}$$

$$\boldsymbol{R}_{2000}=W\cdot\boldsymbol{R}=(w_{i1}\quad w_{i2}\quad w\quad w_{ik})\begin{bmatrix}r_{1j}\\ r_{2j}\\ r\\ r_{kj}\end{bmatrix}=(0.4267,\ 0.3058,\ 0.2676)\cdot$$

$$\begin{bmatrix}0.0253 & 0.1291 & 0.1350 & 0.0596 & 0.1078\\ 0.0844 & 0.0583 & 0.0636 & 0.0639 & 0.0355\\ 0.0423 & 0.0208 & 0.0627 & 0.0324 & 0.1394\end{bmatrix}=(0.0479,\ 0.0785,\ 0.0986,\ 0.0536,\ 0.0941)$$

通过二级模糊计算方法和隶属度最大原则，结合 2000 年的活力层、结构层、恢复力层的隶属度矩阵和权重值，得到 2000 年的伊敏露天矿草原生态健康状况值为 0.098 6，2000 年的伊敏露天矿草原生态健康状况为亚健康状态。

$$\boldsymbol{R}_{2010}=\begin{bmatrix}0.0245 & 0.0735 & 0.1396 & 0.0579 & 0.1004\\ 0.0012 & 0.1108 & 0.0792 & 0.0116 & 0.0812\\ 0.0288 & 0.0107 & 0.0561 & 0.0078 & 0.1042\end{bmatrix}$$

$$\boldsymbol{R}_{2010}=W\cdot\boldsymbol{R}=(w_{i1}\quad w_{i2}\quad w\quad w_{ik})\begin{bmatrix}r_{1j}\\ r_{2j}\\ r\\ r_{kj}\end{bmatrix}=(0.4267,\ 0.3058,\ 0.2676)\cdot$$

$$\begin{bmatrix}0.0245 & 0.0735 & 0.1396 & 0.0579 & 0.1004\\ 0.0012 & 0.1108 & 0.0792 & 0.0116 & 0.0812\\ 0.0288 & 0.0107 & 0.0561 & 0.0078 & 0.1042\end{bmatrix}=(0.0185,\ 0.0666,\ 0.1040,\ 0.0303,\ 0.0949)$$

通过二级模糊计算方法和隶属度最大原则，结合 2010 年的活力层、结构层、恢复力层的隶属度矩阵和权重值，得到 2010 年的伊敏露天矿草原生态健康状况值为 0.104 0，因此，2010 年的伊敏露天矿草原生态健康状况为亚健康状态。

6.6.2 演替规律分析

通过模糊综合评价法得到了不同年限的伊敏露天矿草原生态系统健康值，见表 6-33 及图 6-9～图 6-12。1975 年伊敏露天矿草原生态系统健康状况为健康，1990 年伊敏露天矿草原生态系统健康状况为健康，2000 年伊敏露天矿草原生态系统健康状况为亚健康，

2010 年伊敏露天矿草原生态系统健康状况为亚健康，可见，伊敏露天矿草原生态系统健康状况在 2000 年左右达到了低点，从 1975—2000 年是一个下降的趋势，2000—2010 年是一个维持状态，结合伊敏露天矿环境现状，随着矿区一期工程的建设和运行，随之而来的是植被生产力指数、生物多样性指数、地下水高锰酸盐指数、地下水氨氮指数、土壤中有机质含量、土壤全氮含量、大气中 TSP 日均值指数、大气中 SO_2 日均值指数、降水量、地表水径流变化量、地下水疏干水量、草原景观所占比例等指标的降低，活力层指标在 1990 年达到病态，活力层各指标受到矿区开采和设备运行的影响较为严重，随着矿区环保措施的采用，活力层各指标的健康状况有所改善，在 2000 年提升至亚健康状态，随着环保投资的加大，环保意识的增加，在 2010 年伊敏露天矿草原生态系统的健康状况维持了亚健康状态。

对于结构层指标，随着开采年限的增加，随之变化的是地下水影响半径范围、地下水生态水位、植被覆盖率指数、顶极群落相近度、植被群落物种数、pH、土壤盐碱化、水土流失程度指标等指标，结构层指标健康状况在 2000 年达到病态低点，从 1975 年的健康态发展为 1990 年的亚健康状态，到 2000 年的病态，最后到 2010 年的不健康状态，其健康状况是先降低再升高的过程，但是下降幅度较大，上升幅度较小，可见在开采初期，受到人工开采的影响，结构层指标健康状况随开采年限的增加而降低，但是 2000 年之后，虽然开采范围扩大，开采量逐年增加，但是随着水土保持措施的实施、绿化面积的增加，使得 2010 年之后伊敏露天矿周边草原生态系统健康状况有了一定的恢复和改善，但是仍处于不健康状态，但是已摆脱病态。

对于恢复力层指标而言，从 1975—2010 年，恢复力指标综合健康状况始终保持很健康的状况，包含指标：工业废水排放达标率、工业废物处理率、排土场复垦率、排土场植被恢复率、露天矿疏干水及矿坑排水综合利用率、草地面积所占比例、环保投资占 GDP 比例、公众参与程度，从 1975 年以来，工业废水废物处置率、植被恢复率及公众参与等人为指标一直处于健康状况，可见，在露天矿开采的同时，人工修复及保护都十分到位。

结合活力层指标、结构层指标及恢复力层指标的综合影响，得到 1975—2010 年的变化趋势为健康—健康—亚健康—亚健康，可见，1990—2000 年，随着矿区一期工程的进行，开采量的增加，使得该区域的生态环境受到较大的影响，土壤植被受到较大程度的剥离损坏，地下水受到开采区域疏干水影响而发生水位变化，在露天矿区扬尘影响较为严重，因而随着开采年限的增加，从 1990 年的很健康状态变为 2000 年的亚健康状态，2000 年后随着开采量增加的同时，环保措施也大量的投入，使得 2010 年伊敏露天矿生态健康状况维持在亚健康状态。

表 6-33　1975—2010 年伊敏露天矿草原生态系统健康状况

年限	病态	不健康	亚健康	较健康	健康
1975	0.021 2	0.020 4	0.070 9	0.061 8	0.112 9
1990	0.103 5	0.084 0	0.052 4	0.009 2	0.110 7
2000	0.047 9	0.078 5	0.098 6	0.053 6	0.094 1
2010	0.018 5	0.066 6	0.104 0	0.030 3	0.094 9

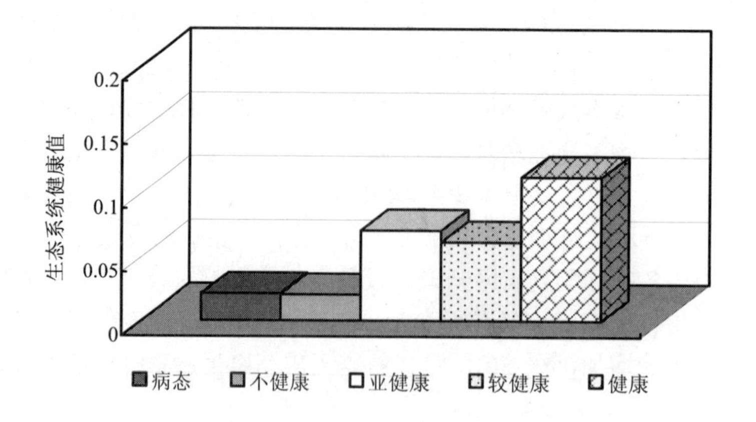

图 6-9 1975 年伊敏露天矿草原生态系统健康状况图

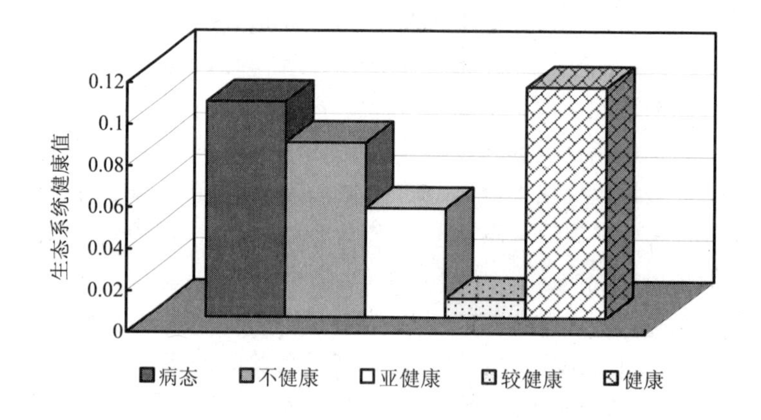

图 6-10 1990 年伊敏露天矿草原生态系统健康状况图

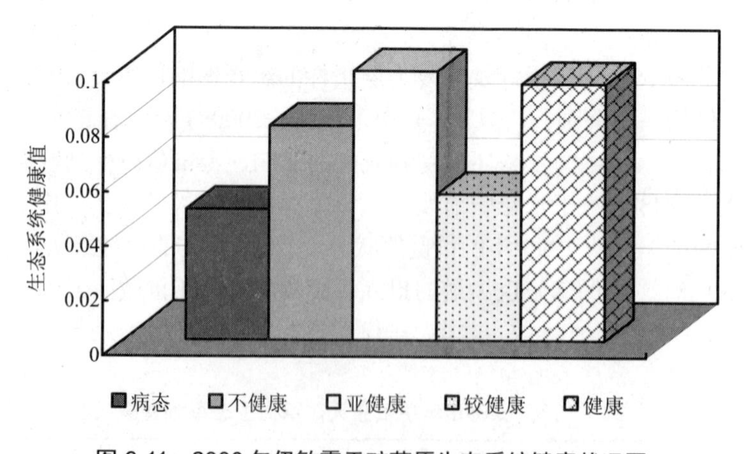

图 6-11 2000 年伊敏露天矿草原生态系统健康状况图

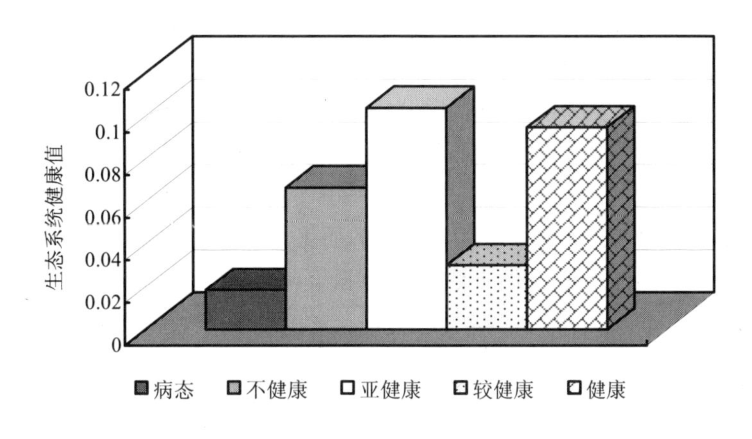

图 6-12　2010 年伊敏露天矿草原生态系统健康状况图

6.7　小结

通过伊敏露天矿开发三十多年的自然环境、社会经济状况及其变化分析可知，结合矿区开采情况，采用四维空间模型来进行各环境要素的单因素分析，并采用模糊综合数学评价法和层次分析法相结合的方法来进行伊敏矿区综合生态健康状况评价，分析研究后得出以下结论。

（1）草原生态系统活力层健康状况分析。

通过模糊综合一级计算得到活力层健康状况，1975 年伊敏露天矿周边草原生态系统健康活力层方面属于健康状况，1990 年伊敏露天矿周边草原生态系统健康活力层方面属于病态状况，2000 年伊敏露天矿周边草原生态系统健康活力层方面属于亚健康状况，2010 年伊敏露天矿周边草原生态系统健康活力层方面属于亚健康状况，可见 1975 年时伊敏露天矿活力层的各项指标均未受到影响，1990 年由于受到露天矿开采的严重影响，矿区周边草原生态系统健康活力层指标下降，健康状况降至病态，随着开采过程中，植被的恢复，土壤的修复，人工处理措施的加强，使得 2000 年的健康状况属于亚健康，2010 年维持亚健康状态。

（2）草原生态系统结构层健康状况分析。

通过模糊综合一级计算得到结构层健康状况，1975 年伊敏露天矿周边草原生态系统健康结构层方面属于较健康状况，1990 年伊敏露天矿周边草原生态系统健康结构层方面属于亚健康状况，2000 年伊敏露天矿周边草原生态系统健康结构层方面属于病态状况，2010 年伊敏露天矿周边草原生态系统健康结构层方面属于不健康状况，可见 1975 年伊敏露天矿健康状况至 2000 年是一个直线降低的过程，在 2010 年有所恢复，但是仍处于不健康的状况。

（3）草原生态系统恢复力层健康状况分析。

通过模糊综合计算得到恢复力层健康状况，根据隶属度最大原则可知，1975 年伊敏露天矿周边草原生态系统健康结构层方面属于健康状况，1990 年伊敏露天矿周边草原生态系统健康结构层方面属于健康状况，2000 年伊敏露天矿周边草原生态系统健康结构层方面属于健康状况，2010 年伊敏露天矿周边草原生态系统健康结构层方面属于健康状况，从 1975 年到 2010 年伊敏露天矿周边草原生态系统健康恢复力层方面一直处于健康状况。

（4）草原生态系统恢复力层健康状况分析。

通过模糊综合二级评价法，利用具有三级结构的四维健康评价模型，结合隶属度最大原则，得到了不同年限的伊敏露天矿草原生态系统健康值：1975 年为 0.112 9，1990 年为 0.110 7，2000 年为 0.098 6，2010 年为 0.104 0。1990 年综合生态健康状况受到活力层影响较大，其中生物多样性指数、地下水氨氮指数、降水量、地表水径流变化量、地下水疏干水量五项指标对草原生态系统有一定影响，2000 年综合生态健康状况受结构层影响较大，其中地下水影响半径范围、植被覆盖率指数、水土流失程度三项指标指标对生态系统健康状况有较大影响，使得 2000 年草原生态系统综合健康状况降至亚健康状态。结果表明：1975—1990 年伊敏露天矿草原生态系统健康状况为健康，2000 年伊敏露天矿草原生态系统健康状况为亚健康，2010 年伊敏露天矿草原生态系统健康状况为亚健康，可见，从 1975—2000 年露天矿生态环境的健康水平呈缓慢下降的趋势，2000 年已从健康水平降至亚健康水平，2000 年以后矿区采取了大规模的生态恢复重建工程，虽未完全修复系统的健康水平，但 2000—2010 年呈维持状态。

可见，方法评价的结果均与事实相符，具有较好的应用性。

第7章　案例分析

内蒙古自治区自东向西依次分布着草甸草原、典型草原和荒漠草原三个草原亚带，其中草甸草原与典型草原在维持、促进国民经济生产发展以及保护生态环境，实现国家生态安全等方面起着非常重要的作用。因此，案例研究选择草甸草原（呼伦贝尔草原）与典型草原（锡林郭勒草原、鄂尔多斯草原）作为研究区域，并在两个草原亚带各自选择具有代表性的煤矿作为考察对象，分析矿业开采对草原生态系统的影响。所选择煤矿的详细信息如表7-1所示。

表7-1　研究区基本信息表

草原区	煤矿名称	地理位置、海拔	矿业类型	主体植被类型
草甸草原	伊敏煤矿	119°43′45.76″E，48°32′46.10″N；698.5 m	露天煤矿	大针茅草原
典型草原	胜利煤矿	116°01′45.29″E，44°01′14.54″N；1 015.8 m	露天煤矿	克氏针茅草原
	黑岱沟煤矿	111°13′59.55″E，39°47′03.20N；1 260 m	露天煤矿	本氏针茅草原

以上三个矿区，一方面所处的生态系统具有很好的代表性，另一方面，三个矿区均是开发历史长，规模较大，小区域特征鲜明的矿区，周边环境影响的干扰较小，均经过了几期的开发，矿区做过大量的环境保护工作，因此很适宜作为环境影响后评价的研究案例。

7.1　伊敏露天矿环境影响后评价研究

7.1.1　前言

根据《内蒙古自治区环境保护厅关于开展国家环保公益项目“草原区煤田开发环境影响后评估与生态修复示范技术研究”的通知》（内环办[2010]103号）和环境保护部2009年公益性专项研究课题——《草原区煤田开发环境影响后评估与生态修复示范技术研究》（项目编号：200909063）技术方案，华能伊敏煤电有限责任公司伊敏露天矿被列为开展环境影响后评价的试点，要求通过开展这项工作，为我国今后煤炭资源矿区开发环境影响后评价技术规范和管理办法的构建立和完善提供支撑，同时对露天煤矿的生态修复技术进行示范研究。

伊敏露天矿作为呼伦贝尔草原的典型露天煤矿，开采年代悠久，矿区内植被原属大针茅为主要建群的典型草原植被，由于矿产开采的干扰，如今的植被由大针茅群系退化为一二年生杂类草较多的大针茅草原，羊草草原退化为盐碱的羊草+马蔺群丛类型，而露天矿排土场内复垦植被有沙棘灌丛、沙打旺，也有大针茅+羊草群丛和群聚的一二年生杂类草。草本植物在生态系统结构中占有重要地位，较之其他植物群落具有更敏感的反应能力，对外界的干扰反应速度更快，影响更易显现。伊敏露天矿环境影响后评价既是后评价理论体系的应用实例，也是研究露天矿开采对草甸草原生态系统影响的较好案例。

7.1.2 总则

7.1.2.1 评价目的

（1）评价建设项目对环境的实际影响，验证以往环境影响评价预测结果的准确性、可靠性和科学性，验证评价采用的主要预测方法和模型的合理性，为进一步完善建设项目环境影响评价技术方法提供基础数据。

（2）验证项目以往采取的环境治理和补偿措施的有效性、合理性以及技术经济可行性，在此基础上对项目以往采取的环境保护措施提出调整建议，提高项目环境污染治理和沉陷治理的效果、完善生态补偿机制。

（3）检验项目环境管体系和程序的有效性，并将有关信息反馈给各级环境管理和决策部门，便于及时调整环境管理工作中的不足，及时调整与建设项目相关的产业政策、生产力布局等宏观管理战略，同时可以总结推广好的经验，提高建设项目环境管理和决策的水平。同时还可以弄清露天煤矿污染物排放及影响的一般规律和存在的共同性的环境问题，为提高煤矿环境影响评价、环保竣工验收等工作的水平提供帮助。

（4）帮助企业查清存在的环境保护问题，帮助煤矿采取有针对性的措施提高环境污染治理和沉陷治理的效果，提高企业环境管理的水平，为企业的可持续发展提供更多的潜力。

（5）通过项目环境影响后评价试点工作，为建立和完善我国建设项目环境影响后评价制度积累经验，提出建议性意见。

7.1.2.2 评价重点

从评价内容、评价对象、环境要素 3 个方面确定此次评价的重点。

（1）矿区开发环境影响回顾性评价，重点为生态环境、地下水环境影响。

（2）环境影响前评价主要结论的验证评价，提出科学合理的对同类项目进行环境影响预测的技术方法的改进建议。

（3）露天煤矿环境污染治理与生态综合整治措施有效性的验证评价与补充建议。

（4）对区域煤矿开发环境管理和环境政策方面的建议。

7.1.2.3 评价依据

（略）

7.1.2.4 评价等级及评价范围

评价范围和等级是决定后评价工作内容广度和深度的关键因素，原则上参考现行环境影响评价技术导则，但后评价相比于环境影响评价，对过去的评价是其特点之一，因此也需要界定评价的时间范围。

地理范围的确定以保证生态边界的整体性和工程影响的完整性为立足点。伊敏露天矿后评价地理范围参考目前环境影响评价技术导则评价范围确定方法，同时考虑污水土地处理系统、矿区草甸草原的完整性。

时间范围根据资料数据的可达性和回顾年限的必要性界定，时间范围直接影响后评价对露天矿环境影响结论的可靠性，时间起点定为矿区未开采前 1975 年，终点定为露天矿三期达产期第 5 年即 2015 年。过程年根据评价对象特点选择，如污染类因素回顾性评价以监测数据为依据，因此过程年选择露天矿各期环评、验收年份。生态影响回顾性评价采用遥感叠图法，因此过程年选择可收集卫星遥感数据的年份，尽量平均分布。

依据各要素环境影响评价技术导则的规定，并针对伊敏露天矿对环境影响的特点，结合当地地形地貌、气象条件、草原生态状况等自然社会环境的现状，确定本项目各环境要素的评价等级和相应的评价范围（表 7-2，图 7-1）。

表 7-2　伊敏露天矿评价等级及范围

<table>
<tr><th>评价因子</th><th>评价等级</th><th>评价范围</th><th>评价时段</th><th>评价依据</th></tr>
<tr><td>大气</td><td>三级</td><td>以主要起尘点为中心，直径为 5 km 的范围</td><td rowspan="5">现状评价的基准年为 2010 年
污染类因素回顾性评价时间范围为矿区各期环评、验收年份
生态回顾性评价的时间范围为 1975 年、1990 年、2000 年、2010 年</td><td>《环境影响评价技术导则——大气环境》（HJ 2.2—2008）</td></tr>
<tr><td>地表水</td><td>三级</td><td>敖伊木沟居住区上游至下游五牧场控制断面，约 30 km 河段</td><td>《环境影响评价技术导则—地面水环境》（HJ/T 2.3—93）</td></tr>
<tr><td>地下水</td><td>一级</td><td>以一号露天矿中心为圆点，半径为 4 365.83 m 的圆形区域</td><td>《环境影响评价技术导则—地下水环境》（HJ 610—2011）</td></tr>
<tr><td>声</td><td>三级</td><td>露天矿噪声源界外 200 m 范围内的区域</td><td>《环境影响评价技术导则—声环境》（HJ 2.4—2009）</td></tr>
<tr><td>生态</td><td>二级</td><td>以各矿区外围边界为标准，向外扩 8 km 为评价范围，总评价范围 52 805.4 hm²</td><td>《环境影响评价技术导则—生态影响》（HJ 19—2011）</td></tr>
</table>

图 7-1　伊敏露天矿评价范围

7.1.2.5 评价标准

（略）

7.1.2.6 环境敏感目标

（略）

7.1.2.7 评价指标体系

后评价指标体系的设置和选择应遵循全面性、目的性、可比性、动态指标与静态指标相结合、综合指标与单项指标相结合、项目微观效果指标与宏观效果指标相结合的原则。本次评价指标体系见表 7-3。

表 7-3 后评价指标体系

一级指标	二级指标	三级指标
环境质量影响	地下水环境质量	pH、高锰酸盐指数、氨氮、氟化物、氰化物、挥发酚、亚硝酸盐氮、硝酸盐氮、溶解性总固体、总砷、总汞、镉、铅、总铬、铁、锰、总硬度（以 $CaCO_3$ 计）、总大肠菌、井深、地下水水位、地下水漏斗半径、地下水漏斗最低点、地下水资源量
	地表水环境质量	pH、COD、BOD_5、挥发酚、凯氏氮、溶解氧、水温、砷、悬浮物、硫化物、石油类、铅、镉、铜、氟化物
	大气环境质量	SO_2、NO_x、TSP、PM_{10}、H_2S
	声环境质量	L_{10}、L_{50}、L_{90}、L_{Aeq}、S.D.
	土壤环境质量	pH、有机质、电导率、全氮、有效磷、速效钾、碱解氮、6 个重金属元素（汞、镉、铬、砷、铅、铜）
生态环境影响	生态完整性	生态系统结构、净第一性生产力（NPP）、自然系统的稳定性
	生态系统多样性	植被群落类型、植被现状（类型、群丛组、分布土壤、优势种、群丛特征）
	生态系统变化	土地利用类型、植被类型、植被 NDVI、草场类型、草场盖度、鲜草产量、动物种类、顶极群落相近度、景观类型
	景观生态系统	斑块密度、最大斑块指数、平均斑块周长面积比、平均最近邻体距离、蔓延度、多样性指数、均匀度指数
	水土保持	土壤类型、土壤侵蚀类型、土壤侵蚀模数、侵蚀面积变化、土壤盐渍化、土壤沙化
	排土场生态系统	复垦及绿化面积、优势种、常见植被、草本种类、土壤质地、平均高度、覆盖度、生态序列式
社会经济影响	经济结构影响	企业产值、企业纳税值、纳税值占地区税收比
	社会生活影响	居民恩格尔指数、采掘业从业人员比例
环境风险影响	生态风险、地质风险	
有效性评价	污染防治措施	环保措施的运行状况，大气、地表水、地下水、声现状监测达标情况、植被种类、生产力和生物多样性现状
	资源综合利用和清洁生产水平	资源与能源消耗指标、生产技术特征指标、污染物控制指标、资源综合利用指标、环境管理与安全卫生指标、清洁生产综合评价指数
验证性评价	预测结果	与实际影响的偏差
	评价结论	前评价结论的符合性
环境管理和监测	环境管理	环境影响评价、“三同时”制度、环境管理制度执行情况
	环境监测	环境监测计划执行情况
社会调查和评价	普通类调查	普通群众了解和支持比例
	专业类调查	专业人士了解和支持比例

7.1.2.8　后评价工作程序

同图 2-1（略）。

7.1.2.9　评价方法

本次后评价技术方法见表 7-4。

表 7-4　主要技术方法

序号	评价环节		方法名称
1	环境现状调查		
	（1）	自然环境	现场调查法、资料收集法、遥感方法
	（2）	生态环境	样方调查法、遥感方法
	（3）	社会环境	现场调查法、资料收集法
	（4）	污染源	现场调查法、收集资料法、类比法、等标污染负荷法
	环境现状监测与评价		
	（1）	大气环境	等标指数法、综合指数法、统计分析法
	（2）	地表水、地下水环境	等标指数法、综合指数法、统计分析法
	（3）	声环境	等标指数法、统计分析法
	（4）	土壤	等标指数法、综合指数法、统计分析法
	（5）	生态环境	系统分析法、结构分析法、遥感解译法、样方调查法、景观格局分析法、对比分析、叠图法、聚类分析法、统计分析法
2	环境影响回顾性评价		
	（1）	大气环境	指数评价法、对比分析法、趋势分析法、回归分析法
	（2）	生态环境	遥感解译法、叠图法、空间代时间法、动态分析法、生境梯度分析法、景观格局分析法、聚类分析法、趋势分析法
	（3）	地表水环境	指数评价法、对比分析法、趋势分析法
	（4）	地下水环境	指数评价法、对比分析法、趋势分析法、克里格差值法、多元回归分析法、数值模拟法、图解法
	（5）	声环境	对比分析法、指数评价法、趋势分析法
	（6）	土壤环境	指数评价法、对比分析、趋势分析法
	（7）	社会环境	指数评价法、统计分析、对比分析法、趋势分析法
	（8）	环境风险	统计分析法、对比分析法、概率分析法
3	前评价结论的验证性分析		对比分析法
4	环境保护措施有效性分析		现场调查法、对比分析法、生命周期评价法
5	环境影响预测分析		趋势外推法、回归分析法、情景分析法、动态分析法、类比分析法
6	环境管理及监测计划执行情况		资料收集法、生命周期评价法
7	社会调查与评价		问卷调查法、资料收集法、统计分析法、对比分析法

7.1.3　项目概况及实施过程分析

7.1.3.1　项目基本概况

伊敏露天矿位于内蒙古自治区鄂温克自治旗伊敏河镇，1983 年开始建设，一期工程于 1999 年建成投产，建设规模 5.0 Mt/a；二期工程 2004 年开工建设，建设规模 11.0 Mt/a，2008 年达到设计产量；三期工程 2007 年开工，建设规模 21 Mt/a，2011 年达到设计产量，

2049—2052 年为开采结束年。产品主要是供伊敏电厂和矿区自用，电厂生产区位于一号露天矿东南约 3 km。

（1）工程组成。伊敏露天矿主要由主体工程、辅助工程、公用工程、储运工程、环保工程等组成，工程组成一览表见表 7-5。露天矿总平面布置见图 7-2。

表 7-5 露天矿主要工程组成一览表

主要工程		工程内容
主体工程	露天矿采掘场	开采范围为 27.9 km^2
辅助工程	沿帮排土场、西排土场和内排土场	内排土场为一、二采区的采空回填区。现有内排土场已全部回填完毕；外排土场位于现有西排土场北段，占地面积 1.13 km^2
	机修修配厂	矿山机械维修车间，矿山机械修理车间，内燃设备修理车间，发动机修理车间，水泵修理车间，联合车间，外修队、电机和电动轮修理车间，自卸卡车保养车间，综合保养车间
	油库、加油充气站	油库及罐区承担外部来油卸油入罐；并对矿区各企业发放用油。矿区已建成永久性油库一座，规模按矿区规模 25.00 Mt/a，年耗油量 20 000 t 建设
	炸药库	两座炸药库房单库房最大存量可为 30 t，450 t 的硝酸铵库房三座（15 m × 42 m/座）
公用工程	供水工程	旗马场地下水源
	排水工程	由新源区排水干线、滨河区排水干线和污水厂甲、乙线主排泵站、6 个转排泵站以及污水处理库组成。排水外网主干线约 42 km，生活区污水管网约 61 km
	供电工程	伊敏一次变电所。该所有两回电源进线，一回 220 kV 引自伊敏电厂，另一回 110 kV 引自海拉尔电厂
	供暖工程	依托伊敏电厂
储运工程	装车站	一号装车站、二号站均设于一号露天矿之东侧，邻近海伊公路布置，一号装车站主要办理煤炭装车和油库及电厂车辆取送作业。二号站主要办理列车到发、通过及两厂一库车辆的取送作业，站内设有到发线
	铁路	矿区铁路专用线由国铁伊敏支线终点伊敏工业站南端引出，由北向南经二号站至一号装车站，全长约 9 km；矿区现有铁路支线共有 4 条： 1．总仓库、预制构件厂及木材加工厂铁路支线； 2．由二号装车站南端接轨的临时运煤线，全长约 4.2 km； 3．由一号装车站南端接轨的油库铁路支线 4.3 km； 4．由一号装车站南端接轨的电厂铁路专用线
	公路	海伊公路，由北向南贯穿矿区东部，与矿区地面各生产、生活和辅助企业与设施之外部道路相连构成完整的矿区内外地面运输系统。海伊公路全长约 76 km，设计为二级公路
环保工程	污水土地处理系统	污水厂西面 5 km 处，按氧化塘运行方式工艺设计，坝体为长方形，坝长约为 1.4 km，宽为 0.7 km，污水库储水总量约为 520 万 t。污水经污水库处理达标后用于草原灌溉
	大气污染防治措施	储煤场喷淋设施+抑尘网、破碎站抑尘网、装车站喷淋设施、转运站密闭+风力除尘措施、洒水车
	生态恢复	排土场复垦和植被恢复

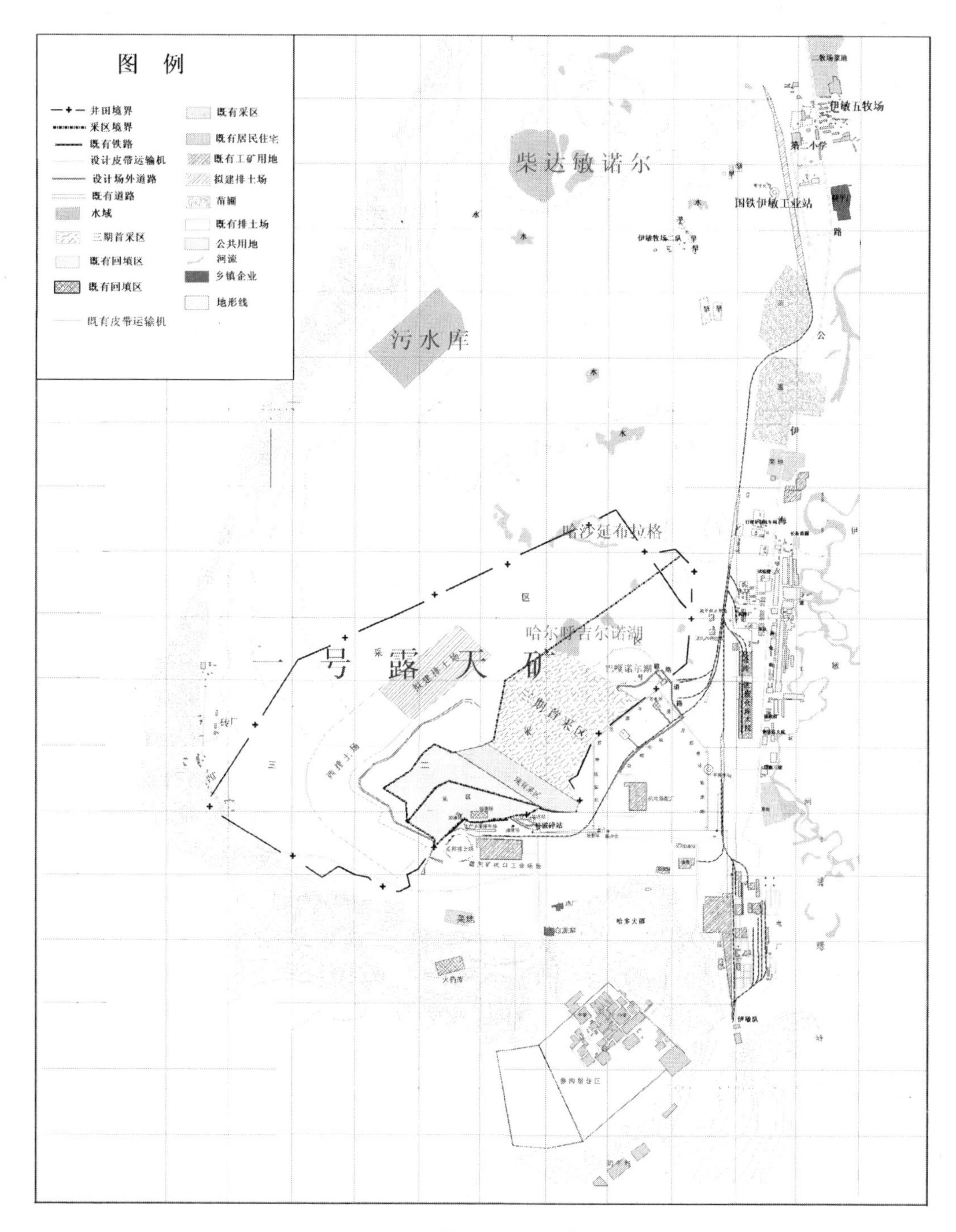

图 7-2　露天矿总平面布置

（2）采区分布及开采顺序。露天矿设计生产能力 21 Mt/a，设计年限 47 年。根据建设规模及开采工艺，整个露天矿已划分为一、二、三采区，以 F_5、F_8—F_{43} 断层作为天然的采区划分界限。一采区已于 1994 年开采完毕，二采区现正开采至 14 勘探线，其工作面自西南向东北推进，当二采区采至最终境界后，再开采三采区。开采顺序及过渡方式见采区分布图 7-3。

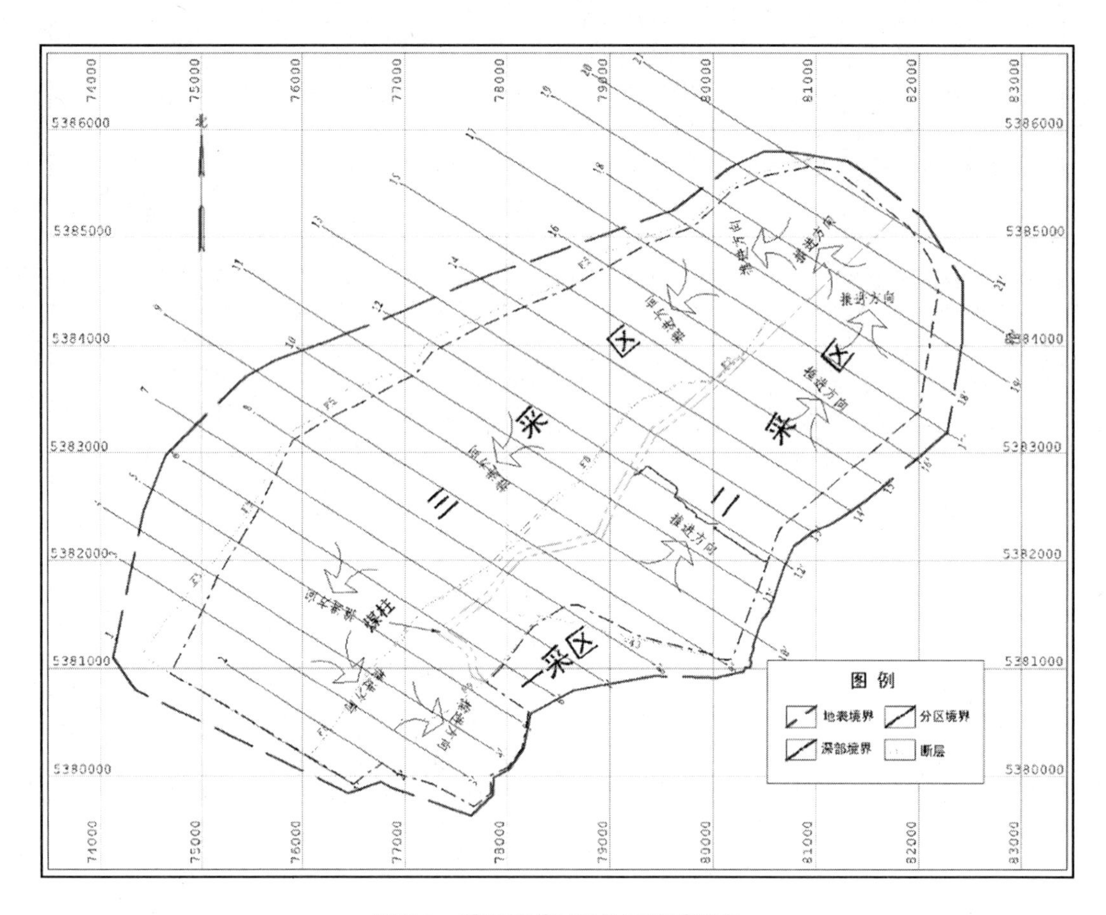

图 7-3 露天矿采区划分及开采顺序

（3）开采工艺。目前工艺为以自移式破碎机半连续综合开采工艺为主，单斗卡车工艺为辅，其工艺系统包括剥离和采煤两个工序。剥离物基本不需爆破，仅在冬季进行冻帮冻顶的松动爆破。

（4）排土工艺。西外排土场排土工艺采用单斗—卡车、排土机排弃工艺。内排土场排土工艺采用单斗卡车和自移式破碎机半连续系统排弃工艺。

（5）地下水疏排工艺。采用降水孔超前疏干与集水沟、集水坑平行疏干的联合疏干方式。在底板较低且含水层较厚的位置布置降水孔，抽取地下水，同时在采掘场坑底工作帮一侧沿推进方向开挖集水沟、超前集水坑，将地下水排入就近排水管路。

（6）排土场概况。伊敏矿排土场包括沿帮排土场、西排土场、西外排土场和内排土场。沿帮排土场和西排土场已停止使用，并实施复垦。

扩建西外排土场占地 1.13 km^2，容积为 163 万 m^3。内排土场平均工作线长度约 700 m，顶部标高为 695 m，底部标高为 600 m，排土场高度 95 m，现有 6 个排土台阶，排土平盘宽 90～130 m。近 10 年矿区剥离物排弃情况见表 7-6。

表 7-6　露天矿区各时期剥离物排弃表

单位：Mm^3

项目 年度	排弃点		合计
	扩建西排土场	内排土场	
2005	8.91	2.64	11.55
2006	10.21	2.64	12.85
2007	10.95	3.9	14.85
2008	13.93	5.87	18.8
2009	0	19.8	19.8
2010	0	19.8	19.8

（7）供暖工程。依托电厂集中供热，不设加热锅炉。

（8）地下水控制。伊敏矿地下水控制采用降水孔超前疏干与集水沟、集水坑平行疏干的联合疏干方式。一号露天矿疏干工程 1984 年投运，主要在采掘场外围布设降水孔截流地下水，在采掘场内部采用超前坑、沟等疏排剩余水。

一号露天矿近几年平均疏干排水量均在 45 000～55 000 m^3/d，地下水位已经大范围下降，采掘场内平均地下水位已经由最初的 660.7 m 降至 2008 年 8 月月末的约 564.61 m 以下。采掘场坑底含水层水位标高已经降低至接近含水层底板，坑底残余含水层厚度不足 5 m，其周围第四系含水层已基本疏干。

7.1.3.2　项目实施过程分析

（1）项目实施过程。露天矿自开采初期到现在进行了 4 个阶段，各阶段开采时限及规模见表 7-7。

表 7-7　各期开采时限及规模

时期	规模/（Mt/a）	开采工艺	开采对象
1983—1984.10	1	单斗—卡车工艺	$15_{\text{上}}$和 $16_{\text{中}}$煤层
1992.10—2000 一期	5	单斗—卡车—破碎机—带式输送机半连续开采工艺	一采区开始逐步过渡到二采区，矿建工程量为 4.33 Mm^3，开采对象为 $15_{\text{上}}$、$16_{\text{中}}$和 $16_{\text{下}}$三个煤层
2004—2009 二期	11	半连续开采工艺	$15_{\text{上}}$、$16_{\text{下}}$，二采区
2007—2011 三期	21	自移式破碎机半连续综合开采工艺	三采区，$15_{\text{上}}$

（2）主要指标变化过程。露天矿各期征地面积、环保投资指标变化见表 7-8。

表 7-8　各期主要指标变化过程

时期	征地面积/hm^2	环保投资/万元
1992.10—2000 一期	926.75	2 402.97
2004—2009 二期	39 522	13 818.96
2007—2011 三期	42 312	1 268.6

7.1.3.3　污染源及污染物分析

（1）空气污染源。三期扩采工程达产期剥离物全部内排，期间，外排土场已完成复土绿化工作，由于受回填空间限制，内排土场在达产期间仍有可能高出地表。剥离物采用皮带运输为主，卡车运输为辅工艺，运输皮带设有防风罩，在运输过程中没有扬尘产生，因此，达产期新增空气污染源主要为内排土场扬尘、堆场及采场扬尘。

（2）水污染源。达产期露天矿新增人员达到设计定额人数 303 人，新增污废水主要为新增人员产生的生活污水，污水量为 12.2 m^3/d，来自矿办公楼和食堂，主要污染物为 COD、BOD_5、SS、油类。达产年最大可能疏干水量为 8 万～9 万 m^3/d，新增污水污染物排放指标见表 7-9。

表 7-9 达产期新增污水污染物排放指标

项目名称	废水量/（m^3/d）	pH	COD		SS		油类	
			产生量/（t/a）	浓度/（mg/L）	产生量/（t/a）	浓度/（mg/L）	产生量/（t/a）	浓度/（mg/L）
露天矿工业场地	12.2	7.48	1.28	352	1.38	378	0.001 7	0.48
露天矿疏干水	6	—	172.28	7.87	175.2	8	—	—

（3）固体废物。三期扩采产生的固废为剥离物、生活垃圾和电厂灰渣，达产年全部实现内排，达产年剥离排弃计划见表 7-10。电厂灰渣排量见表 7-11。

表 7-10 各时期剥离排弃量

时间	剥离/（10^4 m^3）			
	单斗—卡车		半连续工艺	合 计
	内排	外排	内排	
2011	485.00	0	3 750.00	4 235.00
2012	485.00	0	3 750.00	4 235.00
2013	485.00	0	3 750.00	4 235.00
2014	485.00	0	3 750.00	4 235.00
2015	1 199.23	0	4 000.00	5 199.23
2016	1 199.23	0	4 000.00	5 199.23
2017	1 199.23	0	4 000.00	5 199.23
2018	1 199.23	0	4 000.00	5 199.23
2019	1 199.23	0	4 000.00	5 199.23
2020	1 199.23	0	4 000.00	5 199.23
2021	1 199.23	0	4 000.00	5 199.23
2022	983.44	0	4 000.00	4 983.44
2023	1 853.89	0	4 000.00	5 853.89
2024	1 853.89	0	4 000.00	5 853.89
2025	1 853.89	0	4 000.00	5 853.89
2026	1 853.89	0	4 000.00	5 853.89
2027	1 853.89	0	4 000.00	5 853.89
2028	1 853.89	0	4 000.00	5 853.89
2029	1 853.89	0	4 000.00	5 853.89
2030	1 853.89	0	4 000.00	5 853.89
合计	26 149.17	0	79 000.00	105 149.17

表 7-11　电厂灰渣排量

年度	电厂规模	日排灰渣量		年排灰渣量	
		重量/（t/d）	体积/（m^3/d）	重量/（10^4 t/a）	体积/（10^4 m^3/a）
2011（以后）	4 600 MW	13 493	15 874	365.76	430.31

（4）噪声。达产期噪声源主要来自采场剥离、采掘、破碎、运输、排土设备噪声，及疏干排水泵等地面设施，其噪声设备及源强见表 7-12。

退役期，现有和扩建的西排土场位于三采区，经二次剥离倒运回填采空区，采场开采结束后，回填区复垦绿化，本工程在生产运营期产生的空气、地表水、噪声污染将结束。

表 7-12　达产期噪声设备情况表

设备名称	设备型号	台数	声级/dB（A）
轮斗挖掘机	7 500 m^3/h　1 650 t	6	98
单斗挖掘机	12 m^3	1	94
单斗挖掘机	14 m^3	3	92
破碎机	双齿辊破碎机	3	95
自卸卡车	220 t/台	11	102
自卸卡车	108 t/台	6	95
自卸卡车	325M-85 t	12	90
钻机	525HP、425HP	4	95
推土机	D85A-18　220HP	10	90
排土机	ARS2400	2	92
平地机	GD705A　220HP	3	92
液压铲	WY203	2	90
履带推土机	D155A-1A（300HP）	11	95
带式输送机	带宽 B=1.6 m，B＝2.0 m 带长 5.05 km，4.47 km		60～70
疏干排水泵	—	数台	75～85

（5）污染源统计。根据以上污染源及主要环境问题分析，本次主要评价达产期环境影响，评价因子见表 7-13。

表 7-13　主要评价因子

工程阶段	环境要素	评价因子
达产期	环境空气	TSP
	地表水	pH、SS、COD、BOD_5、油类
	地下水	pH、矿化度、总硬度、硫酸盐、氯化物、挥发酚、氨氮、砷、汞、六价铬、铁、锰、铅、硫化物、氟化物、地下水水位、地下水影响范围、地下水水资源量
	声环境	L_{Aeq}

7.1.4 露天矿环境概况调查与分析

7.1.4.1 自然环境概况

伊敏露天矿位于伊敏河中游的伊敏乡境内，属内蒙古自治区呼伦贝尔盟鄂温克自治旗管辖。地理坐标为：东经 119°39′20″～119°46′35″，北纬 48°33′00″～48°36′24″。伊敏呈一半封闭型的盆地，东西两侧均为低山、丘陵，南部为台地，地势总趋向呈 NNE—SSW 展布。矿区属中温带大陆性气候，冬季寒冷漫长，夏季温凉短促，降水量集中，雨热同季。春秋两季气温变化急促，且春温高于秋温，秋雨多于春雨，无霜期短，气温年、日差较大，年较差达 46.4℃，光照充足。

本区处于大兴安岭西麓低山丘陵森林草原向呼伦贝尔高平原典型草原过渡地带，最东部为森林草原带，具森林草原景观；山阴坡有岛状分布的山杨林，山顶和山阳坡分布有贝加尔针茅草原和线叶菊草原，河谷里有五花草塘；南部地区大面积分布着贝加尔针茅草原；五牧场以西为典型草原带，大针茅草原群系为代表植被；伊敏河河滩地上分布着草甸植被；沙地上分布着沙地植被群落复合体。土壤处于黑钙土向暗栗钙土过渡带，区内主要地带性土壤有黑钙土、栗钙土、暗栗钙土、草甸栗钙土，非地带性土壤主要有草甸土、沼泽土、风沙土。

鄂温克旗境内河流较多，主要集中在东部和南部山区，呈树状水系，发源于大兴安岭西坡，大气降水为主要补给源。境内共有大小河流 263 条，其中流域长 20 km 以上的 31 条，流域总面积 62.13 km^2，多属于海拉尔河水系，主要河流有伊敏河和辉河。本项目所涉及的河流为伊敏河。

整个矿区内地表水体主要有伊和诺尔、巴嘎诺尔等湖，现都已排干，但融雪期、雨季仍会有一定量积水。哈尔呼吉尔诺湖、哈沙延布拉格水域将随着矿区开采而消失。

伊敏煤田露天区的水文地质分区为 F_{10} 与 F_9 断层之间的南露天区、F_5 与 F_9 断层之间的一露天区、F_5 断层以北的三露天和北露天区。勘探区主要含水层为第四系沙砾石含水层，第三系砾岩冲刷带含水层、15 煤层顶板砾岩含水层、15 煤层含水层和 16 煤层含水层。

7.1.4.2 社会环境概况

（略）

7.1.4.3 矿区周围环境特征

伊敏露天矿的依托工程是伊敏电厂，位于矿区东部 2～3 km 处，煤矿开采过程中的疏干水作为电厂水源供电厂使用，电厂灰渣可直接排往矿坑回填，不需另建灰场。为防止排弃灰渣造成环境污染，电厂灰渣与露天煤矿剥离物进行混排。

矿区周边污染源包括如下：

（1）五牧场煤矿及选煤厂。五牧场煤矿为新建矿井，运营期的主要固体废弃物为选煤厂和矿井排放的煤矸石、锅炉灰渣和生活垃圾等。空气污染源为锅炉房排放的烟尘和 SO_2，筛分破碎车间、转载与储运过程中的煤尘、扬尘。水污染源为井下排水以及生产生活排水，污染物主要为煤粉和岩粉悬浮颗粒、石油类等。

（2）伊敏镇。伊敏河宾馆、伊敏煤电公司医院、华能伊敏煤电公司第二中学等企业位于伊敏煤矿厂附近，这些企业排放一定的生活污水和生活垃圾。其中医院涉及带有病原微生物的废弃物，包括切下的病变组织、化验室各种检验后的血液、洗衣房缺乏消毒措施、各种衣物混合洗涤等。如果处理不当，均会污染当地的水、土壤、大气等环境资源。

（3）露天矿配套电厂。电厂目前进行三期建设，一、二期已经通过环保部验收，根据验收结果，环境影响达标。

7.1.5　环境现状监测与评价

监测点位设置如图 7-4 所示。

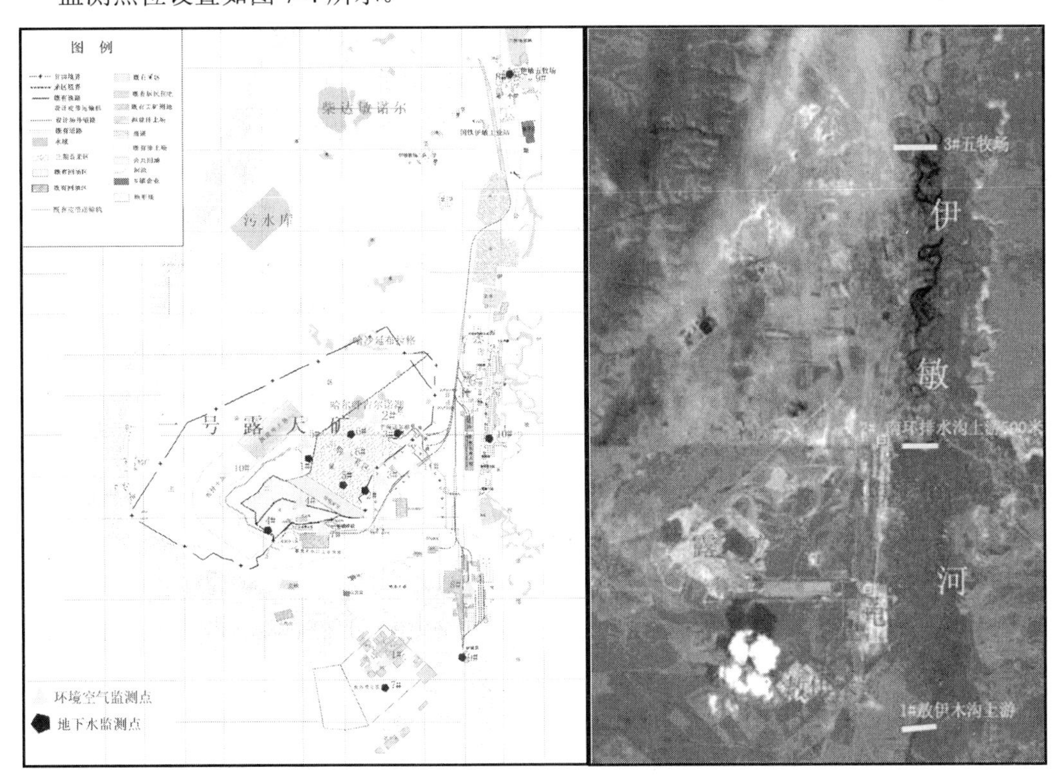

图 7-4　环境现状监测布点示意图

7.1.5.1　环境空气现状监测与评价

本次评价以采区为中心，采用网格法布点，并在常年主导风向下风向区域进行布点加密，而且兼顾评价范围内的敏感点和污染源，原则上参考《环境影响评价技术导则　大气环境》（HJ 2.2—2008）一级评价的要求，共设了 11 个环境空气质量监测点，监测因子包括 SO_2、NO_2、PM_{10}、TSP、H_2S，监测时间为 2010 年 11 月 8～14 日。

监测结果表明，矿区内各个监测点位处 SO_2、NO_2、H_2S 日均及小时浓度均达到《环境空气质量标准》（GB 3095—1996）二级标准限值要求；采区北侧 200 m、采区东侧 200 m、采区南侧内排土场、采区中心、储煤场、西排土场、沿帮公路 PM_{10} 超标，最大超标倍数 2.44 倍。采区东侧 200 m、采区中心、储煤场 TSP 超标，最大超标倍数 1.82。超标的点位均是露天矿容易产生扬尘的点位，采区东侧 200 m 距离储煤场、装车站及运输路线均较近，其超标倍数最大，是受多个扬尘点综合作用的影响。

7.1.5.2　地表水环境现状监测与评价

根据矿区排放污水情况的特点，由于矿区正常生产情况下除生活废水外，无废水排放，因此原则上参考《环境影响评价技术导则 地面水环境》(HJ/T 2.3—93)的要求，对可能受到矿区开发排污影响的伊敏河布点3个断面进行了地表水环境质量现状监测，监测期为枯水期，时间为2010年12月。连续监测2天，每天上午、下午各监测一次。

监测结果表明伊敏河上游对照断面和比较断面各项监测指标均优于《地表水环境质量标准》(GB 3838—2002)Ⅲ类标准要求；五牧场削减断面COD不能满足《地表水环境质量标准》(GB 3838—2002)Ⅲ类标准要求，其他监测因子均优于《地表水环境质量标准》(GB 3838—2002)Ⅲ类标准要求。五牧场削减断面COD超标原因可能是沿途生活污水的排放引起的，因为露天矿废水均排入自设的污水库，不外排。

7.1.5.3 地下水环境现状监测与评价

监测根据《环境影响评价技术导则 地下水环境》(HJ 610—2011)中Ⅱ类建设项目的一级评价监测要求制定了相应的监测方案，基于地下水流场分析，重点在采场下游及评价范围内所有环境保护敏感点内共设10个地下水环境质量现状监测点，监测时间为2010年11月3～4日，连续2天，11月3日监测1次，11月4日监测2次。

监测结果表明项目所测地下水7个点位氨氮超标，4个点位高锰酸盐指数超标，8个点位铁超标，5个点位锰超标，其他监测因子均满足《地下水质量标准》(GB 14848—1993)Ⅲ类水体的要求。

高锰酸盐指数、氨氮超标说明矿区地下水已经受到有机质污染，从超标点位看，大部分位于人类居住生活区，推断其超标是由补给源地表水受到污染所致，与当地工业废水、生活污水排放及农村大面积使用大剂量化肥农药和污水灌溉等有关。

铁锰离子超标主要是由于该地区的地质环境含铁量较高，由于露天矿开采造成地下水漏斗，地下水附近的岩层距离地面较远其含氧量相对较低，使得大量铁以还原态即溶解的二价铁离子状态存在于水中，此外，由于开采，地下水漏斗范围内水力坡度增大，使得周围地下水向矿区方向的流速加快，并且由于此处地下水处于还原环境，铁能以二价离子状态存在于水中，地下水在快速流动过程中能加速溶滤地层中的铁质，使得地下水中铁离子不断富集，造成地下水沿水流方向铁含量增加，表现为采区地下水铁含量超标。由于铁、锰多为伴生矿，含铁离子高的岩层也会存在一定数量的锰，因此可以说，矿区现状监测地下水中铁、锰超标是由原生地质环境造成的。

7.1.5.4 声环境现状监测与评价

在矿区评价范围内共设声环境质量监测点9个，监测点布设及监测方法均参考《环境影响评价技术导则 声环境》(HJ 2.4—2009)中三级评价的要求，监测时间为2011年11月22～23日，监测结果表明，露天矿采场西、南厂界夜间均有超标现象，不能完全满足《工业企业厂界环境噪声排放标准》(GB 12348—2008)中3类标准限值要求，超过标准值0.7～3.7 dB(A)，均由于采掘面机械运转所致。采掘面、沿帮公路、运煤专线、破碎站噪声值较高，在53.4～76.2 dB(A)之间，对周围环境影响较大，而且夜间超标严重；矿区办公区声级值较低，可以满足《声环境质量标准》(GB 3096—2008)中2类区标准。

7.1.5.5 生态环境现状调查与评价

主要调查内容包括生态系统的完整性、生物多样性、土地利用现状、景观格局现状和野生动物5个方面进行了系统调查和评价。

野外植物群落调查采用样线法与样方法相结合，确定了矿区及周边草地的考察对象及考察路线。在植物群落生物量达到高峰的时期（8月份），以矿区为中心点，沿4个方向各设置一条长约5 km的样线。根据实际情况，若无道路实现样线设置，则调整该样线。然后，分别在每条样线上距矿区1 km、3 km和5 km处设置样地，根据该区域主体植被类型，每个样地设置3个1 m×1 m样方。在矿区内复垦植被区，根据优势种确定群落性质，并选择典型地段主观取样；以上每个取样样方中，草本群落的取样面积为1 m×1 m，对于小灌木、半灌木群落取样面积根据灌幅取3 m×3 m、5 m×5 m、10 m×10 m、20 m×20 m等取不同大小的样方。测定指标包括：样地位置（经度、纬度、海拔高度）、土壤特征、群落总盖度、种的分盖度、密度、频度、高度（生殖高度、营养高度）、地上部分生物量、物候期等，其灌木样方测定指标还包括灌丛长度、宽度、高度等群落特征。

（1）生态系统完整性。

此次后评价对生态系统完整性维护现状的调查与分析主要从评价区复垦地人工系统的生产能力和抗御内外干扰的能力两方面进行了分析。

伊敏露天矿从大区域地带性规律来看，群落类型是低山丘陵草甸草原向高平原干草原过渡的起伏丘陵干草原，河流一级阶地草甸草原是矿区植被的主体成分。露天矿建设后，评价区原自然生态系统发生较大变化，在排土场和其他废弃地区域开展生态重建工程形成新的人工生态系统，使生态系统的组成和结构发生了根本变化。原来处于相对稳定的系统结构，被人工生态系统和自然恢复的生态系统代替。周边天然植被从典型草原大针茅群落→羊草占优势的羊草+大针茅群落→地势较低的羊草+杂类草群落→羊草+马蔺及马蔺盐化草甸逐渐变化。

自然系统本底生产能力通过计算当地的净第一性生产力（NPP）来估算。本报告中采用Miami模型，该模型是H.Lieth利用世界5大洲约50个地点可靠的自然植被NPP的实测资料和与之相匹配的年均气温及年均降水资料，根据最小二乘法建立的，计算得到评价区自然系统植被净生产能力为0.16～1.695 g/（$m^2 \cdot d$）。根据奥德姆（Odum，1959）将地球上生态系统按照生产力的高低划分的四个等级衡量，生态系统本底的生产力处于最低—较低水平。

对自然系统稳定状况的度量要从恢复稳定性和阻抗稳定性两个角度来度量。由前面计算结果可知，自然系统的生产力基本处于0.16～1.70 g/（$m^2 \cdot d$）。生态系统生产力比较低，说明区域本底的恢复稳定性是比较低的。

自然系统的阻抗稳定性是由系统中生物组分的异质性高低（或异质化的程度）决定的。由于缺乏本底的资料，对本底的异质性程度只能推断。该区域由于地形平坦，土壤抗蚀性较好，水土流失轻，故可以认定该系统本底的阻抗稳定性较高。

（2）生物多样性。

植被现状调查内容包括植被类型、群丛组、分布土壤、优势种、群丛特征，群丛特征如覆盖度、种数密度、产草量等。伊敏露天煤矿周边草地的代表性植被为大针茅及羊草草原，伊敏河两岸为由小叶杨、兴安柳、山荆子、旱柳、稠李、白桦等乔木构成的稀疏杂木林，草本层为无芒雀麦、拂子茅和小糠草建群的杂类草草甸。伊敏露天矿植被群落类型调查结果见表7-14。

表 7-14　伊敏露天矿植被群落类型

	群丛纲	群丛组	群丛
矿区周边草地（10 个样地，2 个灌木样方、30 个草本样方）	大针茅+根茎禾草	大针茅+羊草	大针茅+羊草+糙隐子草+羽茅
			大针茅+羊草+薹草+羽茅
	羊草+丛生禾草	羊草+大针茅	羊草+大针茅+薹草
			羊草+大针茅+马蔺+糙隐子草+薹草
	羊草+密丛草本	羊草+马蔺	羊草+马蔺+薹草+糙隐子草
			羊草+马蔺+大针茅+薹草
	马蔺+根茎禾草	马蔺+羊草	马蔺+羊草+糙隐子草
			马蔺+糙隐子草+杂类草
矿区复垦植被（9 个样地，2 个灌木样方、27 个草本样方）	大针茅+根茎禾草	大针茅+羊草	大针茅+羊草+杂类草
			大针茅+羊草+糙隐子草
	羊草+丛生禾草	羊草+大针茅	羊草+大针茅+杂类草
	羊草+杂类草	羊草+一二年生杂类草	羊草+一二年生杂类草
	杂类草	杂类草群聚	一二年生杂类草群聚

复垦地人工系统植被调查内容与自然系统植被调查内容相同，根据调查，由于受矿产开采的干扰，排土场植被由大针茅群系退化为一二年生杂类草较多的大针茅草原，羊草草原退化为适盐碱的羊草+马蔺群丛类型，而矿区排土场内复垦植被有沙棘灌丛、沙打旺，也有大针茅+羊草群丛和群聚的一二年生杂类草。

结合野外调查数据，利用 ERDAS 对 2010 年 9 月 TM30m 分辨率的伊敏露天矿卫星遥感数据进行解译，利用 ARCGIS 软件进行植被制图和数据统计，以矿区外围边界为标准，向外扩 8 km 为解译范围，总评价范围 52 804.32 hm^2。

结果显示：评价区植被以草原植被类型为主，总面积为 32 199.2 hm^2，占总评价范围的 61%，其次是低湿地类型，总面积为 7 420.4 hm^2，占总评价范围的 14.1%，林地面积 3 978.2 hm^2，占 7.5%。从整体上来说，评价范围内的主要植被类型仍是以草原植被为主。

矿区植被恢复是从复垦植被向自然植被演替的过程，随着群落演替的进展，最后出现一个相对稳定的群落阶段，即顶极群落。它是一个与环境条件取得相对平衡的自我维持系统。通过绘制顶极群落相近度分布图，可以更清晰地说明矿区植被演替现状。

顶极群落相近度是指各植被群落与顶极群落相比较，接近的程度。首先根据生态样方调查的数据结果，通过分析不同群丛的分化与放牧利用程度、土壤结构和盐分状况以及所处的地带位置等因素的差异性及它们在群落的种类组成和生产力的相似性，得到群落演替规律，即生态系列式，见图 7-5。然后通过分析各群落类型与顶极群落之间的相近程度进行分级，进而用以判断评价区各类植被的演替进化程度。

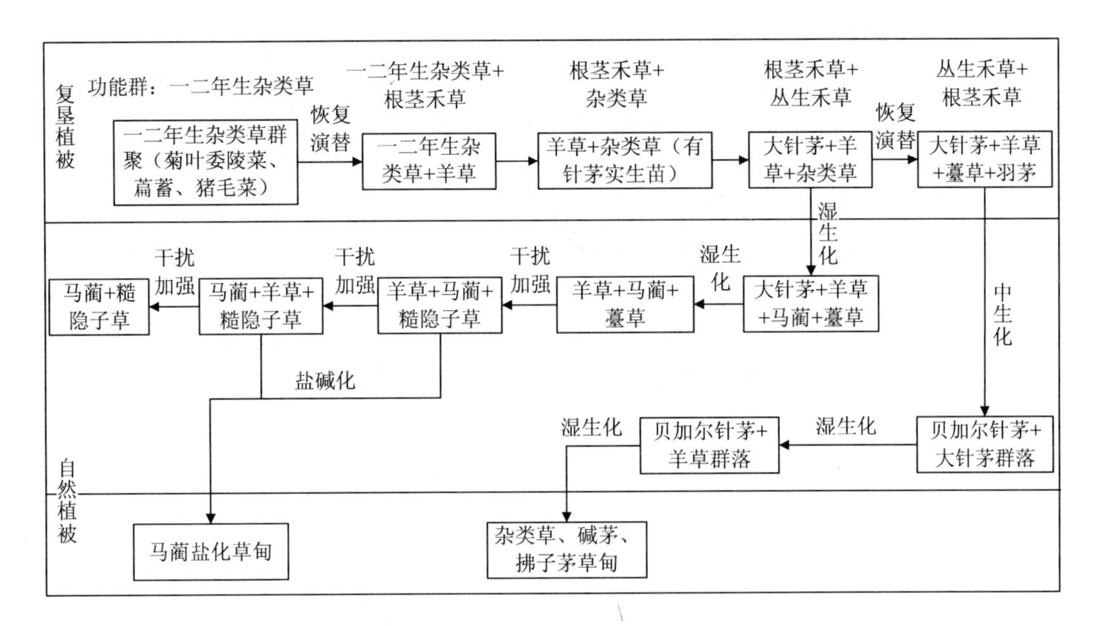

图 7-5　伊敏露天矿生态序列式

具体分级如下：根据群落演替过程中代表性植物，按照自然植被向恢复植被变化的顺序，将其演替过程分为 5 级，加上人工林地、农用地等人工生态系统，最后共分为 10 级，分别为

Ⅰ级：马蔺盐化草甸、杂类草+碱茅+掺子茅草甸

Ⅱ级：羊草+马蔺+薹草、羊草+马蔺+粗隐子草、马蔺+羊草+粗隐子草、马蔺+粗隐子草、贝加尔针茅+大针茅群落、贝加尔针茅+羊草群落

Ⅲ级：大针茅+羊草+马蔺+薹草、大针茅+羊草+薹草+羽茅

Ⅳ级：一二年生杂类草+羊草、羊草+杂类草（有针茅实生苗）、大针茅+羊草+杂类草

Ⅴ级：一二年生杂草类群聚（菊叶委陵菜、萹蓄、猪毛菜）

Ⅵ级：人工林地

Ⅶ级：农用地

Ⅷ级：居住用地

Ⅸ级：工矿用地

Ⅹ级：沙地、盐碱地、裸地

对评价区各个植被类型进行分级，顶极群落相近度各级比例见表 7-15，通过对各级别赋值，在图中用颜色由浅到深代表级别由小到大，结果见彩图 1，其中水体不进行分级。

表 7-15　评价区 2010 年顶极群落相近度分布比例　　单位：%

分级	Ⅰ	Ⅱ	Ⅲ	Ⅳ	Ⅴ	Ⅵ	Ⅶ	Ⅷ	Ⅸ	Ⅹ
比例	8.36	23.35	10.59	31.99	0.73	7.94	3.25	5.80	3.72	2.84

从彩图 1 中可以看出，矿区顶极群落相近度以Ⅰ级、Ⅹ级为主。外排土场植被以Ⅳ级为主，内排土场植被以Ⅴ级为主，说明矿区范围植被整体仍以顶极群落为主，人工生态系统比例已较大，排土场植被恢复处于群落演替初期阶段。

（3）评价区动物种类现状调查与评价。

评价区已形成了草业—矿业—农牧业组成的复合生态系统，野生动物的生存环境受到破坏。由于人类的强烈干扰，使得区域内曾经分布的黄羊、狼、狍子、草兔、旱獭、刺猬、达乌尔黄鼠、达乌尔鼠兔、蒙古百灵、大天鹅、衰羽鹤、灰鹤、鸳鸯、草原鹰等野生动物逃离矿区，只有麻雀、家燕等伴人鸟类种类和数量增加。矿区分布的家畜主要有牛、羊、马、驴、骡、兔、猪、狗、鸡、鸭、鹅等。

（4）土地利用现状调查与评价。

采用遥感影像法得到评价区 2010 年土地利用类型图，评价区土地总面积 52 805.4 hm^2，在土地利用构成中，草地占的比例最大，面积 39 619.6 hm^2，约占总面积的 75%，林地面积 4 193.2 hm^2，占总面积的 7.9%。评价区成片的乔木林地较少，多为人工栽种。主要乔木树种为樟子松、人工油松等，乔木林主要分布在村庄、公路、渠岸和农田周边地段，在村庄主要以团块状分布，在公路、渠岸为带状分布。工矿用地面积 1 963.3 hm^2，占总面积的 3.9%，工矿用地主要是伊敏露天矿用地，包括采掘场、排土场、工业场地、污水处理厂等。另外还有部分裸地、沙地和盐碱地。

（5）景观生态格局现状调查与评价。

①景观生态格局现状。采用遥感影像法得到评价区景观类型图，评价区以草原景观为主，为 32 198.2 hm^2，占 61%，其次是湿地景观，面积为 8 170.2 hm^2，占 15.5%，第三大景观为人工景观，占 8.7%。

②景观生态格局现状评价。根据景观斑块密度、多样性指数、均匀度指数等指标评价该地区景观生态格局，评价结果见表 7-16。

表 7-16 生态评价区景观生态格局分析表

项目	指数（2010 年）
斑块密度（PD）	0.750
最大斑块指数（LPI）	54.425
平均斑块周长面积比（PARA_MN）	254.319
平均最近邻体距离（ENN_MN）	233.965
蔓延度（CONTAG）	70.200
多样性指数（SHDI）	0.981
均匀度指数（SHEI）	0.504

由以上景观综合分析可以看出，评价区斑块密度为 0.75，多样性指数 0.981，均匀度为 0.504，说明评价区各景观类型分布较均匀，目前矿区人类对景观的干扰不显著。

7.1.5.6 土壤环境现状调查评价

评价区土壤处于黑钙土向暗栗钙土过渡带，区内主要地带性土壤有黑钙土、栗钙土、暗栗钙土、草甸栗钙土，非地带性土壤主要有草甸土、沼泽土、风沙土。

（1）土壤侵蚀现状调查与评价。评价区域内土壤侵蚀主要发生在露天矿的采掘场和排土场。目前已经达到稳定排弃高度的排土场，虽然进行了土地复垦和植被恢复，但由于植被恢复缓慢，植被盖度低，都有水土流失发生。根据《内蒙古自治区人民政府关于划分水土流失重点防治区的通告》，该区属于水土流失重点预防保护区。评价区土壤侵蚀类型主要为水力侵蚀和风力侵蚀两大类，其中最主要的是风力侵蚀，其中微度风力侵蚀面积最大占总面积的 54%。

（2）土壤盐渍化现状。矿区所在地水分蒸发量远大于降水量，地下水位埋深 1～3 m，水质矿化度 0.2～10 g/L，矿化度较高。目前矿区周围的草场因过度放牧，草场退化后造成土壤盐渍化的现象普遍。尤其是近几年来，由于伊敏煤电联营工程大规模的开发建设，占用了大面积的草场，使得单位区域内牲畜也相对增多，对区域内现有的草场的压力增大，再加上人为活动干扰破坏，区域内土壤盐渍化程度加重。现场调查和卫星影像解译结果表明矿区周围土壤盐渍化面积已有 708.7 hm^2，占区总面积的 1.3%。

（3）土地沙化状况。通过卫星影像解译和实地勘察，结果表明区域内现有沙地面积 790.0 hm^2，占评价区总面积的 1.5%，主要分布在伊敏河以东丘陵地带，部分呈条带状分布，部分呈斑点状分布，离矿区较远。该区域内的沙地形成时间较早，目前均为固定或半固定沙丘，固定程度较好，相对比较稳定。

（4）已疏干湖泊区域土壤环境现状。在露天矿采掘生产中排放大量的疏干地下水，导致区域内的地下水位下降，形成了大面积的降落漏斗区，漏斗的西边已扩展到台地边缘，东部扩展到伊敏河边。漏斗区范围内的伊和诺尔、巴嘎诺尔湖随着矿区大量生产疏干排水已经干涸。

湖泊地带长满了杂类草，主要有蒿类、猪毛菜、藜、寸草薹、苋菜、稗草、萹蓄蓼、阿尔泰狗哇花、碱地风毛菊、蒲公英、星星草、独行菜、鹤虱等，草群高 30～40 cm，植被盖度很高，达 60%以上。

（5）土壤环境现状监测与评价。本次在评价区内共设土壤环境现状监测点 9 个，主要设在矿区三个排土场自然恢复区和人工恢复区。采用单因子污染指数评价法、综合污染指数法进行评价。

结果显示：评价区 pH 为 7.4～9.0，均值为 8.23，说明该区域的土壤处于碱性状态；有机质含量为 0.55～15.5 mg/kg，均值才达到 4.57 mg/kg，说明伊敏矿区土壤有机质含量偏低；全氮含量为 0.04～0.31 mg/kg，均值为 0.134，说明土壤中全氮含量较低；有效磷含量为 1.84～24.1 mg/kg，均值仅有 7.54 mg/kg，即有效磷含量也较低，应加强措施，增加土壤中有机质及全氮等的含量；速效钾含量为 57～312 mg/kg，碱解氮为 24.2～334 mg/kg，说明速效钾及碱解氮含量较高。从表 7-17 可见，以上监测因子标准差各不相同，全氮差值最小，仅为 0.056，说明伊敏矿区土壤中全氮含量分布均匀。速效钾及碱解氮标准差较高，即该区域中速效钾及碱解氮的含量分布不均匀，可能是由于矿山开采等人为因素的原因，导致了该地区中的速效钾及碱解氮含量会有较大差别。

表 7-17 伊敏露天矿土壤理化性质总体状况

因子	最大值	最小值	平均值	标准差
pH	9.0	7.4	8.23	0.394
有机质/（mg/kg）	15.5	0.55	4.57	4.167
电导率/（μS/cm）	1823	100	414	505.7
全氮/（mg/kg）	0.31	0.04	0.134	0.056
有效磷/（mg/kg）	24.1	1.84	7.54	7.195
速效钾/（mg/kg）	312	57	178	90.95
碱解氮/（mg/kg）	334	24.2	143	101.4

根据对各排土场重金属综合污染指数的分析计算，西排土场＞矿区内部原地貌＞沿帮排土场，但综合污染指数均小于 0.7，表明土壤重金属污染程度处于安全警戒线以下，土壤环境中的重金属含量现状适宜放牧等生产活动。

7.1.6 环境影响回顾性评价

回顾性评价是后评价的核心，通过对煤矿开采历史时期环境影响的调查，可以真实反映露天矿开采的环境影响，总结影响规律，为露天矿后续开发的影响预测提供参考。伊敏露天矿从 1983 年开始建设，先后建成一期工程、二期工程，2007 年三期工程开工，2011 年达产。从数据获取简单、准确的角度考虑，本次后评价搜集了矿区一期环评、一期验收、二期环评、二期验收、三期环评、2010 年现状监测的相关数据进行了长期的回顾分析，主要从污染类因素（大气、地表水、声）、地下水、土壤、社会经济、环境风险 5 方面进行了回顾性评价，并总结影响的趋势及规律。本次后评价的评价方法主要有趋势分析法、回归分析法、对比分析法、统计分析法等。

7.1.6.1 大气环境影响回顾性评价

（1）矿区大气污染源特征及污染物排放规律。

露天矿大气污染源及采取的防治措施见表 7-18。各期工程采场、排土场面积、排弃量略。

表 7-18 露天矿污染源及防治措施一览表

污染源	污染物	采取措施
排土过程	扬尘 TSP	定期洒水抑尘、碾压、绿化
储煤场	煤尘 TSP	设抑尘网，定期洒水抑尘
装车站	煤尘 TSP	封闭式钢筋混凝土框架结构
运输过程	扬尘 TSP	定期洒水抑尘

（2）露天矿环境空气质量变化分析。

通过收集伊敏矿一、二期竣工验收环境空气监测数据，一期对露天矿、储煤场、排土场厂界 CO、TSP、总烃浓度进行监测，二期对露天矿厂界浓度进行监测，污染物监测浓度均达标。

一期监测点上风向 TSP 的监测浓度范围是 0.018～0.158 mg/m^3，下风向 TSP 的监测浓度范围是 0.017～0.417 mg/m^3。二期上风向监测浓度范围是 0.016 4～0.016 7 mg/m^3，下风向监测浓度范围是 0.033 2～0.066 8 mg/m^3，符合无组织排放大气污染物评价执行标准及参照标准。

（3）区域环境空气质量回顾性分析。

该矿从建设开始到现在，分别在不同时期进行了环境空气质量监测，统计结果见表 7-19。

表 7-19 各期监测值范围　　浓度单位：mg/m^3

时间	监测时间	监测点数	SO_2	TSP	NO_2	PM_{10}
一期环评	1985 年 2 月	5	0～0.014	0.004～0.135	0～0.008	—
	1985 年 8 月		0～0.003	0.091～0.519	0～0.008	—
一期验收	1999 年 11 月	2	0.010	0.017～0.324	0.005～0.023	—
二期环评	在 2003 年 4 月	9	0.002	0.000 2～0.298 3	0.05～0.067	0.000 2～0.132 4
后评价	2010 年 11 月	11	0.002～0.005	0.061 4～0.546 6	0.003～0.008	0.022 1～0.365 5

从表中可以看出：各期 SO_2、NO_2 监测浓度远低于环境空气质量二级标准。TSP、PM_{10} 浓度在不同时期均有超标现象，一方面是受露天矿开采影响，另一方面与该地区干旱、少雨多风的天气有关。

为了分析露天矿所在区域周围的环境空气质量变化趋势，本评价对各污染因子监测浓度平均值进行趋势分析，汇总结果见表 7-20。

表 7-20 区域监测均值（采暖期） 浓度单位：mg/m^3

时间	监测时间	监测点数	SO_2	TSP	NO_2
一期环评	1985 年	5	0.001	0.041 2	0.001
一期验收	1999 年	2	0.01	0.113	0.011
二期环评	2003 年	9	0.001 5	0.158	0.020
后评价	2010 年	11	0.002 3	0.245	0.004

从表中可以看出，各期 TSP、NO_2、SO_2 浓度平均值均能满足《环境空气质量标准》（GB 3095—1996）二级标准限值；NO_2 和 SO_2 浓度值从建设开始到现在基本未发生变化，TSP 浓度呈上升趋势。

7.1.6.2 生态环境影响回顾性评价

生态环境影响回顾性分析，确定了 4 个代表性年份，1975 年代表露天矿开采之前，1990 年代表一期开采达到一定规模后，2000 年代表一期达产后，2010 年代表后评价阶段。利用 ERDAS 对四个年份 TM30m 分辨率的伊敏露天矿的卫星遥感数据进行解译，利用 ARCGIS 软件进行制图和数据统计，以矿区外围边界为标准，向外扩 8 km 为解译范围，总评价范围 52 805.4 hm^2。绘制了各年的土地利用类型图、植被类型图、景观格局类型图、土壤侵蚀图，并对各年的数据进行了统计比较。此外，还利用 PCI 软件提取了各年 TM 影像植被的 NDVI 值以分析历年植被覆盖率的变化趋势。

评价方法主要有动态分析法、生境梯度分析法、景观格局分析法、聚类分析法、趋势分析法等。

（1）土地利用类型变化回顾性评价。

各期矿区土地利用类型变化见彩图 2，结果显示，矿区草地面积不断减小，耕地、工矿用地、居民点、沙地面积不断增大。

通过对伊敏露天煤矿四期图像进行叠加分析，得到转移矩阵，见表 7-21～表 7-23。如表 7-21 所示，自 1975 年开矿前至 1990 年，面积为 275.29 hm^2 的草地转变为工矿仓储用地；住宅用地面积增加了 602.07 hm^2，主要来自于草地；草地和其他土地的相互转变主要表现在低湿地植被马蔺盐化草甸及盐碱地的相互转化，可以看出马蔺盐化草甸不断的盐碱化变成盐碱地的同时，盐碱地也不断地演化变成马蔺盐化草甸；206.73 hm^2 的耕地来自于草地；由于矿区周围湖泊在人为干扰下转变为裸地、盐碱地及低覆盖度草地，因此有 92.98 hm^2 的水域及水利设施用地转变为草地，120.28 hm^2 的水域及水利设施用地转变成了其他土地；有 7.61 hm^2 的水域及水利设施用地转变为工矿仓储用地。

表 7-21 1975—1990 年伊敏露天煤矿土地利用转移矩阵 单位：hm²

1975—1990 年	耕地	林地	草地	工矿仓储用地	住宅用地	水域及水利设施用地	其他用地
耕地	—	0.000	0.000	0.000	0.000	0.000	0.000
林地	0.000	—	710.789	0.000	0.000	0.597	58.949
草地	206.731	127.514	—	275.287	602.073	39.494	179.788
工矿仓储用地	0.000	0.000	0.000	—	0.000	0.000	0.000
住宅用地	0.000	0.000	88.181	0.000	—	0.000	0.000
水域及水利设施用地	0.000	66.685	92.976	7.606	0.000	—	120.284
其他用地	0.000	8.555	111.200	0.000	0.000	63.451	—

如表 7-22 所示，自 1990—2000 年两期数据叠加分析结果表明，这十年间共有 773.67 hm² 的土地转变为工矿仓储用地，分别来自 756.56 hm² 的草地、5.71 hm² 的水域、8.99 hm² 的盐碱地和 2.41 hm² 的住宅用地；共有 762.86 hm² 的土地转变为住宅用地，分别来自于 672.80 hm² 的草地、15.36 hm² 的水域、29.74 hm² 的耕地、39.62 hm² 的林地和 5.35 hm² 的盐碱地；有 716.78 hm² 的草地转变成了耕地，主要来自于草地；有 1 360.71 hm² 的草地转变为林地；从表中也可看出有一部分水域盐碱化变成盐碱地，还有一部分水域干枯以后，其地表植被覆盖逐渐增多，变成了草地，而还有一部分则转变为耕地。因此，该 10 年间水域面积减少最明显，而耕地面积增加幅度最大。

表 7-22 1990—2000 年伊敏露天煤矿土地利用转移矩阵 单位：hm²

1990—2000 年	耕地	林地	草地	工矿仓储用地	住宅用地	水域及水利设施用地	其他用地
耕地	—	53.602	62.233	0.000	29.736	0.000	3.640
林地	4.394	—	834.425	0.000	39.620	40.273	0.000
草地	704.38	1 010.815	—	756.564	672.802	48.526	233.926
工矿仓储用地	0.000	0.000	47.104	—	0.000	0.000	0.000
住宅用地	6.606	1.695	51.721	2.406	—	0.000	10.172
水域及水利设施用地	1.403	294.104	341.101	5.711	15.36	—	19.183
其他用地	0.000	0.494	344.431	8.992	5.345	12.441	—

如表 7-23 所示，从 2000 年至 2010 年，这 10 年时间段里，草地向耕地的转变面积较大（1 282.53 hm²），其次为草地向林地的转变（1 164.40 hm²）；草地转变成工矿仓储用地及住宅用地面积较大，该 10 年间总共有 966.04 hm² 的土地转变为工矿仓储用地，包括 950.70 hm² 的草地、6.16 hm² 的住宅用地、5.53 hm² 的水域及 2.52 hm² 的其他土地；共有 1 330.57 hm² 的土地转变为住宅用地，包括 871.43 hm² 的草地、367.82 hm² 的耕地、70.16 hm² 的林地、17.86 hm² 的其他土地和 3.30 hm² 的水域；草地转换成其他土地的面积总共 805.49 hm²。

表 7-23　2000—2010 年伊敏露天煤矿土地利用转移矩阵　　单位：hm^2

2000—2010 年	耕地	林地	草地	工矿仓储用地	住宅用地	水域及水利设施用地	其他用地
耕地	—	0.000	80.827	0.000	367.823	0.000	0.002
林地	0.000	—	217.319	1.130	70.160	0.000	2.387
草地	1 282.528	1 164.395	—	950.698	871.425	51.163	805.486
工矿仓储用地	0.000	0.000	12.456	—	0.000	0.000	0.000
住宅用地	93.901	0.000	69.172	6.164	—	0.000	6.978
水域及水利设施用地	0.000	0.000	59.999	5.528	3.296	—	22.577
其他用地	2.820	0.000	16.124	2.518	17.861	54.447	—

从以上 3 个表格中可以看出，工矿仓储用地及住宅用地主要来自于草地，而两者在 2000—2010 年变化最明显。

（2）区域生物多样性变化回顾性评价。

①区域植被类型变化趋势分析。露天矿各时期植被类型变化趋势见彩图 3。从图中可看出，典型草原、草甸草原面积减小，人工植被、裸沙地、裸地、盐碱地和居民点、工矿用地都有所增加，综合分析，减少的草甸植被分别转向了工矿用地、人工植被和居民点用地。

为了进一步评价分析矿区生态系统的生物多样性及典型植被群落与天然原生态植被群落的接近程度，本次后评价另采用顶极群落相近度法，计算并分析了历年顶极群落相近度的变化趋势，见彩图 4。从图中可以看出，各年份Ⅳ、Ⅴ级植被类型比例占大部分，矿区植被处于植被恢复初期阶段。1975—2010 年，Ⅴ～Ⅹ级所占比例随时间增大，即一二年生杂草类群聚（菊叶委陵菜、苜蓿、猪毛菜）、人工林地、农用地、居住用地、工矿用地、沙地、盐碱地、裸地面积增大。Ⅰ～Ⅳ级所占比例减小，即顶极群落面积减小。由结果可知，矿区植被恢复到顶极群落总体上缓慢，人类活动对矿区的影响日益增大。

②植被 NDVI 值变化情况分析。NDVI 即归一化植被指数，我们通过 PCI 软件，采用 1975 年、1990 年、2000 年、2010 年 8 月份影像资料，在 1 km、5 km、10 km 范围内各取 20 个点位，每个点位选择 1 000 个数值，计算 NDVI 平均值并进行对比，如表 7-24 所示。

表 7-24　伊敏露天矿植被 NDVI 变化情况

NDVI	1975 年	1990 年	2000 年	2010 年
1 km	0.196 1	0.052 3	0.066 8	0.069 8
5 km	0.269 8	0.102 1	0.112 5	0.158 9
10 km	0.321 5	0.073 4	0.081 9	0.284 1

露天矿 NDVI 值变化趋势表明，虽然露天矿开采过程会破坏植被，但其采取的排土场植被恢复措施可在一定程度上进行弥补，由于露天矿采取了大量生态恢复工作，露天矿 NDVI 值自开采后逐年增大。为了解露天矿 NDVI 值随时间长期变化的情况，我们采用开矿之前（1975 年）及开矿之后 9 期 TM 数据进行了 NDVI 计算得到以下 NDVI 变化系列图，见彩图 5。从图中可以看出露天矿的核心地段在 2002 年以前是随着年份的增加植被覆盖度趋于减少，直至 2002 年露天矿北部地区有一部分地区植被重新恢复高覆盖度，这一

方面是由于农田增多，露天矿附近农田增多原因在于矿产的开采带来了较大经济利益，吸引了四面八方的人来谋求经济效益，从而在露天矿附近较快地形成居民点，同时也增加了农田的面积。另一方面，是由于露天矿采取了大规模的生态恢复措施。另外，图中可见，露天矿面积一直在不断地扩大，露天矿的直接采矿面并没有太大变化，变化主要是由辅助工程增加，职工生活区扩大以及煤电联营工程的建设所带来的。同时可见，开采自南向北推进，其排土场也出现自南向北形成的顺序，结合生态序列式的分析还可发现，排土场的植被群落自北向南呈现出不断向自然群落演替的趋势。

（3）草场退化情况分析。

1985 年、2003 年、2005 年环评报告及验收报告中均对草场资源利用状况进行了调查，调查包括草场盖度及鲜草产量。结果显示，露天矿周围草场盖度整体上随开采规模扩大而降低，特别是伊敏河一级河阶地典型草原草场，主要分布在伊敏盆地，其他草场类型丘陵地带典型草原草场盖度和鲜草产量也是降低的，河滩草甸土中生杂草类草场变化不大。

评价区域内的草场 70%以上出现了不同程度的退化现象。根据有关研究结果分析，草地退化是多种因素综合作用的结果。

气候因素对草原植被生长发育和草地生产力产生最直接的影响，草原生态系统的这种非平衡性（指降水量年变率高、季间降水分配不均），是引起草原植被生长发育变化的重要制约因素。其次，区域内的草场不合理地放牧是主要人为因素。另外评价区内矿区周边的草场，由于煤矿开采，使得原有草原植被受到大量的破坏，导致区域内草原面积减少，产生破碎的斑块，物种生境受到破坏使草原生态系统受到损害，生态功能降低。

（4）动物种类变化回顾性评价。

通过对 1985 年、1999 年、2003 年、2005 年对露天矿周围动物的调查结果进行对比分析可以发现，矿区开采初期动物种类分布、数量较多，动物种类也为典型的草原成分，如爬行类的沙蜥，鸟类中的百灵、草原田鼠等，又有东北区的成分如两栖类黑龙江林蛙、雪兔等，候鸟和旅鸟季节性的迁来和过境，使矿区春末夏初和秋季的鸟类特别繁盛。经过一段时间的开采及发展，到 2000 年以后，麻雀、家燕等伴人种类和数量增加，而其他动物种类相对减少，矿区内的家畜相对增加。

（5）景观格局变化回顾性评价。

根据矿区 1975 年、1990 年、2000 年、2010 年遥感解译结果，评价范围内的景观类型有 7 类一级景观，13 类二级景观，主要景观类型是草原景观，各期景观类型解译结果见彩图 6。通过对比分析，随着露天矿开采规模扩大，草原景观、湿地景观面积减小，人工景观、农田景观、森林景观及其他景观面积增大。

①土地类型水平的景观动态。根据图 7-6 可看出，伊敏露天煤矿除了水域斑块密度随着年份减小外，其他 6 种类型斑块密度指数均增加；工矿用地平均斑块周长面积比开矿前后的差异较大；草地斑块平均面积急剧减小，而耕地及工矿用地面积逐渐增加；耕地、工矿用地、住宅用地及水域分维数指数逐渐增大；工矿用地的连通度指数变化较明显，随着年份逐渐增大，从整体上看，2010 年各类型连通度指数高于其他年份，表明各类型斑块随着年份的增加斑块连通性增大，越趋于规则。

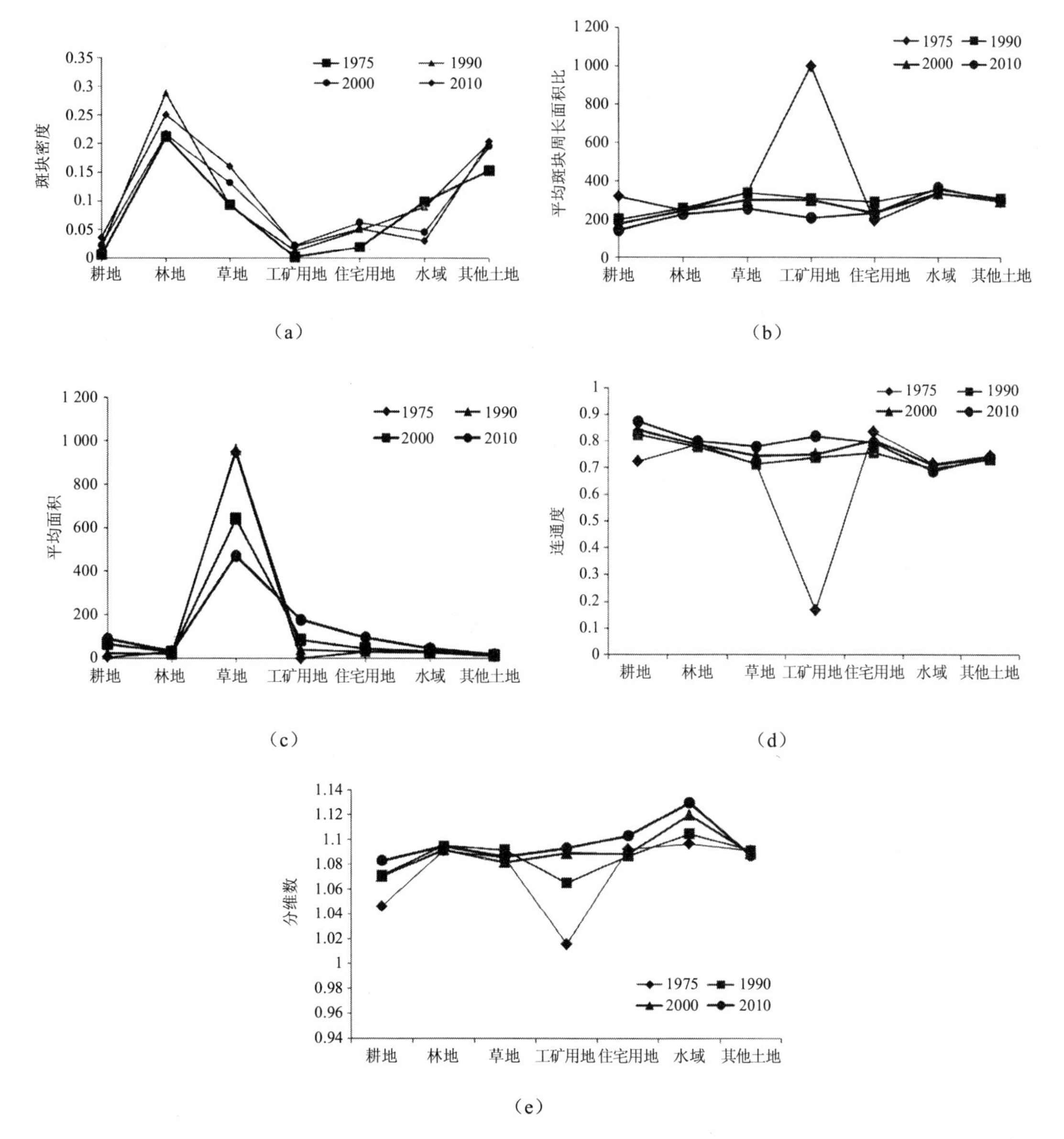

图7-6 伊敏露天矿四期数据景观指数变化

②景观水平的景观动态。从表7-25可看出，伊敏露天煤矿景观指数中斑块密度、多样性指数、均匀度指数在增加，而最大斑块指数、平均斑块周长面积比、平均最近邻体距离及蔓延度等指数都在减小，多样性及均匀度指数的增加表明景观中土地利用类型越丰富，景观异质性越大，逐渐由一种或几种少数景观斑块占优势转变为多个斑块同时起作用；蔓延度指数的减小表明景观中增添较多的小斑块，景观由连接型较差的多种斑块类型所组成，景观破碎化较高；平均最近邻体距离指数的减小表明斑块间隔离程度越来越低。

表 7-25 伊敏露天煤矿四期数据景观指数变化

指数＼年份	1975	1990	2000	2010
斑块密度（PD）	0.583	0.750	0.695	0.750
最大斑块指数（LPI）	67.766	66.438	63.588	54.425
平均斑块周长面积比（PARA_MN）	290.150	294.548	275.432	254.319
平均最近邻体距离（ENN_MN）	287.494	305.936	285.857	233.965
蔓延度（CONTAG）	84.200	81.720	78.112	70.200
多样性指数（SHDI）	0.503	0.575	0.705	0.981
均匀度指数（SHEI）	0.259	0.295	0.362	0.504

（6）排土场生态复垦回顾性评价。

对于排土场的生态恢复回顾性评价，采取以空间代时间的分析方法，分别比较排土场不同年限的复垦植被相关指标，并将其与对照样地即露天矿周边天然植被进行比较，分析不同年份、不同人工恢复措施排土场植被恢复演替变化规律。

①排土场复垦绿化。截至 2008 年，露天矿现有两处外排土场和一处内排土场，内排土场占用采掘坑，外排土场即西排土场和沿帮排土场。通过对排土场历年复垦面积、待复垦面积、绿化面积、待绿化面积、腐殖土回收量、降尘洒水量等的统计，从 2005 年开始，企业对于排土场的复垦和绿化面积逐年增加，已复垦面积占总需复垦的百分比每年均保持在 80%以上。

②排土场生态演替变化及群落特征。根据对排土场植被优势种、常见植被、草本种类、土壤质地、植被平均高度、覆盖度的调查，采取趋势分析法，进行统计分析。

结果表明，露天矿植被复垦区不同恢复阶段的排土场植被生物多样性指数随着恢复年限的增加，草本植物物种由恢复初期的 7 种增加到 16 种，对照样地草本植物物种数达 34 种。露天矿排土场除沿帮排土场和内排土场边坡种植有沙棘灌丛外，其余地段均为人工种植草本或自然恢复草本植被。根据调查，恢复 3～5 年后草本盖度可达 50%～60%，可有效达到人工生态系统恢复及防治水土流失的目的。

伊敏露天矿植被复垦区和周边天然植被对照，其生产力整体上低于周边天然植被类型；其中恢复效果较突出的内排土场边坡大针茅+羊草群丛的群落生产力达到较高水平，而沿帮排土场灌丛下的草本、内排土场顶部平台、西排土场新形成的三个平台自然恢复区域的植物群落生产力相对较低；西排土场植被随着演替进展，植物群落生产力有增加的趋势。

7.1.6.3 地表水环境影响回顾性评价

（1）露天矿废水排放规律及污染特征回顾。

地表水水体质量回顾性分析。该矿从建设开始，分别在不同时期进行了地表水监测，本次评价收集了以往环评及验收的现状监测资料，监测结果统计见表 7-26。

表 7-26　伊敏河历年监测结果统计　单位：mg/L

时间	监测时间	监测断面	COD	氨氮	石油类	高锰酸钾指数	BOD_5
1985	1985 年 2 月	上游	2.41	0.06	0.012	—	1.36
		下游	2.2～7.29	0.06～3.03	0.004～0.024	—	1.26～1.9
	1985 年 7 月	上游	6.3	0.28	0.014	—	0.72
		下游	6.4～7.4	0.15～0.44	0.002～0.010	—	1.19～1.65
1999	1999 年 11 月	上游	7.2～10.4	—	0.02	—	1.1～1.9
		下游	7.2～13.4	—	0.02	—	1.4～2.3
2005	2005 年 1 月	上游	9～11	0.32～0.525	0.025	4.6～5	1
		下游	15～18	0.326～0.55	0.025	5～6.3	1
2010	2010 年 11 月	上游	18	—	0.025	—	1.0
		下游	20.7	—	0.025	—	1.0
III类标准值			20	1.0	0.05	6	4

从表中可以看出，1985 年伊敏河枯水期水质优于丰水期，尽管露天矿开采初期其部分废水及疏干水排入伊敏河，但伊敏河水质总体状况良好，尚未受到严重污染，水质满足伊敏河水体功能类别《地表水环境质量标准》（GB 3838—2002）III标准；1999 年露天矿废水全部排入污水库，疏干水全部回用，不外排至伊敏河，水质达标；2005 年除五牧场监测点的高锰酸盐指数略有超标现象外，其他各项监测因子均符合III类标准要求，五牧场监测点的高锰酸盐指数最大超标 0.05 倍，超标原因可能是电厂及周围居民排放的生产及其他废（污）水进入伊敏河所致；2010 年除五牧场削减断面 COD_{Cr} 不能满足《地表水环境质量标准》（GB 3838—2002）III类标准要求，其余上游对照断面和比较断面各项监测指标均优于《地表水环境质量标准》（GB 3838—2002）III类标准要求。

另外，根据内蒙古自治区环境监测年鉴及内蒙古自治区环境质量报告书中伊敏河五牧场监测结果，对 pH、溶解氧等 23 项指标进行监测。伊敏河属海拉尔河支流，2007 年监测数据中五牧场断面，水质 II 类为优，同上年的III类相比，水质有进一步的改善。2008 年监测数据中五牧场断面，水质III类为良好，同上年 II 类相比，水质略变差。2009 年监测数据中五牧场断面，水质为III类良好，5 月、9 月锰酸盐指数超标，与上年相比，水质无明显变化。可见水质功能长期呈现良好。

（2）地表水水质变化趋势。

本次评价选取 1999 年、2005 年对伊敏河下游五牧场控制断面的现状监测值及 2007 年、2008 年、2009 年内蒙古自治区环境质量报告书中伊敏河五牧场监测结果，选择具有可比性的石油类、氨氮、BOD_5 和 COD 四项指标进行汇总整理，对伊敏矿下游五牧场主要污染物浓度进行比较分析。

结果显示，伊敏河下游五牧场断面 COD 浓度总体呈上升趋势，BOD_5 从 1999—2007 年呈下降趋势，之后整体呈上升趋势，变化规律不是很明显；氨氮浓度呈下降趋势，但下降趋势不明显；石油类基本上没有变化，五牧场位于伊敏露天矿下游断面，很容易受到上游废水污染物的影响，但由于 1999 年后露天矿污水全部排入自设的污水库，不外排，疏干水电厂全部回用，因此，露天矿生产对伊敏河的影响最大的可能就是平常降尘的影响，但因露天距离伊敏河直线距离 5.58 km，因此，降尘对伊敏河的影响不大，可见露天矿的开采对伊敏河的水体质量几乎无影响。

（3）地表水水量的变化趋势。

本次统计了伊敏河 1960—2000 年近 40 年年径流量，分析表明，伊敏河自开采以来年径流量变化随时间变化起伏较大，但总体趋势变化并不明显，露天矿开采以来伊敏河水量没有受到大的影响。另外从 2000 年伊敏牧场上游水资源情况看，水资源总量 13.34 亿 m^3/a，其中地表水（伊敏河）占 50.7%，地下水占 49.3%，露天矿运营期最大疏干量约占地表水和地下水各 2.7%，表明地下水疏干对伊敏河地表水资源影响较小。

7.1.6.4 地下水影响回顾性评价

（1）区域水文地质概况。

伊敏煤田区域水文地质控制范围，西起 XG-102 号孔，东至伊敏河，南起南露天南部边界，北至柴达敏诺尔北的 QG-111 号孔，面积约 65 km^2。

区域地层简介（略）。

（2）露天煤矿所在区域地质构造。

露天矿共有 25 条断层，这些断层均为正断层，其中北东向 21 条，近东西向 4 条。在诸断层中，以 F_5、F_8、F_9 及 F_{10} 断层对露天矿开采有较大影响，其特征见表 7-27。

表 7-27 伊敏煤田一号露天区内主要断层特征

断层编号	分布范围	性质	走向	倾向	倾角/度	延展长度/km	断层落差/m
F5	1-31 线	正断层	NE	NW	30～57	9	80～278
F9	1-10 线	正断层	N63°E 转 EW 向	N27°W 转 N	37～56	5	0～170
F8	1-17 线	正断层	NE	NW	54～64	6	0～87
F6	2-12 线	正断层	N58°E	N32°W	62～68	4	0～54
F10	—	—	N35°—45°E	NW	22～38	11.85	400

（3）露天矿水文地质概况。

①伊敏露天矿水文地质特征。伊敏煤田矿区水文地质条件最重要的特征是：煤层是主要含水层及强导水层，其富水性及透水性均比其他含水层高，其水力性质一般为裂隙承压水；而煤层顶底板含水层富水性及透水性相对较低；第四系沙砾石含水层分布面积较广，但厚度一般较小，其富水性和透水性均不及煤层含水层，其水力性质为孔隙潜水。

第三系沙砾岩含水层的存在是矿区水文地质条件的另一特征，呈条带状分布于勘探区中部，切穿了煤层或其他岩层含水层，在疏干动流场的特定条件下构成了第四系含水层及地表水体向煤层进行补给的通道。

②水文地质分区。伊敏露天煤矿位于区域水文地质单元的径流区，在构造作用下，形成三个单向阶梯式断决，即 F_{10} 与 F_9 断层之间的南露天区（即 I 水文地质分区），F_5 与 F_9 断层之间的一露天区（即 II 水文地质分区，即伊敏露天煤矿所在分区），F_5 断层以北的三露天和北露天区（即III水文地质分区）。伊敏露天煤矿的地下水文概况见彩图 7。

③含隔水层情况（略）。

④断层带导水性。本区断层大多产生于柔性地层之中，且为同生断裂，虽然断裂带的

力学性质属张性或张扭性，但是其裂隙不发育，而且裂隙又多为泥质充填，所以其导水性较差，具体地说 F_{10} 为隔水断层，F_8 为相对导水断层，F_5、F_6 和 F_9 的导水性介于其间。

⑤各含水层之间的水力联系。第四系沙砾含水层，砾岩冲刷带含水层和煤系地层之间，地下水互相补给，抽水过程中，同一位置，各含水层水位下降不同是由于地层渗透性不同和水力联系的通道不同而引起的。

⑥地下水的补、径、排条件。本区地下水的补给来源有两个，分别是大气降水、地表水体伊敏河水和季节性湖泊水体的补给。

⑦充水因素分析。煤层含水层中的水是露天矿的主要水源，煤层为充水的主要通道。第四系、第三系含水层的水是次要充水水源，其对露天的疏干影响十分重要。春汛期的冰雪融水和雨季的大气降雨是煤层水和第四系水的主要补给时期和补给水源。地表水体（伊敏河水）在疏干流场影响下，通过东部边界，对疏干区亦有一定的补给能力。

⑧露天矿边界条件。

东北边界：露天矿东北为弱透水边界。

西南边界：在1勘探线方向是个补给边界。

东南边界：F_{10} 为一隔水断层，整个露天矿在东南边界上的补给截至 F_{10} 断层。

西北边界：西北边界为 F_5 断层，F_5 断层在疏干流场下是导水的，为相对隔水边界。

（4）地下水水质回顾性评价。

①地下水水质回顾性分析。本次评价收集了矿区各期环评及验收的地下水环境现状监测资料进行了统计分析，由于各期监测点位分布不均，监测水井的深浅不同，监测点位重合性很差，因此，评价仅对各期中具有可比性的监测点位进行统计分析。

结果表明，疏干水总排口 Pb、COD、SO_4^{2-} 1999年监测数值较1985年有所升高，Fe、Mn、Cl^-较1985年降低，但变化不大；伊敏队水源井氨氮监测值2010年较1985年降低，As、Mn、以Pb 2010年较1985年升高，Hg、Fe 2010年较1985年监测值降低，但变化都不大；2005年、2008年邦柱家、巴图家、额尔屯家三口井各监测因子监测结果变化不大，硝酸盐氮和铅均未检出，主要表现为氨氮超标。根据三期环评分析与现场调查，项目所在区域牲畜养殖量大，牧民家用水井均与牲畜圈相临，牲畜圈积压的粪便已对地下水造成污染，这可能是地下水氨氮超标的主要原因。2005年三个监测点的氨氮和高锰酸盐指数均超过III类标准限值，其中，氨氮最大超标3.10倍，高锰酸盐指数最大超标2.6倍，氨氮超标原因与前期监测一致。当地矿区由于原生地质环境铁、锰含量较高，同时由于地质结构对污染物的过滤作用不明显，同样造成了高锰酸盐超标的现象。综合来看，露天矿长期开采对周围地下水水质是有一定影响的，但影响不大。

②地下水水质变化趋势分析。此区域地下水流向为由南向北，本次后评价选取地下水上下游部分年份数据进行了对比分析，分析结果见表7-28。

表7-28　地下水水质变化趋势　　单位：mg/L

		1985年	2005年	2008年	2010年
氨氮	上游	—	0.546（伊敏队）	—	0.123（伊敏队）
	下游	0.06（五牧场）	0.606（额尔屯家）	0.078（额尔屯家）	0.074（五牧场）

从以上表格可以看出，露天矿上游水质 2010 年较 2005 年氨氮浓度减小，水质有所改善，下游五牧场水质 2010 年较 1985 年氨氮浓度增加，额尔屯家水井水质 2008 年较 2005 年氨氮浓度减小。从结果看，地下水氨氮含量上下游并无明显规律，地下水氨氮含量未受到露天矿开采影响或影响很小。

（5）地下水水位及影响范围变化回顾分析。

①等水位线变化趋势回顾性分析。露天矿开采以来，由于疏干水的不断排出，影响了当地地下水水位，露天矿地下水承压水水位标高历年变化见表 7-29 及图 7-7。从图表可以看出，地下水位标高不断下降，2009 年较 2000 年下降了 27.7 m。

表 7-29 2000—2008 年露天矿地下水水位标高统计表

年份	月平均排水量/万 m^3	月平均降深/m	1 月份水位标高/m
2000	329.61	–0.16	598.9
2001	154.73	–0.16	596.98
2002	140.14	–0.12	594.9
2003	153.3	–0.47	593.2
2004	149.6	–0.34	587.42
2005	175.48	–1.51	583.55
2006	152.29	–0.21	582.73
2007	156.67	–5.36	579.88
2008	157.09	–5.23	573.22
2009	—	—	571.02

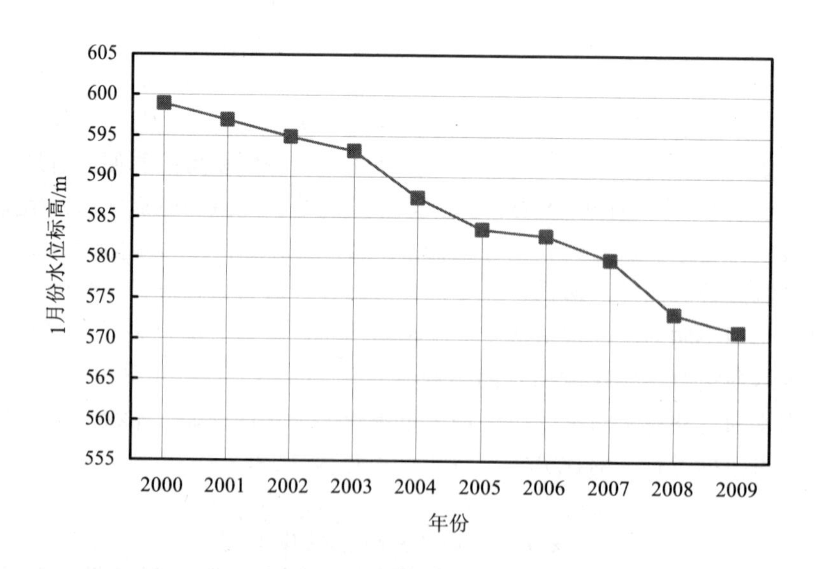

图 7-7 2000—2008 年露天矿地下水水位标高变化图

②地下水水位变化与相关影响因素分析。

地下水水位随着露天矿开采规模的不断扩大而不断下降，其与开采规模的关系见图 7-8。

从图中可以看出，地下水水位标高随着煤炭开采量的不断增加而逐渐下降，两者呈现多项式关系，R^2=0.946 1，拟合度较高。可见地下水水位与露天矿开采量相关性大。

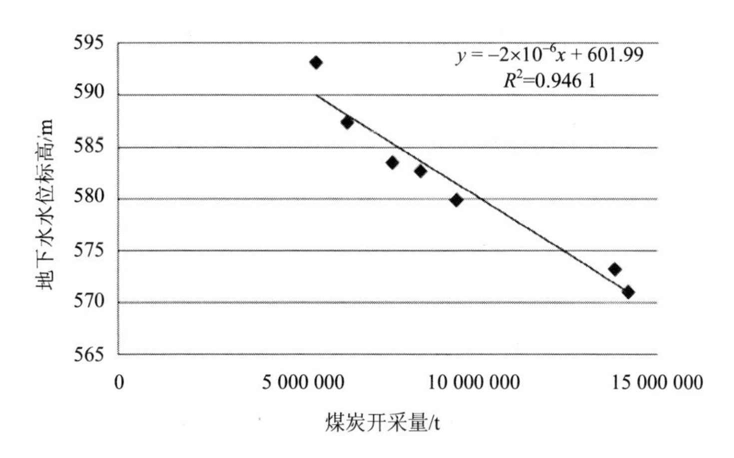

图 7-8　地下水水位标高与煤炭开采量的关系图

为了研究露天矿降深与排水量的关系，评价从线性、指数和多项式三种关系对其进行拟合，结果表明，三种关系当中多项式拟合系数最大，为 0.128，但总体关系还是不明显。

由于评价区地下水的补充主要来自降水，本次后评价对比分析了地下水位标高与降雨量的关系，对等水位标高与降雨量的拟合关系中相关性最大的是多项式关系，但 R^2 值只有 0.075，原因是本次露天矿等水位标高为承压水，而降雨量主要与潜水有关，因此相关性较差。最终说明，该地下水水位变化主要与煤矿的开采规模有关，与降水量和排水量关系不大。

（6）地下水影响范围回顾性分析。

据现场调查，目前采场底板中心最低点标高是 580.00 m，本次评价利用 2007—2010 年的矿区常规观测孔台账数据分析了地下水位的变化情况，利用 surfer 软件对原始数据进行网格化插值分析，生成了在原始数据分布范围内规则间距的数据点分布等值线图，如图 7-9 所示。同时为了确定数据大规模的趋势和形状，采用多元回归法模拟地下水漏斗趋势面的变化，如图 7-10 所示。以此确定了地下水漏斗的最大直径、最低深度以及所处位置，如表 7-30 所示。

从图表可以看出，2007—2009 年 1 季度漏斗最低点位置稍有变动，2009 年 3 季度后漏斗最低点位置不再变化，漏斗最低点深度 2009 年 1 季度至 3 季度减小，其他时间均随时间而增大。漏斗最大直径出现在 2010 年 2 季度，最大直径为 11 213.20 m，随着开采时间的增长，同一等水位线不断外扩，漏斗中心等水位线分布由密变疏。

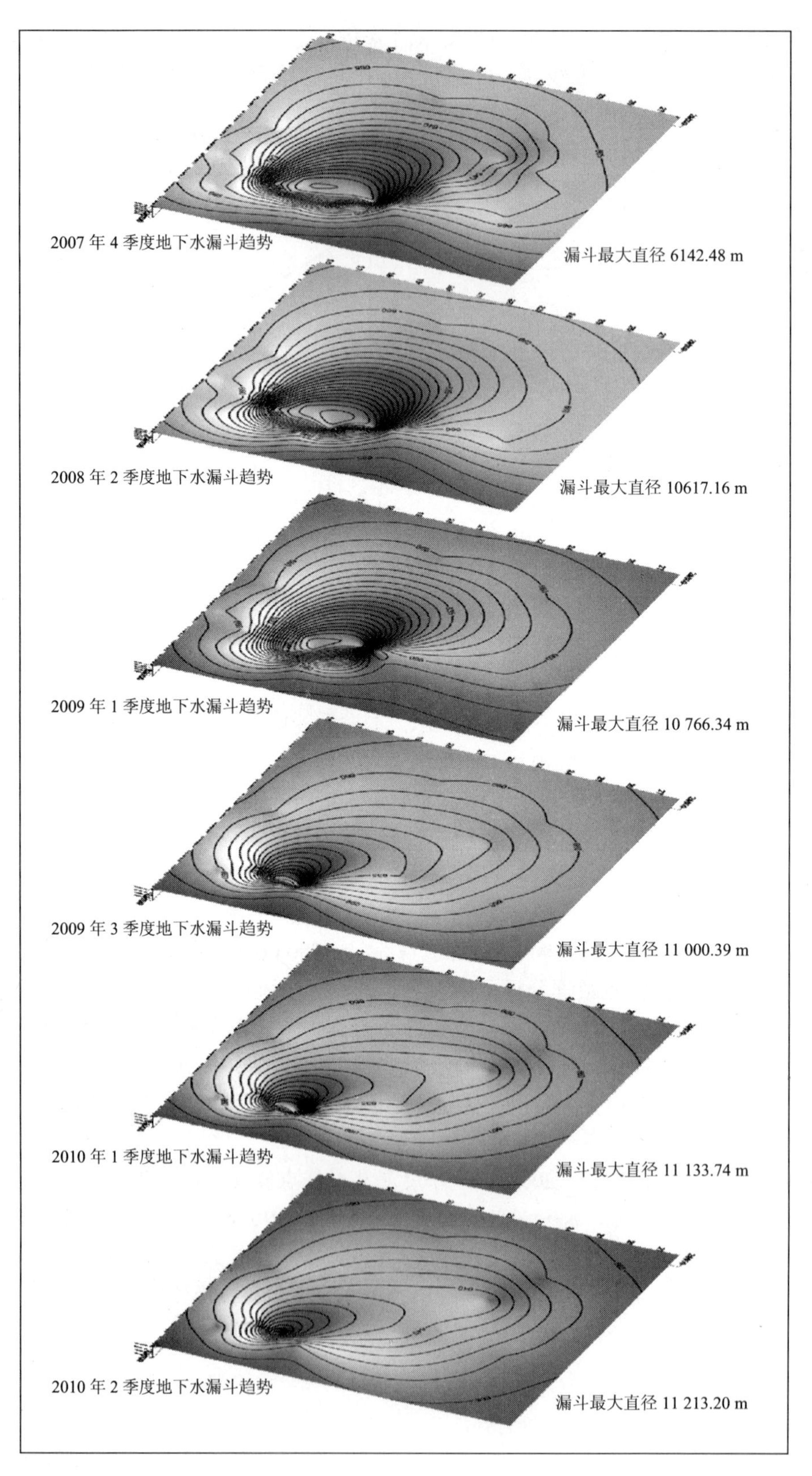

图 7-9　2007—2010 年地下水水位等值线

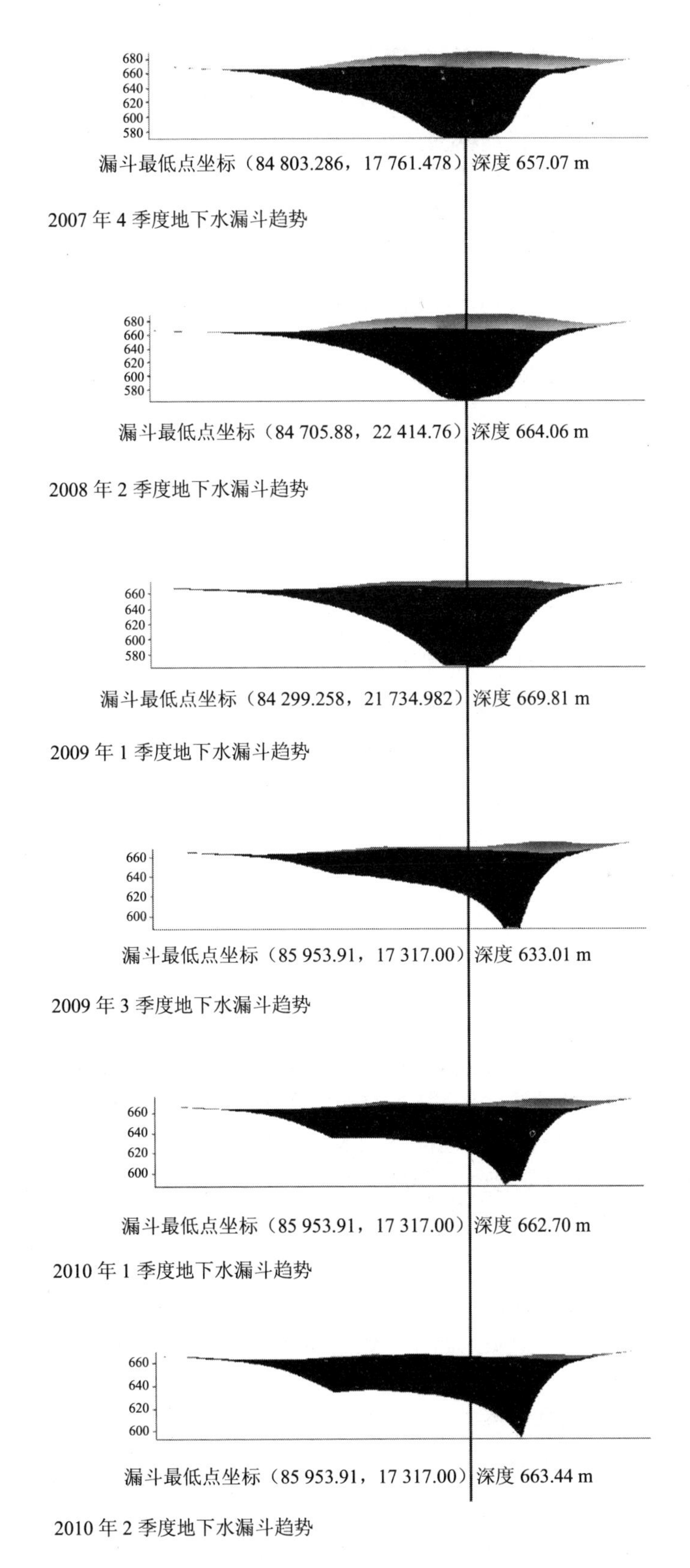

图 7-10　2007—2010 年地下水漏斗趋势

表 7-30 2007—2010 年的地下水漏斗变化数据

时间	漏斗最低点坐标	漏斗最大直径/m	漏斗最小直径/m	最低点深度/m
2007 年 4 季度	（84 803.29，17 761.48）	6 142.48	7 633.50	657.07
2008 年 2 季度	（84 705.88，22 414.76）	10 617.16	7 643.60	664.06
2009 年 1 季度	（84 299.26，21 734.98）	10 766.34	6 971.38	669.81
2009 年 3 季度	（85 953.91，17 317.00）	11 009.39	9 247.41	633.01
2010 年 1 季度	（85 953.91，17 317.00）	11 133.74	9 262.39	662.70
2010 年 2 季度	（85 953.91，17 317.00）	11 213.20	9 662.01	663.44

（7）地下水水资源量回顾性评价。

①地下水水资源量回顾性分析。1994—2008 年露天矿疏干水年排水量统计见表 7-31。从表中可以看出，1994—2008 年露天矿疏干水量占地区地下水资源量最大比例为 1994 年的 8.79%，随着开采年限推移，疏干水排水量逐渐降低，对地区地下水资源量的影响也逐渐减小，到 2008 年只占地下水资源量的 2.86%，对区域经济的可持续发展影响较小。

表 7-31 1994—2008 年露天矿疏干水年排水量统计表

年份	年排水量/万 m^3	占地下水资源量比例/%	年份	年排水量/万 m^3	占地下水资源量比例/%
1994	5 783.64	8.79	2002	1 681.64	2.55
1995	4 757.65	7.23	2003	1 839.54	2.79
1996	4 632.47	7.04	2004	1 795.64	2.73
1997	4 702.24	7.14	2005	2 105.79	3.20
1998	4 917.91	7.47	2006	1 827.48	2.78
1999	4 544.52	6.90	2007	1 879.91	2.86
2000	3 955.32	6.01	2008	1 885.1	2.86
2001	1 856.76	2.82			

②露天矿开采对周围敏感点取水资源的影响。矿区周边的敏感取水点共有 5 个。其中，最大的取水点位于露天矿西南约 4 km 的旗马场水源地，在伊敏河漫滩上，为伊敏煤电公司自备水源。水源井地面标高 680～679 m，伊敏一号露天矿开采前后水源井水位持续在 677.5～676.5 m 波动，水位稳定在地面下−2.5～−3.5 m，根据伊敏露天矿 1990 年至今多年的数据统计，其水位波动主要受大气降水等气候因素影响，不受露天矿疏干地下水降落漏斗影响，因此露天矿矿井涌水的排出对旗马场水源地影响很小。

北苇子坑、苇子坑、永丰队均分布于伊敏河东岸，由于存在隔水断层，疏干排水对伊敏河的影响不会跨过河岸，因此，三个村的居民水源井未受到影响。

伊敏队位于电厂南侧、伊敏河西岸，距露天井田东南境界 5 km，由于 F_{10} 隔水断层的存在，露天疏干对伊敏队的民井没有影响。

7.1.6.5 声环境影响回顾性评价

（1）露天矿主要噪声源分析。

对于矿区主要噪声源的监测，只有在一期环评报告中做了监测，由于矿区周边无声环境敏感点，因此，在二期、三期报告中均未对主要噪声源进行监测，一期报告中，矿区各种声源所产生的声级实测值为交通噪声 68～72 dB，装车站 74～78 dB，露天矿一采区 64～

68 dB，生活噪声源52～56 dB，商业、附属企业及其他66～70 dB。从噪声源值可以看出，由于一期环评报告时，露天矿仅开采了一年，一些设施尚未建成，进驻车辆也有限，噪声源值偏小。

（2）露天矿厂界噪声回顾性评价。

①历年露天矿厂界噪声回顾性评价。在2003年、2005年、2008年和2010年，均对露大矿厂界噪声进行了监测，虽各时期监测布点状况不同，但由于伊敏煤电公司露天矿周围没有学校、居民集中居住区等声环境敏感点。因此，仅统计了露天煤矿厂界噪声的达标情况。

根据统计结果，2003年露天矿四厂界昼、夜间噪声均能满足《工业企业厂界噪声排放标准》3类标准；2005年仅监测了东厂界，厂界昼、夜间噪声达标；2008年时，除东厂界夜间噪声超标，超标范围为1.8～2.8 dB，其他监测点昼夜间噪声均能满足《工业企业厂界噪声排放标准》3类标准，经现场勘察可知，夜间东厂界出现超标的主要原因是与电厂相邻，受电厂生产噪声影响所致。2010年现状监测可知露天矿厂界四周昼间噪声都能满足《工业企业厂界噪声排放标准》（GB 12348—2008），南厂界和西厂界夜间噪声超标，超过标准分别1.1 dB和3.3 dB，经现场调查看，露天矿厂界噪声源主要为矿坑内的采煤机械、工程机械、运煤车、输煤皮带等机械。

②露天矿厂界噪声环境变化趋势分析。从历次露天矿厂界噪声现状监测值可以看出，自露天矿开采以来，通过对露天矿厂界噪声的现场监测，厂界四周昼间基本上能满足《工业企业厂界噪声排放标准》3类标准。2008年各厂界现状监测值基本上都高于2003年，原因可能随着开采规模的扩大，投入的机械车辆数量增加，或者两时期的现状监测条件（包括风速、风向、下垫面等）不同，造成监测结果的偏差。2010年厂界昼间噪声较2008年变化不大，夜间噪声除东厂界外，其余厂界均明显高于2008年，南厂界和西厂界夜间噪声出现超标现象，可能由于夜间运煤车次增多或者噪声测量期间现状监测环境不同，如2010年监测时期机械车辆的增加而导致以上结果。

（3）装车站噪声达标情况回顾性分析（略）。

7.1.6.6　土壤环境影响回顾性评价

（1）土壤环境质量及养分回顾性评价。

①沿帮排土场土壤质量及养分变化分析。沿帮排土场是最早使用的排土场，使用年限为1983—1985年，借鉴生态环境评价中的空间代替时间的方法，采用矿区内部原地貌作为沿帮排土场未排土前的监测数据，从而进行对比分析。

结果显示，沿帮排土场使用前后，土壤的pH由7.4变为8.3，由原来的中性土壤变为偏碱性土壤；有机质含量由4.24%变为1.83%，有机质含量作为土壤肥力的重要指标，有机质一定幅度的下降将导致植物养分吸收受阻、土壤的保水保肥能力下降等问题；电导率由100 μS/cm变为227 μS/cm，说明土壤中各元素以化合态存在的程度下降，也说明土壤的肥力下降；全氮、速效钾及碱解氮都存在较大幅度的下降，说明土壤中总氮含量及钾元素存在一定量的流失；但矿区排土场使用后土壤中有效磷含量大幅度增加，说明可被植物吸收的磷组分含量增加了。

②西排土场土壤质量及养分变化分析。西排土场是三个排土场中面积最大的排土场，使用年限为1996—2010年，通过比较不同年份的恢复区及原生态样地发现，土壤pH随着

排土年限的增加逐渐减弱，土壤的有机质、N、P、K 的含量，是随着排土年限的增加而显著增加，随着停止排土年限越来越长，排土场土壤化学性质的改良及恢复将会愈明显，土壤养分状况逐渐改善。

西排土场人工恢复区与自然恢复区的 pH 都偏碱性，土壤酸碱度对养分的有效性影响很大，如偏碱性土壤中磷的有效性偏小，且碱性土壤中微量元素（锰、铜、锌等）有效性差；西排土场人工恢复区的有机含量与矿区内部原地貌中的有机质含量差不多，但是自然恢复区的有机质含量明显偏低；人工恢复区及自然恢复区的电导率都高于原地貌；而西排土场人工恢复区的全氮、有效磷、速效钾及碱解氮含量都明显高于自然恢复区，且人工恢复区的全氮、有效磷、速效钾及碱解氮含量都接近于矿区内部原地貌。

③内排土场土壤质量及养分变化分析。内排土场从 1984 年开始使用，为露天矿最大的排土场。通过对内排土场不同恢复年限监测点土壤养分的分析发现，内排土场恢复区与南坡的 pH 明显高于原地貌，恢复区的有机质、全氮、速效钾及碱解氮都明显低于原地貌，说明恢复区的时间不够长及措施需要加强，但有效磷的含量同沿帮、西排土场一样，远远高于原地貌。

（2）土壤侵蚀回顾性分析。

据矿区四个年份的遥感解译结果，评价范围内历年土壤侵蚀类型如彩图 8 所示。结果表明：1975—1990 年，评价范围内风力微度侵蚀面积有所增加，增加了 2.3%，水力中度侵蚀面积较 1975 年减少了 1.2%，其他风力侵蚀面积变化不大。可见这 15 年间当地的土壤侵蚀变化不大；1990—2000 年，风力侵蚀中微度侵蚀、中度侵蚀、极强度侵蚀面积均有所减小，分别减小了 8.6%、1.0%和 0.3%，可能是由于这 10 年间由于露天矿对周围排土场和采掘面采取了植被恢复措施，使得风力侵蚀面积减小；2000—2010 年，风力侵蚀除微度侵蚀有所减小外，其他侵蚀类型均有所增加，其中轻度侵蚀和极强度侵蚀面积增加幅度较大，分别增加了 2.1%和 1.3%，这可能由于露天矿长期开采对周围生态环境造成的累积影响，致使评价范围内的风力侵蚀面积增加。

（3）土壤盐渍化回顾性评价。

露天矿区域土壤盐渍化变化情况见表 7-32。

表 7-32 露天矿区域土壤盐渍化变化情况

时间	盐渍化情况		
1985 年	矿区湖泊周围，碟形洼地及低平地见盐渍化现象，有龟裂现象，积盐层通常出现在 20～50 cm，盐斑结晶清晰可见；伊敏河两岸河漫滩，低阶地呈现不同的盐渍化现象		
1999 年	伊敏河两岸出现不同程度的盐渍化现象；湖泡周围及碟形低洼地，盐渍化较重，地表层有明显的灰白色的盐碱斑		
2003 年	矿区周围草场盐渍化现象随处可见		
	轻度、中度盐碱化土地/km^2	重度盐碱化土地/km^2	盐渍化总面积/km^2
2004 年 6 月	14.202	17.055	31.259
2007 年年底	14.041	17.421	31.464
变化情况	−0.161	+0.366	+0.205
2010 年	—	—	7.087

从表中可以看出，到 2010 年评价范围内（528.04 km^2）的盐碱地面积为 7.087 km^2，而 2004 年和 2007 年的评价范围（197.71 km^2）小于 2010 年，因此，相对来说，2010 年盐渍化土地面积较 2004 年和 2007 年减小了。

露天矿周围土壤盐渍化从开矿初期就已经形成，随着矿区开采规模的扩大，地下水的疏干，地下水位逐渐降低，湖泊面积减小和消失，矿区周围轻度、中度盐渍化土壤面积反而减小，转变为了露天矿用地，重度盐渍化土壤面积增加，主要可能是露天矿的开采占用了大面积的草场，随着区域内牲畜的增多，对区域内现有的草场的压力增大，再加上人为活动干扰破坏严重，区域内土壤盐渍化程度较严重。而到了 2010 年盐渍化土地总面积相对减小可能是因为工矿用地占用了大量的盐渍化土地，使得其总面积相对减小。

7.1.6.7 社会经济影响回顾性评价

（1）对当地经济及产业结构的影响。

根据调查，露天矿企业生产产值自 1997 年至今逐年增加，截至 2009 年达到 465 499 万元。企业年产值占鄂温克族自治旗生产总值的比例最低为 23.3%（1998 年），最高为 97.8%（2001 年），平均值为 72.7%；企业纳税占地区财政总收入的比例最低为 23.7%（1995 年、1997 年），最高为 97.3%（2006 年），平均值为 55.2%。鄂温克族自治旗三产结构比自 1991 年的 19.3∶62.5∶18.2 调整为 2009 年的 10.1∶61.9∶28.0，第三产业比例显著提高，可见伊敏露天矿的建设促进了当地经济快速发展和产业结构的调整。

（2）对当地社会生活的影响。

①居民生活收入变化及恩格尔系数。根据鄂温克族自治旗统计年鉴（1992—2007 年数据），城镇居民人均收支情况及恩格尔系数见图 7-11 和图 7-12。1992—2007 年，鄂温克自治旗城镇居民人均收入、支出连续增长，自 2003 年后，收入明显大于支出。恩格尔系数除 1999 年为 62%外，其余年份均在 50%以下。根据联合国粮农组织的标准，鄂温克自治旗城镇居民历年生活水平以小康和富裕为主。

②就业率变化。就业率变化主要评价矿区周围因矿井开采就业发生变化的居民。1985—2007 年鄂温克族自治旗采掘业从业人员数量、占全社会总从业人员比例见图 7-13。

1985—1997 年，露天矿从业人员占全社会总从业人员的比例较高，基本维持在 40%以上，1997 年后比例降低，保持在 20%～30%。这与露天矿生产技术的改进、其他产业如农林牧渔业、批发和零售等产业的发展有关。

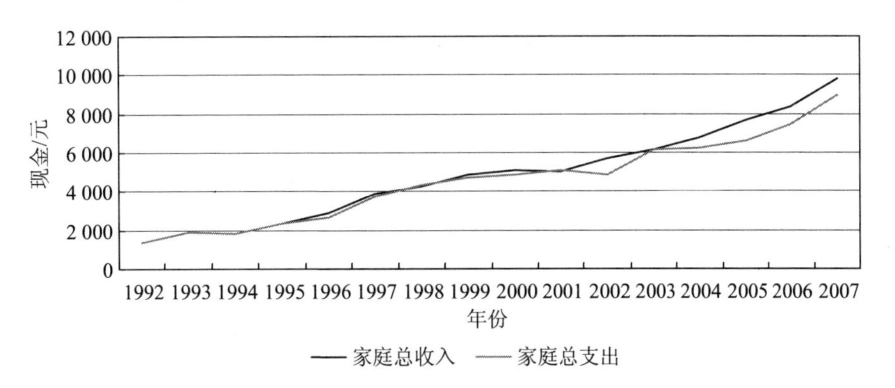

图 7-11 城镇居民收入年际变化

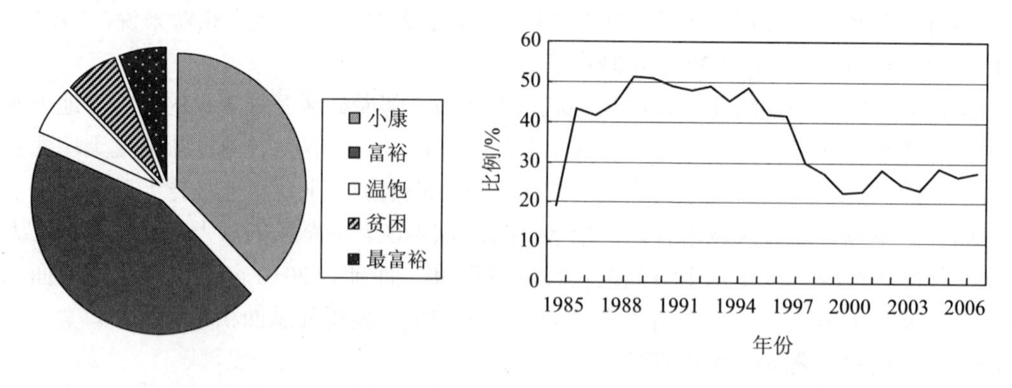

图 7-12 城镇居民历年恩格尔系数分布

图 7-13 采掘业从业人员比例

7.1.6.8 环境风险影响回顾性评价

露天矿环境风险主要包括生态风险和地质风险两部分。本次评价主要是通过搜集已往竣工环境保护验收资料及矿区历史大事记录采用对比分析和概率分析的方法进行定性评价。

（1）生态风险回顾。

露天矿疏干地下水将会造成一个以开采区为中心的巨大地下水降落漏斗区。另外，伊和诺尔、巴嘎诺尔湖因湖水由于疏干已经消失，在此生长的水生、沼泽植被也随之消失，代之以一二年生杂类草，并逐渐向干旱、半干旱草原植被演替。湖泊消失后，原来在该水域内生存的一些鸟类失去栖息生存之地，被迫离开。

（2）地质风险回顾。

露天矿因疏干水的排出导致土应力的减小而易产生沉陷，需定期进行全面的勘测，同时进行矿区的土地修复工作，使区域土地资源、水资源等受到保护。

伊敏河露天矿边坡在开采角度不合适的时候可能会发生滑坡，排土场边坡稳定在很大程度上取决于排弃物料的顺序和物料的含水率。为防止地下水、地面水滞留，排泄不畅，引起基底岩土力学强度降低，影响排土场边坡的稳定性。对地面原有排水体系应尽量维持原状，尽量使地下水、地面水按原有的路径排泄，不改变其固有的排泄路径，同时在排弃时，基底尽量排弃大块的、坚硬的、见水不易泥化的物料，尽量不要破坏原有的泄水通道，保持基底畅通。

在边坡形成期间和形成之后，应定期监测外排土场边坡的位移变形情况，如果发生某一部位变形异常，应提高监测频度，并提出相应的治理措施，避免造成更大的损失。

7.1.6.9 环境综合发展趋势分析

（1）环境综合发展趋势分析。

本次采用环境影响识别表法对露天矿环境综合发展趋势进行分析，分析结果见表7-33。

表 7-33　露天矿环境综合发展趋势分析

建设活动	自然资源				生态环境				社会环境			
	地表水环境	地下水环境	环境空气	噪声环境	生物多样性	草原植被	土壤与侵蚀	景观	经济发展	交通运输	就业安置	生活水平
矿区开采	−1	−3	−2	−2	−3	−3	−1	−2	+3	+3	+3	+3
废水排放	−1	−1	—	—	−1	−1	—	−1	—	—	—	—
废气排放	−1	—	−2	—	—	−1	—	−1	—	—	—	—
固废排放	—	−1	−2	−2	−2	−2	−2	−2	—	—	—	—
噪声排放	—	—	—	−2	—	—	—	—	—	—	—	—
煤炭运输	−1	—	−3	−2	—	−1	—	−1	+2	+2	+3	+1

注：3 为重大影响；2 为中等影响；1 为轻微影响；“+”有利影响；“−”不利影响。

从表格可以看出，露天矿开发对于周围环境的不利影响主要是地下水环境、生物多样性和草原植被的影响，通常会引起地下水位下降、地下水资源减少，生物多样性减少，草原植被面积减少，草场质量下降，随着今后露天矿的开采规模的不断扩大，本评价预测会引起同样的生态和地下水问题。另外露天矿开采引起的其他环境问题也不容忽视，如开采过程和运输各个环节产生的无组织粉尘、采掘和运输机械产生的噪声问题、露天矿开采破坏当地整体景观问题。

露天矿开采对于当地经济的发展、交通运输、就业安置和生活水平等社会经济方面起到了积极作用，促进了当地经济和社会的发展。

（2）生态系统变化的关联性分析。

由于露天矿的开采，此区域的环境受到一定程度的影响，且各个要素的环境影响具有一定的相关性：由于露天矿开采，占用了大量的草地植被，致使本地依赖于草地植被为生的野生动物减少；相反由于露天矿的开采，大量人口的搬入，矿区的生态重建及当地绿化树种的种植，人工植被有所增加，人工圈养动物及麻雀、家燕等伴人动物的种类和数量增加；从景观角度来说，此区域仍以草原景观为第一大景观，随着开采规模的扩大，疏干水的不断排出，附近湖泊消失，交通用地及排土场等人工景观增加，人工景观取代湿地景观成为此区域的第二大景观类型；另外疏干水的不断排出，致使周围地下水下降，影响到地上植被的生长，草场质量及产量受到影响。可见，露天矿开采不仅仅是对某一要素的影响，生态环境影响是高度相关和综合性的，具有整体性特点。

7.1.7　前评价结论的验证性分析

7.1.7.1　生态环境影响评价结论的验证分析

露天矿生态影响主要表现在对土地利用、草场植被、周围湖泊、动物、土壤、水土流失和景观的影响，本次后评价采用两次验收结果对一期、二期和三期环评结论分别进行对照分析。同时将以上验证性分析采用影响识别的方法进行定性和半定量验证，将露天矿对以上 7 个方面的影响程度分为四类：0 表示没有影响，1 表示影响较小，2 表示影响中等，3 表示影响最大，“−”表示不利影响，“+”表示有利影响，验证结果见表 7-34。

表 7-34 生态环境影响结论识别验证分析

影响因子	一期环评结论	二期环评结论	三期环评结论	验收结论及实际影响	验证性结论
土地利用	−2	−2	−2	−2	相符
草场植被	−3	−3	−3	−3	相符
动物	−2	−2	−2	−2	相符
土壤	+1	+1	+1	−1	不相符
水土流失	—	0	0	−1	不相符
湖泊	−3	−3	−3	−3	相符
景观	−2	−2	−2	−2	相符

从结果看，露天矿对周围生态影响因子中的土地利用、草场植被、动物、湖泊、景观都产生了不利的影响，各期评价结论基本准确。各期对于露天矿开采是否造成土壤盐渍化的结论与实际不相符，各期评价结论认为对伊敏盆地内地下水降落漏斗区的土壤不会产生盐渍化影响，反而减轻，而实际影响是伊敏盆地露天矿北部盐化和碱化地带，由于地下水位浅，水质矿化度高，人为活动频繁，加剧了对植被的破坏程度，使得这些部位的土壤盐渍化现象加重。重度盐碱化土地面积增加了 0.366 km^2，因此各期对于此方面的环境影响预测结论不够准确，没有考虑生态影响的完整性。

二期、三期认为露天矿开采只要施工期注意保护植被，不会引起土壤侵蚀问题，而实际影响显示排土场、农菜田、草原自然路等土壤裸露地带存在水土流失和风蚀现象。可见原报告书结论未考虑生态影响的完整性影响，预测结论不够准确。

7.1.7.2 地下水环境影响评价结论的验证分析

从露天矿开采对地下水流向、水质、水位、水资源量、影响范围、对周围敏感点的影响等方面统计各期环评结论及验证性分析结论。

从地下水水位趋势来说，各期环评报告书中的预测结果与地下水的实际情况是相符合的。

从模拟地下水漏斗的变化趋势来看，二期、三期环评认为地下水漏斗已基本稳定的结论与实际情况不相符，模拟结果显示，露天矿地下漏斗随着采掘面及规模的变化而变化，目前逐渐向东移动；从漏斗影响范围来看，一期环评结论与模拟结果基本相符，截至目前最大漏斗影响范围达到 34 km^2，与一期预测结论 28～30 km^2 相差不大，二期环评结论认为不会影响更大区域的地下水与模拟结果有所出入，随着开采规模的扩大及采掘面向东移动，地下水漏斗的影响范围仍将波及更大区域，而三期环评的预测结论通过模拟结果无法得到验证。

一期认为矿区污水土地处理系统会对地下水水质产生影响，二期、三期认为无影响。从本次现状监测结果看，氨氮和高锰酸钾超标并不一定是由污水土地处理系统污水下渗引起的，而与当地牲畜圈养、原生地质有关，因数据有限，一期结论无法得到验证。

7.1.7.3 污染类环境影响评价结论验证分析

（1）大气环境影响评价结论的验证分析。

各期大气预测方法、预测点位、预测结果及结论的统计对比见表 7-35，经现状监测结果验证，露天矿无组织粉尘的影响主要是在矿区内部，部分点位出现超标现象，分析发现二期、三期的评价结论基本与实际情况吻合。

表 7-35　露天矿起尘预测结论验证分析

<table>
<tr><th></th><th>一期环评</th><th>二期环评</th><th>三期环评</th><th>验收及现状监测</th><th>验证性结论</th></tr>
<tr><td>预测方法</td><td>类比美国中部科罗拉多州露天矿起尘量</td><td>起尘量公示计算，起尘环境预测采用点源扩散模式</td><td>风面源模式和尘模式</td><td rowspan="4">现状监测显示 3#采区东侧 200 m、6#采区中心处、7#储煤场点位 TSP 超标，最大超标倍数 1.822。敖沟敏感点 TSP 不超标，因此粉尘影响主要在矿区内部，对周围敏感点影响较小</td><td rowspan="4">二期、三期环评结论与实际情况基本相符，结论基本准确</td></tr>
<tr><td>预测地点</td><td>西排土场</td><td>作业区</td><td>外排土场、运输路线、敏感点</td></tr>
<tr><td>预测结果（达产期）</td><td>4 183 mg/s</td><td>154 792.07～227 680.21 mg/s</td><td>—</td></tr>
<tr><td>起尘环境预测结论</td><td>—</td><td>最远至 1 100 m 处，粉尘浓度值达标，粉尘的影响主要在矿区内部，只要管理水平较好，粉尘的排放是可以抑制的，能够达到对外环境不产生明显影响，降低对矿区工作环境的污染</td><td>粉尘的影响主要在矿区内部，即在作业区内，对环境保护目标影响较小。评价范围内环境空气各监测点的污染因子 TSP 能满足《环境空气质量标准》（GB 3095—1996）二级标准的要求</td></tr>
</table>

（2）噪声环境影响评价结论的验证分析。

一期工程环评主要考虑了关心点的环境噪声情况，但噪声监测值并未用等效连续 A 声级表示，故无法对其进行验证。因此主要统计了二期、三期环评厂界噪声预测值，并与二期验收监测值和本次监测值进行对比。

由结果可知，二期、三期环评对与露天矿厂界噪声的达标预测与其对应的验收监测数据基本吻合，其预测值均在其实际影响范围内，而与现状实际监测结论相差较大，尤其是二期东厂界夜间噪声、三期四个厂界夜间噪声低于实际验收监测数据范围和现状监测范围，其原因可能是预测条件和方法与实际监测条件不一致，且监测环境现状差距较大，另外东厂界受电厂影响较大，也造成了预测结论的偏差。

（3）地表水环境影响评价结论的验证分析。

通过对各期地表水预测内容、预测模式、预测结论的统计，一期工程环评是以矿区污水未经处理排向伊敏河为前提来进行预测的。但验收时污水预处理及土地污水处理系统已经建成投运，污水均进入土地污水处理系统中处理，不外排；一期疏干水也进行了综合利用，所以一期工程的预测内容均无法进行验证分析。

二期、三期环评结论与实际情况基本相符，但未对地表水进行定量预测，定性分析结论与实际相符。

（4）土壤环境影响评价结论的验证分析。

通过对各期土壤环境影响预测内容和预测结论的统计，各期环评对土壤环境的影响均从盐渍化、沙化、土壤侵蚀三方面进行了分析，观点一致，基本与实际情况相符，三期对排土场盐渍化的分析符合现状调查结果。总体上看，露天矿开采排土场周围因剥离物淋溶，在地势低洼地带易产生盐渍化现象，排土场植被覆盖度低，亦会发生水土流失现象。

7.1.8 环境保护措施的有效性评价

有效性评价目的在于评价伊敏露天矿所采取的环境管理及污染防治措施的有效性及合理性。本次评价依据我国现有环境政策提出了针对煤矿开采项目的环境管理内容，结合本项目的实际情况分析对比项目实施以来环境影响评价报告书及其批复中提到的污染控制措施及生态修复方案，分析其有效性。

7.1.8.1 环境污染治理与生态综合整治措施有效性

（1）大气污染防治措施有效性评价。

本次后评价对主要起尘点进行了现场监测，采掘场的东侧、采取中心处及储煤场三个监测点超标，本次监测点位未覆盖全部起尘点，说明目前其污染防治措施尚不能达到满意程度，不能满足相应的国家标准。

通过现场踏查和调查来看，目前露天矿大气污染防治措施主要针对TSP，露天矿通过储煤场、破碎站设置抑尘网和喷淋设施，输煤皮带半封闭，转载站、缓冲仓全封闭，道路洒水抑尘，装车站设喷淋设施等措施，控制露天矿扬尘，以上措施大大缓解了露天矿周围TSP的产生，但此区域多风干旱，容易起尘，区域内整个草场植被退化，沙化程度增加对该区域内的TSP浓度的增加有一定的贡献，因此区域内TSP浓度的增加是露天矿本身及区域扬尘共同作用的结果。

（2）地表水污染防治措施有效性评价。

本次后评价对伊敏河水质现状进行了监测，结果表明伊敏河上游对照断面和比较断面各项监测指标均优于《地表水环境质量标准》（GB 3838—2002）Ⅲ类标准要求，仅五牧场削减断面COD_{Cr}不能满足《地表水环境质量标准》（GB 3838—2002）Ⅲ类标准要求，原因可能是沿途生活污水的排放引起的，露天矿废水均排入自设的污水库，不外排，因此露天矿废水对伊敏河影响很小。

通过一期验收、二期验收对污水处理站出水和污水库水质监测结果可知，污水库处理的污水能达到《污水综合排放标准》一级排放标准，露天矿自建污水土地处理系统对污水的处理有效性较好。

（3）地下水污染防治措施有效性评价。

本次采用二期验收监测数据对污水库防渗措施的有效性做进一步验证。二期验收设3个监测点，距污水库距离最近为50 m，最远为1 000 m。由监测结果可知，地下水仅氨氮超标，超标原因是该区域牲畜养殖量大，牧民家用水井均与牲畜圈相邻，牲畜圈积压的粪便已对地下水造成污染。因此，污水库防渗漏措施有效，二期地下水污染防治措施较为有效。

矿区沿伊敏河西岸保护措施包括，如下。

①开采工艺调整。对露天矿二采区煤层开采时，采取先浅后深的原则，二采区达产后，露天采掘场向东推进过程中，以–86 m为开采控制标高，待开采至二采区末端靠近伊敏河西岸时，预先对采掘场东帮采取隔水封填措施，再对二采区深部进行开采，二采区开采采用分层开采方式，从工程措施上最大限度地降低了对伊敏河的影响。

②采掘场边帮阻水措施。在保证露天开采边坡稳定的情况下，采掘场内帮有组织地进行隔水层回填，以剥离的黏土或亚黏土和泥岩密实封填，在边帮底部进行砾石反滤回填，

保证了边帮及内排土场的安全。

③地下水资源保护措施。在采掘场外围布设降水孔截流地下水，在采掘场内部采用超前坑、沟等疏排剩余水。在保证 21 Mt/a 生产规模前提下确定了采区宽度在 1 500 m，年推进强度为 300 m/a 的扇形开采方案，有效防止了因工作线推进强度过大，疏干排水过急而造成周围地下水位大幅度下降。

④建立地下水监控网等措施。露天矿在开采初期按照环评要求进行了地下水监控，积累了近二十年的地下水监控资料，目前一、二、三期工程总计设立地下水位观测孔 186 个，均在 50 km^2 范围内，与疏干井配合有效记录了范围内的水位变化情况。

同时，建立了伊敏露天矿伊敏河西岸区域第四系地下水监控网，控制范围约 14 km^2，观测点位 25 个，五牧场另设 2 个。目前每个季度进行一次观测，可以及时掌握四系层水位变化信息，以便采取有效措施减少水资源的损失。

（4）噪声污染防治措施有效性评价。

本次后评价对露天矿主要噪声源周围进行了现状监测，包括采掘操作面开采区四周、沿帮公路和运煤专用线、破碎站，另外对露天矿办公区同时也进行了监测，监测结果表明露天矿采场西、南厂界夜间均有超标现象，不能完全满足《工业企业厂界环境噪声排放标准》（GB 12348—2008）中 3 类标准限值要求，超过标准值 0.7～3.7 dB（A），均由于采掘面机械运转所致。采掘面、沿帮公路、运煤专线、破碎站噪声值较高，在 53.4～76.2 dB（A）之间，对周围环境影响较大，而且夜间超标严重；露天矿办公区声级值较低，可以满足《声环境质量标准》（GB 3096—2008）中 2 类区标准。可见露天矿采取的噪声防治措施尚不能满足需要，有效性较差。

（5）生态恢复与重建方案有效性评价。

本次后评价对露天矿不同的排土场进行了较为详细的样方调查，并将排土场的复垦植被与露天矿周围天然植被进行对比，从植被种类、生产力和生物多样性角度来评价矿区生态复垦措施的有效性。

根据调查结果，早期的排土场植被复垦已取得了明显的效果，植被群落已逐渐演替到稳定状态，从群落植物种类来说与周围天然植被相差不大，但生产力整体上低于天然植被类型，较早的排土场植被生物多样性已经达到周边天然植被的水平，综上所述，伊敏露天矿植被恢复效果从整体上来说是较为明显的，有效性较高，尤其是对于较早恢复的排土场，但与天然植被的生产力相比仍存在一定的差距，因此，要将露天矿所占草场用地的生态恢复到原有水平仍需要不断地努力，加强排土场及周边生态恢复措施，尤其是对最新排土场的植被恢复工作。

（6）固废综合处置措施有效性评价。

伊敏煤电公司生活垃圾填埋场，位于新源区北部的山坡上，该填埋场设有防渗漏措施，并作为一期工程的一部分通过了竣工环保验收。二期工程在增加煤炭产量的基础上也增加剥离物产生量和排土量。二期扩建工程内排土场也进行了扩建（即回填采空区），另外在西排土场北侧扩建了一个新的外排土场。2009 年已实现全部内排。

根据《华能伊敏煤电有限责任公司煤电三期扩建工程（煤矿部分）环境影响报告书》（2006.3）中露天矿剥离物的淋溶分析结果，剥离物淋溶液中各种重金属的浓度远低于浸出毒性鉴别标准值，pH 等指标浓度均未超过《污水综合排放标准》（GB 8978—1996）第一类污染物最高允许排放浓度标准，根据《一般工业固体废物储存、处置场控制标准》（GB 18599—2001）规定，排土场剥离物属Ⅰ类一般固体废物，按照Ⅰ类一般固体废物处理，排土场所形成的地表水通过径流不会造成农田和地表水系重金属的污染，固废处置措施有效性较好。

7.1.8.2 资源综合利用与清洁生产

（1）清洁生产评价。

根据《煤炭行业清洁生产评价指标体系（试行）》表2、表4，对伊敏露天矿目前的清洁生产情况进行定量和定性评价。在定量和定性评价考核评分的基础上，计算得到企业清洁生产综合评价指数为108，对照《煤炭行业清洁生产评价指标体系（试行）》表5可知，伊敏露天矿三期工程达到了清洁生产先进水平。

（2）清洁生产措施。

为了实现“节能、降耗、减污、增效”的清洁生产目标，伊敏露天矿在生产工艺与装备、资源能源利用、污染物产生与控制、废物回收利用等方面采用的各种清洁生产措施，起到了良好的效果。

①生产工艺与装备。露天矿开采采用以单斗挖掘机采装—自移式破碎机破碎—带式输送机运输—转载机—地面带式输送机等环节组成的半连续工艺为主，单斗—卡车工艺为辅的综合开采工艺。该开采工艺方案充分发挥了煤电企业电价低廉的优势，尽可能地使用电能，减少了燃油的耗量。

②资源能源利用（略）。

③污染物产生与控制（略）。

④废物回收利用（略）。

7.1.9 露天矿后续开发环境影响预测与分析

环境影响后评价的影响预测有别于建设项目前评价，后评价的预测更侧重于影响预测趋势的预测及累积影响的预测，本次后评价主要采用趋势外推法、回归分析法、情景分析法、动态分析法和类比分析法，分别对各环境要求及矿区退役期的影响进行了预测分析。

7.1.9.1 环境空气影响预测

（1）采区四周环境空气影响预测。

露天矿区的厂界无组织排放（颗粒物）执行《大气污染物综合排放标准》（GB 16297—1996），即颗粒物周界外浓度最高点≤1.0 mg/m^3。

采用趋势分析和回归分析相结合的方法估算得到储煤场、排土场、采场TSP浓度，TSP浓度最大值均小于1.0 mg/m^3，其中储煤场扬尘对厂界贡献值为0.03 mg/m^3；排土场扬尘对厂界贡献值为0.09 mg/m^3，采场扬尘对厂界贡献值为0.08 mg/m^3。从预测结果看，露天矿无组织排放源排放的扬尘厂界浓度符合无组织排放大气污染物评价执行标准。

（2）区域环境空气影响预测。

从回顾性分析结果可以看出，自露天矿开采以来，随着开采规模的不断增加，SO_2、NO_2总体变化趋势不明显，TSP浓度呈上升趋势。露天矿开采规模与TSP浓度之间呈现一定的线性关系，线性关系式为$y=1\times10^{-8}x+0.061$。由线性关系式预测2015年区域TSP浓度将达到0.271 mg/m^3，较2010年TSP浓度0.245 mg/m^{3}增加0.026 mg/m^3，符合《环境空气质量标准》（GB 3095—1996）二级标准日均浓度限值要求。

7.1.9.2 地表水环境影响预测

（1）露天矿废水排放预测。

露天矿排水量为 1 470.3 m^3/d，主要为生活污水，主要污染物 COD、石油类。根据二期验收污水库氧化塘水质的监测结果，pH 平均值为 8.6～8.7，COD 日均值为 62～66.75 mg/L，SS 日均值为 42.5～61.75 mg/L，油类日均值为 0.197 5～0.662 5 mg/L。根据《农田灌溉水质标准》，经污水库氧化处理后水的 COD、SS 等均符合农用灌溉用水标准，回用于灌溉不会对植物造成严重危害，也不会加剧该地区土壤的盐碱化程度。三期扩建新增废水量相比二期废水量较小，且水质无大的差别，因此不会对污水库水质造成影响。

（2）伊敏河水环境影响预测。

露天矿三期规划废水不排入伊敏河，矿区距伊敏河直线距离 5.58 km，废水、扬尘对伊敏河水质均不构成影响。因此，伊敏河水质与露天矿煤炭开采并无直接关系，而是与伊敏河沿线排入废水关系密切，随着开采规划的进行，露天矿开采将向一号露天矿的北侧及西北侧发展，距离伊敏河距离将会更远。

三期开采区东南边帮与伊敏河之间存在 F_{10} 隔水断层，根据伊敏河近 40 年水文监测资料也可看出，露天矿开采对伊敏河水量不会造成大的影响。

7.1.9.3 声环境影响预测

（1）露天矿主要噪声源分析。

露天矿开采最大深度 86 m，采煤及剥离以自移式破碎机半连续综合开采工艺为主，单斗卡车工艺为辅。主要噪声源来自采掘场作业的各类大型机械设备及运输车辆，同时作业的设备有单斗挖掘机、破碎机、胶带输送机、运输剥离物的重型卡车。运煤以 108 t 自卸卡车为主，运剥离物以 220 t 自卸卡车为主，噪声强度 92～98 dB（A）。各种设备同时作业的最大工作台数为 28 台。

（2）厂界噪声预测。

根据各期露天矿厂界噪声监测结果，四厂界昼间噪声均满足《工业企业厂界噪声排放标准》3 类标准，2008 年东厂界夜间超标，超标范围为 1.8～2.8 dB。2010 年南厂界和西厂界夜间超标，超过标准分别 1.1 dB 和 3.3 dB，均由施工机械引起。可见，随着露天矿由东北向西北，再向西南的开采顺序，北厂界、西厂界噪声值将增加，南厂界和东厂界噪声值将会有所降低。

（3）装车站噪声预测（略）。

7.1.9.4 地下水影响预测

（1）地下水水质影响预测。

根据现状监测，地下水高锰酸盐指数、氨氮、铁、锰超标，露天矿开采污水经污水库处理后达到《农田灌溉水质标准》，回灌污水库周围草场。随着露天矿开采，地下水漏斗位置发生变化，但由于矿区原生地质环境中铁、锰含量本身较高，后续开发铁、锰超标现象仍会存在。露天矿开发带动了地区经济，随着人民生活水平的提高，城市经济的快速发展，周边生活源所带来的地表水有机污染会加剧，但在处理达标情况下排放，高锰酸盐指数、氨氮超标现象可以得到控制。

（2）地下水水位影响预测分析。

通过对露天矿开采以来地下水位的统计分析，露天矿区域地下水位随着开采时间呈现逐渐下降的趋势，通过地下水水位与相关影响因素分析结果可以看出，地下水水位与煤炭开采量相关性较大，相关性方程是 $y=2\times10^{-6}x+601.99$，$R^2=0.968$，由趋势方程预测 2015 年地下水位将达到 559.99 m，较 2009 年地下水位下降 11.03 m。

（3）地下水影响范围预测分析。

由回顾性分析可知，地下水漏斗影响范围与露天矿开采累积时间关系密切。我们作出了矿区 2007—2010 年地下水漏斗最大直径、最小直径和最低点深点随时间的变化曲线，其中，漏斗最大直径和最小直径随时间逐渐增大，漏斗最大直径随时间的变化曲线为 $y=3\,658.6\ln(x)+6\,798.4$，最小直径随时间的变化曲线为 $y=1\,130.7\ln(x)+7\,313.8$，最低点深度随时间的变化曲线为 $y=0.535x+657.57$，预测 2015 年漏斗最大直径可能达 15 000 m，最小直径约 10 000 m，最低点深度 657.57 m 左右。中心点位置随着采掘面向西移动，漏斗形成区域将会逐渐向北部和西北部移动。

7.1.9.5 生态环境影响预测

（1）土地利用变化趋势预测分析。

露天矿 2011 年达产后组装场、火药库、采场道路等地面生产系统已建成，成为永久工矿用地，采空区面积进一步扩大，扩建西排土场排弃结束后复垦绿化，且随着三采区的开采进行二次剥离回填，扩建西排土场消失，内排土场排弃结束。平台和边坡稳定一年后复垦整地、种植牧草，复垦绿化工作将随着采掘进度进行，采掘进度为年推进度 300 m，至 2015 年共计排弃剥离物 2.2 Mm^3，首先排至西外排土场，西外排土场面积 1.13 km^2，排土场高度按 17 m 计算，可容纳剥离物 19.21 Mm^3，则 2015 年排土地点在西外排土场，排弃高度 2 m，排弃未结束，无复垦绿化。其他土地类型根据历年土地变化步长作最小变化的推测，结合情景分析法可得到至 2015 年的土地利用类型变化见表 7-36。

表 7-36 2015 年土地利用变化

新增占地	面积/hm^2	原土地类型	2015 年土地类型
采场	48	天然草地	工矿用地
排土场	113	天然草地	工矿用地
其他	221	天然草地	林地
	20	天然草地	沙地
	68.9	天然草地	耕地
	61.33	水域	工矿用地
	171.3	天然草地	居民点
	6.15	天然草地	裸地
	26.03	天然草地	盐碱地

（2）植被变化趋势预测分析。

从 2010 年植被类型现状图中可以看出，三采区现有植被类型主要是马蔺+羊草、羊草+大针茅+粗隐子草、碱茅草甸。随着后续开发，植被将会逐渐减少，在对内排土场后续进行植被恢复的情况下，预计人工植被如羊草、冰草、针茅、粗隐子草等和一二年生植被聚群面积将会增加。森林植被如樟子松林、人工油松林和农田植被也将增加。根据土地利用类型的预测及历年植被类型变化，预测 2015 年植被类型见表 7-37，典型草原和低湿地植被面积仍将减少，人工植被面积增加。

表 7-37 2015 年植被类型 单位：hm^2

森林	草甸草原	典型草原	沙地植被	低湿地植被	人工植被	其他
3 797.95	15 188.98	16 512.09	226.33	7 305.58	2 177.12	7 597.35

对于区域内的草场质量来说，由于后续规模的扩大及所占面积的增加，露天矿及排土场植被的恢复要演替至原生植被状态需要的时间较长，受草场面积的减小及周围环境条件的影响，预测区域内的草场质量仍会逐渐下降。

（3）动物种类变化趋势预测分析。

分析动物种类回顾性分析结果可以发现，由于露天矿的开发严重干扰当地动物的生存环境，露天矿周围草场面积、草场质量及气候环境的变化，使得原来以典型草原成分的野生动物种类转变为伴人动物种类，由原来的草原野生动物生态系统转变为现状的人工半人工动物生态系统。随着露天矿的开采及工矿占地规模的不断扩大，原始状态的动物种类逐渐减少，取而代之的是麻雀、家燕等伴人种类和数量的增加。因此可以预测随着后续露天矿的开采，动物种类仍将以伴人种类为主，且数量会逐渐增加。

（4）景观格局变化趋势预测分析。

通过对 1975 年、1990 年、2000 年和 2010 年的伊敏露天矿评价范围内植被类型的回顾性分析结果可以看出，草原景观减少，主要是大针茅草原景观的减少严重，取而代之的人工景观主要是居民点和工矿景观面积增加，而露天矿后续开发的三采区景观现状为低湿地、盐碱地、河渠和坑塘、居民点和工矿、裸地，随着后续开采，低湿地、盐碱地、河渠和坑塘景观面积将会减小，而居民点和工矿、裸地面积将会增加。根据植被类型预测 2015 年景观格局见表 7-38。

表 7-38 2015 年景观格局 单位：hm^2

森林景观	草原景观	沙地景观	农田景观	湿地景观	人工景观	其他景观
4 187.869	31 701.07	1 036.331	1 787.2	7 994.153	4 947.7	1 151.08

（5）排土场生态恢复预测。

排土场生态恢复随时间变化具有演替规律，据生态群落演替规律分析，到 2015 年，西外排土场仍在使用，因此，矿区排土场生态恢复主要是已有排土场植被将进一步演替。根据回顾性分析对排土场现状的调查及其演替规律的分析，预测到 2015 年，沿帮排土场现在以人工种植的沙棘灌丛为主，草本层片以多年生杂类草为主。未来多年生杂类草将演替为多年生根茎禾草。西排土场最北部一二年生植物群聚将演替为多年生杂类草，以黄蒿、灰绿藜、菊叶委陵菜为主导；西排土场最北部往南 1 km 处多年生杂类草将演替为多年生根茎禾草，形成很多羊草斑块和薹草斑块，而且杂类草层片中会出现很多草原伴生种，如草木樨状黄芪、黄蒿、胡枝子等以及一些糙隐子草等丛生小禾草；内排土场顶部平台及西排土场再往南局部的多年生根茎禾草将进一步发展，演替为多年生丛生禾草健群，多年生根茎禾草和丛生小禾草占优势，伴生有多年生杂类草及一二年生杂类草、小禾草。

预计到 2015 年西外排土场和内排土场深挖、高堆的现象会对矿区景观造成影响，但随着内排和土地复垦工程的进行，被开挖、堆置占用的凹陷、隆起景观将恢复到原有地貌，不会对区域景观环境产生影响。

7.1.9.6 土壤环境影响预测

（1）土壤养分和质量。

据回顾性分析结果可知，排土场土壤养分相比原地貌均有所下降，但随着排土年限的增加可逐渐增大。随着露天矿的后续开采，预测到 2015 年，西外排土场、新的内排土场相比原地貌土壤 pH 将增大，由中性变为偏碱性；有机质含量下降，土壤电导率增大，全氮、有效磷、速效钾及碱解氮会低于原地貌。随着排土年限的增加，土壤的有机质、N、P、K 的含量会逐步增加，沿帮排土场和西排土场随着停止排土年限越来越长，排土场土壤化学性质的改良及恢复将会越来越明显，土壤养分状况将逐渐改善。

（2）土壤盐渍化。

达产期随着扩采工程的推进，采掘场采空区回填后土体理化性质及结构发生了根本性变化，疏干排水影响半径内地下水位下降深度大于 3 m，回填区覆盖的表土在没有地下水的作用下不会产生盐渍化现象。到 2015 年，扩建西外排土场在没有植被覆盖的情况下，其堆积的剥离物（主要有土壤、母质、岩石等）在夏季雨水集中季节易被雨水冲刷产生水蚀，使剥离物中所含的钙、镁、钾等盐类物质发生淋溶现象，随地表径流汇集到排土场周围地势低洼地带，经过蒸发作用，使径流汇集区的低洼地带土壤产生盐渍化现象。

（3）土壤沙化。

达产期间易产生沙化的区域为内排土场回填区，为防止回填土体在风化作用下产生沙化现象，对内排土场稳定平台及边坡进行复垦绿化，复垦随着采掘进度进行，边回填边复垦绿化。

（4）土壤侵蚀。

根据回顾性评价分析结果，露天矿以风力侵蚀为主，在进行植被恢复的情况下，微度风力侵蚀会有所减小，随着植被覆盖度的增大，中、重度风力侵蚀也会减小，但预计到 2015 年，因采场和西外排土场、内排土场植被恢复缓慢，仍会有风力侵蚀现象。此外，采掘区边坡易发生沟蚀和重力侵蚀，受采掘场地形影响，其侵蚀产生的水土流失表现为内流失，不会影响周围环境。

7.1.9.7 退役期环境影响预测

开采结束后，现有和扩建的西排土场位于三采区，经二次剥离倒运回填采空区，采场开采结束后，回填区复垦绿化，本工程空气、地表水、噪声污染将结束。

露天矿开采结束后，没有生活污水、疏干水、固体废物及噪声的产生，现有西排土场和拟扩建的外排土场经二次剥离将不复存在，物料全部排至内排土场，内排土场稳定地段由伊敏煤电公司复垦队负责种植人工牧草，恢复原土地使用功能，结束后的露天坑回填及植被恢复工作继续由伊敏煤电公司负责，因此，三期开采结束后采区粉尘污染会随着复垦工作的完成而消失。

退役期采场主要噪声源来自少量的运输卡车及推土机等，运输车辆为 85 t 自卸卡车，噪声强度 93 dB（A）。同时最大工作台数 10～20 台。环境噪声将大幅度降低，预计采场边界噪声可降至 55 dB（A）。环境噪声逐渐恢复原本底值，矿区其他部分功能区声环境也相应地有所恢复。

在露天开采同时以剥离物回填内排土场，并及时通过复垦绿化将恢复地表植被，到露天采掘工程结束，遗留的露天坑仍然将形成区域性较低点。露天开采已扰乱了该区域内的地下水流场，其原有的含水层、隔水层地质构造发生改变，由于该地区地下水水位较浅，疏干工程结束，第三、四系及煤系含水将向露天坑涌入。大气降水及区域地表汇水亦将进入露天坑，三采区末遗留露天坑将逐渐形成水库。经过一段时期后可逐渐形成新的地下水流场分布，露天开采时对区域地下水环境的影响也逐渐减弱直至消失。

根据伊敏矿区总体规划，三号露天矿为一号露天矿的接续矿，因此，一号露天矿开采结束后，已建成的地面生产设施由接续矿继续使用，成为永久工矿用地。

三采区西部境界将遗留一个深 230 m，面积为 3 km^2 的露天坑体，易成为地下水及地表水的汇水区，改变了原有牧草地的使用功能，对区域景观环境产生影响。遗留内排空间土源由接续的三号露天矿提供，三号露天矿紧邻一号露天矿北部边界，排弃运输距离短，设计规模 15.0 Mt/a，2054 年开工建设，服务年限 37 年，可满足回填土源量要求，其回填与复垦绿化工作统一由伊敏煤电公司负责，一号露天矿人员安排在接续矿实现再就业。

一号露天矿退役后没有固体废物产生，排放污水仅为少量生活污水，对周围环境不会产生影响。

7.1.10 环境管理及监测计划执行情况

（略）

7.1.11 社会调查与评价

7.1.11.1 前评价公众参与意见的落实及效果分析

二期、三期环评对周围受影响的公众做了公众参与调查问卷，其中二期环评报告中有 85.1%的公众认为建设和运营期的环保措施很完善，2.1%的公众认为还有所欠缺，问卷调查中，96.8%的公众对项目持支持态度，其余的对项目表示不关心，未对项目本身提出反对意见和额外的建议。三期环评报告中，参与人员在听取了有关拟建项目的工程简介后，有 82%的人认为本建设项目规模、生产工艺及采取的各项环保措施可行，25%的人对设计中的环境保护设备是否能正常运转持怀疑态度，参与人员对露天开采对当地牧业生态环境的影响关注程度较高，所有人员认为，露天开采如不进行土地复垦将对当地空气环境和牧业生产产生影响，并且公众对本项目的环境治理等环保方面提出的建议和要求主要有如下几个方面。

①在扩采的同时注重对当地生态的影响，减少牧民的损失。

②在扩建的同时注意项目疏干对当地居民饮用水源地的影响，避免工程建设影响当地居民的生活用水。

③在建设的同时注重对当地交通道路的改善。

④在闭矿后应继续对采掘废弃地进行土地复垦、绿化措施。

7.1.11.2 本次调查与评价目的

（略）

7.1.11.3 本次调查方式

本次社会调查的主要方式为调查问卷法，本次伊敏后评价公众调查对象分为专业类和普通类。专业类问卷主要调查点呼伦贝尔市环保局、监测站、国土局及鄂温克旗环保局、国土局、发改委；普通类调查点选取采取距离露天矿自近到远的原则，选取奶牛村、永丰队、基建队、伊敏河镇、五牧场、伊敏队等露天矿周围村落。

7.1.11.4 调查结果分析

（1）普通类调查。

普通类调查以评价区群众为主，在调查中发现，距离露天矿较近的居民对于扬尘及草场环境关注较多，永丰队、基建队居民对于地下水问题关注较多，而伊敏河镇和五牧场居民对问题的关注不是很集中，可见由于露天的开采所产生的环境问题对于周围居民的影响也是不一致的，同样居民的关注点也就不同。

（2）专业类调查。

本次专业类调查主要涉及伊敏煤电有限公司的职工、呼伦贝尔市环保局、呼伦贝尔市环科所、呼伦贝尔市环境监测站、呼伦贝尔市国土局、鄂温克自治旗国土局、鄂温克自治旗发改委、鄂温克自治旗环保局、煤电地质队等。由于伊敏煤电有限公司职工与项目直接相关，此次分两类专业调查问卷。

（3）调查结果分析。

调查结果显示，大部分公众认为露天矿自开采以来当地的环境空气和地表水伊敏河水质情况变化不大，地下水水位明显下降，地下水资源减小，草场植被面积减小，草场质量下降；大部分公众都认为露天矿开发为当地的支撑企业，大大推动了当地经济的发展，对于当地居民的生活质量有一定程度的改善，但对当地居民的环境生活质量有所影响，特别是露天矿开采引起的扬尘，大部分公众认为在今后的开采过程中应加强抑尘措施、生态修复措施。另外大部分还是支持露天矿继续开发建设，但也有部分公众认为需有条件支持，少部分并不支持露天矿继续开发，有条件开发和不支持的原因主要是建议降低露天矿的开采强度，保持周边生态平衡，做到可持续发展。

7.1.12 环境保护对策与措施

7.1.12.1 污染治理对策与措施

根据调查，企业已经对露天矿开采的环境影响采取了多项环保措施，有一定成效，但从历史监测数据和对后续开发的预测来看，部分环境问题仍将存在。

（1）大气环境治理。

露天矿大气污染防治措施主要针对 TSP，包括储煤场、破碎站设置抑尘网和喷淋设施，输煤皮带半封闭，转载站、缓冲仓全封闭，道路洒水抑尘，装车站设喷淋设施等措施，以上措施大大缓解了露天矿周围 TSP 的产生。

在后续开发过程中由于露天矿采掘及当地气候的双重作用下，区域的 TSP 浓度仍将会增加，但厂界和区域环境空气质量均符合相关标准要求，根据回顾性分析及现状监测看，TSP浓度受天气影响较大，在大风天气下容易超标，建议制定恶劣天气下的污染防治特殊措施，例如加强大风时采掘场、输煤线路的洒水频率；输煤皮带外围可加设抑尘网；组织人员及时对储煤场抑尘网外散煤、输煤皮带外散煤进行清理；大风天气时，对储煤场、输煤皮带外围散落煤尘进行遮盖；铺设帆布收集煤尘；剥离物用卡车运至排土场，卸料前喷水加湿，在排弃过程中及时推平、压实，稳定地段覆土绿化。

（2）地表水污染治理。

目前为止，露天矿废水经处理达标后全部排入附近的污水库，疏干水排入电厂回用，不外排至伊敏河，污水库采取了防渗措施。露天矿对附近伊敏河水质和水量影响较小，但随着露天矿向北面进一步开采，距离伊敏河越来越近，需要防止露天矿产生的粉尘降落到伊敏河，建设靠近伊敏河一侧厂界外围加设抑尘网。同时，根据水文地质资料，虽然露天矿靠近伊敏河一侧存在地下水断层，但仍存在地下水与地表水产生水力联系的隐患，因此，建议在露天矿靠近伊敏河一侧打围幕以避免对伊敏河水量造成影响。露天矿污水库采取了一定的防渗措施，但随着时间的推移，防渗措施可能破裂或者效果降低，建议在今后的开采过程中加强对污水库废水的处理，尽可能回用，提高污水库废水的资源利用率。

（3）噪声污染治理。

针对噪声污染，企业采煤设备选用低噪声设备，在居住区、行政区、工厂及附属设施区、工业场地、交通道路两侧设置防护林带阻挡采区内噪声的传播。但从回顾性分析结果看，仍存在噪声超标现象，根据预测，后续开采会引起露天矿北厂界和西厂界噪声值增大，评价建议调控好厂界周围噪声源的发生时间和频率，以及采掘场、排土场的运行方式和时间，避免高噪声设备的集中作业，同时对高噪声设备加装消气器；东厂界容易超标是因为距离电厂较近，锅炉间歇排汽所致，建议采用放空消声器降噪。

此外，继续加强露天矿周围绿化措施，优化运煤专线及公路运输运营计划，加强管理，禁止夜间运输、鸣笛等。

（4）地下水污染治理。

通过地下水水质现状监测、回顾性分析，露天开采对地下水水质产生一定的影响，可能会增大地下水中铁、锰含量，地下水水位随着开采规模增大仍会下降，建议加强地下水观测网系统的观测。此外，由于矿区地下水铁、锰超标，人体长期摄入过量的铁和锰，会致使慢性中毒，可采用沙缸过滤的方法进行净化后饮用。

（5）生态恢复治理。

露天矿沿帮排土场已停止使用，植被盖度达到69%。达到设计高度的西排土场、内排土场也进行了土地复垦，草原植被恢复，西排土场植被盖度达到60%。但露天矿植被整体处于恢复演替的初期阶段，随着后续开采，典型草原和低湿地植被面积将继续减小，人工植被面积增大，建议加强典型草原和低湿地植被保护力度；对采掘坑外围增设网围栏措施围封禁牧；大于0.4 m厚的第四系表土单独剥离，单独贮存，用做排土场稳定平台、边坡上的种植土（铺设0.3 m厚）；植被恢复建设采取人工植被营造和植被自然恢复相结合的途径进行，加强排土场植被恢复的管理措施，可利用污水库废水处理达标后浇灌恢复区植被，以增加其成活率；加强排土场场界与原生植被的衔接治理，使其逐渐演替恢复到天然植被生态系统。

露天矿闭矿退役期后，遗留形成的露天采坑按照国家相关要求进行土地复垦，通过土地复垦一方面恢复原有的地表地貌，另一方面对复垦土地进行植被恢复建设。对达到设计标高的台阶，覆盖 0.3 cm 厚的第四系表土，平整覆盖率为 50%，以达到植被恢复条件。

（6）土壤污染治理。

露天矿剥离物主要是煤层顶板以上的砂岩、砂质泥岩、泥岩及第四系层砂，少量煤层夹石，排至内、外排土场。生活垃圾经收集后排入公司生活垃圾填埋厂进行卫生填埋。根据预测分析，露天矿西外排土场在植被恢复初期，地势低洼处易发生土壤盐渍化，内排土场在植被恢复缓慢的情况下易发生风力侵蚀和沙化现象，建议对西外排土场及周边区域进行土地平整，防止矿盐渍化面积扩大，并及时对排土场进行植被恢复。加强内排土场边坡绿化，同时剥离土岩轻度压实状态下具有防渗功能，在内排土场基底压层可作为天然防渗材料铺垫以防止电厂灰渣淋溶液污染地下水。

7.1.12.2 环境管理对策与措施

根据调查，企业建立了以公司总工为领导的三级环境保护管理机构、清洁生产管理机构，制定了各项具体的环保制度和清洁生产保障措施，针对露天矿及电厂的环境监测、环境管理、节能减排、重大污染事故及各个污染因素环节均制定了详细的管理办法、职责和规范等。同时设立了环境监测站，承担露天矿、发电厂及伊敏煤电公司所属各单位的环境监测任务。

通过对环境管理执行情况的分析，企业目前各项环境管理制度基本全面有效地保障了露天矿的环境保护工作，鉴于该项目运营周期较长，为确保企业在后续开发中继续严格执行各项环保制度，建议企业加强施工期环境监理工作，设置二级监理机构，即总监理工程师办公室（简称总监办）和驻地监理工程师办公室（简称驻地办）。总监办配备 1 名总监理工程师，驻地办应根据工程复杂程度配备 1～2 名驻地监理工程师和若干名专业监理工程师。同时，为了确保环境影响的可控、及时发现环境问题，建议企业根据如下监测计划进行日常监测（略）。

此外，根据《环境信息公开办法》（试行），建议企业与当地环境保护管理部门相互配合，定期对区域内的公众进行企业环境信息公开，企业也可自愿通过媒体、互联网等方式，或者通过公布企业年度环境报告的形式向社会公开，积极接受公众的监督。

7.1.13 结论

7.1.13.1 环境回顾性评价结论

（1）生态环境回顾性评价结论。

自露天矿开采以来，评价区域内的草地类型和水域类型逐渐减少，而减少的草地面积部分通过植树造林转化为林地或开垦为耕地，另一部分转变为工矿用地；区域内的草甸草原和典型草原面积自开采以来逐渐减少，森林植被、沙地植被和人工植被增加，且减少的草甸植被分别转向了工矿用地、人工植被和居民点用地，一二年生植物聚群由 1975 年的 19.6 hm^2 到 2010 年的 386.4 hm^2，面积增加了 367.9 hm^2，主要是由于露天矿的开采，对周围排土场及裸地进行植被恢复，由于演替时间的限制，大部分为一二年生植物聚群；樟子松林、人工油松林和农田植被从 1975 年至今同样逐年增加，主要是由于植树造林和开垦耕地所致；由于露天矿的开发严重影响到当地动物生存环境，露天矿周围草场面积、草场质量及气候环境的变化，使得原来以典型草原成分的野生动物种类转变为伴人动物种类，由原来的草原野生动物生态系统转变为现在的人工半人工动物生态系统。原始状态的动物种类逐渐减少，取而代之的为麻雀、家燕等伴人种类和数量增加；草原景观减少，主要是大针茅草原景观的减少严重，取而代之的人工景观主要是居民点和工矿景观面积增加。

（2）地下水环境回顾性评价结论。

伊敏露天矿开采以来，对周围地下水水质影响较小；露天矿开采疏干水的不断排出，严重影响了当地地下水水位，从2000年的598.9 m下降到2009年的571.02 m，近十年的时间下降了 27.7 m。且经分析地下水承压水水位与露天矿开采规模呈现一定的多项式关系，而与当地降雨量无关，露天矿降深与排水量的关系，评价从线性、指数和多项式三种关系对其进行拟合，结果表明，三种关系当中多项式拟合系数最大，为 0.075，但总体关系还是不明显。

（3）大气环境回顾性评价结论。

从建设开始到现在，经过多年的开发和建设，露天矿从 1999 年建成后，规模由开始的5.0 Mt/a（一期）增加到11.0 Mt/a（二期），三期建成后伊敏露天矿最终达到21.0 Mt/a，随开采能力及规模的扩大，采区面积增大，TSP 面源排放量增加，对周围环境的 TSP 有一定的贡献。另外，区域内多风干旱的气候条件，容易起尘，区域内整个草场植被退化，沙化程度增加也对区域内 TSP 浓度的增加有一定的贡献。综合而言，区域内 TSP 浓度的增加是露天矿本身及区域扬尘共同作用的结果。

（4）地表水环境回顾性评价结论。

由于 1999 年后露天矿废水主露天矿内的污水全部排入自设的污水库，不外排，疏干水电厂全部回用，因此，露天矿生产对伊敏河的影响最大的可能为降尘的影响，但因露天矿距离伊敏河直线距离 5.58 km，因此，降尘对伊敏河的影响不大，可见露天矿的开采对伊敏河的水体质量几乎无影响。

（5）声环境回顾性评价结论。

从露天矿开采以来，通过对露天矿厂界噪声的现场监测，厂界四周昼间基本上能满足《工业企业厂界噪声排放标准》3 类标准。2008 年各厂界现状监测值基本上都高于 2003 年，2010 年厂界昼间噪声较 2008 年变化不大，夜间噪声除东厂界外，其余厂界均明显高于 2008 年，南厂界和西厂界夜间噪声出现超标现象。

可见露天矿开采使用机械车辆设备较多，活动频繁，露天矿夜间运煤车次增多会使露天矿厂界噪声有超标现象，且随着开采规模及开采面向东厂界和北厂界推进，采掘场东厂界同时受到采掘机械和电厂噪声的双重影响，在今后的开采中预计仍会出现超标现象，西厂界和北厂界也可能会出现超标现象。

（6）土壤环境回顾性评价结论。

排土场的土壤养分和肥力明显低于排土场建成前，且土壤的有机质、N、P、K 的含量，是随着排土年限的增加而显著增加，随着停止排土年限越来越长，排土场土壤化学性质的改良及恢复将会越来越明显，土壤养分状况逐渐改善。从风力侵蚀模数可以看出三期 2005 年侵蚀模数较 2003 年有所增加，侵蚀模数是表征是土壤侵蚀强度单位，是衡量土壤侵蚀程度的一个量化指标，可见 2005 年露天矿周围的风力土壤侵蚀较 2003 年有加重的趋势。这可能是由于开采规模的不断扩大，采掘面积增加，而水土保持措施的成效需要一段较长的时间才能显现。

露天矿周围土壤盐渍化从开矿初期就已经形成，由于地下水为较高，排水不良，使得矿区湖泊周围、碟形洼地及低平地及伊敏河两岸低阶地出现不同程度的盐分积累，形成土壤盐渍化，随着矿区开采规模的扩大，地下水的疏干，地下水位逐渐降低，湖泊面积减小和消失，矿区周围轻度、中度盐渍化土壤面积反而减小，转变为了露天矿用地，重度盐渍化土壤面积增加，主要可能是露天矿的开采占用了大面积的草场，随着区域内牲畜的增多，对区域内现有的草场的压力增大，再加上人为活动干扰破坏严重，区域内土壤盐渍化程度较严重，而到了 2010 年盐渍化土地总面积相对减小可能是因为工矿用地占用了大量的盐渍化土地，使得其总面积相对减小。

土壤侵蚀和风力侵蚀随着时间段的不同而不同，1975—1990 年 15 年间，各侵蚀类型变化不大，而 1990—2000 年中微度侵蚀、中度侵蚀、极强度侵蚀面积均有所减小，分别减小了 8.6%、1.0%和 0.3%，可能是由于这 10 年间由于露天矿对周围排土场和采掘面采取了植被恢复措施，使得风力侵蚀面积减小。2000—2010 年，风力侵蚀除微度侵蚀有所减小外，其他侵蚀类型均有所增加，其中轻度侵蚀和极强度侵蚀面积增加幅度较大，分别增加了 2.1%和 1.3%，这可能由于露天矿长期开采对周围生态环境造成的累积影响，致使评价范围内的风力侵蚀面积增加。

（7）社会经济回顾性评价结论。

由分析可知，露天矿对鄂温克族自治旗 GDP 贡献率和税收贡献率平均为 72.7%和 55.2%。恩格尔系数基本小于 50%，生活水平以小康和富裕为主。1985—1997 年，露天矿从业人员占全社会总从业人员的比例较高，基本维持在 40%以上，1997 年后比例降低，保持在 20%～30%，这与露天矿生产技术的改进、其他产业如农林牧渔业、批发和零售等产业的发展有关。

（8）环境综合发展趋势评价结论。

矿区各个要素的环境影响具有一定的相关性：由于露天矿开采，占用了大量的草地植被，致使本地的依赖于草地植被为生的野生动物减少；相反由于露天矿的开采，大量人口的搬入，露天的生态重建及当地绿化树种的种植，人工植被有所增加，人工圈养的动物及麻雀、家燕等伴人种类和数量增加；从景观角度来说，此区域仍以草原景观为第一大景观，随着开采规模的扩大，疏干水的不断排出，致使附近湖泊消失，交通用地及排土场等人工景观增加，人工景观取代湿地景观成为此区域的第二大景观类型；另外疏干水的不断排出，致使周围地下水下降，影响到地上植被的生长，草场质量及产量受到影响。可见，露天矿开采不仅仅是对某一要素的影响，生态环境影响是高度相关和综合性的，具有整体性特点。

7.1.13.2 前评价结论验证性评价结论

（1）露天矿对周围生态影响因子中的土地利用、草场植被、动物、湖泊、景观的影响都产生了不利的影响，露天矿开采使得野生动物种类减少，伴人种类增加，周围草原景观变为工矿景观和城镇景观和农菜田景观，草场湖泊用地变为工业用地和居住用地，尤其是对草场植被和湖泊影响最大，造成草场植被面积减小和质量下降，湖泊大面积缩小和消失，而验收结论和实际影响也验证了此方面，与原报告书结论相符，说明原报告书的评价结论基本准确。而对于水土流失和盐渍化问题，各期环评报告预测结论与实际情况不符，实际调查证明露天矿的开采增加周边土壤盐渍化面积，某些地段存在水土流失和风蚀现象。

（2）前评价结论中认为露天矿开采不会引起地下水水质变差，与实际调查不相符，而对于疏干水不断排出会引起区域地下水水位不断下降与实际情况相符，预测结论基本与实际情况相吻合，只是数量上有所差别。

（3）经过对各期大气环境预测评价结论的验证性分析，二期、三期的评价结论基本与实际情况吻合，露天矿开采无组织排放粉尘对矿区内部周围环境影响较重，而对于对周围敏感点的影响，本次后评价无法进行验证。

（4）二期、三期环评对与露天矿厂界噪声的达标预测与其对应的验收监测数据基本吻合，其预测值均在其实际影响范围内，而与现状实际监测结论相差较大，尤其是二期东厂界夜间噪声三期四个厂界夜间噪声低于实际验收监测数据范围和现状监测范围，其原因也可能是预测条件和方法与实际监测条件不一致，且监测环境现状差距较大，另外东厂界受电厂影响较大，也造成了预测结论的偏差。

（5）二期、三期环评结论与实际情况基本相符，而各期环评对地表水均未进行预测，因此无法进行验证，但根据实际情况反映来看，露天矿废水对伊敏河水质影响很小，基本不影响其水质状况。

7.1.13.3 环境保护措施有效性评价结论

（1）目前露天矿大气污染防治措施主要针对 TSP，露天矿通过储煤场、破碎站设置抑尘网和喷淋设施，输煤皮带半封闭，转载站、缓冲仓全封闭，道路洒水抑尘，装车站设喷淋设施等措施，控制露天矿扬尘，以上措施大大缓解了露天矿周围 TSP 的产生，但由于此区域内多风干旱的气候条件，容易起尘，区域内整个草场植被退化，沙化程度增加也造成各区域内的 TSP 浓度的增加有一定的贡献，致使区域内 TSP 的浓度增加，露天矿本身及区域的扬尘共同作用的结果。可见露天矿开采的 TSP 的抑尘措施尚不能完全达到抑尘效果，今后仍需加强。

（2）露天矿废水均排入自设的污水库，不外排，因此露天矿废水对伊敏河影响很小，可见为了保护伊敏河水质，露天矿采取自建污水处理站和污水库的措施有效性较好。

（3）露天矿采取的噪声防治措施尚不能满足需要，有效性较差，采区周围均不能达标。

（4）早期的排土场的植被复垦已取得了明显的效果，植被群落已逐渐演替到稳定状态，从群落植物种类来说与周围天然植被相差不大，但生产力整体上低于天然植被类型，较早的排土场植被生物多样性已经达到周边天然植被的水平，综上所述，伊敏露天矿植被恢复效果从整体上来说是较为明显的，尤其是对于较早恢复的排土场，但与天然植被相比仍存在一定的差距。

（5）根据《一般工业固体废物储存、处置场控制标准》（GB 18599—2001）规定，排土场剥离物属 I 类一般固体废物，可按照 I 类一般固体废物处理，排土场所形成的地表水通过径流不会造成农田和地表水系重金属的污染。因此二期固废处置措施有效。

7.1.13.4 社会调查与评价结论

此次环境影响后评价的社会调查方式采用普通类和专业类问卷调查方案调查对象普

及面广，调查问题比较能体现公众对伊敏露天矿开采以来的环境变化的看法和意见，通过以上调查显示，大部分公众认为露天矿自开采以来当地的环境空气和地表水伊敏河水质情况变化不大，地下水水位明显下降，地下水资源减小，草场植被面积减小，草场质量下降；大部分公众都认为露天矿开发为当地的支撑企业，大大推动了当地经济的发展，对于当地居民的生活质量有一定程度的改善，但对当地居民的环境生活质量有所影响，特别是露天矿开采引起的扬尘，大部分公众认为在今后的开采过程中应加强抑尘措施、生态修复措施。另外大部分还是支持露天矿继续开发建设，但也有部分公众认为需有条件支持，少部分并不支持露天矿继续开发，有条件开发和不支持的原因主要是建议降低露天矿的开采强度，保持周边生态平衡，做到可持续发展。

7.1.13.5　建设项目环境管理制度执行情况

伊敏露天矿在建设开发过程中，从开始建设到后来的改扩建，都认真执行了环境影响评价制度、"三同时"制度、竣工环保验收制度及其他建设项目环境管理制度，对地方环境保护行政主管部门的监督管理也给予了积极的配合。并且伊敏煤电公司内部也制定了各种详细的环境管理制度，并且严格执行各项办法和技术规范，对缓解露天矿开采所带来的环境污染起到了重要的作用。

7.1.13.6　露天矿后续开发环境影响预测分析

（1）污染类环境影响。随着今后露天矿开采规模的扩大且开采面逐渐向北移动，对于露天矿开采引起的粉尘、噪声环境影响在今后的开采过程中仍会存在，且随着开采规模的扩大粉尘产生量会逐渐增加。露天矿采掘面东厂界的噪声超标现象仍然会出现。由于露天矿废水处理达标后排入污水库，疏干水处理后全部回用于电厂，因此，在今后的开采过程中不会对伊敏河水质产生较大影响。

（2）地下水环境影响。露天矿后续开发对地下水水质影响不会很大，但仍将会影响区域的地下水水位，使得水位继续下降，随着后续开采，地下水的漏斗影响位置将会向北部和西北部移动。由于后续开采规模的继续增加，会使地下水漏斗影响范围继续扩大。

（3）生态环境影响。露天矿开采以来占用了大量的原生草原，破坏了当地的草原植被，草场质量下降，原生草地景观受到影响，在今后的开发过程中，仍要占用大量的草原，破坏草原植被，典型草原景观类型面积仍将不断减小，工矿景观及人为景观面积会不断扩大。

（4）土壤环境影响。随着排土年限的增加，土壤的有机质、N、P、K 的含量会逐步增加，沿帮排土场和西排土场随着停止排土年限越来越长，排土场土壤化学性质的改良及恢复将会越为明显，土壤养分状况将逐渐改善。扩建西外排土场在没有植被覆盖的情况下，径流汇集区的低洼地带土壤产生盐渍化现象。此外，因采场和西外排土场、内排土场植被恢复缓慢，仍会有风力侵蚀现象。采掘区边坡易发生沟蚀和重力侵蚀，受采掘场地形影响，其侵蚀产生的水土流失表现为内流失，不会影响周围环境。

7.1.13.7　小结

伊敏露天矿从 1983 年开工到现在已近 29 年，通过回顾分析发现，露天矿在不同时期做了大量污染控制及生态补偿措施，在一定程度上减轻对周边环境的影响，较为有效地控制了污染，减轻了生态影响，有许多成功经验值得总结及其他矿区借鉴，尤其在生态恢复方面成效较明显。

但从整体来看，近 30 年来的开发亦对露天矿环境产生了一定的累积影响，具体问题如下：随着露天矿开采，扬尘有增大趋势，北厂界和西厂界噪声可能增大，但在采取相应的治理措施后环境影响可接受。地下水水位仍会下降，地下水漏斗范围将扩大，另外露天矿东北侧靠近伊敏河，需采取在河边打围幕等措施防止地下水疏干对地表水的影响。露天矿典型草原和低湿地植被面积将减小，人工植被面积增大，植被恢复现状处于群落演替初期阶段，随着时间推移会形成较稳定的植被群落，对新增排土场需及时进行植被恢复，且人工生态恢复时进一步优化植物物种，以便有助于人工植被向自然植被的演替。

7.2　黑岱沟露天矿环境影响后评价研究

7.2.1　项目背景与案例特点

黑岱沟露天矿隶属于神华集团内蒙古准格尔能源有限公司，位于内蒙古自治区鄂尔多斯市准格尔旗薛家湾镇。黑岱沟露天煤矿初步设计由中国统配煤矿总公司和国家能源投资公司于 1989 年 4 月以[89]中煤总基字第 146 号文件批准。项目计划总投资 138 688.05 万元，1999 年建成投产，一期建设规模 12.0 Mt/a，服务年限 115 年；二期工程于 2004 年开工建设，建设规模 20.0 Mt/a，服务年限 66 年，2008 年达到设计产量。

7.2.1.1　案例的自然环境特点

本案例地处黄土高原丘陵沟壑区，原生地表沟壑纵横，冲沟发育呈“V”字形，宏观呈西北高，东南低地形，一般高程为 1 100～1 300 m。由于历史上的大量开发与畜牧业的强度利用，自然植被保留无几，植被稀疏低矮，植物种类比较贫乏，土地趋于沙化，植物种具有荒漠化成分。区域内植被类型单一、群落结构简单，其地带性植被为典型草原，主要建群植物有：小叶锦鸡儿、中间锦鸡儿、百里香、艾蒿、本氏针茅等。植被平均盖度在 25%，最低在 10%，最高在 50%；群落高度多在 10 cm 以下。

区域内水土流失十分严重，水蚀模数为 13 000 t/（km^2·a），自然生态环境恶劣。土壤由古生代、中生代地层及上覆第三纪黏性土、第四纪共生黄土组成。地带性土壤属栗钙土，在河谷阶地和丘间洼地，以及极度侵蚀的沟坡，主要分布有草甸土和粗谷栗钙土。区内土壤养分含量贫乏，但土地资源丰富。

黑岱沟露天煤矿建设即开采活动均要进行地表开挖和地面建设，形成裸露区，因地面无植被，土壤无结构，土壤质地为沙壤—轻壤，在集中降雨的作用下，引起更大程度的土壤侵蚀。

7.2.1.2　案例污染源及污染物特点

二期工程水污染源主要为工业场地生产、生活污水，以及选煤厂的煤泥水。生产、生活污水中主要污染物为 COD、BOD_5、SS、NH_3-N 和少量石油类等；选煤厂煤泥水在厂内循环使用，不外排。

主要环境空气污染为露天开采过程中表层剥离、爆破、铲装、运输、卸载、排土，以及原煤开采、装卸、输送、破碎、筛分产生的粉尘和煤、矸石自燃产生的环境空气污染。

噪声源主要是钻机、吊斗铲作业和卡车运输以及选煤厂筛分破碎机、跳汰机、块煤入料流槽、煤泥脱水筛等。设备噪声源大部分是宽频带的，且多为固定、连续噪声源。运输产生的噪声源主要为线性、间断噪声源。

工程固体废物主要为剥离过程中产生的剥离物及选煤厂产生的矸石、煤泥和工业场地生活垃圾等。

7.2.1.3 案例环境管理的概况

2004 年 7 月 20 日，鄂尔多斯市发展和计划委员会委托煤炭工业西安设计研究院编制《准格尔矿区总体规划》，2006 年 8 月，编制完成《准格尔矿区总体规划（第四版）》。

2007 年，经内蒙古自治区发改委委托，中煤国际工程集团沈阳设计研究院在鄂尔多斯市环境监测中心站、准格尔旗发展和改革局等单位的协助下，于 2007 年 10 月，编制完成《内蒙古自治区鄂尔多斯市准格尔矿区总体规划环境影响报告书》。

黑岱沟露天煤矿原设计能力 12.0 Mt/a，在 1989 年由内蒙古环境科学研究所主持编制《准格尔项目一期工程环境影响报告书——总报告》，黑岱沟露天矿及选煤厂一期工程建设过程中认真执行了“三同时”制度，废水、废气、噪声等污染防治措施与采坑同时设计、同时施工、同时投入运行；2003 年，由内蒙古环境科学研究院编制完成《神华集团准格尔能源有限责任公司黑岱沟露天煤矿吊斗铲倒堆工艺技术改造工程环境影响评价报告书》，黑岱沟露天矿及选煤厂二期工程（煤矿规模 20.0 Mt/a）已经达产，主要环保工程措施正在同步落实，环保设施于 2008 年 4 月通过内蒙古自治区环保局组织验收。

7.2.2 评价范围及等级

根据工程项目的污染源排放情况及挖损和土地占压生态环境影响特征、当地地形地貌、气象条件、居民点分布等，以及《环境影响评价技术导则》中评价等级工作范围的规定，确定本次后评价范围见表 7-39。

表 7-39 环境影响评价范围一览表

环境要素	调查与评价范围
生态环境	矿区范围向外扩 3～5 km
大气环境	采掘场、排土场周围 1 000 m 范围内；运输专用道路两侧 500 m 范围内；储煤场周围 500 m 范围内
地表水环境	评价区内流经河流（点岱沟）起始处各设一个断面
地下水环境	矿区周边居民区饮用水源地（井）
声环境	采掘场、选煤厂及选煤厂东北 2 km 处分布工人新村

该区后评价根据评价项目的性质、规模及所在地区环境特征和环境功能要求，按《环境影响评价技术导则》拟定该项目的环境影响后评价的等级如下：

项目对生态环境扰动范围较大，本次生态环境影响评价级别确定为二级；项目主要环境空气污染物为露天矿区表层剥离、运输、装卸及煤层开采、输送、破碎产生的粉尘，且处于非敏感地区，故环境空气影响评价确定为二级（高于规定一个等级）；项目处于非噪声敏感区，噪声影响评价确定为二级（高于规定一个等级）。

7.2.3 环境现状评价

7.2.3.1 环境空气质量现状评价

采用单因子指数法对 TSP、SO_2、NO_2 进行评价，以《环境空气质量标准》（二级）为评价标准，所有监测点中 SO_2 及 NO_2 日均值均未超标，说明评价区受氮氧化物及硫化物影响轻微；从粉尘浓度监测结果看，工业场地及周围监测点粉尘浓度明显偏高，TSP 及 PM_{10} 出现不同程度的超标，超标率达到了 100%。其中尤以选煤厂粉尘超标严重，TSP 最大超标 1.427 倍。处于办公区的矿本部由于其监测点距离工业场地较远，TSP 超标较轻，其粉尘浓度明显低于工业场地及周围监测点，但也达到了 0.560 倍。相对于 TSP，PM_{10} 的超标程度较小，最人超标倍数均在 1 以内。

后评价认为煤矿工业场地扬尘对周边的影响相对较大，是粉尘浓度超标的主要原因。

7.2.3.2 地表水环境质量现状评价

根据《地表水环境质量标准》（GB 3838—2002）中的III类水体水质标准，黑岱沟地表水 2 个监测断面现状监测数据中，各项目均不超标。

7.2.3.3 地下水环境质量现状评价

后评价沿黑岱沟在居民水源井设置 3 个具有代表性浅层地下水水质监测点，监测内容为 pH、色度、Cr^{6+}、F^-、Pb、浊度等常规监测项目。

地下水监测结果表明：黄家梁村水井及阳湾村水井监测点各监测项目均满足《地下水水质标准》（GB/T 14848—93）中III类标准，因此评价认为矿区周围浅层地下水水质未受到污染。

7.2.3.4 噪声环境质量现状评价

由于采掘场、排土场地域开阔，其他噪声源较为分散，且工业场地周围无居民、野生动物栖息地等环境敏感点，运行期的噪声不会对周围环境造成影响，因此本次后评价仅对噪声相对较集中的采掘场边缘等作为噪声监测点。

就工业场地、选煤厂及矿本部周围敏感点噪声监测结果看，如果厂界噪声执行原标准——《工业企业厂界噪声标准》（GB 12347—90）中的III类标准，即昼间 65 dB，夜间 55 dB。根据监测结果可知：仅有一个测点夜间（2010-11-18）超标 0.3 dB，露天矿（含选煤厂）其余各监测点噪声昼、夜间均不超标。

但如果按照《声环境质量标准》（GB 3096—2008）乡村噪声环境功能确定的原则，煤矿工业场地和选煤厂周围因工业活动较多，也可执行II类噪声标准。如果执行II类噪声标准，工业场地周围的夜间均超标率达 50%。

场内公路、铁路专用线沿线三个敏感点中，有一个测点夜间超标 0.3 dB，其余的两个监测点噪声均满足《声环境质量标准》（GB 3096—2008）4A 类标准要求。

7.2.3.5 土壤环境状况评价

排土场土壤营养状况与附近原地貌土壤营养状况相比差异较大，各排土场土壤（除倒蒜沟排土场之外）的有机质、全氮含量均明显低于原地貌土壤有机质及全氮含量；各排土场土壤中全磷的含量均不同程度高于原地貌土壤中全磷的含量，但差异不明显；全钾的含量在各种土壤中差别不明显。在速效养分方面，原地貌土壤中水解性氮最高，各排土场随着复垦时间的增加，其土壤中的水解性氮含量增加；有效磷的变化规律与水解氮的恰恰相反，呈现各排土场有效磷含量均高于原地貌土壤有效磷的含量，且变化明显，部分排土场的有效磷含量竟达到原地貌的 4 倍之多；速效钾的含量变化规律呈现：刚复垦排土场土壤速效钾含量＜原地貌土壤速效钾含量＜复垦多年排土场土壤速效钾含量。

土壤重金属含量均满足《土壤环境质量标准》（GB 15618—1995）二级标准。8#监测点阴湾排土场一些重金属（镉、砷、铅、铜、锌、镍）指标浓度略高于其他监测点，可能是受到矸石淋溶的影响。但可以肯定的是排矸场周围土壤环境质量受矸石淋溶污染影响轻微。

评价区土壤全钾及速钾含量均属于中高等水平，这是由于黄土矿物中，长石、云母及主要黏土矿物伊利石、高岭石中都含有丰富的钾，因此，评价区土壤钾含量丰富，而其他土壤养分很低，大都处于很低和低水平。

7.2.3.6 生态环境现状评价

后评价的工作任务是通过后评价的现状调查和煤矿开发前的现状相比较来分析煤矿开发后对生态环境的影响。

评价内容包括生态系统完整性、植被状况、土壤侵蚀、土地利用、景观生态等。

（1）生态系统完整性评价。

后评价中对生态完整性维护现状的调查与分析主要从评价区复垦地人工系统的生产能力和抗御内外干扰的能力两方面分析。

评价区自然系统植被净生产能力在 0.33～1.99 g/（$m^2 \cdot d$）。根据奥德姆（Odum，1959）将地球上生态系统按照生产力的高低划分的四个等级，依此衡量，自然系统生态系统本底的生产力处于最低或较低水平。因此具有较低的恢复稳定性，这说明区域本底的恢复稳定性是比较低的。

评价区植被类型生产力平均背景值约为 706.16 g/（$m^2 \cdot a$）[1.962 g/（$m^2 \cdot d$）]，已经较接近该地的本底值[0.33～1.99 g/（$m^2 \cdot d$）]的上限值，这说明评价区植被经过生态修复已经处于良性循环中，评价区生态环境质量有明显的改善。根据奥德姆等级划分给出的几个量纲，该生态系统第一性生产力承载力的生态安全阈值为 182.5 g/（$m^2 \cdot a$），目前，评价区周边植被生产力的背景值距 182.5 g/（$m^2 \cdot a$）较远，所以还具有一定的生态承载力。

但背景值 706.16 g/（$m^2 \cdot a$）的生产力水平是一个平均数，其中只有背景值较大的人工经济林、牧草、农田及草、乔、灌景观植物可以超过本底值[0.33～1.99 g/（$m^2 \cdot d$）]的上限值，而生产力降低幅度较大的灌草地、裸地等如在本区扩大，则区域荒漠化进程会加快，直至变为荒漠生态系统。

值得注意的是评价区作为煤炭资源生产区域，区域周围的植被类型直接关系到基地的环境质量和可持续发展前景，当前要做的工作是必须大力抚育植被，尽快增大评价区及周边自然、人工生态系统的净第一性生产力，使之最大限度地接近、超过本底的生产能力，只有如此，才能改善区域生态环境质量，实现可持续发展。

根据以上计算结果表明，黑岱沟矿区的生态系统功能已经基本恢复，应在此基础上加强生态系统的保护，尤其是生产者的抚育管理，使其更加完善发展。

（2）植被现状评价。

区域内植物调查统计有 368 种，其中有乔木 19 种，灌木 22 种，半灌木 10 种，藤本 7 种，寄生植物 2 种，一二年生草本 128 种，多年生草本 180 种。在 60 个科中，以菊科为最多，有 58 种，其次是豆科 45 种和禾本科 42 种，含 15 种以上的科还有藜科（21 种）、蔷薇科（19 种）和百合科（16 种），这六科植物占全部植物总数的 54.6%，可见在该区植物区系中的重要作用。

评价区区域地处暖温型典型草原带，地带性植被类型为典型草原植被。在项目评价区，由于人类垦殖活动历史悠久，土壤侵蚀相当严重，自然植被几乎破坏无遗，只有在黄土丘陵区坡度较大的坡顶或侵蚀沟壑内残存着少量自然植被（典型草原植被）的痕迹，广大的区域为农业生产所占据。同时受非地带性生态环境条件的影响，尚分布有沙地植被和低湿地草甸植被。

（3）土壤侵蚀现状评价。

评价区土壤水蚀总量 3 053 567.21～4 419 209.86 t/a，土壤风蚀量为 16 113.24～32 226.48 t/a，土壤侵蚀总量为 3 053 567.21～4 419 209.86 t/a，平均水蚀模数 4 783.15～6 908.28 t/（km^2·a），属于中—强度侵蚀。本评价区属于以黄土为主小流域，而该流域允许侵蚀量为 2 800～5 100 t/（km^2·a）。目前评价区大部分区域侵蚀量超出流域允许侵蚀量。

（4）土地利用现状评价。

①耕地景观：20 世纪 80 年代末黑岱沟矿区建设以来，区域耕地面积逐年减少。目前耕地面积为 13 002.40 hm^2，占评价区总面积的 20.48%。

②林地景观：林地景观分布于评价区内的居民区周边、道路两侧及排土场复垦地，且绝大多数人工林。多年来矿区积极开展生态建设，种植了大量的人工林，因此林地面积相对增加，该类型面积 1 082.57 hm^2，占整个评价区的 1.70%。

③草原（地）景观：评价区内的自然草原已所剩无几，仅在人类干扰较少的坡地分布，矿区排土场复垦中种植了大面积的各类牧草，因而草地的面积有所增加，面积达 38 550.76 hm^2，占评价区面积的 60.71%。

④工矿、仓储用地：伴随着露天矿的开发建设，评价区内工矿、仓储用地面积显著增加，为 6 385.04 hm^2，占评价区面积的 10.06%。

⑤住宅用地：露天矿开发过程中大量的居民住宅用地被用作工业用地，目前评价区内住宅用地面积为 2 172.02 hm^2，占评价区面积的 3.42%。

⑥水域及水利设施用地：评价区属于黄河流域，过境河流为黄河和一些季节性河流，矿区开采以来为了保证矿区生产、生活及生态建设用水，兴建了大量的水利设施，而使评价区内水域及水利设施用地面积有所增加，为 1 023.99 hm^2，占整个评价区的 1.61%。

⑦其他土地：其他土地包括沼泽地及裸地，所占比例为 2.03%，面积为 1 286.484 hm^2。

（5）景观生态格局现状调查与评价。对景观生态的影响，包括对自然景观、农业景观、人工建筑景观和城市景观等的影响。

①景观要素的空间分布特征。

评价区共有 3 300 个各类斑块，分布于耕地、林地、草地、工矿仓储用地、住宅用地、水域及水利设施用地、沙地、湿地及裸地 9 种景观类型中。其中，草地斑块数最多，共计 1 963 个，占斑块总数的 59.48%；耕地斑块数为 1 001 个，占斑块总数的 30.33%。其余斑块数依次是人工景观（141 个）、林地景观（106 个）、其他景观（37 个）、沙地景观（32 个）及湿地景观（20 个）。

各斑块平均面积对比结果表明，住宅用地斑块数较少，但平均斑块面积最大，为 60.69 hm^2；而斑块数最多的草地，由于人为分割严重，平均斑块面积较小，为 19.55 hm^2；耕地、林地景观的平均斑块面积也较小，为 12.99 hm^2 和 10.21 hm^2，这表明原地貌的耕地和林地、草地景观斑块比较破碎。

②各景观类型结构变化特征。

破碎度分析表明：各景观破碎度大致可以分为三类，破碎度较大一类，包括林地、草地、裸地、耕地；破碎度较小一类，包括水域及水利设施用地、工矿仓储用地、住宅用地；破碎度居中一类，包括沙地、湿地。显而易见，由于人为干扰导致林地、草地、耕地或被破坏或被人为分割，造成破碎度增加；而三者退化后形成了裸地，这是裸地破碎度增加的主要原因。

沙地、湿地的破碎度居中，表明沙地及湿地景观类型单一，分布较为集中，斑块较为完整。

分离度分析结果表明：各景观类型中湿地的分离度最大，其次是裸地，这说明湿地消失或退化，变为裸地，从而对湿地起到了一定的分割作用，增加了裸地的数量，加剧了这两种景观类型的分散程度。分离度最小的是草地，斑块数量也最多，主要是因为自然或人为破坏，使天然草地毁坏，使原本成片、大面积分布的草地被分割且面积逐步减少。

优势度分析结果表明：草地的优势度最高，为 7.715 3；其次为耕地，优势度为 6.457 1；林地和工矿仓储用地的优势度分别为 4.528 6 和 4.660 3，两者差异不明显；景观中对生态系统不利的沙地及裸地景观的优势度均较低，分别为 2.606 2 和 3.223 5。

总体而言，对生态环境有利的斑块（即总绿地），如乔木林、灌丛草地等斑块，分离度均相对较低，这些斑块的连通程度较好。由以上分析可以认定，林地、草地和灌丛斑块是黑岱沟露天矿矿区的主要景观类型。

7.2.4 环境影响回顾性评价

7.2.4.1 大气环境影响回顾性评价

大气环境影响回顾性评价将根据历次环境影响评价监测数据，煤矿历年例行监测数据，分析煤矿周围环境空气质量变化趋势，并分析造成环境空气质量变化的主要原因及其与煤矿的相关性，同时分析本煤矿开发对周围环境空气质量的影响程度。2003 年环评中对黑岱沟矿及其附近敏感点进行了环境空气监测，监测因子为 SO_2、NO_2 和 TSP。2010 年，后评价以露天储煤场、选煤厂和露天采坑为源强。本评价对 1989 年、2003 年和 2010 年三次评价环境空气质量监测数据进行必要的统计汇总。

煤矿从开发至今，SO_2、NO_x 和 TSP 浓度整体呈现上升趋势，TSP 上升趋势比较明显，已经从开发前的不超标到目前的 100%超标；SO_2 及 NO_x 的上升趋势较弱，到目前为止 SO_2、NO_x 多日均值仍远低于二级标准限值。

当然，由于环境影响评价监测数据时间跨度很大，监测点位空间位置也不完全一致，监测分析方法也有变化，因此通过对不同时期的监测数据进行比较分析得出的结果应该有一定的偏差，但总体上讲，还是能够反映出工业场地周边区域环境空气质量的变化趋势。

7.2.4.2 地表水环境影响回顾性评价

评价根据历次环境影响评价监测数据和本次后评价监测数据，分析矿区直接影响范围内河流水质变化趋势，并进一步分析本煤矿排水与河流水质变化的相关性。

在 1989 年的一期环评中在龙王沟布设 4 个监测断面，黑岱沟布设 5 个监测断面，在黄河进入评价区、评价区内和出评价区布设 3 个监测断面。后评价（2010 年）在黄河的二级支流——黑岱沟设置两个监测点，分别为黑岱沟进入评价区和黑岱沟出评价区。

评价根据上述监测数据选择具有可比性的氨氮、BOD_5 和 COD 三项指标进行汇总整理。

1989 年氮的含量测定是凯氏氮含量，凯氏氮包括水体中有机氮及潜在氨氮的总和，而 2003 年及 2010 年测定的是氨氮的含量，由于测定内容不同故该指标趋势变化不能确定。仅就 2003 年及 2010 年数据进行分析。

煤矿建设开发期间部分水质指标发生了明显变化，2003—2010 年区域内水质整体变差，主要表现在氨氮、BOD_5 和 COD 指标浓度上升较高。但从上下游的水质对比分析，下游水质并不明显比上游水质差，说明区域水质变差主要是因为整个区域经济的发展导致更多的废水排入地表水体所致。

7.2.4.3 地下水环境影响回顾性评价

最初评价区居民多饮用露头泉和旱井水，故在《准格尔项目一期工程环境影响报告书——总报告》（1989 年环评）编制期间对当时在矿区附近农村水源井进行了采样分析。本次后评价（2010 年）沿黑岱沟区居民区的水井布设 3 个监测位点。

1989 年各项监测结果符合深井的各项指标规定，而浅水井的总大肠菌群数及细菌总数均超过《生活饮用水标准》（GB 5479—85）指标，最大超标倍数分别达到 60 倍和 3.8 倍。

2010 年地下水监测结果表明：黄家梁村水井及阳湾村水井监测点各监测项目均满足《地下水水质标准》（GB/T 14848—93）中III类标准因此评价认为矿区周围浅层地下水水质未受到污染。

从 2010 年监测结果还可以看出，矿区周围的浅层地下水水质，除了总大肠菌群数外，其他指标均满足现行的《生活饮用水卫生标准》（GB 5749—2006）的要求，水质总体来说是比较好的。总大肠菌群数超标主要因受生活面源影响所致。两次监测数据没有明显的恶化趋势，煤矿开发未对周围水质有明显的影响。

7.2.4.4 噪声影响回顾性评价

评价区 1989 年、2003 年和 2010 年三次评价声环境监测数据进行统计汇总，汇总结果见表 7-40。

表 7-40 黑岱沟矿工业场地周围声环境状况变化情况 单位：dB

项目	1989 年		2003 年		2010 年	
	昼间	夜间	昼间	夜间	昼间	夜间
厂界噪声	44	43	54	51	54	50
交通沿线噪声	61	55	—	—	55	51
居住区噪声	39	35	—	—	53	52

由趋势分析可见，厂界噪声及居住区噪声，呈现升高的趋势，这主要由于生产规模扩大、人口及机动车辆的增加而产生的噪声；交通沿线噪声则呈现下降趋势，这主要由于煤炭外运及内运系统的改善。

7.2.4.5 土壤环境影响回顾性评价

1989 年和 2010 年两次土壤质量监测结果全部满足《土壤环境质量标准》（GB 15618—

1995）二级标准要求。将两次监测结果进行比较，Cu、Pb、Hg、As 及 Cr 有明显的变化规律，1989 年原地貌土壤各重金属监测数据均高于 2010 年原地貌和各排土场土壤各重金属监测数据；Zn、Cd 指标监测结果较为接近，2010 年的监测 Zn 指标明显偏高。

7.2.4.6 生态环境影响回顾性评价

利用历史上 1989 年、2000 年及 2010 年三个时期的卫星图片解译和现场实地调查的结果，在类比调查与分析的基础上，对矿区开发不同阶段矿区植被、土壤侵蚀、土地利用及景观等的演变趋势进行回顾性分析与评价。

从组成评价区草地植被的种类来看，本氏针茅、糙隐子草等特征物种已被百里香、冷蒿、阿尔泰狗哇花等一些旱生、耐旱生物种代替或压制，从物种组成分析说明本区处于中度—强度退化的阶段；从组成评价区沙地植被的种类来看，油蒿等特征物种在不同区域分布特征有差异，有的为优势种，牛皮消、牛心朴子、沙米等为伴生种；有的牛皮消、牛心朴子、沙米、沙蓬等一些旱生、耐旱生物种代替或压制，从物种组成分析说明本区处于中度—轻度阶段。沙地类型为半固定—固定沙地。

评价区人工植被的变化趋势与草原植被变化趋势相似，即斑块数呈增加趋势，而面积则大幅减少。人工植被中人工针叶林与人工阔叶林斑块数呈增加趋势，而面积也相应增加；农田的斑块数呈增加趋势，而面积减少，说明评价区内农田受人为分割或占用严重。

7.2.4.7 土壤侵蚀影响回顾性评价

该区地表自然植被覆盖度普遍较低，降水变率大，土地经营粗放，加之黄土基质，孕育了非常广泛而严重的土壤侵蚀过程。评价区的土壤侵蚀主要是水力侵蚀，除了一些局部区域有风蚀外，几乎遍及全评价区，而且非常严重。

从各侵蚀类型的侵蚀斑块数来看，各斑块数呈增加趋势；而从各类型的面积来看轻度、中度、强度及极强度侵蚀的面积数减少，但微度和剧烈侵蚀区面积增加，尤其是剧烈侵蚀区面积大幅度增加，由 1989 年的 93.24 hm^2 增加到 2010 年的 8 651.119 hm^2，达到 93 倍之多。从评价区侵蚀总量来看，处于增加趋势，由 1989 年的 2 075 478.59～2 461 368.64 t/a，增加到 3 037 453.97～4 386 983.38 t/a。

评价区风蚀危害正在逐年降低，斑块数及面积数在 2000 年时有略微增加，而在 2010 年风蚀面积减少，风蚀量也减少，由 1989 年的 19 279.35～38 558.7 t/a 减少到 2010 年的 16 113.24～32 226.48 t/a。

7.2.4.8 土地利用变化回顾性评价

从以上斑块数及面积调查数据分析，耕地、林地、草地、工矿仓储用地、住宅用地及其他土地斑块数均在增加，而耕地、草地面积则大幅度减少；工矿仓储用地和住宅用地急剧增加，工矿仓储用地从 1989 年的 3.124 hm^2 增加到 2010 年的 6 385.03 hm^2；住宅用地从 1989 年的 37.85 hm^2 增加到 2010 年的 2 172.015 hm^2。

从评价区土地动态变化分析可以看出，黑岱沟矿区建成后，生态环境将发生很大的变化，相当一部分耕地被工矿、仓储用地所替代，对生态环境影响较大。

7.2.4.9 景观影响回顾性评价

在 1989 年、2000 年及 2010 年各年度间斑块数、面积及平均斑块面积均呈现增加趋势，其中阔叶林的增加较为明显，这与多年来评价区范围内大力绿化有极大关系。1987—2010 年林地增加 815.31 hm^2。

草原景观的斑块数在增加，而面积及平均斑块面积正在逐年减少，矿区用地及快速的城市化进程大大压缩了草原景观空间，而使评价区内的草原景观更趋于破碎化；20 年间属于景观植被的本氏针茅草原减少面积达 3 093.08 hm^2，平均斑块面积减少 9.03 hm^2。评价区草原面积减少 6 062.54 hm^2。

沙地景观呈现半固定沙地向固定沙地转化的趋势。期间，半固定沙地的面积以及平均斑块面积均减小，而与此同时固定沙地的斑块数、面积及平均斑块面积都在增加。评价区沙地面积减少 140.72 hm^2。

农田景观的斑块数在增加及面积都在减少而平均斑块面积，同样是由于矿区用地以及城市建设用地增加而使大量农田失去耕作功能。20 多年来，评价区内耕地面积减少 3 309.22 hm^2，达到评价区原有耕地（1989 年）的 20.29%。

湿地景观中的河流、坑塘景观斑块数及面积在减少，平均斑块面积增加，说明河流、坑塘的破碎化程度在降低；低湿地的斑块数、面积及平均斑块面积都增加，但增加的幅度有限，斑块数增加 1，面积增加 26.87 hm^2。评价区湿地面积减少 238.61 hm^2。

目前，评价区人工景观的斑块数、面积及平均斑块面积都大幅增加，与 1989 年各项数据相比，斑块数达到 10.85 倍，面积达到 192.99 倍，平均斑块面积达到 17.80 倍，且主要集中于工矿用地的增加。期间，评价区人工景观面积增加 8 512.71 hm^2。

其他景观中的裸地变化较为显著，1989—2010 年，由于自然、人为等多方面的原因，而使评价区内裸地面积增加，由 0 增加到 281.37 hm^2，主要由撂荒地、矿业废弃地及新近到位的排土场构成。期间，评价区其他景观面积增加 423.08 hm^2。

7.2.5　验证性评价

通过对煤矿开采对各环境要素的实际影响的回顾性评价结论与项目原环境影响评价结论之间的差异，对项目环境影响报告书在生态环境质量、大气环境质量、地表水环境质量、声环境质量等方面的预测方法和预测结论的有效性、可靠性进行分析论证。

1989 年环评及 2003 年环评中关于污染类方面的环境影响评价均是针对黑岱沟露天煤矿造成的污染影响。但由于 1989 年至今已时隔二十多年，1989 年针对的项目状况与 2003 年及 2010 年均有很大的差异，而 2003 年和 2010 年针对项目规模状况一致，具有可比性，故验证性分析主要针对 2003 年各环境因子预测与 2010 年的现状监测进行验证性分析。

7.2.5.1　大气环境影响评价结论的验证评价

煤矿项目工业场地锅炉规模较小，大气环境影响程度和范围也较小；从评价等级来看，一般达不到三级评价，因此采用高成本的示踪法进行验证分析意义不大。一般情况可以通过项目实施后再次进行大气环境质量监测的方法，对比监测结果和预测结果在数量级上的差异，来对预测结果进行简单的验证分析。

对煤矿项目来说，锅炉废气的影响预测往往仅进行了下风向最大浓度预测，很少预测对关心点的影响，也很少进行日均浓度预测，再加上预测时采用的气象条件的多变性，因此即使通过监测结果对预测结果进行验证分析，也有较大的难度，同时误差也很大，很难得出可靠的结论。

因为存在上述问题和难度，本次后评价确定采用将现场监测结果与预测分析结果进行简单对比方法，从数量级上选取具有可比性的项目分析预测结果的可靠性和准确性，分析以前环评采用的预测分析方法的合理性。

历次环评中，2003 年和本次后评价进行了 SO_2 小时浓度监测，这两次监测的 SO_2 最大小时浓度比预测的 SO_2 最大预测浓度低。本次后评价认为这是正常的，因为最大落地浓度出现的条件较为苛刻，监测点与最大浓度落地点一般难以吻合。但从监测数据的数量级看，煤矿周围 SO_2 小时浓度受锅炉排放废气影响相对较小，与环评得出的 SO_2 预测结果不超标的结论基本是吻合的。

7.2.5.2 地表水环境影响评价的验证评价

1989 年环评的结论为，经治理后的排放污废水中的污染物浓度符合国家《污水综合排放标准》（GB 8978—88）二级标准要求，各污染物浓度与龙王沟水混合后接近本底水平。预测结果表明黑岱沟矿所排放的污染物在龙王沟段能稀释降解，因此对黄河不会产生影响。

目前，项目生产及生活污水已实现零排放。露天矿及选煤厂改扩建工程实施后，各监测断面 COD、BOD_5 和 NH_3-N 浓度均得到很大的削减，且均能满足《地表水环境质量标准》（GB 3838—2002）中Ⅳ类水体水质要求。由此可见，本项目的实施将减少企业污废水外排量，降低污染物排放浓度，改善龙王沟及混合现有水质。

7.2.5.3 噪声环境影响评价结论的验证评价

1989 年环评工业场地边界点噪声预测中预测的是环境噪声，就是将工业场地新增声源噪声与本底噪声的叠加值，没有预测工业场地厂界噪声。由于当时煤矿正在建设过程中，可能因受到施工噪声的影响，监测的本底噪声值明显偏高，这就决定了 1989 年环评预测的工业场地边界点环境噪声也明显偏高，不能反映工业场地厂界噪声的真实影响情况。

从 2003 年煤矿改扩建环评对工业场地厂界处环境噪声监测值可看出，厂界噪声明显低于 1989 年环评预测值。两次监测数据偏差不大，基本上能够反映煤矿工业场地厂界噪声影响情况。

预测结果与实测数据差异较大并非预测方法和模式的问题，主要是因为 1989 年环评噪声预测中采用的噪声本底值不合适，煤矿在建设过程中肯定会受到施工噪声的影响，在这种情况下不能直接采用工业场地噪声监测值作为本底噪声，而应该剔除施工噪声的影响，从周边不受施工噪声影响的区域获取噪声本底值，这样才能保证噪声预测结果更可靠。

7.2.5.4 生态环境影响评价验证评价

1989 年环评中对于生态环境的影响预测主要集中于对地质、地貌的影响预测、对小气候的影响预测、对植物群落的影响预测、对野生动物的影响预测、对复垦地植被自然演替的预测、大气污染对植被影响的预测、剥离物对土壤污染的预测及评价区产沙量（水土流失）预测等，而且大都局限于定性的描述。

由于不同的时期生态环境的研究重点有所侧重，故在 2003 年环评中生态环境影响预测集中于植被影响预测、生态完整性影响预测及土壤侵蚀影响预测等。此次后评价仅就两次环评中共有的内容进行验证性分析，即植被影响预测、土壤侵蚀影响预测等。

评价区内无论是草群生物量，还是草群盖度和高度，矿区生态建设后均要比自然植被高出许多，其中草本植物生物量提高 1.7～2 倍，高度增加 13～60 cm，覆盖度提高 20%～

30%，说明植被建设后，矿区的生态环境极大地得到了改善。

当植被盖度增高时，土壤侵蚀量明显减少。根据在一期工程所进行的试验，在试验区内排土场植被盖度为 80%，土壤侵蚀量为 467 t/（km^2·a），而对照区植被盖度不足 1%，土壤侵蚀量为 9 335 t/（km^2·a），降低了 20 倍，基本上消除了水土流失。

由以上分析可看出：项目正常运行后环境质量等级没有改变，预测结果与实际监测数据在误差范围内基本一致，说明预测模型较准确，环保设施运行良好；后评价结果与原环境影响报告书的主要结论总体上一致，原环境影响报告的结论基本正确。

7.2.6　有效性评价

通过达标排放和总量达标分析以及污染治理设施运行情况的调查分析，论证煤矿采取的污染治理措施的有效性、可靠性及技术经济可行性；通过对煤矿在矿区生态恢复和重建方面采取措施的效果的评价，论证煤矿采取的生态恢复与重建措施的有效性、合理性。

7.2.6.1　大气污染防治措施有效性评价

采掘工作面发生自燃时，利用消防水车进行扑灭，进入排土场的煤矸石利用剥离物及时掩埋处置。目前，采掘、运输、排土作业时产生的粉尘采用洒水车洒水抑尘；筛分破碎站、露天储煤场安装防风抑尘网；原煤落煤点辅助洒水除尘；皮带输送机、转载站均以完全实现置于封闭建筑内。排土场按环评要求及时绿化和植被恢复。

7.2.6.2　地表水污染防治措施有效性评价

黑岱沟露天矿所在区域地下水位埋藏较深，矿坑无疏干水和矿坑涌水。工程利用矿区原有生活污水处理厂，处理后的生活污水满足《污水综合排放标准》（GB 8978—1996）中的一级标准后外排。2008 年 8 月污水处理厂改扩建完成，处理后的生活污水全部回用于国华准能三期电厂。煤泥水实现闭路循环。

7.2.6.3　噪声污染防治措施有效性评价

针对运行期噪声污染源，黑岱沟露天煤矿按照环评和设计要求进行噪声污染防治。在总体布置上，居住区和办公室远离采掘场；在引进设备时，选择低噪声设备；为筛分破碎设备装了缓冲台阶；为工人佩戴耳塞耳罩等；在工业场地及建筑物周围种植了隔声林带。

厂界噪声执行《工业企业厂界噪声标准》（GB 12347—90）中的Ⅲ类标准，即昼间 65 dB，夜间 55 dB。根据监测结果可知：除 5#测点夜间超标 0.3 dB 外，露天矿（含选煤厂）其余各监测点噪声昼、夜间均不超标。5#监测点监测期间主要受剥离工作机械的影响昼夜间的噪声值较其他测点偏高，超标厂界外 2 km 范围内无任何居民，厂界噪声超标对周围没有影响。

7.2.7　改进方案

针对以上分析中出现的问题应实施以下改进方案。

7.2.7.1　环境空气污染治理改进方案

针对运行期大气污染源，建设单位按照环评和设计要求对污染防治措施落实较到位。对采掘场、排土场和运输道路采取洒水、清扫等抑尘措施；原煤、精煤机矸石的储存采用圆筒仓，并在原煤落煤点设有湿式除尘器；筛分破碎车间设有机械通风除尘设备；带式输送机 2008 年年底前全部实现封闭；对露天储煤场、筛分破碎站设置防风抑尘网；煤矸石用黄土及时掩埋处置；对排土场采取碾压措施；建筑物周围空地实施了绿化。

无组织排放监测结果表明：露天储煤场和露天采坑排放的颗粒物的排放浓度均满足《煤炭工业污染物排放标准》（GB 20426—2006）中的规定。建议加强日常管理，认真落实各环节降尘措施。

从工业场地附近 TSP 浓度监测结果看，超标较为严重，且明显高出距离工业场地较远的其他监测点，粉尘影响严重的原因主要是煤矿在环境管理方面存在一定问题，应该从管理上下工夫，保证对粉尘无组织排放采取及时有效的治理措施。

7.2.7.2 水污染治理改进方案

黑岱沟露天矿所在区域地下水位埋藏较深，矿坑无疏干水和矿坑涌水。二期工程利用矿区原有生活污水处理厂（现正在实施改扩建），处理后的生活污水满足《污水综合排放标准》（GB 8978—1996）中的一级标准后外排。污水处理厂改扩建完成后（2008 年 8 月底）将处理后的生活污水全部回用于国华准能三期电厂。煤泥水实现闭路循环。

建议应加强对生活污水处理设施的管理，加快实现污水处理厂处理后出水的回用计划，尽早实现处理后的水全部回用，不外排。

7.2.7.3 噪声治理

采取有效的措施降低噪声排放，以保证周边村庄等敏感点声环境质量达标。或者对周围居民点噪声进行深入调查，对受噪声影响的居民房屋采取必要的降噪措施，以保证居民室内噪声达标。

7.2.7.4 煤矸石综合治理改进方案

煤矿应进一步矸石回用的配套措施，提高矸石用于发电比率，最大限度减少矸石堆存量。黑岱沟露天矿选煤厂的矸石一部分排弃到排矸场掩埋，另一部分实现综合利用。根据本矿矸石浸出毒性的实验结果，本矿矸石排入排土场掩埋不会对当地地下水产生影响，矸石掩埋措施是可行的。锅炉灰渣运往排矸场填埋；生活垃圾由环卫部门定期清理送往当地垃圾处置场，洗选煤泥外销。

7.2.8 黑岱沟露天矿生态恢复虚拟现实

7.2.8.1 设计背景

为了更直观地反映露天矿地势环境的现状，与建矿初期地势进行对比分析，我们构建了黑岱沟露天矿生态恢复虚拟现实系统，可以直观清楚地看到矿区的建设、周边环境（比如道路、村庄、河流等）和矿区排土场生态恢复的现状，并可同历史资料进行对比分析。

7.2.8.2 设计原则

（1）先进性和标准性。系统采用当今最先进的、成熟的、符合国际标准的计算机、网络、数据库及软件开发技术和产品进行系统建设，确保整个系统具有良好的互操作性、可移植性，以适应计算机技术的发展。

（2）安全可靠性。系统设计时，首先应考虑选用稳定、可靠、经过时间检验的新产品和新技术，使其具有必要的冗余容错能力，配置充分的后备设备，保证其抗毁坏能力和快速恢复能力。

（3）可管理性和可扩充性。设计的网络及软件系统应便于安装、配置、使用和维护。在满足现有业务的同时，要充分考虑今后随科研的发展进行扩充和升级问题。

（4）良好的互联性和开放性。土地复垦与生态重建系统需要与矿区其他部门互联，设计的设备种类繁多，软件及应用环境各异，只有采取互联性较好的标准才能使其正常运转。另外，系统的软硬件平台和环境支持应选用开放的系统，便于异种机、异种网、异种软件平台的互联。

7.2.8.3　平台选择

在这里选择 Sky line 公司的 TerraBuilder、TerraExplorer Pro 作为虚拟现实系统的建设平台，其具有以下特点：

（1）复杂数据可视化。无论 GIS 的数据范围是本地的还是世界的，无论图幅是大还是小，TerraExplorer Pro 都可以让使用者在 3D 环境里处理这些数据。TerraExplorer Pro 的互动无缝显示机制使不同数据集之间可以平滑过渡。单个数据集融入球体通用的三种层中，这三类层分别是浮动层、覆盖层和高程层。

使用 TerraExplorer Pro 简单操作的导航工具，用户可以轻松地从全球视图放大到用户所在地范围。TerraExplorer Pro 基于距离来控制数据细节层次分析的缓存和分块，使用户可以载入大型的数据库并且轻松地进行导航和互动操作。TerraExplorer Pro 输入输出过程的多任务性，使用户在数据细节被载入显示系统的时候也可以进行其他操作，而不用等到数据细节完全载入显示系统。

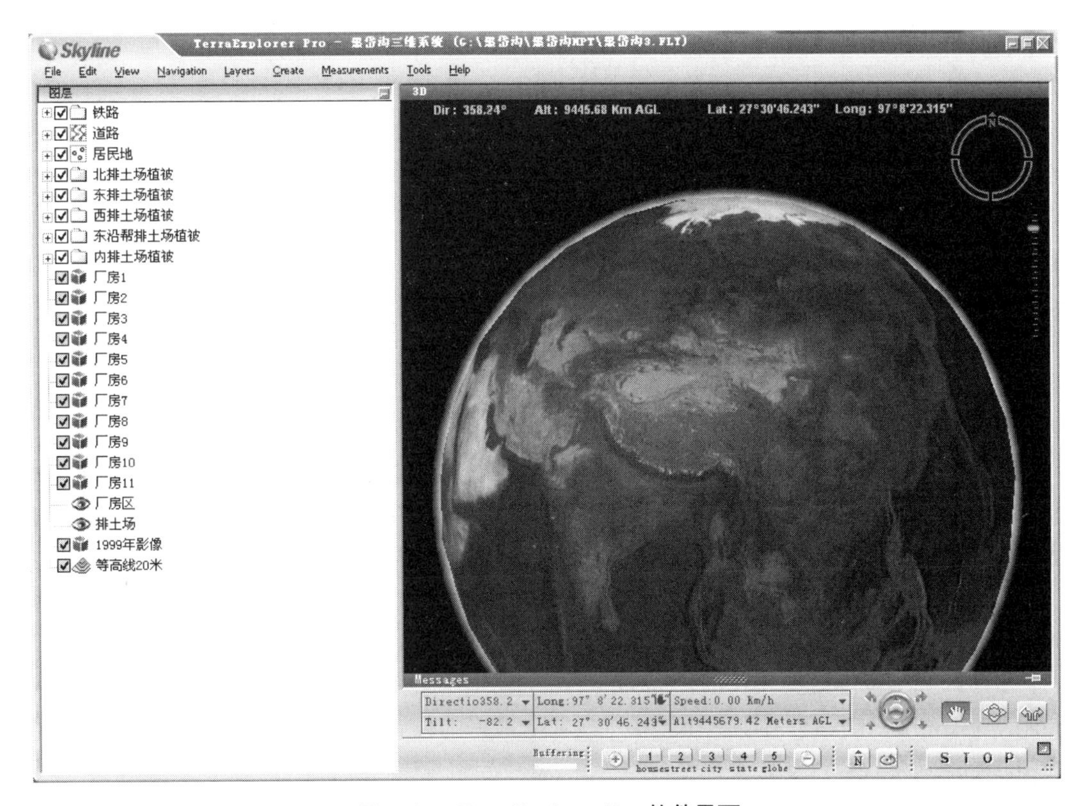

图 7-14　TerraExplorer Pro 软件界面

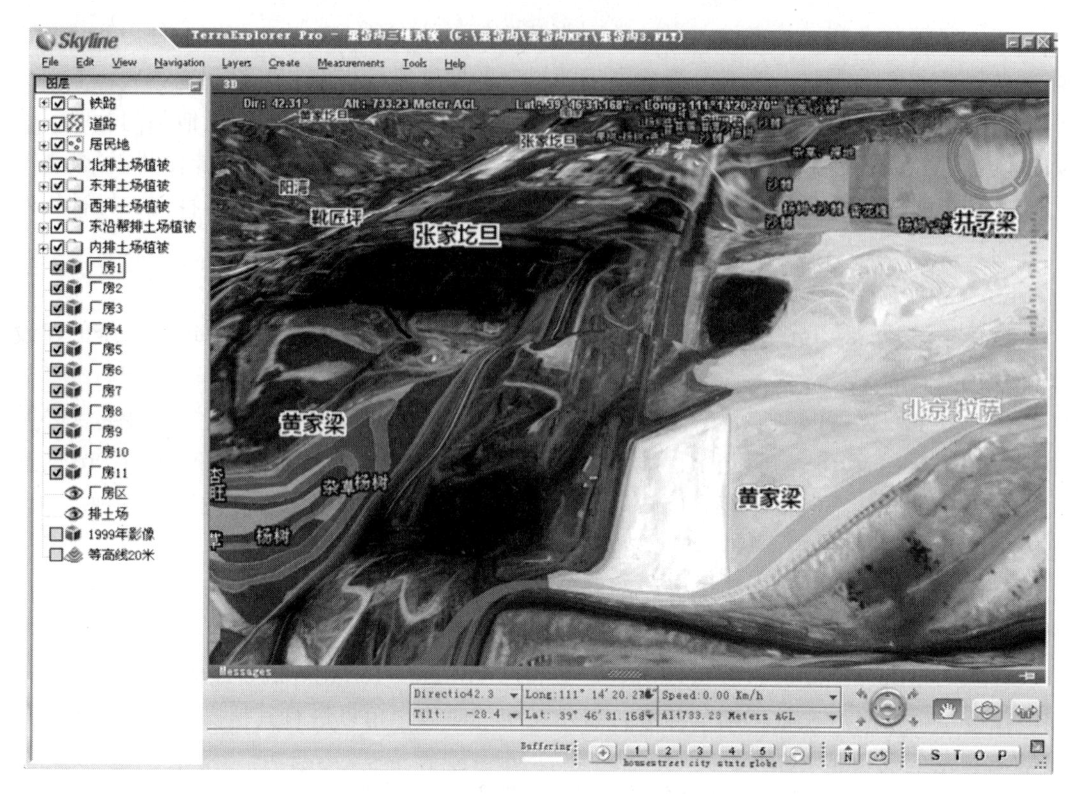

图 7-15 黑岱沟露天煤矿生态恢复虚拟现实界面

TerraExplorer Pro 软件强大的显示系统使用临时文件来加快显示速度。这种机制使用户处理海量数据时快捷且简单。应用水平和层水平使用户可以选择最适合自己的缓存机制。缓存的可选性使用户能够定制 TerraExplorer Pro 处理大量数据的方式。

（2）使用已有 GIS 数据。只要有空间参考的数据，用户才可以把数据加载到 TerraBuilder。TerraBuilder 使用的基准面 WGS-84，如果 GIS 数据使用的基准面不是 WGS-84，TerraBuilder 会自动将基准面变换为 WGS-84 再显示。

事实上，在 ArcGIS 应用软件中可以加载的数据也都可以加载到 TerraBuilder 中。大部分有空间参考的矢量和栅格数据都可以加载到球体上，空间参考决定数据在球体上的显示位置。

TerraBuilder 程序带有全球的和地方的数据，用户可以根据它定制适合自己的数字地球。例如，用户可以根据自己当地的高程、影像和矢量数据来更新 TerraBuilder 的基底高程和影像数据，从而能够从整个地球的全景视图放大到用户所在地的视图。

TerraBuilder 可以快速而准确地显示海量数据，无论这些数据是大范围还是小区域，高分辨率还是低分辨率的。

（3）查看小范围数据。TerraExplorer Pro 可以显示地球的全景，也可以显示放大了的详细的视图，用户能够查看小范围区域的数据。数据的位置以整个地球作为参考，放大时，地球的表面成为显示背景。

（4）查看大范围数据。TerraExplorer Pro 可以加载世界范围数据到一个地球文档中，因此用户可以使用覆盖整个地球的数据，并且任意放大到需要的精度。

（5）查看世界范围零散分布数据。TerraExplorer Pro 以三种地球图层分类显示加载的数据，当用户加载数据到某个地理位置后，数据越详细，分辨率就越高。用户可以在某一位置检查研究区，然后转换到另一个加载过数据的位置。

7.2.8.4　功能设计

（1）构建大型虚拟环境，支持各种模型加载与配置：包括地形模型、3DMAX 模型、二维模型。

（2）提供漫游、放大、缩小、定位功能。

（3）提供导航、行走、飞行功能。

（4）提供图形量算功能。

（5）提供属性查询功能。

（6）提供统计分析功能。

（7）提供飞行路径设置功能。

7.2.8.5　模型构建

（1）地形模型。在 TerraBuilder 软件下由黑岱沟范围的 1∶50 000 DEM 全区数字高程数据和 2009 年的 QB 影像数据，生成 MPT 文件，然后生成带有高程信息的立体影像。

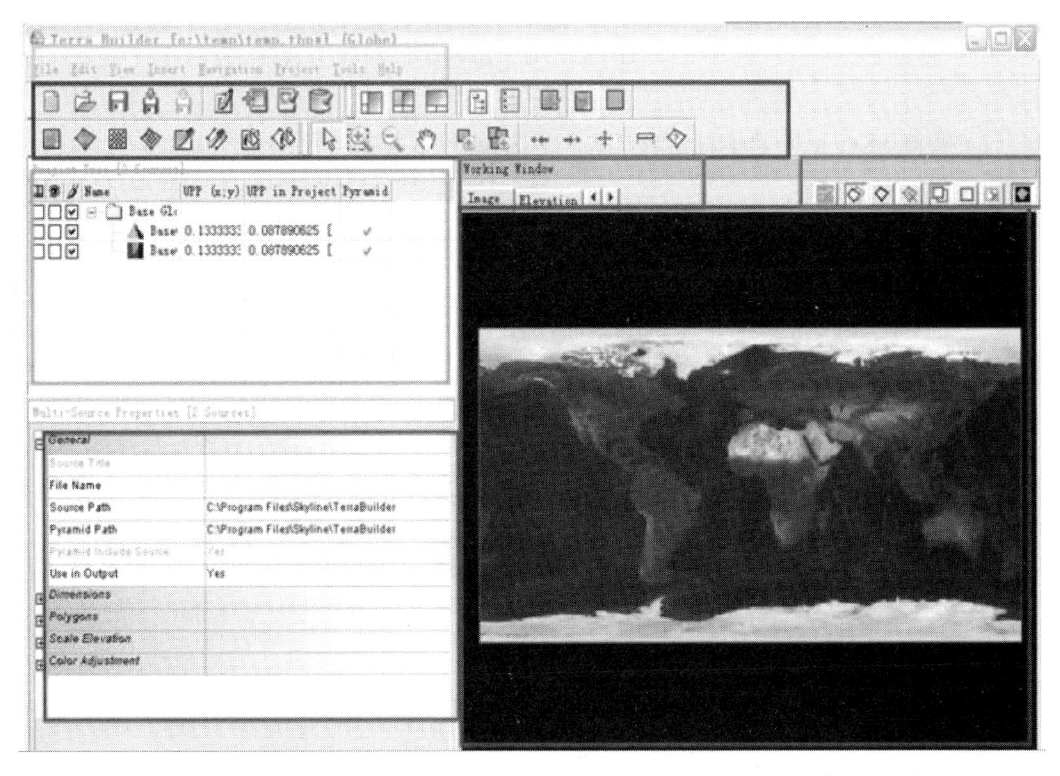

图 7-16　TerraBuilder 软件界面

图 7-17 地形模型图

（2）实体 SKetchUp 建模。建筑模型，在 SKetchUp 里按等比例创建实体模型，添加纹理材质。

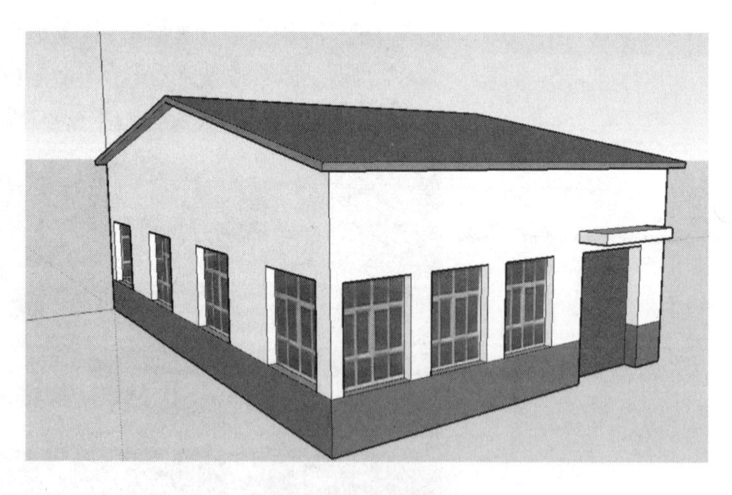

图 7-18 厂房模型

7.2.8.6 排土场植被处理

为了更真实地表达煤矿地表，尤其是排土场的植被复垦情况，采用现势的遥感数据作为纹理，最能直观地体现真实的场景。因此，选择 2009 年的高分辨率 QB 影像卫星数据，可以很好地满足虚拟现实系统显示的需要。

系统采用五个排土场植被数据，每一个排土场植被都是根据 2009 年的影像图的形状和《黑岱沟植被类型分部手册》的形状、图例，进行校正和矢量化建立的，植被数据采用经纬度投影，WGS84 坐标系，矢量工作完成后，根据《黑岱沟植被类型分部手册》中图例所表示的植被，在三维系统中设定相应的颜色。

图 7-19　排土场植被地形模型

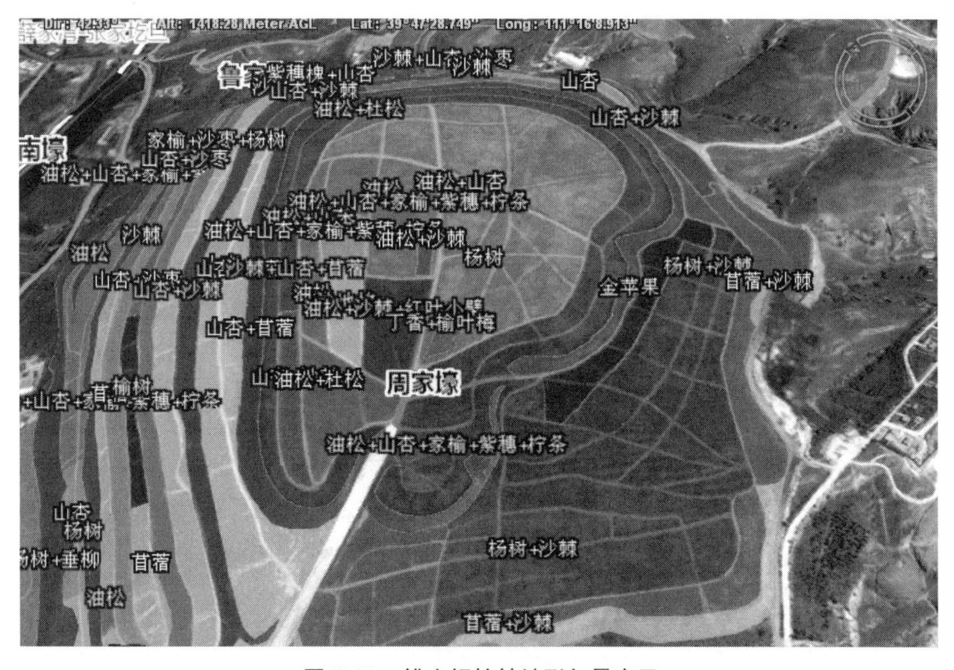

图 7-20　排土场植被地形矢量表示

7.2.8.7　构建三维场景

使用 2008 年 1∶50 000 的全区矢量数据，经纬度投影，WGS84 坐标系，选取黑岱沟范围中的道路、铁路、居民地要素，结合 1∶1 000 的矿区地形图，进行三维虚拟现实的矿区实景化。通过在 TerraExplorer Pro 下进行加载地形模型、遥感影像、实体模型、二维矢量数据，加载后需要对每个模型进行详细配置。

图 7-21　厂房三维模型

图 7-22　露天矿三维场景

7.2.9 小结

通过对黑岱沟露天矿的评价全面掌握了其环境质量现状。经过近 20 年的生态恢复，黑岱沟露天矿生态环境已有了较大改善，后评价对露天矿做了较为全面的调查分析，露天煤矿在实施生态建设之后，植被覆盖度提高，露天矿生态系统的结构由简单趋向复杂，植物种群由单一趋向多样化，水土流失得到治理，生态系统向着良性循环方向发展。

7.3 胜利一号露天矿环境影响后评价研究

7.3.1 项目背景及案例特点

7.3.1.1 项目背景

煤炭是我国能源的支柱产业之一，露天开采在我国的煤炭生产中占有重要地位，而许多大型露天煤矿又地处干旱、半干旱的草原区，植被覆盖率低、水土流失和土地荒漠化比较严重，对此类敏感地区的露天煤矿进行环境影响后评价具有非常重要的意义。2009 年，环保部和内蒙古环保厅开展了《干旱半干旱地区草原区煤田开发环境影响后评估与生态修复示范技术研究》（项目编号：200909063），并将神华北电胜利能源有限责任公司胜利一号露天矿列为开展环境影响后评价的试点之一。

胜利一号露天矿是在原有的乌兰图嘎露天煤矿基础上扩大开采的，迄今已有 6 年的开发历史，其环评报告是由内蒙古自治区环境科学研究院于 2005 年 7 月编制完成的，并于 2005 年 10 月由国家环境保护总局以“环审[2005]814 号”文件批复。目前该煤矿正在进行二期扩建工程。

7.3.1.2 案例特点

（1）环境特点。

后评价报告编写思路：胜利一号露天矿后评价报告对区域环境特征的描述主要从自然环境、社会环境和依托工程等区外污染源等方面介绍本露天矿的区域环境背景情况，在自然环境中重点介绍地质环境、地下水资源情况、地下水水文地质等方面的情况。

主要环境特点：胜利一号露天矿属于胜利矿区总体规划的一部分，胜利煤田位于内蒙古自治区锡林郭勒盟锡林浩特市西北部胜利苏木境内，位于锡林浩特市的侧风向，最近的南侧距锡林浩特市约 6 km，地理位置东经 115°30′～116°26′，北纬 43°57′～44°14′。

矿区属半干旱草原气候，年平均降水量 294.74 mm，年平均蒸发量 1 794.64 mm，冬、春季多风，全年主导风向西南偏南风；境内及其周围地势平坦，草原植被发育，地带性草原植被有克氏针茅、大针茅、糙隐子草等；土壤类型主要为栗钙土、草甸栗钙土、草甸土，随着草场的逐渐退化，出现了沙化、砾石化栗钙土。

从地质构造上看，该煤田属新华夏系第三沉降带巴音和硕凹陷南部的一个断陷型含煤盆地，整个煤田为宽缓的向斜构造，向斜两翼倾角一般为 5°～12°。该煤田内的地层自老至新有：古生界志留系—泥盆系、二迭系下统；中生界侏罗系上统兴安岭群，白垩系下统巴彦花群；新生界第三系上统，第四系下、中、上更新统及全新统，该区含煤地层为巴彦花群的锡林组和胜利组，其中胜利组上含煤段含煤层多、厚度大，6 号煤层组以上各煤层适合露天开采，可采煤层自上而下有 5、$5_{下}$、$6_{上}$、6_{-1}、6、$6_{下}$。

胜利一号露天矿西部为低缓丘陵，中部为低缓丘陵及河谷冲、湖积平原的过渡地带，东部为河谷冲、湖积平原，属锡林浩特盆地水文地质单元的一部分，地面标高在毛登一带为 1 093 m，在锡林浩特市一带为 980～1 000 m。区域水文地质分 4 个区，锡林浩特市区坐落在河谷平原松散堆积物孔隙水水文地质区。南部边界、东南边界有三条断层：F_{25}、F_{29}、F_1。对露天开采有影响的含水层有：第四系孔隙潜水含水层、煤系顶砾岩段裂隙、孔隙承压含水岩组、5 煤层裂隙承压含水岩组、6 煤层裂隙承压含水岩组。含水岩组的补给主要是由大气降水通过含水层隐伏露头下渗补给及隔水层的局部薄弱地段越流渗透补给，锡林河谷冲、湖积平原以地下水径流、蒸发排泄为主，同时锡林河与第四系孔隙潜水也有水力联系。

胜利一号露天矿位于锡林河以西，锡林河经锡林浩特水库于露天区东界外由南至北流过，该河全长 175 km，目前锡林河已经成为季节性河流，只有在春汛或暴雨时才有流水，平时为一干河床。

（2）工程概况。

后评价报告编写思路：首先介绍了胜利一号露天矿基本情况、工程组成和平面布置，让读者对胜利一号露天矿有个总体的概念和把握，然后重点对煤田特征和开采工艺、地面生产系统、排土场等内容进行介绍，特别是介绍各部分目前实际的情况，分析工程变更内容，明确目前的开采和排弃进度，以及污染物产生情况。

工程特点：胜利一号露天矿是在乌兰图嘎煤炭有限责任公司经营的一座露天煤矿的基础上扩建的，乌兰图嘎露天矿于 1979 年 12 月建成投产，生产能力 0.6 Mt/a，开采对象为 5 号煤层，2005 年神华北电胜利能源有限公司接手扩建，接手前采坑仅有 0.33 km^2，当时已基本实现内排。

胜利一号露天矿为胜利矿区首先开发的煤田，总设计规模 20 Mt/a，其中一期工程 10 Mt/a，于 2005 年 5 月开工建设，2009 年通过竣工环保验收，2010 年开始二期扩建工程，计划 2011 年年底进行验收。2010 年全年煤炭生产 1 425.71 万 t，剥离全年完成 3 356 万 m^3，2011 年上半年煤炭生产 1 110.7 万 t，剥离量 3 078 万 m^3，生产剥采比 2.77 m^3/t。

胜利一号露天矿开采工艺采用单斗—卡车工艺，采掘场分 3 个采区，总设计面积 36.89 km^2，目前在首采区，开采境界为南北 2.2 km，东西 2.0 km，深度 160 m。储煤场包括 0.5 万 t 缓冲仓 2 个，5 万 t 球型储煤仓 1 个。输煤系统使用 1 套带式输系统。破碎站有 2 处，生产能力 3 500 t/h。

胜利一号露天矿设 3 个外排土场，北排土场位于首采区东北侧约 0.5 km 处，北排土场 2005 年投用，占地 1.22 km^2，2007 年年末到界，排土量 35.49×10^6 m^3，覆土量 53.2 万 m^3，复垦绿化面积 100.07 万 m^2，其中坡面面积 35.48 万 m^2，平盘面积 64.59 万 m^2，铺设喷灌管道 4.6 km；南排土场位于首采区东南侧约 0.3 km 处，南排土场 2006 年投用，占地 1.93 km^2，2010 年年末到界，排土量 62×10^6 m^3，复垦绿化面积 253 万 m^2，其中坡面面积 69.1 万 m^2，平盘面积 183.9 万 m^2，铺设喷灌管道 18.8 km；沿帮排土场紧邻首采区东北帮处，沿帮排土场占地 4.35 km^2，2008 年投用，目前还在使用。

该露天矿煤的类别为褐煤，低硫、低磷、中灰和中低灰、中等发热量，煤的用途主要是电煤、液化用煤和化工用煤。2011 年上半年煤质分析中灰分 20.58%，硫分 0.8%，低位热值 3 120 cal/g。目前该煤矿产品多运往正蓝上都电厂。

（3）环境影响特征。

胜利一号露天矿在原乌兰图噶煤田的基础上扩建，原乌兰图噶煤矿开采时间虽早，但自神华北电胜利能源有限责任公司接手时开采规模仍很小（采掘场面积仅 0.33 km^2），所以胜利一号露天矿大规模扩采时间较短（2005 年神华接手），矿区周围又无特殊生态敏感区和重要生态敏感区，相对于其他开采历史达几十年的老煤矿，其对生态环境的影响效应不是很显著，特别是煤矿开采对矿区周边植被的影响以及人工复垦植被的恢复和演替变化尚未显现出来。但是，露天煤矿本身作为生态影响类项目，而且胜利一号露天矿地处生态环境相对脆弱的草原地区，煤矿开采过程中各种活动、设备和建筑占压土地、破坏植被、扰动土壤，其对生态环境的影响是不可忽略的，所以本次后评价也将煤矿开发生态环境影响作为重点之一。

胜利一号露天矿地处干旱半干旱地区，风沙较大，露天开采产生的扬尘污染是大气污染的重要来源。胜利一号露天矿周边牧户虽少，但距其东南方面 6 km 处是锡林浩特市，因此，评价露天煤矿开采以来对矿区周边大气环境的影响，特别是对锡林浩特市的真正影响到底有多大程度，是本后评价报告的一个重点内容。

胜利一号露天矿开采过程中疏干水量较大，地下水的疏干会影响牧民生活生产用水和矿区生态用水，进而会对矿区周边整个生态环境造成影响。因此，煤矿开发对地下水水位、水资源量以及水质的影响也是本后评价报告的特色。

此外，随着公众参与在环境影响评价工作中越来越显示出其重要性，本次后评估也将公众调查等作为一项重要工作，并且分普通市民和牧民，以及与煤矿行业相关的单位职工两种公众分别开展社会调查，使公众意见更趋客观。

7.3.2　评价范围及等级

7.3.2.1　评价等级

本案例后评价评价等级原则上根据各环境要素的环境影响评价导则要求确定，参照环评报告，并根据实际情况和评价重点适当调整，确定各要素评价等级见表 7-41。

表 7-41　胜利一号露天矿环境影响后评价等级

环境要素	评价等级
大气	三级
地表水	三级
地下水	一级
生态	二级
噪声	三级

7.3.2.2　评价范围

评价范围按照各环境要素的导则并结合后评价实际情况，确定评价范围见表 7-42。

表 7-42 胜利一号露天矿环境影响后评价范围

环境要素	污染源	调查范围
环境空气	采掘场扬尘	采掘场、排土场周围 1 000 m 范围内；运输道路两侧 500 m 范围内；储煤场周围 500 m 范围内，锅炉烟囱周围 2.5 km 范围；以及矿区周围半径 6 km 的圆，并包括锡林浩特市
	储煤场扬尘	
	排土场扬尘	
	运输道路扬尘	
	锅炉烟尘	
地表水	矿坑水、疏干水	排放口及下游 2 000 m 范围内
噪声	机修车间	各噪声污染源周围；以及矿区周围 200 m 范围内噪声环境质量
	采掘场、排土场	
	运输道路	
生态	工业场地、道路、排土场	矿区周边外延 8 km，包括锡林浩特市
地下水	采掘场	露天采坑周围 2 000 m 范围；疏干井、居民用水井及例行监测井
固体废物	排土场	排土场周围
社会经济	—	矿区周围直接或间接受影响的公众，锡林浩特市市民

7.3.2.3 评价方法

本次后评价案例中所用的主要技术方法见表 7-43。

表 7-43 主要技术方法

评价内容	方 法
环境现状评价	资料收集法、现场调查法、现场测量法、遥感法
环境影响回顾性评价	资料收集法、对比分析法、趋势分析法
前评价结论的验证性分析	定性描述、统计分析法
环境保护措施有效性分析	现场调查法、资料收集法、指标分析法
后续开发环境影响预测分析	趋势外推法
环境管理及监测计划执行情况	资料收集法
公众参与和社会调查	问卷调查法、走访座谈法、资料收集法
清洁生产分析	指标对比法、资料收集法

7.3.2.4 评价因子

本案例从生态环境和社会经济等几个方面评价了煤矿开发对周边环境的影响，评价因子覆盖了各方面要素，详见表 7-44。

表 7-44 后评价因子

环境要素		调查因子
水环境	地表水	pH、SS、COD_{Cr}、BOD_5、溶解氧、氨氮、总氮、总磷、硫化物、氟化物、氰化物、硝酸盐（以氮计）、挥发酚、铜、锌、硒、铁、锰、总砷、总汞、镉、六价铬、铅、石油类
	地下水	水温、水位、pH、大肠杆菌、细菌总数、氯化物、氟化物、色度、浊度、总硬度、溶解性总固体、挥发酚、硫酸盐、六价铬、铁、镉、锰、铅、砷、汞
	矿坑水	pH、SS、COD、BOD_5、Ar-OH、NH_3-N、S^{2-}、F^-、As、石油类
	生活污水	pH、SS、COD、BOD_5、NH_3-N、动植物油

环境要素		调查因子
空气环境	扬尘	TSP、PM_{10}
	锅炉废气	烟尘、SO_2、NO_2
声环境		等效连续 A 声级
固体废物		露天矿表层剥离物、锅炉灰渣及生活垃圾等
生态环境		植物种类、植被资源、动物种类、土地利用、景观格局（景观多样性、均匀性、破碎度、丰富度）、土壤侵蚀（侵蚀量、侵蚀模数）、土壤质量（pH、电导率、有机质，营养元素全氮、有效磷、速效钾、碱解氮，以及汞、镉、铬、砷、铅、铜）、生态完整性（生产力）
社会经济		地区生产总值、年末在岗职工人数、城镇居民可支配收入、农牧民人均纯收入、经济发展和原煤产量的关系

7.3.3　环境现状调查与评价

现状监测目的和主要内容：胜利一号露天矿通过大气环境、水环境、声环境污染源现状监测，目的是要了解目前煤矿排放的污染物情况，分析工业场地各污染源处理工艺、防止措施、处理和防治效果及各类污染物达标排放情况；通过监测分析煤矿周边地区大气、水、声环境质量状况，为后面的回顾性和验证性分析奠定基础；通过对矿区周边生态环境各要素的现场调查与遥感资料解译，分析矿区周边的土地利用情况、资源分布、土壤环境质量以及生态完整性状况。

7.3.3.1　大气环境现状

本案例中，大气环境现状评价包括区域气象条件的调查、大气污染源和环境质量的监测。为方便回顾性评价，大气环境现状监测本着尽量结合环评时的现状监测点位，参照大气环境影响评价导则中现状监测布点原则，并考虑实际环境影响以及敏感点分布、风频特征等因素，对煤矿周边大气环境质量以及煤矿本身大气污染源进行了现状监测，共布设 17 个监测点位，其中污染源监测布设 8 个监测点，包括锅炉除尘设施进出口、采掘场、储煤场、采掘场到排土场主要运输道路、排土场周围等；大气环境质量现状布设 9 个监测点，包括重点关心敏感点、矿区边界、例行监测点位和未干扰草地等，具体监测点位见表 7-45。

表 7-45　大气环境质量和污染源监测布点

	序号	名称	地理位置	
			北纬度	东经度
环境质量监测	A	沿帮排土场以北 1 km 未干扰草场	44°2′5.38″	115°59′49.77″
	B	北排土场以东 0.5 km	44°1′30.14″	116°2′24.45″
	C	采矿区以西 1 km 未干扰草场	44°0′22.52″	116°0′9.24″
	D	原敖包素嘎查居民区	43°58′34.84″	116°1′39.46″
	E	矿区边界（东南方向）	43°59′23.08″	116°2′29.65″
	F	老奶牛场	43°59′56.45″	116°3′32.41″
	G	宝力根苏木	43°57′52.16″	116°3′29.07″
	H	二电厂运煤专线南，矿区东南 4 km	43°59′19.93″	116°4′19.42″
	I	锡林浩特市区边界	43°57′33.80″	116°4′10.92″

	序号	名称	地理位置	
			北纬度	东经度
污染源监测	1	3#锅炉除尘设施的进口、出口	43°59′21.83″	116°1′54.45″
	2	南排土场边界（下风向）	43°59′53.28″	116°2′8.61″
	3	采矿区到南排土场主要道路（下风向）	43°59′59.16″	116°1′33.26″
	4	采掘场东场界	44°0′43.50″	116°1′44.30″
	5	采掘场南场界	44°0′3.54″	116°1′23.96″
	6	采掘场西场界	44°0′32.17″	116°0′41.09″
	7	采掘场北场界	44°1′16.23″	116°1′10.01″
	8	储煤场边界（下风向）	43°59′14.31″	116°1′3.03″

（1）锅炉烟气。

胜利一号露天矿采暖投用 2 台 SHX7-1.25/115/70-H 型循环硫化床热水锅炉，锅炉房烟囱高度为 50 m，上口直径 1.4 m，采用 SJ-Ⅱ-4 型湿式脱硫除尘器。本次后评价对锅炉烟尘排放达标情况进行监测，于 2010 年 11 月 3 日和 4 日连续三次对锅炉进出口烟气浓度进行监测，监测因子包括 SO_2、烟尘和 NO_x。监测结果发现锅炉除尘设施出口处 SO_2 浓度和烟尘浓度在监测期内的平均值分别为 976 mg/m^3 和 261.4 mg/m^3，两者均超过《锅炉大气污染物排放标准》中二类区Ⅱ时段 SO_2 和烟尘的排放限值，超标倍数分别为 8.44%和 30.7%。锅炉除尘和脱硫效率分别为 73.3%和 9.8%，远低于环评时设计的除尘效率 98%、脱硫效率 70%以上的标准。

（2）无组织扬尘。

本案例所做后评价于 2010 年 11 月 3 日和 4 日，对胜利一号露天矿无组织排放源（排土场、采掘场、储煤场和主要运输道路等 7 个监测点）的 TSP 浓度进行监测，每天监测 4 次，上下午各两次，每次连续监测 1 h。后评价报告中首先对无组织扬尘达标情况进行评价，结果发现胜利一号露天矿多数无组织污染源监控点扬尘浓度均达到煤炭工业无组织排放标准限值要求，而从采矿区到南排土场的主要运输道路下风向个别时段（14:00～15:00）出现超标（超标倍数 1.8%，超标率 1.79%），胜利一号露天矿大气无组织污染不太严重。

在评价污染物达标排放的基础上，本案例中还对不同大气污染源的贡献程度进行对比，发现运输道路扬尘浓度显著高于其他污染源，储煤场产生的扬尘浓度最低。排土场 TSP 浓度稍高于采掘场（采掘场东场界除外），采掘场四场界中以东场界处扬尘浓度最高，西场界最低（0.145 mg/m^3），南北场界 TSP 浓度相差不大。

此外，为了解煤矿大气污染特征，本案例中还分析了主要大气污染物的动态变化规律，胜利一号露天矿各无组织排放源产生的大气扬尘浓度日变化规律不太一致，但总体上早上扬尘浓度较高，上午 10:00 以后至午后 15:00 左右较低，傍晚又有所回升，特别是运输道路、采掘场南场界、储煤场边界扬尘呈现出明显的日变化规律；其他污染源产生的 TSP 浓度日变化虽不完全和上述规律一致，但也呈现出下午 15:00 前 TSP 浓度最低的规律。

（3）大气环境质量现状。

本案例于 2010 年 11 月 3～9 日对胜利一号露天矿周边大气环境质量进行了监测，监测因子包括 SO_2、NO_2、PM_{10}、TSP，共布设了 9 个监测点位。经过连续 7 天的现状监测发现，胜利一号露天矿周边空气环境质量良好，不论小时浓度还是日均浓度，9 个监测点

4 项监测因子的监测值均能满足《环境空气质量标准》的二级标准限值，最大落地浓度占标率最大只有 79.33%。

SO_2 和 NO_2 污染与煤田开发关系不密切，SO_2 和 NO_2 污染不止来源于矿区内供热锅炉等，而且受整个区域甚至锡林浩特市区其他因素的影响。而监测点颗粒物浓度一方面与矿区扬尘污染源（采掘场、运输道路、排土场等）位置分布有关，在污染源周围监测点浓度较高，另一方面也与主导风向有关，下风向颗粒物浓度一般较高（如老奶牛场）。

7.3.3.2 生态环境现状

本案例对生态环境现状进行了较为详细的调查，调查方法包括实地样方调查和遥感影像解译相结合，调查范围为煤矿厂界向外扩展 8 km，总面积 839.68 km^2。评价内容包括植被资源、景观类型和景观格局、土地利用、土壤侵蚀和土壤环境质量等。值得说明的是，本案例中胜利一号露天矿由于大规模开发时间较短，对生态环境的影响表现不明显，排土场复垦和人工植被的恢复效果还未完全显现，人工复垦植被仍是一二年生植物，所以对煤矿内人工植被恢复方面的研究相对其他案例比较简单，没有进行生物量、目前群落和原生植被的相似度等深层次的分析，仅对目前复垦情况进行调查和总结，且这部分内容在现状调查部分从略，而主要放到了回顾性评价章节中。

（1）植被资源。

本案例结合课题其他专题，于 2009 年和 2010 年对露天矿周边未开发草原区、锡林河流域周边典型原生态植被进行调查，样方调查方法为：以矿区为中心点，沿四个方向各设置一条长约 5 km 的样线，根据实际情况，若无道路实现样线设置，则调整该样线。然后分别在每条样线上距露天矿 1 km、3 km 和 5 km 处设置样地，根据该区域主体植被类型，每个样地设置 3 个 1 m×1 m 样方，且被安置不同的方位，2009 年共设置 26 个样地，8 个描述样方，48 个草本样方，2010 年共设置 13 个样地，3 个灌木样方，39 个草本样方。

遥感影像解译法采用了 2009 年 9 月、2010 年 9 月胜利露天煤矿 0.5 m 分辨率的 GeoEye 遥感影像及全色 0.6 m 和多光谱 2.4 m 分辨率的 QuickBird 遥感数字图像。在遥感解译的基础上采用 TWINSPAN 分类和 DCA 排序，对胜利一号露天矿周边植被群落类型进行划分。

现状调查后发现，胜利一号露天矿周边天然植被以克氏针茅群系为主，在锡林河漫滩和湖盆低地等处有芨芨草盐化草甸分布，在研究区高平原上分布有羊草群系，此外在研究区锡林浩特市北部高平原上大面积分布有多根葱群系。各群系、群丛以及群落特征见表 7-46。

经 2010 年遥感影像解译结果，胜利一号露天矿周边植被覆盖度达 86%，植被类型以典型草原为主，占总评价面积的 73.52%；其次以低湿地芨芨草和人工植被所占面积较大，面积最小的是荒漠化草地，只占 1.86%。

对排土场等人工复垦植被情况的调查主要集中在 2010 年 8 月和 2011 年 8 月，调查结果发现截止到 2011 年，胜利一号露天矿绿化复垦累计投入 4 296 万元，绿化复垦面积达到 483.78 万 m^2，其中种草面积 215 万 m^2，栽植各种乔木 65 751 株，灌木 10920 丛，布设沙障 91.2 万 m^2，林草植被恢复率达到 98.5%，林草覆盖率 58%。

表 7-46 植物群落特征

群系	群丛	群落数量特征
克氏针茅群系	克氏针茅+糙隐子草群丛	成分简单，约 54 种，每平方米样地上记载的植物一般只有 10～15 种，在低山丘陵坡地上最高可达 25 种，群落覆盖度 30%～40%，草群营养枝高约 25 cm，生殖枝高 50～60 cm，群落结构中亚层分化比较明显，针茅是上层的主要植物，糙隐子草、冷蒿等形成较低矮的下层。在水平结构上也经常出现不同种群或层片的镶嵌体和小群落
	克氏针茅+羊草群丛	植物成分比克氏针茅+糙隐子草草原丰富，种的饱和度每平方米有 15 种以上，草群盖度一般在 30%左右，羊草成为群落的优势植物，而且杂类草的作用比较明显
克氏针茅群系	克氏针茅+大针茅群丛	成分较复杂，种的饱和度每平方米可达 20～30 种。群落中还增加了一些适于砾石生境的成分如：白莲蒿、鳍蓟、漏芦、毛轴蚤缀等，群落覆盖度 25%～30%
	克氏针茅+小针茅群丛	该群丛是以克氏针茅为建群种，以小针茅为优势种，群落组成中的典型草原成分有糙隐子草、知母、草芸香等，另外还有少量荒漠草原成分渗入如戈壁天门冬、兔唇花等
	小叶锦鸡儿+克氏针茅群丛	以小叶锦鸡儿为主，平均高 50～60 cm，灌丛丛幅直径 50～200 cm，呈密集团块状，生长力一般较强，枝叶繁密
羊草群系	羊草+克氏针茅+糙隐子草群丛	分布很广，遍及典型草原带的东西各地。东部地区这种群落的禾草层片一般都含有少量的大针茅，而西部的原生群落中就很少有大针茅出现了
	小叶锦鸡儿+羊草+克氏针茅	在土壤沙砾性较强的地段上分布。群落的外貌和结构特点都和小叶锦鸡儿+羊草+大针茅草原十分相似。但是群落的种类组成更为单纯，其中旱生杂类草出现得不多
芨芨草群系	芨芨草+羊草群丛	种群比较稀疏，植株高度 70～80 cm。群落中常常还有根茎薹草层片及杂类草层片，其主要植物常有寸草苔（*Carex korshinskyi*）、披针叶黄华（*Thermopsis lanceolata*）、西伯利亚蓼、扁蓿豆（*Melissitus ruthenica*）、车前（*Plantago asiatica* L.）、双齿葱（*Allium bidentatum*）等。这一群落的总盖度可达 70%以上，是生产力较高的群落类型
	芨芨草群丛	共有植物 16 种，而且多度也不高。芨芨草在群落中占绝对优势，盖度 65%～85%，草群的营养枝高度 50 cm 左右，生殖枝高 100～150 cm，种群结构比较均匀，群落外貌色彩单调，夏季抽穗以后，形成有光泽的银白色和淡紫色的季相
	芨芨草+星星草群丛	群落组成比较丰富，群落总盖度多在 60%～70%以上，但水平结构不均匀，芨芨草种群与其他植物多呈镶嵌分布
多根葱群系	多根葱+小针茅群丛	本群丛覆盖度大，产草大，达 300～1 125 kg/hm^2，其中葱属植物占产量的 40%～60%
	多根葱群丛	此群丛往往为多根葱纯群，常分布于石质或砾石质土壤上，其中分布有少量杂类草，但杂类草景观作用不明显

（2）动物资源。

对动物资源的调查主要采用资料收集法，同时辅以实地观察，目前矿区及周边地区的野生动物（指脊椎动物中的兽类、鸟类、爬行类和两栖类）约有 50 多种，隶属于 15 目 24 科，其中常见的有 27 种。哺乳动物有：兔、鼠、狐狸，偶见狼。鸟类：蒙古百灵、沙鸡、鹌鹑、鹰、大鸨、鸿雁、灰鹤、野鸭等。此外调查区及周边还有一些猛禽，如：红脚隼、游隼、猎隼、大量昆虫等。未发现有珍稀濒危野生动物栖息与繁殖地分布。

（3）土地利用和景观格局。

遥感解译结果显示，土地利用类型以草地为主，占土地利用类型面积的 80.98%，其次为工矿仓储用地和住宅用地，占 5.66%，水域、交通运输用地和其他用地等所占面积较小。

从景观类型上来看，胜利一号露天矿以草原景观为主（75.41%），其中以克氏针茅草原所占面积最大，占整个评价区面积的 60.22%。从景观格局指数上看，该矿周边景观多样性指数较高，为 0.87，其中以人工景观多样性指数最大，草原景观次之；整体上景观均匀度指数为 0.49，其中以人工景观均匀度指数最大，草原次之；景观优势度以草原景观最高，其次为湿地景观；对于景观破碎度来说，除支离破碎的盐碱地、裸地等景观外，森林景观的破碎度较高，而草原景观最小。以上景观格局指数说明草原是矿区周边主要的景观类型，优势度大且破碎度小。

（4）土壤环境质量和土壤侵蚀。

为了解煤矿开发后周边原生土壤以及排土场等再造土壤的质量状况，本次后评价于 2010 年 8 月对煤矿周边土壤和煤矿排土场等再造土壤进行采样，分析其土壤营养成分和重金属元素等 13 种指标，并通过重金属元素含量和营养成分含量分别评价土壤环境质量状况，其中土壤重金属污染情况采用单因子污染指数法评价，土壤营养物质采用全国第二次土壤普查的相关标准进行评价。评价结果表明，以国家《土壤环境质量标准》二级标准为评价标准，不论是原地貌原生典型草原土壤还是排土场再造土壤，土壤重金属污染指数均较低，土壤环境质量属于清洁；其他非金属元素评价结果显示，胜利一号露天矿内土壤呈碱性，有机质、全氮、速效磷、速效氮含量均比较低，速效钾含量处于中等水平。

根据《土壤侵蚀分类分级标准》（SL 190—2007）和遥感影像解译结果，胜利一号露天矿周边土壤侵蚀目前以风蚀为主，且属于轻度侵蚀，土壤风蚀量为 299 445.70 t/a，平均风蚀模数 356.62 t/（km^2·a）。

（5）生态完整性评价。

根据 Miami 模型和 Liebig 定律，自然系统生态系统生产力处于最低—最高水平，说明区域本底的恢复稳定性有高有低，不太均匀。

7.3.3.3 地下水环境现状

对地下水现状评价主要针对水质进行监测，关于水位和区域水资源量在回顾性章节中介绍。为切实反映煤矿开发后的地下水现状，本案例后评价主要对原环评时的地下水监测井的水质进行监测，同时增加了居民用水井和疏干水井作为现状监测点位，于 2010 年 11 月 4 日和 5 日两天连续监测，监测项目有水温、水位、pH、大肠杆菌、细菌总数、氯化物、氟化物、色度、浊度、总硬度、溶解性总固体、挥发酚、硫酸盐、六价铬、铁、镉、锰、铅、砷、汞。以地下水环境质量III类标准来衡量，目前煤矿周边地下水溶解性总固体、浊度超标率为 100%；硫酸盐浓度、总硬度、锰和铁也出现超标现象，其他指标能够满足地下水环境质量III类标准。

7.3.3.4 地表水环境现状

在这部分中，本案例计划对污水接纳水体——锡林河的水质和本露天矿排污情况进行研究，但由于本项目地表水锡林河为季节性河流，且近年来除暴雨时节即使在夏季也无水。本案例后评价监测时期（2010 年 12 月 4 日和 5 日）排污口上游 500 m 和下游 1 km 范围内河水干枯，所以本次现状监测只考虑了煤矿污水排放水质情况。而且，现状监测时煤矿矿坑水处理仍使用沉淀池，二期工程的疏干水复用系统尚未正式投用，所以监测主要针对沉淀池布点，至于疏干水复用系统的排水情况，待其验收后再补充相关内容。在监测的 19 项监测指标中，排污口监测点悬浮物浓度出现超标，超标倍数 3.35。除此之外，其他指标均远低于标准值。

7.3.3.5 声环境现状

为全面反映煤矿开发噪声对周边环境的影响，本案例总共设置 17 个监测点（图 7-23），评价主要噪声源产生的噪声大小，以及周边敏感点处的噪声级，于 2010 年 11 月进行监测。监测数据说明煤矿四厂界环境噪声昼间和夜间均达到了厂界环境噪声标准限值的 2 类标准要求，采掘场四厂界噪声较大，尤其是车辆和设备相对较多的南厂界；例行监测点位老奶牛场、西郊变电站以南铁路专用线、办公区、铁路装车站等，以及破碎车间、机修车间、变电所、排水泵站、锅炉房等机修设备噪声源产生的噪声级昼间均在 60 dB 以下，夜间均在 50 dB 以下。

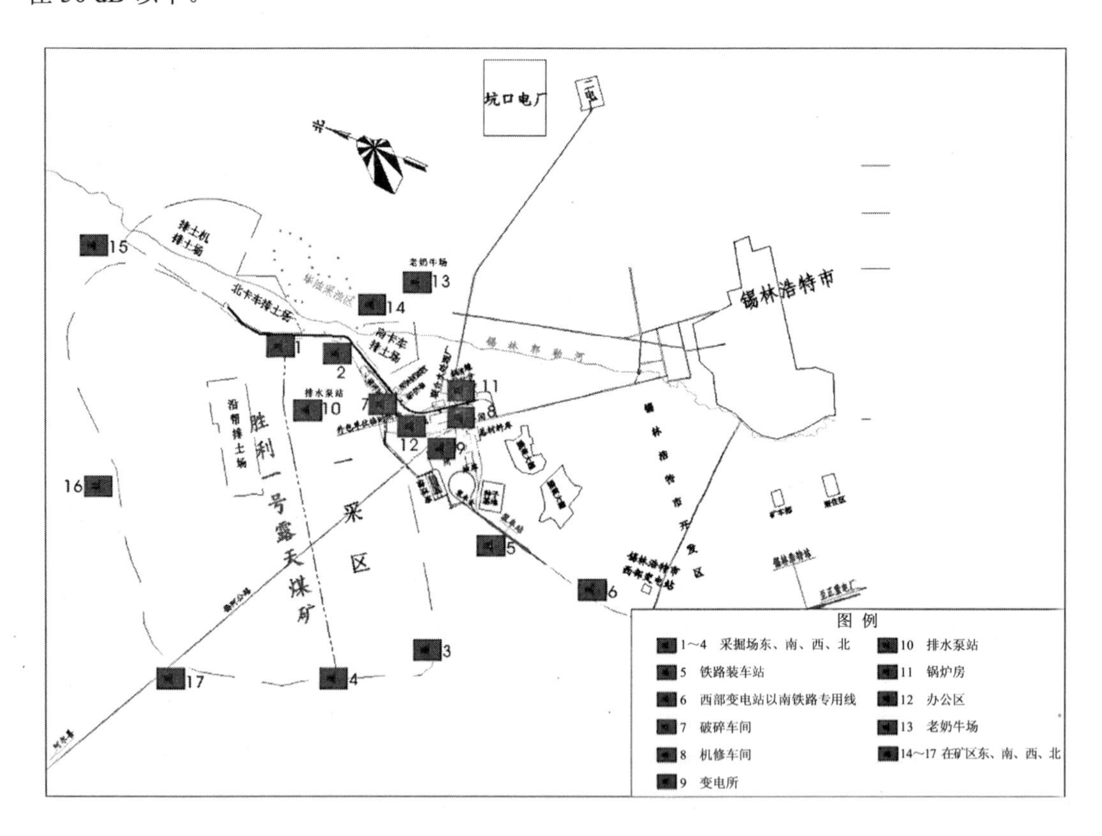

图 7-23 噪声现状监测布点

7.3.3.6 固体废物现状

本案例关于固体废物现状情况，只列出主要固体废物类型、产生量和处理方式，胜利一号露天矿产生的固体废物主要是露天矿的表层剥离物、极少量煤矸石（几乎没有）、锅炉燃煤产生的灰渣，以及矿区职工的生活垃圾和矿坑水处理设施的污泥，均属一般固体废物。其中剥离物、锅炉灰渣排往排土场、生活垃圾委托乌兰图嘎服务公司装运到锡林浩特市垃圾处理场处理，矿坑水处理设施的污泥目前自行掩埋，本次后评估建议今后集中储存后送锡林浩特市垃圾处理场处理。

7.3.4 环境影响回顾性评价

7.3.4.1 大气环境影响回顾性评价

评价思路和主要内容：本案例大气环境影响回顾性评价主要利用环评时大气现状监测、一期工程竣工验收、本次后评价现状监测以及后评价过程中收集到的各年例行监测数据，使用趋势分析法和前后对比法，从本露天矿大气污染物排放变化规律、露天矿周边空气质量变化以及重要敏感目标锡林浩特市大气环境质量变化3个方面对胜利一号露天矿开发以来对大气环境的污染变化以及周边大气环境质量的变化情况作了回顾。

评价结果：

（1）矿区大气污染物排放变化规律中例行监测中只监测了锅炉烟气排放情况，通过回顾分析，胜利一号露天矿锅炉除尘和脱硫效率随着年份的增加越来越低，目前烟尘和 SO_2 浓度排放浓度均不达标，需要改进。

（2）对矿区周边空气质量变化的研究，由于胜利一号露天矿大规模开发时间相对较短，例行监测数据不多，且各时期监测点位置不尽相同，本次后评价在各时期环境质量单独评价回顾的基础上，以相同监测点位比较和将监测点位平均后作为矿区周边总体状况后再比较两个层次来对胜利一号露天矿周边大气环境质量的变化作回顾性分析。发现煤矿开发对周边小范围的环境空气质量会造成一定影响，自胜利一号露天矿开发以来，矿区周边 SO_2、NO_2 浓度变化不大或者略有升高，随着环境保护工作的加强目前已有下降趋势；而矿区周边空气颗粒物浓度自大规模开矿以来呈上升趋势，特别是 2009 年以前上升趋势很明显，到 2010 年增加趋势才有所减缓。

（3）对于锡林浩特市的空气质量，不论是 SO_2、NO_2 还是颗粒物浓度，均表现出了从 1999—2002 年较高，2000 年左右浓度最高，2003 出现一个小低谷，2005 年又突然升高，之后呈下降趋势，到 2009 年之后又有所回升。锡林浩特市空气质量的这种变化受多种因素的影响，其中不乏 2005 年胜利一号露天矿大规模施工、开采以及 2009 年后二期扩建对锡林浩特市空气环境质量的影响。而且在一年当中，锡林浩特市大气污染物浓度具有明显的季节变化规律，SO_2 多以冬、春季最高，NO_2 各年份季节变化规律不尽相同，TSP 多以春季最高。

7.3.4.2 生态环境影响回顾性评价

评价方法和内容：本案例利用 1973 年、1990 年、2000 年、2010 年 4 年的评价范围为 839.68 km^2 的遥感影像，解译获得不同年份胜利一号露天矿周边地区 30 多年的生态环境变化情况，同时通过收集矿区其他煤田的资料，利用前后对比法分析矿区周边生态环境的变化，分析内容包括植被类型、土地利用类型、景观格局、土壤侵蚀等。

评价结果：胜利一号露天矿周边生态环境在 20 世纪 70 年代非常好，土地利用多以原生草地为主，而到了 90 年代，草原开始退化，荒漠化面积逐渐增加，特别是 2000 年以后随着工业的迅速发展，工矿用地和城镇住宅用地逐渐增加，草地面积大幅减少，到 2010 年，典型草原面积较 2000 年降低了 7.53%，荒漠化面积达到最高。对于耕地，其面积波动较大，1990 年较 1973 年降低 1.3%，之后又有所增加，到 2000 年以后又开始降低。历年土地利用类型变化图见彩图 9；历年景观类型变化图见彩图 10。

从典型草原的植物群丛上来看，胜利一号露天矿开采后，原来以大针茅草原为主的植被类型逐渐过渡到以克氏针茅、糙隐子草、羊草为主的克氏针茅草原。同时由于植被和土地利用的变化，动物资源也发生了变化，当地一些较为常见的狐狸、狼等大型哺乳动物现在几乎绝迹，目前动物多以鸟类为主。历年植被类型变化图见彩图 11。

胜利一号露天矿周边土壤侵蚀主要以风蚀为主，且各时期均为轻度侵蚀。不同时期相比较，1973 年土壤侵蚀模数较低，1990 年开始升高，之后土壤侵蚀模数开始下降。随着煤炭资源的开采，矿区周边除铅之外的大多数重金属元素含量会较原生地貌土壤增加，同时土壤有机质和营养元素的含量也会提高；排土场等再造土壤中重金属含量较原生地貌土壤明显增加，有机质和营养元素的含量有所降低。不同复垦方式的土壤其环境质量和理化性质之间也存在一定差异，剥离表土营养元素丰富，有人工种植的排土场土壤中有机质含量和多数营养元素均高于未种植人工植被的排土场土壤。历年土壤侵蚀类型变化图见彩图 12。

7.3.4.3 地下水水质回顾性评价

评价思路和内容：胜利一号露天矿首采区范围内、排矸场（排土场）下游及周边地区无重要地下水水源保护区、泉域等重点水资源保护区，本次后评价对地下水的影响主要通过对不同时期矿区周边地区地下水水质、水资源量和水位以及矿区周边居民饮用水源水井水质的调查研究，通过趋势分析和前后对比法，分析这些指标的变化趋势，以及这种变化影响与矿坑疏干等煤矿开采的相关性，并进一步评价胜利一号露天矿开采过程中对煤田范围内地下水水资源和锡林河水量的影响程度。

评价结果：胜利一号露天矿开采对锡林河水量的减少、周边地下水水位的下降等有一定的贡献作用，具体影响程度目前数据难以定量，需要长期观测，而其对地下水水质的影响表现相对明显，通过对比煤矿开采前现状和本次后评价现状地下水水质得知，目前常规监测点处总硬度、硫酸盐、氟化物含量较环评时有所升高，浊度、细菌总数、色度、锰、大肠菌群浓度有所下降。对于铁，在不同监测点处铁变化规律不一样，4 个监测点平均后，现状值高于 5 年前环评时的 2 倍多。居民用水井水质中氟化物、硫酸盐、总硬度较原环评时高，而原本本底水质含量高的铁、锰和大肠菌群、浊度等却大幅度下降。疏干水水质参数中总硬度、锰、氯化物、氟化物等均有所升高。

7.3.4.4 地表水环境影响回顾性评价

评价思路：以本次后评价现场调查为主，结合环评监测数据、环保竣工验收监测数据以及长期例行监测数据，分析煤矿水平衡、污水排放量、污水综合利用情况；分析煤矿污水排放规律、污染特征和达标排放情况；并进一步分析污水受纳水体水质变化趋势，分析影响水体质量的主要原因。

评价结果：本案例中胜利一号露天矿地表水为季节性河流，监测时河水干枯，所以无地表水水质变化趋势分析，关于地表水情况在现状评价中已经介绍，所以这里着重对矿坑水水质情况进行回顾评价。通过与一期工程验收数据相比，本次后评价对矿坑水水质参数调查数据中，BOD_5、COD、氟化物有所升高，而氨氮有所减低，悬浮物大大降低，目前悬浮物含量较 2008 年一期竣工验收时降低 3 倍多。不过，目前该煤矿正在试用疏干水复用系统，专门处理矿坑水，预计使用后污水出水水质将会有所提高。

7.3.4.5 声环境影响回顾性评价

评价思路：综合胜利一号露天矿在原乌兰图嘎煤矿的基础上扩建前环评时的现状监测数据、本次后评价现状监测数据，以及历年来与胜利一号露天矿相关的其他监测数据，汇总并比较矿区周围不同时期噪声环境质量，分析煤矿采掘场边界噪声以及其他噪声源排放达标情况；分析厂界噪声、重要环境敏感目标处噪声环境质量的变化，以及这些变化与本露天矿开发的相关性。

评价结果：胜利一号露天矿的扩建开采后，采掘场、煤矿厂界以及矿区周边例行监测点的噪声级均有所增加，随着开采时间的推移，开采量和开采面积逐渐增加，采掘场产生的噪声贡献值越来越大，采掘场出现最大噪声级的方向也发生了变化，最大噪声级出现位置由煤炭开采初期的北场界逐渐向目前的南场界推移。不过随着环境保护管理制度的逐年完善，矿区厂界噪声值在 2010 年有所下降。

7.3.4.6 固体废物环境影响回顾性评价

评价思路：以实际调查结果为主，结合竣工验收等其他资料，对煤矿开发时剥离物、煤矸石、锅炉灰渣等固体废物的处理方式和实际环境影响作分析。对排土场周围土壤环境质量监测，分析土壤是否受到项目固体废物堆存的污染影响。

评价结果：本案例产生的煤矸石很少，基本没有，案例中没有对排土场固体废物作淋溶试验，对固体废物的环境影响也无例行资料，本次后评价只从固体废物产生量、处置方式作了回顾，并在此基础上结合土壤环境质量中排土场再造土壤和原生地貌土壤质量的对比作了评价，最后建议今后作进一步的水土流失试验和土壤淋溶试验。

7.3.4.7 社会经济影响回顾性评价

通过购买统计年鉴对锡林郭勒盟整个地区和锡林浩特市近 10 年的地区经济增长、城镇居民可支配收入和农牧民人均纯收入人口变化、在岗职工人均货币工资、年末在岗职工人数、原煤产量等进行搜集调查，在此基础上通过趋势分析法和相关分析法评价煤矿开发对地区经济、人口就业等方面的影响。结果发现煤矿开发后锡林郭勒盟地区经济不断增加，而且当地原煤产量与地区生产总值、居民人均收入均具有很好的相关性，这几种指标在十年来均保持相同的发展趋势，说明煤炭开采虽对环境造成一定影响，但其对当地经济发展的促进和居民收入的增加作用也是不可磨灭的。

7.3.5 环境影响趋势预测与分析

7.3.5.1 大气环境影响预测

经过回顾性分析，胜利一号露天矿自开发以来，周边监测点空气颗粒物浓度基本呈上升趋势，而距其 6 km 处的锡林浩特市表现出煤矿开发时的施工年（2005 年）和二期扩建时（2010 年）TSP 浓度均出现了高峰。结合对城市大气环境质量影响因素的考虑，使用趋势外推法和大气环境影响预测估算模式预测，随着煤矿的进一步开发，TSP 面源排放量的增加，对周围环境的 TSP 贡献会增加；同时随着煤矿开采对区域草原植被的影响，土壤沙化程度的增加也会加重 TSP 的污染。不过，经过分析也发现，随着人们环保意识的增强，煤矿大气污染防治措施的改进和实施，煤矿周边大气环境质量受影响的增加趋势逐渐减缓。

7.3.5.2 生态环境变化趋势预测

大规模煤矿开采对草原植被和土地产生破坏，不断缩小草原资源的面积，回顾性分析发现，胜利一号露天矿周边原生植物群落结构特征已发生变化，植被总体处于退化演替过程中。在今后的开发过程中，仍要占用大量的草原，破坏草原植被，草地景观类型面积仍将不断减小，工矿景观及城镇住宅景观面积会不断扩大。依据胜利一号露天矿周边植被生态系列图式和植被生态学有关知识，分析胜利一号露天矿周边植被的变化，矿区周边天然植被的不同分布规律主要受水分、基质及人为活动的影响较大，随着水分较大的草甸土向典型草原灰钙土，再到砾质石化土壤，其对应生长的植被由低湿地群落向低湿化的克氏针茅、羊草为主的典型草原，再到中生化的大针茅为主的草原植被，最后出现了砾石质化的小针茅和多根葱群落。

胜利一号露天矿在空地上和排土场进行了人工种植和复垦，目前主要为一二年生植物，根据植被恢复原理，预测其演替 2～3 年后，一二年生植物被多年生杂类草所取代，并会出现中生或旱中生型根茎禾草的侵入；演替进行 4～5 年后，水分条件较好的情况下，草本层片便由多年生根茎禾草占优势，伴生有多年生杂类草及多年生丛生禾草，如羊草群落；演替进行 7～8 年后土壤变紧实，丛生禾草开始定居，并逐渐代替了根茎禾草，恢复到针茅群落。

煤矿开采对周边土地利用和植被类型的改变对动物资源也有一定的影响，自开矿以来，当地一些较为常见的狐狸、狼等大型哺乳动物现在几乎绝迹，这种影响将是长期的。不过，若对煤矿排土场等人工复垦地绿化工作做得好的话，对动物资源的保护无疑是一件好事，目前胜利一号露天矿北排土场平台的生态恢复已经初见成效，吸引着一些野生动物前来栖息，较为常见的是野兔及鸟类，这样可以在一定程度上减缓煤矿开发对周边动物资源的影响程度。

7.3.5.3 地下水水质影响趋势预测

露天矿开采以来，露天矿周围地下水的水体质量变化总体上不大，但回顾性分析说明目前地下水总硬度、硫酸盐、氟化物等指标值较环评时有所升高，这使得原本超过标准限值的氟化物在胜利一号露天矿周边地下水的污染更为严重。铁也有升高趋势。浊度、细菌总数、色度、锰、大肠菌群浓度本次后评价调查值较环评时有所下降，特别是大肠菌群。锰的浓度目前虽然较环评时有所下降，但含量还是相对比较高。据此推测，在煤矿的进一步开采中，氟化物含量仍要升高，锰含量会减少，但由于该矿周边地下水本底较高所以锰含量不会太低。煤矿开发对地下水水位和区域水资源量会产生影响，且随着煤矿的进一步开发这种影响会加剧。

7.3.5.4 地表水环境影响趋势预测

本案例产生的生活污水、机修车间废水等不排入锡林河，只有矿坑水和疏干水排入锡林河，虽然回顾性分析发现一期工程矿坑水简易沉淀池出水水质中 BOD_5、COD、氟化物较环评前有所升高，但能达标排放，悬浮物虽然不能达标排放但较环评前大大降低。胜利一号露天矿今后将使用疏干水复用系统，专门处理矿坑水，预计使用后污水出水水质将会有所提高，能够满足达标排放的要求，因此胜利一号露天矿污水排放不会对锡林河水质造成太大影响，反而对本来干枯的锡林河补充了景观用水。

7.3.5.5 噪声环境影响趋势预测

回顾性分析可知，胜利一号露天矿的扩建开采后，采掘场、煤矿厂界以及矿区周边例行监测点的噪声级均有所增加，所以预测随着煤矿的进一步开采，采掘场面积越来越大，场界噪声和周边敏感点噪声级也会增加，而且随着开采时间的推移，采掘场出现最大噪声级的方向也会随着开采方向的推移而变化。不过随着环境保护管理制度的逐年完善，矿区厂界噪声值也会有所下降。

7.3.6 原环评结论的验证性评价

本案例中关于环境影响的验证性分析，主要针对环评时主要关注的问题进行验证，并对能够定量化的预测结果进行相对误差的分析，分析其与实际环境影响程度造成差异的原因。

（1）大气环境影响验证性分析。本案例中关于大气环境影响的验证性分析，主要针对环评时主要关注的锅炉烟尘、煤场堆取扬尘和露天矿对锡林浩特市的影响等环评结论的可靠性进行验证，关于煤场堆取扬尘环评结论可靠，预测值相对现状值偏高一点（从达标距离上可以看出）。锅炉烟尘和 SO_2 浓度最初较低，目前不能达标，不能绝对认为环评预测结论不准确，这也与锅炉除尘设施的效率降低有很大关系。对露天矿扬尘污染的环评结论可靠，但环评时把扬尘产生的来源集中在排土场上，而实际道路扬尘污染最重。

（2）生态环境影响验证性分析。环评时露天煤矿开发对周边草原植被和动物的影响与本次后评价回顾性和趋势预测结论，环评时的预测结论可靠。对土壤侵蚀的影响环评结论正确，但预测结果土壤侵蚀量有所偏低。对土壤有机质、营养元素、重金属含量变化的影响环评时预测结论具有准确性和可靠性，但有机质、全氮、速效钾、汞、铅环评预测值较后评价实际调查结果偏低，偏低程度最大的是全氮，而 pH、有效磷、铜、镉、总铬预测值较实际调查值有所偏高。

（3）地下水水质影响验证性分析。露天矿环评时认为除了氟化物超标以及铁、锰指标较高外，其他指标均符合标准要求，可以直接排放，不会对地下水产生影响。而本次后评价发现胜利一号露天矿开发对地下水水质有一定的影响，表现在总硬度、硫酸盐、氟化物等指标值较环评时有所升高，浊度、细菌总数、色度、锰、大肠菌群浓度虽有所下降，但也要比环评预测浓度高，预测结果偏低，预测结论欠妥。

（4）地表水环境影响验证性分析。本案例因受纳水体仅为一个干河床，对地表水环境影响的验证只从用排水量的多少和出水水质的达标情况来考虑。由于工艺的变更和预测结果的偏差，胜利一号露天矿实际开发过程中用水量和排水量均较环评预测时少，对出水水质的预测结论可靠。

（5）声环境影响验证性分析。环评时对厂界噪声进行了预测，关于对矿区四厂界环境噪声的预测，原环评结论符合实际情况，具有很好的可靠性。不过，环评时对采掘场四场界环境噪声的预测值较实际值偏低。

（6）固体废物环境影响验证性分析。本案例所做后评价没有对固体废物做淋溶试验，通过调查发现，本案例固体废物环境影响与环评时的不同主要表现在产生量和处理方式的不同，胜利一号露天矿对固体废物的处置合理，除了排土场占压土地、破坏了原有植被外，基本没有对环境造成明显影响，且随着排土场的到位和复垦绿化措施的实施，排土场对环境的影响更会减弱，故推断环评预测结论可靠。

（7）社会经济影响验证性分析。本案例后评价发现煤矿开发对当地经济发展和居民收入具有积极作用，同时也能为社会提供就业机会，验证了当时环评结论的正确性。

7.3.7 防治措施有效性评价

本案例通过对照原环评设计措施，核实实际采矿过程中各种污染防治措施和生态保护措施的落实情况，并结合环境质量现状和回顾性分析的结果，评价煤矿目前采取措施的效果，对采取措施不足的地方提出要求改进的建议。

（1）大气污染防治措施有效性评价。目前采掘场、排土场、储煤场等大气污染防护措施基本有效，能够满足要求。采掘场下风向场界扬尘浓度较高，需要加大防治力度。从采掘场到排土场的运输道路产生的扬尘是胜利一号露天矿扬尘污染的重要来源，今后在大气扬尘无组织排放防治中，应加大运输道路扬尘的防止力度，仅靠目前的洒水力度是不够的。本次后评价通过现状监测和回顾性分析发现，锅炉烟尘和 SO_2 浓度最初较低，但到 2010 年 11 月现状监测时超标，急需要更换或者采取其他手段使锅炉污染物实现达标排放。

（2）生态环境保护措施有效性评价。建设单位严格按照水保方案的要求实施项目中的水土保持工程和植物措施。在运行期间严格控制排土场的占地范围，防止草场进一步退化和土地沙化，对永久性或临时性的占用一部分原生草原采取生物措施和经济措施进行补偿，对各类临时占地、工业场地、排土场等进行植被恢复。从工程措施、绿化以及管理等多方面对生态环境措施进行落实，较为有效地减少了生态破坏和水土流失，目前采取的生态保护措施取得了良好的水土保持、绿化、景观生态等效应，但由于目前仍是以一年生草本植物为主，对整个矿区植被的恢复效果还未见成效。

（3）水污染防治措施有效性评价。通过对污水排放去向和污水水质的回顾性评价和验证分析，胜利一号露天矿目前的污水处理设施简易沉淀池对悬浮物的处理效果不够，使得悬浮物的浓度远远高于污水综合排放标准一级标准限值。现已建设预计在二期工程验收的疏干水复用工程运行后，可使矿区矿坑水实现达标排放。

（4）噪声污染防治措施有效性评价。胜利一号露天矿噪声污染不太严重，目前采取的噪声防治措施起到了较好的防治效果。不过，在煤矿的进一步开采过程中，随着开采面积的不断加大和人员活动的频繁，矿区内及周边环境噪声也越来越大，而且随着开采方向的推进，出现噪声最大值的方位也在变化，目前采掘场噪声以南场界最高，今后在噪声防治过程中要考虑这些方面的内容。

（5）固体废物处置措施有效性评价。后评价调查中发现，胜利一号露天矿固体废物没有对环境造成明显影响，排土场在采取措施后无严重的水土流失现象发生。说明固体废物处置措施合理可行。

7.3.8 公众调查与评价

为维护公众合法的环境权益，在环境影响后评价中体现以人为本的原则，本案例本着知情、真实、广泛和主动的原则进行了公众调查。调查的方式以问卷调查为主，辅以走访座谈法。考虑到文化水平和认知程度的不同，本案例问卷调查具体分为两种情况：一是调查受影响居民，发放普通民众调查表；二是走访当地政府及煤矿等相关部门，对相关单位职工发放调查表进行问卷调查。

其中普通民众包括受胜利一号露天矿开发影响较大的附近牧民和锡林浩特市市民，其中附近居民点选择伊利勒特嘎查（老丁家）、宝力根苏木胜利一队、宝力根苏木胜利二队（蔬菜基地）、城关苏木等，本案例在这些居民点和锡林浩特市共发放问卷 60 份，收回有效问卷 52 份。具体调查地点及详细信息见表 7-47 和图 7-24。

表 7-47 普通民众问卷调查

调查地点	名称	地理坐标	敏感点方位、距离、规模	问卷数量
附近居民点	老丁家	44°2′9.12″北，116°1′15.6″东	北排土场东北 1.5 km，2 户	1
	胜利一队	44°2′35.1″北，116°0′48.72″东	矿区东 2 km，5 户	1
	胜利二队	43°58′54.72″北，116°1′41.16″东	装车站西南 1 km，15 户	2
	城关苏木	43°57′78″北，116° 3′82″东	矿区东南 4 km，10 户	8
	老奶牛场	43°59′56.45″北，116°3′32.41″东	矿区北排土场东 1.5 km，6 户	5
锡林浩特市		43°02′—44°北，115°13′—117°06′东	矿区东南 6 km，14.9 万人	35

图 7-24 普通民众问卷调查

另一类调查对象是与煤炭开发专业相关的政府部门职工，具体选择锡林郭勒盟监测站、锡林郭勒盟水利局、锡林郭勒盟国土资源局、神华北电胜利能源有限责任公司，对这些相关单位各发放问卷 10 份，共对 40 个职工进行调查问卷，收回有效问卷 40 份。

公众调查结果显示，胜利一号露天矿对周边空气环境、生态环境、地下水等环境造成了一定影响，相关单位和普通群众虽然所处环境和认识有所差别，但多数意见是一致的。总体上，58.7%的人认为本地区属于资源型区域，应该鼓励矿产开发。61.9%的人支持该煤矿继续开发，且 52%的人认为露天矿周边抑尘措施尚不到位，需要进一步改善，93.5%的人认为有必要开展环境影响后评价，体现了广大人民群众对环境保护工作的重视。

7.3.9 改进方案

本案例依据现状监测结果及回顾性分析中煤矿开发环境影响程度和变化趋势，特别是根据煤矿开发现有环保措施的有效性评价，并结合清洁生产和公众调查等结果，针对目前煤矿在污染防治和生态建设、资源能源利用和清洁生产等方面的不足，提出今后的改进方案。

（1）大气污染防治措施改进方案。目前锅炉除尘效率和脱硫效率低下，锅炉烟尘和SO_2不能达标排放，需要及时更换或做其他改进措施。从采掘场到排土场的运输道路扬尘是胜利一号露天矿扬尘污染的重要来源，目前从采掘场到南排土场的运输道路扬尘个别时段出现了超标，今后在大气扬尘无组织排放防治中采取各种措施加大运输道路扬尘的防止力度；采掘场和装车站扬尘污染也相对严重，采用加强洒水力度、采用半封闭方式或者配备布袋除尘等措施来减少这些地方的扬尘污染。

（2）生态保护措施改进方案。继续加大生态环境保护的力度，应规范作业方式，尽量避免碾压草原植被，尽量减少对自然植被和土壤的破坏。今后生产中必须注意土地复垦与恢复工作，且把恢复重建工作放在胜利一号露天矿生态建设的首要地位，提高排土场绿化覆盖率，矿区闭矿退役期后，遗留的露天采坑也要按照国家相关要求进行土地复垦。在土地复垦中排土场植被复垦单独剥离存放的表土不够时，购买客土，用于土地复垦和植被恢复。

（3）水污染防治措施改进方案。水处理去向的改进：从多方面加大煤矿水资源的综合利用途径，除用作洒水抑尘和绿化外，还要考虑其他煤电联姻等其他综合利用途径，提高水资源的综合利用率。进一步提高出水水质：目前胜利一号露天矿矿坑水中悬浮物浓度超标，建议尽快使疏干水复用系统正常运转，在二期工程中加大悬浮物的处理力度，使出水水质达标。加强对排污口规范化的要求和改进，合理设计流水走向。

（4）噪声污染防治措施改进方案。胜利一号露天矿噪声污染不太严重，目前采取的噪声防治措施起到了较好的防治效果。不过，随着开采面积的不断加大和人员活动的频繁，矿区内及周边环境噪声也越来越大，而且随着开采方向的推进，出现噪声最大值的方位也在变化，目前采掘场噪声以南场界最高，今后在噪声防治过程中要考虑这些方面的内容。在常规管理过程中，缺乏对机修车间、公建设施等噪声源产生的噪声贡献值进行监测，今后应加强这方面的管理和监测。

（5）固体废物污染防治措施改进方案。本露天矿产生的煤矸石虽然较少，建议如果可能的话，应该对煤矸石进行综合利用而代替直接排入排土场。建议今后加强固体废物浸溶实验和排土场水土流失试验。

（6）资源综合利用和清洁生产改进方案。胜利一号露天矿采用国际先进的开采工艺与装备（单斗—卡车开采工艺），原煤采用进全封闭筒仓贮煤场储存，并有完善的交通运输系统，即采用的工艺和设备先进，同时在资源能源利用和矿山生态保护指标等方面的清洁生产水平也较好，但在疏干水的综合利用以及环境管理审核、设备管理、环保设施运行管理等方面相对较差，需要改进和提高。

（7）环境管理和监测改进方案。加强常规监测和环保设施的日常检查，及时发现问题并提早解决。加强对污染源的管理和监测，以便准确掌握煤矿运行过程中对矿区及其周边环境产生的噪声污染情况，并对噪声污染防治措施的实施做到有的放矢。增加环境质量例行监测的次数和内容，并注意相同点位的长期监测，有条件时可以在工业场地对各类污染源污染物浓度进行在线监测，并定期记录和分析监测结果。今后在实际操作管理的同时，注意加强档案整理，详细记录环保设施运行数据，并记录环保档案和运行监管机制。下一步急需制定近、远期环境管理计划。

7.3.10　小结

本案例以胜利一号露天矿为试点研究对象，以环评时的现状为基础，以2010年监测值为目前现状，以历年监测数据为过程，对煤矿开发后6年以来对环境的影响进行了较为全面的回顾性评价，并预测今后环境影响的发展趋势；根据回顾性评价和现状监测结果，并结合公众调查和社会经济调查情况，分析煤矿开发对当地环境的真正影响，对当时环评结论进行验证性分析，对定量化环评结果进行偏差分析，并分析出现误差的原因；在回顾性和验证性分析的基础上评价目前煤矿采取污染防治和生态保护措施的有效性，目前在各环境要素污染防治和生态建设以及环境保护管理过程中的不足，并提出了今后煤矿开采过程中的改进方案。

第 8 章　上篇总结

8.1　内容

本篇在系统分析环境影响后评价在国内外的研究及发展历程，比较明晰相关概念的基础上，以 3 个露天煤矿案例为研究实例背景，分析总结了 3 个案例环境影响后评价的后评价指标体系、后评价方法及其理论、后评价模型、后评价管理机制等方面，以草原区露天煤矿项目为重点研究目标，在案例分析总结的基础构建了环境影响后评价框架、理论支撑体系、方法体系及管理机制。具体内容包括：

（1）基于对环境影响后评价本质及特点的分析构建环境影响后评价的框架，确定了评价的目的、原则、范围、内容、评价主客体、评价重点及技术路线。

（2）以生态学系列理论为核心构建了环境影响后评价的支撑体系：一条主线，一个桥梁，两个基点和两条原则。一条主线——恢复生态学；一个桥梁——生态系统管理学；两个基点——环境系统损伤机制和环境系统抵御机制；两条原则——生态经济学和可持续发展理论。具体包括：恢复生态学、生态系统受损机理、环境污染累积效应、复合污染生态学、生态系统演替理论、生态承载力理论、生态工程设计原理、可持续发展理论、生态经济学、生态系统管理学。

（3）经参考大量国内外环境评价指标体系的基础上，采用相关性分析、系统分析、频度统计等方法对相关产业环境影响评价及后评价指标进行归一化处理，计算各初选指标之间的相关系数，建立相关系数矩阵，进行相关性分析，根据一定的标准选取了独立性较强，能反映某一方面问题的合适指标。结合案例分析的成果，遵照《环境影响评价法》的要求，构建了草原煤田环境影响后评价的一般性指标体系，指标结构包括目标层、约束层、准则层、指标层和变量层 5 个层次。

（4）在后评价案例应用成果的基础上，综合参考了多种环境影响评价方法、经济类评价分析方法、数理统计分析方法、地学分析方法等多种类型方法后，总结提炼了一套以趋势分析法、动态分析法、回归分析法、累积预测法等回顾性评价及预测方法为核心的环境影响后评价方法体系。后评价方法体系具有多样性和交叉性，包括定性、定量及半定性半定量的多种评价方法。从其功能上，可分为环境影响识别方法、环境现状调查与监测方法、环境质量现状评价方法、环境影响回顾性评价方法、环境影响后评价验证性评价方法。

（5）综合环境影响后评价理论支撑体系、评价框架、评价指标体系、评价方法体系的研究成果，编制了《露天煤矿环境影响后评价技术规范（初稿）》。

（6）开展了煤田开发环境影响后评价应用研究。以内蒙古典型草原区露天煤矿（伊敏露天煤矿、黑岱沟露天矿、胜利一号露天煤矿）环境影响后评价研究为案例，对煤田开发（露天煤矿）环境影响后评价进行实际应用研究，为今后我国煤田开发环境影响后评价的理论研究与实际应用提供了经验。

（7）提出了完善建设项目环境影响后评价管理机制的建议。根据我国环境影响后评价工作中存在的问题，分别从建立环境影响后评价三级管理体系、选择合适的后评价组织机制、完善后评价运行机制、健全后评价保障机制、强化后评价反馈应用机制、建立后评价监测诊断机制 6 个方面，提出了加强建设项目环境影响后评价工作的政策和制度建议。并在全面剖析的基础上编制了《露天煤矿环境影响后评估管理办法》。

（8）针对伊敏露天矿开发三十多年的自然环境及社会经济状况及其变化，结合露天矿开采情况，采用四维空间模型来进行各环境要素的单因素分析，并采用模糊综合数学评价法和层次分析法相结合的方法构建了矿区草原生态系统综合评价模型，并对伊敏露天矿进行了综合生态健康状况评价，并分析了其后评价环境影响机理。

8.2 展望

目前，国内外对环境影响后评价方法及理论的研究均较少，实际应用案例也不多，因此尚没有任何正式发布的技术规范和管理法规，存在很多不足之处。

（1）在方法研究方面，由于对环境影响后评价方法的系统研究在国内外尚处于初期阶段，很难有前人成熟经验可供借鉴，因此从其他相关学科领域引入了多种方法及理论，因此使许多借鉴的方法易与其在其他领域的应用相混淆。方法的适用性也有等于后续研究的全面验证。

（2）在理论研究方面，由于环境影响后评价理论系统研究在国内外尚属空白，因此本次理论支撑体系的构建及研究尚为雏形，还缺乏系统性和理论深度，有待进一步的完善。

（3）在管理机制研究方面，由于各类建项目环境影响后评价管理所涉及的问题有所不同，因此本篇仅针对露天煤矿提出了环境影响后评估管理办法，涉及项目类别较少，且该管理办法的合理性尚需通过进一步与所有管理部门进行沟通来优化，并需广泛争取公众意见进行完善。

（4）由于案例项目历史数据完善程度的局限，在对案例进行环境影响后评价过程中，尚有许多细节问题无法解决，需增加更多案例进行深入研究，因此以案例分析为基础提炼的成果均有一定局限性。

（5）由于本篇研究是以露天煤矿环境影响后评价研究为核心，因此对于其他类型建设项目的环境影响后评价方法及理论在个别方面可能存在不适用性，无法通用于所有类型的建设项目环境影响后评价，仅能作为单个行业类环境影响后评价应用的参考和指导。

因此，今后的环境影响后评价工作还需在理论研究、方法研究与应用研究等方面进行综合性的考虑与提升。

（1）理论研究。现有项目环境影响后评价已有的理论研究中，较多地强调静态、定性化的研究，而对于动态的、考虑评价主体因素的研究仍显不够。涉及矿产资源开发的环境影响后评价的理论、方法及应用的研究则更少；基于生态经济学理论、现代项目管理理论、系统科学理论和可持续发展理论的矿产资源项目环境影响后评价仍有待进一步深化研究。如何实现理论研究与实际应用的衔接，并进一步增加其可操作性，仍是今后需要研究的主题。

（2）方法研究。目前，已开展环境影响后评价的行业所采用的评价方法仍然以环境影响评价（即前评价）的评价方法为依据。可是前评价毕竟为预测性评价，这一点与现实性评价的后评价有很大的区别。在对工程项目环境影响后评价定量化研究过程中，还需要对已有的方法体系进行进一步研究。由于环境影响后评价研究还处于探索阶段，如何将较成熟的方法结合后评价的特点应用于项目环境影响后评价领域，使后评价结果更具科学性和合理性；如何将不同的方法结合使用，明确后评价各因子间的相关性；如何构建综合后评价模型，保障后评价结论的科学性、完整性将是今后研究的重点。

（3）应用研究。目前，我国环境影响后评价工作及研究均处于探索阶段。在应用研究中还有众多工作亟待开展。

①理论研究与实际应用紧密结合有待加强。我国环境影响后评价研究仍处于有限范围、有限行业的“具体理论方法+实际应用案例”阶段，有时理论研究过于理想化，脱离实际，实际应用研究又由于单一行业实际情况的特殊性而缺乏通用性，导致出现理论与应用研究衔接效果不理想的情况。

②环境影响后评价内容与指标体系的确定有待完善。我国建设项目类型较多，其建设各有侧重，评价内容与指标体系也各有差异，今后需加强煤炭资源工程项目共性的界定研究，确定综合评价内容和指标体系将是今后研究的重点内容。

③环境影响后评价中生态、经济、社会效益后评价有待精准化。环境影响后评价中生态、经济、社会效益的评价与研究（部分内容）仍存在难以定量化、不确定性较大以及评价方法优化等问题，在综合效益后评价研究过程中，以下问题仍有待研究：针对不同自然立地条件、不同区域生态位、不同地区经济发展情况，需要对建设项目“化整为零”，对综合效益进行更多定量化、精准化的后评价；三大效益后评价标准多采用行业标准，但涉及的行业标准并不全面，需要将三大效益评价标准放在国民经济可持续发展的全局进行综合分析评价；在三大效益后评价过程中需要对难以定量的指标进行定性化分析，这就需要进一步规范明确定性的评价指标体系和评价的标准。

总之，对工程项目环境影响后评价的研究还需要进一步深入，以期真正形成建设项目环境影响后评价完整的理论与应用体系。

下　篇

草原煤田开发生态修复示范技术

第 9 章　草原煤田开发生态修复示范技术国内、外研究进展

9.1　国外研究进展

国外一些矿业发达国家，如美国、德国、英国、前苏联、波兰、加拿大、澳大利亚等，比较重视矿产资源开发后的生态恢复工作。他们在这方面起步早、起点高，相继颁布了许多有关的法律法规，投入了大量的资金和技术力量推动矿山损毁土地的科学研究和实际治理恢复工作。在矿山环境恢复技术、生物系统工作和运用管理措施等方面均达到了较高水平，获得了显著的环境、社会和经济效益。

起步较早的德国在20世纪20年代初就开始对露天褐煤区进行绿化；同样，美国Indiana煤炭生产协会1918年就自发地在煤矸石堆上进行种植试验。1939年以后，美国39个州先后制定了露天开采和土地复垦法，使土地复垦逐步走上了法制化轨道。50年代末到60年代初，许多国家也相继颁布有关法律、法令和法规，开展恢复工程的生态恢复活动，并研究恢复土地的利用方向、恢复工艺和设备、恢复技术及恢复效益等问题，比较自觉地进入了科学生态恢复的时代。随着土地生态恢复技术的发展和法规的逐步完善，促使这些国家生态恢复率明显提高。

英国政府于1969年颁布《矿山采矿场法》，提出矿主开矿时必须同时提出生态恢复及采后的生态恢复和管理工作，明确按农业或林业标准进行恢复。如果恢复不好，则禁止或停止开采。同时，英国政府还给地方政府拨生态恢复费，用于购地和种植科研费、重新种植植物费。拨款数额是根据复垦区所在地政府的经济状况而定，经济发达地区给50%，贫困地区85%，中等经济水平地区拨给全部生态恢复费的75%。生态恢复资金除国家拨款外，地方政府也承担部分复垦费，恢复的土地归属地方政府或由地方政府出租、出售，以弥补生态恢复费用不足。

德国对煤矿土地生态恢复、保持农林面积、恢复生态平衡、防止环境污染等问题十分重视。德国政府和威斯特伦政府法令规定“露天矿采空后要恢复原有的农、林经济和自然景色”等条文，保证了生态恢复工作顺利开展。

澳大利亚作为矿业为主的国家，矿山生态恢复已经取得长足进展和令人瞩目的成绩，被认为是世界上先进而且成功地处理扰动土地的国家，生态恢复已为开采工艺的一部分。

新开采的矿山，除采掘以外，其他被扰动过的土地已经或正在被绿色所覆盖。对于过去开采遗留下来的已封闭矿山，生态恢复工作是由政府出资进行的。因此，矿山开采带来的土地破坏、环境影响和生态扰动，正在有效而成功地消失。生态恢复后的矿山被绿色覆盖，环境自然，空气清新，已难辨认一般矿山面貌。

美国对生态恢复也十分重视，如在《露天开采控制和复垦法令》中规定开采破坏的土地必须恢复到原来的形态，原农田恢复到农田状态，原森林要恢复到森林状态。由于国家法令的强制作用以及科研工作的进展，美国矿区环境保护和治理成绩显著。在生态恢复区种植作物、矸石山植树造林和利用电厂粉煤灰改良土壤等方面做了很多工作，积累了经验。

法国在露天煤矿土地复垦中亦有很多成功的经验可以借鉴，曾利用外排土场复田绿化后建设赛马场和高尔夫球场等，从而使矿山占用的土地得以再利用。La Martinie 露天煤矿排土场土地复垦示范工程所创建“脚坝”技术，对于露天矿外排土场的建设和生态恢复具有广泛的指导意义。

进入 20 世纪 70 年代，生态恢复技术逐步形成了一门多学科、多行业、多部门联合协作的系统工程，许多企业自觉地把土地复垦纳入设计、施工和生产过程中。国外矿山生态恢复一般分为两个阶段：第一个阶段为工程恢复，包括的技术内容有排土场、采矿坑、废弃的土方工程；覆盖表土的土壤选择、覆土参数及设备选择；控制水土流失的技术措施；塌陷治理技术等。第二个阶段为生物恢复，包括植物品种选择、播种、插条、种植技术、土壤改良技术及其他植被恢复工艺措施。目前废弃地的恢复利用正在全世界广泛开展，作为土地资源再利用和生态环境保护的重要组成部分，土地复垦的技术工艺也得到了进一步的重视和发展。

9.2 国内研究进展

露天矿生态恢复的主攻关键是优选适宜于相应土壤和气候的先锋植物种类，并结合矿区城市的总体规划，探索废弃露天煤矿采场和排土场的生态恢复方法和土地的再利用途径。以采矿学、工程地质学、岩体力学、环境工程学、生态学、土壤学、农林学为理论指导，采用理论研究和室内实验、现场工程实验相结合的研究方法，借鉴和引进国外的成熟经验并根据我国国情，因地制宜地对我国露天煤矿闭坑后的环境影响和地质灾害进行治理，进行生态环境恢复和土地资源的再利用，在我国具有广阔的应用前景和推广价值。

国内露天煤矿生态恢复主要围绕其相关技术展开，主要包含了“剥离—采矿—复垦”一体化工程技术、矿区废弃物综合利用技术、地表整形工程技术、土壤重金属污染治理技术、土壤培肥改良技术、植被恢复技术和水土流失综合治理技术这 7 部分内容。工程恢复阶段主要以土壤破坏前有计划地表土层采集、堆存为内容，以供今后恢复被破坏土地的生产使用；生态恢复在工程复垦的基础上进行，将复垦地进行熟化和改良，并进行各种复垦作业，以种粮、植草等来充分利用遭到破坏的土地，同时达到一定的经济效益。至 21 世纪初，土地复垦与生态恢复已取得了一定成效，土地复垦坚持最严格的耕地保护制度，以科学理论结合生产实践将土地恢复到适合发展要求的土地利用标准，符合农、林、牧、草的发展要求，使土地适宜性和生产力及生产潜力达到发展要求较高的水平。同时，土地复垦法律、法规和有关技术标准不断健全，在全国建立了一批各种不同类型的土地复垦试点和示范区，土地复垦技术研究、学术交流也有了发展，明确了土地复垦管理体制等方面的内容。开采较早的露天煤矿将复垦与采排工艺工作独自开展，没有相结合，而新近建设的露天煤矿考虑了这一问题。例如，平朔将排土场的整形与采排工艺统筹考虑，提出了采运排复一条龙作业以及堆状地貌种植法等工程与生物复垦方法，有效地降低了复垦费用。在排土场复垦植被中，总结出平台上“分区成埂、分段成畦”、“大水排、小水蓄”的整形与水保措施，该矿的排土场复垦工作已基本规范化。伊敏河矿在排土场复垦过程中，将电厂粉煤灰与露天矿剥离物进行混合排弃，开展了种草试验，在采掘过程中实行了腐殖土单采单放，从开采技术上提前实现了内排等。抚顺西露天矿根据堆弃年代将外排土场分成6种类型，并提出了6种类型造林的适种树种。义马北露天矿利用排土场建成一个农场。而鹤岗岭北露天矿、小龙潭露天矿等用露采剥离物作筑坝材料，将沟壑地段或露采场修筑成池塘蓄水，提供工业用水和饮用水或养鱼。

目前关注的矿区土地复垦与生态恢复关键技术，包括研究减轻矿山土地破坏的工程技术的关键理论、方法、工艺和材料；针对不同区域和不同破坏土地类型特点，开发与采矿工艺协同的节地技术、地貌重塑技术和土壤重构技术；研究不同破坏条件下的植被快速恢复技术；研究典型矿区土地复垦监测技术。矿区土地复垦技术集成与试验示范区建设，包括通过技术筛选优化、引进吸收和组装创新，从技术经济角度构建草原区破坏土地类型生态复垦的集成技术。充分利用矿区土地复垦实验数据积累，建立草原区土地复垦试验示范基地，对不同区域土地复垦集成技术进行示范推广。

第 10 章　草原煤田开发生态修复限制性因素

草原煤田生态修复限制性因素主要为土壤肥效低、复垦表土不足、水资源短缺、适宜物种少和水土流失严重，以下以大唐东二号露天煤矿为例进行说明。

10.1　土壤肥效低

大唐东二号露天矿所处草原区域土壤为典型栗钙土，隐域性土壤发育，由于栗钙土的成土母质主要是黄土状沉积物、各种岩石风化物、河流冲积物、风沙沉积物等，再加上气候旱区、风蚀严重，因此形成的土壤质量较差，土壤养分含量较低。总体土壤养分状况是缺磷、氮中等、富钾，有机质含量一般为 2%～3.68%，pH≈8。通过采集矿区土样对土壤质量状况进行分析、验证，见表 10-1。

表 10-1　典型区原地貌土壤养分检测结果

pH	有机质/%	全氮/%	有效磷/（mg/kg）	速效钾/（mg/kg）	碱解氮/（mg/kg）
8.3	2.43	0.15	3.84	224	106

由土壤检测结果可知，矿区有机质含量相对于所处草原区域自然背景值偏高且 pH 基本吻合，但突出的表现是土壤中缺少有效磷，同时碱解氮处于中等水平，但是速效钾的含量相对较高，达到 224 mg/kg。

此外，在露天煤矿开采过程中，将地下数十米甚至数百米挖掘出的岩土堆砌在矿区地表，造成的后果是将不同深度岩层中的重金属元素由地下深部转至地上，很可能会对矿区地表资源造成污染。胜利矿区所在区域的表土自然背景值见表 10-2。

表 10-2　研究区原地貌土壤重金属污染分析　　单位：mg/kg

名称	汞	镉	铬	砷	铅	铜
矿区土样检测	0.022	0.928	38.3	6.85	15.0	12.3
表土自然背景值	0.08	0.334	19.817	5.213	10.719	11.200
质量标准	0.15	0.2	90	15	35	35

表中“质量标准”为国家土壤环境质量标准，即采用《中华人民共和国环境影响评价

法与规划、设计、建设项目实施手册》中的相应指标，由于胜利露天矿位于国家自然保护区锡林郭勒草原，因此重金属含量评价标准为手册中的一级标准。“表土自然背景值”采用的是 2006 年矿区开采初期表土中重金属含量数据，由于开采初期矿区表土基本未受影响，因此可视为表土自然背景值。与表 12-2 的对比得知，在检测的重金属元素中，汞超出表土自然背景，同时也低于国家土壤环境质量标准。而铬、砷、铅、铜四种重金属元素虽然未超出国家土壤质量一级标准，但相对于表土自然背景值均已超标，其中铬元素超标最为严重，超出表土自然背景值 19.113 mg/kg，另外三种元素分别超出 1.637 mg/kg、4.281 mg/kg 和 1.1 mg/kg。此外，镉污染情况也较为明显，超出国家一级标准 0.728 mg/kg，同时比表土自然背景值高 0.594 mg/kg。通过对比分析可知，矿区土壤已经受到一定程度的重金属污染，并且随着矿区开采规模的扩大，重金属污染必然会不断加剧。

因此，结合以上分析可知，在矿区排土场土地复垦中，表土质量的改善、重金属污染的消除是排土场土壤重构中首要克服的难题，只有保证了土壤的质量，才能为植被的生长以及矿区的生态重建打下坚实基础。

10.2　表土不足

在矿区土地复垦中，如能够在排土场平台与边坡覆盖充足、优质的表土将缩短土壤的熟化期，迅速恢复、重构土壤肥力，为植物生长创造良好的土壤环境条件。因此表土在矿区土地复垦中起到十分关键的作用。

但是目前矿区表土存量远不能满足土地复垦的需求量，主要原因有两个：

（1）研究区表土层厚度仅为 20～30 cm（图 10-1），下部为沙化土壤，表土存量本身就不足，且在排土初期没有对压占场地进行表土剥离，造成了大量表土浪费。

（2）目前地表剥离作业仍以随机排土的方式为主，不能严格按照复垦规定进行排土作业，对现有表土利用效率低，且该矿属于开采初期，受经济不景气及运输成本制约，引入客土尚不可行。

图 10-1　表土层厚度

10.3 水资源短缺

水资源对植物的生长具有重要作用，尤其是在采矿扰动土壤上种植植物更是需要水资源的及时补充，而目前研究区排土场土地复垦中最大的问题就是水资源短缺，严重阻碍了植被的生长。研究区水资源短缺主要有以下三方面的原因：

（1）大唐东二号露天矿地处干旱区，多年平均降水量仅为 289 mm，使得排土场不能得到有效的大气降水来补充植物生长所需的水资源，同时由于排土场是疏散的大型岩土堆积体，存在不均匀沉降以及会产生大量地表裂缝，加大了大气降水的无效渗漏和蒸发，造成了水资源的浪费。在地表水资源方面，大唐东二号矿区周边最大的一条河流为锡林河，该河经锡林浩特水库于勘探区西部向北逐渐消失，且年平均径流量小，每年 1 月、2 月为断流期，因此基本不能为排土场生长期植被提供保障性用水。

（2）地下水资源埋藏深。矿区是胜利盆地水文地质单元的一部分，第四系孔隙潜水由于水位埋藏深度大，达 36～44 m，故大气降水对潜水无直接补给作用。潜水的排泄除了植物蒸腾及水面蒸发外，另一种排泄方式以地下水径流在哈牙呼都格以北的盆地出处流出区外。

（3）由于矿区所处地质环境特殊，开采时产生的疏干水量少且不易集中，并且重金属含量高，因此也不能为排土场的土地复垦所利用。且矿区没有建立相应规模的工程集水措施，使得每年夏季的雨水没有能够得到充分的收集、利用。

水资源短缺是干旱区草原露天煤矿土地复垦中面临的共同问题，要在短时间内解决该问题的方法是在矿区土地复垦中选择耐寒性植物类型，减少对水资源的依赖，在将来有条件的情况下建立集水工程以及灌溉设施。

10.4 适宜物种少

大唐东二号露天矿所处区域为生态脆弱区，加上矿区开采对环境的剧烈扰动，造成排土场植物生长环境极为恶劣，因此适宜在矿区土地复垦中生长的植物必须能够满足苛刻的生长环境，主要表现在以下 3 个方面：①要耐干旱、抗风沙以及耐贫瘠；②应具备根系发达、水土保持能力强的特点；③应具备繁殖快、生长期长和再生能力强等特性。

基于对物种筛选的苛刻要求，目前在人工干预下，矿区生长适宜性较好的仅有灰绿藜（*Chenopodium glaucum*）、猪毛菜（*Salsola collina*）、柠条（*Caragana intermedia*）等少数物种，而当地的野生物种克氏针茅（*Stipa krylovii*）、羊草（*Leymus chinensis*）、隐子草（*Cleistogenes squarrosa*）、小叶锦鸡儿（*Caragana microphylla*）、野韭菜（*Allium ramosum*）等在地力没有恢复前尚没有形成规模侵入，排土场不能形成稳定的、综合的生态系统。

10.5 水土流失严重

大唐东二号露天矿排土场主要组成部分为岩土混合疏松物质，其特点是地面粗糙率大、抗侵蚀能力差，加之当地气候条件恶劣，使得植被恢复缓慢，导致在排土场边坡和平台容易产生大量水土流失，造成周围地区土壤沙化和盐渍化加剧，植被难以生长，生态环境急剧恶化。目前排土场水土流失主要分为 3 个部分：

（1）平台水土流失。秋、冬、春季主要是以风蚀的形式，夏季以水蚀为主，水蚀一般以击溅面蚀和径流侵蚀两种形式发生。由于平台在设计时会有一定的内倾坡度，因此在一定范围内会形成集水区域，集水越过平台边缘会对下级边坡造成切沟侵蚀。同时在平台产生的地表径流容易沿平台裂缝下渗，使排土场底部水分聚集，从而易诱发滑坡的产生。

（2）边坡水土流失。边坡水土流失的主要形式是沟蚀和重力侵蚀，同时由于研究区春季风速较大，风蚀对于边坡的侵蚀也较大。在边坡处已发生多起崩塌、滑坡等地质灾害。

（3）坡脚沉积区水土流失。由边坡逐年遭受侵蚀而堆积在坡脚的冲刷物形成了坡脚沉积区，其不但埋压了一定面积的土地，也使得植被难以恢复，导致大面积土地资源变为废弃地，因此该区域也是水土流失治理的重点部位。

第 11 章　典型草原矿区生态修复技术

11.1　草原煤田生态修复区划

根据草原露天煤矿区不同生物气候带类型、草原类型对草原矿区进行了分区，通过对露天煤矿分布和生物气候带类型进行叠加，将草原煤田生态修复划分为干旱区典型草原、亚干旱区典型草原和亚湿润区草甸草原 3 个区域。

不同区域的主要露天矿见表 11-1，不同区域的主要自然特性见表 11-2。

表 11-1　草原地区主要露天矿概况

分区	露天矿名称	地理位置
亚干旱森林草原区	准格尔露天矿	内蒙古自治区鄂尔多斯市准格尔旗
	平朔露天矿	山西省朔州市平鲁区
亚干旱典型草原区	霍林河露天矿	内蒙古自治区通辽市境内的霍林河煤田
	白音华露天矿	内蒙古自治区锡林郭勒盟西乌珠穆沁旗白音华苏木和哈根台镇
	元宝山露天矿	内蒙古自治区赤峰市元宝山区
	乌兰图嘎露天矿	内蒙古自治区锡林郭勒盟锡林浩特市
亚湿润草甸草原区	宝日希勒露天矿	内蒙古自治区呼伦贝尔海拉尔区北部
	伊敏露天矿	内蒙古自治区呼伦贝尔鄂温克自治旗

表 11-2　不同分区主要自然特性

分区	范围	气候带	植被	土壤类型	年均降雨量/mm
亚干旱区森林草原	山西和陕西北部地区，内蒙古西部部分地区	温带大陆性气候	典型的森林草原	栗钙土	200～400
亚干旱区典型草原	内蒙古东部地区山西和陕西北部地区	温带大陆性气候	典型的干旱草原	栗钙土	200～400
亚湿润区草甸草原	黑龙江、吉林、辽宁三省的西部地区、内蒙古东北部地区	温带季风气候	温带草原和草甸草原	黑钙土	400～800

根据草原煤田生态修复区划选择伊敏露天煤矿（亚湿润草甸草原区）、大唐东二号露天煤矿（亚干旱典型草原区）、黑岱沟露天煤矿（亚干旱森林草原区）和平朔露天煤矿（亚干旱森林草原区）进行生态修复技术分析。

11.2　伊敏露天煤矿生态修复技术分析

11.2.1　伊敏露天煤矿概况

伊敏煤矿位于内蒙古自治区呼伦贝尔市鄂温克族自治旗境内，北距海拉尔区 85 km，距滨州铁路及 301 国道 78 km。地理坐标为 E119°30′～119°50′，N48°30′～48°50′。伊敏煤矿地理位置见图 11-1。

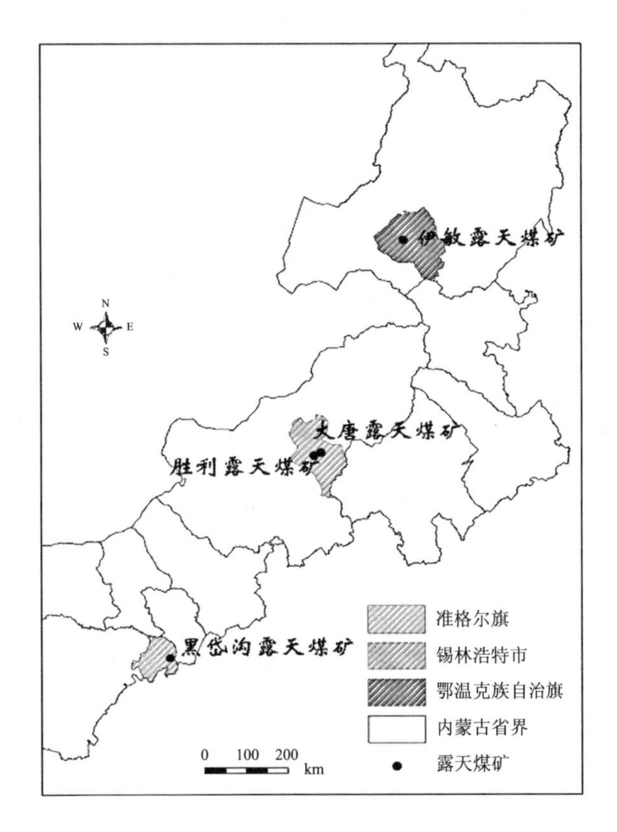

图 11-1　研究区地理位置

区内有海伊铁路、海伊公路通过。海伊铁路于 1988 年正式通车运营，与东海拉尔站、滨州铁路接轨，南接矿区专用线 13 km。矿区向南通过 0504 省道在伊尔施与白阿线相接，由此进入吉林境内。矿区还先后投入大量人力、物力对区内原有公路及乡间土路进行了改造（特别是通往红花尔基、维纳河林场及新巴尔虎左旗的砂石路），见图 11-2。

11.2.1.1　气象

矿区属寒温带大陆性季风气候，冬季寒冷漫长，夏季温凉短促，春秋两季气温变化急促，且春温高于秋温，秋雨多于春雨，无霜期短，气温年、日差较大，光照充足。年平均气温–2.4℃，极端最高气温 37.3℃（1997 年 7 月 25 日），极端最低气温–48.5℃（1997 年 1 月 20 日）；年降水量 358.8 mm，最小降水量 273.3 mm（1997 年），最大降水量 446.3 mm（1998 年），10 年一遇 24 小时最大降水量 62.93 mm，20 年一遇 24 小时最大降水量 73.08 mm；年蒸发量 1 166.0 mm，年最大蒸发量 1 284.0 mm（1987 年），无霜期 110 天；冻冰期 9 月下旬到翌年 4 月下旬，结冰日数 245.2 天，结冰深度 3.24 m；积雪日数 141.6 天，最长 160 天，平均积雪厚度 10.24 cm，最大 22 cm；月平均风速 5.2 m/s，大风（风速 17 m/s）以上的天数平均每年 21.1 天。

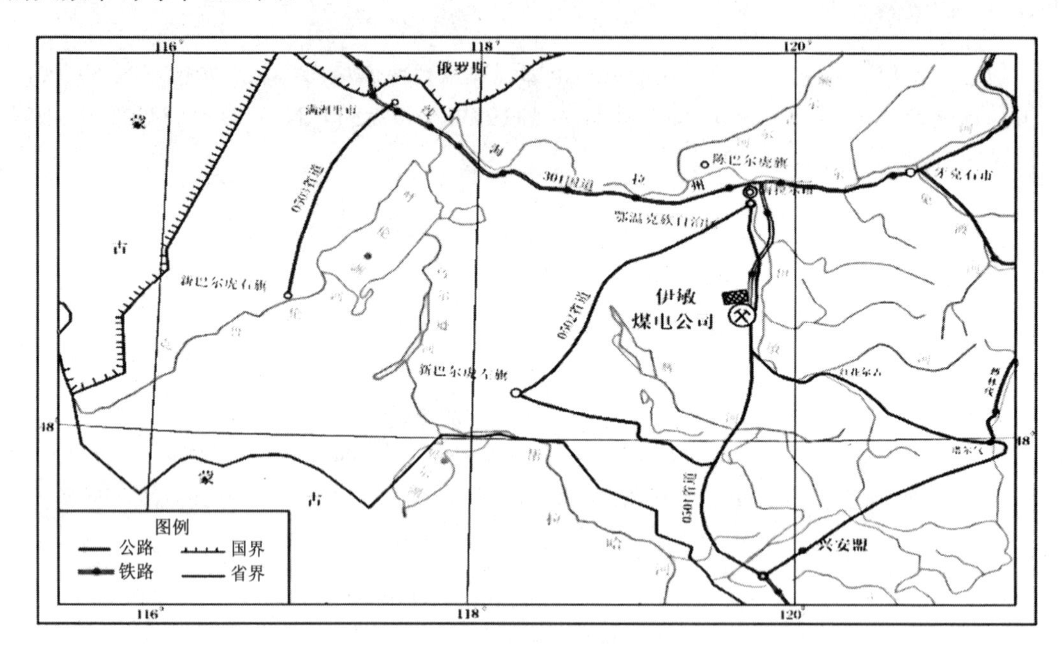

图 11-2 研究区交通位置图

11.2.1.2 地形地貌

华能伊敏煤电有限责任公司一号露天矿位于大兴安岭西坡呼伦贝尔草原，海拉尔盆地东部，伊敏河中游地区，地貌呈盆地状，东西两侧为丘陵，南为台地。区域内地形起伏不大，东西两侧海拔标高在 780 m 以上，西南较低，海拔标高为 450～740 m，中部海拔标高为 667～702 m。

11.2.1.3 水文特征

伊敏河流经项目区东侧，距项目区 3 km 左右，该河是鄂温克族自治旗境内主要河流之一，属额尔古纳水系，发源于大兴安岭西南麓，由南向北贯穿鄂温克族自治旗，流经呼伦贝尔市后汇入海拉尔河，全长 359 km，流域面积 9 105 km^2，河流蜿蜒曲折，两岸分布有支流、牛轭湖、沼泽及河中岛，属老年期河流，河床最宽 60 m，水深 0.5～2.5 m，流速 1.48～2.05 m/s（最大 2.57 m/s），流量 1.5～4.87 m^3/s。春汛峰高量小，汛情严重。最高洪水位超警戒水位 0.04 m（1990 年 7 月 15 日）。

该区地下水为潜水，埋深 2～15 m，主要的补给来源有大气降水渗入补给、来自区外高原的侧向补给、上游地下水径流补给以及在开采条件下河水的渗漏补给。

11.2.1.4 土壤与植被

本区土壤受地形、气候、母质、植被影响，处于黑钙土向暗栗钙土的过渡带，区内主要地带性土壤有黑钙土、栗钙土、暗栗钙土，非地带性土壤主要有草甸土、沼泽土、风沙土。黑钙土发育于温带半湿润半干旱地区草甸草原和草原植被下的土壤，其主要特征是土壤中有机质的积累量大于分解量，土层上部有一黑色或灰黑色肥沃的腐殖质层，在此层以下或者土壤中下部有一石灰富积的钙积层，本区腐殖质层厚度 20～50 cm，有机质含量2.9%～4.0%，pH 为 8.0～9.1，土壤质地为轻壤—中壤土，钙积层埋深 40～60 cm，厚度为20～30 cm，土壤养分状况是缺磷、富钾、氮中等。

项目区的地表土层具有以下特点：

（1）地表土层的机械物质组成与现代风积沙、土层下伏的海拉尔组散沙非常接近，中细沙粒成分在土层中占 85.3%，现代风积沙中占 88.4%，散沙中占 90.2%。土层中粒径小于 0.125 mm 的极细沙和黏粉粒物质含量为 7.8%，比海拉尔组散沙的 5.7%和现代风积沙的5.6%稍高。

（2）地表土层具有“三明治”型分层结构：上部为植物根系密布、有机质含量比较高的沙质栗钙土层，中部为粗化松散层，下部为钙积层。

总之，土层上部黏粉粒成分高、有机物含量高、又有草原植物根系把持，所以强度较高。土层中部黏粉粒成分含量低、坚实度低、极少植物根系把持，故土层松散且强度低。钙积层黏粉粒含量较高、强度较大，但是在裸露时植被形成缓慢，容易遭受沙流磨蚀或被降水浸泡软化冲蚀破坏。

（3）土层中普遍发育沙土楔网格，将土层切割成多边形的“马赛克”块体，块体的内部还有次一级的裂隙或节理。沿沙土楔和裂隙网格随季节变化的冻胀融缩和湿胀干缩作用在土层中形成终年活动的软弱带。当失去草被保护时，土层沿沙土楔网格的风力侵蚀速度明显快于土层其他部位，土层中部粗化层活化破坏形成沙流，磨蚀下部的钙积层形成土层破口，使土层下伏的松散沙层直接暴露在强风吹蚀之下。风通过土层破口的掏蚀作用使土层下伏的散沙被快速搬运出来并造成土层临空，失去支撑的土层由于重力作用开始沿沙土楔网格或裂隙节理成块崩落加速瓦解，逐渐形成规模巨大的风蚀坑，由风蚀坑掏蚀搬运出来的沙子以平均 8 倍于风蚀坑破坏草原的面积压埋下风向的草地，更大规模且难于控制的、持续的沙漠化由此开始。

可见，隔绝强大风能与巨厚散沙，在沙漠化控制中起关键性屏障作用的土层，无论从组成成分、分层结构、厚度、整体性来看都非常脆弱、规模极其有限，是干旱区脆弱生态系统和珍稀自然资源。土层与草原植被及其根系结合在一起才能发挥显著的抗风蚀防沙化作用。因此，保护土层，特别是浅地表的草原植被及其根系层是防止沙漠化发生发展的关键，促进土层以及草原植被的形成与恢复是沙漠化控制的根本途径。

该区位于呼伦贝尔市草原区，分布有线叶菊草甸草原、贝加尔针茅草原、羊草草原、大针茅草原、克氏针茅草原等草原类型。该区内有植物 300 多种，其中 80%以上都是优良牧草，130 多种植物具有药用价值。植被覆盖率达到 70%以上。

11.2.2 伊敏露天煤矿生态修复方案

11.2.2.1 植物的筛选与种植

该矿区作为退耕还草地区，年均气温较低，无霜期较短，如果种植农作物，适宜作物品种极少，抗性较低，产量较低，且土地裸露时间较长，极易造成土地退化，所以复垦方向以草地为主。根据矿区植被重建的主要任务，即减少地表径流，涵养水源、阻止泥沙流失，固持土壤等，同时结合本项目区的特殊自然条件，以乡土植物为主，项目区域内植被类型为寒温型草甸草原带植被，还有典型草原植被、草甸草原植被等；地带性植被为羊草。项目区域分布的优势植物主要有铁杆蒿、贝加尔针茅、羊草、大针茅、克氏针茅、糙隐子草、冰草，以及野豌豆等。选定植物要具有下列特性：

（1）具有较强的适应能力。对于干旱、压实、病虫害等不良立地因子具有较强的忍耐能力；对粉尘污染、冻害、风害等不良大气因子具有一定的抵抗能力。

（2）有固氮能力，抗瘠薄能力很强。如豆科牧草，其根系具有固氮根瘤，可以缓解养分不足。

（3）根系发达，有较高的生长速度。根蘖性强，根系发达，能固持土壤，网络固沙性较好。

（4）播种栽培较容易，成活率高。种源丰富，育苗方法简易，若采用播种则要求种子发芽力强，繁殖量大，苗期抗逆性强，易成活。

根据其他矿区土地复垦实践，本露天矿采取以草本为主的土地复垦方式，适宜植物见表 11-3。

表 11-3 矿区适宜植物种类

<table>
<tr><th>种类</th><th>物种</th><th>特点</th></tr>
<tr><td rowspan="3">灌木</td><td>沙棘</td><td>喜光，稍耐阴，浅根性，水平根发达，抗严寒、风沙、耐大气干旱和高温，耐土壤水湿及盐碱，耐干旱瘠薄，有根瘤。对土壤要求不严，能在水土流失严重的荒坡、湿润沙地、山地草甸土、弱中度盐碱地上生长良好</td></tr>
<tr><td>柠条</td><td>落叶灌木，喜强光，深根性，根系发达，喜干燥气候，抗严寒，耐热，耐贫瘠，耐干旱，萌生力很强，耐沙打沙埋</td></tr>
<tr><td>胡枝子</td><td>喜光，也能耐阴，根系发达，耐寒，耐干旱气候，耐土质瘠薄，萌发力强，生长较快，对立地条件要求不严，在沙石地、石质山地土质瘠薄处，山地、丘陵水土流失严重地带及流动沙丘均能良好生长</td></tr>
<tr><td rowspan="3">草本</td><td>羊草</td><td>旱生根茎禾草，生态幅限宽广，喜温、耐寒，在降雨量 300 mm 的草原地区良好生长，耐旱但不耐水淹。羊草对土壤条件要求不甚严格，除低洼内涝地外，各种土壤都能种植。土层深厚、排水良好、富含有机质的土壤更为适宜。根茎分蘖力强，可向周边辐射延伸，形成根网，使其他植被不易侵入，是水土保持先锋草种</td></tr>
<tr><td>披碱草</td><td>禾本科披碱草属，适应能力强，具有较高的产草量，具有一定的耐盐能力。抗旱、耐贫瘠土壤能力强，具有强大的节根系统，使其兼具耐践踏、耐牧和再生能力强等诸多优点</td></tr>
<tr><td>紫花苜蓿</td><td>多年生草本植物，根系发达，适应性强，喜欢半湿润半干旱的气候，宜于干燥、温暖、多晴少雨的气候和干燥疏松、排水良好且富有钙质的土壤中生长。适宜降雨量在 300～800 mm。抗寒、抗旱性强，但高温和降雨多（超过 1 000 mm）对其生长不利，持续燥热或积水会引起烂根死亡</td></tr>
</table>

11.2.2.2　排土场生态恢复设计

目前，伊敏露天矿工程采坑开采从西南向东北推进，采坑自下而上分层逐台阶内部排土，并实行单侧内排。根据复垦适宜性评价结果以及类比区复垦植被类型情况，本矿区生态恢复可采取以下两种方案。

（1）方案一

①覆土。平台复垦前覆土。种草全面覆土，覆土厚度 0.2～0.3 m，覆土来源于采掘场表层剥离土。

②种草设计。伊敏矿区为典型草原区，排土场复垦采用全面覆土种草木，草种选择披碱草和羊草。披碱草为禾本科披碱草属多年生草本植物，须根系发达，根深可达 110 cm，多集中分布在 15～20 cm 的土层中，茎直立，疏丛状，株高 70～85 cm。披碱草的适应性强，抗寒、抗旱、耐盐碱、抗风沙，可以耐–40℃的低温。它根系发达，叶片具有旱生结构，披碱草也比较耐盐碱。羊草对土壤条件要求不甚严格，除低洼内涝地外，各种土壤都能种植。土层深厚、排水良好、富含有机质的土壤更为适宜。根茎分蘖力强，可向周边辐射延伸，形成根网，使其他植被不易侵入，是水土保持先锋草种。种草设计见表 11-4。

表 11-4　种草技术指标

立地条件	牧草名称	播种方式	播种量/（kg/hm²）	规格/m	播深/cm	面积/hm²	需种子量/kg
内排土场平台	羊草	1∶1 混播	25	0.2～0.3	2～3	1 021.25	15 318.75
	披碱草		25	0.2～0.3			15 318.75

③种草技术与抚育管理。

播前整地：结合覆土最好施用有机肥和磷肥，整平耙细，牧草种子很小，播前整地一定要精细。

播种：春季人工播种。种子必须是一级原种，披碱草进行种子精选，种子净度不低于 85%，发芽率不低于 90%。播种前披碱草要进行去芒处理，有条件应进行根瘤菌接种和种子包衣。最好在雨季来临之前或雨季抢墒播种；伊敏地区牧草播种一般安排春播或夏播，春播于 4 月下旬或 5 月上旬抢墒播种，夏播于 6 月进行，最迟在 7 月 15 日前播种结束。

管理利用：及时消灭区间杂草，在苗期可采用人工除草和化学除莠的方法。播种第 2 年后，每年刈割 1～2 次，留茬在 4～5 cm。牧草苗期生长较缓慢，植株细弱，幼苗抗杂草能力相对较弱，易被杂草抑制，所以在出苗后要适时除草。第二年对缺苗进行补播，并采取封禁保护措施。

④种草图式。排土场复垦种草图式如图 11-3 所示。

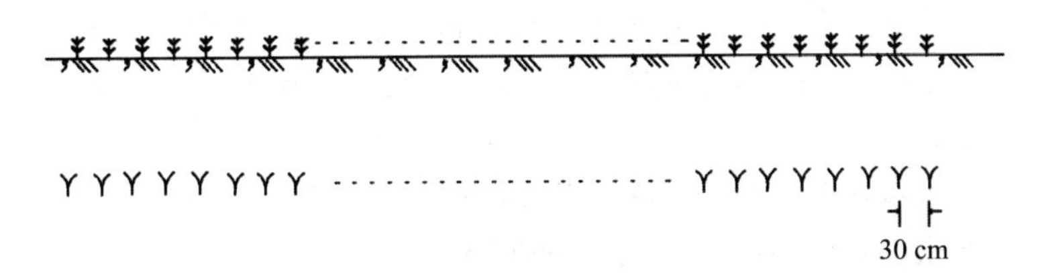

图 11-3　排土场复垦种草设计图

（2）方案二

①覆土。平台复垦前覆土。种草全面覆土，覆土厚度 0.2～0.3 m，覆土来源于采掘场表层剥离土。

②灌草混种设计。伊敏矿区为典型草原区，排土场复垦采用全面覆土种草和灌木，草种选择披碱草和羊草，灌木选择沙棘，沙棘是阳性树种，喜光照，对于土壤的要求不很严格，极端最低温度可达–50℃，极端最高温度可达 50℃。沙棘根系发达，须根较多，通常 3 年生开始结果，生态环境的适应能力较强，是改造生态环境的先锋树种。沙棘是水土保持的极佳种植物，具有显著改良土壤的效应，沙棘不仅在营造水土保持林上是难以替代的良好材料，而且在防风固沙、盐碱地改良、矿山垦复方面，同样是难以替代的良好树种。灌草混种设计如表 11-5 所示。

表 11-5　灌草混交种植技术指标

立地条件	牧草名称	播种方式	播种量/（kg/hm^2）	规格/m	播深/cm	面积/hm^2	需种子/苗量/（kg/株）
内排土场平台	羊草	1∶1 混播	25	0.2～0.3	2～3	1 021.25	25 531.25
	披碱草		25	0.2～0.3			25 531.25
	沙棘	带状混交		3×5			741 300

③灌草混种技术与抚育管理。草地同方案一，草在灌木间播种。种植沙棘春秋两季均可。一般春季在 4～5 月上旬，秋季在 10 月中下旬至 11 月上旬，树木落叶后，土壤冻结前。秋季栽植的苗木，第二年春天生根发芽早，等晚春干旱来临时树已恢复正常，增强了抗旱性，秋季种植比春季种植效果好。沙棘是雌雄异株，雌雄比例是 8∶1。树穴的规格依树苗的大小而定，一般为直径 35 cm，深 35 cm。苗木为 1 年生容器苗为好。栽植时不窝根，如根系偏长，可适当修剪，使根保持在 20～25 cm 即可。在填土过程中要把树苗往上轻提一下，使根系舒展开。适量浇水。树穴填满土后，适当踩实，然后在其表面覆盖 5～10 cm 松散的土。

11.3　大唐东二号露天煤矿生态修复技术分析

11.3.1　大唐东二号露天煤矿概况

胜利矿区作为锡林郭勒草原典型露天煤矿，2010 年，矿区总面积达 4 700 hm^2，超过了同年锡林浩特市市区的总面积，其中采矿用地占 70%，工业用地占 30%。胜利矿区自 1974 年开始采挖，1979 年 12 月建成投入生产，至今已有 36 年历史，截至 2000 年年底，胜利矿区地质储量为 22 442 Mt。

大唐东二号露天煤矿开采时间较晚，其 2005 年开始建设，2007 年投产，虽然只有几年的历史，但其开采面积在 2010 年已达 1 060 hm^2。

（1）地理位置。锡林浩特市大唐东二号露天煤矿位于内蒙古自治区锡林郭勒盟锡林浩特市西北部的胜利苏木境内，距锡林浩特市约 10 km，总体呈东北—西南条带状分布。

（2）地形地貌。胜利煤田位于内蒙古高原的中部，大兴安岭西延的北坡，属于 NE—SW 向高原、丘陵地形。区内地貌形态由构造剥蚀地形、剥蚀堆积地形、侵蚀堆积地形和熔岩台地四个地貌单元组成。矿区地处剥蚀堆积与侵蚀堆积地形的过渡地带，西北部为低缓的丘陵区，东西高差较大，海拔在 970～1 035 m。矿境内及其周围地势平坦，地形略呈西高东低。

（3）水文地质。锡林河为本煤田内最长一条河流。历史上锡林河常有流水，多年平均流量 0.61 m^3/s，年平均径流量 0.192 2×10^8 m^3。目前，由于上游水库的拦截和近年来连续气候干旱，锡林河在近几十年已经成为季节性河流。

（4）气候。该区属于半干旱草原气候，冬寒夏炎，年温差较大。年平均气温 2.1℃，年平均降水量 294.74 mm，年平均蒸发量 1 794.64 mm。春季多风，主导风向多为南西，平均风速 2.1～8.4 m/s。

（5）植被。该区的地带性植被类型为典型草原低湿地植被为主：典型草原主要建群植物有克氏针茅、大针茅、糙隐子草、冷蒿、羊草等。该区气候顶极草原植物群落为：大针茅（*Stipa grandis*）+羊草（*Leymus chinense*）+旱中生杂类草草原，主要分布在锡林河以东；在锡林河以西，主要草原气候顶极群落为克氏针茅（*Stipa krylovii*）+大针茅 +糙隐子草（*Clesistogenes squarosa*）草原；低湿地植被类型主要为芨芨草+马蔺盐化草甸和薹草+湿生杂类草草甸，主要分布在锡林河两岸；评价区的人工植被类型主要以农田和人工乔木林地为主。草群高度一般在 15～40 cm，群落盖度 10%～35%，每平方米有植物 5～12 种，地上生物量（干重）30～80 kg/亩。

11.3.2　大唐东二号露天矿生态修复方案

11.3.2.1　大唐东二号露天煤矿生态修复方案

研究区排土场平台和边坡土地复垦模式见表 11-6，选取 7 块区域作为不同复垦模式样地，并进行植被、土壤数据的采集，以此来进行各种参数的对比分析，并从中总结、验证土壤重构的工程、生物措施优劣，加以分析改进，最终形成土壤重构技术体系。模式样地选取见图 11-4 和图 11-5。

表 11-6　研究区土地复垦模式

对照	原地貌典型草原	干旱半干旱气候、草甸土、植被属非地带性草甸草场类
排土场平台	模式 1：覆表土、草帘、打网格、施肥	2009 年 6 月覆盖熟土，施 N、P 肥
	模式 2：覆表土，灌草混交	2009 年 5 月覆盖熟土，种植物种主要为柠条、沙打旺等
	模式 3：覆生土，有种植	2006 年覆盖生土，灌、乔混交
	模式 4：覆表土，无种植	2009 年覆盖熟土，无种植
排土场边坡	模式 1：边坡覆土	2009 年覆盖熟土，种植榆树、柠条均死亡，草本植被恢复较好
	模式 2：覆土边坡（草帘+草方格）	2009 年 5 月覆盖熟土，无种植，自然恢复
	模式 3：无种植、无覆土	

原地貌典型草原

模式 1：覆表土、草帘、打网格、施肥

模式 2：覆土，灌草混交

模式 3：覆生土，有种植

模式 4：覆土，无种植

图 11-4 排土场平台生态修复方案

原地貌典型草原

模式 1：边坡覆土

模式 2：覆土边坡（草帘+草方格）

模式 3：无种植，无覆土

图 11-5　排土场边坡生态修复方案

11.3.2.2　不同生态修复方案效果调查

（1）植被数据采集。

①主要参数。

盖度：植物地上器官垂直投影面积占样地面积的百分比。通常情况下，分盖度或者层盖度之和大于总盖度，这是由于植物的枝叶之间互相重叠造成的。对于草原群落，常常以离地面 1 英寸（2.54 cm）高度的断面积计算。

密度（*D*）=某样方内某种植物的个体数/样方面积。

相对密度（*RD*）=（某种植物的密度/全部植物的总密度）× 100%，或：相对密度=（某种植物的个体数/全部植物的个体数）×100%。

鲜重：植物含水重量。

干重：干重是指把种子里的所有水都去掉，剩下的是脂肪、蛋白质、维生素、无机盐等营养物质。

频度：是指一个种在所作的全部样方中出现的频率。

相对频度=（该种的频度/所有种的频度总和）×100%。

相对优势度=（样方中该种个体胸面积和/样方中全部个体胸面积总和）×100%。

重要值：研究某个种在群落中的地位和作用的综合数量指标。是相对密度、相对频度、相对优势度的总和。其值一般介于0～300之间。

②调查方法。

a．在每种复垦模式样地上选取三块具有代表性样方，采集植被数据记录在植被调查表，并将其编号。如编号为：Y2-3-2表示8月2日第三个样地第二个样方的监测数据。在监测植被数据同时，需将照片序号记录在植被调查表内，为后期分析提供图像资料。

b．首先用测绳围成1 m×1 m样方，并采集样方原始图片，目测样方内植被总盖度，并记录。

c．用剪刀逐一将各种植被剪断并放入密封袋中，现场记录其高度、株丛数、分盖度，测完样方后再次采集图片。

d．在野外调查结束后，用电子秤秤出各植被的鲜重数据并记录在调查表内，干重则在采集植被烘干后进行测量。

（2）土壤数据采集。

①土壤样本选取。在调研中，在复垦模式样地中共选取12处土壤样本，对其各种数据进行调查，用来反映土地复垦效果。土壤样本具体分布见表11-7、表11-8。

表11-7　大唐东二号露天矿排土场平台样方调查与土壤采集

编号	复垦模式	测试内容
Y2-1	表土存放堆	有机质、pH、电导率、全N、速效N、速效P、速效K
Y2-2	堆状表土场	有机质、pH、电导率、全N、速效N、速效P、速效K
Y2-3	原地貌典型草原	有机质、pH、电导率、全N、速效N、速效P、速效K 重金属：汞、镉、铬、砷、铅、铜
Y2-4	排土场平盘（复垦，覆表土、草帘、打网格、施N、P复合肥）	有机质、pH、电导率、全N、速效N、速效P、速效K
Y3-1	排土场平盘（灌草）	有机质、pH、电导率、全N、速效N、速效P、速效K
Y3-2	排土场平盘覆土基质差	有机质、pH、电导率、全N、速效N、速效P、速效K
Y3-3	排土场平盘覆土无种植	有机质、pH、电导率、全N、速效N、速效P、速效K 重金属：汞、镉、铬、砷、铅、铜

表11-8　大唐东二号露天矿排土场边坡样方调查与土壤采集

编号	复垦模式	测试内容
Y3-4	边坡覆土（种植）	有机质、pH、电导率、全N、速效N、速效P、速效K
Y3-5	边坡覆土	有机质、pH、电导率、全N、速效N、速效P、速效K
Y3-6	边坡无覆土（鱼鳞坑）	有机质、pH、电导率、全N、速效N、速效P、速效K
Y3-7	覆土边坡（草帘+草方格）	有机质、pH、电导率、全N、速效N、速效P、速效K
Y3-8	无种植，无覆土边坡	有机质、pH、电导率、全N、速效N、速效P、速效K

②测定方法介绍。

测定有机质用的是重铬酸钾氧化法，具体方法为在加热条件下，用一定量的氧化剂（重铬酸钾—硫酸溶液）氧化土壤中的有机碳，剩余的氧化剂用还原剂（硫酸亚铁铵或硫酸亚铁）滴定，从所消耗的氧化剂数量计算出有机碳的含量。

pH的测定方法为电位法即将pH玻璃电极和甘汞电极插入土壤悬液或浸出液中，测定其电动势值，再换算成 pH。

电导率的测定是利用土壤电导率测定仪进行直接测定；全 N 采用的是半微量凯氏定氮法测定；碱解氮采用碱解扩散法测定；有效磷测定采用的是 Olsen 法；测定速效钾采用的是 1.0 mol/L NH_4OAc 浸提——火焰光度法。

土壤重金属的测定方法主要采用的是 X 荧光法，其中镉的测定方法为原子吸收石墨炉法。

（3）侵蚀沟数据采集。①首先是在边坡底部选取具有代表性的侵蚀沟存在区域。②在边坡底部用测绳量出 10 m 距离，观测在此距离内侵蚀沟的数量。③用卷尺测量具有代表性的侵蚀沟，将其宽度、深度记录在野外调查表内，并配以图像采集，见图 11-6 和图 11-7。

图 11-6　边坡侵蚀沟

图 11-7　侵蚀数据采集

（4）数据结果分析。经过连续五天的野外现场调查，以及为期两个月的植被数据处理和土壤化验，得出数据结果。将数据结果与土壤重构的各个环节相挂钩，从数据的分析、对比中得出不同复垦模式样地的优劣，同时建立复垦模式与土壤重构的相互关联性，从而分析出采用何种工程、生物措施使得土壤重构效果最好。

11.3.2.3　土壤重构技术分析

（1）表土剥离。

表层土壤在多年植物生长影响下，其容重、水分等理化性状以及植物、动物，尤其是微生物各种性状相对于深层生土来说均具有较大的优势，能够很好地保证植物种子的萌发和幼苗的生长。首先，表层土壤含有大量有机质，其种子库多样性与密度均高于深层生土，而丰富的种子库正是矿区土地复垦中植被生长的关键。其次，矿区土壤中的微生物主要集中在表层土壤，其对于土壤保水保肥，生态系统的恢复和稳定都起到重要作用。最后，由于矿区土壤为栗钙土，长期受强烈的物理风化作用，土体干旱，土质偏沙，通气良好，具有明显的地带性，剥离的表土与周围土壤性质相似，有助于矿区大生态系统的恢复与重建。因此，在矿区土地复垦中如能够保证充足、优质的表土将缩短土壤的熟化期，迅速恢复、重构土壤肥力。

基于表土是土壤重构的基础，因此，必须重视表土的剥离，做到“先剥后采”“先剥后占”。一般来说，对于位置集中、剥离厚度较大、便于机械操作的区域，可采用机械剥离；对于地形复杂，机械施工困难的区域采用人工剥离。在草原矿区，地域辽阔平坦，便于机械化操作，目前在新建排土场占地前均是采用机械剥离（图 11-8）。但应注意的是，研究区地处干旱区，在进行表土剥离时会产生大量的扬尘，严重破坏矿区的环境。因此，在进行剥离时可以考虑雨后进行，或者在有条件的情况下适当泼洒少量矿区生活用水，避免扬尘造成矿区环境的恶化。

图 11-8 机械表土剥离现场

此外，表土剥离还必须注重与煤炭开采在时间上的衔接，对于规划的排土场区域既不能过早地进行表土剥离，也不能因未及时剥离而拖延煤矸石的排放，耽误矿区煤炭开采。剥离表土毕竟是对土壤原有状态的干扰，如果过早剥离而又不能及时地覆盖在排土场上，那么势必会占据大量的临时堆放场地，同时由于时间过长形成表土堆压实，养分流失，造成土壤质量下降。因此，掌握好表土剥离的时机对于保持表土质量起到关键作用。

结合以上分析，矿区应遵循“先剥后采”、“先剥后占”，尽量“边剥边覆”的原则，剥离工艺选择机械剥离，剥离厚度为 35 cm，选择在雨后或者先泼洒矿区生活用水再进行剥离，以避免大量扬尘破坏矿区环境。

（2）表土存放。

剥离后表土一般放置于临时表土堆放场，在表土存放期间，需要做好临时防护、养护工作，保持土壤原有肥力。目前矿区有两种表土存放形式（图 11-9）：一种是大型表土堆，另一种是分散堆状表土堆。

图 11-9 大型表土堆（左）与分散堆状表土堆（右）对比图

前者是直接排土，层层压实，最终形成大型表土堆放场，后者则是将剥离后的表土经卡车运至表土存放地直接倾倒，经小型推土机形成分散堆状表土场。

在野外调查中，分别在两种类型排土场上各设置三个样方，统计物种类型，测量植被盖度、密度、鲜重、干重等。取样方平均值进行比较研究，具体分析见图 11-10、图 11-11。

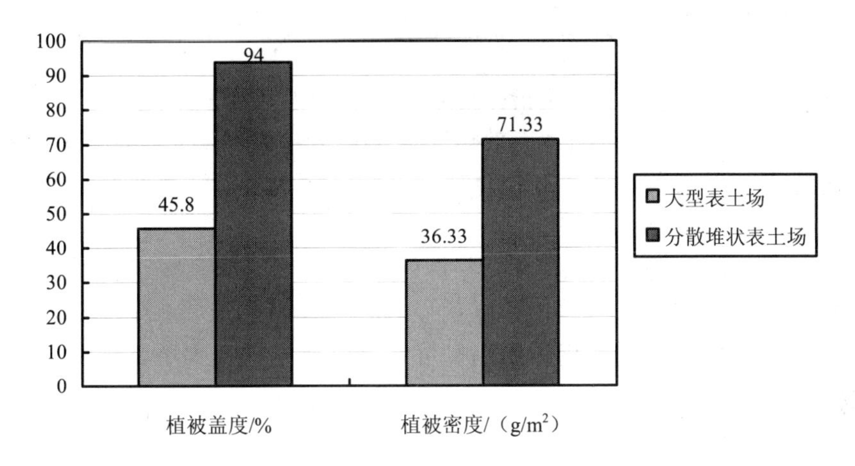

图 11-10　两种表土存放形式植被盖度/密度对比分析

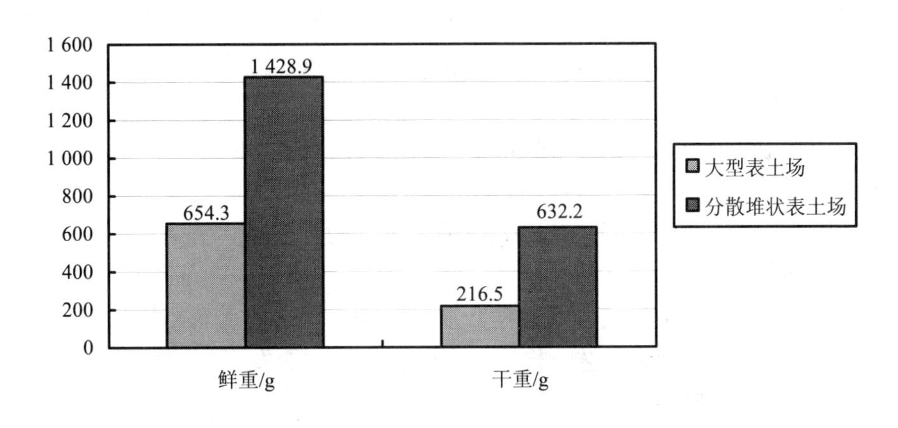

图 11-11　两种表土存放形式植被鲜重/干重对比分析

植被生长状态能够反映土壤的质量状况，由上图得知，分散堆状表土场植被盖度接近于大型表土场的两倍，同时前者植被密度也大大高于后者；对比两者植被鲜重、干重得知，分散堆状表土场优势更加明显，鲜重是大型表土场样方的 2 倍，而干重则接近于 3 倍。可见在分散堆状表土场，植被有着更加良好的土壤生长环境。

值得一提的是，在两种堆放形式的表土场生长的植被类型基本相同，均是表土内原有野生物种种子生长所得，主要有：猪毛菜、灰绿藜、叶藜、雾冰藜、狗尾草等。对于相同的种子库在不同的表土堆放形式下的生长结果产生如此大的差异，进一步反映出两种堆放形式对于表土质量的影响是有很大差距的。

表 11-9 表土存放场土壤质量指标检测结果

表土存放形式	pH	有机质/%	电导率/（μS/cm）	全氮/%	有效磷/（mg/kg）	速效钾/（mg/kg）	碱解氮/（mg/kg）
大型表土存放堆	8.4	3.28	146	0.12	1.26	87	73.5
分散堆状表土堆	8.2	3.56	174	0.13	3.36	118	75.6

表 11-9 为表土存放场土壤质量指标检测结果，其中，“全氮”是指一定量的土壤中所有氮元素的含量。“速效磷”又称“有效磷”，一般代表植物可以直接利用或当季可以利用的比较活泼的磷。“速效钾”与“速效磷”定义相近。“碱解氮”又称“土壤水解性氮”，能反映土壤近期内氮素供应情况。

通过表 11-9 可知，在各项土壤质量指标的对比中，分散堆状表土场均高于大型表土堆放场，尤其是有效磷与速效钾更是有着明显的优势，同时 pH 更接近于矿区土壤（pH≈8），因此，从土壤的各项质量指标的测量可知，分散堆状表土场更有利于保持表土的质量。

两种表土堆放形式在植被、土壤各项监测数据上的差距，从定量的角度证明了，分散堆状表土场比大型表土场更有利于保持土壤质量。究其原因，大型表土堆放场由于其不断覆盖、压实，一方面阻碍了表土的通气透水性，另一方面在地表容易形成地表径流，造成水土流失，同时带走了土壤养分，最终造成了表土质量的下降；而分散堆状表土场恰好使土壤能够保持通气透水性，同时对大型暴雨能够起到分散径流的作用，因而可以将表土质量保持在较高水平。

基于以上研究得出结论，在用地规模不受限制的情况下，矿区表土存放的形式上应选择表土分散堆状，规模应设计为直径 2～3 m，高为 1 m，形状近似锥形。只有在表土存放这个环节上保证土壤质量不下降，才能为后期土壤重构打下坚实基础。

（3）剖面重构。

土壤剖面重构概括地说就是土壤物理介质及其剖面层次的重新构造。是指采用合理的采矿工艺、剥离、排弃等重构工艺，构造一个适宜土壤剖面发育和植被生长的土壤剖面层次、土壤介质和土壤物理环境。

土壤剖面重构是排土场土壤重构最为基础的第一步，决定了土壤重构的成败与效益的高低，人为构造一个适宜的土壤初始剖面层次是土壤重构最重要的任务之一。只有构造一个适宜土壤肥力因素发育的土壤介质层次，才有可能以较小的投入在较短的时间内进一步有效地培肥改良复垦土壤，达到土壤重构的目的和效果。土壤剖面重构与采矿工艺密切结合往往是最为有效的方法，需要根据当地具体的区域土壤地理条件，将矿山设计、开采与重构工艺融于一体。

（4）分层构建。

基于以上分析，在排土场排弃过程中应采用分层构建，即构造一个适宜的土壤初始剖面层次，这就要求在采剥的过程中要采用分层剥离，研究区土壤剖面状况在前文中已做分析，结合采矿的实际情况，将采剥的层次分为三层。

第一层为 A 层即腐殖层，深度为 0～35 cm；第二层为 AB、B 层，即腐殖层与钙积层过渡层、钙积层，深度为 35～90 cm；第三层为 C 层即 90 cm 以下的母质层。三层采剥完毕后实行分类堆放。

分层构建即为采剥挖掘的逆向过程，具体做法是采取土石混排—黏土—砂壤从下至上分层排弃，既保证了土壤水分的入渗，防止地表径流的形成，又保证了土壤的通透性，易于植物生长。同时排弃过程中应逐层堆垫、逐步压实，注意对土壤粗细粒径的合理搭配，减少后期非均匀沉降，增强平台的稳定性。

根据对现场剥离土壤剖面的调查，项目区土层深厚，土源充足，足以弥补原剥离并单独存放表层土壤作为复垦土地表层土壤不足的问题。平台堆垫过程中利用剥离深层黏性土壤在平台周围修筑挡土墙。

此外，在排弃的过程中还应重视“分类排弃”以避免土壤环境污染，分类排弃具体应遵循以下技术要求：①禁止将含有毒、有害或放射性成分的剥离物排在地表，保证植被生长环境无污染；②禁止将矸石及煤泥排在地表（包括平台和边坡）。矸石应尽量用于发电。剩余的矸石、煤泥应排在内排土场，并要求离地表 30～50 m 深处，以防止氧化自燃；禁止将石块排在平台地表，保证平台土地可种植性。

（5）表土覆盖。

①不同覆土模式复垦效果对比。

在野外调查中，以原地貌草原为对照，共在平台选取了 4 种复垦模式的样地，分别为模式 1：覆表土、草帘、打网格、施肥；模式 2：覆表土，灌草混交；模式 3：覆生土，有种植；模式 4：覆表土，无种植。

在边坡选取了 3 种复垦模式样地，分别是模式 1：覆熟土，有种植；模式 2：覆熟土，无种植（草帘+草方格）；模式 3：无种植，无覆土。

以上多种复垦模式样地的选取，其核心都是为了验证、总结表土覆盖在排土场土壤重构中的作用，并在此基础上研究如何提高表土利用效率以及选择最佳的表土覆盖工程措施。

将平台各种模式的植被相关数据进行比较，见图 11-12、图 11-13。

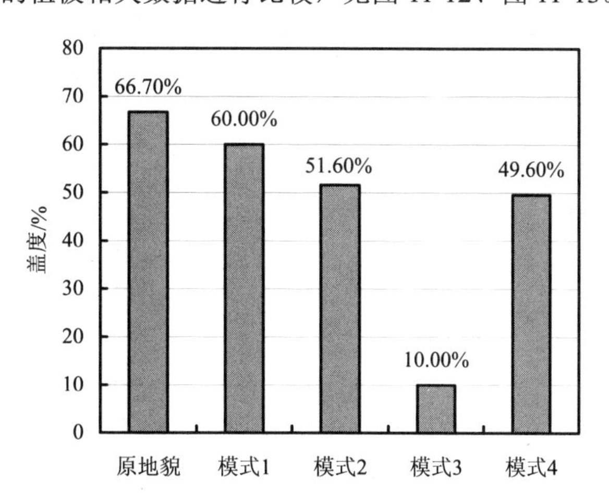

图 11-12　平台各模式植被盖度对比

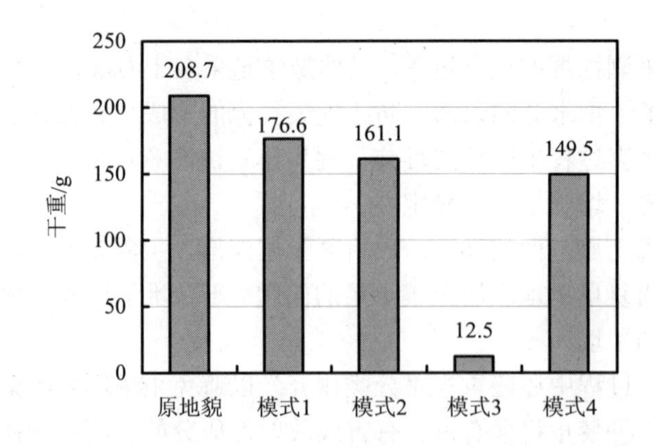

图 11-13 平台各模式植被干重对比

由图 11-13 可知，各模式间植被盖度与植被干重具有相同的趋势，总体上各种复垦模式都要比原地貌差，这说明矿区排土场要恢复到原有土壤质量还需要大量的投入以及漫长的恢复期。模式 3 于 2006 年覆盖生土，同时种植灌木、乔木以及进行人工施肥，但目前植被基本上已死亡。模式 4 由于是在 2009 年覆盖了质量较好的表土，因此即使没有进行种植，表土中的原有的野生物种也能够较好地生长，植被的生长情况基本上接近了栽植灌、草的模式 2。

从以上分析得出，覆盖表土是排土场土壤重构以至于排土场生态恢复的关键所在。没有覆盖表土的排土场复垦效果较差，而且由于干旱区草原的恶劣气候环境，土壤质量会呈严重下降趋势，大量水土流失，风沙侵蚀严重；在覆盖表土时多引入人工干预则复垦效果更加明显，如模式 1 中的草方格、人工施肥等。

②分散堆状表土覆盖的研究与应用。

在排土场平台进行表土覆盖的工程措施一般是在排土场表层覆盖一层表土并通过重型机械的碾压至实。这样的工程措施造成了排土场表层土壤严重压实，增大了干密度，同时降低了表土土壤的渗透系数。而由于排土场是在短时期之内由原来的土体与上覆的岩层经过复杂、剧烈的扰动、混合后迅速堆积而成的，故其表层之下是松散堆积的状态。因此表层土壤的压实与其下松散的堆积状态就构成了排土场不稳定的状态，在暴雨集中的时期，容易使地表的径流大量汇集，造成边坡面切沟、滑坡、崩塌。目前在矿区已经形成了较为严重的切沟以及一定程度上的滑坡。此外，集中的地表径流具有较大的破坏力，由于排土场的不均匀沉降会产生很多的裂缝，如果有过多的地表径流钻入裂缝当中，将会对排土场构成严重隐患。

基于表土碾压至实带来的诸多隐患，建议在表土覆盖过程中采用分散堆状表土覆盖。“分散堆状表土覆盖”是由国内复垦专家白中科、李晋川等人于 2009 年提出的。其主要目的是防止地面形成大量径流，影响边坡的稳定，同时也是为土壤重构打下基础。主要工程措施是在排土场平台覆土时，采用卡车以一定的排列顺序进行直接倾倒，排弃的表土自然形成一个松散的堆状凹凸形锥体，不需要机械平整，也不需要碾压，并将排土场顶层整个平台设计成大方格网状以及在平台的边缘以密集堆积方式设置挡水土埂。采用这样的工程设计可以使排土场在暴雨的条件下不会形成大量的径流，起到分散径流的作用，避免了大面积水流的汇集与钻入裂缝。此外，松散的堆状土壤有利于吸收大量雨水，则水分将不会以明流的形式向下移动，避免了滑坡产生的可能，并将水分存储在土体内，这将大大加快排土场平台的植被恢复。另外由于覆盖的表土是松散堆积的，因此可以在一定程度上自动填充由于不均匀沉降产生的裂缝。

该项发明的研究实验区位于山西省平朔矿区安太堡露天煤矿排土场，属于气候干旱区。在土壤性状方面，有着土壤质量差、养分含量低、表土不足等共同特点。而且大唐东二号露天矿排土场在早期的排土过程中，已经由于表层土壤受到碾压，造成干密度达到 1.5～1.9 g/cm^3，渗透系数为 0.3～0.4 mm/min，给排土场造成了安全隐患，同时也限制了土壤重构以及植被的生长。

因此，将分散表土堆状技术引进到大唐东二号露天煤矿排土场表土覆盖的工程措施中，既有必要性也具有可行性。结合矿区的实际情况，具体分析如下：大唐东二号露天矿排土场的平台面积较小，一般宽度约为 30 m，因此在卡车排土后，不碾压，可用小型机械结合人工将表土推成简单的锥形，使覆土层表面呈凹凸不平，类似蜂窝形状。具体的参数可根据研究区排土场平台的实际宽窄以及表土数量情况进行设置，以下数据可以作为参考：分散堆状表土堆可设计为占地面积 25 m^2 左右，高度 1.0～1.5 m，体积约为 8 m^3。

（6）土壤改良。

提高土壤质量是土壤重构的核心，土壤重构的每个环节都是围绕着提高土壤养分含量、消除土壤污染、为植被生长提供良好的生长环境而进行的。原地貌表土经过剥离、存储，以及在排土场覆土过程中剧烈扰动混合，土壤的理化性质都有了较大的变化，而土壤的养分含量直接影响着植被的生长。因此，在野外调查中将各种模式下的表土养分状况与原地貌典型草原对照，对于研究目前排土场土壤质量提出相应的改良措施十分必要，见表 11-10。

表 11-10　各模式样地土壤养分含量检测表

类型	pH	有机质/%	电导率/（μS/cm）	全氮/%	有效磷/（mg/kg）	速效钾/（mg/kg）	碱解氮/（mg/kg）
原地貌草原	8.3	2.43	144	0.15	3.84	224	106
模式 1	8.4	2.34	260	0.10	1.64	104	42.4
模式 2	8.3	2.73	6 200	0.08	未检出	44	53.6
模式 3	8.2	2.21	80	0.08	1.44	45	160
模式 4	8.3	0.46	184	0.05	未检出	88	30.8

由表 11-10 可知，原地貌草原与多种复垦模式下土壤的 pH 彼此基本接近，因此可以说明 pH 在经历了表土剥离、搬运、存储等一系列的扰动下保持了较稳定的状态，不需要针对该项进行大规模的土壤改良措施。

在人工覆土的几种模式下，土壤有机质基本与原地貌草原无太大差别，但模式 4 差别较大，仅为平均水平的 19%。究其原因，模式 4 仅覆盖了表土，但是没有进行植物的种植，而有机质的主要来源就是地面植物残落物、根系残体和根系分泌物，因此土壤失去了主要的有机质来源，加上气候干旱、寒冷，微生物因缺水和温度低而活动能力降低，对有机质的分解缓慢甚至停止。

电导率方面，模式 2 超出正常范围，可视为异常值将其剔除，不作分析。在余下的数值分析中，模式 1 的电导率较高，表明土壤中含盐类离子较丰富，这其中包括钠、钾、钙等，主要原因是模式 1 覆盖了质量较好的熟土，且人工干预最为全面，复垦投入最多，主要包括施肥、覆盖草帘、打草方格，但是在后期土地复垦中需不断监测，防止出现盐类离子含量过高，造成土壤盐渍化。模式 3 的电导率最低，主要原因是模式 3 覆盖的是生土，表土质量基础较差，此外模式 3 是于 2006 年覆土，比其余模式都要早，因此受到风蚀、土壤侵蚀的情况要多于 2009 年覆土的模式样地。

在氮、磷、钾的养分含量测定中，总体来说，原地貌典型草原均高于各种人工复垦的模式；各种人工复垦模式中投入越多，土壤的生长环境就越好。其中模式 2 与模式 4 的“有效磷”没有检测出来，可视为人为误差将其剔除，不作分析。

针对排土场土壤养分匮乏而严重制约植被的生长，因而必须采取一系列的措施进行土壤的培肥与改良。结合矿区多年的生产和实践经验，着重提出以下两种土壤改良方法。

①绿肥法：是指在研究区种植一年或多年生豆科植物，这些植物的绿色部分经复田后，在土壤微生物作用下，除释放大量养分外，还可以转化成腐殖质，其根系腐烂后有胶结和团聚作用，能改善土壤理化性状。

豆科绿肥的作用具体体现在以下几个方面。

第一，可以为土壤提供丰富的养分。因为各种绿肥的幼嫩茎叶，均含有丰富的养分，腐解在土壤中后能大量增加土壤中的有机质、磷、钾、钙、镁和各种微量的元素。同时可以改善土壤结构，提高土壤肥力。豆科绿肥作物还能大量增加土壤中的氮元素，因为豆科植物根部有根瘤，而根瘤菌又可以起到固定空气中氮素的作用，研究表明豆科绿肥中的氮大约 2/3 是从空气中转化而来的。

第二，豆科植物可以将土壤中的难溶性养分转化，以加强作物的吸收利用。绿肥作物在生长过程中产生的分泌物和分解产生的有机酸可以使土壤中难溶性的磷、钾转化为有效性磷、钾，并为作物所利用的。

第三，豆科植物可以改善土壤物理化学性状，减少土壤重金属污染。当绿肥融入土壤后，经微生物的分解，既可以释放出大量有效养分，还可形成腐殖质。而腐殖质与钙的结合可以将土壤胶结成团粒结构，有团粒结构的土壤具有透气、疏松，保水保肥力强，同时土壤中的水、肥、气、热也能够得到很好的调节，从而有利于作物生长。此外，豆科类的牧草、灌木对于重金属的吸收具有良好的效果，能有效缓解土壤重金属污染。

第四，豆科绿肥还可以促进土壤微生物的活动。施入土壤后，豆科绿肥增加了新的有机能源物质。在这样的条件下，微生物会迅速繁殖，活动能力大大增强，加速腐殖质的形成，促进养分的有效化，加速土壤的熟化。

豆科植物种类繁多，涉及乔木、灌木和草本，在大唐东二号所属的锡林郭勒干旱区草原，由于气候干旱、土层浅薄，因此不适宜种植乔木豆科植物，可以在土壤改良中引种灌木、草本豆科植物。

在排土场土地复垦中，豆科草本植物的选择性是多样的，结合矿区初步生产实践，着重介绍以下几种豆科类植物：草本类豆科植物可以选择紫花苜蓿（*Medicago sativa*）、白花草木樨（*Melilotus albus*）等；灌木类豆科植物可以选择小叶锦鸡儿（*Caragana microphylla*）、柠条（*Caragana intermedia*）等。

紫花苜蓿是多年生豆科牧草，是目前全国乃至世界上种植最多的牧草品种。其适应性强、产量高、品质好，被称为“牧草之王”。紫花苜蓿的寿命一般是 5～10 年，在年降雨量 250～800 mm、无霜期 100 天以上的地区均可种植。喜中性土壤。成株高达 1～1.5 m。

白花草木樨为草木樨属（*Melilotus*），一年生或二年生豆科草本，也是一种优良的绿肥作物和牧草。高度接近 1 m，全株有香草气味，茎直立，圆柱形，中空。总状花序腋生，花小，花果期 7～8 月。耐寒、旱，是土壤改良的重要豆科植被物种。目前已经在矿区部分平台试种，对于土壤的各种性状改良起到明显的有益作用。

小叶锦鸡儿属豆科灌木，高一般为 40～70 cm。茎皮灰黄色或黄白色。较喜光，能耐瘠薄土壤，有较强的耐寒性。喜生于通气良好的沙地、沙丘及干燥山坡地。多分布于内蒙古、甘肃，是干旱草原、荒漠草原地带的先锋树种。该种在 2009 年排土场复垦中已经种植，基本存活下来，有力地加强了土壤固氮，改善了土壤质量，可以进一步加以试验、推广。

柠条（*Caragana intermedia*）属豆科（Leguminosae），灌木，又称白柠条，根系非常发达，根系入土深，株高一般为 40～70 cm，最高接近 2 m。一般生长于海拔 900～1 300 m 的阳坡、半阳坡。具有耐旱、耐寒、耐高温的特性，是干旱草原、荒漠草原地带的旱生灌丛。目前，柠条已经成为在西北、内蒙古等地区水土保持和固沙造林的重要树种之一，属优良固沙和绿化荒山植物。在大唐东二号露天矿排土场，柠条已经广泛种植于排土场的边坡与平台，对于土壤地力的恢复与提高起到重要作用。

②施肥法：在排土场的土地复垦中，矿区一般会施用氮、磷肥来改良土壤，提高地力。施用氮、磷肥的确可以在短时间内将土壤养分含量提高，促进植被的生长，由复垦模式 1 可知，在植被的盖度、密度数据方面接近于原地貌，在有效磷、速效钾、碱解氮方面也高于其他未施肥的复垦模式样地。可以说在排土场前期土壤改良中施肥起到了极其重要的作用。

但由中国农业大学资源与环境学院齐莎、赵小蓉等人研究表明，在内蒙古典型草原区（锡林郭勒盟），如果连续多年施用大量氮肥将会使一年生草类显著生长，但多年生草类和杂草类的生长会明显降低，甚至有些物种会消失，植被的物种丰富度会大大降低。其主要原因可能是由于长期施用氮肥导致土壤铵态氮和硝态氮含量增加，造成土壤酸化，而在典型草原区正常的 pH 偏碱性，则酸化的土壤使得当地野生物种不适应，从而影响了植被的生长。相对而言，长期施用磷肥对于土壤微生物碳代谢功能群落结构影响比较小，对于其他方面的影响大多表现出正面效应。

综上所述，在采用施肥法土壤改良的过程中，在早期施用氮、磷肥的过程中对于土壤质量的提高具有重要的作用，但是长期的施用并不能够持续提高土壤的质量，反而会表现出负面效应，虽然磷肥的长期施用不会带来过多的负面效应，但是长期施用氮、磷肥还需要大量的资金投入，增加矿区的生产成本。

因此，本章提出施肥法的土壤改良程序为在排土场复垦前期施用适量的氮、磷肥，辅助豆科草本、灌木生长。在此之后可以考虑施用有机肥来增加土壤养分、改善土壤质量。因为矿区位于草原地区，可以利用羊、牛等牲畜粪便作为有机肥的主要成分，有机肥量大且经济，可以大面积施用于平盘及边坡。有机肥的引入可以考虑两种方式：一是直接购买、搬运牲畜的粪便并播撒于排土场的平台与边坡；二是在前期复垦种植中植入当地牛、羊的主要食用植物类型如羊草（*Leymus chinensis*）、隐子草（*Cleistogenes squarrosa*）等，经过前期的施肥以及豆科植物的改良土壤之后，可以选定部分地区对周边的牛、羊进行适当的放牧，牛羊在进食的同时也能够留下粪便作为有机肥料，且该种做法的好处体现在两个方面：首先相对于直接购买、搬运、播撒有机肥更加经济可行，其次在牛、羊吃进植物和产生粪便的过程中也将豆科植物中固定的氮以粪便的形式通过地上部分转移给了其他的植物，这要比通过根系在分泌、死亡分解后再向土壤和附近的植物输送氮元素要迅速和有效得多，从某种程度上来说加快了草原的氮元素循环，加强了其他植物的吸收和土壤肥力状况的改善。

11.3.2.4 植被恢复技术分析

植物筛选是排土场土壤重构的关键环节，在上文中提出引入豆科类植物进行土壤改良从某种程度上来说也涉及植物的筛选。植物的引入是排土场水土保持、地力恢复、生态重建的必经环节，因此筛选合适的植物类型成为了复垦的关键。

为能够适应干旱区草原的恶劣气候，植物的筛选应遵循以下原则：

（1）应具备耐干旱、抗风沙、根系发达、水土保持能力强和耐贫瘠等特性。在干旱区草原露天矿排土场最主要的限制性因素是植被生长缺少水分，所以要以耐旱型植物为主要筛选对象；此外该地区风沙大，尤其春季多风，风向多为南西，瞬时最大速 36.60 m/s，具备发达的根系既能够网络固持土壤以抵抗风沙的侵蚀，同时也能够涵养水源，阻挡泥沙流失；同时由于研究区土层浅薄、土壤肥力差，植物还应该具有耐贫瘠的能力。

（2）应具备繁殖快、生长期长和再生能力强等特性。排土场土地复垦是要在人工的干预下使得排土场能够尽快恢复到原有生态水平甚至建立一个更为持续、稳定的生态系统，但这需要一个漫长的过程，而植被在这个过程中充当了重要的角色。首先在植被引入初期需要植被的大量繁殖，要求地上部分能够迅速生长达到枝叶茂盛，并尽可能长时间地覆盖地面，有效地阻止风蚀影响，提高土壤保水保肥能力，同时腐化分解的枯枝落叶能较快形成松软的枯枝落叶层，分解后能够增加土壤中有机质、氮、磷等营养元素；其次，在一年生草本植被死亡后，再生植被对于持续的生态恢复具有重要意义，要在植被的交替生长中，完成排土场的生态恢复，因此筛选的植被必须具有较强的再生能力。

（3）优先在当地物种中筛选适宜先锋植被。因为当地物种是长期自然环境考验而生存下来的，对于当地恶劣环境气候具有最强的适应能力。

结合以上筛选原则以及通过野外调查对比分析出长势最好的植物类型，最终选定以下几种植物为先锋植物，如表 11-11 所示。

表 11-11 草原露天矿排土场植被重建先锋物种

	名称	拉丁名	名称	拉丁名
草本植物	冰草	*Agropyron cristatum*	黄花草木樨	*Melilotus officinalis*
	沙打旺	*Astragalus adsurgens*	无芒雀麦	*Bromus inermis*
	披碱草	*Elymus dahuricus*	紫花苜蓿	*Medicago Sativa*
	白花草木樨	*Melilotus albus*	冷蒿	*Artemisia frigida*
灌木	小叶锦鸡儿	*Caragana microphylla*	差巴嘎蒿	*Artemisia desterorum*
	大白柠条	*Caragana intermedia*	丁香	*Syzygium aromaticum*
乔木	榆树	*Ulmus pumila*	樟子松	*Pinus sylvestnis* var. *mongolica*

以上物种在现有复垦立地条件下均具有以下特点：播种栽植较容易、成活率高、育苗简易、种源丰富；尤其对于需要播种的植物来说，其种子发芽力强，繁殖量大，幼苗期抗逆性强，较易成活。因此选定上述物种作为目前矿区植被重建的先锋物种，当然还需要对选定物种进行长期的监测、观察，做到不断地更新改进，最终筛选出最适宜矿区土地复垦的植被类型。

露天煤矿的植被重建应遵循生态结构稳定性与功能协调性原理，目的是使整个生态系统向有利的方向发展，建立的生态系统结构具有较强的稳定性。只有这样才能使生态系统的各项功能正常运行。为此，露天煤矿排土场植被重建应遵循以下两个原则：

（1）植物与环境相互促进原则。植物的良好生长离不开对环境的依赖，而植物的生长又反作用于环境，使其得到改善与发展。例如在上文所述的土壤改良过程中，为了改善土壤结构、提高土壤肥力，将一些豆科类植物作为植被重建的先锋植物，以达到种地养地、改良土壤的目的。改良后的土壤环境又能为植物的生长提供有机质、氮、磷等养分，最终使整个排土场生态系统形成良性循环。

（2）物种之间相互促进原则。任何一个物种都是生态系统中的一个组成部分，因此只有将其与其他物种有机联系起来，才能建立稳定的生态系统结构。反映在排土场植被重建中就是要通过适宜的植被配置模式将不同层次的植物（乔木、灌木、草本植物）有机结合起来，达到互相促进生长，共同防止水土流失，共同改良土壤的目的，并在此基础上形成共同拥有的小气候或相互依存的生存环境，这种植物之间按照一定的比例关系而建立的生态结构将使生态系统的整体功能得到充分发挥。

因此，在研究区排土场所栽植的植物应考虑如何配置从而能够保持水土、增加土壤肥力，建立稳定的生态系统。白中科等人研究表明：草本植物对初期侵蚀控制是非常有效的，但由于气候干旱、土地贫瘠等原因，1～3 年后发生退化。灌木和乔木虽对地表能够提供一个长期或永久性的保护，但它们对排土场初期侵蚀的控制远不如草本植物的效果好。因此，排土场的植物栽植应是草、灌、乔按一定比例配置模式。

在研究区，表土层下即为沙质土壤，乔木根系生长 1～2 年后即扎入沙土中，所以乔木很难在研究区长期存活，但在前期生长中，将乔木种植于边坡的中下部，其可以起到稳固边坡，避免水土流失的作用。在乔木筛选中，榆树因其耐干旱、水土保持效果好，较能符合矿区土地复垦的环境要求。

此外，研究区水资源短缺，风沙大，灌木应选择耐干旱、抗风沙、耐瘠薄的树种，因此可优先选择干旱草原、荒漠草原地带的先锋物种，如差巴嘎蒿、大白柠条、小叶锦鸡儿等。

综上所述，边坡的植物筛选与配置主要是中上部以灌木和豆科类牧草混播，构成灌草结构；中下部构成乔木和灌木为主的乔灌草结构。在研究区边坡，从上到下依次为混播牧草、大白柠条、榆树三种层次物种相间搭配。其中混播牧草的比例为：草木樨 25%，冰草 25%，沙打旺 25%，无芒雀麦 25%（图 11-14）。

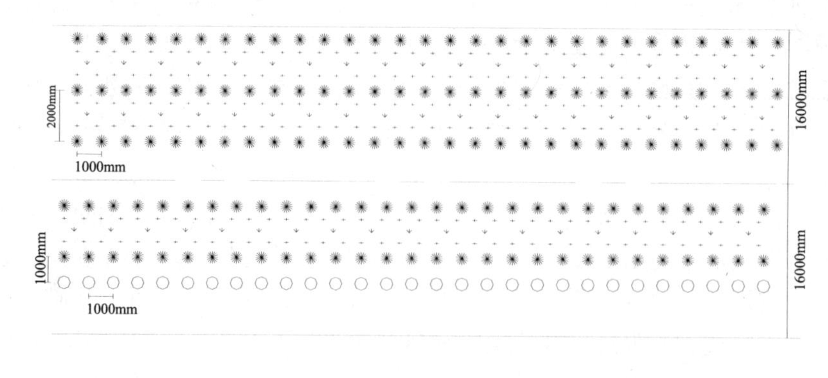

图例	名称	种苗类型
	混播牧草	种籽
✳	榆树	截干苗
○	大白柠条	二年生苗
混播牧草比例：草木樨25%，冰草25%，沙打旺25%，无芒雀麦25%		

图 11-14 排土场边坡植物配置示意图

平台的植物筛选与配置主要还是以增加土壤肥力、恢复原地貌草原为主要复垦方向，因此仍需要种植豆科类牧草改良土壤、加快熟化，为后期当地野生物种自然入侵创造条件。此外，排土场平台容易产生较大径流，造成严重的水土流失，并且在平台边缘更易形成切沟、冲沟，因此在平台也需要种植灌木、乔木，以保证在排土场植被重建过程中不会造成大量的水土流失。平台的配置模为道路两旁栽植一年生苗榆树；在平台上灌、草结合，其中灌木主要是柠条、小叶锦鸡儿等，草本植物主要还是混播牧草，其比例为：草木樨 25%，苜蓿 25%，沙打旺 25%，冷蒿 25%（图 11-15）。

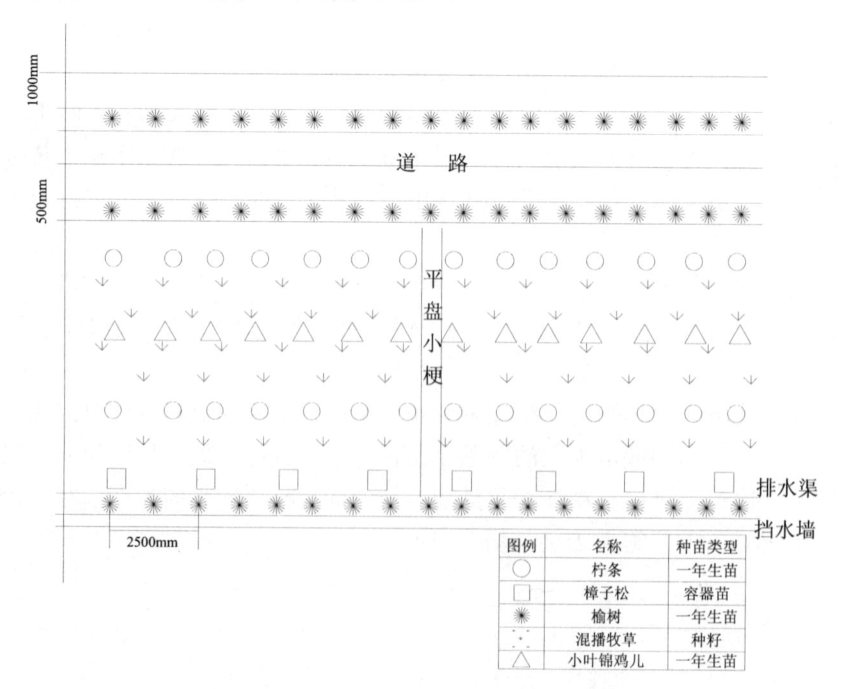

图 11-15 排土场平台植物配置示意图

11.3.2.5　生态防护技术分析

能否避免水土流失是贯穿排土场土壤重构成败的核心问题，目前主要分为工程措施和生物措施，前文中的土壤改良、植被的筛选与配置等均为生物措施，生物措施虽然是排土场水土保持的重要基础，但植物的生长、成熟需要一定的时期，而在该段时期内生物措施在水土保持方面所起的作用甚微，此外，生物措施不能防止大面积的径流对于排土场的边坡与平台的冲击，大量岩土被冲蚀堆积到下层平台。因此，在水土保持措施中工程措施尤显其重要性，工程措施必须结合排土场的实际情况以及当地的降雨量规律加以设计和施工。

（1）拦截工程。

由于排土场是短时间内迅速堆积而成的巨型松散岩土堆积体，在其平台处径流容易会合并冲刷地面产生侵蚀沟，在边坡处由于其松散的坡面更易造成冲沟的形成甚至坍塌或滑坡。以上两种方式是排土场水土流失的主要表现形式，针对该种情况，在排土场应设置拦截工程防止水土流失。

对于平台的拦截措施主要是在平台的边缘设置挡水墙，同时平台的设计应呈一定内斜的凹型平面，目的是为了防止平台的积水沿边坡下泄引起水土流失，在设计时可按照 10 年一遇 24 h 暴雨产生的径流来设计平台内倾角和挡水墙的高度。此外，对于集聚在内凹平面的积水，应采用一定的分流措施使其能够在各分散单元间就地均匀分散，使积水能够均匀、分散地入渗到土壤中，而研究区正是处在干旱草原区，因此表层土壤具有足够大的水分容量，完全有可能将分流的积水转化为土壤贮水，这对于处于干旱区的排土场植被生长具有重要的作用。为了能达到这一目的，可在平台上修筑网格状围埂，此外前文中的分散堆状表土覆盖也能为分散水流起到重要作用。

对于边坡的拦截措施主要着重于防止产生侵蚀沟以及坍塌或滑坡。首先应该设计合理的边坡角度，但是由于边坡为岩土自然倾倒而形成，因此较难保证边坡始终按照设计要求进行排弃，所以对于较陡的边坡以工程护坡为主，如浆砌石坡脚、混凝土框格等。对于较缓的边坡则以生物护坡为主。同时结合矿区的生产实践，在边坡的坡脚处堆放大石块能有效防止水土流失。

此外，结合矿区生产实践经验，可以在边坡设置“鱼鳞坑”（图 11-16）以有效控制水土流失。

图 11-16　边坡鱼鳞坑

鱼鳞坑是一项坡面整地工程，由于在排土场边坡很难修筑水平的截水沟，于是就采用分散挖坑的方式在坡面上均匀布置若干小坑，以达到拦截坡面径流、控制水土流失的作用，由于相间分布于边坡，呈鱼鳞状，所以被称之为鱼鳞坑。具体的设计施工过程如下：从边坡的坡顶到坡脚按照一定的距离，沿等高线成排地挖月牙形坑，上下两坑相互搭接具有层次，呈“品”字形排列。在等高线上鱼鳞坑的间距可设置为 1 m（约坑径的 2 倍），上下两排的距离可设置为 1 m，鱼鳞坑的坑深为 0.5 m。挖坑取出的土可在坑的下方培成半圆形的小埂，目的是增加其蓄水量。埂的设计为中间高两边低，这样水就只能从两边流入下个坑。最后在坑内栽种灌木之类的植物并填入表土。

对鱼鳞坑的拦截坡面径流的进一步分析可知，当降雨强度较小时，积水就不会溢出坑体，则鱼鳞坑能完全拦截坡面的径流；当降雨强度大时，鱼鳞坑中的积水会产生满溢，但是由于鱼鳞坑具有中间高两边低的土埂，其能够将溢出的积水从两边分散流出，由于流出的积水会流到下一个等高线的鱼鳞坑，这样就形成了层层阻缓、步步减弱的情况，直接避免了坡面径流的集中冲刷。

值得一提的是，虽然鱼鳞坑是拦截水土流失的重要工程措施，但主要还应突出造林整地的作用，因为只有保证了树木的成活，才是边坡的长久稳定的保证，因此必须将工程措施和生物措施结合起来，在鱼鳞坑的基础上筛选适宜物种加以种植生长。

（2）疏排工程。

在排土场的水土保持工程措施中，拦截工程大大减少了雨水径流对边坡与平台的冲击，但在很大程度上只是起到减弱、缓解的作用，要从根本上解决排土场水土流失隐患，还应该在排土场建立一套完整的疏排工程，经过多年矿区实践经验表明“疏排”是排土场预防水土流失最有效的措施之一。

边坡表面的雨水径流经过拦截后，剩余的集水仍然会对边坡、平台产生冲击，造成水土流失，因此可以在每一级平台与坡脚的结合处修筑排水沟，并使之环绕平盘的内侧形成一整套排水系统，最终沿边坡修筑直达排土场底部的排水沟对积水进行集中排放。排水沟的修筑可以利用排土场上排弃的土石作为建造材料，直达排土场底部的纵排水沟则可以利用从矿坑中挖掘出的岩石进行护砌。

在建造坡脚排水沟时应结合当地的最大降雨量和集水面积来设计断面尺寸的大小，在干旱区露天矿排土场一般可以设计为梯形断面，底宽 0.3 m、深 0.3 m。此外还要考虑排水沟的沟底坡度，目的是水流经过时既要使水流全部排走还要保证不冲不淤。同时在排水系统的末端还要建造永久性沉沙池，因为经过水流搬运的泥土多半是富有营养价值的表土，所以很有必要将其进行沉淀后再将水流排出，回收后的泥浆经过处理后可以再次用于排土场的表土覆盖。

（3）植被管护。

草原生态脆弱区，生态环境恶劣、土壤质量差，因此植物在栽植以后必须实施人工辅助工程，这主要包括保水保温、防治病虫害、施肥、补植等。矿区需建立专业的植被养护队伍，针对植被生长过程中出现的问题及时发现、及时解决，现主要介绍研究区排土场保温保肥、固土防沙的两项人工措施。

由于研究区所处地区冬季寒冷时间长、暴雪多，春季则沙尘暴频发、波及地区广、受灾程度深。结合实际情况，矿区在排土场生态恢复中为了使植被能够保温、保肥、固土防沙，目前采用了覆盖草帘和设置草方格两种人工措施。

所采用的草帘是秸秆经加工而成，每条草帘宽 0.5～1 m，成条状均匀覆盖于边坡（图 11-17）；草方格是由秸秆栽种而成的若干小正方形，呈网格状，每个面积大约为 1×1 m，可设置在边坡与平台处（图 11-18）。经过一年多的实践，采取人工措施的边坡与裸露边坡对比试验初步表明，在覆盖有草帘以及设置草方格的边坡，植被长势良好，侵蚀沟的数量以及严重程度（图 11-19、图 11-20）要小于裸露边坡，植被盖度高。其中选择的技术参数为“条/10 m”（即每 10 m 的水平距离内包含的侵蚀沟数量）、“沟宽”“沟深”。因此，在排土场复垦初期人工设置草帘与草方格将很大程度上抑制水土流失，为植被生长提供保障。

图 11-17　边坡覆盖的草帘

图 11-18　平台设置的草方格

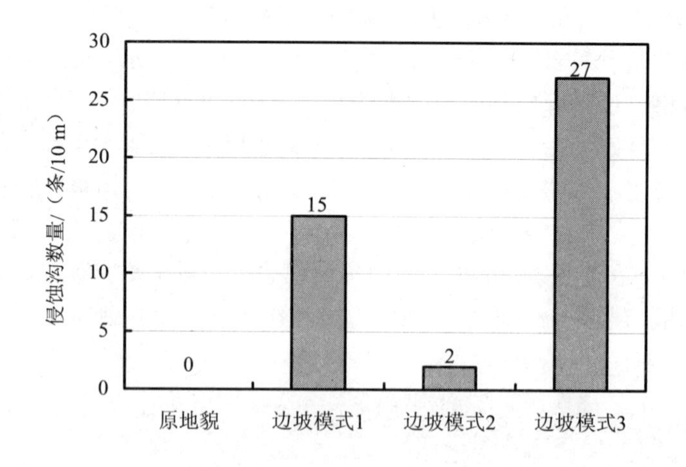

图 11-19　不同模式下边坡侵蚀数量对比

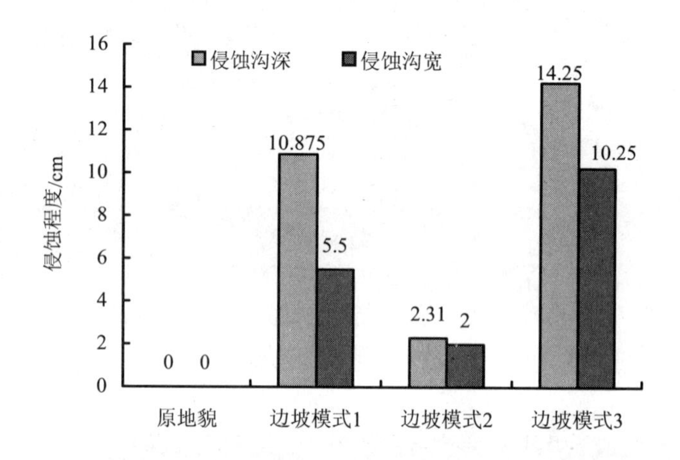

图 11-20　不同模式下边坡侵蚀程度对比

其中边坡模式 1 为覆盖表土，有种植，无人工管护；模式 2 为覆盖表土，有种植且覆盖草帘与设置草方格；模式 3 为裸露边坡。通过图 11-19 和图 11-20 对比可知，模式 1、2 的效果要好于模式 3 的裸露边坡，但是同样是覆盖表土和种植植物的模式 1 与模式 2，由于模式 1 没有人工管护，在水土流失方面要比模式 2 严重。因此，在边坡覆盖草帘与设置草方格能够有效减少水土流失，为植物生长提供稳定的土壤环境。

11.4　黑岱沟露天煤矿生态修复技术分析

11.4.1　黑岱沟露天矿概况

黑岱沟矿作为鄂尔多斯温带典型草原区典型露天煤矿，隶属于中国神华集团准格尔能源有限责任公司，是国家“八五”计划期间重点项目——准格尔项目一期工程三大主体工程之一，是我国自行设计、自行施工的特大型露天煤矿。该矿于 1990 年开工建设，1996

年 7 月试生产，1999 年国家验收正式移交投产，2006 年经过一次扩能改造，至今已有 20 年历史。

11.4.1.1　地理位置

黑岱沟露天煤矿位于内蒙古自治区鄂尔多斯市准格尔旗。准格尔旗地处内蒙古自治区西南部（东经 110°05′～117°27′，北纬 39°16′～40°20′），南接中原，北靠大漠，北部、东部及东南为黄河环抱。黄河在准格尔旗流经 9 个乡镇，全长 197 km。沿黄河由北向南分别与土默特右旗、托克托县、清水河县、山西省偏关县和河曲县隔河相望，南部与陕西省府谷县接壤，西部从南到北依次与伊金霍洛旗、东胜、达拉特旗毗邻。准格尔旗南北长 116.5 km，东西宽 115.2 km，面积 7 535 km^2。

准格尔煤田位于准格尔旗东部的黄土高原丘陵区，地处蒙、陕、晋三省区交界处，位于准能公司所在地薛家湾镇东南 10 km。

11.4.1.2　地形地貌

准格尔旗地处鄂尔多斯高原东部，平均海拔 1 200 m。境内丘陵起伏，沟壑纵横。北部沿黄河一带有少量的冲积平原，平原以南为库布齐沙漠，由西向东横贯其中，东、南部是黄土丘陵，西部为丘陵沟壑的土石山区。

黑岱沟露天煤矿与清水河煤田隔河相望，以黄河河谷为中心线，两岸呈平缓斜坡相对称，整个煤田被广厚的黄土所掩盖。由于风蚀、水流向源侵蚀造成黄土高原的复杂地形地貌。全区地形西北高东南低。最高处见于煤田北部孔兑沟上游分水岭，最低处在煤田南端马栅乡的毫米疙瘩一带，海拔在 1 100～1 310 m。

矿区冲沟极为发育，主侧脉向源侵蚀力极强，形成十分发育的树枝状冲沟。主要沟谷自北向南有大路沟、孔兑沟、小鱼沟、窑沟、龙王沟、焦稍沟、黑岱沟、哈尔乌素沟、罐子沟和十里长滩沟。各沟谷下游横断面呈“V”字形。原始高原地貌遭受严重破坏，沟谷纵横，沟深壁陡，地貌十分复杂。

11.4.1.3　水文地质

黄河是该区最大的水系，其流经区内长达 95.5 km，年平均流量为 392～1 390 m^3/s，水流中年平均含沙量为 1.81%～7.38%。

该区处于伊陕质地东缘，地层走向为北东 45°，基岩构造形势呈东北高、西南低，岩层平缓，倾角一般小于 10°。直接充水岩层主要为坚硬之裂隙砂岩，充水空间发育，但补给来源贫乏。地表虽有黄河流过，但煤层位于黄河水位以上，不易补给。

11.4.1.4　气候

该区属于中温带大陆性干旱气候区，冬季寒冷，春季干燥多风，夏季短而热，秋季温和宜人。年平均气温 7.2℃，年平均降水量 426.3 mm，年平均蒸发量 1 943.6 mm，相对湿度 58%。年平均风速 2.2 m/s，以静风居多，高达 37.6%，主导风向 NNW。

11.4.1.5　植被

根据内蒙古植被的植物区系划分，该区属于草原植物区黄土丘陵草原植物省，阴山山脉南黄土丘陵草原植物洲。亚洲中部区系成分、蒙古成分和华北成分为主，其次是达乌里—蒙古成分和东亚成分。

由于历史上的农业开发，该区域的自然植被保留无几，且植被稀疏低矮，植物种类比较贫乏，植被类型较为单一，植物群落结构简单。该区域的地带性植被为典型草原，主要建群植物有本氏针茅、百里香、短花针茅、茭蒿等。植被平均盖度25%左右，草群高度多在15 cm以下。

11.4.2 黑岱沟露天矿生态修复方案

11.4.2.1 土壤重构工程方案

（1）覆土工艺。覆土过程是与剥离、排土过程紧密结合而形成的。当排土场各台阶的岩土排弃接近最终设计标高时，最终达到平台、台阶覆土厚度，为进一步的生物复垦奠定基础。矿区内及周围土壤类型主要是栗钙土、栗淤土、风沙土、黄土及黄绵土。随着深度增加有机质含量下降，而速P、速K含量增加。根据矿山实际情况，如果保留表土，将其运往需要复垦的地方，则投资大、生产费用高。而采用剥离黄土覆土后通过生土熟化和快速培肥技术，完全可以达到原表土的肥力状况。

（2）最佳覆土厚度的确定。覆土种植的作物或树木易于成活，环境能够较快地得到改善，但经费较高。不覆土种植，必须保证有足够的风化土和合适的树种。随着覆土厚度的增加，单位面积的收益率相应增加。但当覆土厚度大于最佳覆土厚度时，工程费用增加，而农作物的产量不再增加。

（3）排土场地形设计。一般在露天采矿工程设计时均已考虑边坡的稳定。具体的地形设计要求：整个排土场的景观要与周围开采地区相协调一致；防止水土流失；满足植被重建的要求。

在实际工作中，主要依靠对边坡的整治与排水渠的规划来完成。地形设计的第一步是要调查排土场所在地区的自然地理状况，包括地形、地貌、水文、降水量、侵蚀模数、土壤或剥离物的性质及植被特点。由此可确定排土场的斜坡角度、排水密度等指标。

（4）工程覆土的主要环节。

①有计划排弃和覆土。排弃过程根据排土场设计参数标高和排土场各台阶的堆放形式，采取多平盘，多点扇形推进，结合现场剥离物的分布组成状况，分段分期进行。覆盖表土时，采用自卸卡车“后退式”堆卸方式，以避免自卸卡车的碾压，减小表土的实密度，利于生物复垦。

②及时采取土工措施，防止水土流失。由轻型推土机进行平整，台阶或平台坡顶推挡土墙，高1.5 m，上顶宽1 m；台阶或平台挡土墙处推成反坡式，坡度为3°～6°，防止冲坡，保持水土；平台或台阶建立道路系统，平台主干道宽度为10～12 m，次干道为6～8 m；平面初步整平，做到大不平而小平，再分网格打畦梁，网格规格一般为30～40 m；在东排土场轮斗系统覆土时，有时落差较大，坡面采用修梯田，进行整地；坡面采用不同规格的鱼鳞坑进行整地。

以上采用的工程复垦措施，既可以为以后植被恢复创造条件，又可以有效防止水土流失。

11.4.2.2 植被重建工程方案

以建设矿区人工生态系统为目的，在土地工程复垦基础上，认真分析造林立地条件，做到适地适树，适地种草，选择合理树种、草种，提高成活率。

营造以草为先锋，灌木为主体，建立草、灌、乔结合的防护林体系。把林草植被建设作为矿区经济发展的保障。

矿区水土流失防治与环境绿化美化相结合，建立一个环境优美、和谐、稳定的矿区。

（1）乔、灌、草有机结合加快生态恢复进程。覆土后坡面种植灌木、牧草，经过 3～5 年的生长，牧草开始退化，然后采用大雨鳞坑法栽植乔木，主要以油松、山杏、杨树等乡土树木为主。在平台或台阶上，黄土基质表层土和浅表层土有机质含量差异不大，土壤肥力极低，必须尽快提高。首先将粉煤灰拌入土壤，深耕，然后撒播牧草，第二年深耕，压绿肥，第三年继续播种牧草，以此循环 5 年，土壤肥力有很大提高，适于农业利用。

（2）进行防护林的建设。由于矿区地处黄土高原台地，西北季风大，风蚀严重，只有大规模地建立防护林带，才能为矿区土地复垦和生态恢复提供良好的生长环境。

（3）防止土壤侵蚀快速达到绿化效果。排土场坡面土壤松软，保墒、保水、透气性好，但极易被侵蚀。为了防止坡面泥流、冲沟的发生，毁坏下游已恢复的植被，一般在覆盖表土半年后开始密植豆科类的灌木或多年生草本植物，一般为灌—草型。

（4）分阶段实施。早期以豆科类的牧草、灌木为主，在种草 2～3 年后，选择具有长期改善矿区效果的永久植被，如油松、新疆杨、刺槐等其他乔灌木树种，建立乔、灌、草立体模式进行绿化。

11.5　平朔露天煤矿生态修复技术分析

11.5.1　平朔露天煤矿概况

（1）地理位置。平朔矿区地处黄土高原东部、山西省北部，朔州市平鲁区境内，西北沿长城与内蒙古自治区接壤，西南与本省忻州地区相邻，东连山阴县，北接右玉县，东经 112°10′58″～113°30′，北纬 39°23′～39°37′，总面积 375.12 km^2。

（2）地形地貌。矿区为黄土丘陵地貌，境内自然地理环境复杂多样，地形以山地、丘陵为主，占到总面积的 60%以上。地势北高南低，一般标高为 1 200～1 350 m，地形受地表水切割剧烈，切割深度一般在 30～50 m，以“V”字形沟道居多，形成典型的黄土高原地貌景观。境内海拔最高山峰位于朔城区和平鲁区交界处的黑驼山，主峰海拔 2 147.2 m。矿区地处宁武向斜北端，整体构造形态为一近南北走向的复向斜构造，东翼地层倾角平缓，一般 4°～10°，西翼倾角较大，局部达 40°～50°，伴有次一级褶曲和小型断裂。区内陷落柱发育，未发现有岩浆岩，构造尚属简单。

（3）气候条件。矿区属典型的温带半干旱大陆性季风气候区，东春干燥少雨、寒冷、多风，增温较快，夏季降水集中、温凉少风，秋季天高气爽。区内年平均降雨量为 428.2～449.0 mm，最高年降水 757.4 mm。最低年降水 195.6 mm。降水集中分布在 7、8、9 三个月，占全年总降水量的 75%。年蒸发量 1 786.6～2 598.0 mm，最大蒸发月为 5、6、7 三个月，超过降水量的 4 倍。区内空气平均绝对压强为 6.9 mbar，平均相对湿度为 54%。矿区年平均气温 4.8～7.8℃，极端最高气温为 37.9℃，极端最低气温为–32.4℃，≥10℃的年积温为 2 200～2 500℃，日温差为 18～25℃，年最高、最低温差可达 61.8℃。无霜 115～130 天。冻土最大深度 1.31 m，积雪最大厚度 26 mm。矿区年平均风速为 2.5～4.2 m/s，最大风速 20 m/s，阵风最大为 24 m/s，年平均 8 级以上大风日数在 35 天以上，最多可达 47 天。风沙日数 29 天。矿区灾害性天气主要有：干旱、冰雹、霜冻和风害，严重影响工农业生产。干旱和风害多集中在春季，冰雹常发生在夏季和初秋，霜冻以春季的晚霜和秋季的早霜危害农业生产。

（4）土壤条件。矿区地带性土壤主要为栗钙土与栗褐土的过渡带，主要包括土属有18个，分别为沟淤淡栗钙土性土、淤淡栗钙土、淤草甸化淡栗钙土、石灰岩质山地栗钙土、耕种埋芷黑芦土质淡灰褐土性土、耕种红黄土质淡栗钙土、耕种红黄土质淡栗钙土性土、耕种黄土质淡灰褐土、耕种黄土质山地栗钙土、耕种黄土质栗钙土性土、耕种黄土质淡栗钙土、耕种黄土质淡灰褐土性土、耕种黑垆土质淡栗钙土、耕种黑垆土质淡灰褐土、黄土质山地栗钙土、黄土质山地灰褐土、黄土质山地草原草甸土、黄土质淡栗钙土性土。由于矿区内土壤土质砂化强烈，且矿区内有机质含量、全氮、速效磷、速效钾的含量均较低，分别为5.0～9.0 g/kg、0.3～0.6 g/kg、5.0～8.0 mg/kg、50～90 mg/kg。因此，矿区内土壤肥力低下，不利于植物的生长。

（5）水文地质。矿区地表水系属海河流域的永定河水系，主要河流有七里河、源子河、恢河和黄水河等支流，其中马关河与七里河分别流经矿田东西两侧，由此向北汇入永定河，最后注入渤海。矿区地下水主要存在于各地表层的熔岩裂隙中。从下到上的分部情况是，奥陶系灰岩岩溶裂隙发育，含水性强，为矿区地下水的主要含水层，但其水位仅在矿区东南部高于11号煤层底板，其余均低于11号煤层；太原组和山西组砂岩裂隙含水性差；石盒子组砂岩裂隙含水量亦小，全新统洪积层的孔隙潜水主要受大气降水补给及雨季山区河床渗漏水补给。

11.5.2 平朔露天矿生态修复方案

11.5.2.1 土壤重构工程方案

（1）采剥—排弃技术要求。

①采剥——分层剥离。不要求进行0～30 cm的原表土层（耕作层）单独剥离，但要求进行原植被生长所需水分、营养土层的单独剥离（0～200 cm）。底层土分黄土母质（不含料姜）、黄红土母质（含料姜）、红土母质分层剥离。煤矸石和一般岩石分层剥离。

②排弃——分类排弃。绝对禁止含有毒、有害或放射性成分的剥离物排在地表，保证农业生产无污染、安全。严禁矸石及煤泥排在地表（包括平台和边坡）。矸石应尽量用于发电。剩余的矸石、煤泥应排在内排土场，并要求离地表30～50 m深处，以防止氧化自燃。严禁石块排在平台地表，保证平台土地的可耕性。边坡一般要求覆土，局部允许有石砾出现。严禁红土母质排在地表，保证土地的可耕性。对含有料姜的黄红土母质，一般不允许排在地表；已排在地表的应在种植过程中拣去料姜石。对不含料姜的黄土应尽量排在地表，严禁排在底部。遇到特殊情况可在排土场设置黄土的临时堆放场，并应重点保护，以备后用。排土场排到最终境界时，应采用堆状地面的最优堆积方式，避免压实。

③造地——分区整地。排土场首先应保证安全，杜绝地质灾害的发生。防护工程要求满足《滑坡防治工程设计与施工技术规范》（DZ/T 0240—2004）。排土场应形成平台、边坡相间的规则地形。重塑的地形适宜现代农业的要求。同一平台应尽量平坦宽阔，禁止形成局部凸起或凹陷，以免地块破碎，不利于现代耕作。排土场应有合理的道路布置，道路设置按照土地开发整理工程建设标准的要求进行。排土场排水设施满足场地要求，防洪标准符合当地要求。排水渠的设置应采用硬化和非硬化相结合的方式。用于种植业的排土场

平台达到最终境界后，表层黄土覆盖严格采用堆状地面密排法，保证复垦种植层的厚度在 100～150 cm 以上。已保证平整沉降后的厚度在 50 cm 以上，土壤容重在 1.2～1.4 g/cm^3。

（2）土地平整。根据地面起伏程度划定排土场复垦区域的明显挖方区和填方区（见南寺沟和安太堡内排土方调配图），考虑填土沉降，整理后平台坡度＜3°。依据设定的土地平整单元对每个平整单元（不含挖方区和填方区）利用散点法初步估算设计标高。

（3）边坡削放。为了防止塌方，保证施工安全，按《土方和爆破工程施工及验收规范》的规定，结合矿区土质条件以及矿区土地集约节约利用课题，拟定坡度为 30°～40°，厚度在 30 cm 以内的挖土，20 m 基本运距的运填，最后削坡找平。在满足排土场边坡稳定的前提下，最大限度地增加有效耕地面积。

11.5.2.2　植被重建工程设计

排土场生态恢复设计包括最终平台、排土场台阶平台和排土场边坡的生态恢复设计。

（1）排土场平台植被重建。排土场平台包括最终平台和台阶平台，经过复垦的土地优先用作耕地。

①耕地农作物选择。本地区农田栽培植被均为一年一熟制农业。可种植玉米、高粱、马铃薯等农作物。

②农业耕作技术。平朔矿区主要采用种植改土的方式提高土壤肥力。主要种植绿肥牧草和作物，在新垦土地准备辟作农田时，可先种 3 年绿肥植物，改良土壤、培肥养地，然后再种植大田作物。

③农田防护林规划设计。防护林规划是农田规划和生产布局的组成部分，特别是在防护林规划中带有原则性的重要问题，如防护林的类型分布、林木覆盖率、占地比例等都应在农田规划中确定下来，以此进行防护林规划设计。

防护林树种选择：树种的选择对于防护林的建设是至关重要的，根据地区防护要求和防护林的结构类型合理地选择树种是防护林规划设计的前提。根据矿区所在地的气候及植被生长特点，对于农田和道路防护林选取先锋乔木进行防护林设计，主要有垂柳、旱柳、油松、樟子松等。

防护林布局：农田防护林工程一般可考虑在田间路与生产路的单侧或两侧、项目区周边处种植树木，也可在引水渠、排水沟两侧及沟底种植花草。这样可以美化环境、防风固沙、防止水土流失、调节农田小气候。

为了改善矿区生态环境，保障农田耕作的安全，本方案规划在农田内主要道路两侧设置防护林带，结合当地的实际情况，在田间道路两侧各设置一排垂柳和一排樟子松，株行距为 2 m；在生产道路两侧各设置一排旱柳或油松，具体为每段生产路的一半道路两侧种植旱柳，另一半道路两侧种植油松，株行距 2 m。

（2）排土场边坡植被重建。排土场边坡的植被能起到改善矿区生态环境，防止水土流失，增加土壤肥力的作用。

①边坡植被的选择。根据矿区的温度、热量等气候条件，边坡植被的选择主要考虑如下：

具有较强的适应能力。对于干旱、压实、病虫害等不良立地因子具有较强的忍耐能力；对粉尘污染、冻害、风害等不良大气因子具有一定的抵抗能力。

有固氮能力，抗瘠薄能力很强。如豆科牧草，其根系具有固氮根瘤，可以缓解养分不足。

根系发达，有较高的生长速度。根蘖性强，根系发达，能固持土壤，网络固沙性较好。

播种栽培较容易，成活率高。种源丰富，育苗方法简易，若采用播种则要求种子发芽力强，繁殖量大，苗期抗逆性强，易成活。

②边坡植被的种植。考虑到平台边坡的稳定性，采用薄层覆土沿坡逐坑下移回坑法，按照等高带状从上往下种植。根据矿区的气候条件以及植被的生长特点，边坡植被种植选择灌草混交方式。

以平朔矿区南寺沟排土场和安家岭内排土场边坡植被恢复为例，其具体的植被重建方案见表 11-12 和表 11-13。

表 11-12 南寺沟排土场区草本植物设计

立地条件	牧草名称	播种方式	播种量/（kg/hm^2）	面积/hm^2	需种子量/kg
南寺沟A类边坡	沙打旺	1：1 混播	25	23.10	462
	紫花苜蓿		25		462
南寺沟B类边坡	无芒雀麦	1：1 混播	25	13.50	270
	披碱草		25		270

表 11-13 安家岭内排土场区草本植物设计

立地条件	牧草名称	播种方式	播种量/（kg/hm^2）	面积/hm^2	需种子量/kg
安家岭内排A类边坡	沙打旺	1：1 混播	25	14.83	297
	紫花苜蓿		25		297
安家岭内排B类边坡	无芒雀麦	1：1 混播	25	8.90	178
	披碱草		25		178

第 12 章　草原煤田修复土壤质量演替规律

12.1　研究区土壤样品采集与检测方法

12.1.1　土壤样品采集方法

由于伊敏露天矿复垦时间较长，本研究区主要采用空间序列代替时间序列的方法分析伊敏露天煤矿复垦土壤质量演替规律。土壤采样时间是 2010 年，采样地点是伊敏矿区的排土场，按照复垦后的时间为标准，选取不同时期具有代表性的排土场复垦土壤作为土样采集对象，以矿区内部未受影响的区域作为对照。样地选取分别在西排土场平台、内排土场南坡平台、西排土场平台自然恢复区、内排土场平台等共 6 个区域（表 12-1），这些区域的复垦时间分别为 2 年、4 年、6 年、9 年、14 年。在这 6 个区域各选取一个 10 m×10 m 的样地，同时在矿区内部原地貌区域也选取一个同样大小的样地。再在每个样地中取三个大小为 1 m×1 m 的样点，用土钻垂直取每个样点表面 20 cm 的土壤为一个土样，每个样点取三个土样，将这九个样方充分混合，用“四分法”弃去多余土壤。对每个土样编写土样编号、采样地点及经纬度、土壤名称、采样深度、前茬作物及产量、采样日期、采样人等。

表 12-1　样地情况一览表

样地代码	样地坐标		样地位置
	X	*Y*	
Ⅰ	119.708 6	48.581 7	西排土场平台
Ⅱ	119.706 3	48.559 5	内排土场南坡平台
Ⅲ	119.684 8	48.565 97	西排土场平台自然恢复区
Ⅳ	119.688 2	48.569 27	西排土场平台
Ⅴ	119.692 4	48.559 8	西排土场平台
Ⅵ	119.708 0	48.557 27	内排土场平台
Ⅶ	119.754 0	48.539 52	矿区内部原地貌

12.1.2　土壤样品检测方法

有机质采用油浴加热 K_2CrO_7 容量法；全氮采用半微量凯氏定氮法测定；有效磷采用

Olsen 法；速效钾采用 1.0 mol·L^{-1} NH_4OAc 浸提-火焰光度法；pH 采用电位法；碱解氮采用碱解扩散法；电导率采用电导率仪测定。

12.2 排土场复垦土壤质量演替规律

12.2.1 土壤养分演替规律

土壤中的 N、P、K 是作物生长的必要元素，它们的含量与植物的生长密切相关，土壤中 N、P、K 含量的多少也是衡量复垦工程效果好坏的标准之一。通过对伊敏矿区不同复垦年限排土场土壤取样以及分析，土壤养分随时间变化情况如图 12-1～图 12-4 所示。

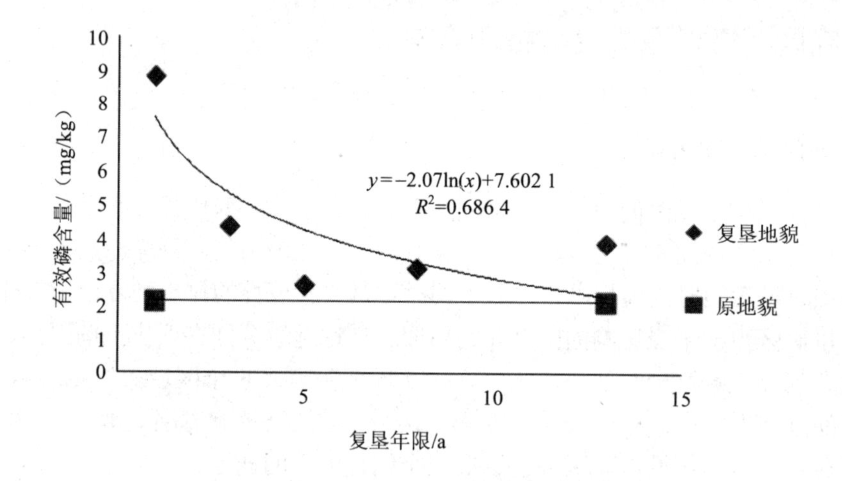

图 12-1 不同复垦年限排土场土壤有效磷变化

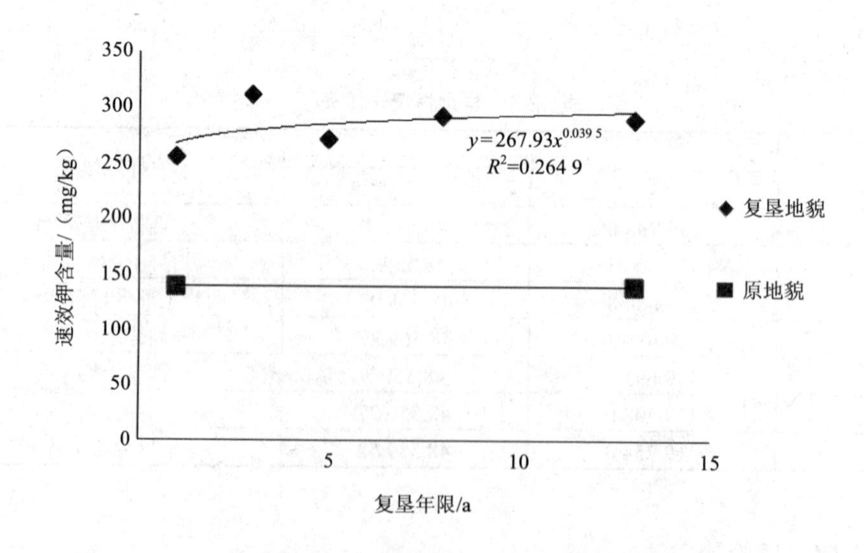

图 12-2 不同复垦年限排土场土壤速效钾变化

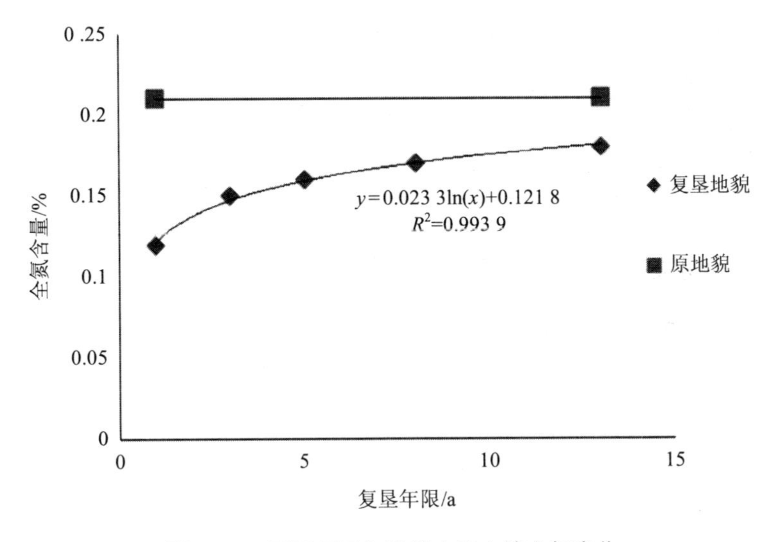

图 12-3　不同复垦年限排土场土壤全氮变化

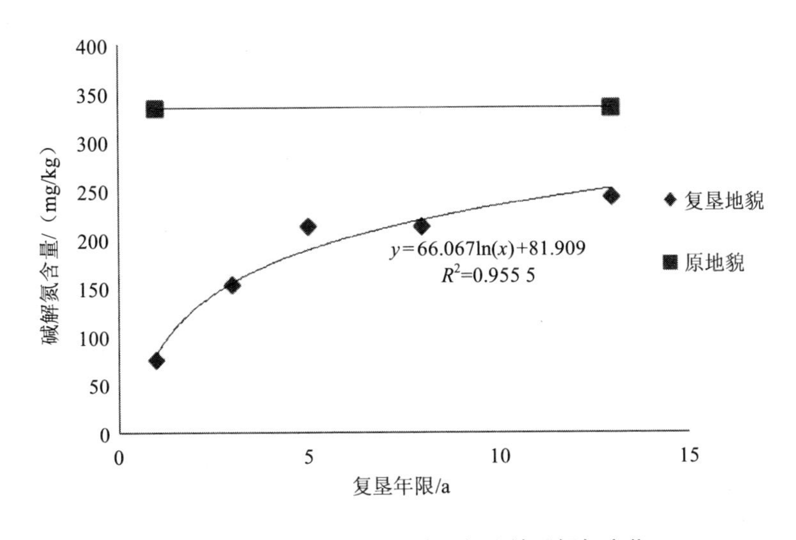

图 12-4　不同复垦年限排土场土壤碱解氮变化

从图 12-1 可以看出，有效磷总体呈波动先下降后上升的趋势，在复垦后期，土壤中有效磷含量超过了原地貌。其变化范围在 2.63～8.8 mg/kg，最大值出现在复垦 2 年的西排土场平台，最小值出现在复垦 6 年的西排土场平台。从图 12-2 中可以看出，速效钾含量总体呈缓慢上升的趋势，复垦后期含量基本不变，其变化幅度为 256～312 mg/kg，最大值出现在复垦 4 年的内排土场南坡平台，最小值出现在复垦 14 年的内排土场平台。氮素水平上，全氮含量变化范围为 0.12%～0.18%，总体呈向原地貌值逐渐接近的趋势，最大值出现在复垦 14 年的内排土场平台，最小值出现在复垦 2 年的西排土场平台；从图 12-4 可以得到，碱解氮的含量呈波动上升的趋势，复垦初期增长较快，后期逐渐变慢，变化范围为 75.3～242 mg/kg，最大值出现在复垦 14 年的内排土场平台，最小值出现在复垦 2 年的西排土场平台。

就总体的情况看，复垦初期复垦土壤的养分状况较差，有效磷含量呈先下降后上升的趋势可能是由于复垦土壤中有效磷含量原本较高，但随着复垦时间的增加，土壤中植物或动物的出现消耗了磷元素；但在复垦后期，土壤中凋落物的增加又使磷元素还原回土壤中，有效磷含量增加。速效钾、全氮、碱解氮都呈对数变化，复垦初期变化速度快，复垦后期变化速度慢，含量均逐渐接近原地貌水平。这说明随着复垦年限的增加，土壤养分状况逐渐得到改善，复垦工作取得了效果。

12.2.2 土壤养分间接指标演替规律

土壤 pH、有机质、土壤电导率是反映土壤质量好坏的重要间接指标，通过对伊敏矿区不同复垦年限排土场土壤取样以及分析，土壤养分随时间变化情况如图 12-5、图 12-6 所示。

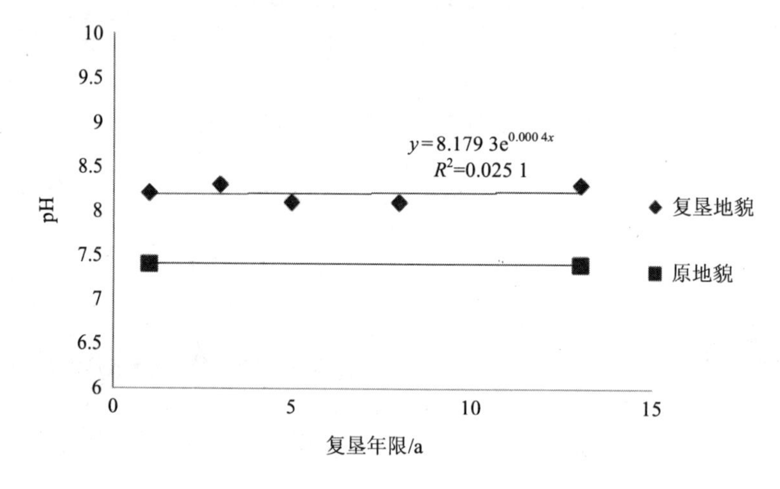

图 12-5 不同复垦年限排土场土壤 pH 变化

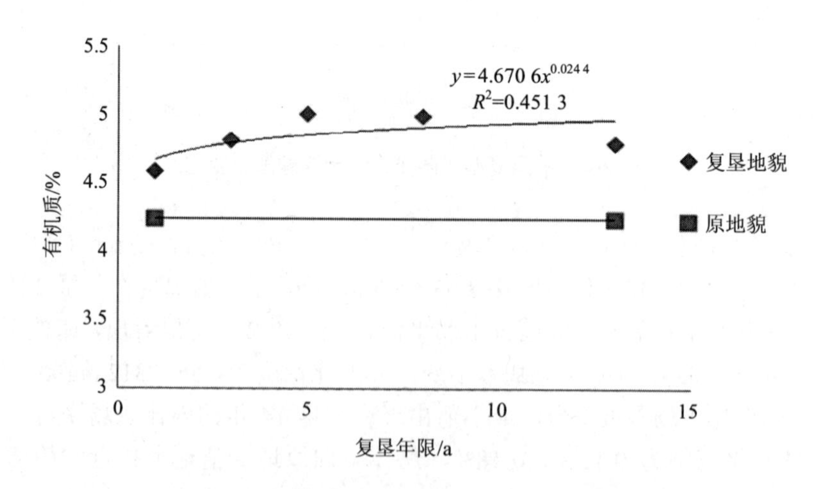

图 12-6 不同复垦年限排土场土壤有机质变化

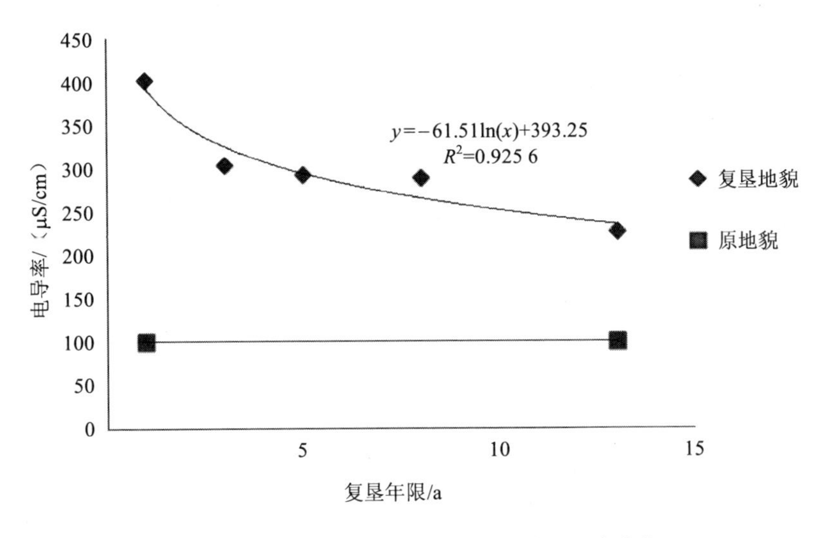

图 12-7　不同复垦年限排土场土壤电导率变化

土壤 pH。随着排土场复垦年限的增加，排土场土壤的 pH 呈波动状态，没有明显变化，最大值出现在复垦 4 年、14 年的土壤中，最小值出现在复垦 6 年、9 年的土壤中，始终比原地貌的 pH 偏高。

土壤有机质。土壤有机质是植物矿物营养和有机营养的源泉，是形成土壤结构的重要因素，直接影响土壤的耐肥、保墒、缓冲性和土壤结构等。从图 12-6 可以看出，土壤中有机质含量随复垦年限的增加而增加，这表明土壤的复垦有利于有机质的累积。

土壤电导率。土壤电导率是测定土壤水溶性盐的指标，而土壤水溶性盐是土壤的一个重要属性，是判定土壤中盐类离子是否限制作物生长的因素。它是反映土壤电化学性质和肥力特性的基础指标。图 12-7 表明了随着复垦年限的增加，排土场土壤的电导率总体呈下降趋势，最大值出现在复垦两年的排土场，最小值出现在复垦 14 年的土壤。土壤电导率高说明土壤中水溶性盐的含量较高，有碍作物生长，随着复垦时间的增长土壤中水溶性盐含量逐渐降低，接近原地貌，对植物生长的阻碍减小。

12.3　排土场复垦土壤环境质量情况

12.3.1　土壤环境质量标准

煤矿废弃物中一般含有多种重金属元素，因此排土场的复垦可能会引起土壤污染。污染土壤的重金属主要包括汞、镉、铅、铬和类金属砷等生物毒性显著的元素，以及有一定毒性的锌、铜、镍等元素。过量重金属可引起植物生理功能紊乱、营养失调，镉、汞等元素在作物子实中富集系数较高，即使超过食品卫生标准，也不影响作物生长、发育和产量，此外汞、砷能减弱和抑制土壤中硝化、氨化细菌活动，影响氮素供应。并且这些重金属对土壤的污染基本上是一个不可逆的过程，重金属进入复垦土壤后很难通过自然过程得以减少，重金属污染物在土壤中移动性很小，不易随水淋滤，不为微生物降解，通过食物链进入人体后，潜在危害极大。重金属污染对土壤生态系统结构和功能的影响以及对生物体的危害都是不容易恢复的。

我国颁布的《土壤环境质量标准》（GB 15618—1995）规定了土壤环境质量的三级标准值，见表 12-2。

表 12-2 土壤环境质量标准值

单位：mg/kg

项目 \ 土壤 pH \ 级别		一级	二级			三级
		自然背景	＜6.5	6.5～7.5	＞7.5	＞6.5
镉	≤	0.20	0.30	0.30	0.60	1.0
汞	≤	0.15	0.30	0.50	1.0	1.5
砷 水田	≤	15	30	25	20	30
旱地	≤	15	40	30	25	40
铜 农田等	≤	35	50	100	100	400
果园	≤	—	150	200	200	400
铅	≤	35	250	300	350	500
铬 水田	≤	90	250	300	350	400
旱地	≤	90	150	200	250	300
锌	≤	100	200	250	300	500
镍	≤	40	40	50	60	200
六六六	≤	0.05	0.50			1.0
滴滴涕	≤	0.05	0.50			1.0

12.3.2 土壤环境质量评价

本次应用测定了复垦 2 年、14 年的排土场复垦土壤和原地貌土壤的重金属含量，具体数据见表 12-3，变化趋势见图 12-8、图 12-9。

表 12-3 不同年限排土场复垦土壤环境质量变化

描述	样品名称	复垦年限	检测结果/（mg/kg）					
			汞	镉	铬	砷	铅	铜
西排土场平台	Y17-7	2	0.029	0.125	41.3	9.53	17.6	19.6
沿帮排土场平台	Y17-1	14	0.036	0.081 1	51.3	5.19	12.7	18.3
矿区内部原地貌	Y18-6	原地貌	0.057	0.065 1	39.4	7.43	13.9	13.5

由表 12-3 和图 12-8 可以看出复垦两年的排土场镉含量较高，随着复垦年限的增长，镉含量逐渐降低，低于原地貌含量，对照表 12-2 的土壤环境质量标准，无论是刚复垦的土壤还是原地貌土壤，其中镉的含量均小于国家标准。汞含量随着复垦时间的增长有所增加，但未超过原地貌中的汞含量，同时它们也均低于国家标准的规定的 1.5 mg/kg。从图 12-9 可以得出，砷、铜、铅的含量都是随着复垦时间的增加而减少，其中砷、铅复垦 14 年的土壤中的含量已经低于原地貌中的含量；铬含量随着复垦时间的增长也有所增加，而且超过了原地貌中的含量，但即便如此，其含量仍低于国家规定的土壤环境质量标准。

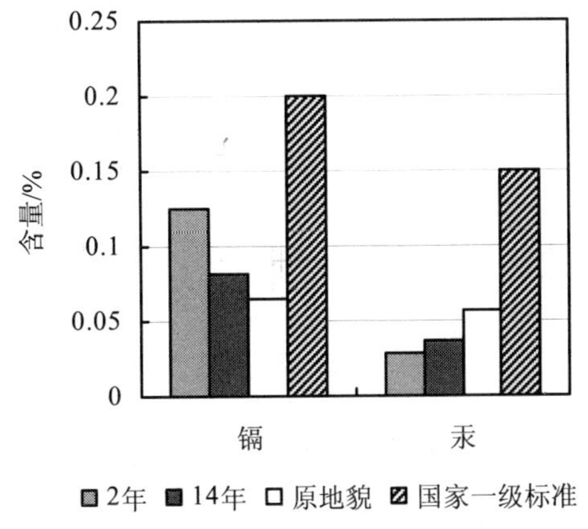

图 12-8　不同复垦年限排土场复垦土壤镉、汞变化

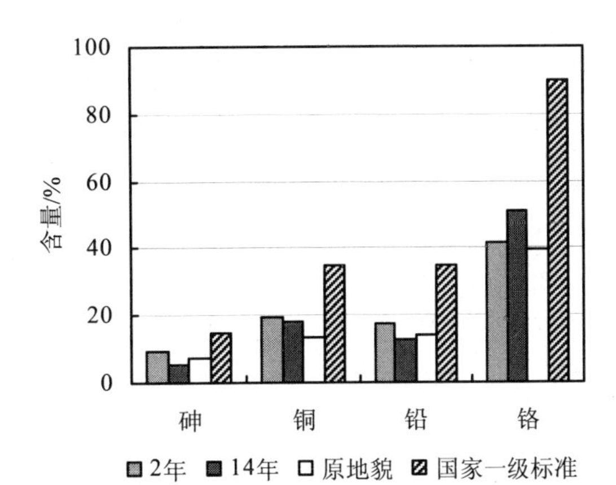

图 12-9　不同复垦年限排土场复垦土壤砷、铜、铅、铬变化

从总体上看，本次研究所测定的重金属含量均小于土壤环境质量的国家一级标准，未造成土壤污染，说明在伊敏矿区排土场复垦的土壤中镉、汞、砷、铜、铅、铬这些重金属在风化、淋溶作用下迁移缓慢。然而土壤中的重金属具有长期积累性，仍不容忽视。

12.4　排土场复垦土壤质量演替模型

研究通过相对土壤质量指数法来反映土壤质量的演替规律，将不同复垦年限土壤质量综合值经过回归拟合后，最终求出能够计算任意复垦年限复垦土壤质量的公式，即排土场复垦土壤质量演替模型。

12.4.1　土壤质量指标的选取

土壤质量分析选用所检测的有效磷、速效钾、全氮、碱解氮、pH、有机质、电导率 7 个指标。土壤有机质占土壤总量的很少一部分，但是在土壤肥力、环境保护、农业可持续利用等方面都发挥着重要的作用。而氮、磷、钾是植物生长发育的三要素，氮可以促进蛋白质和叶绿素的形成；磷既是植物体内许多重要有机化合物的组成，同时又以多种方式参与植物体内各种代谢过程；钾是植物体内含量最高的金属元素，且作物所需的钾主要来源于土壤。土壤酸碱性对土壤微生物的活性、对矿物质和有机质的分解起到重要作用，从而影响土壤养分元素的释放、固定和迁移等。土壤电导率是反映土壤电化学性质和肥力特性的基础指标，近年来被广泛用于评定土壤肥力的一个综合指标。

12.4.2　指标权重的确定

研究利用相关系数法确定权重，其计算方法是：先计算各个单项指标之间的相关系数（表 12-4），然后求出各个指标相关系数的平均值，用此平均值除以评价指标相关系数平均值之和，这样就得到各个单项评价指标的权重，见表 12-5。

表 12-4 各评价指标相关系数

评价指标	pH	有机质	电导率	全氮	有效磷	速效钾	碱解氮
pH	1.0						
有机质	0.634 1	1.0					
电导率	0.767 7	0.453 2	1.0				
全氮	0.691 5	0.402 1	0.961 2	1.0			
有效磷	0.455 2	0.092 4	0.761 8	0.822 1	1.0		
速效钾	0.953 1	0.752 3	0.684 7	0.573 6	0.232 4	1.0	
碱解氮	0.723 6	0.293 4	0.967 5	0.975 1	0.861 5	0.603 5	1.0

表 12-5 各评价指标权重

评价指标	相关系数平均值	权重
pH	0.704 2	0.154 6
有机质	0.437 9	0.096 2
电导率	0.766 0	0.168 2
全氮	0.737 6	0.162 0
有效磷	0.537 6	0.118 0
速效钾	0.633 3	0.139 1
碱解氮	0.737 4	0.161 9

12.4.3 隶属度的确定

隶属函数实际上是评价指标与作物生长效应曲线之间的数学关系表达式，对土壤质量的评价首先要对各评价指标的优劣状况进行评价，由于各评价指标的优劣具有模糊性和连续性，因此研究通过建立隶属度函数来评定各评价指标的优劣状况。

本案例研究假设各个指标对土壤质量的影响呈 S 形，所以采用 S 形隶属函数来确定隶属度。按照土壤质量的影响不同，S 形隶属函数分为戒上型和戒下型两种。根据经验法，其中适宜于戒上型函数是有机质、全氮、碱解氮、速效钾、有效磷的样点，在试验中，所有的容重均在此范围，因而都直接采用此函数；电导率采用戒下型函数。函数公式为：

$$f(x)=\left\{\begin{array}{ll} 0.1 & X\leqslant X_1 \\ 0.9\times\dfrac{X-X_1}{X_2-X_1}+0.1 & X_1\leqslant X\leqslant X_2 \\ 1.0 & X\geqslant X_2 \end{array}\right\} \text{戒上型函数}$$

$$f(x)=\left\{\begin{array}{ll} 0.1 & X\leqslant X_1 \\ 0.9\times\dfrac{X_2-X}{X_2-X_1}+0.1 & X_1\leqslant X\leqslant X_2 \\ 1.0 & X\geqslant X_2 \end{array}\right\} \text{戒下型函数}$$

其中 X_1 和 X_2 分别为最小值和最大值。

对于 pH 值比较特殊，不能直接采用戒上型或戒下型函数，根据经验对其进行打分，确定隶属度，具体打分标准如下：

$$\begin{cases} 6.5 \leqslant X < 7.0 & 1 \\ 6.0 \leqslant X < 6.5 \text{ 或 } 7.0 \leqslant X < 7.5 & 0.9 \\ 7.5 \leqslant X < 8.0 & 0.7 \\ 8.0 \leqslant X < 8.25 & 0.5 \\ 8.25 \leqslant X < 8.5 & 0.2 \\ 8.5 \leqslant X & 0.1 \end{cases}$$

依据此方法，计算出不同复垦年限各指标隶属度如表 12-6 所示。

表 12-6　不同复垦年限各评价指标隶属度

复垦年限	pH	有机质	电导率	全氮	有效磷	速效钾	碱解氮
2	0.5	0.509 1	0.1	0.1	1.0	0.708 7	0.1
4	0.2	0.777 9	0.392 1	0.4	0.4	1.0	0.366 8
6	0.5	1.0	0.427 8	0.5	0.166 2	0.791 9	0.579 0
9	0.5	0.988 3	0.436 8	0.6	0.232 4	0.901 2	0.579 0
14	0.2	0.754 5	0.621 5	0.7	0.335 1	0.885 5	0.679 9
原地貌	0.9	0.1	1.0	1.0	0.1	0.1	1.0

12.4.4　排土场复垦土壤质量综合值的确定

土壤质量是多个评价指标的综合作用，本次研究根据各评价指标权重和隶属度，采用指数和法计算复垦土壤质量综合值。其模型为：

$$SQI = \sum_{i=1}^{n} K_i \times C_i$$

式中，SQI——土壤质量指数；

K_i——第 i 个评价指标的权重，反映各评价指标的重要性；

C_i——第 i 个评价指标的隶属度，反映各评价指标的优劣性；

n——评价指标的个数。

根据以上隶属度计算方法和土壤综合指标值计算方法得出不同复垦年限土壤质量综合值如图 12-10 所示。

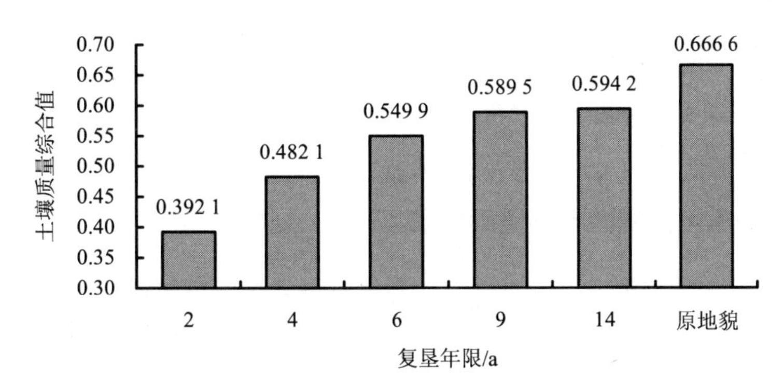

图 12-10　不同复垦年限复垦土壤质量综合值

根据图 12-10 显示，不同复垦年限排土场土壤质量的综合值随着复垦年限波动上升，逐渐接近原地貌土壤。刚复垦以后的土壤质量最差土壤质量综合值只有 0.392 1，随着复垦年限的增加，土壤质量也在提高，在第 6 年达到了 0.549 9，在复垦第 14 年，土壤质量综合值达到了 0.594 2，很接近原地貌土壤质量。因此从这一情况可以得出，随着时间的发展，复垦土壤的质量得到了逐步的改善，逐渐接近原地貌土壤质量。

12.4.5 排土场复垦土壤质量变化趋势

在分析研究区复垦 2～14 年土壤质量变化趋势时，将原地貌排除，变化情况如图 12-11 所示。

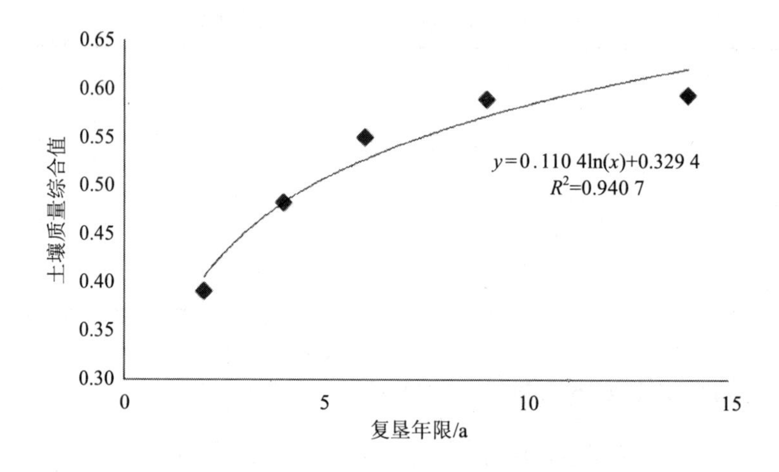

图 12-11 不同年限排土场复垦土壤质量变化趋势

由图 12-11 可以看出，研究区复垦土壤的质量随着复垦年限的增加呈对数函数变化趋势不断增加，在复垦初期增长速度较快，随着复垦年限的增加，土壤质量增长速度逐渐缓慢，最后会逐渐接近原地貌土壤质量。

12.4.6 排土场复垦土壤质量变化模型

从研究区土壤质量综合值的变化趋势可以看出，研究区土壤质量综合值满足公式：

$$y = 0.110\,4 \ln(x) + 0.329\,4$$

式中，x——复垦年限。

本式即为研究区复垦土壤质量变化模型，通过此模型可以求出任意复垦年限的大致复垦土壤质量综合值。

12.4.7 自然与人工恢复区土壤质量比较

根据表 12-6 中的数据，用上述方法计算出复垦 6 年的自然恢复区土壤的土壤质量综合值，与复垦 6 年的人工恢复区、原地貌数据进行比较，得出如下结果。

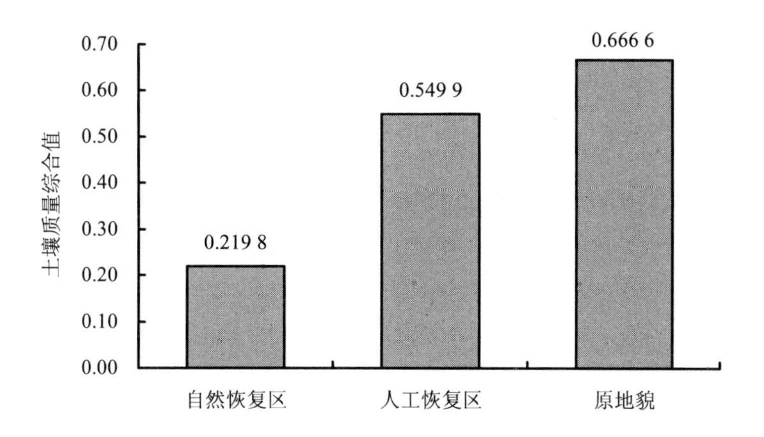

图 12-12　自然、人工恢复区、原地貌土壤质量比较

从图 12-12 可以看出，同样是复垦 6 年，人工恢复区的土壤质量要比自然恢复区高很多，在复垦第 6 年，人工恢复区的土壤质量已与原地貌土壤质量很接近，而自然恢复区与原地貌质量还相差很远。影响土壤质量提高的因素是多方面的，自然恢复区的土壤环境较差，缺少了必要的人为辅助因素，例如施肥等，土壤质量提高过程非常缓慢。在人工恢复区通过正常的耕作管理对土壤质量的改善有很大帮助，因此在相同的复垦年限下，人工恢复区的土壤改善效果远远好于人工自然恢复区。

第 13 章　草原煤田生态修复植被演替规律

13.1　野外调研及数据来源

13.1.1　煤矿的选择

内蒙古自治区自东向西依次分布着草甸草原、典型草原和荒漠草原三个草原亚带，其中草甸草原与典型草原在维持、促进国民经济生产发展以及保护生态环境，实现国家生态安全等方面起着非常重要的作用。因此，选择草甸草原（呼伦贝尔草原）与典型草原（锡林郭勒草原、鄂尔多斯草原）作为研究区域，并在两个草原亚带各自选择具有代表性的矿区作为考察对象，分析矿业开采对草原生态系统的影响。

所选择矿区的详细信息如表 13-1 所示。

表 13-1　研究区基本信息表

气候带	草原区	矿区名称	地理位置	矿业类型	主体植被类型
中温带	典型草原	胜利煤矿	116°01′45.29″E 44°01′14.54″N 1 015.8 m	露天煤矿	克氏针茅草原
		大唐煤矿	116°13′23.785″E 44°04′7.944″N 1 071.0 m	露天煤矿	克氏针茅草原
	草甸草原	伊敏煤矿	119°43′45.757″E 48°32′46.102″N 698.5 m	露天煤矿	大针茅草原
暖温带	典型草原	黑岱沟煤矿	111°13′59.549″E 39°47′03.195″N 1 260 m	露天煤矿	本氏针茅草原

13.1.2　数据获取

13.1.2.1　影像数据

本项研究采用了 2009 年 9 月、2010 年 9 月锡林郭勒盟大唐东二号露天煤矿 0.5 m 分辨率的 GeoEye 遥感影像及全色 0.6 m 和多光谱 2.4 m 分辨率的 QuickBird 遥感数字图像；

2010 年 9 月鄂尔多斯准格尔旗黑岱沟露天煤矿全色 0.6 m 和多光谱 2.4 m 分辨率的 QuickBird 遥感数字图像（表 13-2）。

表 13-2 已有的影像数据及其时期

<table>
<tr><th></th><th>中分辨率影像</th><th>高分辨率影像</th></tr>
<tr><td></td><td>TM 30 m 分辨率遥感影像</td><td>QuickBird 多光谱 2.4 m 分辨率、全色 1.6 m 分辨率</td></tr>
<tr><td>黑岱沟煤矿</td><td>2010 年 7 月、2007 年 8 月、2000 年 8 月</td><td>2010 年 9 月</td></tr>
<tr><td>大唐煤矿</td><td rowspan="2">2010 年 8 月、2005 年 9 月、2004 年 8 月、2001 年 8 月、1998 年 6 月</td><td>2009 年 11 月</td></tr>
<tr><td>胜利煤矿</td><td>2009 年 5 月</td></tr>
<tr><td>伊敏煤矿</td><td>2010 年 9 月、2009 年 7 月、2004 年 6 月、2000 年 6 月、1989 年 5 月</td><td>—</td></tr>
</table>

13.1.2.2 植物群落调查

植被调查是获取草原生态系统特征的重要手段。采用样线法与样方法相结合卫星影像确定四个矿区及周边草地的考察对象及考察路线。在植物群落生物量达到高峰时期（8 月份），在每个考察矿区周边地区，以矿区为中心点，沿四个方向各设置一条长约 5 km 的样线。根据实际情况，若无道路实现样线设置，则调整该样线。然后，分别在每条样线上距矿区 1 km、3 km 和 5 km 处设置样地，根据该区域主体植被类型，每个样地设置 3 个 1 m×1 m 样方。在矿区内复垦植被区，根据优势种确定群落性质，并选择典型地段主观取样；以上每个取样样方中，草本群落的取样面积为 1 m×1 m，对于小灌木、半灌木群落取样面积根据灌幅取 3 m×3 m、5 m×5 m、10 m×10 m、20 m×20 m 等不同大小的样方。测定指标包括：样地位置（经度、纬度、海拔高度）、土壤特征、群落总盖度、种的分盖度、密度、频度、高度（生殖高度、营养高度）、地上部分生物量、物候期等，其灌木样方测定指标还包括灌丛长度、宽度、高度。等群落特征，并将样方内的植物分种齐地剪掉，用电子天平称其鲜重，带回实验室在 65℃烘箱内烘干，以便获得干重数据。

13.1.2.3 植物样方数据量统计

表 13-3 植物群落调查样方统计表

植物群落调查	2007 年	2009 年	2010 年	
样方统计	周边草地	周边草地	周边草地	植被复垦区
黑岱沟煤矿	68 个样地，204 个样方	—	—	14 个样地，2 个灌木样方，42 个草本样方，9 个频度样方
大唐煤矿	—	26 个样地，8 个描述样方，48 个草本样方	13 个样地，3 个灌木样方，39 个草本样方	—
胜利煤矿	—	26 个样地，8 个描述样方，48 个草本样方	13 个样地，3 个灌木样方，39 个草本样方	1 个灌木样方
伊敏煤矿	—	6 个样地，18 个样方	10 个样地，2 个灌木样方、30 个草本样方	9 个样地，2 个灌木样方、27 个草本样方

13.2　数据处理与分析

13.2.1　指标的选择

13.2.1.1　生物多样性

生物多样性是自然资源的一个重要组成部分。分析采矿对环境的影响时，应该考虑采矿工程对生物多样性的影响。在制定复垦规划和实施复垦工程时，除考虑土地使用价值的恢复外，还应将生物多样性的恢复作为目标之一，对稀有物种栖息地和重要的生境类型则应采取保护措施。到目前为止，我国矿区生物多样性保护与恢复尚没有得到应有的重视。

土地复垦不仅可获得巨大的经济、社会效益，还可获得很好的生态环境效益，并有许多指标可用以评价经济与社会效益，而生态环境效益的评价指标显得较为空洞，定量化指标较少。生物多样性指数为我们提供了非常有价值的定量化指标。从生物多样性指数的应用来说，我国曾成功地应用生物多样性指数对水域环境的污染进行过监测。复垦土地，尤其是矿山复垦区域，存在着潜在的酸性、重金属污染，动植物生存环境具有一定的限制性，适生的动植物种群数量和个体数均受到限制，因此，可将生物多样性指数作为生物监测指标之一，国外已有学者将生物多样性指数用于复垦地区林木生长状况调查与评价中。

由以上分析可知，生物多样性保护与恢复应作为选择采矿与复垦方案的依据之一，在矿区土地复垦与生态重建中，可用生物多样性指数来评价复垦质量，优选复垦方案。

13.2.1.2　生物量

生产力是指植物的第一性生物力，而植被生产力的指示性指标为群落的生物量（Primary productivity），即在单位时间内、单位面积上的植物群落生产有机物质的速率，也称为初级生物量。绿色植物捕获太阳能，通过光合作用将光能转化为化学能，为消费者（包括人类）和分解者提供物质和能源，这是地球上一切生命活动所需要能量的基本源泉。随着世界人口的不断增长、文明的高速发展，生活水平的持续提高，为维持日益增长的人类消耗，高生物量已成为人类社会迫切追求的目标。在一般情况下，植物群落的生物量与生物量呈正相关。因此，有时可用生物量作为生产力的一种指标。

13.2.2　指标的计算

（1）生物量的计算。根据选取的样方数据计算群落干物质的量，取回的植物烘干至恒重，然后以每平方米的干物质质量来表示，为样方内所有物种干物质重量之和。

（2）生物多样性指数的计算（Shannon-Wiener 指数 H）：

$$H = -\sum P_i^2 \lg(P_i)$$

式中，$P_i = n_i/N$，表明第 i 个物种的相对多度。Shannon-Wiener 指数来源于信息理论，它的计算公式表明，群落中生物种类增多代表了群落的复杂程度增高，即 H 值越大，群落所含的信息量越大。

（3）重要值的计算。重要值研究某个种在群落中的地位和作用的综合数量指标。是相对密度、相对频度、相对优势度的总和，其值一般介于 0～300 之间。本章采用各样地每个物种的平均相对干重代替物种重要值，并得到三个地区物种—相对干重矩阵。其计算方法为：

$$相对干重 = 物种干重/样方内所有物种干重之和\times100\%$$

$$重要值 = （相对干重_{样方1}+相对干重_{样方2}+相对干重_{样方3}）/3$$

13.2.3　数据分析

（1）TWINSPAN 分类。TWINSPAN（Two-way Indicators species analysis）是一种双向指示种分析方法，基本原理是先对群落数据进行相互平均排序（Reciprocal averaging），自 RA 样地第一轴的中部将所有样地划分为两组，并应用物种排序轴两端的种（指示种），对上面的划分进行修正，然后对划分的两组再进行类似的划分，这一过程不断重复。在样地分类过程中也给出了一个物种的分类结果。TWINSPAN 的详细原理和计算过程比较复杂，但该技术的最大特点是产生了计算机输出的 TWINSPAN 分析结果双向表，可以方便地对样方和植物种的分类情况进行分析。本书采用已有的物种——相对干重矩阵，对 3 个地区矿区植被及周边草地每个样地进行 TWINSPAN 分类，确定其植被的群落类型。

（2）DCA 排序。排序是研究植物群落之间、群落与其成员间、群落与其环境之间复杂关系的多元分析方法。排序可以与分类方法结合使用，同时还可验证分类的结果。DCA 排序能较好地描述群落类型间、植被与环境间的关系，是研究群落与环境关系的有效途径。本书通过对伊敏露天煤矿、大唐东二号与胜利西一号露天煤矿及黑岱沟露天煤矿三个地区植被类型进行 DCA 排序，确定影响植被类型分布的主要环境因子，从而试图找出不同植被类型之间的关系，正确判断矿区复垦植物群落向自然植物群落演替的过程。

13.3　植被专题解译及制图

遥感解译包括遥感图像处理、机助目视解译、矢量数据的编辑、结果输出等内容。首先对图像数据进行几何精校正、图像增强，通过 eCognition developer8.0 和 ERDAS 软件辅助下进行专题的自动分类和机助目视解译，提取植被专题信息，再经过 ArcGIS 软件的支持下得到矢量数据进行拓扑，最后进行面积统计和植被制图（图 13-1）。

图像解译范围：以各矿区外围边界为标准，向外建立 8 km 的缓冲区进行专题解译。

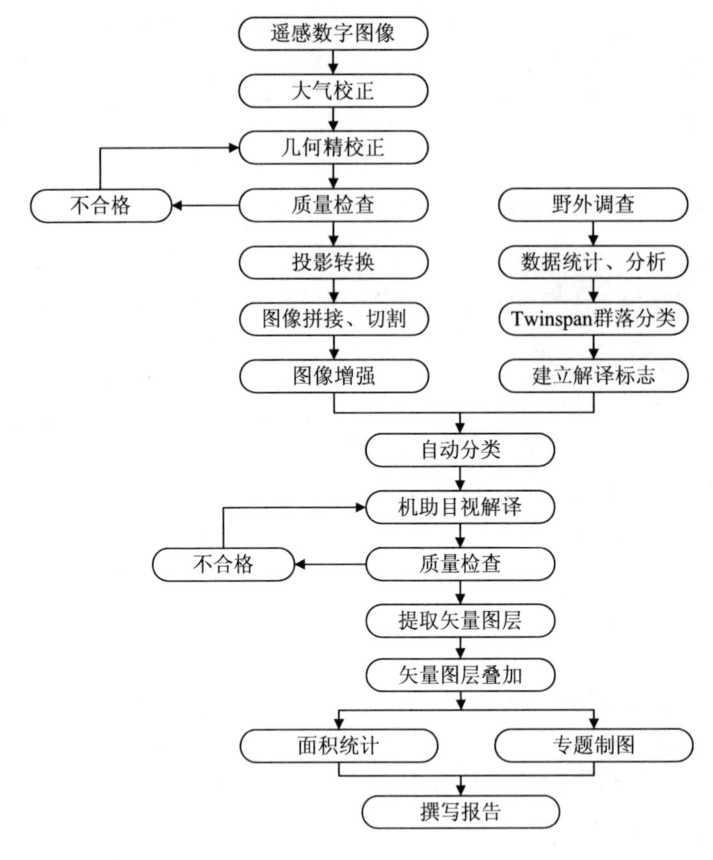

图 13-1　技术路线图

13.4　矿区周边天然植被与复垦植被现状调查与分析

13.4.1　植被的数量分类与排序

（1）黑岱沟露天煤矿。根据 TWINSPAN 分类及 DCA 排序结果（图 13-2，图 13-5），得到以下黑岱沟露天煤矿植被的群落类型，以群系分类系统的形式表示如下（表 13-4）。

表 13-4　黑岱沟露天煤矿植被群系分类系统

	群丛纲	群丛组	群丛
矿区周边草地	本氏针茅+根茎禾草	本氏针茅+赖草	本氏针茅+赖草+糙隐子草
	本氏针茅+丛生禾草	本氏针茅+糙隐子草	本氏针茅+糙隐子草+达乌里胡枝子
		本氏针茅+短花针茅	本氏针茅+短花针茅+糙隐子草
	本氏针茅+小半灌木	本氏针茅+达乌里胡枝子	本氏针茅+达乌里胡枝子+糙隐子草
		本氏针茅+百里香	本氏针茅+百里香+达乌里胡枝子
	克氏针茅+丛生禾草	克氏针茅+糙隐子草	克氏针茅+糙隐子草+本氏针茅
	百里香+半灌木	百里香+达乌里胡枝子	百里香+达乌里胡枝子+糙隐子草
	百里香+丛生禾草	百里香+本氏针茅	百里香+本氏针茅+达乌里胡枝子
	茭蒿+丛生禾草	茭蒿+本氏针茅	茭蒿+本氏针茅+短花针茅+糙隐子草

	群丛纲	群丛组	群丛
矿区周边草地	灌丛化的茭蒿+丛生禾草	灌丛化的茭蒿+本氏针茅	灌丛化的茭蒿+本氏针茅+糙隐子草
	羊草+杂类草	羊草+铁杆蒿	羊草+铁杆蒿
	油蒿群落	油蒿+旱生杂类草	油蒿+杂类草
矿区复垦植被	赖草+旱生草类	赖草+根茎薹草	赖草+薹草
	拂子茅+禾草	拂子茅+早熟禾	拂子茅+早熟禾+杂类草
	拂子茅+杂类草	拂子茅+一年生草本	拂子茅+虫实

（2）大唐东二号与胜利西一号露天煤矿。根据 TWINSPAN 分类及 DCA 排序结果（图 13-3，图 13-6），得到以下大唐东二号与胜利西一号露天煤矿的植被群落类型，以群系分类系统的形式表示如下（表 13-5）。

表 13-5　大唐、胜利露天煤矿植被群系分类系统

群丛组	群丛
克氏针茅+羊草	克氏针茅+羊草+糙隐子草
克氏针茅+糙隐子草	克氏针茅+糙隐子草+羊草
	克氏针茅+糙隐子草+杂类草
克氏针茅+大针茅	克氏针茅+大针茅+糙隐子草
克氏针茅+小针茅	克氏针茅+小针茅+杂类草
羊草+克氏针茅	羊草+克氏针茅+木地肤
羊草+冷蒿	羊草+冷蒿+克氏针茅+糙隐子草
芨芨草+羊草	芨芨草+羊草
芨芨草+杂类草	芨芨草+杂类草
芨芨草+丛生禾草	芨芨草+星星草
|小叶锦鸡儿|−羊草	|小叶锦鸡儿|−羊草+克氏针茅
多根葱+丛生禾草	多根葱+小针茅
多根葱草原	多根葱纯群

大唐东二号与胜利西一号露天煤矿已恢复植被只分布于东排土场，其面积极少，类型单一，主要为人工沙打旺。

（3）伊敏露天煤矿。根据 TWINSPAN 分类及 DCA 排序结果（图 13-4，图 13-7），得到以下伊敏露天煤矿的植被群落类型，以群系分类系统的形式表示如下（表 13-6）。

表 13-6　伊敏露天煤矿植被群系分类系统

	群丛组	群丛
矿区周边草地	大针茅+羊草	大针茅+羊草+糙隐子草+羽茅
		大针茅+羊草+薹草+羽茅
	羊草+大针茅	羊草+大针茅+薹草
		羊草+大针茅+马蔺+糙隐子草+薹草
	羊草+马蔺	羊草+马蔺+薹草+糙隐子草
		羊草+马蔺+大针茅+薹草
	马蔺+羊草	马蔺+羊草+糙隐子草
	马蔺+糙隐子草	马蔺+糙隐子草+杂类草
矿区复垦植被	大针茅+羊草	大针茅+羊草+杂类草
		大针茅+羊草+糙隐子草
	羊草+大针茅	羊草+大针茅+杂类草
	羊草+一二年生杂类草	羊草+一二年生杂类草
	杂类草群聚	一二年生杂类草群聚

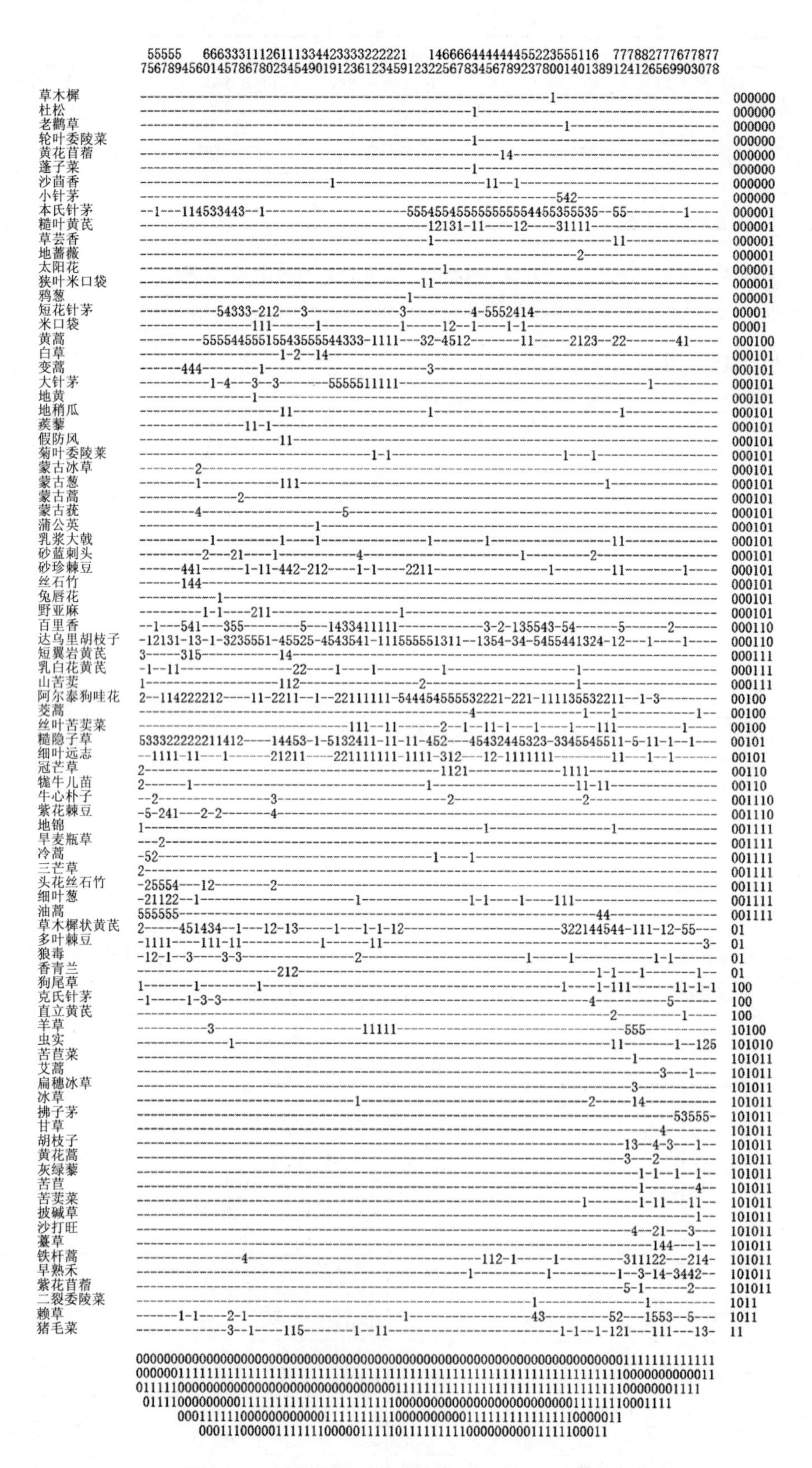

图 13-2 黑岱沟露天煤矿植被 Twinspan 分类结果

```
              12222      11112 1111122232323 33
             3534587125690239641467812710093824

并头黄芩      -------------1--------------------  000000
羽茅          ------------1---------------------  000000
二色补血草    ------1---------------------------  000001
胡枝子        -----1----------------------------  000001
芯芭          ------1---------------------------  000001
石生齿缘草    ------1---------------------------  000001
克氏针茅      3----135555555555555355554535-3---  00001
达乌里胡枝子  --------------1---11--------------  000100
变蒿          ---------------------1------------  000101
二裂委陵菜    ---------------------1---1-1------  000101
糙叶黄芪      --------------------------1-------  000101
小针茅        ----------------------------5-----  000101
燥原芥        ---------------------1------------  000101
雅葱          ---------------------1------------  000101
草芸香        ------1----------1----1-------1---  00011
并头黄芩      1----2----------2--------22-3-----  00011
女娄菜        ------------------------------1---  00011
狭叶锦鸡儿    ------------------1----------1----  00011
多根葱        --1--------------------------55---  001000
大针茅        -4555-----------------------------  001001
黄蒿          --1-------------------1-----------  001001
黄花葱        --1-------1-----------------------  001001
冷蒿          2222-------1--------12-1----1-----  001001
麻花头        3---------------------------------  001001
麻黄          --13----1-------------------------  001001
麦瓶草        1--------------------1------------  001001
乳白花黄芪    11-1---1-----------11--1----------  001001
双齿葱        1-23-11-11-11-11111311111-1-2-----  00101
细叶葱        1-11--11111-1-111--1-11-11--1-----  00101
细叶鸢尾      -1---1-----1-----1---1-1----------  00101
阿氏旋花      --3413-----1111-25314153-132341-1-  0011
冰草          1111--------1--1-11112-3113-------  0011
糙隐子草      332331-2132212331344221435311-1111  010
羊草          3421455414452-2352-2-2-21---1-4-54  01100
野韭          21-1--1--1-11------2-1-111--1--2--  01100
猪毛菜        211112-11-1--221-11111--5111333-21  01100
木地肤        -----131-1---1-----21-22-43--1-4-4  01101
薹草          11--12-1-1111-11--1--11-111111--12  01101
蓖齿蒿        -----4-----------1-------2----2--1  0111
天门冬        -----11----1--12----11-1-11-1-1-1-  0111
阿尔泰狗哇花  41-------------------1------1----2  100
矮葱          1---1--------------1----1-------1-  100
灰绿藜        -1----1------------------------1--  100
鸢尾          --11---------------------1--1---1-  100
知母          3------1-------1---1------------1-  101
刺穗藜        --1------------1--------31211---44  11000
芨芨草        ---------------------------5-----5  110010
虎尾草        ---------------------------------3  110011
碱韭          ---------------------------------1  110011
菊叶委陵菜    ---------------------------------1  110011
叉分蓼        ---------------------------------1  110011
小叶锦鸡儿    --------------------------------5-  110011
星星草        ----------------------------1---11  110011
蒺藜          -----1--------------------------1-  1101
扁蓿豆        -1---------1---------1------1--11-  111
狗尾草        --1-12----------------------1---14  111

             0000000000000000000000000000000111
             0000011111111111111111111111111
             0111100000000000000000000000011
                  000000000000111111111111
                  011111111111000000000011
                   011111111110000000111
```

图 13-3　大唐与胜利露天煤矿植被 Twinspan 分类结果

```
             1    1222 1 112 122  1111
             1223932454157936001784856

黄芪         ---------1---------------   000000
蓬子菜       ----------1--------------   000000
阿尔泰狗哇花 -1---2--4----1-1-12------   000001
麦瓶草       --------1----------------   000001
乳白花黄芪   -----2--11-1---1---------   000001
变蒿         ------1------------------   000001
早熟禾       -----------1-2--1-1------   00001
山芥         ------1------1---1-------   00001
羽茅         ------1---1311-5244---1--   000100
棘豆         ---------------1---------   000101
女娄菜       ---------------1---------   000101
山丹         -----------------1-------   000101
天门冬       ---------------1--1------   000101
展枝唐松草   ----------------111------   000101
类地榆       -----------------1-------   000101
黄花葱       -----------------1-------   000101
防风         -----------------11------   000101
二色补血草   -----------------1-------   000101
三出叶委陵菜 ------------------1------   000101
北方庭芥     ------------------1------   000101
狭叶棘豆     ------------------1------   000101
多叶棘豆     ------------------1------   000101
灰绿藜       ------1----------1-------   00011
鸦葱         -----1--1-11---1111------   00011
日阴菅       -------1----------1------   00011
扁蓿豆       -1-1-------12--1111------   001000
柴胡         -1-------------1-11------   001000
轮叶委陵菜   -1-------1-11--1111------   001000
麻花头       11-------11----1121------   001000
恰草         11-------111-113222------   001000
细叶葱       --1--------1-1---11------   001000
芯芭         -1-----1-------1-11------   001000
冰草         ----1--1--1--11-2--------   001001
星毛委陵菜   --1-11-221-3-11-1-1------   001001
糙叶黄芪     --11---------------------   001010
裂叶蒿       ---21----------1---------   001010
马蔺         5---5--------------------   001010
双齿葱       111111-1111--111112------   001010
野韭         1--1---------------------   001010
阿氏旋花     --13-----222-1-----------   001011
二裂委陵菜   -11-11111231111------11--   0011
冷蒿         ----1--1---1-122131-1----   0011
蓂草         121213324253-324243-21---   0011
鸢尾         ----11-1-111-1-1--11-----   0011
羊草         55551554555335553454-52--   0100
糙隐子草     1154411114432442243-1121-   0100
大针茅       1-521355545555525553515--   01010
大籽蒿       -1----1-2------------12--   010110
艾蒿         ----------------------1--   010111
草木樨       -------------------1-4---   010111
草木樨状黄芪 ----------------------1--   010111
狗尾草       -------------------5-14--   010111
鹤虱         ----------1--------41-3--   010111
胡枝子       ---------------------2---   010111
黄花苜蓿     ----------------------1--   010111
柳叶风毛菊   -------------1-----4-----   010111
苦荬菜       -------------------2-----   010111
披针叶黄华   -----------------1----1--   010111
沙打旺       ----------------------3--   010111
沙棘         ----------------------1--   010111
香青兰       ---------------------1---   010111
星星草       ---------------------1---   010111
直立黄芪     ---------------1---2-----   010111
鹅绒委陵菜   --1------11------------1-   011
车前         ----1----------------2111   10
黄蒿         11-2-11-151-1111--125354-   10
木槿         -------------------2---1-   10
蒲公英       11--1---1----------213311   10
菊叶委陵菜   --1-----11--------------5   1100
萹蓄         -----------------------15   1101
刺穗藜       -----------------------5-   1101
芦苇         -----------------------41   1101
酸模叶蓼     ------------------------1   1101
猪毛菜       ------1-------1----3---35   111

             0000000000000000000000011
             00000000000000000001111
             0000011111111111111
             0011100000000001111
                  0000111111
                      001111
```

图 13-4 伊敏露天煤矿植被 Twinspan 分类结果

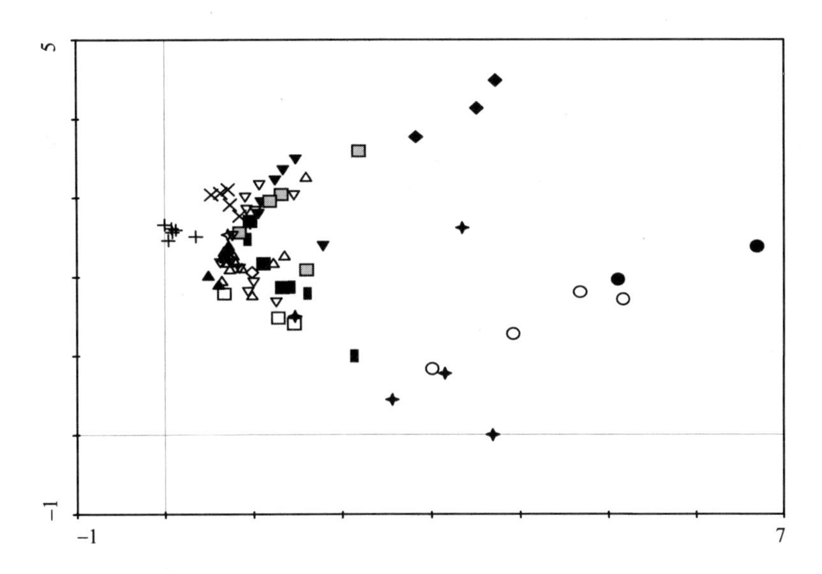

◇本氏+百里香；◆羊草+铁杆蒿；△胡枝子+本氏+隐子；▽克氏针茅+短花+隐子；×克氏+隐子；

+油蒿；□百里香+胡枝子；■百里香+本氏；▲本氏+隐子；▼本氏+胡枝子；●拂子茅+虫实；

○拂子茅+早熟禾；▌本氏+赖草；✦赖草+薹草；茭蒿+本氏

图 13-5　黑岱沟矿区 DCA 排序结果

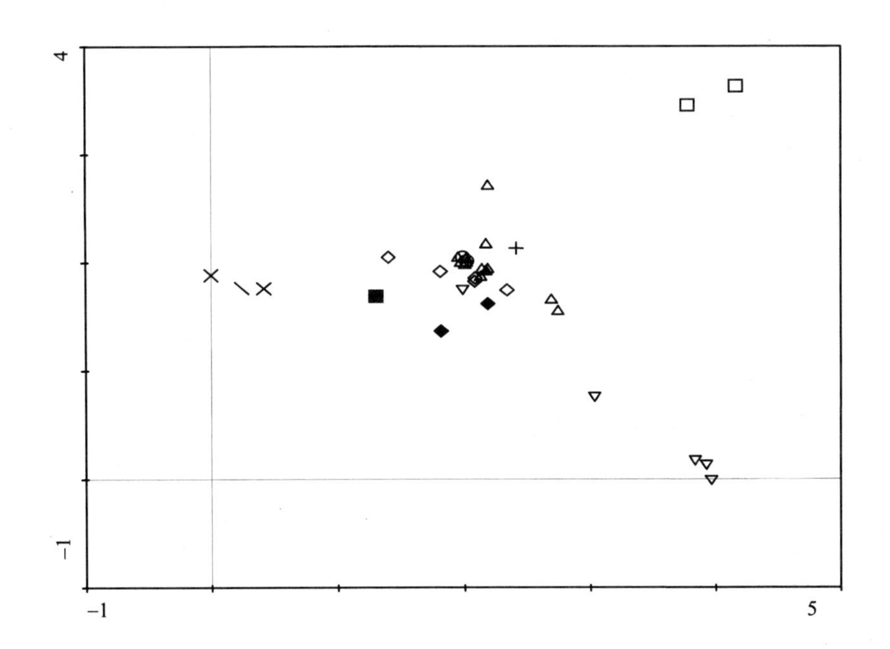

◇羊草+克氏针茅；◆克氏针茅+羊草；△克氏针茅+糙隐子草；▽克氏针茅+大针茅；×芨芨草；

＋克氏针茅+小针茅；□多根葱；■|小叶锦鸡儿|−羊草+克氏针茅

图 13-6　大唐与胜利露天煤矿 DCA 排序结果

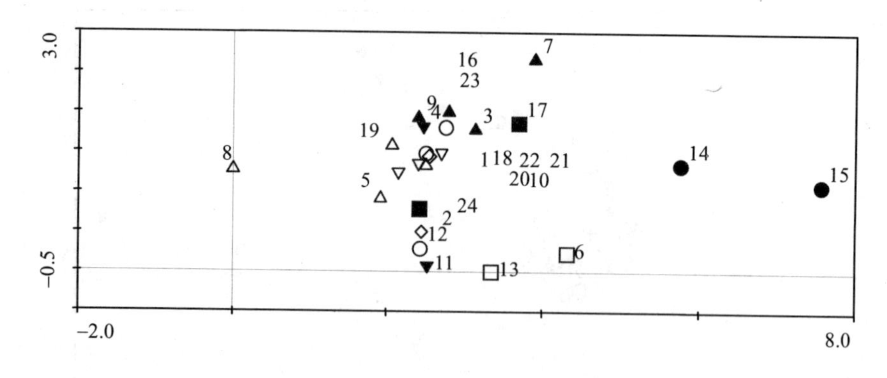

△大针茅+羊草+隐子；▽羊草+大针茅+薹草；▲羊草+大针茅+杂类草；▼大针茅+羊草+薹草；

○羊草+马蔺；■马蔺+羊草；□羊草+一二年杂类草；●一二年杂类草群聚

图 13-7 伊敏露天煤矿 DCA 排序结果

13.4.2 煤矿周边天然植被现状调查与分析

13.4.2.1 黑岱沟露天煤矿

黑岱沟煤矿周边草地的代表性群系为本氏针茅（*Stipa bungeana*）草原。由于人类的干扰和破坏，出现了以百里香（*Thymus mongolicus*）为主的小半灌木群落，有时两者镶嵌分布，有时有人工种植的柠条灌丛。周边丘陵区的冲沟陡壁上，则广泛发育了茭蒿群落。在一些地表轻微覆沙地段，短花针茅群系有片段状的分布。

（1）本氏针茅群系。

本氏针茅群落为黑岱沟露天煤矿所在研究区准格尔黄土丘陵地的主要植被类型。本群系种类成分丰富，据 2010 年矿区复垦植被调查及 2007 年准格尔地区植被调查样方资料统计共有植物 86 种，其盖度常达 30%～35%，生物量可达 70.06～120.67 g/m^2。群落的建群层片是多年生禾草，建群种为本氏针茅、赖草、糙隐子草（*Cleistogenes squarrosa*）。达乌里胡枝子（*Lespedeza davurica*）、二色胡枝子、黄蒿（*Artemisia scoparia*）、百里香和冷蒿（*Artemisia frigida*）组成的小半灌木层片在群落中十分发达，成为优势层片。多年生杂类草种类众多，常见的有阿尔泰狗哇花（*Heteropapus altaicus*）、丝叶苦荬菜（*Ixeris chinensis*）、砂珍棘豆（*Oxytropis gracilima Bunge*）、多叶棘豆（*Oxytropis myriophylla*）、紫花棘豆、头花丝石竹、草木樨状黄芪（*Astragalus melilotoides*）、米口袋（*Gueldenstaeditia verna*）、细叶远志（*Potentilla bifurca*）、细叶葱（*Allium tenuissimum*）等。群落中有很多一二年生植物，约 16 种，主要种类如牛心朴子（*Cynanchum komarovii*）、狗尾草（*Setaria viridis*）、冠芒草（*Enneapogon borealis*）等。

根据层片结构及生境条件的差别，本群系可分出四个群丛。

①本氏针茅+糙隐子草+赖草群丛。为本群系的代表类型，在研究区由于受人为干扰较大，草群低矮，常出现在黄土丘陵沟壑区丘陵顶部平缓地带。盖度较大，常在 30%～35% 之间，生物量在 62.34～78.89 g/m^2 之间。

②本氏针茅+百里香+杂类草群丛。发育在研究区地表侵蚀明显、土层瘠薄的地段上，生物量常达 60.52～101.53 g/m^2。

③本氏针茅+达乌里胡枝子+杂类草群丛。发育研究区周边草地地表砾石质、石质地段上，出现了一些石生植物，如苍术、漏芦等。

④本氏针茅+短花针茅群丛。此群丛中本氏针茅群落和短花针茅群落常以镶嵌的形式出现，构成本氏针茅、短花针茅的复合群落。其常见种有达乌里胡枝子、糙隐子草、阿尔泰狗哇花、草木樨状黄芪、黄蒿等。

（2）百里香群系。

它是在表土侵蚀过程中形成的一种特殊生态变体。在黄土丘陵和梁地侵蚀严重的地段上，原生的本氏针茅（*Stipa bungeana*）草原的发育受到抑制和破坏，百里香（*Thymus mongolicus*）群落取而代之。它与本氏针茅群落共同出现，两者有很多共有种。

组成百里香群落的植物有32种，盖度达25%～50%，生物量可达到76.29～119.37 g/m^2。以小半灌木层片建群，包括建群种百里香，其次为达乌里胡枝子、冷蒿。多年生丛生禾草层片亦占优势，主要种类是本氏针茅、糙隐子草，还可见到克氏针茅。多年生杂类草层片以菊科、豆科植物为主，常见的有阿尔泰狗哇花、达乌里胡枝子、草木樨状黄芪（*Astragalus melilotoides*）、短翼岩黄芪（*Hedysarum brachypterum*）、砂珍棘豆（*Oxytropis gracilima*）、细叶远志（*Allium tenuissimum*）等。一二年生植物层片发育较弱。

①百里香+本氏针茅群丛。当水土流失、风蚀作用影响强烈时，原生植被本氏针茅草原受到抑制，演替为一种侵蚀变型，形成本氏针茅+百里香草原。冷蒿和达乌里胡枝子为小半灌木层片的主要植物种。

②百里香+达乌里胡枝子群丛。本群丛组成较简单，成层性不明显，由百里香（*Thymus mongolicus*）和达乌里胡枝子（*Stipa bungeana*）建群，其多年生丛生禾草层片也起显著作用。

（3）茭蒿群系。

茭蒿群系只见于丘陵区的沟坡，地形坡度大，地表凹凸不平，常有岩石出露，环境条件较为恶劣。共统计有45个种。它可分为两个群丛。

①茭蒿-本氏针茅+杂类草群丛。茭蒿为建群种，由本氏针茅、糙隐子草、冰草、短花针茅组成的多年生禾草层片居优势地位，多年生杂类草层片和小半灌木层片居附属地位，常见种有百里香、达乌里胡枝子、阿尔泰狗哇花、细叶远志、鸦葱（*Scorzonera austriaca*）、细叶葱（*Allium tenuissimum*）等。群落结构明显，上层是由茭蒿组成的半灌木层，高度在40～50 cm，下层被小半灌木和草本植物所占据，低于10 cm。

②灌丛化的茭蒿-本氏针茅+杂类草群丛。该群落分布地段岩石出露，地表凹凸不平。灌木，小灌木层片作用明显，由小叶鼠李、黄刺梅、狭叶锦鸡儿组成。多年生丛生禾草层片主要由短花针茅、本氏针茅、冰草（*Agropyron cirstatum*）等组成。

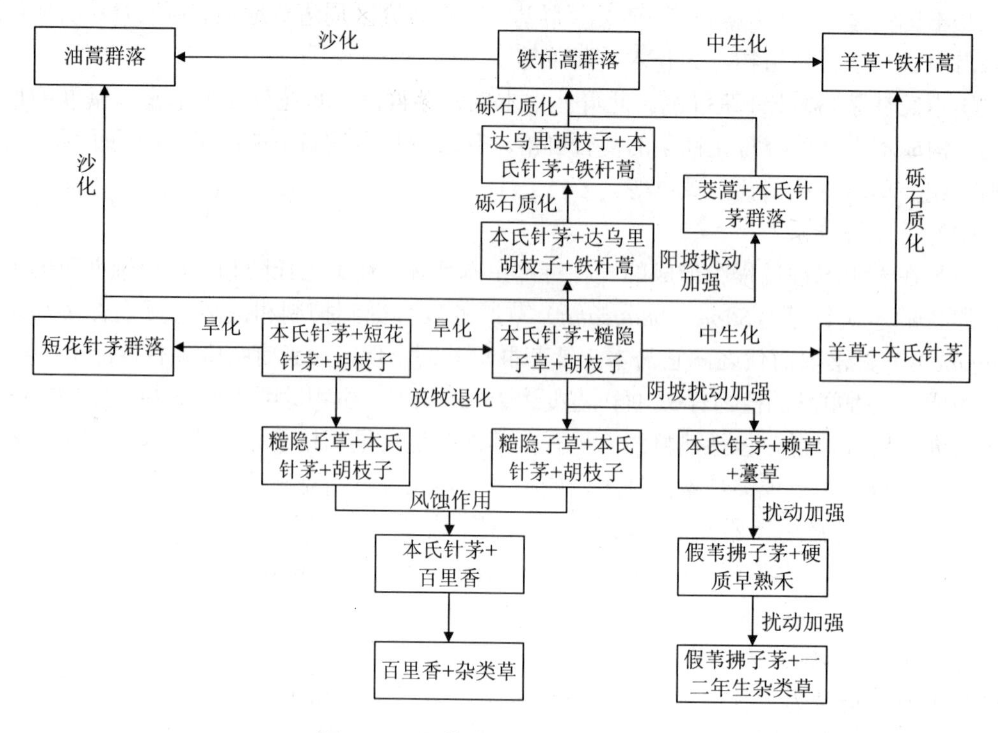

图 13-8 黑岱沟矿区生态系列图式

13.4.2.2 大唐与胜利露天煤矿

大唐东二号与胜利西一号露天煤矿都居于内蒙古自治区锡林郭勒盟锡林浩特市附近，锡林河旁。其周边天然植被以克氏针茅群系为主，在锡林河河漫滩和湖盆低地等处，有芨芨草盐化草甸分布。

（1）克氏针茅群系。

①克氏针茅+糙隐子草群丛。

克氏针茅+糙隐子草群落是克氏针茅草原中具代表性的基本群落类型，广泛分布于呼伦贝尔高原和锡林郭勒高原的中西部，大兴安岭的东南麓。在本研究区周边天然植被类型中此群丛为主要类型。主要发育在普通栗钙土上。该草原群落成分比较简单，据样地统计约有 54 种，每平方米样地上记载的植物一般只有 10～15 种，在低山丘陡坡地上最高可达 25 种，群落覆盖度 30%～40%，草群营养枝高约 25 cm，生殖枝高 50～60 cm，群落结构中亚层分化比较明显，针茅是上层的主要植物，糙隐子草、冷蒿等形成较低矮的下层。在水平结构上也经常出现不同种群或层片的镶嵌体和小群落。

组成这类草原的植物，主要是一些草原旱生种类，中旱生植物很少，除建群种克氏针茅外，旱生小禾草糙隐子草是占优势的种类，冰草、洽草、羊草以及寸草苔是经常出现的草原旱生草类。小半灌木除冷蒿以外，还有百里香、木地肤等，杂类草层片中最稳定的种类有：扁蓿豆、星毛委陵菜、阿尔泰狗哇花、麻花头、草芸香、芯芭、细叶远志、细叶鸢尾等。由于该草原处于典型草原带的西部，因而具有向荒漠草原过渡的特征，所以在草原组成成分中，有一些荒漠草原成分渗透进来，具代表性的小半灌木有女蒿、糙原荠（*Ptilotrichum canescens*），旱生小禾早如无芒隐子草（*Cleistogenes songorica*）、沙生冰草以及戈壁天门冬（*Asparagus gobicus*）、兔唇花、荒漠丝石竹（*Dianthus chinensis*）、多根葱、栉叶蒿等杂类草。

该群丛组，在内蒙古地区最常见的有两个群丛：一是克氏针茅+糙隐子草群丛（*Stipa krylovii* + *Cleistogenes squarrosa*）；二是克氏针茅+糙隐子草+冷蒿群丛（*Stipa krylovii* + *Cleistogenes squarrosa- Artemisia frigida*），两者的不同，在于后者中的冷蒿也为群落的优势成分。这两个群丛的锦鸡儿灌丛化现象都十分普遍。

②克氏针茅+羊草群丛。

克氏针茅+羊草群落也是克氏针茅草原中的一种基本类型，主要分布于内蒙古高原的偏东部、东南部以及高原南部低山丘陵区的坡地，它的分布总面积小于上述的克氏针茅+糙隐子草草原，其生态条件稍微湿润，土壤为典型栗钙土，少数为暗栗钙土。该群落的植物成分比克氏针茅+糙隐子草草原丰富，种的饱和度每平方米有 15 种以上，草群盖度一般在 30%左右，在这里羊草成为群落的优势植物，而且杂类草的作用比较明显。该类草原一般作放牧场利用，而在发育好的地方，还可作为割草场利用。由于群落中含有一定数量的羊草，因此松动表土，改良草原的条件也是比较有利的。

③克氏针茅+大针茅群丛。

克氏针茅+大针茅群丛是克氏针茅草原与大针茅草原之间的混生类型，其中常见的群丛是克氏针茅+大针茅+糙隐子草+冷蒿群丛。

该群丛的发生可能有两种情况：一是由于大针茅的耐牧性较差，在放牧利用的影响下，往往使大针茅草原逐渐演变成克氏针茅+大针茅草原群落；二是典型草原带的丘陵地区，含有沙砾石的土壤和局部更干旱的生境，也往往限制了大针茅的充分生长，而形成了克氏针茅+大针茅草原（*Stipa krylovii*+*Stipa grandis*）。

在种类组成上，该群落因带有交替混生的特点，所以成分较复杂，种的饱和度每平方米可达 20～30 种。群落中还增加了一些适于砾石生境的成分如：白莲蒿、鳍蓟、漏芦、毛轴蚤缀等，群落覆盖度 25%～30%。该类草原也是生产力中等的一种良好放牧场。

④克氏针茅+小针茅群丛。

主要分布研究区锡林浩特市北部高平原的典型克氏针茅草原与荒漠化的多根丛草原的交接地带。该群丛是以克氏针茅为建群种，以小针茅为优势种，群落组成中的典型草原成分有糙隐子草、知母、草芸香等，另外还有少量荒漠草原成分渗入如戈壁天门冬、兔唇花等。该类草原已属克氏针茅草原中最耐干旱的演化类型，生产力相对较低。

⑤|小叶锦鸡儿| –克氏针茅群丛。

灌丛化的克氏针茅草原，为克氏针茅草原的沙生变体，在内蒙古高平原地区，克氏针茅草原灌丛化的现象较之大针茅草原更为普遍，它可以发生于各种不同类型的克氏针茅草原之中，在研究区周边草地中以克氏针茅+羊草+冷葛草原灌丛化的现象最多，它们往往和未灌丛化的草原交替分布。灌木层的组成，以小叶锦鸡儿为主，锦鸡儿的植丛，一般都高于草本植物，平均高 50～60 cm，灌丛丛幅直径 50～200 cm 呈密集团块状，生长力一般较强，枝叶繁密，因而灌木层片在群落外貌上的景观作用十分明显，成为一个很独特的群落结构部分，较大的小叶锦鸡儿灌丛往往形成一种特殊的微环境。

（2）羊草群系。

在研究区高平原上，羊草+克氏针茅草原常在相对略低湿的部位上形成，与克氏针茅草原等群落构成复合植被。同时还必须指出：羊草+克氏针茅草原同羊草+大针茅草原的分布范围也有很大的重合，但前者往西分布更远，甚至可见于典型草原带的最西部。这一现象也反映了它的旱生性比羊草+大针茅草原更强。在后者所分布的区域内，放牧、交通等人为活动对植被影响较强的地段，大针茅在群落中的作用也常常被克氏针茅所代替，因而造成了这两种羊草草原共同出现在同一区域的现象，使两者的分布区发生很大的重叠。对于群落种类成分的分析，也可以说明羊草+克氏针茅草原比羊草+大针茅草原的旱生特性更为明显。在它的旱生禾草层片中，除了糙隐子草、冰草、洽草等仍为重要成分以外，早熟禾的作用常常有所削弱，而且，属于荒漠草原成分的短花针茅可在一部分群落中遇到。薹草类植物只有寸草苔是主要的常见种。杂类草层片也以旱生种类为主要成分，中旱生杂类草显著减少，常见的旱生杂类草也同羊草+大针茅草原中所遇到的种类大体相同。旱生小半灌木冷蒿则成为群落的恒有成分，甚至是优势植物之一。两种旱生的小灌木：小叶锦鸡儿和狭叶锦鸡儿也在沙质化的许多群落中形成重要层片一旱生小灌木层片。

①羊草+克氏针茅+糙隐子草群丛。

羊草+克氏针茅草原最典型的群丛是羊草+克氏针茅+糙隐子草草原。它的分布很广，遍及典型草原带的东西各地。其中，发育在典型草原带西部的这种群丛多属原生群落，但在典型草原带的东部，则往往是受放牧等人为影响而形成的群落。看来，这是一种趋同现象，在实质上可能都是与旱生化的生境条件相关的。草原带越偏西部，大气候也越趋于旱化，而放牧等人为活动也有促进旱化的作用（加剧了表土侵蚀、增强了土壤紧实度、降低了保墒性能）所以造成相似的效果，产生出大体相同的群落。当然，两者的群落组成上也能看出一定的差别。东部地区这种群落的禾草层片，一般都含有少量的大针茅，而西部的原生群落中就很少有大针茅出现了。此外，杂类草层片的丰富程度也常常随局部生境的差异而有所不同。

② |小叶锦鸡儿| –羊草+克氏针茅。

小叶锦鸡儿灌丛化的羊草+克氏针茅草原在内蒙古高原的典型草原带也是比较常见的群丛。它同样是在土壤沙砾性较强的地段上分布的。群落的外貌和结构特点都和小叶锦鸡儿+羊草+大针茅草原十分相似。但是群落的种类组成更为单纯，其中旱生杂类草出现得不多。

③芨芨草群系。

芨芨草属于古地中海区系成分，它所组成的盐化草甸是欧亚大陆温带干旱区及半干旱区所特有的草甸群系，不进入半湿润及湿润地区。在我国境内，它广泛分布于西北荒漠区及内蒙古草原区，并且是总分布面积最大的隐域性植被。

芨芨草草甸主要分布于研究区河漫滩、干河谷、扇缘低地、湖盆洼地、丘间洼地以及其他闭合洼地等。其地下水埋藏不深，一般为1～4（5）m，水的矿化度常较低或为淡水，可以满足芨芨草深根系吸收利用。土壤多为盐化草甸土，也有些是草甸盐土，质地为中壤、轻壤或沙壤质，但常有地表覆沙现象，土层深厚，表土一般较湿润。

芨芨草为高大的密丛型旱中生禾草，其草丛结构紧密，冠幅直径为80～120 cm，叶层高70～80 cm，生殖枝高100～150 cm；地下须根系十分发达，深度常超过3 m，可以和地下潜水相接触，从而可避免表层土壤水分含盐量较高的不利条件。

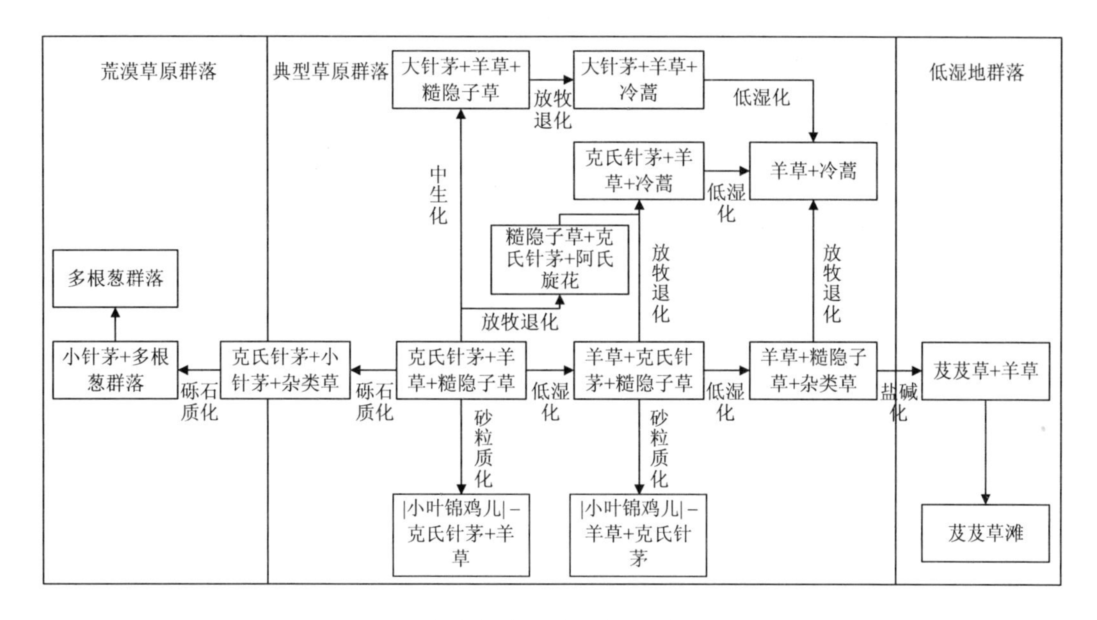

图 13-9 大唐与胜利露天煤矿生态系列图式

芨芨草+羊草群丛。羊草是轻度耐盐的旱中生禾草，在群落中是亚优势种，它的种群往往占据着相对凹陷的微生境，可以获得较多径流水分补充。种群比较稀疏，植株高度 70～80 cm。群落中常常还有根茎薹草层片及杂类草层片，其主要植物常有寸草薹（*Carex korshinskyi*）、披针叶黄华（*Thermopsis lanceolata*）、西伯利亚蓼、扁蓿豆（*Melissitus ruthenica*）、车前（*Plantago asiatica*）、双齿葱（*Allium bidentatum*）等。这一群落的总盖度可达 70%以上，是生产力较高的群落类型。

a．芨芨草群丛。分布于研究区锡林河河畔河漫滩区和干河谷。这一群丛是芨芨草盐化草甸群系的单种群落，它不但缺乏其他的优势植物，而且伴生种类也很稀少。群落生境是地面平坦，土壤为轻度盐化草甸上。根据 4 个样地记载，共有植物 16 种，而且多度也不高。芨芨草在群落中占绝对优势，盖度 65%～85%，草群的营养枝高度 50 cm 左右，生殖枝高 100～150 cm，种群结构比较均匀，群落外貌色彩单调，夏季抽穗以后，形成有光泽的银白色和淡紫色的季相。

b．芨芨草+星星草群丛。多出现在研究区锡林河流域盐化低地上，它与芨芨草+碱茅草甸的群落特点比较近似，两者在外貌上常不易区分。但群落组成比较丰富一些，星星草也是耐盐中生禾草，成为群落的亚优势种。此外，伴生的禾草常有野黑麦、羊草等，薹草层片由寸草薹组成，杂类草层片的基本成分有草地风毛菊、西伯利亚蓼、披针叶黄华、碱蒿、蒲公英（*Taraxacum mongolicum*）、车前等。一年生盐生植物在群落中出现得不多，偶有稀少的角果碱蓬等混生。该群落的生产力高于芨芨草草甸，群落总盖度多在 60%～70%以上，但水平结构不均匀，芨芨草种群与其他植物多呈镶嵌分布。

（3）多根葱群系。

研究区锡林浩特市北部高平原上有大面积分布。多根葱属于草原荒漠葱类，因其根系发达而得名。多根葱适应盐碱能力强，在降水量多于 300 mm 的草原地区，可生长在碱化或轻度盐化的土壤上。多根葱是典型的旱生植物，鳞茎外围包着一层很厚的枯死鳞茎皮，于地表处形成保护层，防旱和防热，减少鳞茎根系曝晒和蒸发水分。多根葱对降雨反应十分敏感，在多雨年份，地上部分发育旺盛，产量成倍增加；但遇干旱年份，到了生长季节仍保持休眠状态，其萌发期可推迟到8月下旬，以避过干旱。

本区多根葱群落主要分为两个群丛。

①多根葱+小针茅群丛。本群丛覆盖度大，产草大，达300～1 125 kg/hm^2，其中葱属植物占产量的40%～60%。在荒漠地带多根葱的数量显著减少，只有在靠近草原区的边缘或山麓才有较多的分布，在具有多根葱的草原化荒漠草场上，往往形成小片的纯群落，有时与虎尾草、羊草混生。

②多根葱群丛。此群丛往往为多根葱纯群，常分布于石质或砾石质土壤上，其中分布有少量杂类草，但杂类草景观作用不明显。

13.4.2.3 伊敏露天煤矿

伊敏露天煤矿周边草地的代表性植被为大针茅及羊草草原，伊敏河两岸为由小叶杨、兴安柳、山荆子、旱柳、稠李、白桦等乔木构成的稀疏河岸林，草本层为无芒雀麦、拂子茅和小糠草建群的杂类草草甸。

（1）大针茅群系。

大针茅群系的分布中心为蒙古高原，在我国主要分布于锡林郭勒高原和呼伦贝尔高原的中部和东部，其生境为广阔平坦，不受地下水影响的波状高平原，土壤一般为土层较厚的壤质或沙壤质典型栗钙土及暗栗钙土。大针茅草原的种类组成比较丰富，种数最多的是菊科、禾本科、豆科和百合科，其次为蔷薇科、隐子草属、赖草属、冰草属等。在研究区内主要为大针茅+羊草群丛组。

大针茅+羊草群丛组是大针茅草原中分布面积最广泛的一类草原。该类草原土壤主要是暗栗钙土和典型栗钙土，基质为壤质和沙壤质，其中以沙壤质为多。群丛以大针茅为建群种，羊草为亚建群种，形成典型的旱生丛生禾草-根茎禾草草原。群落的种类组成是大针茅草原中最丰富和最复杂的。群落中占优势的成分有糙隐子草、冷蒿、寸草薹、洽草（*Koeleria cristata*）；常见成分有冰草、阿尔泰狗哇花、直立黄芪（*Astragalus adsurgens*）、扁蓿豆、麻花头（*Serratula centauroides*）、知母（*Anemarrhena asphodeloides*）、草芸香（*Haplophyllum dauricum*）、狭叶柴胡等。群系覆盖度一般在20%～30%，变化在20%～35%，覆盖度可达45%以上。1平方米内出现的种数变化为12～16种，高者可达23种以上。该类草原是大针茅草原中产量较高的一类牧场，产草量每亩130～170 kg，最高者可达300～400 kg。

（2）羊草群系。

羊草群系是欧亚大陆草原区东部的特有群系，它分布在苏联的外贝加尔草原地带、蒙古的草原地带以及我国的东北平原、内蒙古高原和黄土高原等地区的草原地带。它是我国草原带分布面积很广的草原群系之一，并且是经济利用价值最高的草原类型。羊草群系大多发育在开阔的平原或高平原以及丘陵坡地等排水良好的地形部位。但是在某些河谷阶地、滩地、谷地等低湿地上也有羊草群系发育的特殊类型。其土壤主要是黑钙土、暗栗钙土、普通栗钙土、草甸化栗钙土和碱化土等。羊草群系的植物种类成分很丰富。在研究区丘陵以下平缓地带该类型地分布较多。研究区内的羊草群系有以下群丛组。

①羊草+薹草群丛。在研究区所见到的羊草+寸草薹群落有：羊草+寸草薹+早熟禾群落、

羊草+寸草薹+披针叶黄华群落、羊草+寸草薹+中旱生杂类草群落、羊草+寸草薹+冷蒿群落等。这些不同群丛的分化与放牧利用程度、土壤结构和盐分状况以及所处的地带位置等因素的差异是密切相关的。它们在群落的种类组成和生产力方面，也表现出一定的相似性。对这一类草原群落的利用必须注意保护，防止生产力的下降和植物种类的退化演替。

②羊草+马蔺群丛。这类群丛面积较小，是组合在马蔺盐化草甸植被复合体中的群落片段。在研究区分布也比较少，是丘间平地上生长的羊草群系退化演替的结果。其种类组成比较简单，亩产干草一般不超过 200 斤，由于马蔺（*Iris lactea*）的饲用性能偏低，群落面积不大，所以植被的生产价值不高。

（3）马蔺盐化草甸。

这类草甸群系在内蒙古典型草原带分布较多，荒漠草原及荒漠区出现的较少。调查中看到呼伦贝尔草原区，伊敏河下游沿岸有较大面积的马蔺盐化草甸。其主要生境有河滩地、丘间盆地、沙丘间滩地及湖泊外围等，土壤为盐化草甸土，质地多为壤土，表土湿润，地下水位较高。在研究区发现的是马蔺+羊草+杂类草草甸。

该草甸类型具有草原化特征，土壤湿润度略低，但盐分不重，除糙隐子草为次优势成分以外，中生性杂类草有所减少，而中旱生杂类草常有混生，例如直立黄芪、扁蓿豆、双齿葱、二色补血草、寸草薹、阿氏旋花等。群落的总盖度约 60%，草层的叶层高 30～40 cm。马蔺是适口性偏低的草类，所以马蔺盐化草甸是价值较低的草场。但马蔺是一种农家编织纤维原料，也是造纸纤维原料，所以也是一种有价值的植被资源。

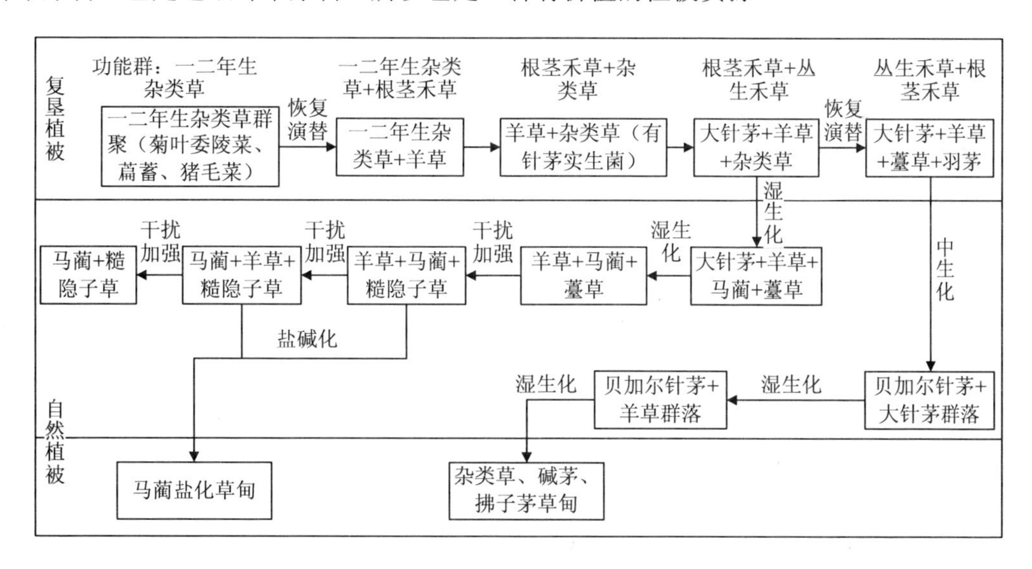

图 13-10　伊敏露天煤矿生态系列图式

（4）无芒雀麦+拂子茅+杂类草草甸。

无芒雀麦+拂子茅+杂类草草甸是典型草甸土上形成的一种群丛，呼伦贝尔草原区的海拉尔河与伊敏河沿岸的高河漫滩上都有这种群落片段。周围常有白桦、旱柳、小叶杨、兴安柳、稠李、山荆子等多种乔木构成的杂木疏林。它的草群植株营养高度约 50 cm，植株生殖枝高 70～90 cm；盖度可达 80%。群落结构整齐，外貌华丽，种类组成比较复杂，杂类草层片的植物种类多，多以中生草类为主，中旱生植物很少。伴生的禾草常有草地早熟禾、光颖芨芨草等，常见的杂类草有柳叶绣线菊、水杨梅、升麻、黄花苜蓿、扁蓄豆、朝天委陵菜、叉分蓼、柴胡、狭叶青蒿、白头翁等。

13.4.3 矿区复垦植被现状调查与分析

13.4.3.1 黑岱沟露天煤矿

内蒙古鄂尔多斯准格尔旗黑岱沟露天煤矿具有北排土场、东排土场、内排土场、西排土场、沿帮排土场和阴湾排土场 6 个排土场（图 13-11），其中前 5 个排土场都已有不同年限的植被复垦，其中复垦植物有杨树、油松、香花槐、沙地柏、火炬树、紫穗槐（*Amorpha fruticosa*）、垂柳、暴马丁香等乔木，灌木有沙棘、榆叶梅、山杏、柠条等，也有紫花苜蓿、沙打旺和甘草等草本植物。

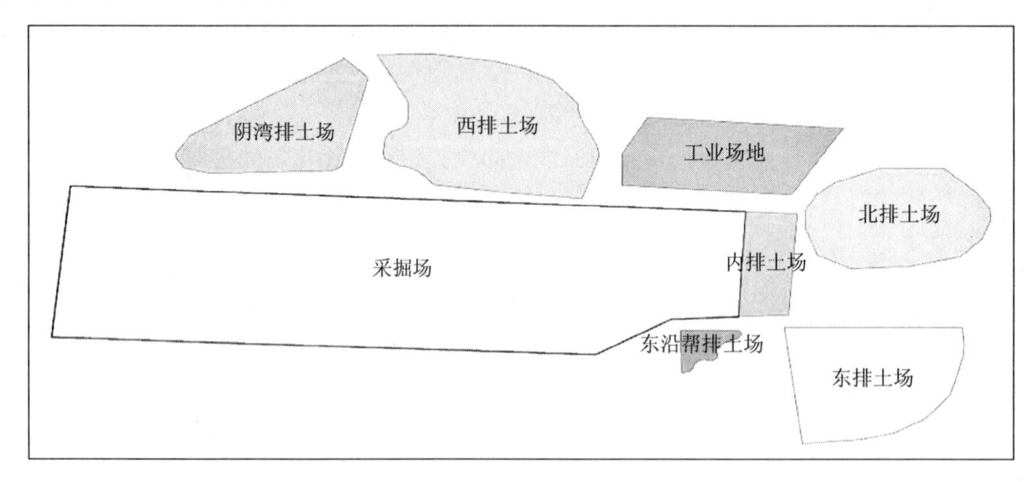

图 13-11 黑岱沟露天煤矿布置图

（1）北排土场。

①拂子茅+赖草群丛。有人工种植的柳树、杨树、沙棘、沙打旺等乔木、灌木和小半灌木；灌木下草本层片恢复较好，主要以人工种植的紫花苜蓿为主，具有地带性指示物种拂子茅、赖草、羊草、寸草薹、早熟禾、糙隐子草等；半灌木除人工种植的外，还有达乌里胡枝子等；杂类草有丝叶苦荬菜、草木樨状黄芪、铁杆蒿（*Artemisia sacrorum*）、阿尔泰狗哇花（*Heteropappus altaicus*）、黄蒿、刺穗藜、黄花蒿、猪毛菜和甘草的分布；一二年生杂类草有狗尾草、星星草等。草本层片生殖高度可达 90 cm 以上，植被盖度可达 30%～40%，植物种类可达 28 种。

②人工种植紫花苜蓿。此类型为人工种植类型，草本层片发展形成了羊草+紫花苜蓿群丛，平台上有人工种植山杏、坡面上为人工种植沙棘、沙地榆、紫穗槐、山杏等乔木及灌木。草本层片中有本氏针茅、羊草、无芒雀麦（*Bromus inermis*）、穿龙薯蓣等多年生禾草；半灌木有少量达乌里胡枝子（*Lespedeza davurica*）；杂类草有阿尔泰狗哇花、艾蒿、大籽蒿、香青兰（*Dracocephalum moldavica*）、黄蒿、黄花草木樨和猪毛菜等；也可见到狗尾草、画眉草等一二年生小禾草的分布。草本层片生殖高度可达 70 cm 以上，植被盖度可达 25%～30%，种类可达 12 种。

③人工山杏。此类型中乔灌木层片的种类较单一。灌木下草本层片恢复较好，形成了

赖草（*Leymus secalinus*）+达乌里胡枝子群丛，伴生有本氏针茅、早熟禾、无芒雀麦等多年生禾草；半灌木有达乌里胡枝子；杂类草有黄蒿、猪毛菜、香青兰、阿尔泰狗哇花、大籽蒿和紫花苜蓿（*Medicago sativa*）、草木樨状黄芪和黄花草木樨等。一二年生小禾草有狗尾草、画眉草等。草本生殖高度可达 50～60 cm 以上，植被盖度可达 25%～35%，根据样方统计有 17 种。

（2）东排土场。

东排土场复垦植被主要为人工杨树和人工种植的甘草为主，其草本植物种类较多，根据样方统计，此样地物种可达 25 种。其中有本氏针茅、赖草、早熟禾、糙隐子草、蔓草、短花针茅（*Stipa breviflora*）、穿龙薯蓣和拂子茅等多年生禾草；有达乌里胡枝子等半灌木和地稍瓜、独行菜、草木樨状黄芪（*Astragalus melilotoides*）、短翼岩黄芪、狭叶棘豆、角蒿（*Incarvilla sinensis*）、阿尔泰狗哇花、猪毛菜和黄蒿等杂类草，一二年生小禾草有狗尾草。植被覆盖度可达 20%～30%，底下草本植物生殖高度可达 40～50 cm 以上。

（3）西排土场。

①人工沙棘。西排土场边坡及平台都有人工沙棘种植，其长势良好，中间零星种植有杨树、沙枣。地表无砾石。小半灌木有人工散播的沙打旺，但其密度很低。草本层构成拂子茅+杂类草群落，一年生植物有丝叶苦荬菜、黄蒿、毛果绳虫实、白草（*Pennisetum centrasiaticum*）和蒲公英等，其生长的地带性植被较少，草本层片盖度较低，15%～25%；此类型种类较少，根据样方调查，草本植物种类只有 12 种。

②拂子茅+早熟禾群丛。位于西排土场第二个平台，其人工复垦植被成带，种植有沙棘、山杏，其中沙棘长势良好。地表无砾石质化，无放牧利用，枯枝落叶稀少。草本层片恢复良好，拂子茅生殖枝高度可达 80～100 cm，还有多年生禾草本氏针茅、早熟禾、蔓草和披碱草（*Elymus dahuricus*）等，杂类草有铁杆蒿、阿尔泰狗哇花、草木樨状黄芪、黄蒿、毛果绳虫实（*Corispermum declinatum*）、灰绿藜、香青兰等。也可见到小半灌木达乌里胡枝子等，一二年生小禾草有狗尾草。根据调查统计，此样地草本植物种类可达 18 种。

（4）沿帮排土场。

沿帮排土场的人工复垦植被成带状，种植有油松和山杏，长势均好，其中油松和大部分山杏为幼树苗，周边有人工种植的杨树。底下草本植物有多年生禾草拂子茅、本氏针茅、早熟禾等；小半灌木有达乌里胡枝子；杂类草有黄蒿，丝叶苦荬菜（*Ixeris chinensis*）、草木樨状黄芪、直立黄芪、黄花蒿（*Artemesia annua*）、灰绿藜、砂珍棘豆（*Oxytropis gracilima*）等；一二年生小禾草有狗尾草。草本层片物种 13 种，植被盖度低，10%～25%。

（5）内排土场。

内排土场有人工种植杨树林，中间有人工种植的柠条带。由于内排土场植被复垦较新，其上草本层片植物物种较少，偶尔出现由单优势种虫实构成的“纯”群。据样方统计植物种类共 11 种，盖度较低 8%～15%。有拂子茅、早熟禾、本氏针茅等多年生禾草的少量分布，杂类草有丝叶苦荬菜、灰绿藜（*Chenopodium glaucum*）、黄花草木樨、猪毛菜、黄蒿等，一二年生小禾草有狗尾草、虎尾草等。

13.4.3.2　伊敏露天煤矿

矿区内植被原属大针茅为主要建群的典型草原植被，由于矿产开采的干扰，如今的植被由大针茅群系退化为一二年生杂类草较多的大针茅草原，羊草草原退化为适盐碱的羊草+马蔺群丛类型，而矿区排土场内复垦植被有沙棘灌丛、沙打旺，也有大针茅+羊草群丛和群聚的一二年生杂类草。伊敏露天煤矿布置图见彩图 13。

（1）沿帮排土场。

研究区沿帮排土场顶部和边坡植被均为人工种植的沙棘灌丛，生长良好，灌丛高度可达 100～160 cm。土壤质地差、沙粒质化，草本层以多年生和一二年生杂类草为主。常见种有黄花苜蓿（*Medicago falcata*）、黄花草木樨、鹤虱（*Lappula myosotis*）、萹蓄（*Polygonum aviculare*）、蒲公英、大籽蒿（*Artemisia sieversiana*）、车前（*Plantago asiatica*）等，还有猪毛菜、独行菜、老鹳草（*Geranium wilfordii*）、沙打旺、鸦葱（*Scorzonera austriaca*）、牛枝子（*Lespedeza davurica*）、芦苇（*Phragmites australis*）、艾蒿（*Artemisia argyi*）、黄蒿（*Artemisia scoparia*）等杂类草的分布。一二年生小禾草有狗尾草。草本层片种类较多，据统计有 22 种，草本层高度 30～40 cm，盖度较低，10%～20%，常有土壤的小斑块状裸露。

（2）内排土场。

①大针茅+羊草群丛。此群丛分布于伊敏露天煤矿内排土场边坡，覆盖度很高，可达 65%～70%。土壤壤质、质地较好。植株平均高度可达 35～50 cm，但是植物物种较少，据统计共有 16 种。此样地大针茅长势良好，在群丛中的优势度极大，羊草次之。群丛中常见有糙隐子草、羽茅（*Achnatherum sibiricum*）、寸草薹等，富有地带性植被的特征。还有阿尔泰狗哇花、菊叶委陵菜（*Potentilla tanacetifolia*）、星毛委陵菜（*Potentilla acaulis*）、轮叶委陵菜（*Potentilla verticillaris*）、乳白花黄芪（*Astragalus galactites*）、直立黄芪（*Astragalus adsurgens*）、扁蓿豆等多年生杂类草和大籽蒿、鹤虱（*Lappula myosotis*）、黄蒿等一二年生杂类草。

②大针茅群丛。此群丛分布于伊敏露天煤矿内排土场顶部自然恢复地段，其大针茅实生幼苗较多，土壤砾石质化。杂类草占优势，主要以斑块状的草木樨为主，还常见有薹草、羊草、早熟禾（*Poa annua*）、直立黄芪、披针叶黄华（*Thermopsis lanceolata*）、铁杆蒿、冷蒿等多年生草本及半灌木，一二年生杂类草种类居多，有鹤虱、鸦葱（*Scorzonera austriaca*）、车前、艾蒿、黄蒿、大籽蒿等。也有偶见种芦苇（*Phragmites australis*）、旱柳苗。植被覆盖度较低，8%～15%，常有土壤裸露。植被生长整齐度不高，草木樨生殖枝高度常可达 80～100 cm，而矮草层片只有 15～20 cm。

（3）西排土场。

由于西排土场各部分植被复垦年限不一，因此植被类型上也有时间梯度的表现。

①羊草+大针茅群丛。此群丛为西排土场最早复垦植被类型，位于西排土场西南段顶部，植被覆盖度可达 60%～65%，羊草植株密度很大，枯落物较多，大针茅零散分布于其中。土壤壤质、质地好。植被整齐度较高，高度 30～40 cm，据样方统计植物种类共有 17 种。常见有糙隐子草、阿尔泰狗哇花、星毛委陵菜、薹草、乳白花黄芪等，双齿葱（*Allium bidentatum*）、扁蓿豆、鸦葱、二列委陵菜也比较多见，偶尔也可见到细叶鸢尾（*Iris tenuifolia*）、蒲公英（*Taraxacum mongolicum*）、阿氏旋花（*Convolvulus ammannii*）、冷蒿、黄蒿、菊叶委陵菜等。

②羊草+杂类草群丛。此群丛处于向羊草+大针茅群丛（*Leymus chinensis* + *Stipa grandis*）

的次生演替阶段。群丛外貌整齐度较差，羊草与杂类草均形成斑块状镶嵌分布。土壤质地较好，地表有少许砾石。植物种类有 19 种，其中杂类草种类较多，有草木樨、黄蒿、蒲公英、鸦葱、大籽蒿（*Artemisia sieversiana*）、菊叶委陵菜、胡枝子（*Lespedeza bicolor*）、二裂委陵菜、车前等较多，还有星毛委陵菜、鹤虱、香青兰（*Dracocephalum moldavica*）有少量分布，多年生禾草有大针茅、早熟禾（*poa sphondylodes*）、糙隐子草等。一二年生小禾草有狗尾草、星星草（*Puccinellia tenuiflora*）。植被覆盖度为 35%～40%。

③一二年生杂类草群聚。此类群位于西排土场后期植被恢复地段，无地带性植被生长，以群聚的一二年生杂类草占优势，其覆盖度很高，50%～60%，草群低矮，10～20 cm。土壤质地较好。杂类草种类可达 16 种，以灰绿藜（*Chenopodium glaucum*）、黄蒿和猪毛菜（*Salsola collina*）、车前为主，此地段常见种有蒲公英、野西瓜苗（*Hibiscus trionum*）、芦苇、薹草、萹蓄（*Polygonum aviculare*）等。

在西排土场往北北段植被恢复年限最短，此地段植被类型也是一二年生杂类草群聚，类型与以上有所不同，盖度很低，20%～25%，草群高度为 8～15 cm。杂类草种类 14 种，以刺穗藜（*Chenopodium album*）、萹蓄、菊叶委陵菜为主，伴生有猪毛菜、芦苇、蒲公英、鹤虱、车前、独行菜（*Lepidium apetalum*）、酸膜叶蓼（*Polygonum lapathifolium*）等。偶尔也可见到羽茅（*Achnatherum sibiricum*）、糙隐子草、薹草等多年生草本。

13.5　露天煤矿周边天然植被与复垦植被的比较

13.5.1　黑岱沟露天煤矿周边天然植被与复垦植被

13.5.1.1　群落相似性

矿产资源的开发会对地表资源产生影响，大规模地开采对草原、地表原有的植被、耕地等产生破坏，从而引起生态环境的恶化，最主要是不断地缩小草原资源的面积而且影响其质量。内蒙古草原原生植被总体处于退化演替过程中，植物群落结构特征发生变化，稳定性降低，盖度下降，物种丰富度指数基本上随退化演替程度的加深而减少，且退化越严重，物种丰富度指数越低。

在不同恢复演替阶段，黑岱沟露天煤矿复垦植被草本群落功能群在不断地变化，内排土场初期恢复地段的植被为一二年生先锋植物群聚，主要有沙生的虫实（*Aorispermum mongolicum*）和一些中生杂类草狗尾草（*Setaria viridis*）；处于植被恢复较晚的内排土场及东沿帮排土场的草本群落中已出现多年生中生根茎禾草并在群落中占据着主导地位，如拂子茅（*Calamagrostis epigejos*），其杂类草层片也出现了多年生杂类草并代替了一二年生先锋植物，如黄蒿（*Artemisia eriopoda*）和苦苣（*Pterocypsela indica*）；植被恢复较早的北排土场与东排土场草本植物群落中则有旱生、中旱生的根茎禾草出现并逐渐代替了中生型根茎禾草，占据了优势地位，如赖草（*Leymus sacalinus*）、羊草（*Leymus chinensis*）和硬质早熟禾（*Poa sphondylodes*）；其中倒蒜沟为最早的排土场，复垦植被已形成林地，林下草本层片虽然盖度较低，但形成了以羊草、米氏冰草、扁穗冰草等旱生、中旱生的根茎禾草为主要类型的草本层。

如图 13-5 所示，DCA 排序结果可以看出，黑岱沟露天煤矿周边天然植被及矿区复垦植被的不同分布规律主要受水分、基质、地形及其他微环境因子的影响较大，其第一轴环境因子为土壤基质因子，第二轴环境因子为水分因子。随着水分较大的草甸土向典型草原灰钙土，再到砾石质、沙砾质土壤，最后到沙质土壤，其对应生长的植被由中生、旱中生的拂子茅、赖草向旱生、中旱生的茭蒿、本氏针茅、羊草、百里香为主的典型草原，再到旱生及超旱生的短花针茅为主的草原植被以及砾石质、石质土壤上的铁杆蒿、达乌里胡枝子为主的草原植被，最后由沙质土壤的油蒿群落所代替。

黑岱沟露天煤矿复垦植被草本群落主要以隐域性植物物种拂子茅、赖草、薹草、早熟禾为主，伴生有很多一二年杂类草虫实、黄蒿、猪毛菜及其多年生杂类草草木樨、草木樨状黄芪等。

对黑岱沟露天煤矿 7 个样地草本植物群落进行相似性分析，得到表 13-7，分别对各个排土场与对照样地（原地貌）进行 Jaccard 相似性系数计算。

表 13-7 黑岱沟露天煤矿植被相似性系数

相似性系数	原地貌	倒蒜沟	北排土场	东排土场	内排土场	东沿帮排土场	西排土场
原地貌	1	0.104	0.184	0.167	0	0	0.107

如表 13-7 所示，黑岱沟露天煤矿 6 个排土场与周边原地貌上草地之间的相似性分析得知，恢复最早的北排土场草本植物群落结构最接近对照群落（0.184 2），其次为东排土场（0.166 7）和西排土场（0.107 1），再为倒蒜沟（0.103 5），而内排土场与东沿帮排土场之间的相似性为 0。除了倒蒜沟外，以上结果正符合各个排土场恢复年限的长短及恢复顺序，更证明了排土场复垦植被经过长时间的恢复演替后将接近或达到当地地带性植被类型。

倒蒜沟为矿区最早人工填埋及植被恢复区，其相似性小于以上几个排土场是由于该倒蒜沟的复垦植被以人工杨树为主，并且恢复年限较长，其生长旺盛，冠层郁闭度较高，从而导致林下草本曾片并不发达。

13.5.1.2 生产力

（1）空间尺度。

黑岱沟露天煤矿排土场复垦植被多以乔木及灌木为主，有人工杨树、油松、沙棘、山杏等。因此草本植物稀疏，并且杂类草占据着主导地位，地带性植被指示物种出现较少。

在研究区黑岱沟露天煤矿植被复垦区和周边天然植被对照样地中选取 10 个典型样地进行生产力比较，从图 13-12 可以看出，矿区复垦区及天然植被的生产力之间无明显差异；矿区复垦区植被生产力与演替序列无线性关系；西排土场及内排土场植被恢复初期阶段的植被生产力低，而内排土场一年生植物群聚地段植被生产力较高；早期植被复垦区北排土场及东排土场和植被复垦较晚的东沿帮排土场之间生产力无显著差异，并且达到了矿区周边原地貌植被类型的生产力水平。因此认为黑岱沟露天煤矿植被复垦区植被草本植物生产力虽然很高，但是其中以一二年生或多年生杂类草占比例较大。

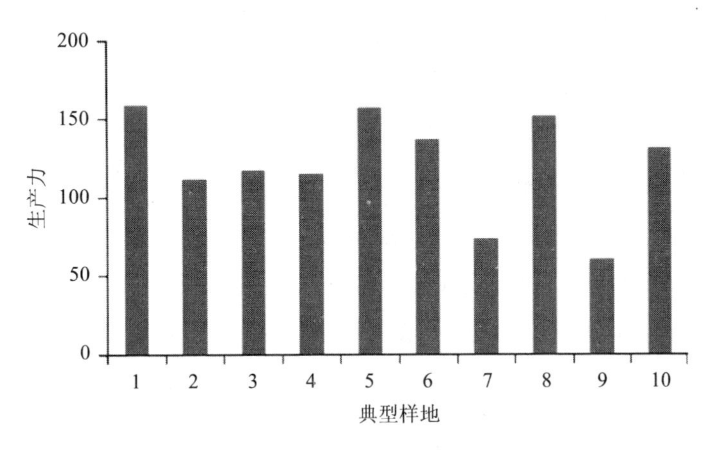

图 13-12　黑岱沟露天煤矿典型样地生产力比较

（2）时间尺度。

本书该地区 20 年间地表植被的变化来表现景观水平上的地区生产力动态，本书地表植被的动态信息从该地区 NDVI 动态反演而来。NDVI 是地表植被直接的反应，因此本书对 TM 数据（1987—2010 年，选择 9 期）近红外及红外波段进行运算，得到像元大小为 30 m 分辨率的 NDVI 图像，然后对其进行标准化处理，得到 NDVI 变化系列图（彩图 14）。

黑岱沟煤矿自 1990 年开始开工建设，翻开土被，1996 年 7 月试生产，1999 年国家验收正式移交投产，2006 年经过一次扩能改造。而彩图 14 也正符合该矿区的开采历史，不难看出，黑岱沟露天煤矿自开矿以来到 2010 年，其面积在不断地扩大，形成了该地区除薛家湾镇以外的另一个较大的人工景观斑块。通过彩图 14，意在表现的信息由以下两方面：刻画黑岱沟露天煤矿开矿以来 20 年间矿区及矿区周边地区 NDVI 值在空间上的变化；该图还表现了矿区几个排土场的位置、形成过程、顺序及恢复情况。

从图中看出，1987 年及 1990 年，黑岱沟煤矿周边地区，地表植被分布具有明显地形差异，如沟谷植被盖度最大，其次为丘陵地区边坡，再次为丘陵顶部，植被盖度最小的地区为宽度狭窄的沟谷底部，形成这种植被分布格局的首要原因是该地区特殊的黄土丘陵沟壑地貌及自然环境导致，相比较而言，沟壑（丘陵）边坡植被生产力远比丘陵顶部要高，这种结果在其他研究当中也得到了证实，如张庆等人关于短花针茅草原的研究；该地区处于黄河沿岸地区，其农业较发达，因此该区沟壑植被盖度较大，并 NDVI 反演的植被盖度信息较为均匀；而较狭窄的沟谷底部并不适合农耕作业，并且由于常年的雨水冲刷及侵蚀原因，这种沟谷底部植被盖度较低、裸露。

而自 1993 年以来，以上植被分异现象变得不太明显，原因主要有以下几点：①由于该地区大面积的植被恢复工作，如在丘陵地区种植沙棘、柠条等灌木及油松、杨树、柳树、榆树等人工林，导致丘陵中部及上部与沟壑底部农田之间的植被郁闭度差异减小，NDVI 的反演的差异不明显；②由于矿产开采，对农牧民实行土地征收，导致农田面积极度减小，导致植被覆盖的地形差异减小；③由于研究区范围较小，本书对 NDVI 的计算智能选择分表率较大的 TM 图像，而与 MODIS 数据不同，TM 图像很难找到每年同期或同月份的数据，因此有可能是由于部分图像的成像时间并在于农田生长旺季，因此有些图像上很难显示植被的地形差异。本书认为以上几个原因有可能单独存在，也有可能并存于每一幅图像中，虽然本方法对NDVI进行了标准化处理，但是很难达到最理想的效果。

关于矿区几个排土场，北排土场为最早形成的排土场，其植被的复垦从边坡开始，边坡的恢复到2000年已达到很好的效果，后平台的恢复，到2010年已基本形成植被全覆盖并达到较高的覆盖度；东排土场为第二个形成的排土场，其植被复垦由排土场先后形成的顺序，自南向北的方向进行恢复，2010年已达到植被的全面覆盖，并且其效果较好；第三个形成的排土场为沿帮排土场，自2008年开始进行植被复垦，至2010年达到很好的效果；其次为内排土场及西排土场，其形成时间较晚，其部分地区已得到恢复，进行植被复垦；阴湾排土场是最新形成的排土场，现其边坡及平台地区地表均裸露，无植被覆盖。

13.5.1.3　生物多样性

依据以上10个样地，对黑岱沟露天煤矿植被复垦区和周边天然植被对照样地进行生物多样性比较。图13-13为以上所有样地生物多样性指数值，矿区植被复垦区不同恢复阶段的生物多样性指数随着恢复年限的增加，草本层片物种由恢复初期的5种增加到21种，对照样地草本植物物种数达27种。如图13-13所示，前3个为天然植被典型样地，其中第三个样地为干扰退化类型；后7个均属于矿区植被复垦区样地，这7个样地按植被恢复年限顺序排列，可以看出草本植物层片的生物多样性指数总体上随着恢复年限的增加具有上升的趋势。表明随着恢复演替的进行，复垦区植被生物多样性有明显的增加。

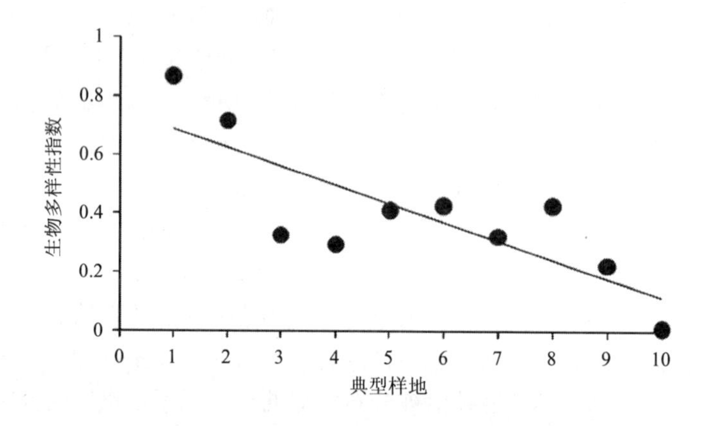

图13-13　黑岱沟露天煤矿典型样地生物多样性比较

表13-8　黑岱沟露天煤矿典型样地描述

样地名称		东经	北纬	植被类型	描述
1	原地1	111°13′14.88″	39°45′34.82″	本氏针茅+赖草+杂类草	原地貌植被类型，丘坡中部，有稀少的柠条，人工种植杏树，无放牧利用
2	原地2	111°13′16.41″	39°45′34.02″	本氏针茅+百里香	原地貌轻度退化植被类型，坡地上中部，有人工种植的幼小山杏，无放牧利用
3	原地3	111°17′04.50″	39°47′22.14″	百里香+本氏针茅	原地貌植被退化类型，盖度较低
4	倒蒜沟	111°15′45.12″	39°47′59.64″	人工沙打旺	最早期排土场，人工油松+杨柳林，草本以杂类草为主
5	北排	111°16′32.82″	39°47′57.48″	紫花苜蓿+羊草	早期排土场，有人工沙棘、柳树和沙打旺、紫花苜蓿，草本恢复较好
6	东排	111°17′36.84″	39°46′49.74″	甘草–赖草	早期排土场，人工杨树（幼龄），草本恢复较好

样地名称		东经	北纬	植被类型	描述
7	西排	111°13′58.54″	39°47′02.789″	拂子茅草甸	恢复较晚，人工种植有沙棘、杨树、沙枣，长势正常，草本层片中具有斑块状一二年生植物群聚
8	东沿邦	111°16′27.02″	39°46′44.83″	杂类草+拂子茅草甸	恢复较晚，东沿帮排土场，人工种植有油松和山杏，长势均好，有灌溉的土埂，无利用
9	内排	111°16′18.44″	39°47′17.94″	拂子茅+杂类草	恢复最晚，人工杨树林，其中有人工柠条带
10	内排未恢复	111°16′17.88″	39°46′56.82″	一二年生植物群聚	未有人工恢复植被，地表裸露，多砾石

注：1～3 样地为矿区周边原生植被对照；4～10 为矿区排土场植被复垦区样地，恢复时间从早期到晚期依次排列。

13.5.2　伊敏露天煤矿周边天然植被与复垦植被

13.5.2.1　群落相似性

如图 13-4 所示，可以看出伊敏露天煤矿复垦植被群落类型的分布明显受到土壤水分和土壤基质条件的影响，周边天然植被从典型草原大针茅群落⟶羊草占优势的羊草+大针茅群落⟶地势较低的羊草+杂类草群落⟶羊草+马蔺及马蔺盐化草甸逐渐变化。而从周边天然植被向复垦植被类型的变化其主要影响因子为土壤基质因子。

矿区内部复垦植被，在不同演替阶段，草本群落功能群在不断地变化。矿区西排土场南段与外排土场相连，从北段至南段西排土场植被恢复年限越久，因此从西排土场北部到外排土场，植被恢复演替明显：西排土场最北部为矿区最新排土场，其植被恢复正处于初期地段，为一二年生植物群聚，主要有中生的萹蓄、鹅绒委陵菜（*Potentilla anserina*）、狗尾草（*Setaria viridis*）、车前（*Plantago asiatica*）和猪毛菜（*Salsola collina*）等杂类草；在西排土场最北部往南 1 km 处多年生杂类草替代了一二年生植物群聚，以黄蒿（*Artemisia Eriopoda*）、灰绿藜（*Chenopodium glaucum*）、菊叶委陵菜（*Potentilla tanacetifolia*）为主导，其中黄蒿占绝对优势；内排土场顶部平台及西排土场再往南恢复植被中已出现多年生根茎禾草，形成了很多羊草斑块和薹草斑块，而且除了杂类草层片中出现了很多草原伴生种，如草木樨状黄芪（*Astragalus melilitoides*）、黄蒿、胡枝子等外，还出现了一些糙隐子草等丛生小禾草；西排土场南段与外排土场植被恢复较早，其恢复效果明显，群落中根茎禾草占绝对优势，并且出现了丛生禾草针茅属植物；内排土场南坡为最早期的复垦草本植物恢复区，其群落已演替到稳定状态，群落结构上以多年生丛生禾草建群，多年生根茎禾草和丛生小禾草占优势，伴生有多年生杂类草及一二年生杂类草、小禾草；沿帮排土场为最早形成的排土场，由于此排土场有人工种植的沙棘灌丛，其草本层片多以多年生杂类草为主。

本案例将伊敏露天煤矿周边植被群落分为三种群落类型，并对周边及矿区各个排土场恢复植被之间进行群落种组成相似性（Jaccard 相似性）分析，得到表 13-9，周边三种群落类型分别为大针茅+羊草群落、羊草群落及羊草+马蔺群落。

表 13-9　伊敏露天煤矿相似性系数

	沿帮排土场	内排平台 1	内排平台 2	内排南坡	西排 1	西排 2	西排 3	西排 4
针茅+羊草群落	0.076	0.128	0.113	0.130	0.214	0.140	0.064	0.025
羊草群落	0.083	0.130	0.117	0.148	0.211	0.141	0.076	0.043
羊草+马蔺群落	0.103	0.100	0.108	0.188	0.189	0.167	0.121	0.074

从群落外观上，内排土场南坡植被恢复效果最佳，植被盖度达 85%，草群平均高度达 90 cm 以上，其群落外貌接近当地气候顶极群落，但是与受到一定程度干扰的群落相比较，此种群落类型往往表现为，其生产力极高但物种多样性较低的现象。

由表 13-9 可知，对于伊敏露天煤矿周边草地三种群落类型来说，与其相似性系数最高的为西排土场南段草本植物恢复区，属于西排土场最早恢复地段，其植被类型为大针茅+羊草，功能群以大针茅、羊草等地带性物种占据首要地位，羽茅、糙隐子草、冰草等物种占优势，为最接近地带性植被的群落；西排土场其他三个地段植物群落更趋于接近羊草+马蔺群落类型，其原因为此地段植被恢复较晚，其种类组成主要以多年生杂类草及一二年生杂类草为主，而羊草+马蔺群落是低湿地隐域性植被羊草群落的退化类型，因此多年生及一二年生杂类草种类较丰富，由此导致西排土场植被恢复较晚地段的植被更接近周边羊草+马蔺群落类型；内排土场平台植被恢复相比沿帮排土场及西排土场南段植被要晚，其植被以羊草、大针茅建群，相比两种功能群物种，羊草在此群落中占据绝对优势，大针茅居次要地位，因此内排土场平台复垦植被群落更接近与周边草地的第二种群落类型（即羊草群落）；内排土场边坡植被恢复效果最好，最接近当地气候顶极群落，但由于物种丰富度较低，其与第一种周边群落类型之间的相似性系数值不及样地西排 1；沿帮排土场为属于该矿区最早恢复的一个排土场，但其复垦植被主要以沙棘、沙打旺等为主的灌木和半灌木，并且在与几次植被更换，其灌丛下的草本群落并未发达，因此此类型最接近第三种群落类型（即羊草+马蔺）。

13.5.2.2 生产力

①空间尺度。

在伊敏露天煤矿植被复垦区和周边天然植被对照样地选取典型 15 个样地进行生产力比较（图 13-14）。与黑岱沟煤矿不同的是，虽然伊敏煤矿复垦区内几个样地生产力水平波动较大，但与周边天然植被之间相比较，其生产力整体上低于周边天然植被类型；其中恢复效果较突出的内排土场边坡大针茅+羊草群丛的群落生产力达到较高水平，而沿帮排土场灌丛下的草本、内排土场顶部平台、西排土场新形成的三个平台自然恢复区域的植物群落生产力相对较低；西排土场植被随着演替进展，植物群落生产力有增加的趋势。

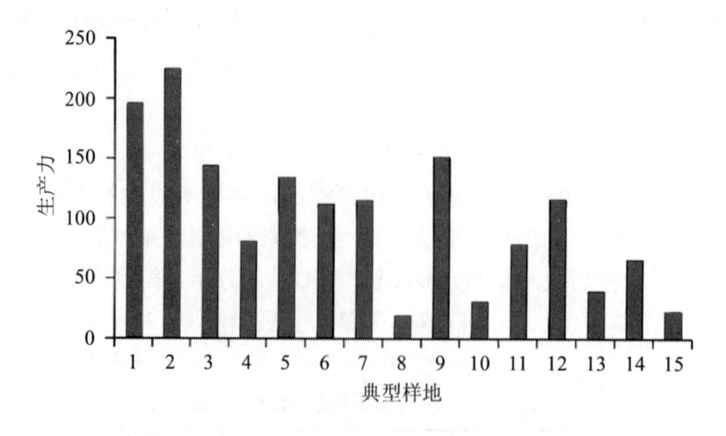

图 13-14 伊敏露天煤矿典型样地生产力比较

②时间尺度。

伊敏露天煤矿开采年代悠久，于 1982 年成立，1983 年开始拉沟建设，1984 年一采区投产，1991 年开始 500 万 t 一期工程扩建，2006 年新增二期工程开工并于 2007 年年末投产，2008 年进行三期扩建工程建设，2009 年年末投产。本书采用开矿之前（1975 年）及开矿之后 9 期 TM 数据进行 NDVI 计算得到 NDVI 变化系列图（彩图 5）。

伊敏露天煤矿处于伊敏河东岸，原为伊敏河与东部丘陵之间的湿地生态系统。从图中可以看出，1975 年矿区周边草地有打草的痕迹，而其他图像上并未见到这种大面积打草现象，原因可能是由于矿产开采，草地被从牧民手中征收，对其不在进行放牧或打草等活动导致；1975 年矿区有两面湖（伊和诺尔和巴嘎诺尔），面积较大，而随着矿产开采活动的进行，首先巴嘎诺尔消失不见，随后伊和诺尔也被开采为露天煤矿；图中位于矿区的地段随着年份的增加植被覆盖度趋于减少，直至 2002 年矿区北部地区有一部分地区植被重新恢复高覆盖度，这是由于增多的农田导致，矿区附近农田增多原因在于矿产的开采可带来较大经济利益，吸引四面八方的人来谋求经济效益，从而在矿区附近较快地形成居民点，同时也增加了农田的面积。

矿区面积在不断地扩大，开采自南向北推进，其排土场自然也出现了自南向北形成的顺序。伊敏露天煤矿排土场最早在矿区南边形成，即沿帮排土场，其上种植有沙棘、沙打旺等灌木、半灌木，灌丛下一二年生及多年生杂类草占据主导类型，恢复效果较好，盖度极大。绕过矿区南部，排土场由矿区西部一直往北推进，形成了规则的半环形。各个排土场的恢复年限不一，自然其恢复效果也各有特点，植被复垦从旧排土场到新排土场的顺序，除沿帮排土场外，其他排土场复垦植被以草本植物为主，恢复较早的排土场草本植物盖度极大，群落结构已接近周边天然植被；其次，恢复较晚的排土场也已达到了较高的植被盖度，除草群高度不如外，其功能群结构已接近当地地带性植被；而最新恢复的排土场以一二年生或多年生杂类草占据主要地位，草群高度较低，盖度较小。

13.5.2.3 生物多样性

图 13-15 为 15 个伊敏露天煤矿植被复垦区和周边天然植被对照样地的生物多样性指数值，矿区植被复垦区不同恢复阶段的排土场植被生物多样性指数随着恢复年限的增加，草本植物物种由恢复初期的 7 种增加到 16 种，对照样地草本植物物种数达 34 种。

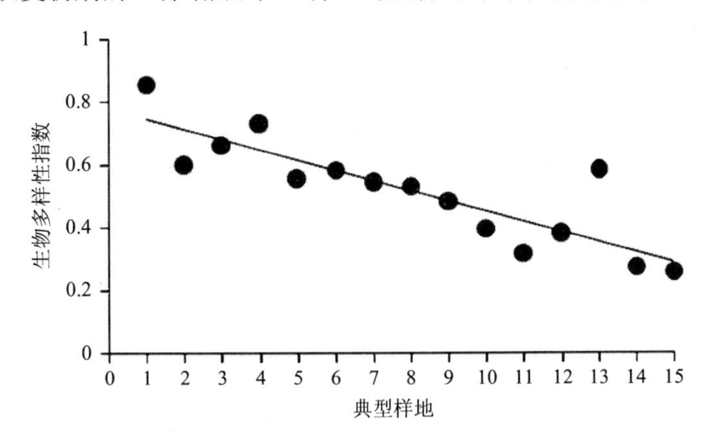

图 13-15 伊敏露天煤矿典型样地生物多样性比较

如图 13-15 所示，选取周边草地 7 个典型样地与矿区复垦区植被样地进行生物多样性比较，样地描述见表 13-10。其中后 8 个样地均属于矿区复垦区植被样地，并以植被复垦年限顺序排列，结果表明随着恢复演替的进展，复垦区植被生物多样性指数有明显的增加，并且植被恢复较早的排土场，其生物多样性已达到周边天然植被的水平。

表 13-10 伊敏露天煤矿典型样地描述

样地名称		东经	北纬	植被类型	描述
1	原生	119°45′236″	48°32′370″	大针茅	地形平坦，有防火带，无放牧，有打草利用
2	针羊 1	119°40′305″	48°36′777″	大针茅＋羊草	丘陵坡上，位于围栏内，轻度放牧
3	针羊 2	119°41′818″	48°38′997″	大针茅＋羊草	丘陵坡上，位于围栏外，轻度放牧
4	羊草	119°41′949″	48°38′923″	羊草	丘陵底部平地，杂类草较多
5	针茅 1	119°44′230″	48°32′356″	大针茅+羊草+羽茅	位于煤矿东 5 km 处，有放牧利用，地表有大块砾石
6	针茅 2	119°43′568″	48°31′826″	大针茅+羊草	伊敏矿南 3 km 处，地势有起伏，高平原，栗钙土，无放牧利用
7	针茅 3	119°43′451″	48°32′460″	退化大针茅+羊草	位于伊敏矿南 1 km 处，干扰较严重无放牧利用
8	沿帮	119°42′480″	48°33′760″	人工沙棘+杂类草	人工种植沙棘，土壤粒质化，草本层以杂类草为主
9	内排	119°42′376″	48°33′569″	大针茅+羊草	位于内排土场阳坡，植被恢复效果最突出，盖度极大，土壤质地较好
10	内排平	119°42′206″	48°33′677″	大针茅+羊草+杂类草	内排顶部平台自然恢复区，地表粒石质化，杂类草较多
11	内排平	119°42′209″	48°33′635″	大针茅+羊草+杂类草	内排顶部平台自然恢复，地表粒石质化，杂类草较多
12	西排 1	119°41′542″	48°33′591″	大针茅+羊草+杂类草	西排顶部，植被生长良好，杂类草较少
13	西排 2	119°41′085″	48°33′952″	羊草+杂类草	西排土场顶部，地表有少许砾石，羊草呈斑块出现，杂类草较多
14	西排 3	119°41′295″	48°34′158″	一二年生杂类草群聚	一二年生杂类草群聚，盖度极大，土壤质地良好
15	西排 4	119°42′514″	48°34′903″	一二年生植物群聚	一二年生杂类草占优势，少量大针茅与羊草，盖度低

注：1～7 样地为矿区周边原生植被对照；8～15 样地为矿区排土场植被复垦区样地，恢复时间从早期到晚期依次排列。

13.5.3 露天煤矿复垦植被群落特征综合评价

（1）排土场不同复垦植被的恢复效果有差异。

黑岱沟露天煤矿矿区排土场人工复垦植被以乔灌草结合，乔、灌为主，草本为辅的方法，达到了较好的乔灌草景观成层性效果，但此种方法复垦的植被具有乔木和灌木下草本植物盖度低，地表多裸露，而且种植的沙棘灌丛在种植前期长势较好，种植 3～5 年后具有大片死亡的现象，从而对人工生态系统恢复和防止水土流失带来了一定的困难。伊敏露天煤矿矿区排土场除沿帮排土场和内排土场边坡种植有沙棘灌丛外，其余地段为人工种植草本或自然恢复草本植被。根据调查，恢复 3～5 年后草本盖度可达 50%～60%。可有效达到人工生态系统恢复及防治水土流失的目的。

（2）排土场复垦植被草本层片具有相同的恢复演替趋势。

草本与小半灌木层片除人工种植的紫花苜蓿、沙打旺以外，具有相同的恢复演替趋势。在演替初期黑岱沟露天煤矿复垦植被为一年生先锋植物虫实形成单种纯群，伊敏露天煤矿复垦植被为一二年生中生杂类草群聚；演替进行 2～3 年时间，一二年生植物被多年生杂类草所取代，并会出现中生或旱中生型根茎禾草的侵入，如黑岱沟的拂子茅和伊敏煤矿的羊草的出现；演替进行 4～5 年后，水分条件较好的情况下，草本层片便由多年生根茎禾草占优势，伴生有多年生杂类草及多年生丛生禾草，如黑岱沟的拂子茅群落和伊敏煤矿羊草群落的出现，拂子茅草甸及羊草群落的形成表明土壤类型为非盐渍化或轻微盐渍化的草甸土，一般土层深厚，表土湿润，为草甸植被发育创造了优越的土壤生境条件；演替进行 7～8 年后土壤变紧实，丛生禾草开始定居，并逐渐代替了根茎禾草，恢复到针茅群落。

（3）生产力及生物多样性是复垦生态系统功能的指示性指标。

生物恢复调节能力主要依赖群落生产力的积累能力和群落组成的多样性及复杂性。人工复垦植被恢复初期生产力会迅速增加，甚至超过天然植被，然后又迅速减少，最终达到较低的稳定阶段。由于黑岱沟露天煤矿复垦植被以乔木和灌木为主，草本为辅，其草本群落生产力在演替阶段中波动无明显规律，而生物多样性总体上随着年限的增长有上升的趋势；伊敏露天煤矿复垦区植被主要以草本植物为主，随着演替的进行，其生物量及生物多样性都具有逐渐增加的趋势，并逐渐接近天然植被群落的水平。

特别指出的是，黑岱沟露天煤矿的倒蒜沟（表 13-8：样地 4）及伊敏露天煤矿的内排土场边坡（表 13-10：样地 9）的植被恢复效果最好，倒蒜沟的植被已形成人工杨树林，而伊敏内排土场植被已形成大针茅+羊草群落。由于本书只对研究区草本植物进行生产力与生物多样性的比较研究，因此倒蒜沟虽然已演替形成林子，但其林下草本盖度低，生产力与生物多样性都较低。相比之下，伊敏煤矿内排土场边坡大针茅群落盖度非常高，达 50%～60%，草群高度达 70～90 cm，因此其生物量相对较高，生物多样性仅在沿帮排土场（图 13-15：样地 8）之后。伊敏煤矿沿帮排土场为最早期形成的排土场，初期人工种植有沙打旺、紫花苜蓿，后期又种植沙棘灌木，其草本层片种类较多，但盖度较低，因此在研究结果中显示生产力较低但生物多样性指数在矿区复垦植被样地中最高的现象。

第 14 章　草原矿区露天煤矿生态修复技术方法体系

通过对山西平朔露天煤矿、内蒙古黑岱沟露天煤矿、内蒙古大唐东二号露天煤矿和内蒙古伊敏露天煤矿的土地复垦与生态恢复技术进行总结，包括“采剥—运输—排弃—造地—复垦”一体化工艺，以及工程复垦与生物复垦技术等，完成了《草原露天矿区生态恢复技术指南》，该指南包括：范围，规范性引用文件，术语和定义，总则，表土剥离、存放与管护，排土场生态恢复工程措施技术要求，生态恢复的植被重建技术，生态恢复的配套措施，生态恢复的调查监测与检验和附录 10 个部分。具体见附件 3《草原露天矿区生态恢复技术指南（初稿）》。

14.1　表土剥离、存放与管护

14.1.1　表土剥离

建设露天采场、工业场地、排土场、运输道路、废物堆弃场、居民区等，应对表土实行单独剥离，用于草原露天煤矿废弃土地的生态恢复。

土壤采集厚度应根据生态恢复所需的表土数量、剥离区表土厚度及其适用性等确定。自然土壤（森林土壤、草原土壤）母质层以上、农业土壤犁底层以上是土体中肥力较高的部分，应全部采集。

以下三种情况可不进行表土单独剥离存放，但必须进行技术经济分析：

（1）当土层太薄或质地太不均匀、表土可利用量不大、且利用人工或机械难以采集时；

（2）表层土壤长期受水蚀风蚀影响、肥力瘠薄，与下层岩石风化母质营养元素的含量及保护抗蚀能力已无显著差别、且加速风化生土熟化费用小于表土剥离费用时；

（3）当表土肥力不高而附近土源丰富、且利用附近的土源进行覆盖、种植，短期内其生产力可高于原表土生产力时。

采集土壤前应对剥离作业区土壤分布进行测绘，并在有代表性的样品测点取样，测试其理、化性质，并评估它们用于植物种植的适用性、限制因素和可采数量。

采集的表土应尽可能直接铺覆在整治好的场地上。

当不能直接铺覆在整治好的场地上时，须选择合理的表土存放场。

土壤的采集、运输和堆存应避免在雨季进行。

14.1.2　表土存放与管护

（1）堆存场地的要求。防止放牧、机器和车辆的进入，防止粉尘、盐碱的覆盖；不应位于计划中将受施工破坏的地段或靠近卡车拖运道；地势较高，没有径流流入或流过堆土场地；防止主导风。在堆放场地的选择上，应当尽量避免水蚀、风蚀和各种人为破坏。

（2）堆存高度的要求。土堆太高，也将影响土壤中微生物活性、土壤结构、土壤养分等土堆高度不宜超过 5 m，含肥岩土堆高度不宜超过 10 m。

（3）堆存时间的要求。剥离土壤长期堆放，风蚀、淋蚀等因素都会使土壤的肥力丧失。堆存期越短土壤受到的影响越小。土壤堆存时间过长，将造成土壤中微生物停止活动、土壤板结、土壤性质恶化、雨水淋溶后有机质含量下降等。如堆存期跨越雨季则受到的侵蚀影响就较严重。堆存期较长时，尽快在土堆上种植植物是保存土壤中肥力较有效的方法。堆存期不宜超过 6～12 个月。堆存期较长时，应在土堆上播种一年生或多年生的草类。

土壤含水过量时极易被压紧。为了保持土壤结构、避免土壤板结，应避免雨季剥离、搬运和堆存表土。另外，土壤湿度较大，不利于运输中的装车与排卸。

14.2　排土场生态恢复工程措施技术要求

14.2.1　采剥——分层剥离

（1）进行 0～30 cm 的原表土层单独剥离。

（2）底层从砂壤—黏土—土石分层剥离。

（3）煤矸石和一般岩石分层剥离。

14.2.2　排弃——分类排弃

（1）绝对禁止含有毒、有害或放射性成分的剥离物排在地表，保证生态恢复无污染、安全。

（2）严禁矸石及煤泥排在地表（包括平台和边坡）。矸石应尽量用于发电。剩余的矸石、煤泥应排在内排土场，并要求离地表 30～50 m 深处，以防止氧化自燃。

（3）严禁石块排在平台地表，保证平台土地的可用性。边坡一般要求覆土，局部允许有石砾出现。

（4）严禁黏土、岩石排在地表，保证土地的可用性。

（5）遇到特殊情况可在排土场设置表土的临时堆放场，并应重点保护，以备后用。

（6）排土场排到最终境界时，应采用堆状地面的最优堆积方式，避免压实。

14.2.3　造地——分区整地

（1）排土场首先应保证安全，杜绝地质灾害的发生。防护工程要求满足《滑坡防治工程设计与施工技术规范》（DZ/T 0240—2004）。

（2）排土场应形成平台、边坡相间的规则地形。重塑的地形适宜现代农牧业的要求。同一平台应尽量平坦宽阔，禁止形成局部凸起或凹陷，以免地块破碎。

（3）排土场应有合理的道路布置，道路设置按照土地开发整理工程建设标准的要求进行。

（4）排土场排水设施满足场地要求，防洪标准符合当地要求。排水渠的设置应采用硬化和非硬化相结合的方式。

（5）用于种植业的排土场平台达到最终境界后，表层覆盖严格采用堆状地面密排法，保证复垦种植层的厚度在 40～50 cm 以上。已保证平整沉降后的厚度在 30 cm 以上，土壤容重在 1.2～1.4 g/cm^3。

（6）用于建筑用地的排土场平台，场地需经过至少 10 年的自然沉实或植被稳定措施，也可根据建设需要，进行人工处置等办法稳定场地。经试验及计算确定的场地地基承载力、变性指标和稳定性指标等满足《建筑地基基础设计规范》（GB 50007—2002）。不能满足要求时，依据岩土性能、场地条件等提出地基处理方法，采用分层压实或其他方法处理。

（7）排土场用于其他用地时的整治要求依据覆土后场地条件和拟定用途等另行制定。

（8）由井工开采造成的沉陷区和露井联采区造成的沉陷区，主要的形态是裂缝。对局部沉陷地填平补齐，土地进行平整。沉陷后形成坡地时，坡度大，可修整为水平梯田；坡度较小，则选择合适的利用方向直接利用。沉陷场地生态恢复后用于农、林、牧、副业整治要求同露天采场。

14.3 生态恢复的植被重建技术

14.3.1 先锋或适生植物的选择

选择种植方法简单、费用低廉、早期生长快、改良土壤效果好、适应性、抗逆性强的优良品种进行植被恢复。

可供选择的先锋或适生草本植物类：沙打旺、紫花苜蓿、差巴嘎蒿、白花草木樨、黄花草木樨、无芒雀麦、披碱草、扁穗冰草、红豆草等。

可供选择的先锋或适生灌木植物类：柠条锦鸡儿、沙棘、沙枣、沙柳、紫穗槐等。

可供选择的先锋或适生乔木植物类：油松、樟子松、华北落叶松、白杆、青杆、刺槐、新疆杨、榆树、侧柏、白蜡杨、垂柳、旱柳、馒头柳、国槐、榆树等。

不同分区适宜复垦植被类型见表 14-1。

表 14-1 不同分区适宜复垦植被类型

分区	乔木	灌木	草本
亚干旱区	杨树、榆树、杏树、枫树、松树、臭椿、槐树、侧柏、沙枣、桃树、李树、华北落叶松、白杆、青杆、垂柳、旱柳、馒头柳	柠条、差巴嘎蒿、木旋花、木地肤、小叶锦鸡儿、沙柳、黄柳、白刺、杨紫、花棒、沙拐枣、沙地柏、虎榛子、榛子、沙棘、山杏、山荆子、扁桃、柴桦、越橘柳	狗尾草、猪毛菜、虫实、灰绿藜、画眉草、叶藜、雾冰藜、黄蒿、大针茅、羊草、野韭菜、隐子草、披碱草、沙打旺、瓦松、燕麦、沙蓬、多根葱、萹蓄、乳白花黄蓍、绳虫实、虎尾草、狐尾草、老麦芒、白花草苜蓿、麦蒿
亚湿润区	兴安落叶松、樟子松、山杨、白桦、鱼鳞云杉、红皮云杉、臭松、红松、黑桦	偃松、杜鹃、红端木、稠李、丛桦、花楷槭、黄花忍冬、毛赤杨、空心柳、珍珠梅、东北茶藨子、越橘、胡枝子	小叶樟、广布野豌豆、小白花地榆、黄花菜、银莲花、啮叶风毛菊、文字草、紫菀、走马芹

14.3.2　植被优化配置模式

应包括平台植被配置模式、边坡植被配置模式、排土场周边植被配置模式等。根据立地条件，应尽量选择草灌混交、灌乔混交、草灌乔混交模式。

不同区域的植被优化配置模式见生态公益林建设技术规程（GB/T 18337.2—2001）和造林作业设计规程（LY/T 1607—2003）。

不同区域的草地建设见人工草地建设技术规程（NY/T 1342—2007）。

14.3.3　植被抚育管理

生态恢复土地植被抚育管理包括先期的喷水养护、追施肥料、病虫害防治、灌溉、防除有害草种与培土补植，并在适合的季节进行疏林或间伐。

对坡度大、土壤易受冲刷的坡面，暴雨后要认真检查，尽快恢复原来平整的坡面。部分植物死亡，应及时补植。补植的苗木或草皮，应在高度（为栽植后高度）、粗度或株丛数等方面与周围正常生长的植株一致，以保证绿化的整齐性。

不同区域的植被抚育管理措施见生态公益林建设技术规程（GB/T 18337.2—2001）和造林作业设计规程（LY/T 1607—2003）。

14.4　生态恢复的配套措施

14.4.1　道路工程

生态恢复方向为耕地、林地、草地的应有方便的道路联系，以便于生产工具、饲草料和有机肥等的运输。

道路系统和耕地整理一致，分为田间道和生产道二级。具体道路宽度等级、路面材质、路基结构、路肩等相关标准参见当地耕地整理工程的相关内容。

14.4.2　灌溉与排水工程

生态恢复区的灌溉方式一般为畦灌和喷灌，灌溉方式的选择与生态恢复区所处区域的自然条件密切相关，在条件的地区灌溉宜采用喷灌。

灌排系统布置、工程建设标准参见当地耕地整理工程的相关内容。

14.4.3　防护林工程

防护林工程的林带走向、林带宽度、连带间距、林带结构及树种选择与搭配参见当地耕地整理农田防护林建设标准。

14.5 生态恢复的调查监测与检验

14.5.1 生态恢复的调查监测

露天矿坑、露天矿排土场、煤矸石山等损毁土地复垦与生态恢复过程中涉及的调查监测指标见表 14-2。

表 14-2 生态恢复质量检验指标测试方法

序号		项目	单位	方法
一、土地质量	1	地面平整度	m	地测法
	2	单块面积/连片面积	hm^2	地测法
二、土壤质量	3	覆土面积	hm^2	地测法
	4	覆土厚度	m	地测法（多点）
	5	覆土种类	—	土壤分类法
	6	污染元素含量	—	土壤环境质量标准
	7	土壤容重	g/cm^3	环刀法
	8	土壤有机质	%	土壤有机质测定法
	9	土壤砾石含量	%	筛分法
	10	土壤 pH	—	电极测定法
	11	含盐总量	%	电导法
三、植物	12	植物种类	—	样方法
	13	覆盖度	%	测量法
	14	产草量	kg/hm^2	实测样方、计算法
	15	种植密度（造林）	株/hm^2	实测样方、计算法
	16	造林成活率	%	实测样方、计算法
	17	郁闭度（造林）	%	实测样方、计算法
	18	单位产量	kg/hm^2	实测计算
四、水体	19	养殖用水	参照《绿色食品产地环境技术条件》（NY/T 391—2000）	
	20	灌溉用水	参照《绿色食品产地环境技术条件》（NY/T 391—2000）	

14.5.2 生态恢复的检验时间

（1）生态恢复为农用地（含林、牧）的土地质量的检验，分两个阶段进行。

（2）第一阶段检验在土地复垦与生态恢复的工程措施完成后实施。

（3）土地复垦与生态恢复的工程措施检验合格后，方可进行生物措施阶段。

（4）第二阶段检验包括种植质量检验和种植效果检验。一般情况下，在种植当年进行种植质量检验，第三年进行种植效果检验。

14.5.3 生态恢复的检验方法

（1）第一阶段检验一般采用全面概查。

（2）第二阶段采用全面概查和随机抽样调查相结合。随机抽取一定量待检验的已复垦土地作为具有代表性的独立样本进行检验。样本数量根据调查的类型和面积而定。

14.5.4　生态恢复的检验内容

（1）第一阶段测试项目。

第一阶段测试项目包括土地质量、表层土壤质量、水土保持措施等方面，具体见表 14-3。

表 14-3　生态恢复检验第一阶段测试项目

土地利用方向	测试项目			
	土地质量	表层土壤质量	水土保持措施	其他
农业	覆土面积、覆土厚度、地面坡度、平整度、覆土种类	可耕性、土壤容重、土壤有机质、全氮、有效磷、有效钾、pH、全盐量	排灌设施、防洪设施	排土场稳定性
林业	覆土面积、覆土厚度、地面坡度、覆土种类	—	排水防洪设施	排土场稳定性
牧业	覆土面积、覆土厚度、覆土种类	—	排水防洪设施	排土场稳定性、道路布局、饮水点布置
建筑	地面坡度、平整度	—	排水防洪设施	排土场稳定性、建筑规划、工程地质勘探资料

（2）第二阶段测试指标内容。

农业：土壤侵蚀情况、土壤有机质、pH、作物长势、作物和果实等可食部分有毒有害物质含量、单位产量等。

林业：种植时间、种植密度、种植种类、成活率、生长量、郁闭度、病虫害。

牧业：种植时间、种植量、生长势、覆盖度、产草量、可食性。

14.5.5　检验结果的评估

生态恢复土地用于农、林、牧业时检验结果的评估，即检查各测试指标是否满足相应的土壤、植物、动物、食品等有关标准。

第 15 章　露天煤矿土地复垦虚拟现实系统建设

15.1　设计原则

（1）先进性和标准性。本系统应采用当今最先进的、成熟的、符合国际标准的计算机、网络、数据库及软件开发技术和产品进行系统建设，确保整个系统具有良好的互操作性、可移植性，以适应计算机技术的发展。

（2）安全可靠性。系统设计时，首先应考虑选用稳定、可靠、经过时间检验的新产品和新技术，使其具有必要的冗余容错能力，配置充分的后备设备，保证其抗毁坏能力和快速恢复能力。

（3）可管理性和可扩充性。设计的网络及软件系统应便于安装、配置、使用和维护。在满足现有业务的同时，要充分考虑今后随科研的发展进行扩充和升级问题。

（4）良好的互联性和开放性。土地复垦与生态重建系统需要与矿区其他部门互联，设计的设备种类繁多，软件及应用环境各异，只有采取互联性较好的标准才能使其正常运转。另外，系统的软硬件平台和环境支持应选用开放的系统，便于异种机、异种网、异种软件平台的互联。

15.2　平台选择

我们选择 ESRI 公司的 ARCGLOBE 作为虚拟现实系统的建设平台，其具有以下特点。

15.2.1　复杂数据可视化

无论 GIS 数据的范围是本地的还是世界的，无论图幅是大还是小，ArcGlobe 都可以让使用者在 3D 环境里处理这些数据。ArcGlobe 的互动无缝显示机制使不同数据集之间可以平滑过渡。单个数据集融入球体通用的三种层中，这三类层分别是浮动层、覆盖层和高程层。

使用 ArcGlobe 简单操作的导航工具，用户可以轻松地从全球视图放大到用户所在地范围。ArcGlobe 基于距离来控制数据细节层次分析的缓存和分块，使用户可以载入大型的数据库并且轻松地进行导航和互动操作。ArcGlobe 输入输出过程的多任务性，使用户在数据细节被载入显示系统的时候也可以进行其他操作，而不用等到数据细节完全载入显示系统。

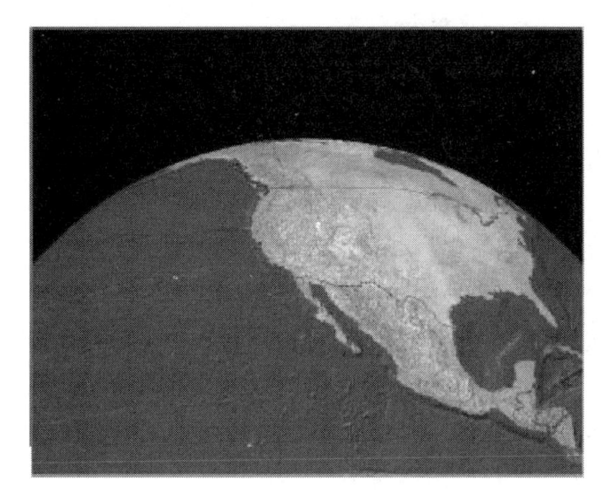

图 15-1　ArcGlobe 软件界面

ArcGlobe 软件强大的显示系统使用临时文件来加快显示速度。这种机制使用户处理海量数据时快捷且简单。应用水平和层水平使用户可以选择最适合自己的缓存机制。缓存的可选性使用户能够定制 ArcGlobe 处理大量数据的方式。

为了提高可视化操作经验，用户可以同时在多个视窗观察地球的不同部分，从而得到不同视角的视图，用户还可以使用诸如三维效果（3D Effects）和动画工具条（Animation toolbars）等专业工具，按个人喜好定制。

15.2.2　使用已有 GIS 数据

只要有空间参考的数据，用户才可以把数据加载到 ArcGlobe。ArcGlobe 使用的基准面 WGS-84，如果 GIS 数据使用的基准面不是 WGS-84，ArcGlobe 会自动将基准面变换为 WGS-84 再显示。

事实上，在其他 ArcGIS 应用软件中可以加载的数据也都可以加载到 ArcGlobe 中。大部分有空间参考的矢量和栅格数据都可以加载到球体上，空间参考决定数据在球体上的显示位置。

ArcGlobe 程序带有全球的和地方的数据，用户可以根据它定制适合自己的数字地球。例如，用户可以根据自己当地的高程、影像和矢量数据来更新 ArcGlobe 的基底高程和影像数据，从而能够从整个地球的全景视图放大到用户所在地的视图。

ArcGlobe 可以快速而准确地显示海量数据，无论这些数据是大范围还是小区域，高分辨率还是低分辨率的。

15.2.3　查看小范围数据

ArcGlobe 可以显示地球的全景，也可以显示放大了的详细的视图，用户能够查看小范围区域的数据。数据的位置以整个地球作为参考，放大时，地球的表面成为显示背景。

15.2.4　查看大范围数据

ArcGlobe 可以加载世界范围的数据到一个地球文档（Globe Document）中，因此用户可以使用覆盖整个地球的数据，并且任意放大到需要的精度。

15.2.5 查看世界范围零散分布数据

ArcGlobe 以三种地球图层分类显示加载的数据，当用户加载数据到某个地理位置后，数据越详细，分辨率就越高。用户可以在某一位置检查研究区，然后转换到另一个加载过数据的位置。

15.2.6 动画制作

ArcGlobe 软件包含一整套的动画制作工具，用户可以使用这些工具定义飞行路线，生成动态画面、过程画面等。用户可以将这些动画导出成 .mov 或者 .avi 格式的文件，这些文件即使脱离 ArcGIS 软件也可以播放。

ArcGlobe 融合了三维符号，可以显示具体的三维几何模型及虚拟现实模型。这意味着三维模型能够显示标准的地图符号。ArcGlobe 提供丰富的三维风格库可供用户选择，多种多样的三维符号使用户定制自己的球体时随心所欲。

15.3 功能设计

（1）构建大型虚拟环境，支持各种模型加载与配置：包括地形模型、3DMAX 模型、2 维模型。

（2）提供漫游、放大、缩小、定位功能。

（3）提供导航、行走、飞行功能。

（4）提供图形量算功能。

（5）提供属性查询功能。

（6）提供统计分析功能。

（7）提供飞行路径设置功能。

15.4 模型构建

15.4.1 地形模型

在 FME 软件下由 1∶5 000 比例尺的 autocad 文件提取高程点和等高线，然后转换到 arcinfo 下，生成 TIN，然后转成 lattice 网格模型数据，单元大小为 1 m。

图 15-2　地形模型

15.4.2　2D 建筑模型

工厂区的大部分建筑模型，利用遥感影像，结合 CAD 图纸，矢量成 shapefile 数据，然后利用添加属性高程，生成简易建筑模型。

图 15-3　二维建筑模型三维化表达

图 15-4 油罐模型

图 15-5 排土场模型

15.4.3 实体 3DMax 建模

建筑模型，在 3DMax 里按等比例（来源于 CAD 图纸）创建实体模型，添加纹理材质。

图 15-6 办公楼模型

15.5　遥感影像处理

为了更真实地表达煤矿地表，尤其是排土场的复垦植被情况，采用现势的遥感数据作为纹理，最能直观地体现真实的场景。因此，选择高分辨卫星数据 Worldview-2，全色波段 0.5 m，多光谱 2 m，可以很好地满足虚拟现实系统显示的需要。

订购的数据为原始数据，日期为 2010 年 6 月 29 日，需要进行正射校正才能与地形数据匹配。

控制数据为 1∶2 000 的 CAD 地形图，校正软件为 erdas 2010，地形数据为 1∶2 000 矢量数据生成的 raster grid 数据（分辨率 2 m），选择 20 个地面控制点，采用 3 次多项式进行重采样。

图 15-7　Worldview-2 影像及控制点

15.6　构建三维场景

在 ArcGlobe 下进行：①加载地形模型；②遥感影像；③实体模型；④2 维矢量数据。加载后需要对每个模型进行详细配置。黑岱沟露天矿三维场景模型见彩图 15。

15.7　动画制作

该系统可以任意操作，漫游，缩放，旋转，为了浏览整个场景，还可以进行动画制作，按照规定的路线对场景进行自动漫游。并输出成电影格式，在其他视频中进行播放。

第 16 章　生态修复试验示范基地案例分析

16.1　平朔安太堡露天矿生态修复示范基地

16.1.1　平朔安太堡露天煤矿示范区永久样地选址与布局

经过项目组成员赴现场多次调研考察与讨论研究，根据《植物多样性监测规范》（试行）（待出版），按照不同复垦模式、不同复垦年限、不同地形（边坡、平台等）在示范区选定了 7 块样地，每个样地 1 hm^2（100 m×100 m），并制定了样地及植被编号规则。

（1）南排 1360（海拔）平台，南排第 1 个样地，号牌示范：SⅠ0101020。预计每个样方 50 个号牌，该样地需 5 000 个号牌，具体号牌位置如图 16-1 所示。

SⅠ0101001 …… SⅠ0101050	……	SⅠ0110001 …… SⅠ0110050
……	……	……
SⅠ1001001 …… SⅠ1001050	……	SⅠ1010001 …… SⅠ1010050

图 16-1　号牌定位示意图

（2）南排 1370（海拔）下斜坡，南排第 2 个样地，号牌示范：SⅡ0101030。预计每个样方 50 个号牌，该样地需 5 000 个号牌。

（3）南排 1380（海拔）平台，南排第 3 个样地，号牌示范：SⅢ0101030。预计每个样方 80 个号牌，该样地需 8 000 个号牌。

（4）南排 1450（海拔）下斜坡，南排第 4 个样地，号牌示范：SⅣ0101030。预计每个样方 100 个号牌，该样地需 10 000 个号牌。

（5）南排 1420（海拔）平台，南排第 5 个样地，号牌示范：SⅤ0101030。预计每个样方 100 个号牌，该样地需 10 000 个号牌。

（6）西排 1460（海拔）平台，西排第 1 个样地，号牌示范：WⅠ0101030。预计每个样方 25 个号牌，该样地需 2 500 个号牌。

（7）内排 1480（海拔）平台，内排第 1 个样地，号牌示范：N Ⅰ 0101030。预计每个样方 80 个号牌，该样地需 8 000 个号牌。

16.1.2　样地的定位测量

根据监测规范，将每个 1 hm^2 的样地分成 100 个 10 m×10 m 的样方，用全站仪精确定位。每个样方四个点用水泥桩固定定位。如图 16-2 所示。

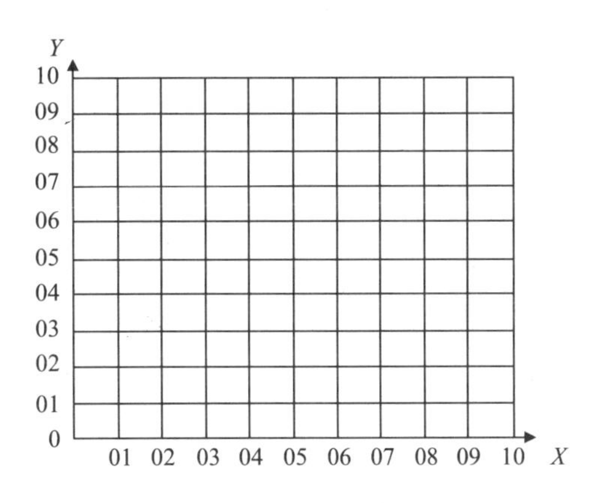

图 16-2　样方分割布局示意图

图 16-3　测量定位与埋桩现场

16.1.3 样地的植被调查

在已经测量定位的样地内，以 10 m×10 m 的样方为单位，每个样方再分成 5 m×5 m 的小样方按图 16-4 所示顺时针顺序进行植被调查，这样一方面可避免对样地的来回踩踏，另一方面可避免调查遗漏。

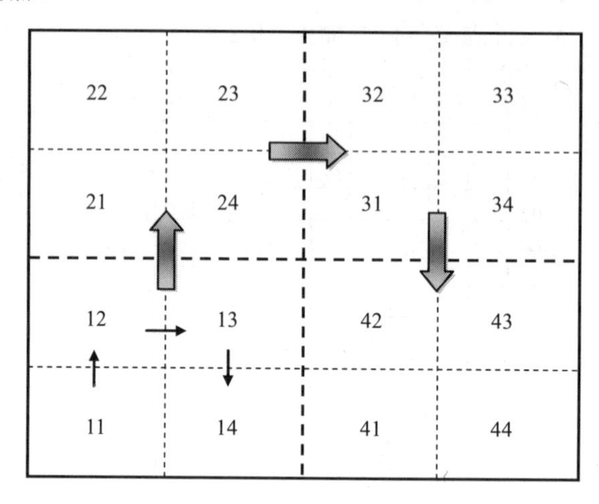

图 16-4 样方调查单元设置及调查顺序示意图

图 16-5 植被调查现场

（1）调查内容。

乔木：树种、年龄、树高、胸径（1.3 m 以下测地径）、冠（枝）下高、冠幅、位置。

灌木：种类、冠高、冠幅、分枝数、中心位置坐标。

草本：种类、盖度、高度、平均高度、位置。

（2）挂牌。

将事先订制的铝质号牌按调查顺序对样地内株乔灌木进行挂牌。胸径小于 8 cm 的植株用渔线绑在主干上；胸径大于 8 cm 的植株用不锈钢钉钉在主干上。挂牌位置及方法见图 16-6。

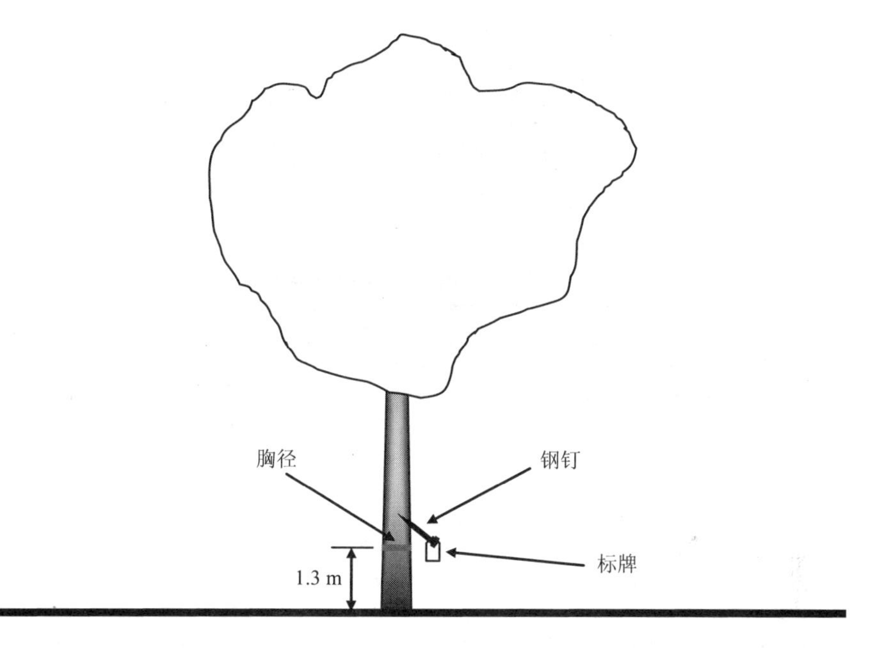

图 16-6 挂牌方法

（3）数据录入。

调查过程中，有两人专门负责将当天野外记录的调查数据录入计算机，两人同时背向录入，然后相互交换检查，以避免录入过程中出现错误，同时及时发现现场调查记录过程中出现的问题并及时纠正。

（4）数据处理与分析。

数据处理是所有调查和监测的一个必不可少的高级过程。数据处理是为了获得更进一步的监测结果，为植物多样性变化的评估作准备。

（5）调查结果初步分析。

根据对调查结果的初步分析，样地中乔木主要有：油松、樟子松、华北落叶松、白杆、青杆、刺槐、新疆杨、榆树、侧柏、白蜡树、垂柳、旱柳、馒头柳、国槐、榆树等；灌木主要有：柠条锦鸡儿、沙棘、沙枣、沙柳、紫穗槐等；草本种类较多，共有100多种，主要名录见表16-1。在以上植物中，乔木、灌木植物为人工种植，草本植物有冰草、披碱草、蜀葵、沙打旺、紫花苜蓿、无芒雀麦、白花草木樨、黄花草木樨、山野豌豆、芨芨草、石竹、紫羊毛等为人工种植，其余均为野生侵入种，占总数的98%以上。如猪毛菜、蒺藜、披碱草、刺藜、地锦、稗子、狗尾草、赖草、猪毛蒿、黍子、大针茅、虱子草、苦苣、达乌里胡枝子、独行菜、狗哇花、反枝苋、菊叶香藜、刺儿菜、禾叶小苦苣、车前、花苜蓿、百里香、草地早熟禾、砂珍棘豆、草木樨状黄芪、紫羊茅、徐长卿、狼毒、莳萝蒿等均为野生侵入种。

表16-1 平朔矿样地植被调查名录

科名	种名
菊科	猪毛蒿（*Artemisia scoparia*）、大籽蒿（*Artemisia sieversiana*）、莳萝蒿（*Artemisia anethoides*）、白莲蒿（*Artemisia sacrorum*）、黑沙蒿（*Artemisia ordosica*）、黄花蒿（*Artemisia annua*）、野艾蒿（*Artemisia lavandulaefolia*）、毛莲蒿（*Artemisia vestita*）、五月艾（*Artemisia indica*）、小花鬼针草（*Bidens parviflora*）、禾叶小苦苣（*Ixeridium gramineum*）、抱茎小苦苣（*Ixeridium Sonchifolium*）、中华小苦荬（*Ixeridium chinense*）阿尔泰狗哇花（*Heteropappus altaicus*）、砂蓝刺头（*Echinops gmilinii*）、蒲公英（*Taraxacum mongolicum*）、白缘蒲公英（*Taraxaxum platypecidum* Diels）、苍耳（*Xanthium sibiricum*）、蒙山莴苣（*Lactuca tatarica*）、刺儿菜（*Cirsium setosum*）、还阳参（*Crepis crocea*）、波斯菊（*Cosmos bipinnata*）、欧洲旋覆花（*Inula britanica*）、旋覆花（*Inula britanica*）、马兰（*Kalimeris indica*）、全叶马兰（*Kalimeris integrifolia*）、紫苞风毛菊（*Saussurea iodostegia*）、白缘蒲公英（*Taraxacum platypecidum*）、风毛菊（*Saussurea japonica*）、草地风毛菊（*Saussurea amara*）、美花风毛菊（*Saussurea pulchella*）、栉叶蒿（*Neopallasia pectinata*）、缢苞麻花头（*Serratula strangulate*）、麻花头（*Serratula centauroides*）、蓼子朴（*Inula salsoloides*）、三脉紫菀（*Aster ageratoides*）、小红菊（*Dendranthema chanetii*）、刺疙瘩（*Olgaea tangutica*）、泥胡菜（*Hemistepta lyrata*）、长叶火绒草（*Leontopodium longifolium*）、火绒草（*Leontopodium leontopodioides*）、鸦葱（*Scorzoneza austriaca*）、苣荬菜（Sonchus brachyotus）、苦苣菜（*Sonchus oleraceus*）
禾本科	拂子茅（*Calamagrostis epigeios*）、大拂子茅（*Calamagrostis macrolepis*）、假苇佛子茅（*Calamagrostis pseudophragmites*）、赖草（*Leymus secalinus*）、狗尾草（*Setaria viridis*）、金色狗尾草（*Setaria glauca*）、虎尾草（*Chloris virgata*）、鹅观草（*Roegneria kamoji*）、纤毛鹅观草（*Roegneria ciliaris*）、缘多鹅观草（*Roegneria kamoji* Ohwi）、白茅（*Imperata cylindrica*）、紫羊茅（*Festuca ovina*）、芦苇（*Phragmites communis*）、热河芦苇（*Phragmites jeholensis* Honda.）、画眉草（*Eragrostis pilosa*）、披碱草（*Elymus dahuricus*）、无芒雀麦（*Bromus inermis*）、大针茅（*Stipa grandis*）、剪股颖（*Agrostis gigantea*）、老芒麦（*Elymus sibiricus*）、早熟禾（*Poa annua*）、硬质早熟禾（*Poa sphondylodes*）、堇色早熟禾（*Poa ianthina*）、长芒草（*Stipa bungeana*）、缘毛鹅观草（*Roegneria pendulina*）、白草（*Pennisetum centrasiaticum*）、沙芦草（*Agropyron mongolicum*）、野牛草（*Buchloë dactyloides*）、粱（*Setaria italica*）、茅香（*Hierochloe odorata*）、稗（*Echinochloa crusgalli*（L.）Beauv.）、无芒稗（*Echinochloa crusgalli*）、糙毛野青茅（*Deyeuxia arundinacea*）、西北针茅（*Stipa sareptana var. krylovii*）、芨芨草（*Achnatherum splendens*）、沙生冰草（*Agropyron desertorum.*）、野燕麦（*Avena fatua*）、野黍（*Eriochloa illosa*）、芒颖大麦草（*Hordeum jubatum*）、洽草（*Koeleria cristata*）、短花针茅（*Stipa breviflora*）、戈壁针茅（*Stipa tianschanica* var. *gobica*）、虱子草（*Tragus berteronianus*）

科名	种名
豆科	刺槐（*Robinia pseudoacacia*）、紫苜蓿（*Medicago sativa*）、花苜蓿（*Trigonella ruthenica*）、黄香草木樨（*Melilotus officinalis*）、白香草木樨（*Melilotus albus.*）、沙打旺（*Astragalus adsurgens*）、达乌里胡枝子（*Lespedeza davurica*）、草木樨状黄芪（*Astragalus melilotoides*）、甘草（*Glycyrrhiza uralensis*）、砂珍棘豆（*Oxytropis psammocharis*）、山野豌豆（*Vicia amoena*）、铁扫帚（*Indoigofera bungeana*）、米口袋（*Gueldenstaedtia multiflora*）、披针叶黄花（*Thermopsis lanceolata*）、皱黄芪（*Astragalus tataricus*）、灰叶黄芪（*Astragalus discolor*）、柠条锦鸡儿（*Caragana korshinskii*）、菜豆（*Phaseolus vulgaris*）、内蒙黄芪（*Astragalus mongolicus*）、直立黄芪（*Astragalus adsurgens* Pall.）、紫穗槐（*Amorpha fruticosa*）、扁茎黄芪（*Astragalus complanatus*）、达乌里黄芪（*Astragalus dahuricus*）、糙叶黄芪（*Astragalus scaderrimus*）、塔落岩黄耆（*Hedysarum fruticosa* Pall.var.*laeve*（Maxim.）H.C.Fu.）、草木樨（*Melilotus suaveolens* Ledeh）、洋槐（*Robinia pseudoacacia* L.）、槐（Sophora japonica L.）
藜科	藜（*Chenopodium album*）、灰绿藜（*Chenopodium glaucum*）、刺藜（*Chenopodium aristatum*）、菊叶香藜（*Chenopodium foetidum*）、雾冰藜（*Bassia dasyphylla*）、地肤（*Kochia scoparia*）、碱地肤（*Kochia scoparia*（L.）Schrad.var.sieversiana（Fall.）Ulbr.ex Aschers.et Graebn.）、沙蓬（*Agriophyllum squarrosum*）、猪毛菜（*Salsola collina*）、尖头叶藜（*Chenopodium acuminatum*）、小藜（*Chenopodium serotinum*）、毛果绳虫实（*Corispermum declinatum* var *tylocapum*）
十字花科	独行菜（*Lepidium apetalum*）、垂果大蒜芥（*Sisymbrium heteromallum*）、离子芥（*Chorispora tenella*）、芸苔（*Brassica campestris*）、播娘蒿（*Descurainia Sophia*）、盐芥（*Thellungiella salsuginea*）、窄叶引果芥（*Torularia humilis* f. *angustifolia*）
唇形科	香青兰（*Dracocephalum moldavica*）、益母草（*Leonurus hetrophyllus*）、百里香（*Thymus mongolicus*）、黄芩（*Scutellaria baicalensis*）、粘毛黄芩（*Scutellaria viscidula*）、并头黄芩（*Scutellaria Scordifolia*）、细叶益母草（*Leonurus sibiricus*）、薄荷（*Mentha haplocalyx*）
蓼科	皱叶酸模（*Rumex crispus*）、荞麦（*Fagopyrum esculentum*）两栖蓼（*Polygonum amphibium*）西排平盘萹蓄（*Polygonum aviculare*）、西伯利亚蓼（*Polygonum sibiricum*）
蔷薇科	杏（*Armeniaca vulgaris*）、山里红（*Crataegus pinnatifida* .var. *major*）、华中山楂（*Crataegus wilsonii* Sarg.）、山荆子（*Malus baccata*）、菊叶委陵菜（*Potentilla tanacetifolia*）、二裂叶委陵菜（*Potentilla bifurca*）、委陵菜（*Potentilla chinensis*）、金露梅（*Potentilla fruticosa*）、朝天委陵菜（Potentilla supine）、美蔷薇（*Rosa bella*）、三裂绣线菊（*Spiraea trilobata*）
杨柳科	乌柳（*Salix cheilophila*）、小叶杨（*Populus simonii*）
茄科	曼陀罗（*Datura stramonium L*）、枸杞（*Lycium chinense*）、青杞（*Solanum septemlobum*）
旋花科	银灰旋花（*Convolvulus ammannii*）、菟丝子（*Cuscuta chinensis*）
萝藦科	地稍瓜（*Cynanchum thesioides*）
石竹科	石竹（*Dianthus chinensis*）、旱麦瓶草（*Silene jenissensis*）、霞草（*Gypsophila oldhamiana*）
苋科	大花马齿苋（*Portulaca oleracea*）、反枝苋（*Amaranthus retroflexus*）
苦木科	臭椿（*Ailanthus altissima*）
车前科	平车前（*Plantago depressa*）、大车前（*Plantago asiatica*）
柽柳科	水柏枝（*Myricaria paniculata*）、多枝柽柳（*Tamarix ramosissima*）
胡颓子科	沙枣（*Elaeagnus angustifolia*）、沙棘（*Hippophae rhamnoides* ssp.*sinensis*）
堇菜科	裂叶堇菜（*Viola dissecta*）、斑叶堇菜（*Viola variegata*）
松科	油松（*Pinus tabulaeformis*）、落叶松（*Larix principis-rupprechtii*）、白杆（*Picea meyeri*）、青杆（*Picea wilsonii*）

科名	种名
榆科	榆树（*Ulmus pumila*）
木樨科	暴马丁香（*Syringa reticulate*）、连翘（*Forsythia suspensa*）
亚麻科	亚麻（*Linum usitatissimum*）
紫薇科	角蒿（*Incarvillea sinensis*）
柳叶菜科	月见草（*Oenothera biennis*）
毛茛科	黄花铁线莲（*Clematis intricate*）、灌木铁线莲（*Clematis fruticosa*）、半钟铁线莲（*Clematis ochotensis*）
牻牛儿苗	牻牛儿苗（*Erodium stephanianum*）
瑞香科	狼毒（*Stellera chamaejasme*）
紫草科	异刺鹤虱（*Lappula heterocantha*）、狭苞斑种草（*Bothriospermum kusnezowwii*）
锦葵科	锦葵（*Malva sinensis*）

矿区侵入植物以旱生和旱中生草原植物区系成分占优势，如百里香、猪毛菜、早熟禾、针茅、拂子茅等，干草原区系代表植物百里香和狼毒，表明相应的地带性植被为温带干草原类型。表明，侵入野生植物成分与该地区所属区域特点是一致的。

野生植物的不断侵入，多样性的增加较好地改变了人工植被种类单纯，结构简单的缺点，与栽培的草灌乔组成多层次的植物群落，如复垦年份较早且处于下斜坡的刺槐林—油松林样地已形成密闭冠层，基本接近自然生态系统的自维持系统，林内土壤已形成近 10 cm 厚的腐殖质层；同时为野生动物入侵提供了较好的生境，调查过程中发现了野兔、野鸡、蛇、鸟等多种野生动物。多结构的生态系统，生态系统的多样性导致生态系统的复杂性，从而使得整个生态系统趋于稳定。

运用 R 语言国际流行统计软件，对调查数据进行了初步处理，得到了调查样地物种分布格局图，如彩图 16 示出了不同复垦模式下，经过多年的生态恢复的乔木点格局。

图 16-7 生态恢复示范区挂牌

16.2　内蒙古准格尔黑岱沟露天矿生态恢复试验基地

16.2.1　试验基地选址与布局

试验基地位于黑岱沟露天煤矿人工复垦区。黑岱沟露天煤矿地处黄土高原丘陵沟壑区，原生地表沟壑纵横，冲沟发育呈“V”字形，宏观呈西北高，东南低地形，一般高程为 1 100～1 300 m。由于历史上的大量开发与畜牧业的强度利用，自然植被保留无几，植被稀疏低矮，植物种类比较贫乏，土地趋于沙化，植物种具有荒漠化成分。区域内植被类型单一、群落结构简单，其地带性植被为典型草原，主要建群植物有：小叶锦鸡儿、中间锦鸡儿、百里香、艾蒿、本氏针茅等。植被平均盖度在 25%，最低在 10%，最高在 50%；群落高度多在 10 cm 以下。

区域内水土流失十分严重，水蚀模数为 13 000 t/（$km^2 \cdot a$），自然生态环境恶劣。土壤由古生代、中生代地层及上覆第三纪黏性土、第四纪共生黄土组成。地带性土壤属栗钙土，在河谷阶地和丘间洼地，以及极度侵蚀的沟坡，主要分布有草甸土和粗谷栗钙土。区内土壤养分含量贫乏，但土地资源丰富。

黑岱沟露天煤矿建设即开采活动均要进行地表开挖和地面建设，形成裸露区，因地面无植被，土壤无结构，土壤质地为沙壤—轻壤，在集中降雨的作用下，引起更大程度的土壤侵蚀。

试验基地围绕黄土高原矿区突出的水土流失、植被退化、土壤退化及景观破坏等生态问题，以水土保持和植被恢复为研究核心，形成矿区土壤退化机理与综合整治、矿区土壤修复与土地资源整合、矿区景观恢复与景观优化调控、矿区水资源综合利用与水土保持四个主要研究方向。

在复垦区按照不同复垦模式、不同复垦年限、不同地形（边坡、平台等）选定了 3 个样区，分别为：矿区土壤退化、修复机理与综合整治试验区；矿区植被恢复与景观优化调控试验区；矿区水土保持试验区。每个样区根据实际情况设置了面积不等的样地。

16.2.2　试验基地建设

（1）矿区土壤退化、修复机理与综合整治试验区建设。目前根据不同的改良技术、措施设置了不同的试验地，具体包括如下：

①表土转换试验地。在采矿前先把表层及亚表层土壤取走并加以保存，待工程结束后再放回原处，这样虽破坏了植被，但土壤的物理性质、营养条件与种子库基本保持原样，本土植物能迅速定居。

②生土覆盖试验地。采用深层的生土覆盖，直接作为植被生长的基质。

③土壤理化性状改良试验地。土壤理化性状改良的目标是提高土壤孔隙度，降低土壤容重，改善土壤结构，主要包括化学肥料、有机废弃物、固氮植物、绿肥、微生物等。

图 16-8 土壤退化、修复机理与综合整治试验区

（2）矿区植被恢复与景观优化调控试验区建设。目前在黑岱沟人工生态修复区已设置15块样地，在原生地貌选取对照样地2个；生态修复区的样地是在人工良好抚育下人工—半人工进展的群落代表。对照区的样地则是在未复垦的排土场和无人为干扰影响下的天然植被类型。

C1．杨林（原生）

C2．油松林

C3．锦鸡儿

C4．纯杨林（人工）

C5．油松+柳+沙棘

C6．羊草

图 16-9　矿区植被恢复与景观优化调控试验区 1

C7．杨+沙棘

C8．沙棘林

C9．各种果树

C10．拂子茅

C11．赖草

C12．沙棘+甘草

图 16-10 矿区植被恢复与景观优化调控试验区 2

C13．山杏+苜蓿

C14．沙打旺

C15．苜蓿

CK1．未复垦（2004）

CK2．原地貌

图 16-11　矿区植被恢复与景观优化调控试验区 3

（3）矿区水土保持试验区。水土保持试验区设置在排土场的边坡，主要依据不同的覆盖基质以及不同的覆盖植被设置水土流失试验场。

图 16-12 矿区水土保持试验区

第 17 章　下篇总结

本篇通过了解草原煤田开发生态系统修复技术在国内、外的研究进展和发展历程以及对草原煤田开发生态修复限制性因素的分析，结合伊敏露天煤矿、大唐东二号露天煤矿、黑岱沟露天煤矿以及平朔露天煤矿四种案例的生态修复方案及技术分析，系统地提出了草原煤田开发生态修复技术。

通过结合草原煤田修复土壤质量以及植被的演替规律，使土地复垦与生态技术相结合，形成了包括“采剥—运输—排弃—造地—复垦”一体化的草原矿区露天煤矿生态修复技术方法体系。并采用当今最先进的、成熟的、符合国际标准的计算机、网络、数据库及软件开发技术和产品进行了露天煤矿土地复垦虚拟现实系统建设。并通过内蒙古准格尔黑岱沟露天矿及平朔安太堡露天煤矿基地进行了生态修复实验案例分析。

17.1　内容

（1）针对内蒙古草原区在气候、土壤、水资源等存在一定的问题，进行了草原区煤田开发生态修复区划，将草原煤田区划分为亚干旱森林草原区、亚干旱典型草原区和亚湿润草甸草原区。在不同类型区土地复垦与生态恢复中，应结合本类型区的特点选择适宜的工程措施和生物措施，选择伊敏、胜利、黑岱沟和平朔露天煤矿进行了生态修复技术分析，构建了不同类型区生态修复技术方案。

（2）在草原矿区土地复垦中受到表土数量不足、水资源短缺、土壤肥效低和适生物种数量少等问题。表土覆盖复垦的土壤有机质、全氮、全磷及速效钾等土壤养分状况明显高于其他复垦方式。草原区土地复垦与生态恢复工程中如能够保证充足的、优质的表土将缩短土壤的熟化期，迅速恢复重构土壤肥力。因此表土在矿区生态恢复中起到十分关键的作用。分析了复垦表土质量演替规律，构建了演替模型。并根据遥感数据进行了复垦区植被群落的演替规律。

（3）通过对山西平朔露天煤矿、内蒙古黑岱沟露天煤矿、内蒙古大唐东二号露天煤矿和内蒙古伊敏露天煤矿的土地复垦与生态恢复技术进行总结，包括“采剥—运输—排弃—造地—复垦”一体化工艺，以及工程复垦与生物复垦技术等。完成了《草原露天矿区生态恢复技术指南（初稿）》，该指南包括：范围，规范性引用文件，术语和定义，总则，表土剥离、存放与管护，排土场生态恢复工程措施技术要求，生态恢复的植被重建技术，生态恢复的配套措施，生态恢复的调查监测与检验和附录。

17.2 展望

（1）草原煤田区生态修复是一项长期任务，虽然本篇案例经过 2 年的研究取得了一定成效，但部分矿区由于开采时间比较短，部分生态修复方案还有待长期检验和评价，应该加强对生态修复的后期监测研究，开展生态修复技术的持续效应跟踪研究。

（2）本篇为生态脆弱草原煤田区水资源调配与高效利用技术、土壤保水与节水技术、土壤水肥保育与生态修复等水土优化型生态修复关键技术的应用及研究有一定指导作用，但尚缺乏理论深度。

附 件

附件 1

露天煤矿环境影响后评价技术规范

（初稿）

1 适用范围

本标准规定了露天煤矿进行环境影响后评价的一般性原则、工作程序、内容、方法和要求。

本标准适用于在中华人民共和国陆域进行的露天煤炭资源开采工程的建设项目环境影响后评价工作。

采掘类建设项目环境影响后评价可参照执行。

2 规范性引用文件

本标准内容引用了下列文件中的条款，凡是不注明日期的引用文件，其有效版本适用于本标准。

HJ 2.1—2011 环境影响评价技术导则 总纲

HJ 2.2—2008 环境影响评价技术导则 大气环境

HJ/T 2.3—93 环境影响评价技术导则 地面水环境

HJ 2.4—2009 环境影响评价技术导则 声环境

HJ 19—2011 环境影响评价技术导则 生态影响

HJ 610—2011 环境影响评价技术导则 地下水影响

HJ 463—2009 规划环境影响评价技术导则 煤炭工业矿区总体规划

HJ 619—2011 环境影响评价技术导则 煤炭采选工程

GB 16297—1996 大气污染物综合排放标准

HJ/T 166—2004 土壤环境监测技术规范

GB/T 21010—2007 土地利用现状分类

3 术语和定义

下列术语和定义适用于本标准。

3.1 环境影响后评价

对建设项目实施后的环境影响以及环境保护措施的有效性进行跟踪监测和验证性评价，预测建设项目后续运营和开发的环境影响并提出补救方案或措施，以实现项目建设与环境长期协调的方法与制度。

3.2 验证性分析

通过建设项目实施后实际环境影响与项目前期环境影响评价、竣工环保验收评价对项目实施后环境影响的预测和调查结果进行对比分析，验证其预测方法、评价结论的准确性、可靠性和科学性，得出与实际环境影响的差距并进行原因分析。

3.3 有效性评价

通过对环境保护措施实际效果的现场调查和监测，查明其环境保护措施的实际运行状况和管理状况，并对其进行有效性检验，包括分析环境保护措施的技术适用性、先进性和实际效果。

3.4 煤矿露天开采

剥离上覆岩土层揭露出煤层后，进行煤炭资源开采的作业。

3.5 煤炭矿区

统一规划和开发的煤田或其一部分，简称“矿区”。

3.6 露天煤矿疏干水

在露天煤矿剥离和开采过程中（或提前），产生的煤矿排水。

4 总则

4.1 后评价分类管理要求

4.1.1 根据《露天煤矿环境影响后评估管理办法》确定。

4.2 后评价条件

4.2.1 建设项目截止后评价开展前，各项前期环境保护审查、审批、验收手续完备，技术资料和环境保护档案资料齐全。

4.3 后评价时段及范围

4.3.1 后评价时段包括现状评价基准年，回顾性评价时段和预测年时段。现状评价基准年为开展环境影响后评价年份；回顾性评价时段一般从露天矿后评价年份至露天矿开采前的时间段；预测年时段可参考露天矿开采规划中对露天矿下一阶段的开采时限计划。以上评价时段可根据工程运行状况、环境特点与相关要求进行调整。

4.3.2 后评价范围参考现行环境影响评价技术导则确定。

a）地表水后评价范围及深度要求参照《环境影响评价技术导则——地面水环境》（HJ/T 2.3—93）评价等级的相关规定，在露天矿疏干水和废水全部回用的前提下，直接按三级进行评价。有外排水的前提下直接参照导则执行。

b）地下水后评价参考《环境影响评价技术导则——地下水环境》（HJ 610—2011）一级评价执行。矿区开采煤层以上无地下水时，按三级评价执行。

c）噪声后评价参考《环境影响评价技术导则——声环境》（HJ 2.4—2009）中的三级评价执行。

d）生态后评价参考《环境影响评价技术导则——生态影响》（HJ 19—2011）中的一级评价执行。

e）大气后评价依据《环境影响评价技术导则——大气环境》（HJ 2.2—2008）中评价工作等级确定方法。源强估算时的扬尘量估算参考如下方法。

（1）煤堆场、排土场计算公式：

$$Q = 11.7\times U^{2.45}\times S^{0.345}\times \mathrm{e}^{-0.5\omega}\times \mathrm{e}^{-0.55(w-0.07)}$$

式中，Q——煤堆起尘强度，mg/s；

U——地面平均风速，m/s，采场地势较为特殊时，风速可酌情高速；

S——煤堆表面积，m^2；

ω——空气相对湿度，%；

w——煤堆场、排土场、采场含水量。

（2）矿区道路运输起尘量分析：

$$E = 0.000\,501 \times V \times 0.823 \times U \times 0.139 \times \left(\frac{T}{4}\right)$$

式中，E——单辆车引起的道路起尘量散发因子，kg/km；

V——车辆驶过的平均车速，km/h，取 40 km/h；

U——起尘风速，一般取 5 m/s；

T——每辆车的平均轮胎数，一般取 6。

（3）采场倾卸过程起尘量分析：

$$Q = 0.03V1.6H1.23\text{e}{-}0.28w$$

式中：Q——煤炭装卸起尘量，kg/t；

V——50 m 上空的风速，m/s，取 6.3 m/s；

w——煤炭含水量，%，取 3.2%；

H——煤炭装卸平均高度，m，取 3 m。

4.4 后评价标准

4.4.1 环境保护标准采用后评价时段的最新标准。

4.4.2 现阶段暂时还没有环境保护标准的，可根据实际情况给出结论。

4.5 后评价原则及方法

4.5.1 后评价原则

a）重点与全面相结合的原则

既要突出露天矿开采多年后所带来的重点问题、关键时段、影响范围，又要从整体上兼顾露天矿对当地社会环境系统全面及长期影响。

b）广泛参与原则

广泛听取公众意见，综合考虑当地各方群体的意见，并认真听取当地相关行业专家及有关单位的意见。

c）过程评价原则

对矿区开发的整个过程进行全面评价，强调在开发过程中产生的累积环境影响，并以此为依据提出后续开发需要加强的过程影响控制措施。

d）指导性原则

对前评价及目前企业所采取的环境保护措施提出技术指导，提出后续开发应补充完善的措施、技术及管理措施，为企业和当地环境管理部门提供指导性意见。

4.5.2 后评价方法

采用资料调研、现场勘察、地理信息系统技术、环境监测相结合、趋势分析法、动态分析法、空间分析法、系统模拟法、梯度分析法、回归分析法、图解法、概率分析法、因素分析法、模糊综合评价法、聚类分析法、情景预测法、趋势外推法、累积预测法、指数平滑法的方法。

4.6 后评价主要内容与重点

4.6.1 后评价主要内容

a）工程前期实际环境影响调查与评价。

b）工程前期环境影响评价结论验证性评价。

c）工程环境保护措施调查与有效性评价。

d）环境管理和环境监测计划执行情况调查。

e）公众对工程运营时期内的意见与建议。

f）工程后期环境问题预测、对策与措施。

4.6.2 后评价重点

a）扬尘污染控制效果评价。

b）水环境影响污染控制效果评价。

c）生态破坏治理恢复效果评价。

4.7 后评价工作程序

环境影响后评价工作可分为调研、编制实施方案、详细调查和编制后评价报告书四个阶段，露天矿开采环境影响后评价工作程序见图 1。

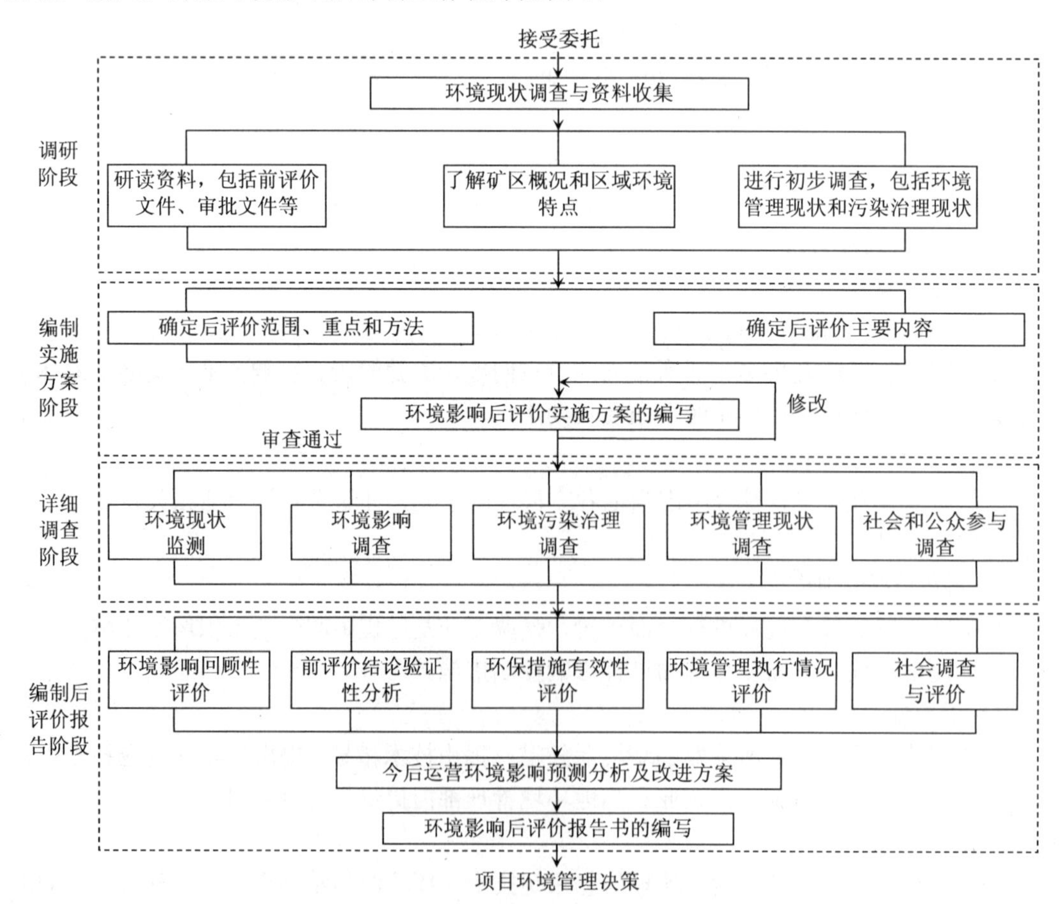

图 1 露天矿开采环境影响后评价工作程序

5 项目概况

5.1 项目概况

收集项目工程资料，概括性地描述环境影响后评价阶段煤矿的建设规模、原资源储量、剩余可采储量、交通位置、产品流向、项目组成（主体工程、辅助工程、公用工程、储运工程、环保工程等）、总平面布置、占地、原矿田服务年限与剩余服务年限等。同时附项目交通位置图、露天矿境界范围图、采区分布图、工业场地总平面布置图、项目组成表等必要的图表。

根据露天矿的开采特点，概述工程生产系统构成、生产工艺（可采煤层赋存条件、矿田开拓、开采方式、采区划分及开采接续计划等）、煤炭加工工艺、相关环保工程工艺、排土作业方式及排土场构成等，同时附矿田开拓平面布置图、各类工艺流程图、采区接续计划表、排土计划表等。

5.2 项目实施过程分析

根据工程资料，分析项目从初期开发至后评估阶段的工艺变化过程，各期规模变化、开采范围变化、工业场地占地面积变化、环保投资及主要经济技术指标变化等。

5.3 污染源及污染物分析

根据露天矿以往污染源排放强度，采用现场实测法、历史数据分析法或类比分析法确定露天矿后续开发污染源强、污染物种类、产生量及排放量。

6 矿区环境概况调查与分析

6.1 自然环境现状

收集评价区自然环境概况资料，辅以现场实地调查，概述项目交通地理位置、地形地貌、气候与气象特征、水文地质、土壤特征、动植物资源等自然特征，重点调查矿区水文地质特征（主要包括矿区地下水流场、地下水流向、地下水流场边界、岩性分布、各层的渗透系数等）及周围环境敏感区（点）的分布，如特殊生境及特有物种、自然保护区、生态规划区、特有人文和自然景观以及其他自然生态敏感点等。

自然环境现状调查需附项目地理位置图、评价区地表水系图、矿田综合地层柱状图、水文地质分区图等图件。

6.2 社会经济环境现状

收集相关资料，概括性地介绍矿区所在区域行政区划、人口、产业结构、工农业发展及交通运输等方面的内容。

6.3 矿区周围环境特征

收集资料，简述矿区开采依托工程以及周边对环境影响较大的污染企业的基本情况，包括与本工程相对位置、生产规模、工艺技术、污染物种类、污染物排放去向、达标情况及对本项目的干扰情况等。

7 环境现状监测与评价

7.1 环境空气现状监测与评价

7.1.1 监测布点及频次

主要包括环境质量现状监测和大气环境保护措施效果的有效性监测，保护措施有效性监测主要针对煤矿锅炉脱硫除尘措施、矿区粉尘无组织排放点（包括采掘场、排土场、储煤场、破碎站、装车站、运输环节等）现有措施。

监测布点及频次可根据评价等级参考《环境影响评价技术导则——大气环境》（HJ 2.2—2008）中的相关规定。

a）露天矿周围环境质量监测布点：根据矿区开采特征、周围敏感点分布、环境影响特征及气象进行布点，以监测期间所处季节的主导风向为轴向，以采掘场所在的工业场地为中心，至少在上风向、下风向、工业场地两侧各设置 1 个监测点，主导风向下风向可加密布点，各个监测点应有代表性，环境监测值应能充分反映矿区所在区域的环境空气质量，监测点应覆盖矿区周围主要环境敏感点（区）。

b）保护措施验证性监测布点：主要布设在露天矿的无组织排放点周围，布点方式可参考《大气污染物综合排放标准》（GB 16297—1996），至少四周各设 1 个监测点，并在下风向加密布设。

7.1.2 监测因子

SO_2、NO_2、TSP、PM_{10}、H_2S。

7.1.3 现状评价

列表统计各监测点监测因子小时浓度、日均浓度，采用等标指数法分析监测结果达标情况，给出超标率、最大超标倍数等统计结果，同时分析矿区环境质量现状及环保措施的有效性。

7.2 地表水环境现状监测与评价

7.2.1 监测布点及频次

监测布点可根据评价等级参考《环境影响评价技术导则——地面水环境》（HJ/T 2.3—93）相关规定。

a）露天矿周围环境质量监测布点：主要布设在项目所在地的纳污水体上下游断面，以及疏干半径内可能受露天矿疏干影响的河流、湖泊、水库，因露天开采进行改河道后新河道内的地表水。

b）保护措施验证性监测布点：主要布设在矿区污水处理设施的进出口。

7.2.2 监测因子

根据煤矿污水性质、纳污水体的水质特征及当地环保部门对纳污水体的要求选择监测因子。

7.2.3 现状评价

列表统计地表水体各监测断面水质等标指数，分析地表水上、下游水质变化规律及原因。

7.3 地下水环境现状监测与评价

7.3.1 监测范围

原则上应在全井田或全矿区范围进行监测，考虑到采样难度，可对采样点进行适当调整。监测重点是矿区周边村庄和城镇生产生活地下水源含水层和煤炭开采疏干地下水含水层。

7.3.2 监测布点及频次

监测布点及频次可根据评价等级参考《环境影响评价技术导则——地下水环境》（HJ 610—2011）相关规定。

a）露天矿周围环境质量监测布点：包括矿井工业场地周围不同点位的疏干井、井田外围可能受疏干排水影响的民用井。

b）保护措施验证性监测布点：污水处理系统外围观测井等。

点位设置应根据矿区地下水流向，覆盖地下水流场上游、下游，监测的同时应说明井深、水层、水位。

7.3.3 监测因子

根据 HJ 610—2011 的要求和露天煤矿排水特点，监测因子一般可选 pH、矿化度、总硬度、硫酸盐、氯化物、挥发酚、氨氮、砷、汞、六价铬、铁、锰、铅、硫化物、氟化物等。

7.3.4 现状评价

列表统计监测结果，采用等标指数法分析各监测因子达标情况，给出超标率、最大超标倍数等统计数据，评价矿区地下水环境质量现状。

7.4 声环境现状监测与评价

7.4.1 监测布点及频次

监测布点及频次可根据评价等级参考《环境影响评价技术导则——声环境》（HJ 2.4—2009）相关规定。布点数量和点位应充分满足了解矿区声环境质量及声源现状的需求。

a）露天矿周围环境质量监测布点：矿区周围主要环境敏感点。

b）保护措施验证性监测布点：采掘场厂界、铁路专用线、破碎站等主要噪声源。

7.4.2 监测因子

昼间等效声级（L_d）、夜间等效声级（L_n）。

7.4.3 现状评价

列表统计监测结果，采用等标指数法分析各监测点达标情况，给出超标率、最大超标倍数等统计数据，评价矿区声环境质量现状，对超标点位，给出超标范围内的人口数量及分布情况。

7.5 生态环境现状调查与评价

7.5.1 现状调查内容

评价期内矿区评价范围内的生态系统完整性、生物多样性、土地利用现状、景观生态格局现状等。

7.5.2 生态系统完整性

生态系统完整性评价包括生态系统结构、生态系统生产能力和稳定状况。

生态系统结构评价包括组分结构、时空结构和营养结构 3 个方面。组分结构主要分析生物群落的种类组成及各组分之间的量比关系，时空结构分析各种生物成分或群落在空间上和时间上的不同配置和形态变化特征，营养结构分析生态系统中生物与生物之间，生产者、消费者和分解者之间以食物营养为纽带所形成的食物链和食物网。

生态系统生产能力通过对自然植被净第一性生产力的估测来完成。净第一性生产力估测的方法如应用地方已有成果、参考权威著作提代的数据、采用区域蒸散模式。生态系统稳定状况主要分析生态系统恢复稳定性、阻抗稳定性。

7.5.3 生物多样性

生物多样性调查包括自然生态系统植被调查、人工生态系统植被调查、评价区动物种类调查。植被调查可采用样方调查法，着重调查矿区评价范围内的植被类型、群丛组、分布土壤、优势种、群丛特征等。对卫星遥感数据进行解译如 ERDAS 软件，利用进行植被制图和数据统计如 ARCGIS 软件，列表说明评价区植被类型及面积。采用聚类分析法分析矿区植被演替现状，如采用顶极群落相近度进行评价。

动物种类调查的方法包括收集资料法、实地考察法、专家访谈法等。

7.5.4 土地利用

对卫星遥感数据进行解译，制作评价区土地利用类型图，根据《土地利用现状分类》（GB/T 21010—2007）列表说明评价区土地利用类型及面积。调查矿区排土场、采坑、工业场地等的分布及面积。

7.5.5 景观生态格局

对卫星遥感数据进行解译，制作评价区景观类型图，列表说明评价区景观类型及面积。可采用景观斑块密度、最大斑块指数、平均斑块周长面积比、平均最近邻体距离、蔓延度、多样性指数、均匀度指数等指标进行评价。

生态现状评价方法以遥感解译、叠图法为主，需附相关生态图件，包括植被类型分布图、土地利用现状图、景观格局分布图等图件。

7.6 土壤环境现状调查与评价

7.6.1 现状调查的内容

调查评价区土壤类型、土壤侵蚀、土壤盐渍化、土壤沙化现状，可通过绘制土壤类型图、土壤侵蚀敏感性图、土壤盐渍化敏感性图、土壤沙漠化敏感性图直观分析土壤环境现状。

7.6.2 土壤环境现状监测与评价

a）监测布点

监测布点应包括矿区评价范围内的不同年份排土场及原生地貌的表层土及深层土，监测方法可参考《土壤环境监测技术规范》（HJ/T 166—2004）。

b）监测因子

监测因子应包括土壤物理、化学、生物学性质，可参考以下指标适量选取。化学指标应全选，物理指标和生物学指标可各选择 2～3 个。

土壤物理指标包括：土壤质地及粒径分布、土层厚度与根系深度、土壤容重和紧实度、孔隙度及孔隙分布、土壤结构、土壤含水量、田间持水量、土壤持水特性、渗透率和导水率、土壤排水性、土壤通气、土壤温度、障碍层次深度、土壤侵蚀状况、氧扩散率、土壤耕性等。

土壤化学指标包括：pH、有机质、电导率、总氮、有效磷、速效钾、碱解氮、重金属元素（镉、汞、砷、铜、铅、铬、锌、镍等）。

土壤生物学指标包括：微生物生物量碳和氮，潜在可矿化氮、总生物量、土壤呼吸量、微生物种类与数量、生物量碳/有机总碳、呼吸量/生物量、酶活性、微生物群落指纹、根系分泌物、作物残茬、根结线虫等。

c）现状评价

列表统计监测结果，非金属元素土壤监测因子如总氮、有效氮、有效钾、有效磷、有机质、pH，通过数据统计分析，计算各因子的最大值、最小值、平均值及标准差，采用《全国第二次土壤普查暂行技术规程》的相关标准进行评估，土壤中各因子与标准进行定量对比分析，并对土壤总体状况进行评价。重金属元素选取国家《土壤环境质量标准》（GB 15618—1995）作为评价标准，可采用等标指数法、内梅罗指数法进行评价。

根据监测结果，重点分别分析不同年份排土场及原生地貌的表层土及深层土的营养元素、重金属及矿物质离子的含量变化规律，分析采矿活动对当地土壤的本质影响，以及生态恢复技术对土质的改善规律。

8 环境影响回顾性评价

回顾性评价时段根据开采时间以及评价要素确定。矿区开采时间小于5年，回顾性评价不进行时段划分；矿区开采时间大于5年的，至少选择煤矿未开采前期、开采中期和现状3个关键时间节点对各环境要素进行回顾性评价，同时综合考虑数据的可获得性，最后总结影响的趋势及规律。从环境空气、地表水环境、声环境、生态环境、地下水环境、土壤环境、社会经济、环境风险八方面进行评价。

8.1 环境空气影响回顾性评价

a）污染源分析及回顾

根据露天矿历史环评报告及验收报告，统计分析露天煤矿不同时期环境空气污染源特点，包括污染源位置、数量、规模、污染物种类、产生量，如各期开采规模、采区面积、排土场面积、运输线路长度、剥离物排弃量等，有燃煤锅炉的，还需对燃煤锅炉的位置、型号、烟囱高度、热效率、除尘效率等进行统计，现状污染源分析以实地调查为主。

b）环境空气质量回顾性评价

评价方法可采用指数评价法、对比分析法、趋势分析法、回归分析法等。

根据露天矿开采阶段各期环境影响评价及竣工环境保护验收资料，分露天矿采区、露天矿所在区域两部分对环境空气质量历史监测数据及现状监测数据进行评价。

以列表的形式统计各期监测时间、监测频次、监测点位、所有评价因子监测范围，明确各期主要大气污染因子监测值，分析达标或超标情况、超标率、最大超标倍数等，对各期相似监测点位的主要污染因子作趋势线，分析其变化规律及原因，同时，分析矿区的上风向与下风向环境空气质量差异及原因。

8.2 地表水环境影响回顾性评价

a）露天矿废水排放回顾

根据露天矿开采阶段各期环评报告及验收报告，统计各期污水来源、排放量、排放去向，污水水质，采用图表的形式分析废水排放量、水质变化规律及原因。

b）地表水水体质量、水量回顾性评价

评价方法可采用指数评价法、对比分析法、趋势分析法、回归分析法等。

根据现状监测及历年资料，统计各期地表水监测时间、监测频次、监测断面及主要评价因子监测值，分析达标或超标情况、超标率、最大超标倍数等，矿区的入区断面与出区断面的水质差异，并分析原因。

采用图表结合的方式统计各期相同监测断面主要评价因子变化规律。在资料不全的情况下，可根据当地环境年鉴或环境质量报告书进行相关分析。

分析自采矿以来地表水体水资源总量的变化，明确采矿是否对地表水资源量有影响，如有影响，则分析各期影响程度及原因；分析自采矿以来地表水系变化情况及原因，并绘制地表水系变化范围分布图。

8.3 地下水环境影响回顾性评价

a）区域水文地质概况

根据收集到的各个时期的地质勘探报告、环评报告、地质灾害报告等资料，概述露天煤矿地层系统、厚度及主要岩性、地质构造、断层分布、走向等。

概述评价区水文地质分区、含隔水层特征，如岩性、埋深、单位涌水量、渗透系数、矿化度、水温，各含水层之间的水力联系，地下水的补、径、排条件，水文地质边界条件。

b）地下水水质回顾性评价

采用指数评价法、对比分析法、趋势分析法进行评价，根据现状监测及历年资料，统计各期地下水监测时间、监测频次，监测点位及主要评价因子监测值达标或超标情况，并分析原因。采用图表结合的方式统计各期相同监测点位主要评价因子变化规律。

c）地下水水位回顾性评价

采用指数评价、趋势分析法进行评价，统计自露天矿开采以来历年疏干水量、地下水月平均降深、地下水位标高，分析地下水水位变化的原因，与露天矿的开采规模、时间、采场面积等的相关性。重点关注对第四系潜水和区域具有供水意义的含水层水位和流场的变化，绘制地下水影响范围分布图、地下水流场变化分布图。

收集矿区长年观测孔台账数据，采用克里格差值法等数据回归方法，利用 surfer 等软件对原始数据进行网格化插值，绘制矿区历年地下水等水位线图，采用多元回归法模拟地下水漏斗趋势面的变化趋势如地下水漏斗最大直径、最低深度、补给方向以及所处位置随时间的变化，并分析原因。

d）地下水水资源量回顾性评价

统计自露天矿开采以来历年地下水水资源量，调查矿区地下水评价范围内地下水饮用水源地、居民水井位置、数量、补给来源、历年水资源量变化，分析露天矿开采对地下水水资源量的影响。

8.4 声环境影响回顾性评价

a）噪声源分析

根据露天矿特点，从采掘、剥离、装载、运输等生产过程分析主要噪声源位置、数量、规模、噪声源强。

b）厂界、敏感点噪声回顾性评价

采用对比分析法、指数评价法、趋势分析法、回归分析法等，根据现状监测及历年资料，统计各期噪声监测时间、监测点位、监测值达标或超标情况、超标率、最大超标倍数等，采用图表结合的方式分析各期噪声变化规律，并说明原因。

8.5 生态环境影响回顾性评价

利用 ERDAS、ArcGIS 等地理信息系统软件对露天矿所在区域代表时段卫星遥感数据进行解译，结合实地调查制图，评价因子包括土地利用类型、区域生物多样性、动物种类、景观格局、排土场生态复垦等方面。评价方法包括遥感解译法、叠图法、空间代时间法、动态分析法、生境梯度分析法、景观格局分析法、聚类分析法、趋势分析法。

a）土地利用类型

采用遥感解译法、叠图法制作评价区各期土地利用类型图，分析历年土地利用类型面积变化趋势及原因。调查矿区各期排土场及采坑的分布、面积、水土流失状况。

b）区域生物多样性

采用遥感解译法、叠图法制作评价区各期植被类型图，分析历年植被类型面积、计算植被 NDVI，分析评价区植被分布随开采规模的变化趋势，植被 NDVI 在时间和空间上的变化。分析矿区周边草场盖度和鲜草产量变化趋势及原因。

c）动物种类

根据露天矿开采阶段各期工程环境影响评价及竣工环境保护验收资料，统计各期对露天矿周边动物的调查情况，对比分析动物种类的变化趋势及原因。

d）景观格局

采用遥感解译法、叠图法制作评价区各期景观类型图，分析历年景观类型面积变化趋势及原因。从土地类型水平和景观水平分析景观变化动态，评价指标可采用斑块密度、最大斑块指数、平均斑块周长面积比、多样性指数、均匀度指数、连通度指数等。

e）排土场生态恢复

调查历年排土场面积、永久排弃面植被盖度、边坡防护措施。统计露天矿排土场历年复垦面积、绿化面积、腐殖土回收量、降尘洒水量。

采用以空间代替时间的分析方法，比较排土场不同年限的复垦植被、周边天然植被的差异，分析排土场植被恢复演替规律、生物多样性指数和植物群落生产力变化趋势。调查排土场不同种植模式下的植被成活率及长势，评价露天矿生态恢复措施的效果和重建生态系统的适宜性。

8.6 土壤影响回顾性评价

采用指数评价法、对比分析法、趋势分析法进行评价。

a）土壤质量、养分回顾性评价

根据现状监测及历年资料，统计各期土壤监测时间、监测频次、监测点位及主要评价因子达标或超标情况，并分析原因。采用图表结合的方式统计各期相同监测点位主要评价因子变化规律，与露天矿开采的关系。在资料不足的情况下，可采用空间代替时间的方法进行土壤监测后评价。

b）土壤侵蚀、盐渍化回顾性评价

根据卫星遥感解译数据，统计历年土壤侵蚀类型、面积，分析变化规律及原因。根据现状监测及历年资料，分析评价区土壤盐渍化、沼泽化、潜育化的变化情况，与矿区开采的关系。

8.7 社会经济影响回顾性评价

社会经济影响包括对因矿区搬迁人口的影响、当地经济及产业结构的影响、当地社会生活的影响。

a）对搬迁人口的影响调查：包括受开采影响而搬迁的村庄，搬迁的时间、搬迁的户数、人口、搬迁后的生活方式、生活水平、收入来源等。

b）对当地经济及产业结构的影响：可通过收集企业产值和地区经济数据，评价露天矿自开采以来对项目所在区县经济总量（产值、税收）、产业结构的影响。

c）当地社会生活的影响：可采用居民恩格尔系数、采掘业从业人员比率等指标评价矿区开采对当地居民生活的影响。

8.8 环境风险影响回顾性评价

采用统计分析法、对比分析法、概率分析法等评价露天矿开采的生态风险和地质灾害风险。生态风险分析露天矿开采对地表水、地下水、植被、动物、土壤、敏感点等因素的综合影响。地质灾害风险分析因露天矿开采引发塌陷、滑坡等地质灾害的频率、影响。此外，应调查自露天矿开采以来有无重大环境事故发生，分析事故原因、影响大小。

8.9 环境综合发展趋势分析

根据回顾性评价结论，将社会、经济、环境视作一个大系统，定性地全面分析各方面的整个变化趋势，为后续环境保护措施及改进方案的提出提供依据。

9 验证性评价

9.1 验证性评价的原则

验证性评价主要是对前评价环境预测结论和方法的一致性和可靠性进行验证。

9.2 验证性评价内容

采用对比分析法对前评价的结论与实际影响之间的一致性进行分析，分析前评价结论的准确性；对预测结果与环保验收监测数据进行指标比对分析、后评价现状监测与各期前评价预测进行指标比对，分析一致性结论、区别及误差大小。分析前评价未预测到的实际影响，并分析其产生的原因。

10 有效性评价

10.1 有效性评价原则

a）对项目环境影响审查过程中所确定的环保措施进行评估和全面论述。

b）对矿业企业现有的环境管理体系构成及相应的有效性进行评估。

10.2 有效性评价方法

通过现场调查法、对比分析法、生命周期评价法等方法来论证矿区采取的污染治理措施的有效性、可靠性及技术经济可行性；通过对排土场的复垦植被与露天矿周围天然植被相对比，对比分析植被种类、生产力和生物多样性来评价矿区生态复垦措施的有效性。

10.3 有效性评价内容

10.3.1 环保措施有效性评价

a）检查环境影响审查过程中的环保措施是否按规定的要求落实，收集相关环保设施运转的完整记录和监测数据，检验措施是否投入正常运行，检验其运行有效性，包括分析环保措施的技术适用性、先进性、效益和效果。

对比分析煤矿各期环境影响评价报告书中提到的污染控制措施及生态修复方案，总结后评价阶段矿区现有的相关措施及治理办法，对比现状调查及监测结果评价其有效性。

b）对于措施有效性尚未满足有关规定及生态恢复预期效果的情况应分析其原因，对于环保措施有效性不佳的情况，提出可靠可行的改进方案。对由于环保措施管理不善而导致有效性不佳的情况，应提出改善环境管理的途径和方案。

10.3.2 资源综合利用及清洁生产评价

采用综合指数法，依据《煤炭行业清洁生产评价指标体系（试行）》对露天矿清洁生产现状进行评价。

11 后续开发环境影响预测与评价

11.1 预测与评价原则

通过环境影响回顾性评价结果及验证性、有效性评价结论及环境影响实际影响验证结果，对后续开发过程中主要环境影响进行预测和评价，着重对生态环境影响和地下水环境影响进行预测和分析。

11.2 预测与评价方法

采用趋势外推法、回归分析法、情景分析法、动态分析法、类比分析法进行评价。

11.3 预测与评价内容

预测内容包括污染类因素（大气、地表水、声）、生态、地下水、土壤环境影响。

a）环境空气影响预测

预测露天矿采区四周、区域环境空气质量，主要预测因子包括 SO_2、NO_2、TSP、PM_{10}、H_2S，环境影响小的预测因子可以简要分析或不论述。

b）地表水环境影响预测

预测露天矿废水排放量、废水水质及对地表水体的影响。

c）声环境影响预测

分析露天矿预测年份噪声源强数量及大小，预测厂界噪声达标情况、主要施工场所噪声影响。

d）地下水环境影响预测

预测地下水水质、水位、水量、流场变化、露天矿开采对地下水的影响范围变化。

e）生态环境影响预测

预测评价区土地利用、植被类型、动物种类、景观格局、排土场生态恢复变化。

f）土壤环境影响预测

预测评价区土壤养分、盐渍化、沙化、土壤侵蚀变化趋势。

12 环境管理及监测计划执行情况

采用资料收集法、生命周期评价法进行分析。分析内容包括：

a）项目环境管理执行情况进行全面的调查分析。即依据我国现有环境政策提出针对该类矿业开采项目的环境管理内容，并对相应环境管理内容执行情况进行调查及评价，包括环境影响评价制度、“三同时”制度等环保制度的执行情况。

b）企业环境管理体系的构成及其运转机制；环境监测计划执行情况及是否能对监测结果做出正确的响应和有效的行动决策，包括监测机构与设备配置、环境监测计划内容的执行情况，分析环境监测系统是否完善。

c）环境管理行为是否能满足企业环境保护政策的要求。

13 社会调查与评价

参照《环境影响评价公众参与暂行办法》中的原则，采用问卷调查法、对比分析法等综合调查矿区开发对周边环境、社会经济带来的长期影响。

13.1 调查的时间及承办方

建设单位在编制后评价报告前、中、后期全程征求有关单位、专家和公众的意见，公众参与调查可由后评价单位配合执行。

13.2 调查范围

主要调查受开采影响的井田范围内的村庄及评价区内的村庄，乡、镇政府等。

特别注意收集工业场地周围居住的公众意见、建议与要求，积极征询项目拟建区周围专家的意见、建议与要求。

调查的对象分为三个不同层次：普通居民、机关服务人员、行业环境保护专家，并要求调查中包括不同的年龄、性别、职业、职务、文化程度。

13.3 公众参与调查的方式

公众意见调查可根据实际需要和具体条件，采取举行论证会、听证会或者其他形式，如会议讨论、座谈，建立信息中心如设立网站、热线电话和公众信箱，新闻媒体发布，以及开展社会调查如问卷、通信、访谈等。调查问卷可设普通类调查问卷、专业类调查问卷。通过上述方式征求有关单位、专家和公众的意见。

13.4 公众参与的主要内容

a）前评价公众参与意见的落实及效果分析。

b）后评价主要从露天矿对周围环境污染、生态破坏、社会经济等方面的影响征求有关居民群众、有关专家及有关单位的看法和意见。

14 环境保护对策与措施

a）补充治理对策与措施

针对现状评价结论中发现的突出现状环境问题提出补充治理对策方案；针对回顾性评价结论发现的环境问题，特别是针对具有累积效应的环境问题提出补充治理对策与措施；针对有效性评价中有效性较差的企业现行环境保护对策和措施进行补充。对策与措施要求从技术措施与管理对策两方面进行补充，并以企业污染治理措施现状为出发点。

b）完善治理对策与措施

针对有效性评价中得出的效果较好的对策与措施，提出完善方案或后续执行方案，强化有效措施的长效执行。同时，提出完善的环境监测计划。

15 环境影响后评价结论及建议

简要说明以下内容：

a）露天煤矿所在区域的社会及环境现状，说明已存在的环境质量问题、污染源和主要生态破坏因素。

b）各个环境影响因子的回顾性评价结果及预测结果。
c）前评价的有效性及验证性评价结论，针对不足提出改进方案。
d）给出社会调查评价结论，给出前评价结果中是否有未落实的社会问题。
e）明确后续开发的环境保护对策与措施。
f）针对矿区仍存在的环境问题提出整改方案及对整改结果的验收内容。
g）后评价总结论。

16 后评价文件编制要求

环境影响告书应全面、概括地反映环境影响后评价的全部工作，文字应简洁、准确，并尽量采用图表和照片，以使提出的资料清楚、论点明确、利于阅读和审查。原始数据、全部计算过程等不必在报告书中列出，必要时可编入附录。所参考的主要文献应按其发表的时间次序由近至远列出目录。评价内容较多的报告书，其重点评价项目另编分项报告书；主要的技术问题另编专题技术报告。

环境影响报告书应根据工程和环境影响的特点，参考附录 B 进行编制

附 录 A
（资料性附录）
环境影响后评价指标体系（供参考）

A1 后评价指标体系

供参考的环境影响后评价指标体系见表 A.1，在评价过程中可根据环境影响后评价内容和环境影响实际特征进行删减和补充，有近一年监测数据的，可酌情采用。

表 A.1 供参考的环境影响后评价指标体系

一级指标	二级指标	三级指标
环境质量影响	地下水环境质量	pH、高锰酸盐指数、氨氮、氟化物、氰化物、挥发酚、亚硝酸盐氮、硝酸盐氮、溶解性总固体、总砷、总汞、镉、铅、总铬、铁、锰、总硬度（以 $CaCO_3$ 计）、总大肠菌、井深、地下水水位、地下水漏斗半径、地下水漏斗最低点、地下水资源量
	地表水环境质量	pH、COD、BOD_5、挥发酚、凯氏氮、溶解氧、水温、砷、悬浮物、硫化物、石油类、铅、镉、铜、氟化物
	大气环境质量	SO_2、NO_x、TSP、PM_{10}、H_2S
	声环境质量	L_{10}、L_{50}、L_{90}、L_{Aeq}、S.D.
	土壤环境质量	pH、有机质、电导率、全氮、有效磷、速效钾、碱解氮、6 个重金属元素（汞、镉、铬、砷、铅、铜）
生态环境影响	生态完整性	生态系统结构、净第一性生产力（NPP）、自然系统的稳定性
	生态系统多样性	植被群落类型、植被现状（类型、群丛组、分布土壤、优势种、群丛特征）

一级指标	二级指标	三级指标
生态环境影响	生态系统变化	土地利用类型、植被类型、植被 NDVI、草场类型、草场盖度、鲜草产量、动物种类、顶极群落相近度、景观类型
	景观生态系统	斑块密度、最大斑块指数、平均斑块周长面积比、平均最近邻体距离、蔓延度、多样性指数、均匀度指数
	水土保持	土壤类型、土壤侵蚀类型、土壤侵蚀模数、侵蚀面积变化、土壤盐渍化、土壤沙化
	排土场生态系统	复垦及绿化面积、优势种、常见植被、草本种类、土壤质地、平均高度、覆盖度、生态序列式
社会经济影响	经济结构影响	企业产值、企业纳税值、纳税值占地区税收比
	社会生活影响	居民恩格尔系数、采掘业从业人员比例
环境风险影响	生态风险、地质风险	
有效性评价	污染防治措施	环保措施的运行状况，大气、地表水、地下水、声现状监测达标情况、植被种类、生产力和生物多样性现状
	资源综合利用和清洁生产水平	资源与能源消耗指标、生产技术特征指标、污染物控制指标、资源综合利用指标、环境管理与安全卫生指标、清洁生产综合评价指数
验证性评价	预测结果	与实际影响的偏差
	评价结论	前评价结论的符合性
环境管理和监测	环境管理	环境影响评价、“三同时”制度、环境管理制度执行情况
	环境监测	环境监测计划执行情况
社会调查和评价	普通类调查	普通群众了解和支持比例
	专业类调查	专业人士了解和支持比例

A2 部分评价指标体系说明

A2.1 自然系统本底生产能力[g/（m^2·a）]

自然系统本底的生产能力是指自然系统在未受到任何人为干扰情况下的生产能力。这个值可通过计算当地的净第一性生产力（NPP）来估算。以测定的数据为基础，结合环境因子建立的模型可以对自然植被净第一性生产力的区域分布和全球分布进行评估。

可采用 Miami 模型，该模型是 H.Lieth 利用世界 5 大洲约 50 个地点可靠的自然植被 NPP 的实测资料和与之相匹配的年均气温及年均降水资料，根据最小二乘法建立的。模型的推导和数学表达式如下：

$$y_1 = \frac{300}{1 + e^{(1.42 - 0.141t)}} \tag{1}$$

$$y_2 = 3\,000(1 - e^{-0.000\,65p}) \tag{2}$$

式中，y_1——根据年均温计算的生物生产量，g/（m^2·a）；

y_2——根据年降水量计算的生物生产量，g/（m^2·a）；

t——年均温度（℃）；

p——年降水量（mm）。

A2.2 景观格局指数

①景观多样性指数

景观多样性指数用来衡量评价范围内生态系统组成复杂程度，其大小反映了景观生态类型的多少以及各景观类型在区域生态环境中所占分量。景观多样性指数的定义为：

$$H=-\sum_{i=1}^{n}(P_i\cdot\ln P_i)$$

式中，H——景观多样性指数；

P_i——某种类型景观在所选区域景观总面积中所占的百分比；

n——该区域景观类型数量。

当评价区域只有一种景观时，景观多样性指数的值为 0；当评价区域由两种以上景观构成时，在所有景观类型面积均相等时，其多样性指数值为最高（即 H_{max}）；当各景观类型所占比例差异增大时，景观多样性下降。对于给定的 n 种景观类型，景观多样性指数有相应的理论最大值 H_{max}（$H_{max}=\ln(n)$）。

②景观优势度指数

景观优势度与均匀性指数表达的含义相反，可用于测量所有景观类型中一种或几种景观支配总景观的程度，其计算方法为 $D=H_{max}-H$，其中 D 为景观优势度，H 及 H_{max} 的含义同前。

③景观破碎化指数

景观破碎化指数的含义为单位面积所拥有生境斑块的多度，指景观被分割的破碎程度反映景观空间结构的复杂性。本次评价从不同尺度研究生态评价区景观斑块数的破碎化程。分别计算整个评价区的景观斑块数破碎化指数和某景观斑块类型的斑块数破碎化指数。

公式为 $F=(n-1)/MPA$，其中 F 即景观破碎化指数，MPA 为斑块平均面积，n 为景观类型数。景观破碎化指数的值域为[0，1]，数值愈大，说明生境破碎化情况愈严重。0 表示景观完全未被破坏即无生境破碎化的存在，1 表示给定性质的景观已完全破碎。

破碎度表征景观被分割的破碎程度，反映景观空间结构的复杂性，在一定程度上反映了人类对景观的干扰程度，是生物多样性丧失的重要原因之一，与自然资源保护密切相关。

④均匀性指数：$E=H/H_{max}$

其中，P_i 为第 i 景观要素类型所在的景观面积比例，S 为景观要素类型数目。

A2.3 居民生活收入变化比

居民生活收入变化比＝后评价期收入/建设前收入×100%

A2.4 恩格尔系数（%）

恩格尔系数（%）＝食品支出总额/家庭或个人消费支出总额×100%

A2.5 就业率变化比

就业率变化比＝后评价期就业率/项目建设前就业率×100%

A2.6 GDP 变化率

GDP 变化率＝（后评价期 GDP – 建设前 GDP）/建设前 GDP×100%

附 录 B

（规范性附录）

露天煤矿环境影响后评价报告书编制要求

B1 前言

简要介绍环境影响后评价过程、意义，在当地的开发历史。

B2 总论

B2.1 评价目的
B2.2 评价重点
B2.3 评价依据
B2.4 环境敏感目标
B2.5 评价时段
B2.6 评价等级及评价范围
B2.7 评价标准
B2.8 评价指标
B2.9 后评价工作程序
B2.10 评价方法

B3 项目概况及实施过程分析

B3.1 项目概况
B3.2 项目实施过程分析
B3.3 污染源及污染物分析

B4 矿区环境调查与分析

B4.1 自然环境概况
B4.2 社会环境概况
B4.3 矿区周围环境特征

B5 环境现状监测与评价

B5.1 环境空气现状监测与评价
B5.2 地表水环境现状监测与评价
B5.3 地下水环境现状监测与评价
B5.4 声环境现状监测与评价
B5.5 生态环境现状调查与评价

B5.6 土壤环境现状调查与评价

B6 环境影响回顾性评价

B6.1 环境空气影响回顾性评价
B6.2 地表水环境影响回顾性评价
B6.3 地下水环境影响回顾性评价
B6.4 声环境影响回顾性评价
B6.5 生态环境影响回顾性评价
B6.6 土壤环境影响回顾性评价
B6.7 社会经济影响回顾性评价
B6.8 环境风险影响回顾性评价
B6.9 环境综合发展趋势分析

B7 前评价结论的验证性分析

B7.1 生态环境影响评价结论的验证分析
B7.2 地下水资源影响评价结论的验证分析
B7.3 污染类环境影响评价结论的验证分析

B8 环境保护措施的有效性评价

B8.1 环境污染治理与生态综合整治措施有效性
B8.2 资源综合利用及清洁生产评价

B9 环境管理及监测计划执行情况

B9.1 项目环境管理程序执行情况评价
B9.2 环境监测计划执行情况调查与评价

B10 后续开发环境影响预测与评价

B10.1 环境空气影响预测
B10.2 地表水环境影响预测
B10.3 地下水环境影响预测
B10.4 声环境影响预测
B10.5 生态环境影响预测
B10.6 土壤环境影响预测

B11 社会调查与评价

B11.1 前评价公众参与意见的落实及效果分析
B11.2 社会调查目的
B11.3 社会调查方式
B11.4 社会调查结果分析

B11.5 社会调查与评价结论

B12 环境保护对策与措施

B12.1 污染治理对策与措施
B12.2 环境管理对策与措施

B13 结论

B13.1 环境回顾性评价结论
B13.2 前评价结论的验证性评价结论
B13.3 环境保护措施有效性评价结论
B13.4 环境影响预测结论
B13.5 社会调查与评价结论
B13.6 小结

附 录 C
（技术性附录）
露天煤矿环境影响后评价常用方法

C1 区域蒸散模式

$$\mathrm{NPP}=\mathrm{RDI}^2\cdot\frac{r\cdot(1+\mathrm{RDI}+\mathrm{RDI}^2)}{(1+\mathrm{RDI})\cdot(1+\mathrm{RDI}^2)}\times\exp\left[-\sqrt{9.87+6.25\mathrm{RDI}}\right]$$

$$\mathrm{RDI}=(0.629+0.237\mathrm{PER}-0.00313\mathrm{PER}^2)^2$$

$$\mathrm{PER}=\mathrm{PET}/r=\mathrm{BT}\times 58.93/r$$

$$\mathrm{BT}=\Sigma t/365 \text{ 或 } \Sigma T/12$$

式中：RDI——辐射干燥度；
r——年降水量，mm；
NPP——自然植被净第一性生产力，$\mathrm{t/(hm^2\cdot a)}$；
PER——可能蒸散率；
PET——年可能蒸散量，mm；
BT——年平均生物温度，℃；
t——小于 30℃与大于 0℃的日均值，℃；
T——小于 30℃与大于 0℃的月均值，℃。

C2 顶极群落相近度

顶极群落相近度是指各植被群落与顶极群落相比较，接近的程度。首先根据生态样方调查的数据结果，通过分析不同群丛的分化与放牧利用程度、土壤结构和盐分状况以及所处的地带位置等因素的差异性及它们在群落的种类组成和生产力的相似性，得到群落演替规律，即生态系列式。然后通过分析各群落类型与顶极群落之间的相近程度进行分级，进而用以判断评价区各类植被的演替进化程度。

C3 叠图法

叠图法具有综合评价的功能，将评价区遥感影像图与地形地貌、土地利用、植被类型、景观类型等图件通过 GIS 叠加，可直观分析评价区生态环境要素状况。现状评价采用叠图法具有全面、客观的优点，回顾性评价采用叠图法可分析历史时期生态环境要素状况，弥补时间上无法进行调查的缺陷。

C4 克里格差值法

克里格差值法是用协方差函数和变异函数来确定高程变量随空间距离而变化的规律，以距离为自变量的变异函数，计算相邻高程值关系权值，在有限区域内对区域化变量进行无偏最优估计的一种方法，是地统计学的主要方法之一。

类型包括普通克里格（当假设高程值的期望值是未知时）、简单克里格（当假设高程值的期望值是某一已知常数时）、泛克里格（当数据存在主导趋势时）、指示克里格（当只需了解属性值是否超过某一阈值时）、概率克里格、析取克里格（若不服从正态分布时）和协同克里格（当同一事物的两种属性存在相关关系，且一种属性不易获取时）。

C5 生境梯度分析法

生境梯度分析法的具体步骤是：

（1）取排列于某一生境梯度上的一系列样方，计测样方中各组分种群的密度（或重要值）。

（2）根据相似百分数公式 $P.S.=\sum_{i=1}^{n}\min(a_i,b_i)$ 计算每两个样方间的相似系数。（$P.S.$代表相似百分数；a_i 和 b_i 分别表示样方 A 和样方 B 中第 i 个种的重要值占样方重要总值的百分数）得一样方相似矩阵。

（3）将所得相似矩阵按行（或列）相加，则得每个样方的总相性值；然后挑选这样两个样方：它们的总相似性值很低而彼此间的相似性值又最低。

（4）以所选两个样方的端点作轴，其余样方则根据其对两个端点的“相对相似性”在轴上两端点样方间的某处确定出位置，排列于此轴上。

（5）相对相似性的计算：由相似矩阵将某个样方与两个断电样方间的两个相似系数相加，然后分别以每个相似系数除以相加所得之和，则得该样方对两个端点样方的相对相似值。

C6 生命周期评价法

生命周期法是指对一个产品系统的生命周期中输入、输出及其潜在环境影响的汇编和评价，具体包括互相联系、不断重复进行的四个步骤：目的与范围的确定、清单分析、影响评价和结果解释。生命周期评价是一种用于评估产品在其整个生命周期中，即从原材料的获取、产品的生产直至产品使用后的处置，对环境影响的技术和方法。

生命周期评价的过程是首先辨识和量化整个生命周期阶段中能量和物质的消耗以及环境释放，然后评价这些消耗和释放对环境的影响，最后辨识和评价减少这些影响的机会。生命周期评价注重研究系统在生态健康、人类健康和资源消耗领域内的环境影响。

基于生命周期评价建设项目的环境影响分析就是将生命周期评价的思想与方法引入并应用到相关领域，推动经济和环境的可持续发展。采用定量分析和定性分析相结合的研究方法，依据生命周期评价框架对建设项目的生命周期阶段进行系统研究，构建项目生命周期评价框架模式。在影响评价中采用改进的层次分析法进行权重计算，分析项目生命周期过程中对环境影响较大的阶段及产生较大环境影响的环境类型，提出改进的途径和方法。

附件 2

露天煤矿环境影响后评估管理办法

（初稿）

第一章　总　则

第一条　立法目的和依据

《环境影响评价法》第 27 条规定，由建设单位组织；原环境影响评价文件审批部门也可以责成建设单位进行环境影响的后评估。为了规范环境影响后评价行为，落实《环境影响评价法》第二十七条的规定，针对露天煤矿的环境问题，特制定本管理办法。其他矿产资源开采项目可参考执行。

第二条　条例适用范围的划分与界定

凡中华人民共和国境内露天开采的煤矿，按照《中华人民共和国环境影响评价法》第 27 条规定的应当进行环境影响后评价的项目均应进行环境影响后评估。

按照《矿产资源储量规模划分标准》，对其中规模定义为“中型”的矿产开发类建设项目均应进行环境影响后评估。

国务院环境保护行政主管部门会同国务院有关部门，对应当进行环境影响后评估的矿山开发活动的范围作出具体划分，报国务院批准后公布，并根据经济和社会发展的需要适时调整。

第三条　后评估的原则

环境影响后评估应当全面、客观、公开、公正，充分考虑矿山开发活动已造成的累积性不良环境影响及其对公众环境权益的侵害，并提出下阶段生产活动需采取的可行的环境保护对策和措施，为企业决策提供科学依据，同时为管理部门提供奖惩依据。

第四条　环境影响后评估资金来源

建设单位应当将环境影响后评估所需费用纳入继续开发的费用支出，并摊入生产成本，加强使用管理。

第五条　后评估服务机构备案制与收费管理

接受委托为环境影响后评估提供技术服务的机构应当具备相应的条件，国务院环境保护行政主管部门应当定期公布符合条件的机构名单。

从事环境影响后评估技术服务的机构应当对环境影响后评估结论负责，并参考执行国家建设项目环境影响评价收费标准，同时依据开采扰动面积大小进行调整，不少于竣工验收收费额度。

第六条　环境影响后评估数据库

建设单位应定期向地方环保主管部门提交建设项目环境影响前评价阶段直至后评估时各个阶段的监测数据，由地方环保主管部门建立企业环境影响基础数据库。

第七条 环境影响后评估技术规范

由环保部组织研究机构根据环境质量状况和社会、经济、技术条件研究制定环境影响后评估的技术规范，且适时修订。

第二章 环境影响后评估文件的编制

第八条 后评估的时段

对于在《建设项目竣工环境保护验收管理办法》实施后建设的项目，后评估在建设项目通过环保验收后的3～5年开始，以后每隔5年做一次后评估。

对于在《建设项目竣工环境保护验收管理办法》实施前建设的项目，且在该条例适用范围内需进行后评估的项目，需在环境保护行政主管部门公布评估范围后的2年内进行后评估。

第九条 环境影响后评估文件的内容

环境影响后评估报告书应当包括下列内容：

（一）项目概述；

（二）矿业环境调查与评价；

（三）环境现状监测与评价；

（四）环境影响回顾性评价，对矿业活动开始以来的环境影响趋势进行回顾分析，累积评价；

（五）前评价结论验证性评价；

（六）环境保护措施有效性评价；

（七）环境管理及监测计划执行情况评价；

（八）社会调查及评价；

（九）改进方案；

（十）后评估结论。

第十条 后评估的评估范围应不小于报送审批的矿权范围

第十一条 受委托具体开展后评估的单位应当具备的条件

（一）具有熟悉国家法律法规和掌握环境影响后评估方法技术的人员；

（二）相关人员参与评估的时间能够得到保障；

（三）具有资格的评估单位需经国务院环境保护行政主管部门审查，实施备案制，环境保护行政主管部门应当定期公布符合条件的机构名单；

（四）环境影响后评估禁止环评单位自评做过的项目；

（五）具备开展评估工作必需的其他条件。

第三章 环境影响后评估文件的审查

第十二条 环境影响后评估文件的受理和组织审查

后评估文件报原环评审批部门审批，审批结果报上一级环境保护主管部门审查、备案，并由环保部统一组织不定期抽查。

第十三条 审查小组的召集

环境保护行政主管部门应当自收到环境影响后评估文件之日起二十日内，负责召集项目实施涉及的有关行政主管部门代表以及相关专业领域的专家组成审查小组。

第十四条 审查小组专家的来源与组成

审查小组的专家应当从环境保护行政主管部门设立的专家库内随机抽取。

环境保护行政主管部门设立的专家库中的专家，必须具备环境影响评价相关专业的学术或实践经验。专业领域应当包含环境、社会、经济和法律等。

审查小组的专家人数不得少于审查小组总人数的二分之一，各专业领域的专家比例应当均衡、合理。

第十五条 审查小组成员的行为规范

审查小组应当客观、公正、独立地对环境影响后评估文件提出审查意见。

审查小组中的专家与建设单位、为环境影响后评估提供技术服务的机构存在利害关系或者其他关系可能影响公正审查的，必须回避。

第十六条 审查事项

审查小组对环境影响后评估文件就下列事项作出书面审查意见：

（一）对建设项目投产以来周边环境、资源开发现状与制约因素分析的全面性和准确性；

（二）对项目从筹建至后评估时段内矿山周边环境变化趋势分析的合理性和准确性；

（三）对下阶段开发活动可能造成的不良环境影响的识别、分析、预测的合理性和准确性；

（四）提出的预防或者减轻不良环境影响的对策和措施及其实施方案的可行性和有效性；

（五）对公众意见不予采纳的说明的合法性和合理性；

（六）环境影响后评估文件结论的可信性；

（七）审查结论。

第十七条 审查方式

审查小组对环境影响后评估文件的审查，应当采取会议的形式进行。

第十八条 会议审查的程序

环境保护行政主管部门应当在审查会议召开之前，将环境影响后评估文件送达审查小组成员。

审查小组提出的书面审查意见应当如实、客观地记录审查小组成员的各种意见，包括反对意见，并由参加会议的审查小组成员签名。

因故未能参加审查小组会议的成员应当提交书面意见，逾期未提交的视为弃权。

第十九条 审查结论

审查小组认为环境影响后评估文件的分析和结论可信或者基本可信的，可以作出通过或者原则通过的审查意见。

审查小组认为环境影响后评估文件存在下列情形之一的，可以作出建议修改后重新审查的审查意见：

（一）没有识别出重大不良环境影响及其后果的；

（二）没有提出各种切实可行的下阶段污染防治方案的；

（三）环境影响后评估结论含糊不清、定性不准，或者文字表述可能产生歧义的；

（四）其他在内容上有重大缺陷或者遗漏的。

审查小组认为环境影响后评估文件存在下列情形之一的，可以作出不予通过的审查意见：

（一）报告书引用的资料、数据失实，或者方法错误的；

（二）报告书结论不可信的；

（三）依据现有科学知识水平和技术条件，不能准确判断继续开发活动后带来的特别重大不良环境影响，或者不能准确判断为避免、减轻此特别重大不良环境影响所采取对策措施有效性的。

第二十条 审查期限

审查小组应当自组成之日起四十五日内作出书面审查意见，涉及的环境影响特别复杂的，可以延长至六十日，并将延长审查期限的决定告知审批机关。

环境保护行政主管部门应当在审查小组提出书面审查意见之日起十日内将书面审查意见提交审批机关，并通过环境保护行政主管部门的官方网站、当地或者全国有影响的报刊、政府公报等途径予以公布。但是依照法律、行政法规的规定需要保密的除外。

被征求意见的有关行业主管部门向征求意见的环境保护行政主管部门提出书面意见的，作为评审结论参考。

审查小组依照本条例第十九条规定要求对环境影响后评估文件进行修改的，修改期间不计入前款规定的审查期限。

第二十一条 审批扩大开采规模的重要依据

审批机关在审批环境影响后评估文件时，应当认真、慎重地考虑书面审查意见，并将其作为是否允许该矿山企业后续扩大开采规模的重要、决策依据。

在审批机关作出审批决定之前，采矿权审批机关不得批准该企业的采矿权延续或扩储申请。

第四章 环境影响后评估的公众参与

第二十二条 编制环境影响后评估文件的公众参与

受委托从事环境影响后评估技术服务的机构在编写后评估报告时，应当按照环境影响后评估技术规范的要求征求有关单位、专家和公众的意见。但是法律、行政法规规定需要保密的除外。

第二十三条 公布评价结论

受委托从事环境影响后评估技术服务的机构及项目建设单位环境影响后评估的编制机关应当在该后评估文件报送审批前，通过官方网站、当地或者全国有影响的报刊、政府公报等途径公布便于公众理解的环境影响后评估结论，公示期限不得少于三十日。

后评估结论应当包含对矿山开发活动的累积影响、周边环境变化趋势、下阶段开发可能造成的不良环境影响、为避免或者减轻不良环境影响采取的对策措施等的简要说明。

第二十四条 公众参与的形式

后评估的编制机关应当自公布期间届满之日起十五日内，就矿业开发活动已造成的环境影响和下阶段开发可能造成的不良环境影响或者公众环境权益侵害，采取论证会、座谈会、听证会或者其他形式征求有关单位、专家和公众的意见。

第五章 罚 则

第二十五条 对负责组织审查的环保部门工作人员的行政处分

负责召集组成审查小组的环境保护行政主管部门的工作人员有下列行为之一的，由任免机关或者监察机关对直接责任人员，给予警告、记过或者记大过处分；情节较重的，给予降级处分；情节严重的，给予撤职处分：

（一）对不符合本条例第十九条规定的环境影响后评估文件提供通过评审的证明。

（二）违反本条例第十一条、第十五条、第十七条、第十八条的规定，指使或者迫使审查小组及其成员做出不符合本条例要求的环境影响后评估文件的审查意见的；

（三）违反本条例第二十条和第二十一条的规定，未将审查小组提出的书面审查意见于三十日内提交矿权审批机关的，或者未将书面审查意见予以公布的。

第二十六条 对环评单位的行政处罚

为环境影响后评估提供技术服务的机构，违反本条例第三条、第五条的规定，在环境影响评价工作中存在下列行为的，由国务院环境保护行政主管部门从已公布的为环境影响后评估提供技术服务的机构名单中除名，并处所收费用一倍以上三倍以下的罚款：

（一）在环境影响后评估报告中使用虚假的数据或资料的；

（二）隐瞒已经产生或预见到的重大不良环境影响的；

（三）隐瞒已知的能够证明该矿山开发活动已导致重大不良环境影响的数据或资料的；

（四）环境影响后评估的结论严重失实的；

（五）有其他虚构事实、隐瞒真相的行为的；

（六）受委托单位在委托范围内开展评估工作，将评估工作转委托其他单位或者个人。

第二十七条 专家的责任

参加环境保护行政主管部门负责召集组成的审查小组的专家违反本条例第十四条、第十五条、第十七条的规定的，由设立专家库的环境保护行政主管部门予以警告；情节严重的，取消其入选专家库资格并予以公告。

前款规定的情形违反国家有关法律、行政法规的，依法追究法律责任。

第六章 附 则

第二十八条 术语解释

本条例中下列用语的含义：

（一）公众是指矿山开采直接影响其合法权益或者其合法权益与矿山开发之间存在利害关系的一定数量的人群，包括矿山职工、受影响居民，以及公众经法定程序成立的民间团体等。

有关单位是指矿区开采将直接影响其合法权益或者其合法权益与矿山开发之间存在利害关系的团体，包括政府机关、企事业单位等。

专家是指具备国家认可的高级技术职称，对自然、社会、人文等科学领域的专门知识的理论与实践具有较高造诣或者实践经验的自然人。

（二）公众环境权益是指公众对其正常生活、工作环境享有的不受他人干扰和侵害的权利与利益。

（三）不良环境影响是指因矿业活动实施导致环境的物理、化学、生物或者放射性等特性发生改变，从而影响人类对环境和自然资源的有效利用，侵害公众环境权益或者破坏生态系统的现象。

不良环境影响分为一般不良环境影响、重大不良环境影响与特别重大不良环境影响。

一般不良环境影响是指：

（1）矿区范围内环境质量下降的；

（2）对人身、财产安全可能造成部分危害但不显著的。

重大不良环境影响是指：

（1）矿山开发导致采矿活动干扰范围之内或者跨行政区域、流域和海域环境质量显著下降或者影响环境功能区使用功能的；

（2）对人身、财产安全造成显著危害的；

（3）对自然保护区、风景名胜区、文物保护单位、饮用水源地以及其他具有重要历史、科学、美学或生态意义的区域造成显著危害或者使其丧失环境功能的；

（4）对国家或者地方重点保护的野生动植物及其栖息地造成显著危害的；

（5）对矿业活动影响范围之内或相邻区域内的居民的权益或少数民族传统的生活方式造成显著不良影响的。

特别重大不良环境影响是指：

（1）依据现有科学知识水平和技术条件，不可能准确判断规划实施造成的重大不良环境影响的重大、严重程度的；

（2）可能对其他国家或者地区的环境造成重大不良环境影响的；

（3）与矿业活动影响范围之内或相邻区域内的其他社会经济活动在自然资源开发利用或者环境保护方面可能存在显著冲突的。

附件 3

草原露天矿区生态恢复技术指南

（初稿）

1 范围

本指南适用于干旱半干旱草原煤矿区露天开采造成的损毁土地的生态恢复。

损毁土地主要集中在矿区范围内的采剥区、内排土场、外排土场、工业场地、矿坑等建设活动产生的损毁土地，以及已经进行生态恢复但还需要进行整治、改造和再利用的土地。

2 规范性引用文件

下列文件对于本文件的应用是必不可少的。凡是注日期的引用文件，仅所注日期的版本适用于本文件。凡是不注日期的引用文件，其最新版本（包括所有的修改单）适用于本文件。

GB 3100—3102　量和单位

GB 3838—2002　地表水环境质量标准

GB 50007—2002　建筑地基基础设计规范

GB 50330—2002　建筑边坡工程技术规范

GB/T 16453.1-6—2008　水土保持综合治理技术规范

GB/T 18337.2—2001　生态公益林建设技术规程

DZ/T 0240—2004　滑坡防治工程设计与施工技术规范

HJ/T 192—2006　生态环境状况评价技术规范（试行）

LY/T 1607—2003　造林作业设计规程

NY/T 1120—2006　耕地质量验收技术规范

NY/T 1634—2008　耕地地力调查与质量评价技术规程

NY/T 1342—2007　人工草地建设技术规程

NY/T 391—2000　绿色食品产地环境技术条件——土壤环境质量标准

NY/T 391—2000　绿色食品产地环境技术条件——灌溉用水质量标准

NY/T 391—2000　绿色食品产地环境技术条件——养殖用水质量标准

UDC-TD　土地复垦技术标准

3 术语与定义

下列术语和定义适用于本文件。

生态恢复 ecological restoration

修复或重建因生产建设活动损毁的生态系统，使其达到系统自维持状态的过程。

土地复垦 land reclamation

对人为和自然因素造成损毁的土地，采取整治措施，使其达到可供利用状态的活动。

生态保护 ecological conservation

应用生态学理论和方法，遵循生态规律采取相应对策和措施对生态环境进行保护的过程。

生态系统 ecosystem

特定地段中的全部生物和物理环境的统一体，即生态系统是一定空间内生物和非生物成分通过物质循环、能量流动和信息交换而相互作用、相互依存所构成的一个生态学功能单位。

生态平衡 ecological balance

在特定时间内，由于物质和能量的输入和输出接近相等或接近恒定，生态系统处于一种以自调控来对抗外来干扰而结构相对稳定的状态。

生物多样性 biodiversity

地球上生物圈中的所有生物，即动物、植物、微生物，以及它们所拥有的基因和生存环境。它包含三个层次：遗传多样性、物种多样性、生态系统多样性。

露天开采 opencast mining

将矿藏上的覆盖物（包括岩石、土壤等）剥离后开采显露矿层的采掘方式。

土地损毁 land destruction

人类生产建设活动造成土地原有功能部分或完全丧失的过程，包括土地挖损、塌陷、压占和污染等。

土地挖损 land excavation

因采矿、挖沙、取土等生产建设活动致使原地表形态、土壤结构、地表生物等直接摧毁，土地原有功能丧失的过程。

土地塌陷 land subsidence

因地下采矿导致地表沉降、变形，造成土地原有功能部分或全部丧失的过程。

土地压占 land occupancy

因堆放采矿剥离物、废石、矿渣、粉煤灰、表土、施工材料等，造成土地原有功能丧失的过程。

土地占用 land occupation

原有土地利用类型变为容纳厂房、选煤厂、运输路以及工业广场等，这部分土地仍发挥土地的使用价值，但占用过程中造成水污染和粉尘污染等。

土地污染 land pollution

因生产建设过程中污染物的排放，造成土壤原有理化性状恶化，致使土地生产力降低、生态系统退化的过程。

外排土场 outer dump

建在露天采场以外的堆放剥离物的场所。

内排土场 internal dump

露天矿开采过程中由剥离物（包括矸石）回填矿坑形成的人造地貌。

工业场地 industrial site

露天矿中除采场、排土场之外的厂房、选煤厂、运输路以及工业广场等矿业用地。

表土 topsoil

指能够进行剥离的、有利于快速恢复地力和植物生长的表层土壤或岩石风化物。不限于耕地的耕作层，园地、林地、草地的腐殖质层，其剥离厚度根据原土层厚度、土地利用方向及土方需要量等确定。

类比分析法 analogue analysis method

根据已有损毁土地的损毁程度，土地利用方向、措施、标准和效果，以及资金投入等情况，来分析或预测拟进行的生态恢复可选用的土地利用方向、措施以及标准等的方法。

4 总则

草原露天煤矿区生态恢复应满足以下总体要求：

——与国家土地资源保护与利用的相关政策相协调，与城市发展规划、土地利用总体规划相结合，符合矿区总体规划。

——企业应按照发展循环经济的要求，对矿山排弃物（废渣、废石、废气）进行无害处理。

——重建后的地形地貌与生物群落与当地自然环境和景观相协调。

——保护生态环境质量，防止此生地质灾害、水土流失、土壤二次污染等。

——兼顾自然、经济社会条件，选择恢复土地的用途，综合治理。宜农则农，宜林则林，宜牧则牧，宜建则建。

——经济效益、生态效益和社会效益相统一的原则。

——生态恢复工程除应符合本指南要求外，还应符合国家及地方现行的规范和标准的规定。

5 表土剥离、存放与管护

5.1 表土剥离

（1）建设露天采场、工业场地、排土场、运输道路、废物堆弃场、居民区等，应对表土实行单独剥离，用于草原露天煤矿废弃土地的生态恢复。

（2）土壤采集厚度应根据生态恢复所需的表土数量、剥离区表土厚度及其适用性等确定。自然土壤（森林土壤、草原土壤）母质层以上、农业土壤犁底层以上是土体中肥力较高的部分，应全部采集。

（3）以下三种情况可不进行表土单独剥离存放，但必须进行技术经济分析：

——当土层太薄或质地太不均匀、表土可利用量不大，且利用人工或机械难以采集时；

——表层土壤长期受水蚀风蚀影响、肥力瘠薄，与下层岩石风化母质营养元素的含量及保护抗蚀能力已无显著差别，且加速风化生土熟化费用小于表土剥离费用时；

——当表土肥力不高而附近土源丰富，且利用附近的土源进行覆盖、种植，短期内其生产力可高于原表土生产力时。

（4）采集土壤前应对剥离作业区土壤分布进行测绘，并在有代表性的样品测点取样，测试其理、化性质，并评估它们用于植物种植的适用性、限制因素和可采数量。

（5）采集的表土应尽可能直接铺覆在整治好的场地上。

（6）当不能直接铺覆在整治好的场地上时，须选择合理的表土存放场。

（7）土壤的采集、运输和堆存应避免在雨季进行。

5.2 表土存放与管护

5.2.1 堆存场地的要求

防止放牧、机器和车辆进入，防止粉尘、盐碱的覆盖；不应位于计划中将受施工破坏的地段或靠近卡车拖运道；地势较高，没有径流流入或流过堆土场地；防止主导风。在堆放场地的选择上，应当尽量避免水蚀、风蚀和各种人为破坏。

5.2.2 堆存高度的要求

土堆太高，也将影响土壤中微生物活性、土壤结构、土壤养分等土堆高度不宜超过 5 m，含肥岩土堆高度不宜超过 10 m。

5.2.3 堆存时间的要求

剥离土壤长期堆放，风蚀、淋蚀等因素都会使土壤的肥力丧失。堆存期越短土壤受到的影响越小。土壤堆存时间过长，将造成土壤中微生物停止活动、土壤板结、土壤性质恶化、雨水淋溶后有机质含量下降等。如堆存期跨越雨季则受到的侵蚀影响就较严重。堆存期较长时，尽快在土堆上种植植物是保存土壤中肥力较有效的方法。堆存期不宜超过 6～12 个月。堆存期较长时，应在土堆上播种一年生或多年生的草类。

土壤含水过量时极易被压紧。为了保持土壤结构、避免土壤板结，应避免雨季剥离、搬运和堆存表土。另外，土壤湿度较大，不利于运输中的装车与排卸。

6 排土场生态恢复工程措施技术要求

6.1 采剥——分层剥离

（1）进行 0～30 cm 的原表土层单独剥离。

（2）底层从砂壤—黏土—土石分层剥离。

（3）煤矸石和一般岩石分层剥离。

6.2 排弃——分类排弃

（1）绝对禁止含有毒、有害或放射性成分的剥离物排在地表，保证生态恢复无污染、安全。

（2）严禁矸石及煤泥排在地表（包括平台和边坡）。矸石应尽量用于发电。剩余的矸石、煤泥应排在内排土场，并要求离地表 30～50 m 深处，以防止氧化自燃。

（3）严禁石块排在平台地表，保证平台土地的可用性。边坡一般要求覆土，局部允许有石砾出现。

（4）严禁黏土、岩石排在地表，保证土地的可用性。

（5）遇到特殊情况可在排土场设置表土的临时堆放场，并应重点保护，以备后用。

（6）排土场排到最终境界时，应采用堆状地面的最优堆积方式，避免压实。

6.3 造地——分区整地

（1）排土场首先应保证安全，杜绝地质灾害的发生。防护工程要求满足《滑坡防治工程设计与施工技术规范》（DZ/T 0240—2004）。

（2）排土场应形成平台、边坡相间的规则地形。重塑的地形适宜现代农牧业的要求。同一平台应尽量平坦宽阔，禁止形成局部凸起或凹陷，以免地块破碎。

（3）排土场应有合理的道路布置，道路设置按照土地开发整理工程建设标准的要求进行。

（4）排土场排水设施满足场地要求，防洪标准符合当地要求。排水渠的设置应采用硬化和非硬化相结合的方式。

（5）用于种植业的排土场平台达到最终境界后，表层覆盖严格采用堆状地面密排法，保证恢复种植层的厚度在 40～50 cm 以上。已保证平整沉降后的厚度在 30 cm 以上，土壤容重在 1.2～1.4 g/cm^3。

（6）用于建筑用地的排土场平台，场地需经过至少 10 年的自然沉实或植被稳定措施，也可根据建设需要，进行人工处置等办法稳定场地。经试验及计算确定的场地地基承载力、变性指标和稳定性指标等满足《建筑地基基础设计规范》（GB 50007—2002）。不能满足要求时，依据岩土性能，场地条件等提出地基处理方法，采用分层压实或其他方法处理。

（7）排土场用于其他用地时的整治要求依据覆土后场地条件和拟定用途等另行制定。

（8）由井工开采造成的沉陷区和露井联采区造成的沉陷区，主要的形态是裂缝。对局部沉陷地填平补齐，土地进行平整。沉陷后形成坡地时，坡度大，可修整为水平梯田；坡度较小，则选择合适的利用方向直接利用。沉陷场地生态恢复后用于农、林、牧、副业整治要求同露天采场。

7 生态恢复的植被重建技术

7.1 先锋或适生植物的选择

选择种植方法简单、费用低廉、早期生长快、改良土壤效果好、适应性、抗逆性强的优良品种进行植被恢复。

（1）可供选择的先锋或适生草本植物类：沙打旺、紫花苜蓿、查巴嘎蒿、白花草木樨、黄花草木樨、无芒雀麦、披碱草、扁穗冰草、红豆草等。

（2）可供选择的先锋或适生灌木植物类：柠条锦鸡儿、沙棘、沙枣、沙柳、紫穗槐等。

（3）可供选择的先锋或适生乔木植物类：油松、樟子松、华北落叶松、白杆、青杆、刺槐、新疆杨、榆树、侧柏、白蜡杨、垂柳、旱柳、馒头柳、国槐、榆树等。

（4）不同分区适宜植被类型见附表 C.3。

7.2 植被优化配置模式

（1）应包括平台植被配置模式、边坡植被配置模式、排土场周边植被配置模式等。根据立地条件，应尽量选择草灌混交、灌乔混交、草灌乔混交模式。

（2）不同区域的植被优化配置模式见生态公益林建设技术规程（GB/T 18337.2—2001）和造林作业设计规程（LY/T 1607—2003）。

（3）不同区域的草地建设见人工草地建设技术规程（NY/T 1342—2007）。

7.3 植被抚育管理

（1）生态恢复土地植被抚育管理包括先期的喷水养护、追施肥料、病虫害防治、灌溉、防除有害草种与培土补植，并在适合的季节进行疏林或间伐。

（2）对坡度大、土壤易受冲刷的坡面，暴雨后要认真检查，尽快恢复原来平整的坡面。部分植物死亡，应及时补植。补植的苗木或草皮，应在高度（为栽植后高度）、粗度或株丛数等方面与周围正常生长的植株一致，以保证绿化的整齐性。

（3）不同区域的植被抚育管理措施见生态公益林建设技术规程（GB/T 18337.2—2001）和造林作业设计规程（LY/T 1607—2003）。

8 生态恢复的配套措施

8.1 道路工程

（1）生态恢复方向为耕地、林地、草地的应有方便的道路联系，以便于生产工具、饲草料和有机肥等的运输。

（2）道路系统和耕地整理一致，分为田间道和生产道二级。具体道路宽度等级、路面材质、路基结构、路肩等相关标准参见当地耕地整理工程的相关内容。

8.2 灌溉与排水工程

（1）生态恢复区的灌溉方式一般为畦灌和喷灌，灌溉方式的选择与生态恢复区所处区域的自然条件密切相关，在条件的地区灌溉宜采用喷灌。

（2）灌排系统布置、工程建设标准参见当地耕地整理工程的相关内容。

8.3 防护林工程

防护林工程的林带走向、林带宽度、连带间距、林带结构及树种选择与搭配参见当地耕地整理农田防护林建设标准。

9 生态恢复的调查监测与检验

9.1 生态恢复的调查监测

露天矿坑、露天矿排土场、煤矸石山等损毁土地生态恢复过程中涉及的调查监测指标见表 A.1。

9.2 生态恢复的检验时间

（1）生态恢复为农用地（含林、牧）的土地质量的检验，分两个阶段进行。

（2）第一阶段检验在生态恢复的工程措施完成后实施。

（3）生态恢复的工程措施检验合格后，方可进行生物措施阶段。

（4）第二阶段检验包括种植质量检验和种植效果检验。一般情况下，在种植当年进行种植质量检验，第三年进行种植效果检验。

9.3 生态恢复的检验方法

（1）第一阶段检验一般采用全面概查。

（2）第二阶段采用全面概查和随机抽样调查相结合。随机抽取一定量待检验的已恢复土地作为具有代表性的独立样本进行检验。样本数量根据调查的类型和面积而定。

9.4 生态恢复的检验内容

9.4.1 第一阶段测试项目

第一阶段测试项目包括土地质量、表层土壤质量、水土保持措施等方面，具体见附录 D。

9.4.2 第二阶段测试指标内容

农业：土壤侵蚀情况、土壤有机质、pH、作物长势、作物和果实等可食部分有毒有害物质含量、单位产量等。

林业：种植时间、种植密度、种植种类、成活率、生长量、郁闭度、病虫害。

牧业：种植时间、种植量、生长势、覆盖度、产草量、可食性。

9.5 检验结果的评估

生态恢复土地用于农、林、牧业时检验结果的评估，即检查各测试指标是否满足相应的土壤、植物、动物、食品等有关标准。

附 录 A
（规范性附录）
露天矿区土壤环境问题调查研究参考指标

表 A.1 露天矿区土壤环境问题调查研究参考指标

指 标	挖 损	压 占	
	露天矿坑	露天矿排土场	煤矸石山
岩（土）层厚度	Y	Y	S
岩性及风化状况	Y	Y	Y
岩（土）污染状况	Y	Y	Y
人造地形特征（坡度、坡向、坡型等）	Y	Y	Y
地基的稳定性	N	Y	Y
非均匀沉降	N	Y	Y
新造地面积	Y	Y	Y
地表物质及颗粒组成	N	Y	Y
土层厚度	N	Y	S
有效土层厚度	N	Y	S
土壤侵蚀状况	Y	Y	Y
水文与排水条件	Y	Y	Y
土壤盐碱化	N	Y	Y
土壤酸化	S	Y	Y
土体容重	N	Y	Y
土壤有机质	N	Y	Y
水分有效性	N	Y	Y
地表温度	N	S	Y
土壤养分指标	N	Y	Y
土壤生物学指标	N	Y	Y

注：S 表示在特定的条件下测定；Y 表示需测定；N 表示不测定。不同露天矿区应根据情况选择调查测定的指标。

附 录 B

（资料性附录）

草原露天煤矿生态恢复效果检验指标测试方法

表 B.1 草原露天煤矿生态恢复效果检验指标测试方法

序号	项 目	单 位	方 法
一、土地质量			
1	地面平整度	m	地测法
2	单块面积/连片面积	hm^2	地测法
二、土壤质量			
3	覆土面积	hm^2	地测法
4	覆土厚度	m	地测法（多点）
5	覆土种类	—	土壤分类法
6	污染元素含量	—	土壤环境质量标准
7	土壤容重	g/cm^3	环刀法
8	土壤有机质	%	土壤有机质测定法
9	土壤砾石含量	%	筛分法
10	土壤 pH	—	电极测定法
11	含盐总量	%	电导法
三、植物			
12	植物种类	—	样方法
13	覆盖度	%	测量法
	产草量	kg/hm^2	实测样方、计算法
14	种植密度（造林）	株/hm^2	实测样方、计算法
15	造林成活率	%	实测样方、计算法
16	郁闭度（造林）	%	实测样方、计算法
17	单位产量	kg/hm^2	实测计算
四、水体			
18	养殖用水	参照《绿色食品产地环境技术条件》（NY/T 391—2000）	
19	灌溉用水	参照《绿色食品产地环境技术条件》（NY/T 391—2000）	

附 录 C
（资料性附录）
草原露天矿分区及其生态恢复模式

表 C.1 草原地区主要露天矿概况

分区	露天矿名称	地理位置
亚干旱森林草原区	准格尔露天矿	内蒙古自治区鄂尔多斯市准格尔旗
	平朔露天矿	山西省朔州市平鲁区
亚干旱典型草原区	霍林河露天矿	内蒙古自治区通辽市境内的霍林河煤田
	白音华露天矿	内蒙古自治区锡林郭勒盟西乌珠穆沁旗白音华苏木和哈根台镇
	元宝山露天矿	内蒙古自治区赤峰市元宝山区
	乌兰图嘎露天矿	内蒙古自治区锡林郭勒盟锡林浩特市
亚湿润草甸草原区	宝日希勒露天矿	内蒙古自治区呼伦贝尔海拉尔区北部
	伊敏露天矿	内蒙古自治区呼伦贝尔鄂温克自治旗

表 C.2 不同分区主要自然特性

分区	范围	气候带	植被	土壤类型	年均降雨量/mm
亚干旱区森林草原	山西和陕西北部地区，内蒙古西部部分地区	温带大陆性气候	典型的森林草原	栗钙土	200～400
亚干旱区典型草原	内蒙古东部地区山西和陕西北部地区	温带大陆性气候	典型的干旱草原	栗钙土	200～400
亚湿润区草甸草原	黑龙江、吉林、辽宁三省的西部地区、内蒙古东北部地区	温带季风气候	温带草原和草甸草原	黑钙土	400～800

表 C.3 不同分区适宜恢复植被类型

分区	乔木	灌木	草本
亚干旱区	杨树、榆树、杏树、枫树、松树、臭椿、槐树、侧柏、沙枣、桃树、李树、华北落叶松、白杆、青杆、垂柳、旱柳、馒头柳	柠条、差巴嘎蒿、木旋花、木地肤、小叶锦鸡儿、沙柳、黄柳、白刺、杨紫、花棒、沙拐枣、沙地柏、虎榛子、榛子、沙棘、山杏、山荆子、扁桃、柴桦、越橘柳	狗尾草、猪毛菜、虫实、灰绿藜、画眉草、叶藜、雾冰藜、黄蒿、大针茅、羊草、野韭菜、隐子草、披碱草、沙打旺、瓦松、燕麦、沙蓬、多根葱、萹蓄、乳白花黄蓍、绳虫实、虎尾草、狐尾草、老麦芒、白花草苜蓿、麦蒿
亚湿润区	兴安落叶松、樟子松、山杨、白桦、鱼鳞云杉、红皮云杉、臭松、红松、黑桦	偃松、杜鹃、红端木、稠李、丛桦、花楷槭、黄花忍冬、毛赤杨、空心柳、珍珠梅、东北茶藨子、越橘、胡枝子	小叶樟、广布野豌豆、小白花地榆、黄花菜、银莲花、啮叶风毛菊、文字草、紫菀、走马芹

附 录 D
（资料性附录）
生态恢复检验第一阶段测试项目

表 D.1 生态恢复检验第一阶段测试项目

土地利用方向	测试项目			
	土地质量	表层土壤质量	水土保持措施	其他
农业	覆土面积、覆土厚度、地面坡度、平整度、覆土种类	可耕性、土壤容重、土壤有机质、全氮、有效磷、有效钾、pH、全盐量	排灌设施、防洪设施	排土场稳定性
林业	覆土面积、覆土厚度、地面坡度、覆土种类		排水防洪设施	排土场稳定性
牧业	覆土面积、覆土厚度、覆土种类		排水防洪设施	排土场稳定性、道路布局、饮水点布置
建筑	地面坡度、平整度		排水防洪设施	排土场稳定性、建筑规划、工程地质勘探资料

附 录 E
（规范性附录）
本指南的用词说明

为便于在执行本指南条文时区别对待，对于要求严格程度不同的用词说明如下。

1．表示很严格，非这样不可的：

正面词采用“必须”或“须”；

反面词采用“严禁”。

2．表示严格，在正常情况下均应该这样做的：

正面词采用“应”；

反面词采用“不应”或“不得”。

3．表示允许稍有选择，在条件许可时，首先应该这样做的：

正面词采用“宜”或“可”；

反面词采用“不宜”。

条文中指明必须按其他有关标准执行的写法为，“应按……执行”或“应符合……要求（规定）”。非必须按所指定的标准执行的写法为，“可参照……的要求（规定）”。

参考文献

[1] 许宜满. 工程建设项目环境影响后评估初探[J]. 陕西环境，2001，8（3）：21-22.

[2] 范小星，张淑娟. 工业群的环境影响后评估探索[J]. 云南环境科学，2005，24（2）：56-58.

[3] 王国长，黄湘穗，李天威，等. 工业综合开发区环境影响后评估探讨[J]. 环境科学研究，1999，12（1）：30-34.

[4] 陈昕. 关于建设项目环境影响回顾评价的几点看法[J]. 中国环境管理，2001（2）：18-19.

[5] 沈毅，吴丽娜，王红瑞，等. 环境影响后评价的进展及主要问题[J]. 长安大学学报（自然科学版），2005，25（1）：56-59.

[6] 蔡文祥，朱剑秋，周树勋. 环境影响后评价的最新进展与建议[J]. 环境污染与防治，2007，29（7）：548-551.

[7] 魏密苏. 环境影响后评价在环境影响评价中的意义和作用[J]. 学术交流（中国学术期刊电子出版社），2007（9）：98-99.

[8] 赵东风，路帅. 回顾性环境影响评价程序及内容研究[J]. 汽油田环境保护，1999，9（2）：13-16.

[9] 苏州，涂圣文. ArcGIS 空间分析功能在道路交通环境影响后评价中的应用[J]. 中南公路工程，2006，31（2）：164-166.

[10] 李卫国，杨松林，刘志春. GIS 在交通建设项目环境影响后评价中的应用[J]. 石家庄铁道学院学报，2000，13（增刊）：1-3.

[11] 马传明. 高速公路环境影响后评估初步研究[J]. 公路，2002（12）：85-87.

[12] 李卫国，秦一方，杨腾峰，等. 基于地理信息系统的交通建设项目环境影响后评价方法研究[J]. 工程勘察，2001（2）：64-66.

[13] 崔轶. 公路生态环境影响后评价指标体系研究[J]. 学术交流（中国学术期刊电子出版社），2007（11）：98-99.

[14] 杨春红，唐德善，马文斌. 黑河项目生态环境影响综合后评价[J]. 生态环境（中国学术期刊电子出版社），2005（11）：144-146.

[15] 刘丽. 偏差分析法在工程项目风险监督过程中的应用[J]. 沈阳电力高等专科学校学报，2004，6（2）：61-63.

[16] 刘树臣，喻峰. 国际生态系统管理研究发展趋势[J]. 资源管理，2009（2）：10-17.

[17] 高晓佳. 环境影响评价中清洁生产分析方法的研究[D]. 工程科技 I 辑，2011（S1）.

[18] 王建华，田景汉，李小雁. 基于生态系统管理的湿地概念生态模型研究[J]. 生态环境学报，2009，18（11）：738-742.

[19] 陈靓. 景观生态学研究中的格局分析方法及模型[J]. 安庆师范学院学报（自然科学版），2006，12（3）：13-16.
[20] 陈焕珍，边丽达，葛宝娜. 矿区可持续发展评价[J]. 青岛理工大学学报，2005，26（5）：36-49.
[21] 闫旭骞. 矿区生态承载力定量评价方法研究[J]. 矿业研究与开发，2006，26（3）：82-85.
[22] 孙胜利，周科平. 矿区生态环境恢复分析[J]. 矿业研究与开发，2007，27（5）：78-81.
[23] 周进生，石森. 矿区生态恢复理论综述[J]. 中国矿业，2004，13（3）：10-21.
[24] 赵红芳，徐淑兰，辛钰. 矿区土地复垦与生态恢复技术初探[J]. 现代农业（生态建设），2005（5）：76-77.
[25] 罗守敬. 矿区土地复垦与生态重建技术研究[J]. 分析研究，2008，3（3）：26-29.
[26] 沈刚，李香梅，赵艳. 矿山植被恢复演替研究进展[J]. 现代矿业，2010（498）：70-73.
[27] 赵静波. 露天矿采运系统模型的建立及模拟方法研究[D]. 2001.
[28] 汤万金. 论矿区可持续发展生产理论[J]. 中国矿业，1999，8（6）：10-14.
[29] 周敏，杨晓平. 煤炭矿区衰退的机理及可持续发展对策研究[J]. 中国信息科技（能源及环境），2009（4）：16-18.
[30] 刘红玉，李兆富. 挠力河流域湿地景观演变的累积效应[J]. 地理研究，2006，25（4）：606-616.
[31] 李杰颖，韩放，梁成华. 浅谈矿区土地的生态复垦[J]. 采矿技术，2009，9（3）：75-76.
[32] 蔡慧敏，吴荣涛，李晓伟. 山西煤矿区土地复垦和生态重建工程技术研究[J]. 安徽农业科学，2008，36（12）：5158-5160.
[33] 田慧颖，陈利顶，吕一河，等. 生态系统管理的多目标体系和方法[J]. 生态学杂志，2006，25（9）：1147-1152.
[34] 赵云龙，唐海萍，陈海，等. 生态系统管理的内涵与应用[J]. 地理与地理信息科学，2004，20（6）：94-98.
[35] 仇夏宁. 生态系统管理研究[J]. 科技传播（理论研究），2010（12 下）：54.
[36] 李笑春，曹叶军，叶立国. 生态系统管理研究综述[J]. 内蒙古大学学报（哲学社会科学版），2009，41（4）：87-93.
[37] 杨荣金，傅伯杰，刘国华，等. 生态系统可持续管理的原理和方法[J]. 生态学杂志，2004，23（3）：103-108.
[38] 谢芳，李英德，任一鑫. 衰老矿区可持续发展模式研究[J]. 中国矿业，2007，16（7）：28-30.
[39] 汪丽媛，强鹏翔，文震. 中国矿区环境生态系统研究[J]. 科技传播（应用技术），2010（5 上）：96-97.
[40] 陈玉和，李堂华，王新华. 中国矿区可持续发展战略的选择[J]. 能源技术与管理，2007（5）：57-60.
[41] 胡振琪. 中国土地复垦与生态重建 20 年：回顾与展望[J]. 科技导报，2009，27（17）：25-29.
[42] 付梅臣，曾晖，张宏杰，等. 资源枯竭矿区土地复垦与生态重建技术[J]. 科技导报，2009，27（17）：38-43.
[43] 陈若缇，李靖. 冯家山水库环境影响后评价[J]. 人民黄河，2006，28（12）：66-68.
[44] 张荣. 澜沧江漫湾水电站生态环境影响回顾评价[J]. 水电站设计，2001，17（4）：27-32.
[45] 姜海萍，王大魁，汪德. 磨刀门河口治理工程环境影响的回顾评价[J]. 河海大学学报（自然科学版），2002，30（6）：67-69.
[46] 刘华. 水电工程项目环境影响后评价探讨[J]. 科教文汇（政法行政），2006（12 上）：112-113.
[47] 黄玉凯，王国长，黄湘穗. 成片土地开发环境影响后评估方法初探[J]. 福建环境（工作研究），1997，

14（6）：2-4.

[48] 陈昂，隋欣，王东胜. 国外水库大坝工程环境影响后评价及对我国的启示[J]. 中国水能及电气化（研究与探讨），2010（12）：26-31.

[49] 吴照浩. 环境影响后评价的作用及实施[J]. 污染防治技术，2003，16（3）：27-30.

[50] 王介勇，赵庚星，王祥峰，等. 论我国生态环境脆弱性及其评估[J]. 山东农业科学，2004（2）：9-11.

[51] 魏金发，李希耀. 用同步降深理论指导露天矿矿床疏干[J]. 露天采矿技术（采矿工程），2009（1）：10-11.

[52] Cooper T A，Canter L W. “DOCUMENTATION OF CUMULATIVE IMPACTS IN ENVIRONMENTAL IMPACT STATEMENTS”；Environmental and Ground Water Institute，University of Oklahoma；1997.

[53] Barry Smit and Harry Spaling；“METHODS FOR CUMULATIVE EFFECTS ASSESSMENT”；University of Guelph，Ontario，Canada；1995.

[54] Wang Yun-jia（a，b），Zhang Da-chao（c），Lian Da-jund，Li Yong-feng（a，b），Wang Xing-feng（a，b）；The 6th International Conference on Mining Science & Technology，“Environment cumulative effects of coal exploitation and its assessment”；（a）School of Environment Science and Spatial Informatics，China University of Mining and Technology，Xuzhou，China；（b）Jiangsu Key Laboratory of Resources and Environmental Information Engineering，China University of Mining and Technology，Xuzhou，China；（c）The College of Resource & Environmental Engineering，Jiangxi University of Science and Technology，Ganzhou，China；（d）Department of Environmental Science and Engineering，Suzhou University of Science and Technology，Suzhou，China；2009.

[55] Lourdes M. Cooper，William R. Sheate，“CUMULATIVE EFFECTS ASSESSMENT：A REVIEW OF UKENVIRONMENTALIMPACT STATEMENTS”；Environmental Policy and Management Group；Department of Environmental Science and Technology；Imperial College of Science；Technology and Medicine，University of London；2002.

[56] Monique G. Dube；“CUMULATIVE EFFECT ASSESSMENT IN CANADA：A REGIONAL FRAMEWORK FOR AQUATIC ECOSYSTEMS”；National Water Research Institute，Environment Canada；2003.

[57] Antoienette Wärnbäck，Tuija Hilding-Rydevik；“CUMULATIVE EFFECTS IN SWEDISH EIA PRACTICE—DIFFICULTIES AND OBSTACLES”；Swedish EIA Centre；Department of Urban and Rural Development；Swedish University of Agricultural Sciences；2008.

[58] Meng Lei，Feng Qi-yan，Zhou Lai，Lu Ping，Meng Qing-jun；“ENVIRONMENTAL CUMULATIVE EFFECTS OF COAL UNDERGROUND MINING”；School of Environmental Science & Spatial Informatics，China University of Mining and Technology，Xuzhou，ChinabJiangsu Key Laboratory of Resources and Environmental Information Engineering，China University of Mining and Technology，Xuzhou，China；2009.

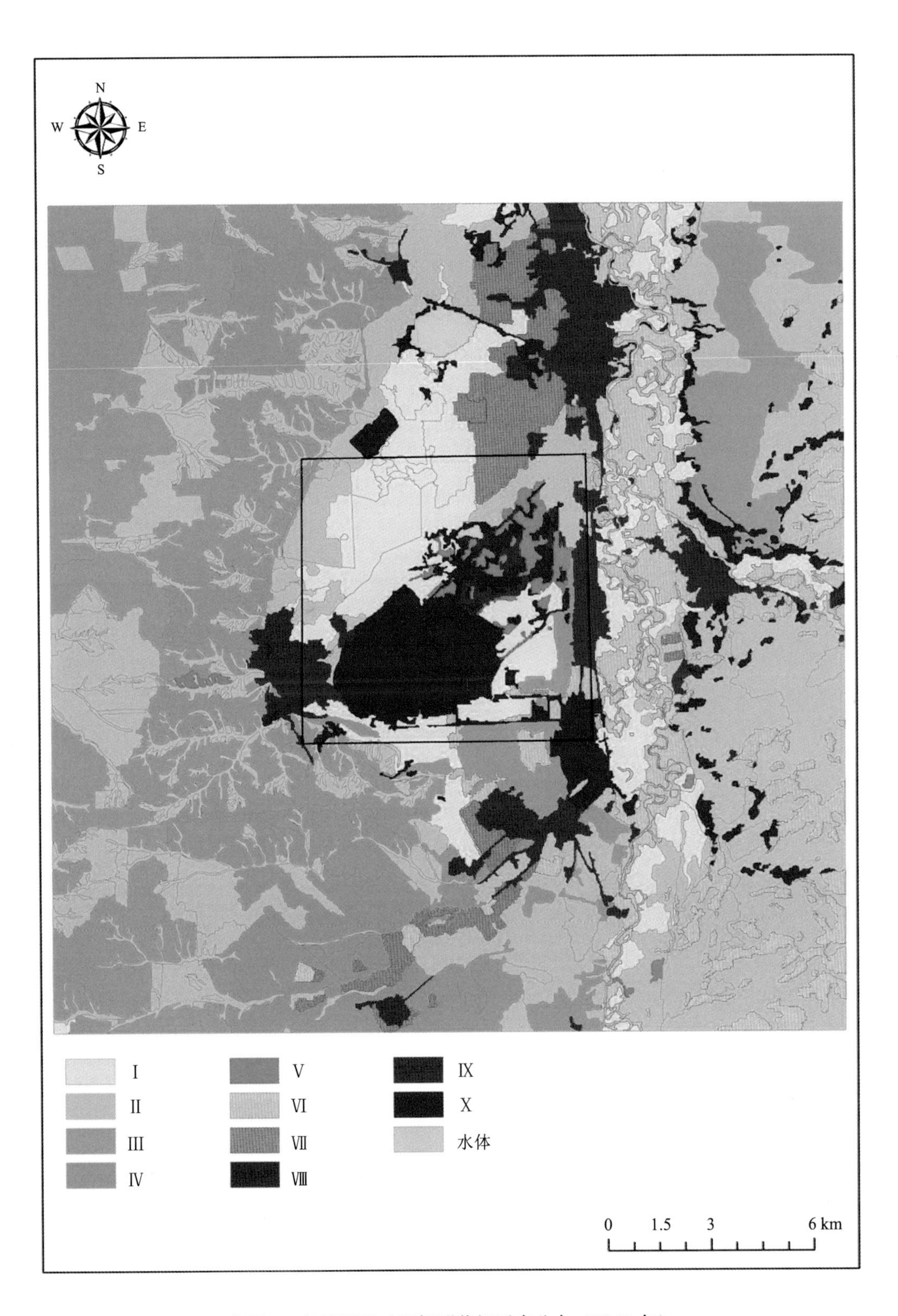

彩图 1　伊敏露天矿顶极群落相近度分布（2010 年）

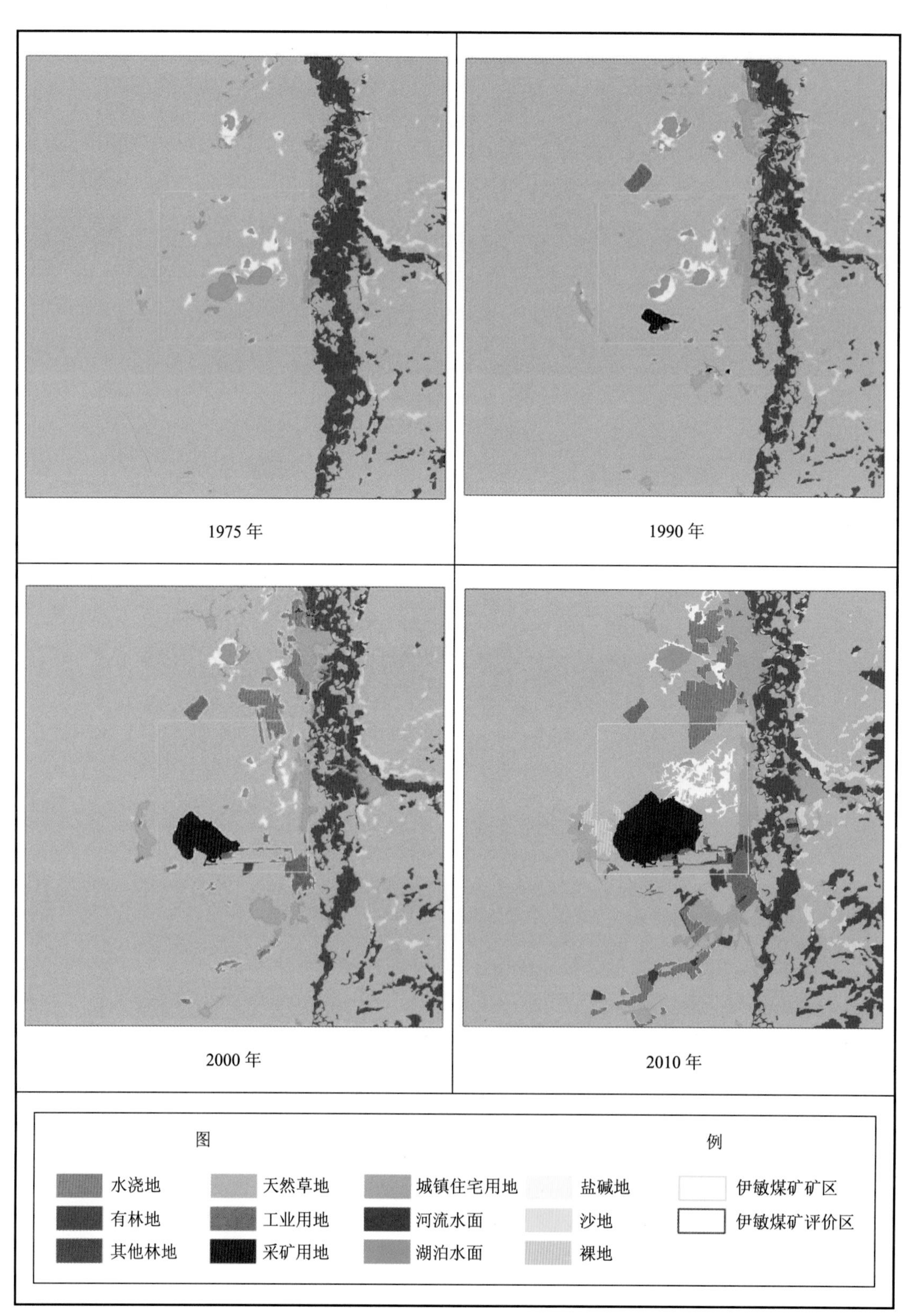

彩图 2 伊敏露天矿历年土地利用类型变化

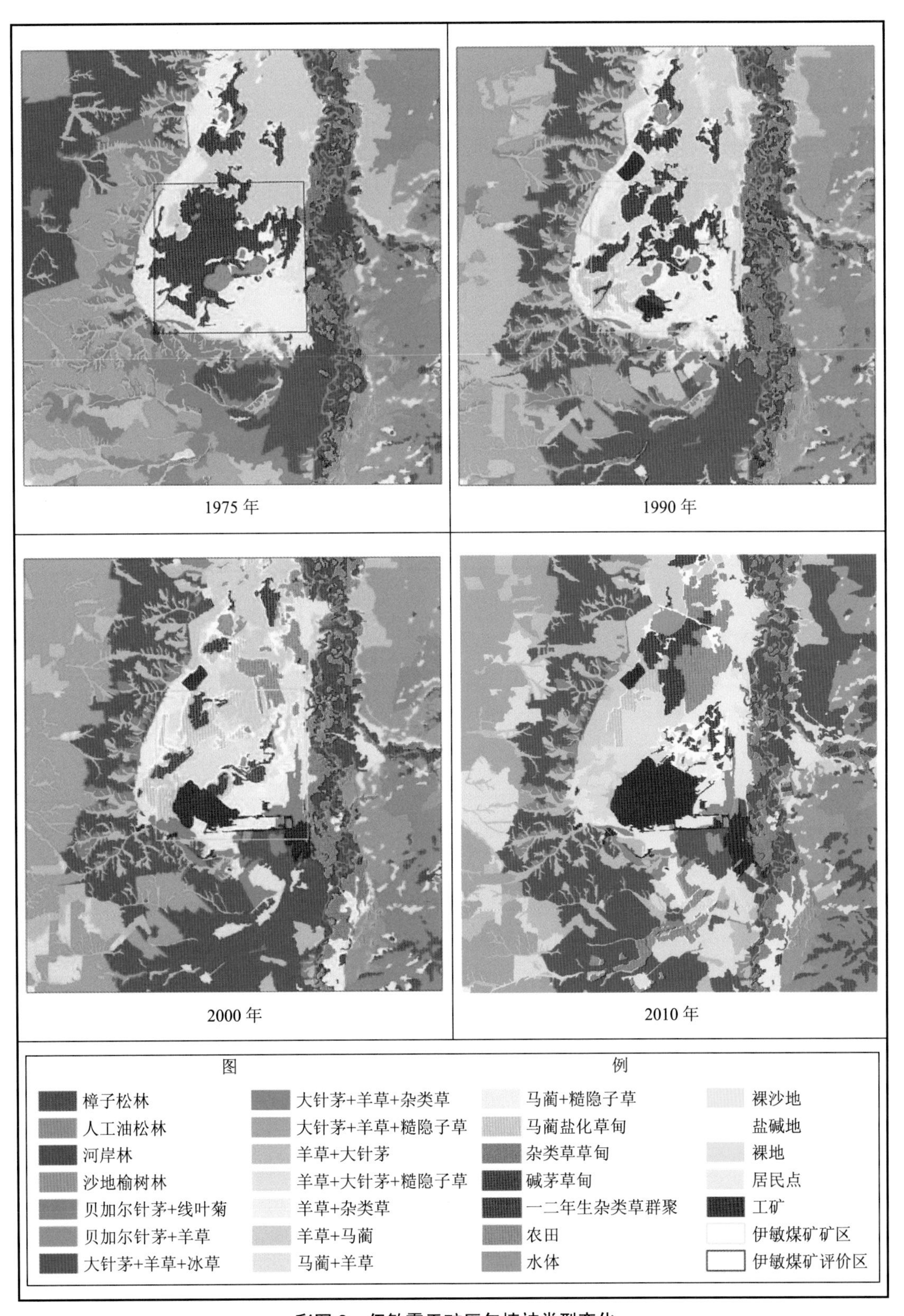

彩图 3　伊敏露天矿历年植被类型变化

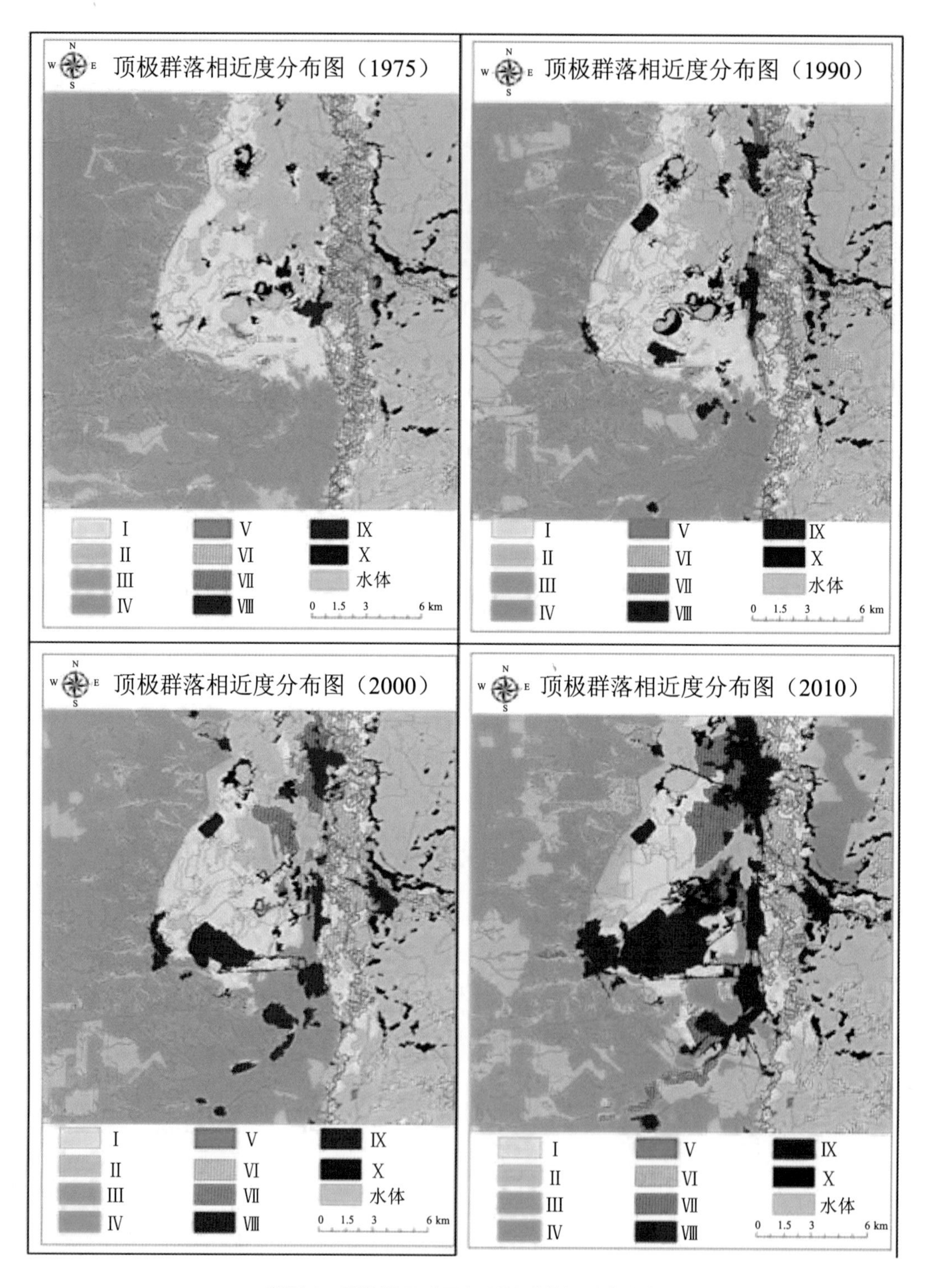

彩图 4　伊敏露天矿历年顶极群落相近度分布

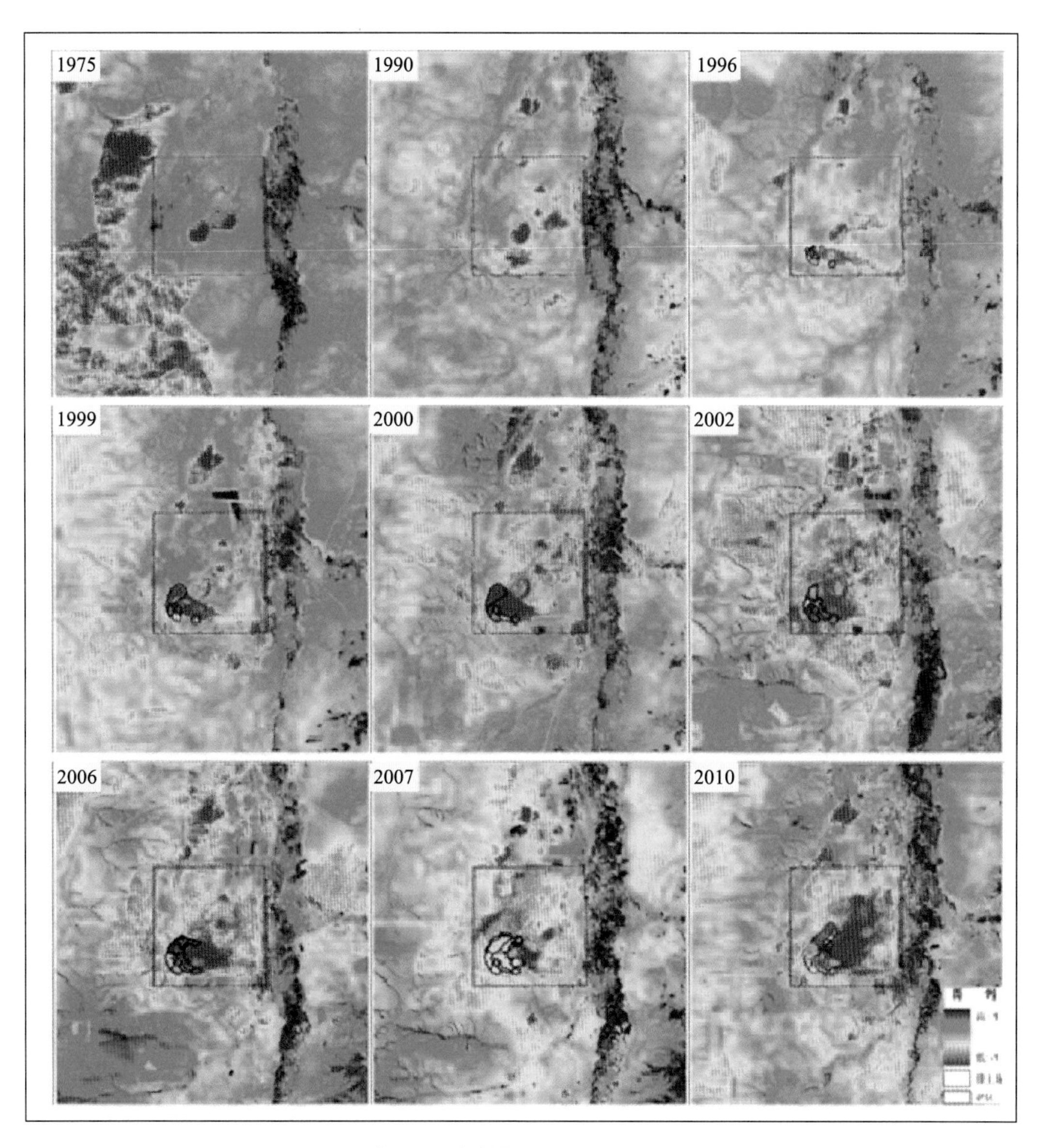

彩图 5　伊敏露天矿 NDVI 动态

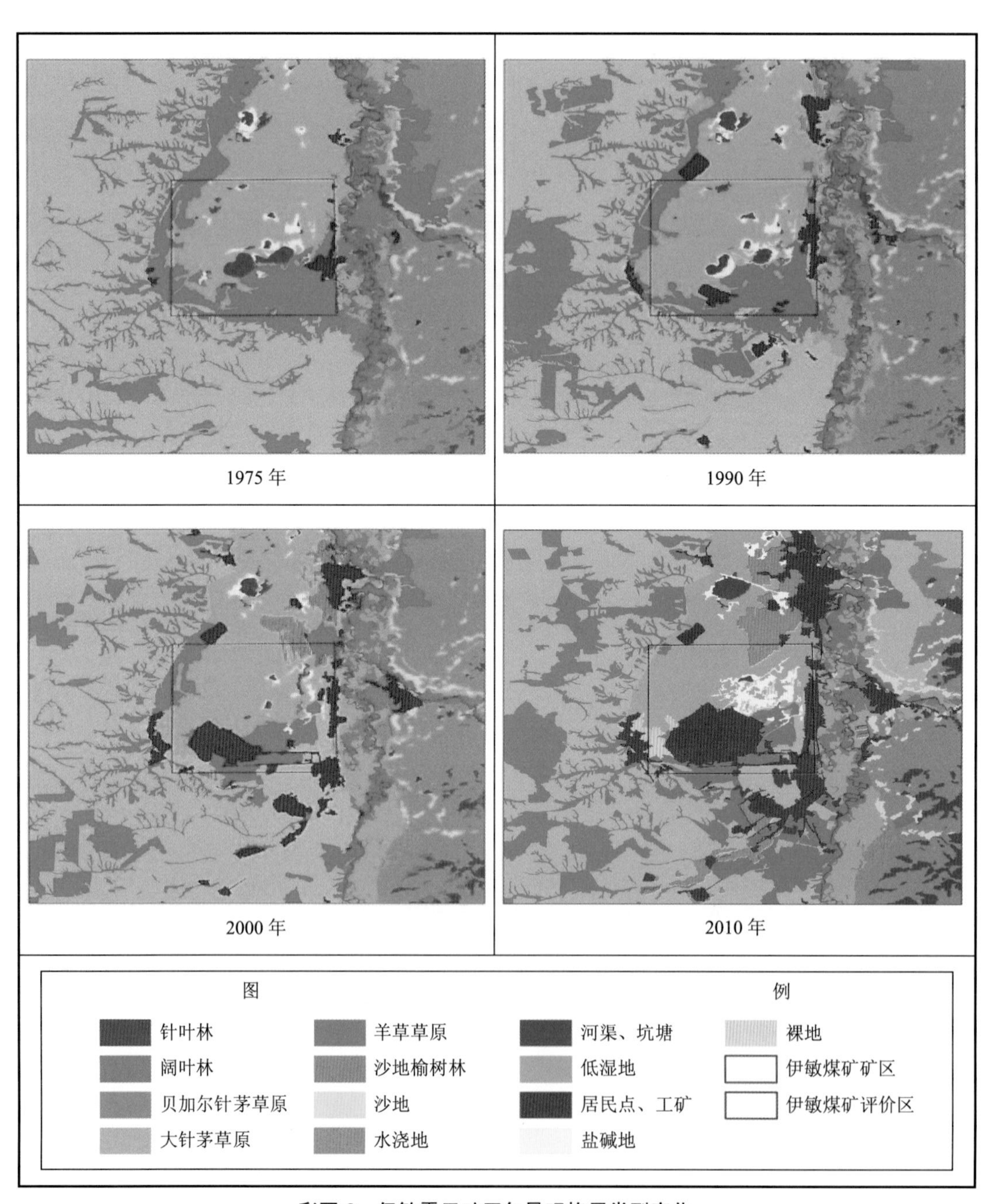

彩图6　伊敏露天矿历年景观格局类型变化

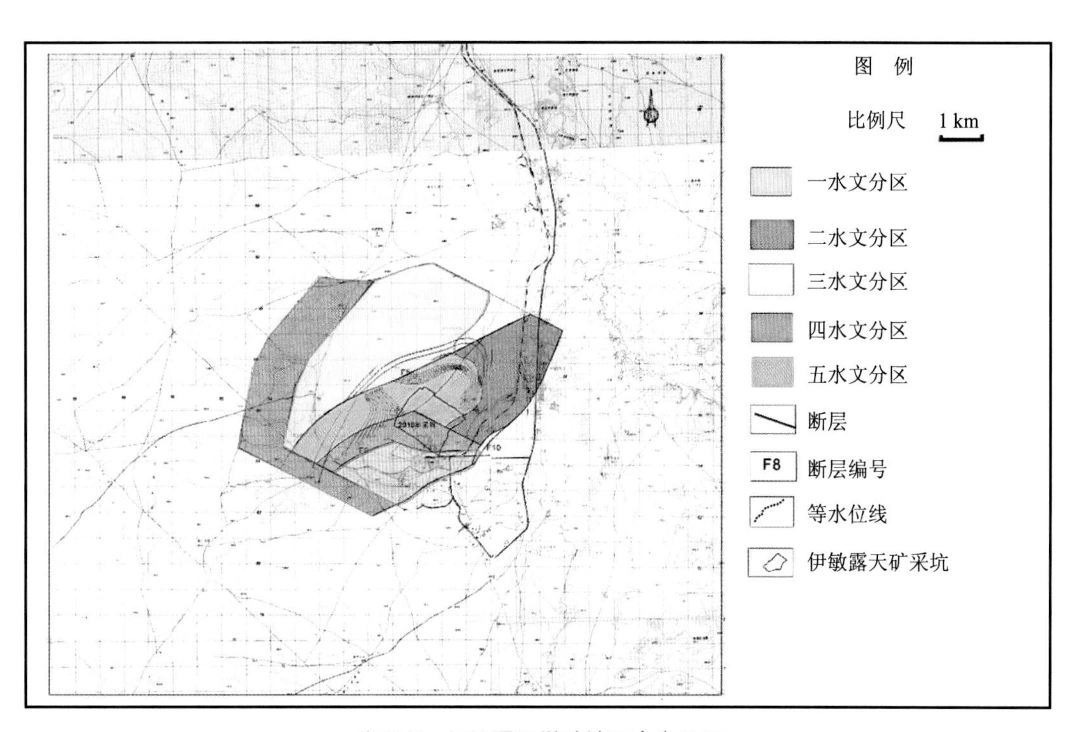

彩图 7　伊敏露天煤矿地下水文分区

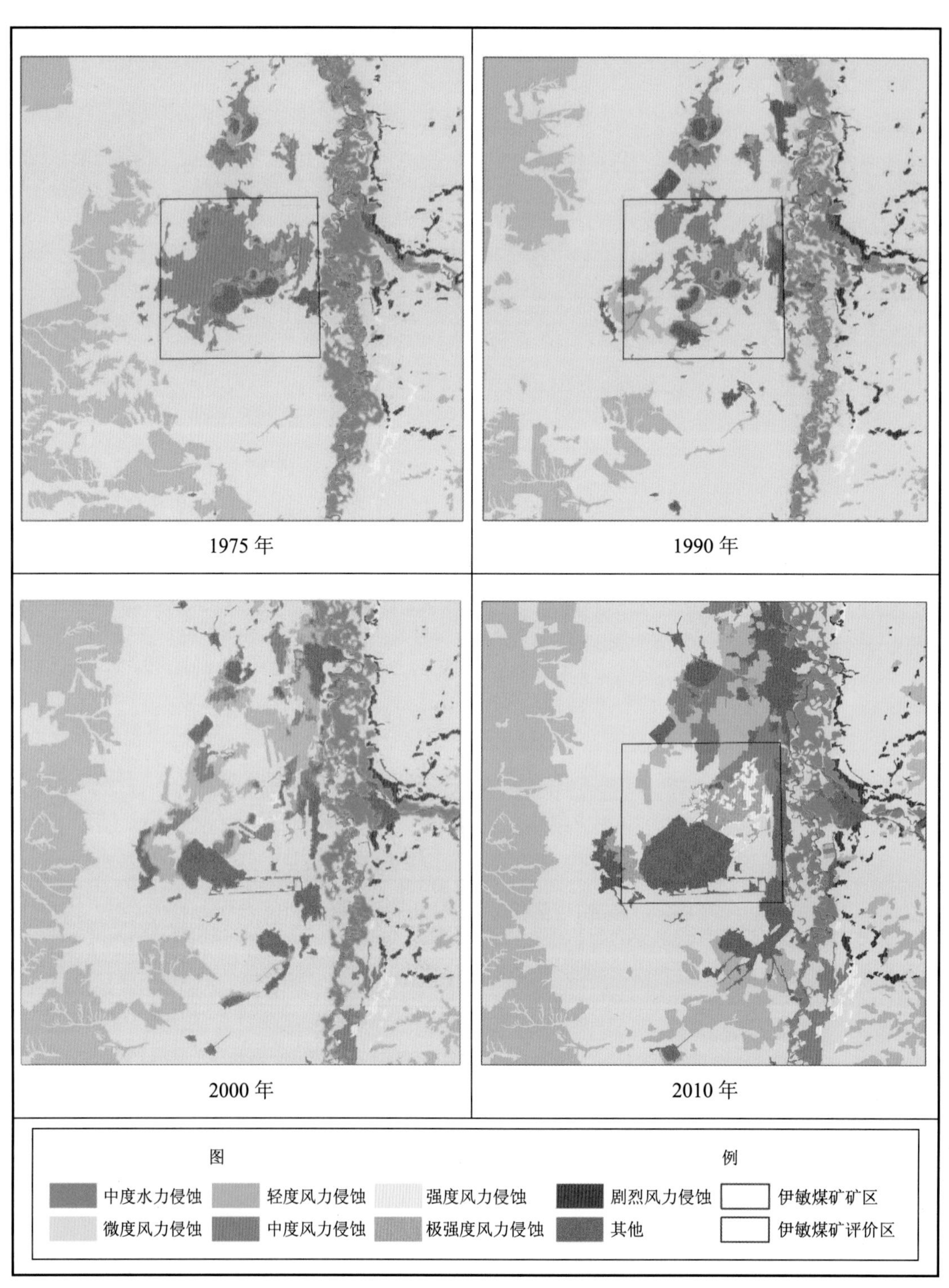

彩图 8　伊敏露天矿历年土壤侵蚀变化

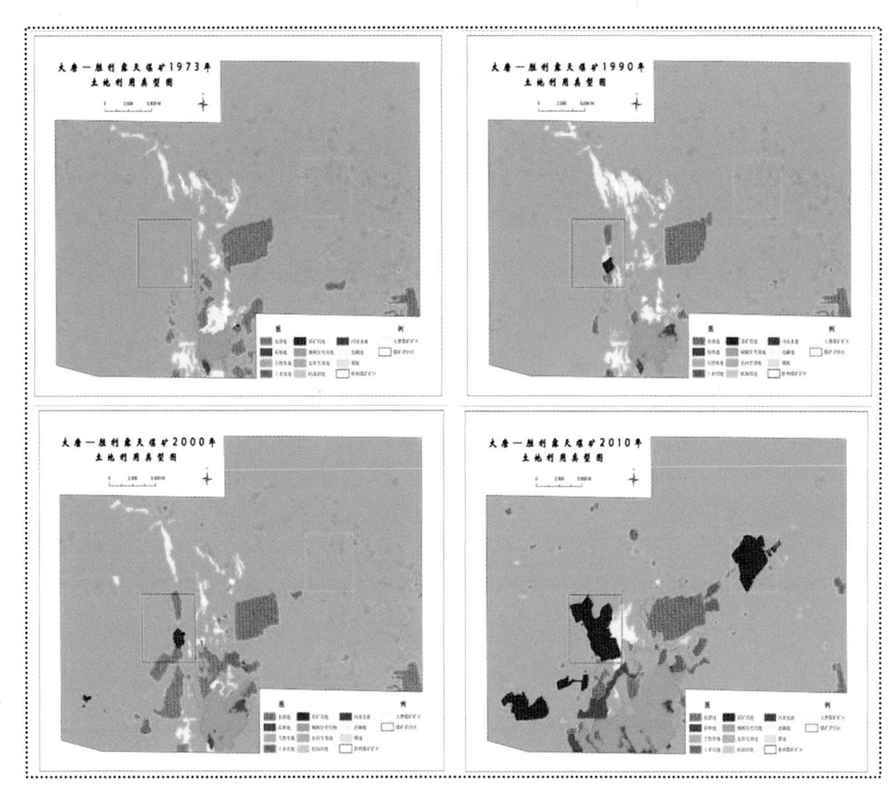

彩图 9　大唐与胜利露天矿历年土地利用类型变化

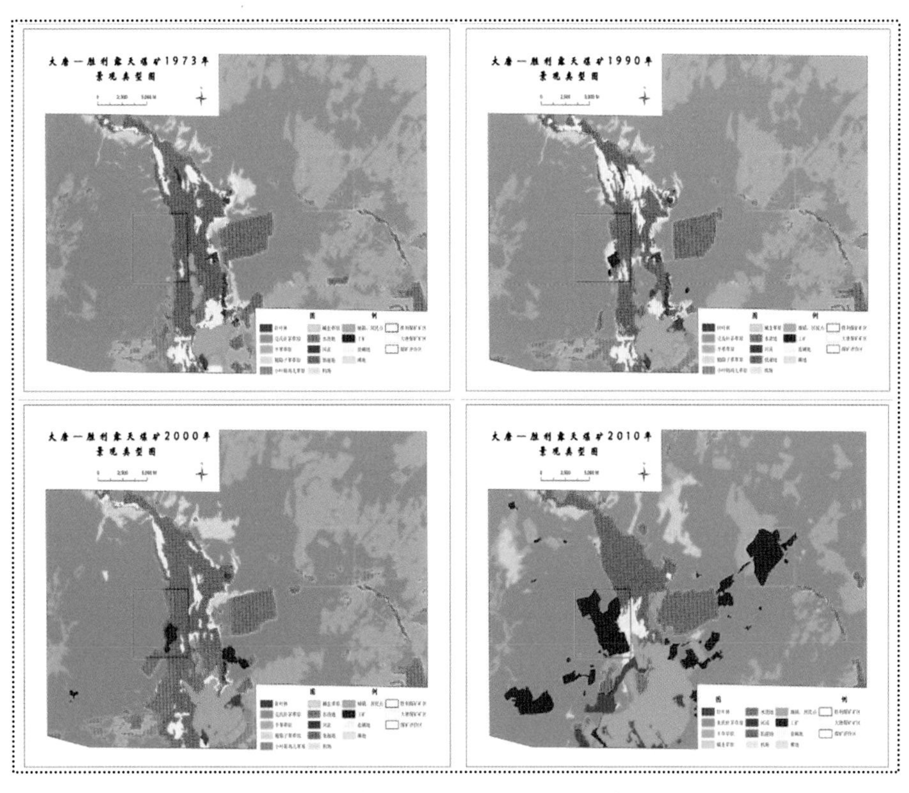

彩图 10　大唐与胜利露天矿历年景观类型变化

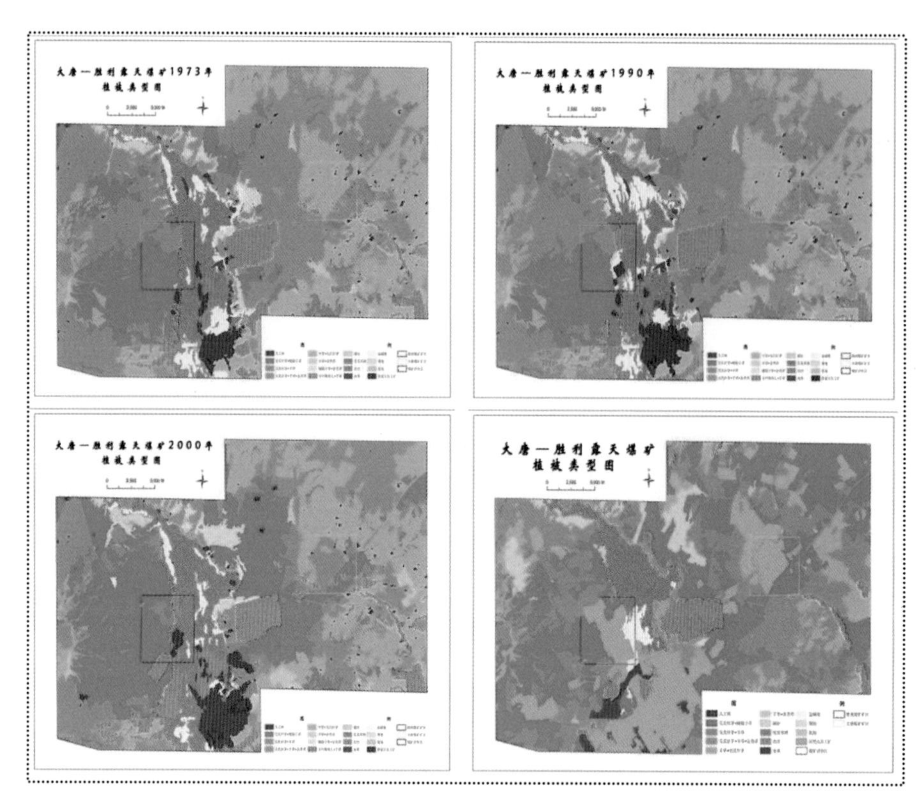

彩图 11　大唐与胜利露天矿历年植被类型变化

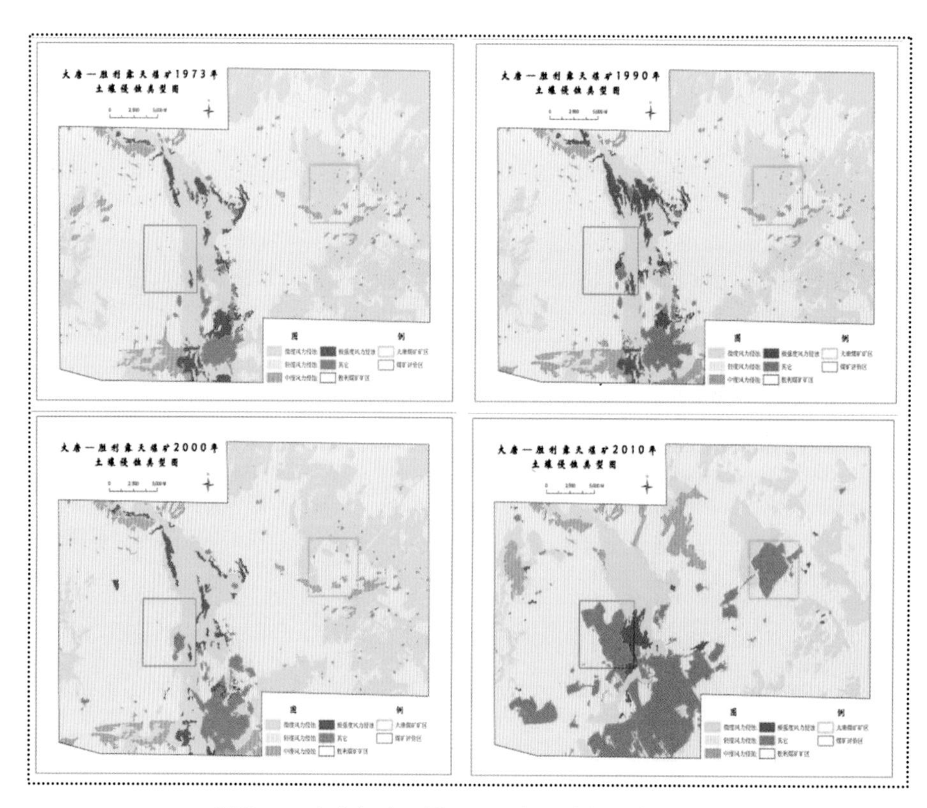

彩图 12　大唐与胜利露天矿历年土壤侵蚀类型变化

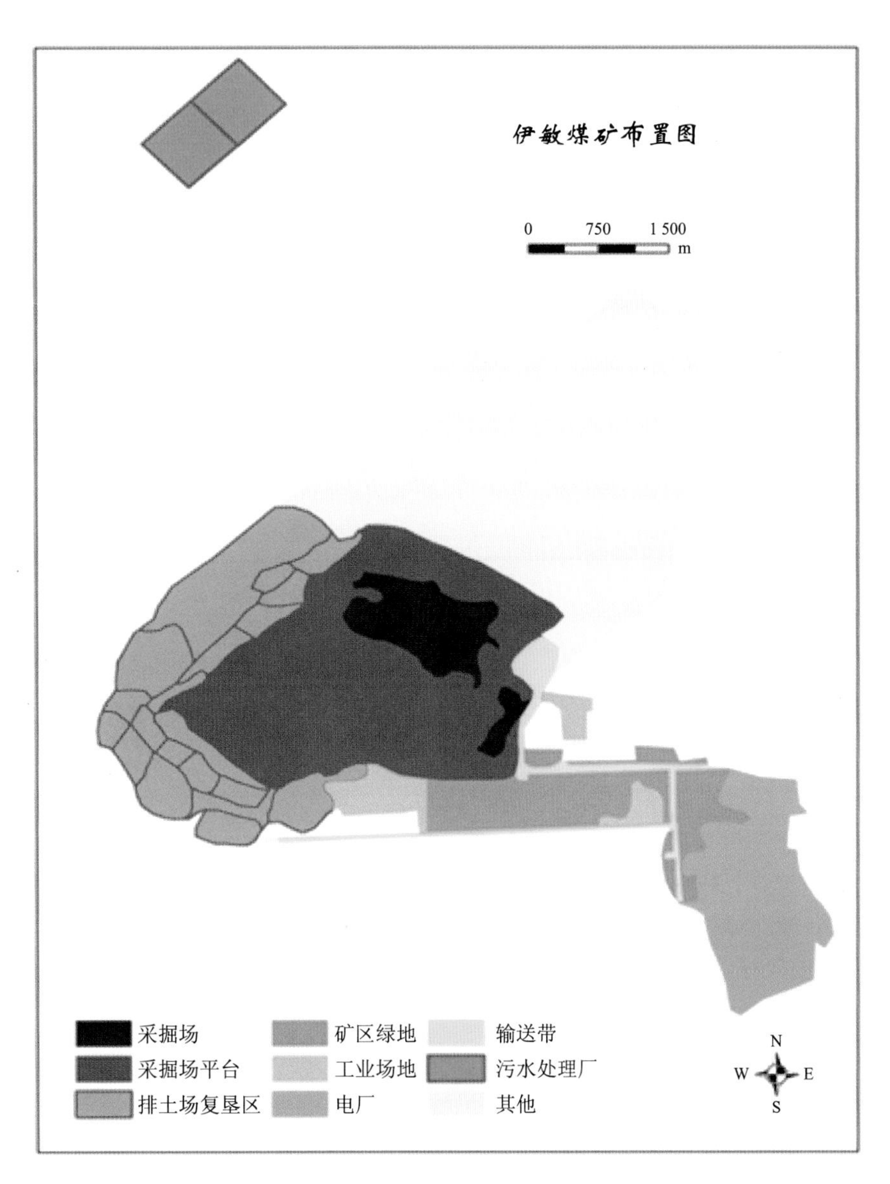

彩图 13　伊敏露天煤矿布置图

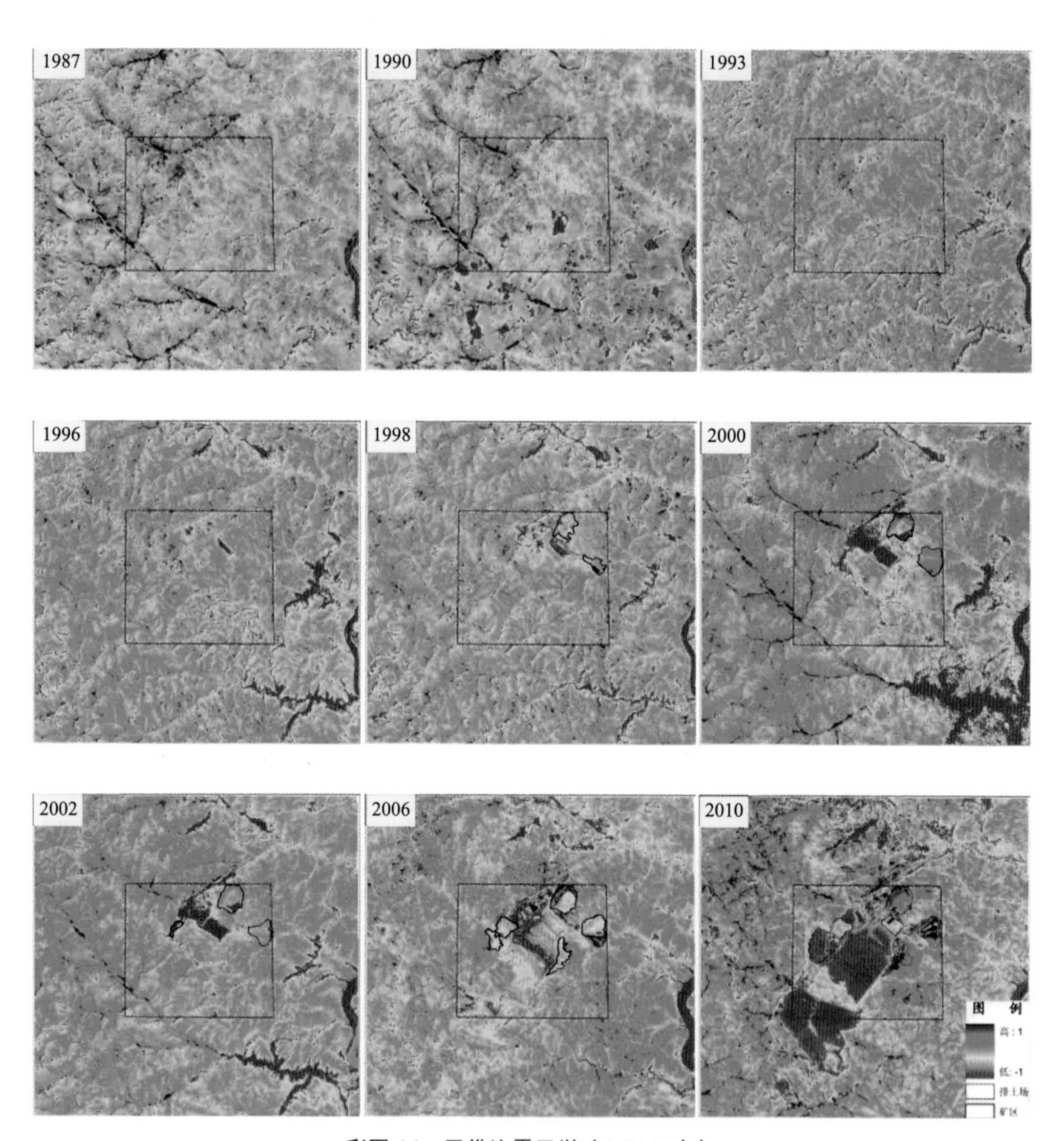

彩图 14　黑岱沟露天煤矿 NDVI 动态

彩图 15　黑岱沟露天矿三维场景模型

W1 点格局分布

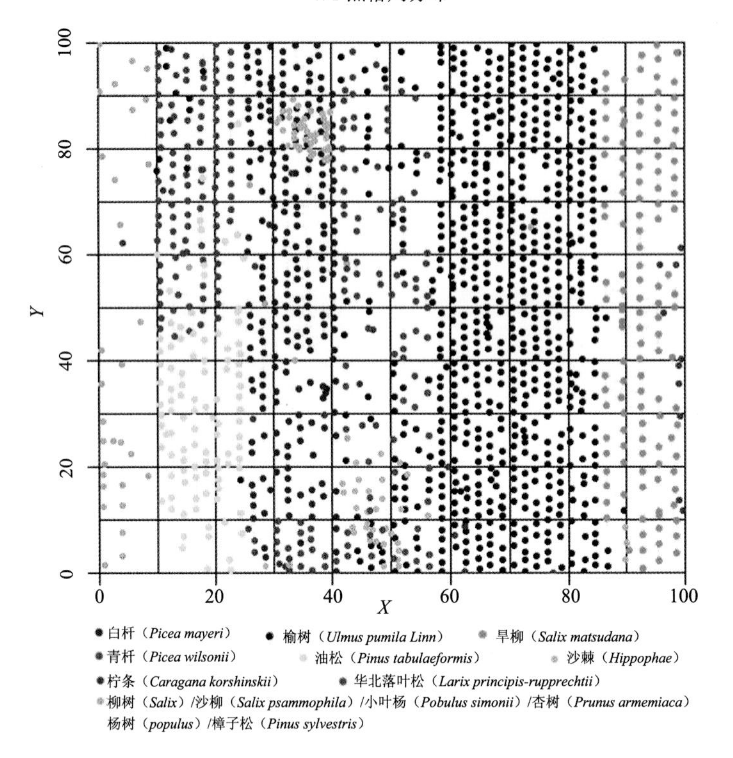

0
20
40
60
80
100
X
Y
●白杆（Picea mayeri）
●榆树（Ulmus pumila Linn）
●旱柳（Salix matsudana）
●青杆（Picea wilsonii）
●油松（Pinus tabulaeformis）
●沙棘（Hippophae）
●柠条（Caragana korshinskii）
●华北落叶松（Larix principis-rupprechtii）
●柳树（Salix）/沙柳（Salix psammophila）/小叶杨（Pobulus simonii）/杏树（Prunus armemiaca）
杨树（populus）/樟子松（Pinus sylvestris）

S1 点格局分布

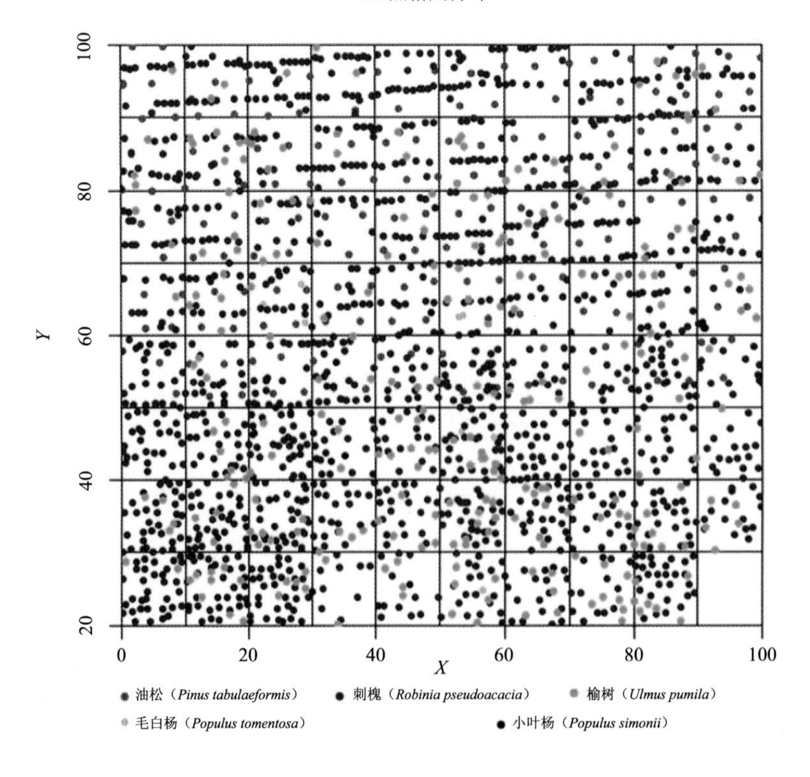

0
20
40
60
80
100
X
Y
●油松（Pinus tabulaeformis）
●刺槐（Robinia pseudoacacia）
●榆树（Ulmus pumila）
●毛白杨（Populus tomentosa）
●小叶杨（Populus simonii）

S3 点格局分布

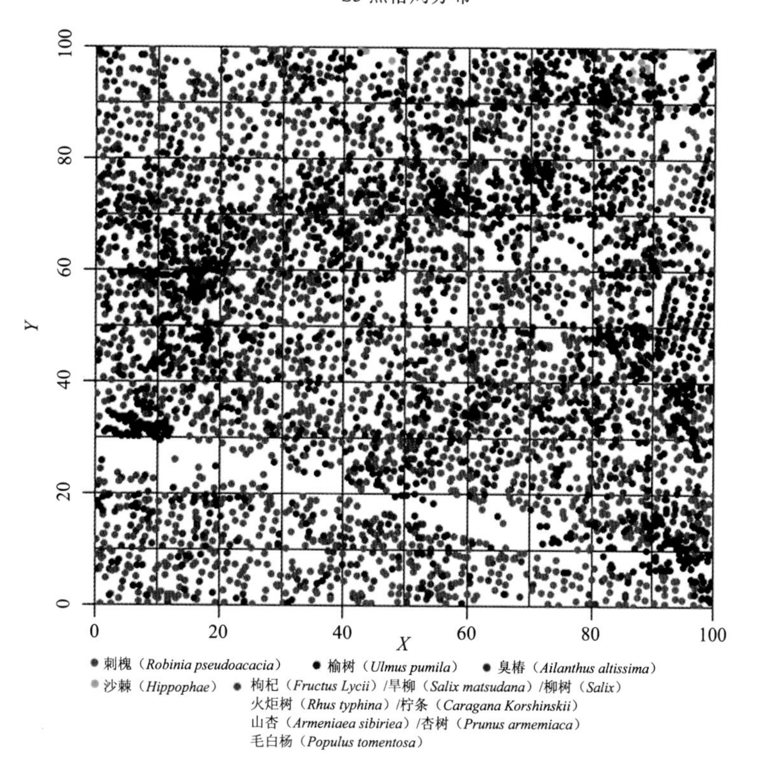
Y
X
0
20
40
60
80
100
刺槐（Robinia pseudoacacia）
榆树（Ulmus pumila）
臭椿（Ailanthus altissima）
沙棘（Hippophae）
枸杞（Fructus Lycii）/旱柳（Salix matsudana）/柳树（Salix）
火炬树（Rhus typhina）/柠条（Caragana Korshinskii）
山杏（Armeniaea sibiriea）/杏树（Prunus armemiaca）
毛白杨（Populus tomentosa）

S4 点格局分布

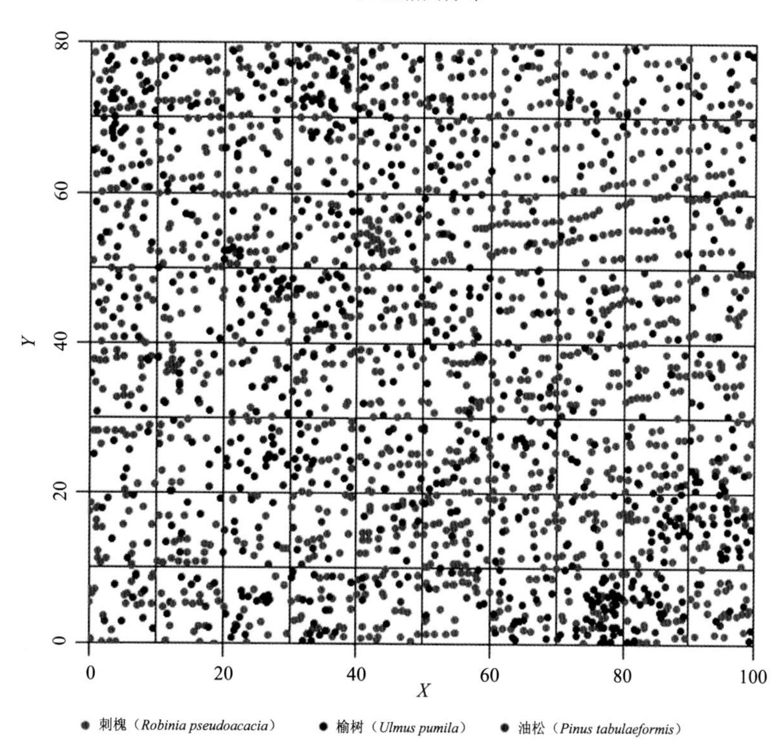
Y
X
0
20
40
60
80
100
刺槐（Robinia pseudoacacia）
榆树（Ulmus pumila）
油松（Pinus tabulaeformis）

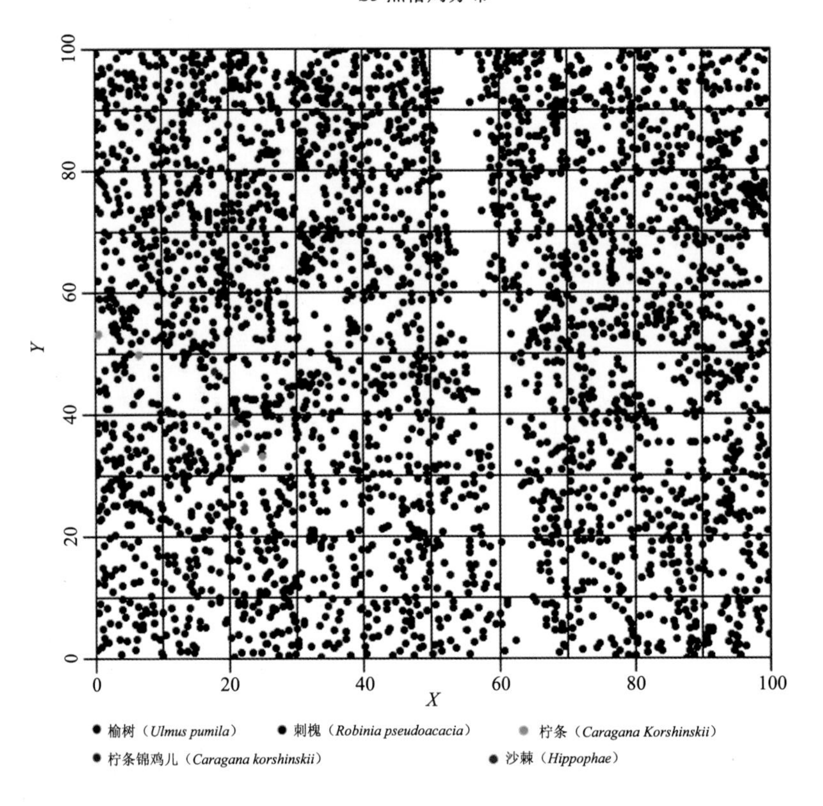

彩图 16　不同复垦模式下，经过多年的生态恢复的乔木点格局